闽楠林木培育与次生林经营

李铁华 曾思齐 文仕知 欧阳勋志 等著

中国林業出版社
CFPH China Forestry Publishing House

图书在版编目(CIP)数据

闽楠林木培育与次生林经营/李铁华等著. —北京：中国林业出版社，2020.9
ISBN 978-7-5219-0794-0

Ⅰ.①闽… Ⅱ.①李… Ⅲ.①楠木-育种-福建②楠木-次生林-林业经营-福建 Ⅳ.①S792.24

中国版本图书馆 CIP 数据核字(2020)第 175213 号

中国林业出版社自然保护分社(国家公园分社)
策划编辑：刘家玲　　　　　　　**责任编辑：**许　玮　刘家玲
电　　话：(010)83143576　83143519

出版发行　中国林业出版社(100009　北京市西城区德内大街刘海胡同 7 号)
　　　　　　http://www.forestry.gov.cn/lycb.html
印　　刷　北京中科印刷有限公司
版　　次　2020 年 10 月第 1 版
印　　次　2020 年 10 月第 1 次印刷
开　　本　787mm×1092mm　1/16
印　　张　22.75
字　　数　539 千字
定　　价　80.00 元

前　言
PREFACE

闽楠(*Phoebe bournei*)是我国亚热带地区最珍贵的优良用材树种之一，为湖南、江西、福建等省的优良乡土阔叶树种。闽楠的木材称为楠木，其上品为金丝楠木，以材质优良而驰名国内外，历史上，楠木被称为江南四大名木之首，皇家更是将楠木作为御用之材。闽楠树干高大端直，树冠层厚而密，叶色翠绿，也是优良的园林绿化树种。闽楠资源稀少，大多处于零星分布，1999年被列入了《国家二级重点保护野生植物名录(第一批)》。目前，在闽楠的自然分布区，已有部分地区进行了人工林培育和次生林经营。

国内学者对闽楠开展过研究，内容涉及闽楠的种质资源保护与利用、苗木繁育、林木培育及森林经营技术等方面，但研究还不系统，闽楠的树种优势与林地生产潜力尚未得到充分发挥。

书中所述内容以闽楠分布区的种源与林分为研究对象，比较系统地研究了闽楠优树评价与选择、优良种源评价与选择、苗木的抗旱性生理、苗木繁育技术、幼林施肥与林地管理技术、人工林养分循环，次生林结构与天然更新、立地质量评价、林分竞争与生长模型、结构优化等问题，选出了优树和优良种源，研发了苗木繁育与林木培育技术，编制了楠木次生林地位指数表、林分现实收获表等，以期为提高闽楠林分质量和效益提供理论指导和应用技术。

本书是林业公益性行业科研专项重点项目“闽楠、青冈栎次生林提质增量关键技术研究与示范(201504301)”的部分研究内容，项目由中南林业科技大学主持，湖南省林业科学院、江西农业大学参与。在项目的研究过程中，中南林业调查规划设计院、湖南省永州金洞林场和攸县黄丰桥林场、江西省安福县明月山林场、福建省三明市林业局、贵州省林业局，以及湖南湘西自治州林业局、资兴市林业局、炎陵县林业局等单位在数据提供、种源收集、优树选择、试验区建设和外业调查等工作上给予了大力协助，提供了真诚的帮助，在此谨向他们表示衷心感谢。

全书共分10章，各章撰写人员为：第1、2、3、5章，李铁华、王光军、张心艺、闫旭、胡胜男、杨佳伟、申展、张伟、靳月、王波、何子立、罗亦伶；第4章，文仕知、李阳宁、周磊、颜珣、谢亚斌；第6章，何功秀、文仕知、谢柯香、胡士达、林立彬；第7、8章，欧阳勋志、潘萍、臧颢、游晓庆、桂亚可、褚欣、李雪云；第9、10章，曾思齐、宁金魁、龚召松、曹梦、姜兴艳、国瑞。全书由李铁华、曾思齐统稿。

由于编写人员的水平和经验有限，书中难免有疏漏之处，敬请读者批评指正。

著　者

2020年6月

目　　录

CONTENTS

第1章 楠木的分布与闽楠良种选育

1.1 楠木的分布

1.1.1 楠木的种类

楠木，通常指樟科楠属植物，有时也指它们所产的木材。樟科楠属植物约 94 种，分布亚洲及热带美洲。我国约有 35 种 4 变种(表 1-1)，产长江流域及以南地区，以云南、四川、江西、福建、湖南、湖北、贵州、广西、广东为多。很多种类为高大乔木，木材坚实，结构细致，不易变形和开裂，为建筑、家具、装修等优良木材。

表 1-1 楠属树种概况

序号	树种名称	拉丁学名	地理分布	生境
1	沼楠	*P. angustifolia*	云南东南部	生于低海拔的沼泽地或水沟边
2	闽楠	*P. bournei*	江西、福建、浙江南部、广东、广西北部及东北部、湖南、湖北、贵州东南及东北部	多生于海拔 1000m 以下的山地沟谷阔叶林中
3	短序楠	*P. brachythyrsa*	云南东北部	生于低海拔山坡灌丛中
4	浙江楠	*P. chekiangensis*	浙江西北部及东北部、福建北部、江西东部	生于山地阔叶林中
5	山楠	*P. chinensis*	甘肃、陕西、湖北、贵州、四川、西藏、云南	多见于海拔 1400～1600m 的山坡或山谷常绿阔叶林中

（续）

序号	树种名称	拉丁学名	地理分布	生境
6	竹叶楠	*P. faberi*	陕西南部、湖北西部、湖南西部、四川、贵州及云南中至北部	多见于海拔 800～1500m 的阔叶林中
7	台楠	*P. formosana*	台湾、安徽	生于山地阔叶林中
8	长毛楠	*P. forrestii*	西藏东南部、云南中部至西部	见于海拔 1700～2500m 的山坡或山谷阔叶林中
9	粉叶楠	*P. glaucophylla*	云南东南部	生于海拔 900～1200m 的石灰岩山地阔叶林中
10	茶槁楠	*P. hainanensis*	广东、海南	生于杂木林中
11	细叶桢楠	*P. hui*	陕西南部、四川、湖南西北部及云南东北部	野生的多见于海拔 1500m 以下的密林中
12	湘楠	*P. hunanensis*	甘肃南部、陕西南部、江西西南部、江苏、湖北、湖南中部东南部西部、贵州东部	生于海拔 500～1000m 沟谷或溪边阔叶混交林中
13	红毛山楠	*P. hungmaoensis*	广东、海南、广西南部及西南部	在热带山地常绿季雨林中生长较多
14	桂楠	*P. kwangsiensis*	广西西北部	生于海拔约 1000m 的沟边森林中
15	披针叶楠	*P. lanceolata*	云南南部	生于海拔 1500m 以下的山地阔叶林中
16	雅砻江楠	*P. legendrei*	四川西部、西南部及云南西北部	生于较高海拔的密林中
17	利川楠	*P. lichuanensis*	湖北西南部	生于海拔约 700m 的沟谷林中
18	大果楠	*P. macrocarpa*	云南东南部	见于海拔 1200～1800m 的杂木林中
19	大萼楠	*P. megacalyx*	云南东南部	见于低海拔的沟边阔叶林中
20	小叶楠	*P. microphylla*	云南东南部	生于海拔 400～1800m 的沟谷疏林中
21	小花楠	*P. minutiflora*	云南南部	生于山坡或沟谷疏林或密林中，海拔 500～1450m
22	墨脱楠	*P. motuonan*	西藏东南部	生于海拔约 1700m 的山坡阔叶林中
23	白楠	*P. neurantha*	江西、湖北、湖南、广西、贵州、陕西南部、甘肃南部、四川、云南	生于海拔 500～1400m 的山地密林中

（续）

序号	树种名称	拉丁学名	地理分布	生境
24	光枝楠	*P. neuranthoides*	陕西南部、四川北部东部及东南部、湖北西南部、贵州东北部至南部、湖南西部	生于海拔 650～2000m 山地密林中
25	黑叶楠	*P. nigrifolia*	广西西南部	生于石灰岩山上灌丛中
26	白背楠	*P. glaucifolia*	西藏东南部，云南南部	生于山地阔叶林中
27	普文楠	*P. puwenensis*	云南南部、东南部及西南部	多生于海拔 800～1700m 南亚热带阔叶林和热带雨林中
28	红梗楠	*P. rufescens*	云南西南部	生于海拔 1800～1950m 的较湿润的疏林或密林中
29	紫楠	*P. sheareri*	长江流域及以南地区，江苏、安徽、浙江、湖南和贵州等地	多生于海拔 1000m 以下的山地阔叶林中
30	乌心楠	*P. tavoyana*	广东、广西东南部、海南、云南	生于混交林及灌丛中
31	崖楠	*P. yaiensis*	广东海南及广西西南部	生于低海拔杂木林中
32	景东楠	*P. yunnanensis*	云南西部	生于海拔约 2000m 的山地阔叶林中
33	桢楠	*P. zhennan*	湖北西部、贵州西北部、四川及重庆	野生的多见于海拔 1500m 以下的阔叶林中
34	粗柄楠	*P. crassipedicella*	贵州、广西西北部	多生于石灰岩山上的疏林中
35	石山楠	*P. calcarea*	广西、贵州	生于石灰岩山上的森林之中，海拔 900m
36	兴义楠（变种）	*P. neurantha* var. *cavaleriei*	贵州兴义	多生于海拔 1000m 左右的石灰岩山上
37	短叶楠（变种）	*P. neurantha* var. *brevifolia*	云南东南部	生于石灰岩山上丛林中或水旁，海拔 1200～1500m
38	裂叶白楠（变种）	*P. neurantha* var. *lobophylla*	湖北省恩施	亚热带常绿落叶阔叶混交林中
39	峨眉楠（变种）	*P. sheareri* var. *omeiensis*	四川及贵州西北部	生于较低海拔阔叶林中，在四川盆地西部地区较常见

1.1.2 楠木分布区

1.1.2.1 楠木在全国分布区的气候

《史记·货殖列传》记载“江南出楠梓”。在历史上，中国楠木生长的地理分布远比现在广阔，成林面积十分广阔，在中国经济中有十分重要的地位。从文献记载和考古发现来看，先秦时期中国楠木分布应比现在要偏北一些，其北界可能达到秦岭北坡地区和河南南部地区，甚至可达到北纬 35°左右的地区，比现在分布靠北一个多纬度。

现在楠属树种的分布较先秦时期有所南移，主要分布于长江流域及以南地区，遍及19个省(自治区、直辖市)，其北界大致在甘肃南部文县、康县、徽县，陕西秦岭以南，河南伏牛山、桐柏山、鸡公山、大别山，安徽六安及附近的金寨县、霍山县、舒城县等地，江苏南京、句容、溧阳、宜兴、苏州等地。楠属树种在我国分布省份和区域见表1-2。楠属树种分布的北界与秦淮线较为吻合，在河南信阳以西，楠属树种分布的北界与秦淮线高度吻合，在信阳以东，北界在秦淮线以南；由此，我们就容易得到楠属分布区的气候状况了。楠属大多数树种分布在800mm年等降水量线以南的干燥度小于1的湿润区，1月平均气温在0℃以上，冬季基本上不结冰的亚热带及以南地区。所以楠属植物在我国热带、亚热带地区分布广泛。南方各省均有适宜其生长的乡土树种。虽然部分楠属植物的现有分布范围很狭窄，但是其潜在的分布范围却相当广泛。

表1-2　楠属树种分布的省份

树种	云南	广西	贵州	湖北	四川	湖南	河南	重庆	陕西	广东	江西	海南	安徽	西藏	浙江	福建	甘肃	江苏	台湾
紫楠	√	√	√	√	√	√		√		√	√		√		√	√		√	
白楠	√	√	√	√	√	√	√	√	√	√	√						√		
湘楠			√	√		√	√	√	√		√		√				√	√	
闽楠		√	√	√		√				√	√				√	√			
山楠	√		√	√	√		√	√	√					√			√		
竹叶楠	√		√	√	√	√	√		√										
光枝楠		√	√	√	√	√		√	√										
桢楠			√	√	√	√	√	√											
细叶桢楠	√		√		√	√			√										
乌心楠	√	√								√		√							
浙江楠											√		√		√	√			
红毛山楠		√								√		√							
崖楠		√								√		√							
长毛楠	√				√									√					
台楠													√						√
白背楠	√													√					
茶槁楠										√		√							
雅砻江楠	√				√														
桂楠		√	√																
披针叶楠	√	√																	
粗柄楠		√	√																
石山楠		√	√																
沼楠	√																		
短序楠	√																		
粉叶楠	√																		

（续）

树种	云南	广西	贵州	湖北	四川	湖南	河南	重庆	陕西	广东	江西	海南	安徽	西藏	浙江	福建	甘肃	江苏	台湾
利川楠				√															
大果楠	√																		
大萼楠	√																		
小叶楠	√																		
小花楠	√																		
墨脱楠														√					
黑叶楠		√																	
普文楠	√																		
红梗楠	√																		
景东楠	√																		

1.1.2.2 楠木在全国分布区的土壤与植被

楠属树种主要生长在阔叶混交林中(表1-1)或零星分布于林中，有的也以小片纯林的形式存在。分布区的土壤以红壤、黄壤和石灰土为主。

江西省中部的吉安市闽楠天然林主要为常绿阔叶混交林，闽楠为建群种或共建种，土壤类型以红壤为主，母岩以花岗岩、砂岩为主。湖北省远安县野生的白楠、竹叶楠大多分散分布在海拔300~1000m的阔叶林或针阔混交林中，它们主要生长在山体半山腰的悬崖峭壁之上，在溪流两旁、河谷地带的北坡以及地被为苔藓植物的潮湿地段，坡度为35°~45°的生境条件下，且大多数散生，少量丛生。湖北省宜都的王家畈镇、聂家河镇和潘家湾乡，野生竹叶楠、桢楠、湘楠较多分布在山地比较潮湿的阴坡，坡度为30°~40°，坡位为中坡位和下坡位，海拔在710m左右，群落类型为常绿或落叶阔叶林。在福建明溪，由于生态保护意识较好，大量闽楠得以保存，局部形成群落；在保护区内低海拔区域均有分布，面积约3000hm^2，种群数量估计在10万株以上，保护区及其周边是闽楠的现代分布中心之一。贵州德江沙溪楠木天然群落分布区位于德江县西北部，分布面积约5hm^2；分布区属岩溶中低山山原地貌，海拔900~1000m；母岩主要由石灰岩和砂页岩组成，土壤主要为黄壤。浙江省的闽楠、浙江楠天然种群较集中分布在丽水、衢州、建德、杭州等地；一般散生于海拔1000m以下的低山丘陵或沟边、溪旁，土壤均为山地黄红壤。湖南省永顺县闽楠天然林保护较好，植物资源丰富，群落类型多样；山地岩石以砂岩和板页岩为主；土壤在400~800m为山地黄壤，800m以上为山地黄棕壤；土层一般为中等厚度，水土流失现象较少。山地坡度一般在35°以上。贵州思南县楠木群落分布地貌以中低山山原峡谷和低山丘陵为主；出露母岩主要有碳酸盐岩、页岩、泥质页岩、砂页岩、沉积岩、变质岩等；森林土壤多为山地黄壤、红壤、石灰土、紫色土4个土类。湖北长阳县湘楠、白楠分布区土壤主要是黄壤，随着海拔的升高，依次出现山地黄壤—山地黄棕壤—山地棕壤。湖北省利川市沙溪乡楠木群落林下土壤质地为以扁砂为主的砂壤土和壤土，形成的土壤为黄红壤；群落内物种组成丰富，以常绿阔叶树种为主，群落外貌呈暗绿色，林冠较为整齐，为典型的中北亚热带常绿阔叶林。湖北省咸丰县楠木种群在海拔高于1400m的地区，以常绿或落叶硬阔叶林为主，针叶林及软阔叶林为辅；海拔在800~1400m的地区，多以针叶林为主，阔叶林为辅；海拔低于1000m的黄壤土地带，以柏木林为主；土壤类型主要有棕壤、黄棕壤、黄壤和水稻土，多为微酸性，pH值为5.5~6.5；有机质平均含量高。福建省南平市麻沙镇闽楠分布区的土壤为红壤。有桢楠分布的贵州楠杆自然保护区境内喀斯特地貌与常态地貌交错，河谷地貌特征明显，具有良好的水文地质条件；该地区碳酸盐岩石出露广泛，常与砂页岩、碎屑岩交错分布，发育有多种土壤类型，以黄壤、山地黄壤和石灰土为主，主要是中亚热带常绿阔叶林生态系统。福建省屏南县代溪镇后章村和洋头村两块相距2.6km的闽楠天然林小区内，土壤属黄红壤，地带性植被是常绿阔叶林。江西上饶市闽楠分布区地处中亚热带湿润季风区，日照充足，雨量充沛，母质以泥质岩、花岗岩、石英石、红砂岩和第四纪红黏土为主。江西靖安县的闽楠分布区属于中亚热带常绿阔叶林地带，土壤以红壤和山地黄壤为主。广西自然分布的楠属植物有13种，主要分布于广西北部、西北部和西南地区，根据生长环境分为2类，一类是生长于酸性土的楠属植物，包括光枝楠、红毛山楠、紫楠、白楠、闽楠和乌心楠；另一类为生长于钙质石灰土的楠属植物，包括石山楠、崖楠、桂楠、粗柄楠、黑叶楠、披针叶楠和粉叶楠。

1.1.2.3 楠木在湖南省的分布情况及天然群落

湖南省地处108°47′~114°15′E，24°38′~30°08′N，属大陆性中亚热带季风湿润气候，年均气温16~18℃，年日照时数1300~1800h，年降水量1200~1700mm，雨量充沛，水热充足。地貌由平原、盆地、丘陵地、山地、河湖构成，地跨长江、珠江两大水系；土壤类型以红壤、黄壤和黄棕壤为主，成土母岩有泥灰岩、板页岩、砂页岩和花岗岩等。

湖南省国土面积21.18万km^2，林业用地1299.8万hm^2。植被类型属亚热带常绿阔叶林带，植被丰茂，四季常青。楠木天然林主要混交树种有麻栎、樟树、杉木、马尾松等。

湖南省国家森林资源连续清查样地共6615个，1989—2014年各期含有楠木样木的样地分别为95、96、101、107、110、117个。在数据分析过程中发现湖南省楠木天然林均为混交林，混交树种复杂，因此在含有楠木的样地中，按楠木蓄积占比≥20%的原则筛选样地，依此得到的楠木天然林作为研究对象，各期楠木天然林的规模和蓄积如下：1989年楠木天然林面积为1.60万hm^2，蓄积为131.74万m^3；1994年楠木天然林面积为1.60万hm^2，蓄积为154.57万m^3；1999年楠木天然林面积为2.42万hm^2，蓄积为154.59m^3；2004年楠木天然林面积为4.80万hm^2，蓄积为317.76万m^3；2009年楠木天然林面积为8.00万hm^2，蓄积为644.44万m^3；2014年楠木天然林面积为11.53万hm^2，蓄积为920.95万m^3。1989—2014年楠木天然林面积增加了9.93万hm^2，蓄积增加了789.21万m^3。

楠木天然林主要分布于湘西自治州、张家界、怀化、株洲、永州、邵阳、郴州地区，其原因是这些地区气候温暖湿润，雨量充沛，光热充足，群山环绕，楠木片林的生长发育自然条件优越，人为破坏程度较小，管护措施完善，因而林分质量较好。

湖南产8种楠木，分别是闽楠、桢楠、细叶桢楠、紫楠、竹叶楠、湘楠、光枝楠和白楠。多数高大干直，木材芳香耐久，花纹美丽，自古以来视为名贵用材；树形美观，也适宜于园林绿化种植。

1.1.3　闽楠的特性

闽楠是樟科楠属的大乔木，高达 15~20m，树干通直，分枝少；老的树皮灰白色，新的树皮带黄褐色。小枝有毛或近无毛。叶革质或厚革质，披针形或倒披针形，长 7~13(15)cm，宽 2~3(4)cm，先端渐尖或长渐尖，基部渐狭或楔形，上面发亮，下面有短柔毛，脉上被伸展长柔毛，有时具缘毛，中脉上面下陷，侧脉每边 10~14 条，上面平坦或下陷，下面突起，横脉及小脉多而密，在下面结成十分明显的网格状；叶柄长 5~11(20)mm。花序生于新枝中、下部，被毛，长 3~7(10)cm，通常 3~4 个，为紧缩不开展的圆锥花序，最下部分枝长 2~2.5cm；花被片卵形，长约 4mm，宽约 3mm，两面被短柔毛；第一，二轮花丝疏被柔毛，第三轮密被长柔毛，基部的腺体近无柄，退化雄蕊三角形，具柄，有长柔毛；子房近球形，与花柱无毛，或上半部与花柱疏被柔毛，柱头帽状。果椭圆形或长圆形，长 1.1~1.5cm，直径约 6~7mm；宿存花被片被毛，紧贴。花期 4 月，果期 10~11 月。

闽楠产于江西、福建、浙江南部、广东、广西北部及东北部、湖南、湖北、贵州东南及东北部。湖南、湖北、广西的闽楠野生种源已难找到，呈散生分布，且数量少、产量低。目前，仅少数几个保护区仍有闽楠野生种源，如江西省官山国家级自然保护区、九连山国家级自然保护区、湖南黄桑国家级自然保护区、福建罗卜岩省级自然保护区等。

闽楠喜温暖、温润气候以及土层深厚肥沃、排水良好、中性或微酸性壤土，尤以山谷、山洼、阴坡下部及河边台地生长更好。为阴性树种，深根性，根系发达，根部有较强的萌芽力；寿命长，病虫害少，能长成大径材。天然林早期生长缓慢，至 60 年左右开始旺盛生长，人工林初期生长远较天然林迅速，13 年生的人工林其胸径、树高和材积年平均生长量分别为 20 年生天然林的 3 倍、2.3 倍和 7.1 倍。野生的多见于山地沟谷阔叶林中，土壤为红壤或黄壤。通常和青冈栎、丝栗栲、米槠、红楠、木荷等混生。

闽楠树干通直圆满，为珍贵用材树种。木材黄褐色略带浅绿，纹理美观，结构细密，芳香，不易变形及虫蛀，也不易开裂，强度中等，易加工，削面光滑美观，为上等建筑、家具、造船、雕刻、精密木模等的优良用材。

由于过度砍伐，以及它所喜生的土壤肥沃、湿润之地被垦为农地，故植株日益减少。1989 年被中国科学院植物研究所列入渐危种，2004 年《中国物种红色名录》将闽楠列为易危树种。一方面，国家从法律上对闽楠野生资源进行保护，如 1999 年国家林业局和农业部联合会议文件中，闽楠被列为国家二级重点保护野生植物；另一方面，国家鼓励闽楠资源的人工培育，2013 年国家林业局速生丰产办将闽楠列入《国家储备林树种名录》，在我国规划的 18 个木材战略储备生产基地中有 8 个种植有闽楠植株的基地被列入《国家储备林树种名录》。湖南沅陵、江西崇义和福建三明已营造人工林。闽楠目前已成为福建、江西、湖南、贵州、广西和浙江等地推广种植的珍贵阔叶用材树种之一。

1.2 闽楠良种选育

1.2.1 闽楠优树选择

由于目前尚无针对湖南地区的闽楠优树选择标准，为此，在湖南省内进行闽楠的优树选择研究，选出生长潜力强，形体优良的闽楠优树，为闽楠的种质保护，遗传改良和进一步开展闽楠良种推广造林提供参考。

1.2.1.1 闽楠优树选择技术

(1)选优区概况

根据闽楠天然次生林和闽楠人工林在湖南的分布情况，选优工作确立在炎陵、汝城、资兴、道县、祁阳、平江、永顺、金洞这8个县(市、区)进行。选优区的基本情况见表1-3。

表1-3 闽楠选优样区概况表

样区	经度(°)	纬度(°)	年均温(℃)	年降雨量(mm)	土壤类型
炎陵	113	26	14.6	1761.5	红壤
汝城	113	25	16.6	1547.1	红壤
资兴	113	25	17.7	1487.6	红壤
道县	111	25	19.5	1553.8	红壤
祁阳	110	26	18.2	1275.7	红壤
平江	113	28	16.8	1450.8	红壤
永顺	109	28	15.3	1365.9	红壤
金洞	110	26	13.5	1275.7	红壤

(2)闽楠优树选择步骤与方法

①踏查与初选

在全面了解和掌握湖南地区闽楠资源分布情况的基础上，确定调查地区，并进行踏查。闽楠属于稀缺树种，为了保证调查数据的可靠性与全面性，于2016年7月至2017年4月对调查地区的闽楠林分进行全面的踏查，了解林地基本概况和林木生长状况，初步选出闽楠候选优树，并进行标记。

②候选优树与对比木实测

首先实测闽楠候选优树的树高、胸径、活枝下高等，同时观察记录候选优树的通直度、圆满度、病虫害等指标。然后以闽楠候选优树为中心，以15m为半径设置圆形标准地，实测标准地内所有闽楠的树高和胸径。最后根据测量得到的树高和胸径算出每一株闽楠的材积。材积计算采用湖南省阔叶树种二元立木材积公式：

$$V=0.00005048D^{1.9085054}H^{0.99076507}$$

③对比木数量的确定

闽楠优树的选择方法采用的是对比木法，通过优树与对比木间的比较，可直接获得选择差，方便易行，且选择的可靠性大。一般而言，会采用“三株法”和“五株法”，对比木株数越多，选择结果相对越可靠。为了找出比较适宜的对比木株数，从48块标准地中选出4块同龄优树样地的数据，抽取了1~5株对比木的树高、胸径、材积，对不同对比木株数的变异系数进行分析，结果见表1-4。

表1-4 不同株数对比木数量指标变异系数表

性状数值	1株	2株	3株	4株	5株
树高	0.0601	0.0488	0.0404	0.0351	0.0324
胸径	0.0765	0.0586	0.0492	0.0429	0.0392
材积	0.2214	0.1743	0.1448	0.1252	0.1170

由不同对比木株数的变异系数分析可知树高、胸径、材积的变异系数在2株与3株间的差异分别为0.0084、0.0094、0.0295，4株对比木与5株对比木相比的差异分别为0.0027、0.0037、0.0082，可见3株对比木的变异系数变化还比较大，而4株对比木以后变化已趋平稳，采用5株对比木比采用3株对比木更能保证选优的可靠性。

1.2.1.2 闽楠优树选择结果

(1)闽楠初选优树及其5株优势木生长性状比较

经过踏查共初选出闽楠优树48株，以数字1~48做好标记。以“五株对比木法”的选优标准对这48株闽楠优树进行选择，剔除对比木株数不满足五株的初选优树。经过数据整理，初选出41株闽楠优树，优势木205株，进行有关测定数据的统计汇总与比较分析，见表1-5。

表1-5 闽楠初选优树及其5株优势木性状

初选优树号	初选优树			5株优势木平均值		
	树高(m)	胸径(cm)	材积(m^3)	树高(m)	胸径(cm)	材积(m^3)
1	21.2	33.7	0.8564	18.7	25.2	0.4343
2	20.8	41.8	1.2677	20.3	32.9	0.7836
3	23.4	37.5	1.0944	23.2	34.7	0.9999
4	21.4	35.9	0.9753	20.7	31.9	0.7532
5	24.4	31.3	0.8550	21.3	29.9	0.6848
6	20.3	33.5	0.8111	20.6	29.6	0.6499
7	27.3	67.8	4.1776	24.5	52.8	2.3287
12	15.3	46.5	1.1461	16.9	38.9	0.8997
13	19.8	41.4	1.1854	17.6	34.5	0.7448
14	19.8	82.5	4.4194	18.7	59.7	2.2525
16	15.8	25.9	0.3872	14.2	19.3	0.1987
16b	18.1	38.3	0.9348	14.9	35.9	0.6813

（续）

初选优树号	初选优树			5株优势木平均值		
	树高(m)	胸径(cm)	材积(m^3)	树高(m)	胸径(cm)	材积(m^3)
17	16.4	35.1	0.7177	14.4	31.0	0.4978
18	17.5	38.5	0.9131	16.0	31.2	0.5594
19	16.7	35.6	0.7507	15.0	29.9	0.4838
20	18.7	37.1	0.9086	17.3	32.3	0.6457
21	18.7	40.7	1.0842	17.1	34.8	0.7359
22	18.5	40.5	1.0627	17.4	35.8	0.7903
23	16.4	29.8	0.5252	14.4	23.8	0.3006
24	16.5	30.4	0.5488	14.8	22.8	0.2846
25	15.7	25.9	0.3848	14.2	20.5	0.2230
26	17.8	26.9	0.4685	15.2	21.1	0.2520
27	16.3	27.4	0.4447	15.2	22.1	0.2753
28	15.8	34.2	0.6583	10.8	33.4	0.4316
29	10.5	15.6	0.0982	11.5	13.6	0.0827
30	17.2	49.3	1.4389	17.0	45.8	1.2359
31	28.7	43.1	1.8490	24.7	41.1	1.4554
32	19.6	47.2	1.5072	21.9	36.1	1.0085
33	22.4	45.5	1.6040	19.4	37.7	0.9716
34	10.2	20.8	0.1652	8.9	16.7	0.0949
35	15.7	17.1	0.1742	14.0	15.6	0.1305
36	13.7	17.0	0.1505	13.3	16.2	0.1333
37	11.7	33.2	0.4619	9.4	27.6	0.2614
39	13.6	44.1	0.9217	13.1	38.6	0.6888
40	14.6	25.3	0.3424	13.1	20.4	0.2039
41	17.0	29.6	0.5372	16.0	24.6	0.3554
42	18.5	26.0	0.4561	18.2	24.6	0.4038
43	17.8	37.2	0.8697	16.9	30.1	0.5515
44	17.0	30.7	0.5760	14.8	22.5	0.2775
45	22.8	43.6	1.5048	22.7	37.6	1.1295
46	24.8	37.6	1.2329	24.2	35.2	1.0610

根据表1-5数据先分别计算出初选优树与优势木平均值在树高、胸径、材积3个因子上的差值，再利用SPSS软件分别对3个因子的差值进行差异显著性分析，计算出各因子的 t 值(表1-6)。

表 1-6　闽楠初选优树与优势木平均值 t 值

因子	与优势木均值比较		
	树高	胸径	材积
t	6.343	8.577	4.774
P	<0.05	<0.05	<0.05

从表 1-6 可看出，闽楠初选优树与优势木平均值在树高、胸径、材积 3 个因子上的差异显著。优树是按表现型选择的，故高入选精度和正确的评选原则决定了入选结果，因此，优树的入选标准应该在优势木平均值数值(X)的基础上再加一定数值(Δ)，该数值(Δ)一般以优势木平均值的百分数来表示。当初选优树的性状指标值超过该标准($X+\Delta$)，即可入选，若未达到该标准，则不能入选。

(2)入选标准的确定

① 生长指标

确定入选标准 Δ 值的取值范围。按优势木各因子平均值的数值，每增加 5%，利用 SPSS 软件进行差异显著性分析得出 t 值与 P 值，当分析出相隔 5%的 2 个 t 值，1 个差异显著 1 个差异不显著时，2 个相隔 5%的数值即为优树入选标准 Δ 值的取值范围。通过分析，各因子的入选标准 Δ 值的取值范围见表 1-7。

表 1-7　闽楠优树 t 值及入选标准 Δ 值取值范围和临界 Δ 值表

因子	与优势木均值比较		
	树高	胸径	材积
t	1.902	2.021	1.908
Δ 取值范围(%)	5~10	15~20	40~45
Δ 临界值(%)	6	16	41

② 形质指标

在进行优树选择时，为了能够获得优良的基因型，需在保证生长指标作为第一标准的前提下，对优树的各项形质指标进行综合考核。根据实际调查的树高、胸径、材积、枝下高、树干通直度、树干圆满度、树干分叉性与健康状况等因素，对各项指标进行评分。借鉴其他阔叶树种选优标准做适当调整后制定了综合评定优树指标(表 1-8)。

表 1-8　闽楠优树选择综合评分表

项目	指标	得分值				
		10	8	6	4	2
树高评分	大于优势木均值的百分比	50%以上	41%~50%	3%~40%	21%~30%	6%~20%
胸径评分	大于优势木均值的百分比	50%以上	41%~50%	31%~40%	21%~30%	16%~20%
材积评分	大于优势木均值的百分比	100%以上	85%~100%	70%~84%	55%~69%	41%~54%
枝下高评分	枝下高与树高比值	60%以上	50%~60%	40%~49%	30%~39%	20%~29%

（续）

项目	指标	得分值				
		10	8	6	4	2
树干通直度	通直度与树高比值	完全通直	4/5	2/3	1/2	1/3
	树干弯曲度	无弯曲	轻度弯曲	较大弯曲	轻重弯曲	严重弯曲
树干圆满度	胸径圆满程度	圆满	较圆满	中等	尖削度较大	尖削度大
主干分叉性	分叉基部的位置与树干高比值	完全无分叉	4/5 以上有一个分叉	2/3~4/5 处有一个中等大小分叉	1/3~2/3 处有一个较大分叉	1/3 以下有一个大分叉或几个分叉
健康状况	受病虫危害程度	完全健康	树冠有个别枯树枝	受害较轻，枯叶较多	受害较重，枯叶多	受害严重，枝叶大量枯死

(3)入选优树

入选优树在树高、胸径、材积 3 项绝对生长量达标的前提下，根据表 1-8 对优树进行评分，综合评分达 54 分(总分的 60%)的，即为最终入选优树。此次共选出闽楠优树 16 株，入选率为 39%，与对照相比，入选优树树高平均提高 12.2%，胸径平均提高 25.1%，材积平均提高 72.1%，平均综合得分为 71.1，入选结果见表 1-9。

表 1-9　入选闽楠优树基本情况

优树	地点	树高(m)	胸径(cm)	材积(m^3)	优树树高>优势木树高(%)	优树胸径>优势木胸径(%)	优树材积>优势材积(%)	综合得分
1	炎陵	21.2	33.7	0.8564	13.4	33.7	97.2	78
7	汝城	27.3	67.8	4.1776	11.4	28.4	79.4	74
13	资兴	19.8	41.4	1.1854	12.5	20.0	59.2	66
16	道县	15.8	25.9	0.3872	11.3	34.2	94.9	76
18	祁阳	17.5	38.5	0.9131	9.4	23.4	63.2	70
19	祁阳	16.7	35.6	0.7507	11.3	19.1	55.2	64
21	祁阳	18.7	40.7	1.0842	9.4	16.9	47.3	68
23	平江	16.4	29.8	0.5252	13.9	25.2	74.7	70
24	平江	16.5	30.4	0.5488	11.5	33.3	92.9	76
25	平江	15.7	25.9	0.3848	10.6	26.3	72.6	72
26	平江	17.8	26.9	0.4685	17.1	27.5	85.9	80
27	平江	16.3	27.4	0.4447	7.2	24.0	61.5	64
34	金洞	10.2	20.8	0.1652	14.6	24.6	74.1	66
37	金洞	11.7	33.2	0.4619	24.5	20.3	76.7	72
40	永顺	14.6	25.3	0.3424	11.5	24.0	67.9	74
41	永顺	17.0	29.6	0.5372	6.3	20.3	51.2	68
均值		17.1	33.3	0.9121	12.2	25.1	72.1	71.1

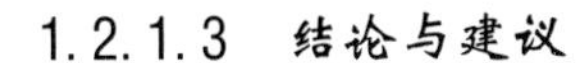

1.2.1.3 结论与建议

(1)结论

按表现型选择闽楠优树，选用树高、胸径、材积这 3 个形质指标，通过分析不同对比木株数与候选优树在形质指标上的变异系数，确定选用 5 株对比木，5 株对比木具有更稳定的变异系数，能有效地保证选优的可靠性。分别对初选优树与优势木在树高、胸径、材积的差值进行差异显著性分析，确定闽楠优树生长量的评定标准：树高应超过优势木平均树高的 6%，胸径应超过优势木平均胸径的 16%，材积应超过优势木平均材积的 41%。按得出的评定标准，在 41 株闽楠初选优树中，树高达到标准的有 26 株，胸径达到标准的有 22 株，材积达到标准的有 23 株，3 项均达到标准的有 16 株。利用综合评定标准，对 41 株闽楠初选优树进行综合评定，从而选出闽楠优树 16 株，入选率为 39%，入选优树与优势木相比，树高平均提高 12. 2%、胸径提高 25. 1%、材积提高 72. 1%。

(2)建议

补充优树资源。本次选出的 16 株闽楠优树是湖南省重要的闽楠基因资源。由于早期对闽楠天然林的人为破坏，现存的闽楠林多分布在人为干扰较少的地区，而且多以小群落的形式存在，不易发现。建议对湖南省闽楠分布的县市区进行全面踏查，按标准选出闽楠优树 30 株以上，扩大闽楠优树资源，为闽楠良种选择和培育做好种质资源的准备。保存优树基因。这次选出的闽楠优树，应采取现地保护与扩繁等有效措施把优树基因保存下来，建立闽楠种子园，提高闽楠良种质量和数量。

1. 2. 2　闽楠种源试验

1. 2. 2. 1　闽楠种源收集

经过对各种源地闽楠天然林和人工林情况进行实地调查，确定闽楠种源采种点并进行采种。参试闽楠种源材料来自湖南、贵州、福建、江西、湖北、广东 6 省 22 个地理种源。

1. 2. 2. 2　闽楠种源试验

(1)试验地概况与样地调查方法

① 试验地概况

试验样地设置在金洞林场(26°02′10″～26°21′37″N，110°53′43″～112°13′37″E 之间)，位于湖南省永州市，其地理位置位于中亚热带东南季风气候区，年均温 16. 3～17. 7℃，绝对最高温为 40℃，绝对最低温度为-8. 4℃，年平均相对湿度 81%，年均降水量为 1600～1900mm，年蒸发量 1225mm；年平均有效日照时间为 1617h，7 月日照时数最大，1、2 月最小，全年无霜期 302d。金洞林场位于湘江流域的中上游地区，有着丰富充足的水资源，金白河贯穿全境，其间河流沟壑数目众多且分布密集，水质清澈、水量丰沛。金洞林场有闽楠的天然分布，有进行闽楠栽培种植的历史与传统。

试验区域分别设置在金洞林场黄家山和三丘田。2013 年，来自湖南、湖北、福建、江西 4 省的 8 个种源作为第一批参试种源，在湖南省永州市金洞林场黄家山试验地以 2 年生苗进行造林，种源来源地理位置见表 1-10。2014 年，来自湖南、福建、贵州、广东 4 省的14个种源作为第二批参试种源，在湖南省永州市金洞林场三丘田试验地以2年生苗进行造林，各种源来源地理位置见表1-11。

表1-10　黄家山试验地闽楠种源来源

种源地	经度(°)	纬度(°)
福建将乐	117.45	26.73
湖北恩施	109.28	30.16
湖北来凤	109.40	29.52
湖南金洞	111.55	26.19
湖南龙山	109.42	29.64
湖南汝城	113.68	25.54
江西井冈山	114.17	26.57
江西婺源	117.85	29.25

表1-11　三丘田试验地闽楠种源来源

种源地	经度(°)	纬度(°)
福建明溪	117.16	26.24
福建三明	117.61	26.23
福建泰宁	117.15	26.92
广东乐昌	113.35	25.13
贵州赤水	105.69	28.57
贵州惠水	106.66	26.14
贵州台江	108.32	26.67
贵州务川	107.87	28.54
贵州遵义	106.83	27.5
湖南道县	111.57	25.52
湖南金洞	111.55	26.19
湖南炎陵	113.77	26.48
湖南永顺	109.84	29.00
湖南资兴	113.39	25.95

②样地调查方法

A 选取样地

2018年12月，在黄家山和三丘田试验地中对闽楠人工幼林进行全面调查。通过对林分踏查，分别在黄家山、三丘田每一种源试验林内设置20m×20m的样地。

B 每木检尺

在设置的样地内对闽楠幼树每木检尺，逐株测量并记录试验区内6年生(黄家山试验林)及5年生(三丘田试验林)闽楠幼树的胸径、树高及冠幅。

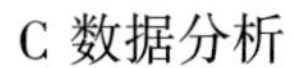

C 数据分析

分别统计并录入所得的调查数据，主要包括胸径、树高和冠幅。数据处理运用 SPSS 数据分析软件进行方差分析及邓肯(Duncan)多重比较分析、聚类分析等，以此评价闽楠不同种源在金洞林场的生长表现。

(2)闽楠不同种源生长分析

① 闽楠不同种源的胸径分析

对黄家山 6 年生 8 个闽楠种源、三丘田 5 年生 14 个闽楠种源的胸径进行方差分析及 Duncan 多重比较，结果见表 1-12、表 1-13。

表 1-12　黄家山闽楠不同种源的胸径差异比较

种源	胸径(cm)	最小值(cm)	最大值(cm)
福建将乐	5. 41±0. 14 ab	3. 00	9. 50
湖北恩施	4. 71±0. 12 de	2. 30	8. 50
湖北来凤	5. 13±0. 13 be	1. 80	9. 90
湖南金洞	5. 05±0. 09 c	2. 70	9. 70
湖南龙山	5. 02±0. 12 cd	1. 50	8. 90
湖南汝城	4. 54±0. 08 e	2. 20	7. 80
江西井冈山	4. 80±0. 09 cde	2. 70	7. 90
江西婺源	5. 48±0. 11 a	2. 50	9. 60
平均	5. 02±0. 04		

注：表中数据为平均值±标准误，n=150；同列数据后的字母表示显著性差异，具有相同小写字母则无显著差异，小写字母不同的种源间即有显著差异(P<0. 05，Duncan 多重比较法)。下同。

表 1-12 结果表明，闽楠不同种源间胸径生长差异达到了极显著的水平，8 个参试闽楠种源的总体平均胸径为 5. 02cm。其中平均值最大，即表现最好的为江西婺源种源，平均胸径为 5. 48cm，是参试种源总体平均胸径的 1. 09 倍，是表现最差的湖南汝城种源平均胸径 4. 54cm 的 1. 21 倍；而平均值最小，表现最差的湖南汝城种源，其平均胸径仅仅为参试种源总体平均胸径的 0. 90。胸径这一生长性状表现好的种源为：江西婺源、福建将乐、湖北来凤等 3 个种源，其胸径平均值依次为 5. 48cm、5. 41cm、5. 13cm，可作为闽楠优良种源初选的考虑；其次为湖南金洞、湖南龙山这 2 个种源，其胸径平均值在 5. 02~5. 05cm 之间；平均值最小，即在胸径方面表现较差的为江西井冈山、湖北恩施和湖南汝城等 3 个种源，其胸径平均值分别为 4. 80cm、4. 71cm、4. 54cm。

三丘田 5 年生 14 个闽楠种源的胸径进行方差分析及 Duncan 多重比较，结果表明，闽楠不同种源间胸径生长的差异表现十分明显，存在极显著差异。14 个参试闽楠种源总体平均胸径为 3. 94cm。其中平均值最大，即表现最好的为福建明溪种源，平均胸径为 5. 41cm，是参试种源总体平均胸径的 1. 37 倍，是表现最差的湖南永顺种源平均胸径 3. 00cm 的 1. 80 倍。而平均值最小，表现最差的湖南永顺种源，其平均胸径仅仅为参试种源总体平均胸径的 0. 76。胸径这一生长性状表现好的种源为：福建明溪、贵州台江、贵州惠水、福建三明、湖南金洞 5 个种源，其胸径平均值依次为 5. 41cm、4. 66cm、4. 33cm、4. 32cm、4. 28cm，可作为闽楠优良种源初选的考虑。其次为贵州遵义、福建泰宁、湖南道县、贵州务川 4 个种源，其胸径平均值在 3. 61～3. 96cm 之间。平均值较小，即在胸径方面表现较差的广东乐昌、贵州赤水、湖南资兴、湖南炎陵和湖南永顺 5 个种源，其胸径平均值分别为 3. 59cm、3. 58cm、3. 47cm、3. 39cm、3. 00cm。

表 1-13　三丘田闽楠不同种源的胸径差异比较

种源	胸径(cm)	最小值(cm)	最大值(cm)
福建明溪	5. 41±0. 17a	1. 20	8. 70
福建三明	4. 32±0. 11c	1. 20	7. 90
福建泰宁	3. 79±0. 10de	1. 50	6. 00
广东乐昌	3. 59±0. 07ef	2. 00	5. 20
贵州赤水	3. 58±0. 05ef	1. 80	4. 50
贵州惠水	4. 33±0. 08c	2. 30	6. 10
贵州台江	4. 66±0. 07b	3. 40	6. 50
贵州务川	3. 61±0. 11ef	1. 20	6. 20
贵州遵义	3. 96±0. 10d	1. 30	5. 90
湖南道县	3. 75±0. 12de	1. 20	5. 60
湖南金洞	4. 28±0. 12c	1. 00	7. 40
湖南炎陵	3. 39±0. 08f	1. 60	5. 20
湖南永顺	3. 00±0. 11g	0. 50	5. 50
湖南资兴	3. 47±0. 09ef	1. 10	5. 30
平均	3. 94±0. 03		

② 闽楠不同种源的树高分析

对黄家山 6 年生 8 个闽楠种源、三丘田 5 年生 14 个闽楠种源的树高进行方差分析及 Duncan 多重比较，结果见表 1-14、表 1-15。

表 1-14　黄家山闽楠不同种源的树高差异

种源	树高(m)	最小值(m)	最大值(m)
福建将乐	4. 80±0. 10	3. 00	7. 60
湖北恩施	4. 49±+0. 11	1. 70	7. 20
湖北来凤	4. 63±0. 11	2. 40	7. 70
湖南金洞	4. 57±0. 06	2. 60	7. 30
湖南龙山	4. 52±0. 07	2. 30	6. 50
湖南汝城	4. 55±0. 08	2. 80	6. 50
江西井冈山	4. 52±0. 07	2. 50	6. 90
江西婺源	4. 59±0. 07	2. 20	6. 80
平均	4. 58±0. 03		

表 1-15　三丘田闽楠不同种源的树高差异

种源	树高(m)	最小值(m)	最大值(m)
福建明溪	5. 12±0. 16 a	1. 00	7. 60
福建三明	3. 63±0. 09 de	1. 50	6. 50
福建泰宁	3. 70±0. 10 d	2. 00	6. 40
广东乐昌	3. 40±0. 06 e	2. 30	5. 60
贵州赤水	3. 47±0. 04 de	2. 20	4. 20
贵州惠水	4. 05±0. 07 c	2. 10	5. 70
贵州台江	4. 34±0. 08 b	2. 70	6. 20
贵州务川	3. 15±0. 10 f	1. 80	6. 20
贵州遵义	3. 66±0. 08 de	1. 80	4. 80
湖南道县	3. 59±0. 09 de	1. 65	5. 70
湖南金洞	3. 99±0. 11 c	1. 80	6. 50
湖南炎陵	3. 02±0. 06 f	2. 00	4. 20
湖南永顺	2. 96±0. 10 f	1. 10	5. 30
湖南资兴	3. 53±0. 07 de	2. 10	5. 00
平均	3. 69±0. 03		

从表 1-14 中可得，闽楠的树高生长在这 8 个不同种源间未表现出显著的差异性，其中平均值最大，即表现最好的福建将乐种源，平均树高为 4. 80m，是参试种源总体平均树高 4. 58m 的 1. 05 倍；是表现最差的湖北恩施种源平均树高 4. 49m 的 1. 07 倍。表现最差的湖北恩施种源，其平均树高值最小，为参试种源总体平均树高的 0. 98。在树高方面，表现好的种源为：福建将乐、湖北来凤、江西婺源 3 个种源，其树高平均值依次为 4. 80m、4. 63m、4. 59m，可作为闽楠优良种源的初选考虑。其次为湖南金洞和湖南汝城种源，其树高平均值位于 4. 55~4. 57m 之间。树高平均值较小，在树高这一性状上表现较差的是湖南龙山、江西井冈山、湖北恩施 3 个种源，其树高平均值分别为 4. 52m、4. 52m、4. 49m。

从表 1-15 中可得，闽楠的树高生长在该 14 个不同种源间存在十分明显的差异。其中平均值最大，即表现最好的福建明溪种源，平均树高为 5. 12m，是参试种源总体平均树高 3. 69m 的 1. 39 倍；是表现最差的湖南永顺种源平均树高 2. 96m 的 1. 73 倍。表现最差的湖南永顺种源，其平均树高值最小，为参试种源总体平均树高的 0. 80。在树高方面，表现最好的种源为：福建明溪、贵州台江、贵州惠水、湖南金洞等 4 个种源，其树高平均值依次为 5. 12m、4. 34m、4. 05m、3. 99m，可作为闽楠优良种源的初选考虑。其次为福建泰宁、贵州遵义、福建三明、湖南道县 4 个种源，其树高平均值位于 3. 59~3. 70m 之间。树高平均值较小，在树高这一性状上表现较差的是湖南资兴、贵州赤水、广东乐昌、贵州务川、湖南炎陵和湖南永顺 6 个种源，其树高平均值为 3. 53m、3. 47m、3. 40m、3. 15m、3. 02m、2. 96m。

③ 闽楠不同种源的冠幅比较分析

对黄家山6年生8个闽楠种源、三丘田5年生14个闽楠种源的冠幅进行方差分析及Duncan多重比较，结果见表1-16、表1-17。

表1-16 黄家山闽楠不同种源冠幅差异

种源	冠幅(m)	
	东西	南北
福建将乐	1.65±0.04 ab	1.78±0.04 a
湖北恩施	1.63±0.05 abc	1.65±0.04 bc
湖北来凤	1.51±0.051 bcd	1.65±0.05 be
湖南金洞	1.49±0.05 bed	1.60±0.04 bcd
湖南龙山	1.71±0.11 a	1.71±0.05 ab
湖南汝城	1.39±0.04 d	1.51±0.03 d
江西井冈山	1.46±0.03 cd	1.56±0.03 cd
江西婺源	1.57±0.04 abcd	1.72±0.04 ab
平均	1.55±0.02	1.65±0.01

表1-17 三丘田闽楠不同种源冠幅差异

种源	冠幅(m)	
	东西	南北
福建明溪	1.72±0.06 a	1.77±0.06 a
福建三明	1.37±0.04 c	1.43±0.04 c
福建泰宁	1.23±0.03 de	1.34±0.04 cde
广东乐昌	1.23±0.03 de	1.27±0.03 e
贵州赤水	1.29±0.02 cd	1.32±0.02 de
贵州惠水	1.68±0.05 a	1.69±0.04 a
贵州台江	1.53±0.03 b	1.54±0.02 b
贵州务川	1.39±0.04 c	1.44±0.04 c
贵州遵义	1.20±0.02 de	1.28±0.02 e
湖南道县	1.36±0.04 c	1.44±0.04 c
湖南金洞	1.28±0.04 cd	1.38±0.03 cd
湖南炎陵	1.36±0.02 c	1.40±0.02 cd
湖南永顺	1.08±0.02 f	1.16±0.03 f
湖南资兴	1.17±0.02 ef	1.25±0.02 ef
平均	1.35±0.01	1.41±0.01

从表 1-16 中可得，闽楠的冠幅生长在这 8 个不同种源间也同样存在着极其显著的差异。参试种源的总体平均冠幅(东西)为 1.55m，总体平均冠幅(南北)为 1.65m。福建将乐、江西婺源以及湖南龙山这 3 个种源冠幅较大，冠幅(东西)分别为 1.65m、1.57m、1.71m，冠幅(南北)依次为 1.78m、1.72m、1.71m；而湖南金洞、江西井冈山和湖南汝城 3 个种源的冠幅较小，其东西冠幅分别为 1.49m、1.46m、1.39m，南北冠幅分别为 1.60m、1.56m、1.51m。

从表 1-17 中可得，闽楠的冠幅生长在这 14 个不同种源间也同样存在着极其显著的差异。参试种源的总体平均冠幅(东西)为 1.35m，总体平均冠幅(南北)为 1.41m。福建明溪、贵州惠水、贵州台江 3 个种源冠幅较大，冠幅(东西)分别为 1.72m、1.68m、1.53m，冠幅(南北)依次为 1.77m、1.69m、1.54m；而贵州遵义、广东乐昌、湖南资兴和湖南永顺 4 个种源的冠幅较小，其东西冠幅分别为 1.20m、1.23m、1.17m、1.08m，南北冠幅分别为 1.28m、1.27m、1.25m、1.16m。

(3)闽楠不同种源的聚类分析

为了综合全面地比较闽楠不同种源的生长表现，进而筛选出优质种源，对黄家山的 8 个闽楠种源与三丘田 14 个种源的胸径、树高等生长指标所测定得到的数据进行均值处理，应用 SPSS 数据分析软件对其进行聚类分析，聚类分析能够在复杂问题中将其各种因素区分为相互关联的、有序的类别，而权重在这一分析方法中占据着重要的意义——通过对客观事实的判断从而以数学方法定量表示各影响因素的相对重要性。由于在生产实际中，影响材积的主要因素为胸径和树高，冠幅的影响程度与二者相比相对较小，因此本研究采用，胸径∶树高=1∶1 的权重对各种源差异性进行聚类分析。

聚类分析结果表明，可将黄家山中 8 个闽楠种源划分为 3 类：第Ⅰ类(福建将乐、江西婺源)在闽楠不同种源中生长性状表现最好，可选作优良种源；第Ⅱ类(湖南金洞、湖北来凤、湖南龙山)表现中等；第Ⅲ类(湖北恩施、江西井冈山、湖南汝城)表现较差。可将三丘田 14 个闽楠种源划分为 3 类：第Ⅰ类(福建明溪)在各种源中的生长性状表现最好，胸径、树高表现均在各种源间位列首位，是极好的优良种源选择；其次，第Ⅱ类(贵州台江、贵州惠水、湖南金洞、福建三明)表现较好；第Ⅲ类(湖南永顺、湖南炎陵、湖南资兴、广东乐昌、贵州赤水、贵州务川、贵州遵义、湖南道县、福建泰宁)表现较为一般。

1.2.2.3 闽楠不同种源的评价结果

表现优良的种源其胸径与树高的表现大体上具有一致性，研究中在胸径方面生长表现最佳的 3 个种源，其树高的表现同样位于前列，然而冠幅与胸径、树高间的一致性则较小。

黄家山样地中的 8 个种源间，闽楠各种源的胸径和冠幅等性状呈现出了极显著的差异性，但在树高方面，各种源之间未表现出显著差异性。通过方差分析和聚类分析，综合比较两种分析方法所得出的结果，可筛选出福建将乐、江西婺源、湖北来凤 3 个生长表现较优的种源作为闽楠优良种源，适宜在金洞林场及湖南周边地区进行栽培；而湖北恩施、江西井冈山、湖南汝城 3 个种源的表现较不理想，今后若在金洞林场及湖南周边地区进行引种栽培，应注意对这些种源的取舍问题。

三丘田样地中的 14 个种源间胸径、树高、冠幅等性状差异都达到了极显著的水平。根据这 3 个生长指标的表现，经过方差分析以及聚类分析的综合比较，选择出了生长状况表现较优的福建明溪、贵州台江、贵州惠水、湖南金洞 4 个种源作为闽楠优良种源，适宜进行科学的引种栽培；而湖南永顺、湖南炎陵、湖南资兴、广东乐昌以及贵州赤水 5 个闽楠种源在此次研究中的表现较不理想，不适宜在金洞地区栽植，引种时应加以考虑。

1.2.3 闽楠种源的光合特性分析

开展闽楠人工林不同种源的光合生理特性研究，对于选择合适的闽楠种源，评价不同种源的生长力和环境需求具有重要意义。本研究通过对比分析不同种源闽楠的光合特性、荧光及生长特性，结合金洞地区立地条件及气候特征，寻找种源差异，为金洞地区闽楠科学引种和开发利用提供理论基础。

1.2.3.1 试验地概况和研究方法

(1)试验材料

试验材料为 5 个不同种源的 3 年生闽楠幼树，试验样地位于金洞林场三丘田，种植培育分别采自湖南、福建、贵州、广东的 14 个种源 48 亩①，采用的是 2 年生实生苗造林，造林密度为 2m×2m，造林时间为 2014 年 3 月。试验种源分别为福建明溪、泰宁，湖南金洞、炎陵，贵州台江 5 个种源，各种源试验样地基本情况见表 1-18。

表 1-18 试验样地基本情况

种源	平均地径(mm)	平均树高(cm)	坡向	坡度(°)	海拔(m)	经纬度
明溪	32.62±5.68a	244.63±41.22a	东	22	170	112°06′47.34″E 26°14′57.36″N
金洞	25.25±4.34b	198.73±31.8b	西北	18	168	112°06′48.11″E 26°14′54.24″N
炎陵	21.86±4.18c	174.48±33.57c	北	25	166	112°06′49.45″E 26°14′57.03″N
泰宁	24.19±5.26b	179.79±35.56c	东	15	167	112°06′49.88″E 26°14′56.30″N
台江	24.56±5.72b	184.72±33.68b	东	18	172	112°06′49.62″E 26°14′55.86″N

注：同列不同字母表示同一光合参数不同种源 LSD 差异显著($P<0.05$)，同列相同字母表示同一光合参数不同种源 LSD 差异不显著。

① 注：1 亩 = 1/15hm^2，下同。

(2)研究方法

① 光合日变化测量

根据在研究区选择的 5 个种源样地：明溪、金洞、炎陵、泰宁、台江，在每个种源样地各选择 3 株平均木，于 7 月至 11 月每月选择 3 个连续的晴天测量光合参数。测量仪器为美国 LI-COR 公司的 LI-6400XT 便携式光合作用测量仪，测定方式为田间活体测量。测定过程中，选择各种源平均木的 3 片健康成熟的向阳叶测量，测量时间为每天早上 8：00 到 18：00，间隔两小时测定一次。为控制测量对比性，各时间段采用仪器配备的红蓝光源叶室控制叶片接收光合有效辐射，各段光合有效辐射取当前时间段外界光照强度均值。

仪器测定光合日变化的主要测定指标有：净光合速率[P_n，$\mu molCO_2/(m^2 \cdot s)$]、气孔导度[$Cond$，$mol/(m^2 \cdot s)$]、胞间 CO_2 浓度(C_i，$\mu molCO_2/mol$)、蒸腾速率[T_r，$mmolH_2O/(m^2 \cdot s)$]、空气 CO_2浓度(C_a，$\mu molCO_2/mol$)、C_i与 C_a比值(C_i/C_a)、空气温度(T_{air},℃)、叶面温度(T_{leaf},℃)、样品室 H_2O 浓度(H_2OS，$mmolH_2O/mol$)、样品室相对湿度(RH_S,%)、光合有效辐射[PAR，$\mu mol/(m^2 \cdot s)$]等。气孔限制值(L_s,%)＝$1-C_i/C_a$，瞬时水分利用效率(WUE，$\mu mol/mmol$)＝P_n/T_r，瞬时羧化效率(CE)＝P_n/C_i，瞬时光能利用率(LUE,%)＝$P_n/PAR \times 100\%$。

②功能性状、生长量测定

地径、树高：选取的材料为 3 年生闽楠幼树，因此暂未达到胸径测量要求，因此使用电子游标卡尺测量地径，单位 mm；树高使用带刻度的 3 米标准花杆在上坡位处比量闽楠幼树树高，单位 m，测量时间为 7 月和 11 月，即光合数据采集的开始时间和结束时间。

叶长宽比：采集 7 月成熟健康叶片，各样地 50 片，密封袋低温保存，带回实验室使用游标卡尺测量各种源叶片的叶长、叶宽。

叶面积指数：设单株标准木的叶面积为 S，叶面积指数为 LAI，则：

$$S=d_1+d_2+\cdots+d_n\ (d_n\text{为第 } n \text{ 层的叶面积})$$

$$LAI = S/\pi r^2$$

式中：πr^2——冠层投影面积(m^2)；

r——冠层半径(m)。

③叶绿素

各测量月份采集 5 个种源闽楠的健康完整叶，密封袋低温保存，带回实验室，取新鲜植物叶片擦净组织表面污物，去除中脉剪碎，采用丙酮提取法提取叶绿素 a，叶绿素 b，后使用分光光度计进行比色测量叶绿素含量。

叶绿素含量计算公式如下：

$$C_a=12.7A_{663}-2.59A_{645}$$

$$C_b=22.9A_{645}-4.67A_{663}$$

$$C_{a+b}=20.3A_{645}+8.04A_{663}$$

式中：C_x——不同叶绿素的比色浓度(mg/L)；

A_x——不同对应比色波段的吸光度。

$$叶绿素含量(mg/g)=C\times V/M\times 1000$$

式中：C——叶绿素溶液浓度(mg/L)；

V——提取定容的溶液体积(mL)；

M——取样鲜重(g)。

1.2.3.2 不同种源闽楠光合特性分析

(1)净光合速率 P_n、瞬间光能利用率 LUE 日变化

净光合速率 P_n 是衡量光合效率的重要指标，指光合作用速率减去呼吸作用速率体现了植物吸收光能、利用光合辐射、积累有机物的效率。各种源的平均净光合速率日变化趋势整体一致，均会出现峰值，早晚低而中午高。如图 1-1 中所示，7 月高温季节各种源的 P_n 日变化规律主要为双峰型，明溪、金洞、泰宁 3 个种源为双峰型，炎陵、台江种源为单峰型；双峰型种源日变化曲线峰值出现在上午 10：00 和下午 16：00，谷值则均是在中午 12：00 时间段出现，说明这 3 个种源的"光合午休"现象表现得较为明显，植株高温时间段通过调节自身生理状态达到自我保护避免光伤害；台江、炎陵种源的单峰型日变化曲线则是由于上午 10：00 时间段的 P_n 值较低导致为单峰型，炎陵种源峰值出现在下午 16：00，台江种源峰值出现在中午 12：00；金洞种源最大 P_n 值为 10.85μmolCO_2/(m^2·s)，明溪种源最大 P_n 值为 9.85μmolCO_2/(m^2·s)。

图 1-1 中，9 月测定日变化曲线均为单峰型，11 月监测数据表现为明溪、金洞种源为双峰型，其余 3 个种源为单峰型，说明 5 个闽楠种源生长季对中午高温时段的光合反应有所差别，金洞、明溪种源在高温时段的自我保护能力较强。

图 1-1 中均值变化规律图所示，种源明溪、金洞两个种源的净光合速率日变化呈双峰型，且峰值均出现在上午 10：00 和下午 14：00 左右，净光合速率分别为明溪 10.31μmolCO_2/(m^2·s)、9.18μmolCO_2/(m^2·s)、金洞 10.96μmolCO_2/(m^2·s)、9.78μmolCO_2/(m^2·s)，同时在正午 12：00 时间段其净光合速率都有一个明显的减弱，分别为 8.31μmolCO_2/(m^2·s)、9.29μmolCO_2/(m^2·s)，这两个种源的差异体现在金洞种源整体光合速率都略高于明溪，直到下午 16：00 左右，金洞种源的光合速率下降程度高于明溪。

炎陵、泰宁、台江 3 个种源的净光合速率日变化曲线有一定相似性，都为单峰型，且净光合速率峰值都在正午左右，峰值大小排列为台江>泰宁>炎陵，分别为 10.35μmolCO_2/(m^2·s)、9.66μmolCO_2/(m^2·s)、9.36μmolCO_2/(m^2·s)。

早上 8：00 时间段的净光合速率要明显大于下午 18：00 时间段的，导致其成因与样本所处环境的环境 CO_2浓度相关；种源间的变化趋势在上午均是呈明显增长态势，且增长速率要大于下午时间的降低速率，而台江种源在上午 10：00 和 12：00 是净光合速率明显高于其他两个单峰型种源。

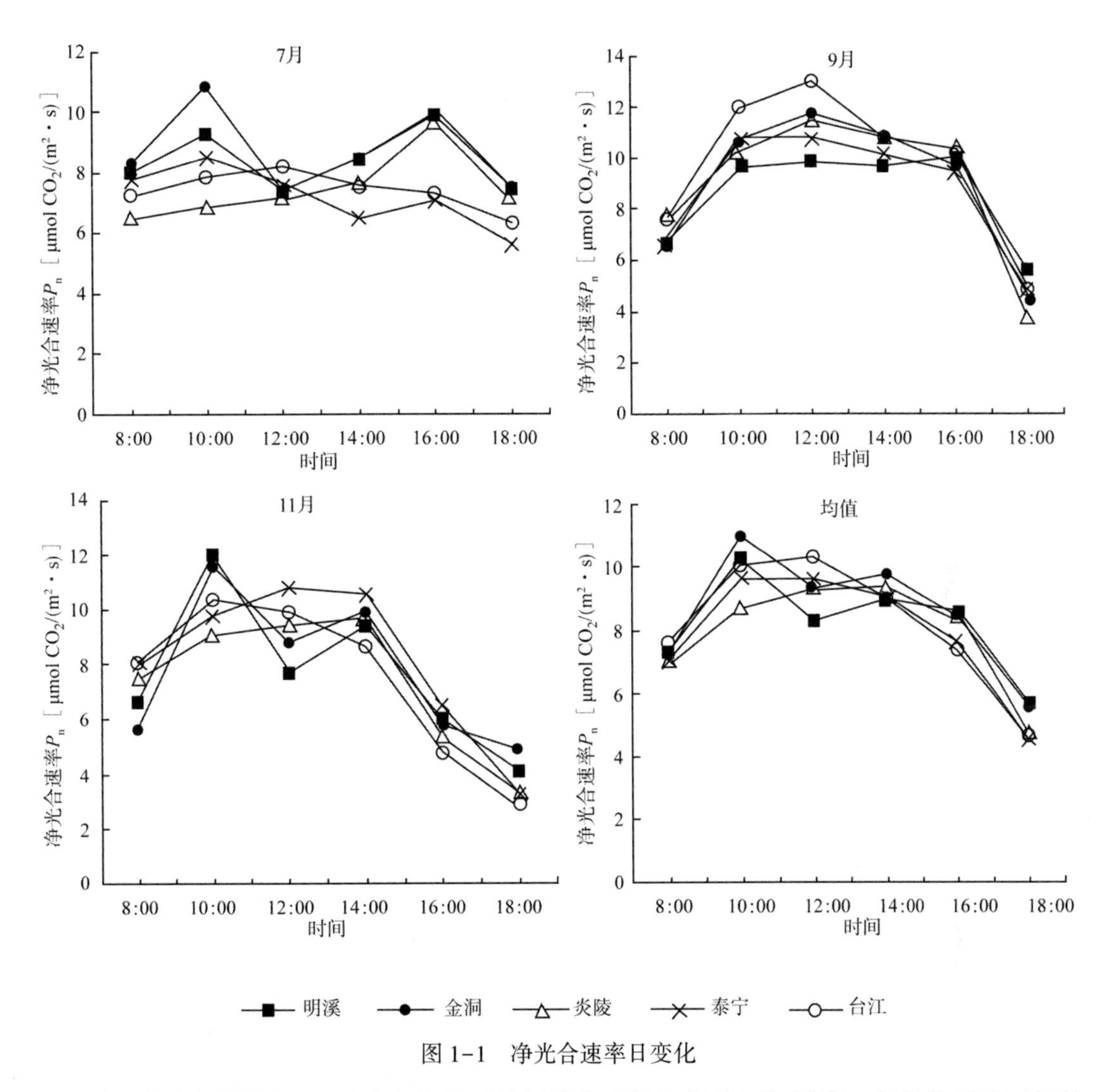

图 1-1　净光合速率日变化

瞬时光能利用率 *LUE* 是反映植物对外界光合有效辐射的利用效率，与植物受光时候的生理状态和环境光合有效辐射相关，与气孔导度、RuBP 羧化酶活性直接相关。图 1-2 所示，瞬时光能利用率的日变化趋势相似于环境 CO_2浓度，呈“U”形，各监测月的种源变化规律并无明显差别；早上 8：00 时间段光能利用率是最高的，7 月高温季节上午 8：00 时表现为金洞>明溪>泰宁>台江>炎陵；12：00 时表现为台江>炎陵>泰宁>明溪>金洞；9 月和 11 月监测数据显示，到正午 12：00 时明溪种源的光能利用率明显弱于其他几个种源，说明其气孔导度、气体交换以及酶活性都受到外界环境的影响；7 月、9 月、11 月监测数据和 5 个月的均值数据显示，下午 16：00 左右开始明溪、金洞种源的光能利用率增长速度高于其他 3 个种源，表明在外界环境温度和光照强度降低的情况下，这两个种源对光能有较强的利用效率。

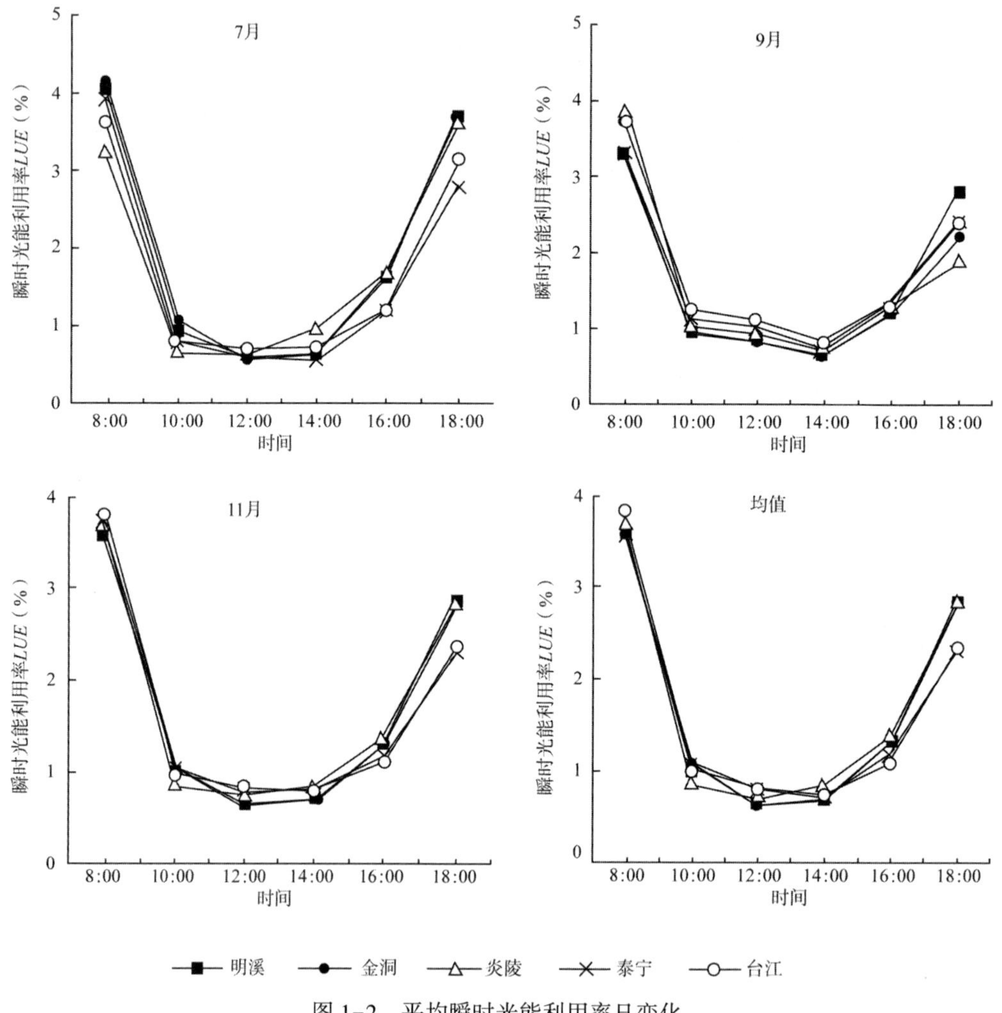

图 1-2　平均瞬时光能利用率日变化

（2）气孔导度 *Cond*、气孔限制值 L_s 日变化

气孔导度 *Cond* 是指气孔的张开程度，将直接影响植物的光合作用、呼吸作用和蒸腾速率。气孔是植物叶片与外界环境交换气体的主要通道，植物在光下进行光合作用，经由气孔吸收环境中的 CO_2，所以气孔必须张开，但气孔开张又会发生蒸腾作用，特别是随着光合有效辐射和环境温度的提升，其蒸腾速率也会大大加强，因此植物需要根据外界环境条件的变化来调节自身气孔开度的大小而使植物在损失水分较少的条件下获取最多的 CO_2。如图 1-3 所示，5 个种源的平均气孔导度在监测月份随时间推移而逐渐增大；7 月高温季节，气孔导度的日变化规律呈规律性变化，上午 8：00 时间段为全天最大值，伴随温度和光照强度等环境条件的改变而逐渐变小，直到中午 12：00 气孔导度值最小，下午 16：00 时又达到峰值。

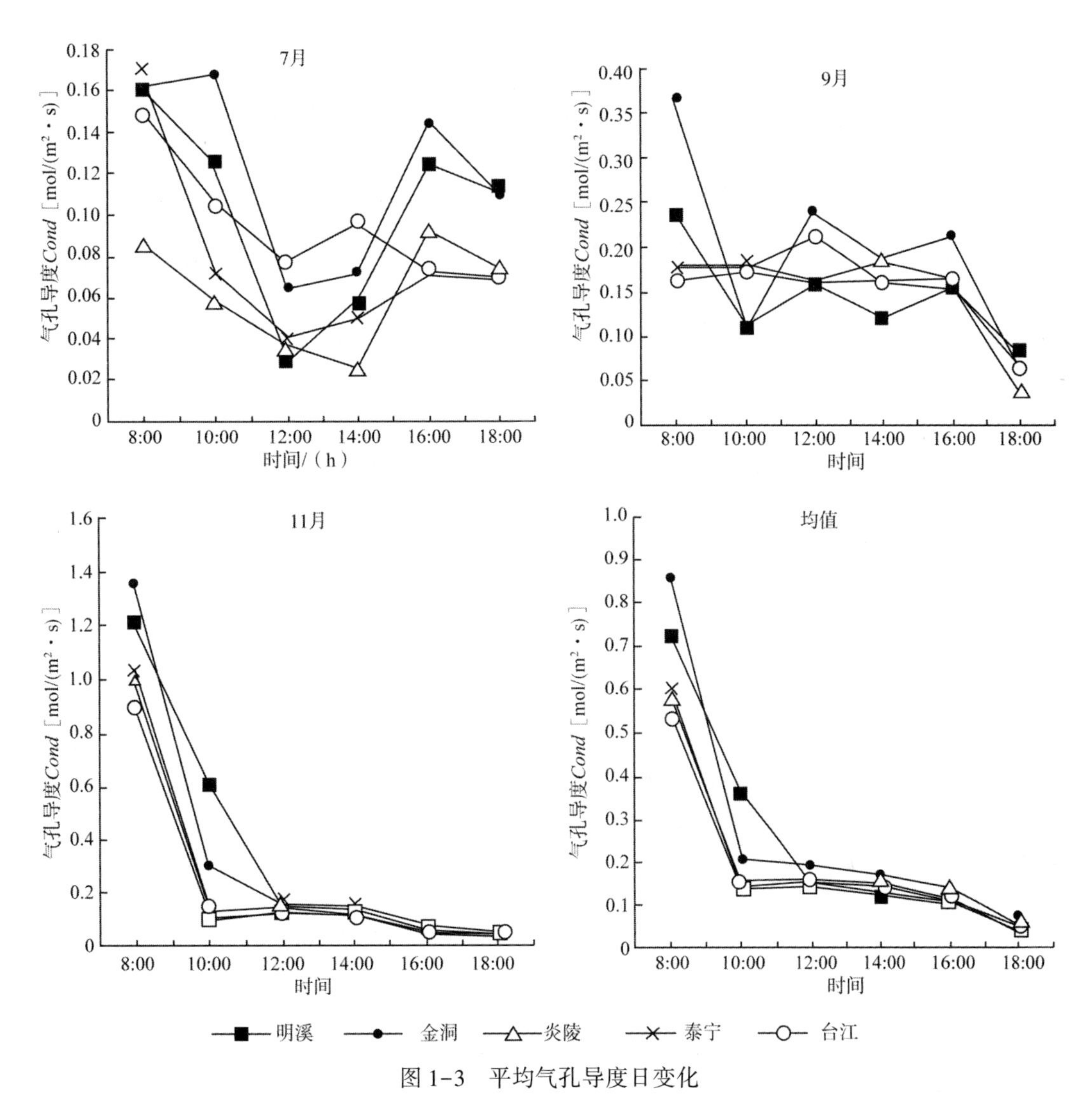

图 1-3　平均气孔导度日变化

5 个种源的平均气孔导度变化趋势一致，气孔开闭程度最大均是出现在早上监测时段，金洞种源气孔导度最大，达到 0. 73mol/（m^2 · s），明溪种源为 0. 86mol/（m^2 · s），随后伴随光照强度的增大气孔开度大大降低；上午 10：00 之后的气孔导度数值相对较为平稳，在 12：00 时金洞的气孔导度值最大为 0. 19molCO_2/（m^2 · s），而到下午 16：00 时间段之后气孔导度又有一个明显的降低，影响因子应当是光合有效辐射和温度共同作用。明溪和金洞种源气孔导度总体高于其他 3 个种源，中午 12：00 之前，这两个种源都保持着相对较高的气孔开度，对于植物光合作用的气体交换有着显著效应，有利于光能利用和营养物质累积。

气孔导度日变化趋势在 11 月表现出明显差异性，上午 8：00 各种源的气孔导度值均较大，是由于样品室 H_2O 浓度值对仪器测定样品气孔导度值有重要影响作用，而测量季节林场早上温度低，空气湿度大，叶表面露水较多，从而影响了 11 月 8：00 时间段的气孔导度及其相关计算的监测数据。

现有研究学者认为植物在水分胁迫条件下光合作用的降低有两方面原因：其一是气孔

导度的降低，进入气孔的 CO_2减少，无法满足光合作用的数量需求，被称为光合作用的气孔限制，常用气孔限制值 L_s 来表示；另一方面由于叶片温度增高，叶绿体的活性与 Rubisoo 活性降低、RuBP 羧化酶再生能力降低，导致叶片光合作用能力降低，称为光合作用的非气孔限制。

图 1-4 所示气孔限制值变化规律与气孔导度变化规律相反，7 月高温季节高温时间段各种源气孔限制值受气孔导度影响为最大值；11 月上午 8：00 时间段，气孔开度最大，限制值最小；各样本测定数据计算出的气孔限制值的平均日变化呈阶梯状上升，在上午 8：00过后的时间段由于气孔导度降低、气孔限制值迅速上升，光合作用得到一定限制，保存了植物水分；在上午 10：00 到下午 16：00 的高温时间段，气孔限制值一直处于一个相对较稳定的状态，稍有波动，到了 18：00 左右气孔限制值伴随着气孔导度的升高、气温降低而有所下降。图 1-5 中炎陵、泰宁、台江种源的气孔限制值日变化均呈现双峰型，而明溪、金洞种源虽是双峰型，但第二峰值出现在傍晚 18：00 左右。

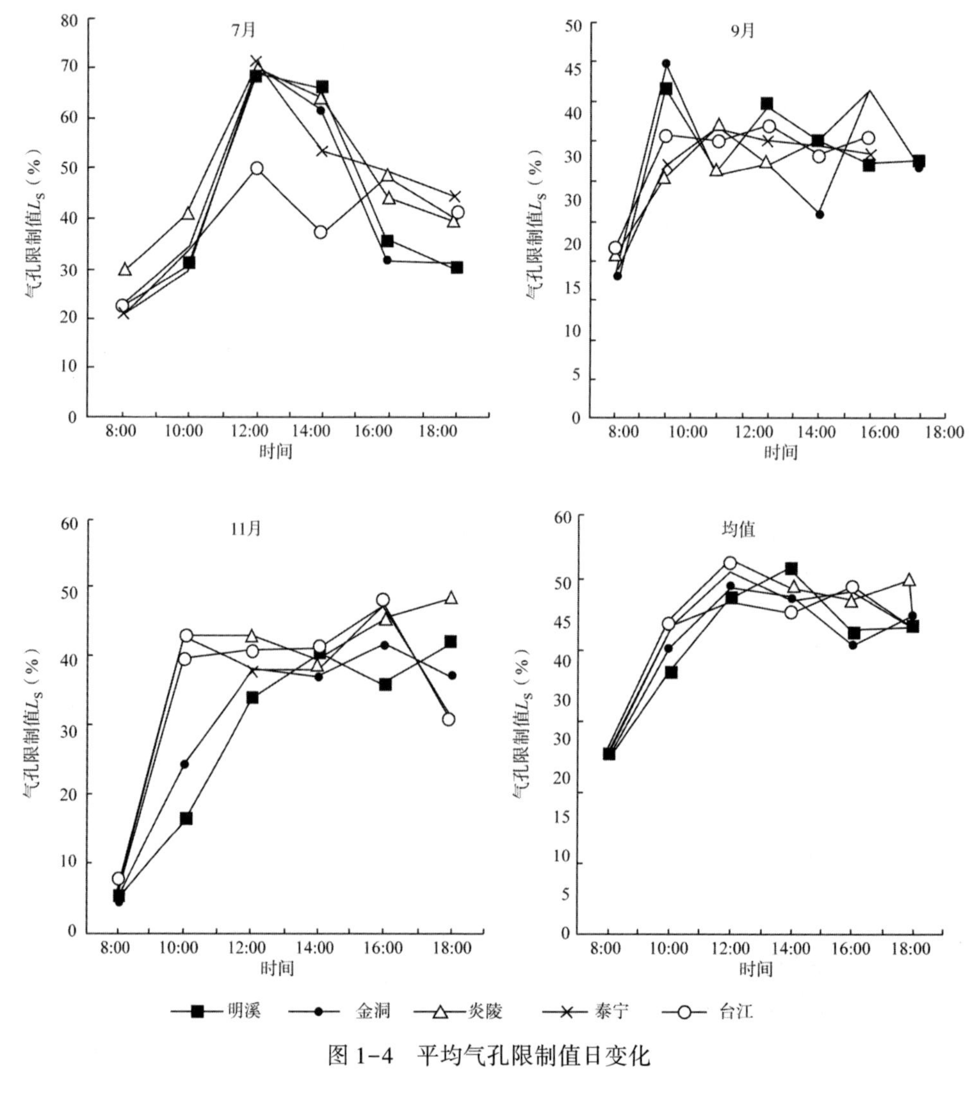

图 1-4　平均气孔限制值日变化

(3)蒸腾速率 T_r、瞬时水分利用效率 *WUE* 日变化

蒸腾速率 T_r 是植物在时间内单位叶面积的蒸腾水量，图 1-5 所示，各种源月监测数据的平均值日变化呈逐月递减趋势；7 月高温季节不同时间段各种源的蒸腾速率差异较大，金洞、明溪种源日变化规律呈双峰型，与净光合速率日变化趋势一致，炎陵种源也是双峰型，台江、泰宁种源则是单峰型变化趋势；9 月监测数据显示各种源的监测数据均为单峰型，峰值出现在 12：00 或 16：00；11 月监测数据显示，明溪、金洞种源的监测数据为双峰型日变化趋势，峰值出现在 10：00 和 14：00，其余 3 个种源蒸腾速率峰值出现在 12：00 或 14：00。

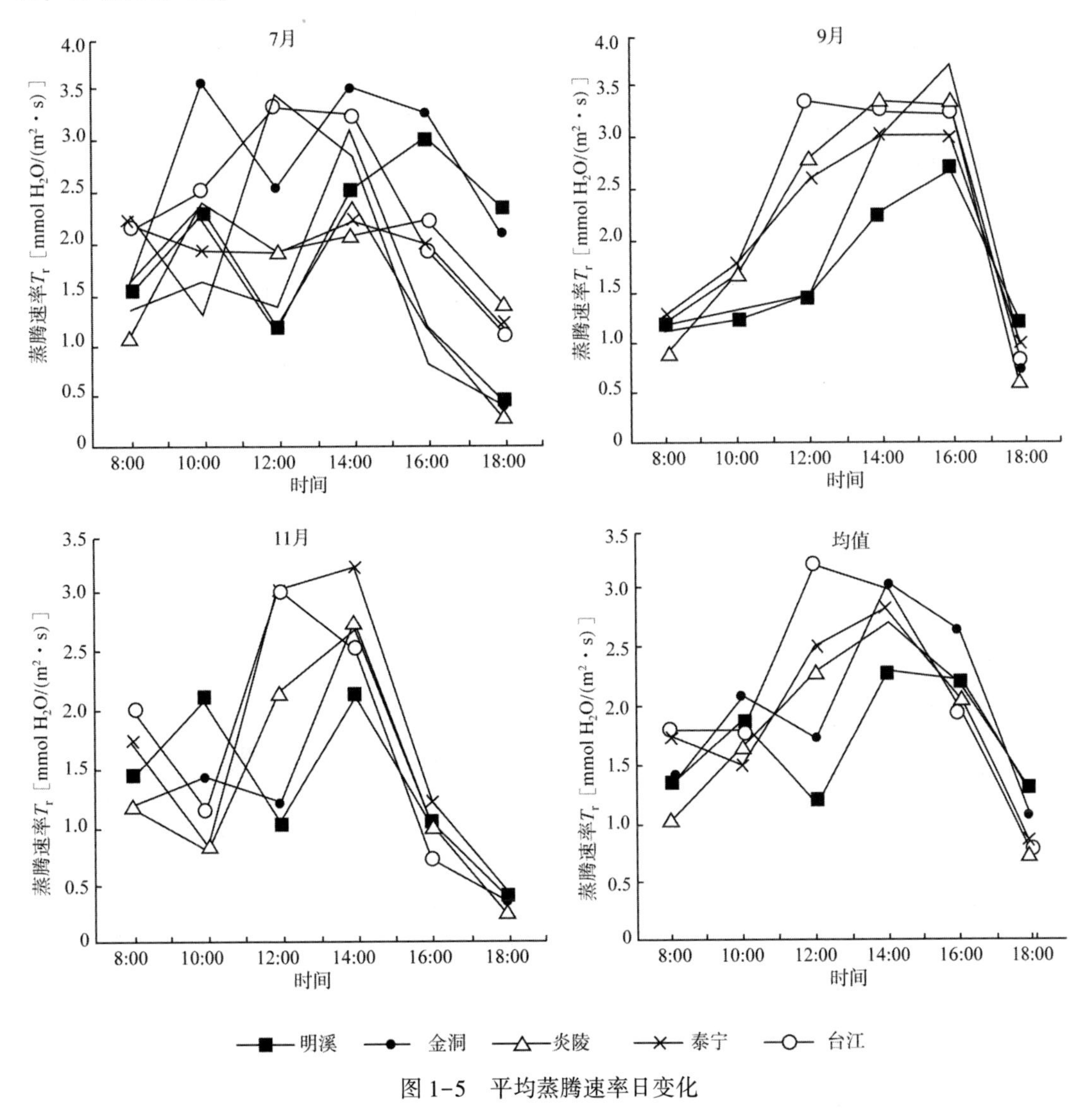

图 1-5　平均蒸腾速率日变化

均值日变化趋势同 7 月一致，早晚低而中午高，且明溪和金洞两个种源的变化曲线呈双峰型，炎陵、泰宁和台江呈单峰型，台江峰值出现在 12：00，最大值为 3.24mmolH_2O/(m^2·s)。明溪、金洞种源的蒸腾速率峰值出现在下午 14：00 左右，蒸腾速率分别为2.30mmolH_2O/

($m^2 \cdot s$)、3.11mmolH_2O/($m^2 \cdot s$)，次峰值出现在上午 10:00 时间段，峰值为 2.10mmolH_2O/($m^2 \cdot s$)、1.89mmolH_2O/($m^2 \cdot s$)。

11 月蒸腾速率 8:00 时间段的监测值显著高于其他月份，且变化规律与实际理论不符，结合监测月金洞地区的天气和 LI-COR6400 光合仪测定蒸腾速率方式分析。光合仪测定蒸腾速率是通过仪器气体流动速度、样品室和参比室的 H_2O 浓度进行相关计算得出的，而金洞林场 11 月早上温度较低，且空气湿度大，叶片表面露水较多，即便在测定前用纸巾擦拭，其湿度还是在一定程度上影响到植株叶片第一轮测定时候的气孔导度 *Cond* 和蒸腾速率 T_r 值。

瞬时水分利用效率 *WUE* 是用净光合速率 P_n 与蒸腾速率 T_r 的比值求得，意在反映植物在单位蒸腾水分条件下对光能的吸收利用值。图 1-6 所示为 7 月高温季节各种源的水分利用效率日变化，明溪种源在 12:00 的瞬时水分利用效率显著高于其他种源，炎陵种源日变化曲线为“W”型，且早晚瞬时水分利用率高；9 月监测数据结合 11 月监测数据分析，金洞、明溪种源在 12:00 高温时间段水分利用效率显著高于其他 3 个种源，说明金洞、明溪种源在中午高温时间段对水分利用能力强于其他种源。

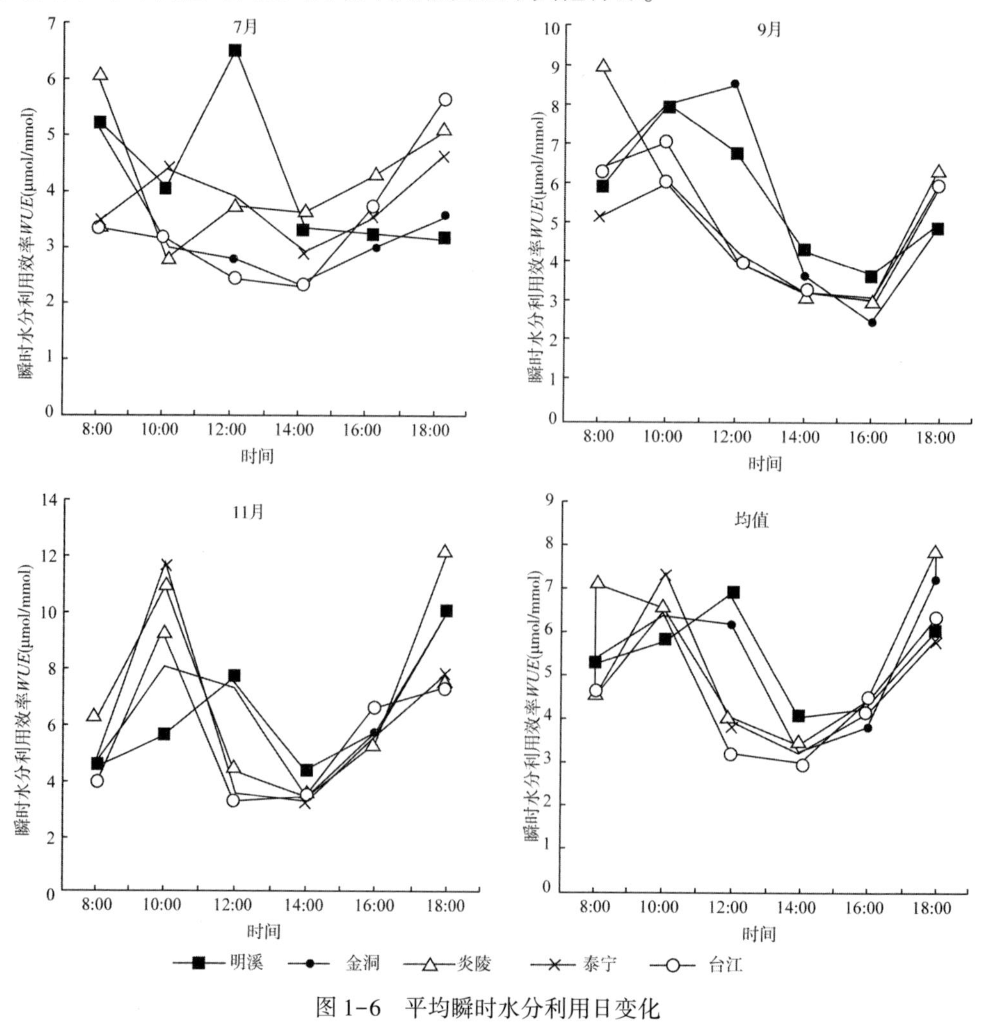

图 1-6　平均瞬时水分利用日变化

由瞬时水分利用效率的均值日变化可见，明溪、金洞种源日变化呈现双峰型，在正午 12：00 和下午 18：00 达到峰值，最大值为 6.94μmol/mmol、5.42μmol/mmol；泰宁、台江种源也是呈现双峰型，其峰值出现在上午 10：00 和下午 18：00，最大值分别为 6.38μmol/mmol、6.07μmol/mmol。

(4)胞间 CO_2浓度 C_i、羧化效率 *CE* 日变化

植被胞间 CO_2浓度 C_i 是光合生理生态研究中常用到的一个参数，在光合作用的气孔限制分析中尤为重要，C_i 的变化是确定光合速率变化的主要原因，以及是否为气孔因素的不可少的判断依据之一。

图 1-7 所示，7 月 5 个种源的 C_i 监测日变化规律为"V"型，早晚时间段的高 C_i 浓度和中午 12：00~14：00 的低 C_i 浓度，胞间 CO_2浓度 C_i 值低表明此时叶片的气孔导度低或者且光合作用相对强烈，导致叶片内部 CO_2浓度供应不足；9 月、11 月监测数据显示上午 10：00 监测时段开始，各种源的胞间 CO_2浓度随时间变化波动不大，都是维持在一个相对稳定的区间。

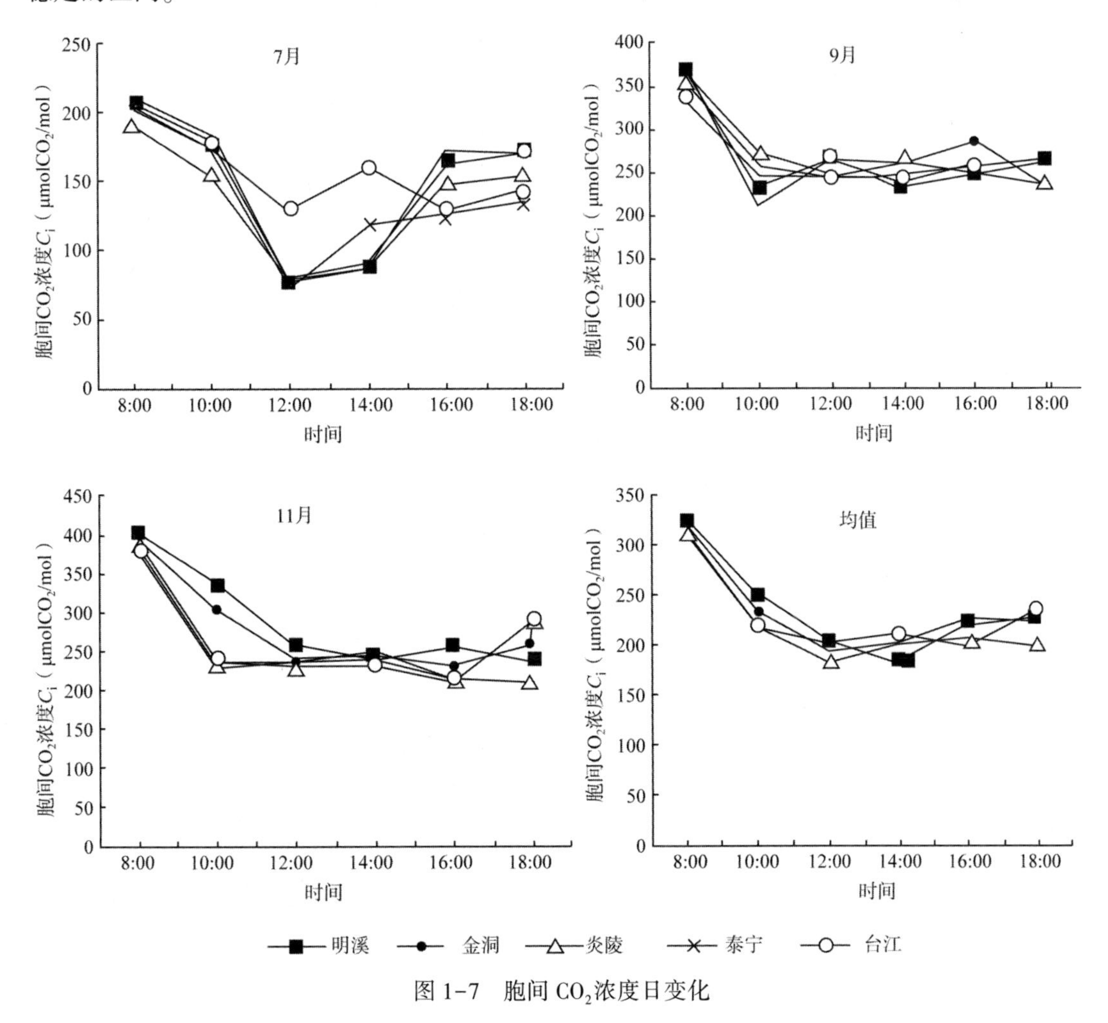

图 1-7　胞间 CO_2浓度日变化

胞间 CO_2浓度的均值日变化变化趋势同环境 CO_2浓度变化趋势基本一致，早上是胞间 CO_2浓度最大的时候，说明早上细胞本身呼吸作用以及较低的光合速率导致细胞间 CO_2累积较多，此时 C_i 值最大为金洞种源 326.53μmolCO_2/mol，最小为台江种源 306.73μmolCO_2/mol。伴随着光合有效辐射的增强，胞间 CO_2浓度逐渐降低，并维持在一个相对平稳的状态，直到傍晚时候会有一个上升趋势，而图中明溪、金洞、炎陵种源的胞间 CO_2浓度上升趋势不明显或许是由于仪器测定的时间先后顺序导致。

叶片的羧化效率 *CE* 是指植物叶片进行羧化反应的效率。研究叶片羧化效率有利于我们更好地发现不同胁迫对植物的影响及提高植物的水分利用效率，对于作物种植有一定帮助。图 1-8 中所示，在 7 月高温季节，5 个种源的闽楠幼树羧化效率都呈现出单峰型日变化规律，且峰值出现在 12：00 或 14：00，上午 10：00～12：00 期间的瞬时羧化效率升高显著，而 9 月和 11 月监测数据显示其显著升高时间段为上午 8：00～10：00；9 月、11 月监测日变化规律表明，明溪、金洞种源日变化规律是双峰型，其余 3 个种源是单峰型，双峰型峰值出现在 10：00 和 14：00，单峰型峰值出现在 12：00 或 14：00。

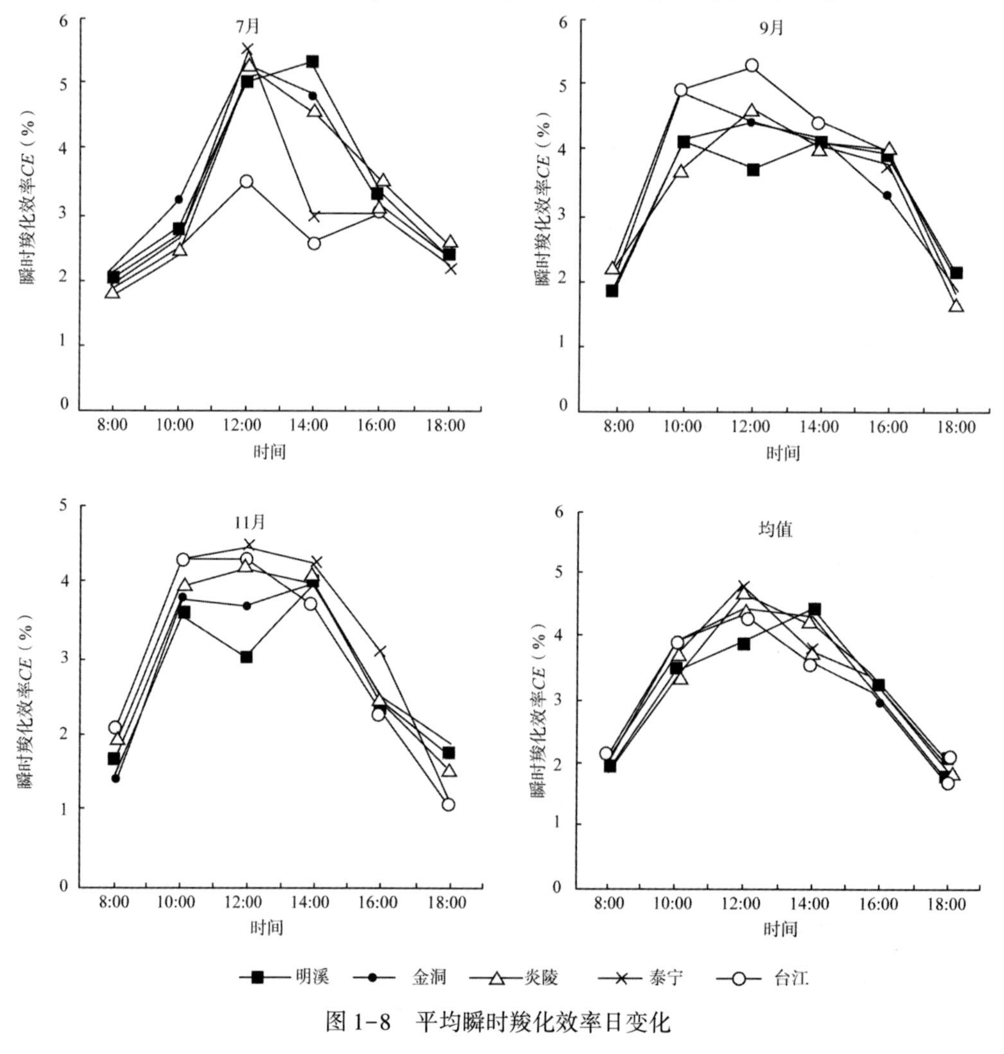

图 1-8　平均瞬时羧化效率日变化

各种源羧化效率监测结果的平均日变化，与平均日净光合速率曲线趋势类似，上午 8：00开始随着光合有效辐射的增强瞬时羧化效率逐步升高，明溪、金洞、泰宁 3 个种源在上午 10：00 时达到其羧化效率的峰值，分别为 3.62%、4.21%、3.98%，此时明溪、金洞 2 个种源的羧化效率有一个明显的降低趋势，说明其转化光能，合成有机物的效率有所降低，随后在下午 14：00 时这 2 个种源的羧化效率再次达到一个峰值，分别为 3.92%、3.85%，再伴随光合有效辐射的降低而下降，呈现出双峰型；而炎陵、泰宁、台江 3 个种源的瞬时羧化效率日变化呈现单峰状；5 个种源的羧化效率升降速率都是早晚两次监测数据变化幅度较大。

(5)光合参数与环境因子相关性

影响光合的环境因子主要包括光照、温度、水分、CO_2浓度、矿质营养、土壤盐度等，在试验过程中，除光响应曲线和 CO_2响应曲线之外，其余光合参数测定、荧光参数测定均未控制变量，完全自然状态。光合测定从 2016 年 7 月至 11 月，每月中旬晴朗天气监测，日变化均为不同月份按时间段区分测定值取平均所得。

植株的平均叶面温度日变化为单峰曲线，早晚低，中午高，平均最高温位于中午 12：00,可达 35℃，最低为早上 8：00 时间段，均温为 25℃左右。上午时间段明溪、金洞和其他 3 个种源间平均叶温度有 1℃左右差别，而下午 14：00 左右开始各样地平均叶温度无显著差异，导致因素可能和样地分布地形有关，因为坡向的原因明溪和金洞在上午时间段所受光合辐射相对少一些。不同种源闽楠平均叶面温度如图 1-9 所示。

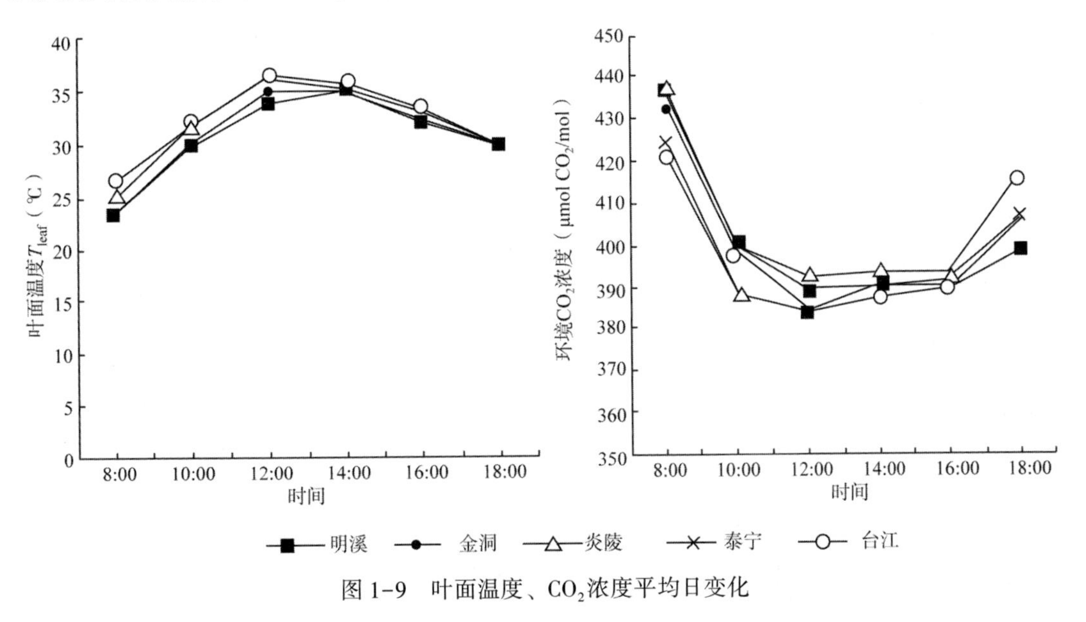

图 1-9　叶面温度、CO_2浓度平均日变化

除温度之外，另一影响光合效率的重要环境因子是植株生长环境的 CO_2浓度，如图 1-10所示，在试验检测月份环境 CO_2浓度的日变化呈现“U”形，早晚高而中午低，变化趋势和日平均温度的变化趋势正好相反。试验对象的 5 个种源平均环境 CO_2浓度差异并不显著，早上均在 420~440μmol/mol 之间。上午时段的 CO_2浓度整体均为明溪>金洞>泰宁>台江趋势，主要原因是因为仪器测量样品时存在先后时间差的顺序，各时间段测量顺序均

是明溪、金洞、炎陵、泰宁、台江。

从图 1-1~图 1-9 和表 1-19 可以看出，5 个种源闽楠在监测月份的光合测定数值的平均日变化趋势都存在差异性，特别是净光合速率的日变化，作为光合效率参考的主要参数类别，种源间的差异明显，明溪、金洞 2 个种源表现为双峰型，峰值出现在上午 10：00 和下午 14：00，且净光合速率的平均最大值在上午 10：00，分别达到 10. 31μmolCO_2/mol、10. 96μmolCO_2/mol，次峰值出现时分别为 9. 18μmolCO_2/mol，9. 79μmolCO_2/mol；炎陵、泰宁、台江 3 个种源则表现为单峰型，峰值均是出现在正午 12：00，分别为 9. 36μmolCO_2/mol，9. 66μmolCO_2/mol、10. 36μmolCO_2/mol。气孔导度和胞间 CO_2浓度的平均日变化趋势一致，随光强和外界温度变化表现出较大的差异性，在上午 8：00~10：00 时间段有一个较大的降低幅度，随后基本维持在一个相对平稳的状态，直到下午 16：00~18：00 时间段又有一定程度的降低，说明光合有效辐射和外界温度的降低对于气孔导度和胞间 CO_2浓度有较为明显的影响效应。各种源蒸腾速率的变化曲线显示，蒸腾速率的峰值大多出现在下午 14：00，明溪、金洞种源的双峰型曲线在正午 12：00 蒸腾速率显著降低，对植株在高温时段保存自身水分有很明显的促进作用。

由表 1-19 中数据可以发现，各种源间光合参数均值存在明显不同，金洞种源的净光合速率 P_n 最大，为 8. 52±0. 551μmolCO_2/(m^2·s)，但是其气孔导度和蒸腾速率也是最大，分别为 0. 27±0. 073mol/(m^2·s)，2. 01±0. 283mmolH_2O/(m^2·s)，相比于明溪种源，金洞种源对生境的水含量需求更大。

表 1-19　不同种源闽楠光合参数均值

种源	P_n[μmolCO_2/(m^2·s)]	*Cond* [mol/(m^2·s)]	C_i (μmol CO_2/mol)	$T_r$mmol[mmolH_2O/(m^2·s)]	T_{leaf} (℃)	RH_S (%)
明溪	8. 20±0. 408a	0. 25±0. 107a	271. 61±3. 492a	1. 71±0. 162a	30. 62±4. 864a	73. 71±0. 390a
金洞	8. 52±0. 551ac	0. 27±0. 073a	276. 38±5. 449a	2. 01±0. 283a	30. 92±4. 934a	73. 21±0. 873ab
炎陵	7. 98±0. 772bc	0. 19±0. 044a	263. 36±8. 010a	1. 78±0. 373a	31. 95±4. 833a	67. 07±1. 935abc
泰宁	8. 02±0. 679abc	0. 21±0. 053a	268. 67±1. 576a	1. 92±0. 184a	31. 96±4. 371a	66. 43±2. 033bc
台江	8. 18±1. 095b	0. 19±0. 031a	264. 48±0. 382a	2. 10±0. 314a	31. 93±4. 088a	65. 88±3. 109cd

注：同列不同字母表示同一光合参数不同种源 LSD 差异显著(P<0. 05)，同列相同字母表示同一光合参数不同种源 LSD 差异不显著；P_n 表示净光合速率，*Cond* 表示气孔导度，C_i 表示胞间 CO_2浓度，$T_r$mmol 表示蒸腾速率，T_{leaf}表示叶面温度，RH_S表示样品室相对湿度。所有数值均为平均值。

表 1-20 是反映各个种源平均净光合速率与多个环境因子间的相互关系，环境因子包括叶面温度(T_{leaf})、参比室 CO_2浓度即环境 CO_2浓度(CO_{2R})、参比室相对湿度即环境湿度(RH_R)、光合有效辐射(PA_R)。从表中可以看出，金洞、炎陵、泰宁 3 个种源净光合速率和光合有效辐射显著正相关，明溪、台江种源也是正相关，说明一定范围内的光合有效辐射跟植株的净光合速率显著正相关，P_n 随光合有效辐射的增加而增长；5 个种源的环境 CO_2浓度和叶面温度呈显著负相关，因为外界环境的 CO_2浓度日变化呈“U”形，而环境温

度的日变化则是呈单峰型，两者变化趋势正好相反，即环境温度越高，植物光合作用会增强，对 CO_2的利用和吸收会增强，环境 CO_2浓度降低；5 个种源的 PA_R 和叶面温度均呈显著正相关，因为 PA_R 即光合有效辐射的增强伴随着环境温度的升高，植物叶面直接接触大气环境，并且受阳光直接照射，其叶面温度也会随环境温度的升高而升高；5 个种源中金洞、泰宁、台江种源 PA_R 和环境 CO_2浓度呈显著负相关（$P<0.05$），由于温度和环境 CO_2浓度呈显著负相关（$P<0.05$），而 PA_R 和环境温度呈显著正相关（$P<0.05$），所以光环境下 PA_R 升高，植物光合作用增强，对大气环境中的 CO_2同化量需求大，所以环境 CO_2浓度和 PA_R 增长趋势相反。表 1-20 中参数是考虑光合速率和环境因子的相互关系，没有控制环境因子，如 PA_R、胞间 CO_2浓度等，从数据上看，闽楠的净光合速率和光合有效辐射 PA_R 在一定范围内存在显著正相关，和其他环境因子有相关性，但并不显著。

表 1-20　不同种源闽楠光合速率与多个环境因子间的相互关系

	简单相关数	P_n	T_{leaf}	CO_{2R}	RH_R	PA_R
明溪	P_n	1	0. 420	-0. 350	-0. 019	0. 753
	T_{leaf}	0. 420	1	-0. 944**	-0. 305	0. 819*
	CO_{2R}	-0. 350	-0. 944**	1	0. 278	-0. 663
	RH_R	-0. 019	-0. 305	0. 278	1	0. 015
	PA_R	0. 753	0. 819*	-0. 663	0. 015	1
金洞	简单相关数	P_n	T_{leaf}	CO_{2R}	RH_R	PA_R
	P_n	1	0. 506	-0. 535	0. 005	0. 846*
	T_{leaf}	0. 506	1	-0. 97**	-0. 357	0. 858*
	CO_{2R}	-0. 535	-0. 97**	1	0. 346	-0. 815*
	RH_R	0. 005	-0. 357	0. 346	1	-0. 203
	PA_R	0. 846*	0. 858*	-0. 815*	-0. 203	1
炎陵	简单相关数	P_n	T_{leaf}	CO_{2R}	RH_R	PA_R
	P_n	1	0. 644	-0. 474	-0. 355	0. 873*
	T_{leaf}	0. 644	1	-0. 929**	-0. 758	0. 896*
	CO_{2R}	-0. 474	-0. 929**	1	0. 761	-0. 765
	RH_R	-0. 355	-0. 758	0. 761	1	-0. 582
	PA_R	0. 873*	0. 896*	-0. 765	-0. 582	1
泰宁	简单相关数	P_n	T_{leaf}	CO_{2R}	RH_R	PA_R
	P_n	1	0. 569	-0. 619	-0. 131	0. 817*
	T_{leaf}	0. 569	1	-0. 94**	-0. 737	0. 901*
	CO_{2R}	-0. 619	-. 940**	1	0. 539	-0. 867*
	RH_R	-0. 131	-0. 737	0. 539	1	-0. 566
	PA_R	0. 817*	0. 901*	-0. 867*	-0. 566	1

（续）

	简单相关数	P_n	T_{leaf}	CO_{2R}	RH_R	PA_R
台江	P_n	1	0.580	−0.763	−0.142	0.784
	T_{leaf}	0.580	1	−0.91*	−0.768	0.903*
	CO_{2R}	−0.763	−0.91*	1	0.548	−0.944**
	RH_R	−0.142	−0.768	0.548	1	−0.610
	PA_R	0.784	0.903*	−0.944**	−0.610	1

注：**在0.01水平(双侧)上极显著相关，*在0.05水平(双侧)上显著相关。

(6)净光合速率 P_n 月变化

本研究监测时间段中7~9月属于闽楠生长季生长旺盛期，日平均净光合速率是判断植物光合效率的主要参考值。各种源按月份的日平均净光合速率变化曲线都呈单峰型，峰值均是出现在9月，如图1-10。明溪种源在七月的平均日净光合速率为8.40μmolCO_2/(m^2·s)，到八月逐渐降低至8.13μmolCO_2/(m^2·s)，在9月达到8.57μmolCO_2/(m^2·s)，是各月份平均净光合速率的峰值，随后日均净光合速率逐渐降低；金洞种源日均净光合速率也是单峰型变化趋势，7月平均日净光合速率为8.71μmolCO_2/(m^2·s)，随时间推进而逐渐升高，9月达到峰值9.09μmolCO_2/(m^2·s)，然后逐月降低；炎陵、泰宁、台江变化曲线呈单峰型，7月平均净光合速率分别为7.47μmolCO_2/(m^2·s)、7.13μmolCO_2/(m^2·s)、7.38μmolCO_2/(m^2·s)，之后逐渐升高，到9月时达到生长季峰值，平均净光合速率分别为9.06μmolCO_2/(m^2·s)、8.79μmolCO_2/(m^2·s)、9.73μmolCO_2/(m^2·s)；在11月的日平均净光合速率中，泰宁种源高于其他种源，光合速率为8.14μmolCO_2/(m^2·s)，炎陵最低，仅为7.24μmolCO_2/(m^2·s)。

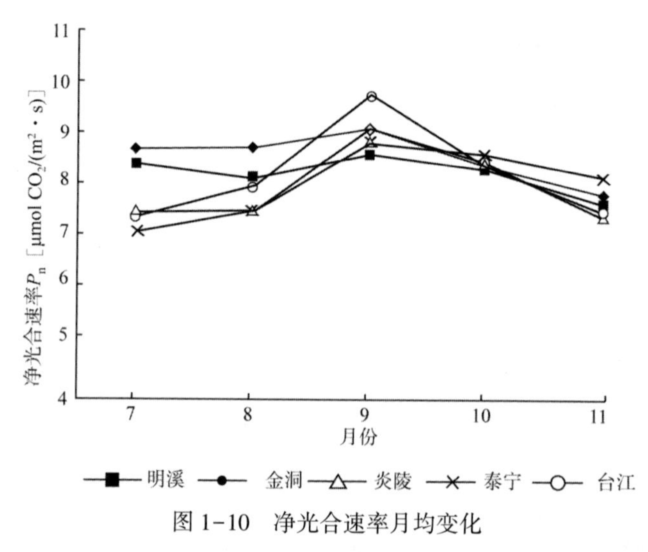

图1-10　净光合速率月均变化

(7)气孔导度 *Cond* 月变化

气孔导度是指气孔的张开程度，将直接影响植物的光合作用、呼吸作用和蒸腾速率。

气孔导度的季节平均变化和温度变化近乎呈反比，高温季节植物的气孔导度明显要低于低温条件下的植物气孔导度。从 7 月开始，监测时间越往后，气孔导度的月平均值越高，7 月各种源样本的平均气孔导度为 0.09mol/(m^2・s)，9 月各种源的平均气孔导度为 0.16mol/(m^2・s)，11 月各种源的平均气孔导度为 0.28mol/(m^2・s)；各种源的月平均气孔导度值几乎都是随月份增加而线性升高，明溪种源在 9 月有一个明显的滞后，仅有 0.14mol/(m^2・s)，在 11 月则达到各种源气孔导度的最大值，为 0.36mol/(m^2・s)；金洞种源在监测月份中其气孔导度都显著高于其他种源，同明溪种源的共同点在于 9 月时其气孔导度增幅减缓，但减缓趋势不如明溪种源那么明显；炎陵、泰宁、台江 3 个种源的气孔导度随月变化趋势相似，增长较为平均，整体平均值低于金洞、明溪种源。气孔导度随月变化趋势如图 1-11 所示。

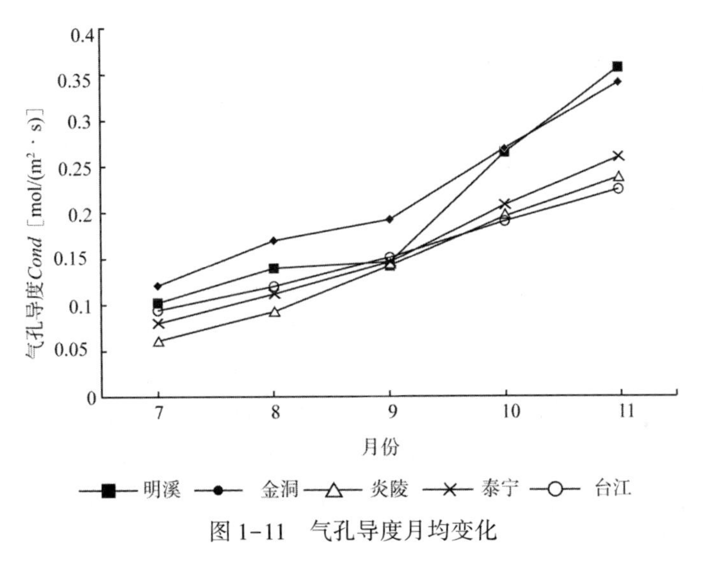

图 1-11　气孔导度月均变化

(8)蒸腾速率 T_r 月变化

蒸腾速率是植物在一定时间内单位叶面积蒸腾的水量指标，其计算方法与环境 H_2O 含量、样品叶室 H_2O 含量相关，主要影响因子包括环境温度、气孔导度等。从图 1-12 蒸腾速率月均变化中可以看出，高温季节闽楠幼树的水分蒸腾量明显高于其他季节，7 月闽楠自身活性较强，外界环境的温度、光合有效辐射都足够高，植株生长迅速，处于生理活性较强的生长旺盛期，各种源的蒸腾速率都是监测月份的最大值，其中金洞种源的蒸腾速率最高为 2.78mmolH_2O/(m^2・s)显著高于同时期的炎陵 1.86mmolH_2O/(m^2・s)；9 月是闽楠在生长季末期时间段“二次生长”最为明显的一个月，生长同样较为迅速，需要充足的光能，而该时间段温度相比于 7 月、8 月有一定程度的降低，更适合植物的生长，台江种源的蒸腾速率为 5 个种源中最高的，达到 2.26mmolH_2O/(m^2・s)，明溪种源最低为 1.65mmolH_2O/(m^2・s)；到 11 月，外界环境光照强度减弱，温度降低，闽楠生长进入缓慢期，各种源的蒸腾速率都一定程度上降低。图 1-12 蒸腾速率月均变化和图 1-11 气孔导度的月均变化趋势不呈正相关，说明气孔导度并不是限制植物叶片蒸腾的唯一影响因子，环境温度和环境湿度应该也是影响蒸腾速率的主要因子。

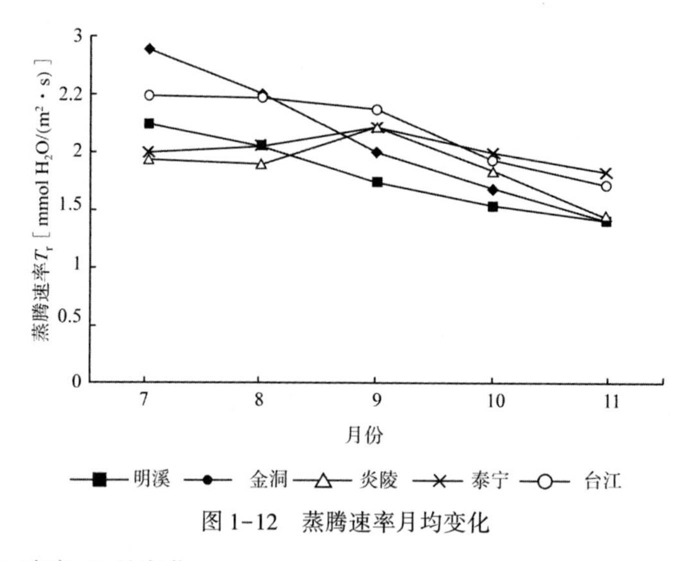

图 1-12　蒸腾速率月均变化

(9)胞间 CO_2浓度 C_i 月变化

胞间 CO_2浓度是光合生理生态研究中常用到的一个参数，其在气孔限制分析中尤为重要，CO_2的变化是确定光合速率变化的主要原因之一，影响胞间 CO_2浓度的主要因素是环境温度、光照强度和植物叶片的生理状态。同一监测时段，相同立地条件下，各种源的胞间 CO_2浓度差异主要是由于其叶片生理性状方面的差异。胞间 CO_2浓度的月变化趋势如图 1-13所示，5 个种源的胞间 CO_2浓度在高温季节日均值最低，随生长季的延长胞间 CO_2浓度逐月增加，到 9 月时各种源的胞间 CO_2浓度差距缩小，随后又慢慢拉大，说明 9 月对于闽楠生长是一个“分水岭”。7 月日均 C_i 值最大为台江种源 154. 74μmolCO_2/mol，最小为炎陵种源 134. 77μmolCO_2/mol；11 月日均 C_i 值最大为明溪种源 288. 43μmolCO_2/mol，最小为炎陵种源 255. 35μmolCO_2/mol。

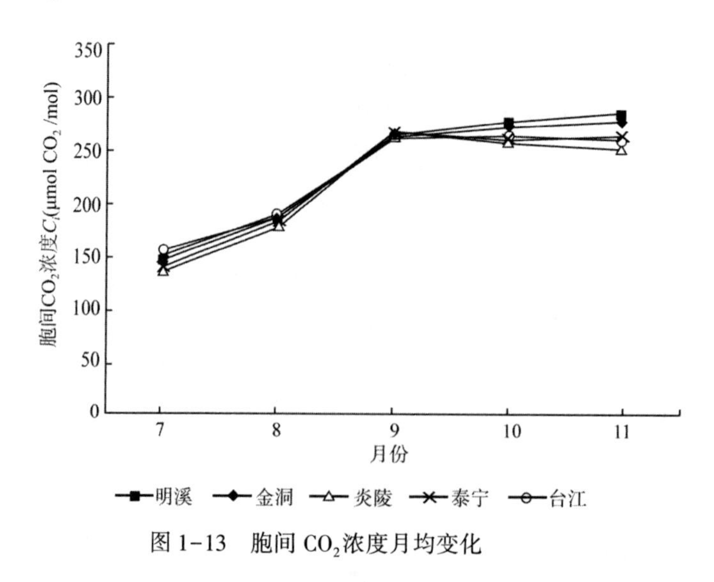

图 1-13　胞间 CO_2浓度月均变化

从图1-10~图1-13可以看出，7~11月的监测数据显示，环境温度逐月降低，光照时间逐渐变短，光照强度也是逐月降低，闽楠幼树叶片的气孔导度随光照强度和温度的降低而升高，特别是明溪、金洞种源在9月之后随时间推移其气孔导度增长量较大；闽楠幼树叶片的蒸腾速率随环境温度、光照强度的减弱而逐月降低，而炎陵、泰宁2个种源的蒸腾速率月变化呈现一个单峰型，9月出现一个增长趋势，结合样地地形分析，可能是因为样地土壤环境水分差异导致两个样地在夏季高温季节蒸腾速率较低，而9月生长环境的温度和光照强度得以缓和，蒸腾速率得到提升；各样地净光合速率变化趋势反映出5个闽楠种源的平均日净光合速率在7~11月这个生长季的生长旺盛期到生长缓慢期可以看出其变化曲线为单峰型，7月由于外界环境的高温、高光照强度等因素导致其平均日光合速率并非最大，而净光合速率最大值出现在9月，9月环境温度相对于夏季高温季节有所下降，光照强度也稍有降低，植物能发挥其最大生长力，随后月份的月均最大净光合速率逐渐降低。

在最大净光合速率的月变化曲线中，明溪、金洞种源在7~9月的平均最大净光合速率相对平稳，整体平均值要高于其他几个种源，而炎陵、泰宁、台江在高温季节的平均最大净光合速率不及明溪、金洞种源，但是在9月其最大净光合速率却有很大幅度的增长，台江种源的平均日最大净光合速率达到了9.73μmolCO_2/(m^2·s)；在11月的平均净光合速率中，泰宁种源高于其他种源，光合速率为8.14μmolCO_2/(m^2·s)，金洞、明溪种源次之，炎陵最低，仅为7.39μmolCO_2/(m^2·s)。

1.2.3.3 不同种源闽楠生长量、功能性状对比

(1)不同种源闽楠生长量

试验监测时间是从2016年7月至2016年11月，每月监测5个种源闽楠幼树的光合特征、荧光特征，首尾两月测量幼树地径、树高，计算其生长量，各种源地径、树高生长量如表1-21所示。

表1-21 不同种源闽楠幼树地径、树高生长量

种源	7月		11月		生长量	
	地径(mm)	树高(cm)	地径(mm)	树高(cm)	地径(mm)	树高(cm)
明溪	32.62±5.68a	244.63±41.22a	46.9±7.95a	335.6±50.21a	14.28	90.97
金洞	25.25±4.34b	198.73±31.8b	34.69±5.51b	285.25±38.7b	9.44	86.52
炎陵	21.86±4.18c	174.48±33.57c	27.58±4.75c	235.97±33.29d	5.72	61.49
泰宁	24.19±5.26b	179.79±35.56c	31.24±6.88b	262.43±49.87c	7.05	82.64
台江	24.56±5.72b	184.72±33.68b	33.57±8.42b	268.89±59.95c	9.01	84.17

注：同列不同字母表示同一光合参数不同种源LSD差异显著($P<0.05$)，同列相同字母表示同一光合参数不同种源LSD差异不显著。

从表1-21中可知，明溪种源的地径和树高生长量为5个种源中最多的，地径生长为14.28mm，树高生长为90.97cm。种源间地径生长大小和树高大小顺序一致依次为明溪>金洞>台江>泰宁>炎陵。

(2)叶长宽比与叶面积指数

叶长宽比为7月采集的成熟健康叶片，使用游标卡尺测量叶片长度与叶片宽度，从表1-22中可知，叶长度大小表现为明溪>金洞>台江>炎陵>泰宁，叶宽度大小表现为明溪>炎陵>台江>金洞>泰宁，即明溪种源；叶长宽比表现为金洞>泰宁>台江>炎陵>明溪；叶面积各种源表现为明溪>炎陵>台江>泰宁>金洞，平均叶面积分别为27.59±2.02cm²、19.93±1.92cm²、19.47±1.87cm²，18.24±1.68cm²、17.28±1.51cm²；叶面积指数*LAI*表现为明溪>金洞>台江>泰宁>炎陵，其中明溪种源叶面积指数达到2.13±0.24，炎陵种源最小仅为1.47±0.13。

表1-22　不同种源闽楠幼树叶长宽比与叶面积指数

种源	叶长(mm)	叶宽(mm)	叶长宽比	叶面积(cm^2)	叶面积指数
明溪	116.8±10.93a	35.75±3.97a	3.28	27.59±2.02a	2.32±0.29a
金洞	110.46±9.65b	23.67±2.42d	4.68	17.28±1.51c	2.13±0.24b
炎陵	105.38±9.04c	30.13±2.77b	3.51	19.93±1.92b	1.47±0.13d
泰宁	104.26±7.75c	23.57±2.08d	4.42	18.24±1.68b	1.66±0.18c
台江	105.58±13.83c	28.38±3.46c	3.74	19.47±1.87b	2.09±0.20b

注：同列不同字母表示同一光合参数不同种源LSD差异显著($P<0.05$)，同列相同字母表示同一光合参数不同种源LSD差异不显著。

(3)叶绿素含量

植物叶子呈现颜色是叶子多种色素的综合表现，其中最为主要的是绿色的叶绿素和黄色的类胡萝卜素两大类色素，两者之间的比例与植物种类、叶片成熟度、生长期及季节有关。叶绿素是参与植物光合作用光能吸收、传递和转化的重要色素，叶绿素与其他生命物质一样，不断地进行代谢、合成和降解。

图1-14是各种源闽楠叶绿素a、叶绿素b含量在监测月份的测定值，从图中可以看出，闽楠幼树叶片的叶绿素含量随监测月份的延长而逐渐增多，叶绿素a、叶绿素b均是如此。叶绿素a的含量在高温季节7月最低，其中金洞最低为1.14±0.15mg/g，台江种源最高为1.56±0.28mg/g；8月金洞种源最低为1.26±0.11mg/g，台江最高为1.65±0.17mg/g；9月炎陵种源叶绿素a含量最高，为2.29±0.15mg/g，明溪种源最低，为1.56±0.06mg/g；11月泰宁种源叶绿素a含量最高，为2.55±0.07mg/g，金洞种源最低，为1.76±0.06mg/g。

叶绿素b含量在生长季的不同时期变化趋势与叶绿素a变化趋势一致，随月份增长而逐渐升高。7月叶绿素b含量最低，明溪为0.27±0.07mg/g，泰宁最高为0.41±0.09mg/g；9月叶绿素b含量最低的是金洞种源，为0.48±0.03mg/g，炎陵最高为0.75±0.09mg/g；11月叶绿素b含量最低金洞为0.49±0.02mg/g，最高为明溪0.94±0.03mg/g。

叶绿素a+b的含量变化在7~11月是逐渐升高的，也印证了叶绿素含量和叶片成熟度、生长期和季节相关。

表1-23是监测时段不同种源闽楠幼树的平均叶绿素含量统计表，由表可知，各种源的平均叶绿素a含量炎陵种源最高，平均为1.98±0.38mg/g，其次是台江种源1.94±

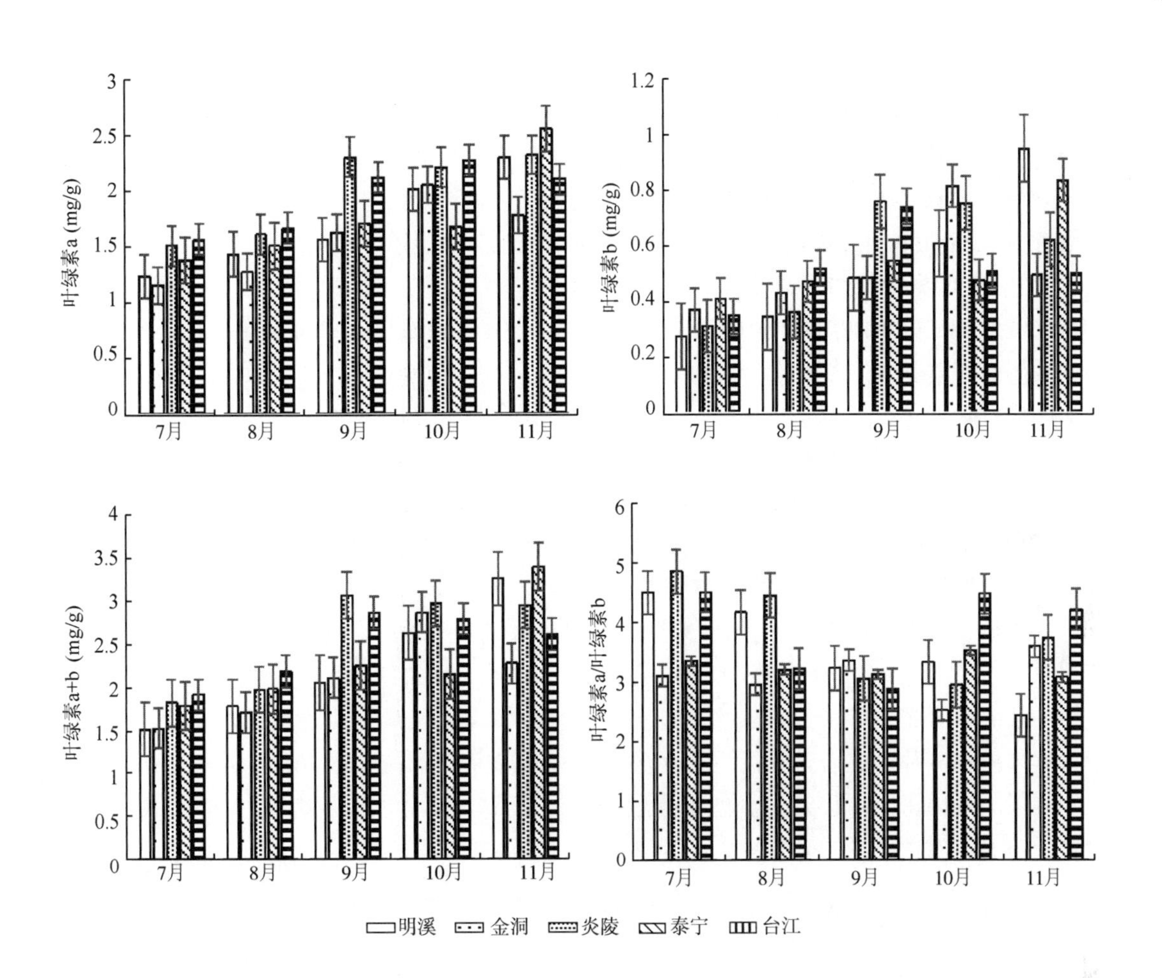

图 1-14　闽楠叶绿素含量变化

0.30mg/g，最低为金洞种源 1.57±0.35mg/g；叶绿素 b 含量平均值最高为炎陵 0.56±0.17mg/g，其次是泰宁种源 0.54±0.16mg/g，最低为台江种源 0.52±0.14mg/g；叶绿素 a+叶绿素 b 平均值最大为炎陵种源 2.54±0.54mg/g，最小为金洞种源 2.05±0.50mg/g；叶绿素 a/叶绿素 b 的比值最大为台江种源 3.72，最小为金洞种源 3.04。

表 1-23　不同种源闽楠平均叶绿素含量

种源	叶绿素 a(mg/g)	叶绿素 b(mg/g)	叶绿素 a+叶绿素 b(mg/g)	叶绿素 a/叶绿素 b
明溪	1.70±0.43c	0.53±0.25a	2.23±0.67c	3.22
金洞	1.57±0.35c	0.52±0.16a	2.05±0.50c	3.04
炎陵	1.98±0.38a	0.56±0.17a	2.54±0.54a	3.56
泰宁	1.75±0.43bc	0.54±0.16a	2.26±0.59b	3.22
台江	1.94±0.30ab	0.52±0.14a	2.40±0.42ab	3.72

注：同列不同字母表示同一光合参数不同种源 LSD 差异显著($P<0.05$)，同列相同字母表示同一光合参数不同种源 LSD 差异不显著。

(4)闽楠各性状相关性

相关性分析因子包括胸径 d，树高生长量 H，叶片净光合速率 P_n，拟合曲线最大净光合 P_{max}，荧光最大量子产量 F_v/F_m，叶面积，叶面积指数 LAI，叶绿素 a，叶绿素 b。由于胸径、树高生长量是一次监测数据，为分月测定，因此分析是以 5 个种源作为平行数据进行闽楠各性状间的相关性计算，分析结果表示闽楠的各性状相关性。

从表 1-24 中数据可以总结出：

①叶面积与闽楠幼树地径生长量呈正相关，但不显著($P>0.05$)，而叶面积指数 LAI 与地径生长量呈显著正相关($P<0.05$)；叶绿素 a、叶绿素 b 对地径生长无显著相关性。这说明闽楠叶片作为光合作用的主要场所，叶面积指数越大，对林木生物量累积增进效果越明显，林木单位时间生长量越大。

②净光合速率 P_n 跟地径生长成显著正相关($P<0.05$)，跟树高生长量呈正相关，但不显著($P>0.05$)；叶面积、叶面积指数 LAI 都跟树高生长量呈正相关，但是不显著($P>0.05$)。这说明净光合速率 P_n 和林木生长呈正相关，光合作用越强，林木生长越旺盛。

③叶面积指数 LAI 跟叶片净光合速率 P_n 呈极显著正相关($P<0.01$)；叶面积与净光合速率 P_n 呈正相关，但是不显著($P>0.05$)。

④叶绿素含量对叶净光合速率、地径生长量、树高生长量无明显相关性。这说明叶绿素含量与植株叶片净光合速率无明显相关性，在日照条件下，叶绿素含量并不是限制光合效率的限制性因子，或许是光合电子传递链的关键组分和碳同化的关键酶以及环境光合有效辐射与温度对植物的光合效率起限制作用。

表 1-24　不同种源闽楠生理指标间的相关分析

	d	H	P_n	P_{max}	F_v/F_m	叶面积	LAI	叶绿素 a	叶绿素 b
d	1								
H	0.776	1							
P_n	0.923*	0.824	1						
P_{max}	0.433	0.543	0.463	1					
F_v/F_m	0.969**	0.782	0.946*	0.264	1				
叶面积	0.791	0.304	0.539	0.011	0.744	1			
LAI	0.904*	0.866	0.996**	0.467	0.936*	0.487	1		
叶绿素 a	-0.500	-0.692	-0.524	-0.976**	-0.352	-0.036	-0.544	1	
叶绿素 b	-0.569	-0.861	-0.805	-0.416	-0.658	0.010	-0.850	0.528	1

注：**表示在 0.01 水平(双侧)上极显著相关，*表示在 0.05 水平(双侧)上显著相关。

1.2.3.4　结　论

以 3 年生闽楠幼树为试验材料，通过监测 7~11 月生长季旺盛期到生长缓慢期时间段 5 个不同种源的光合、生长量和功能性状数据，了解各种源的光合规律以及与生长量、功能性状的关系，得出以下结论：

(1)明溪、金洞种源日变化呈双峰型，峰值出现在上午 10：00 和下午 14：00 时间段，

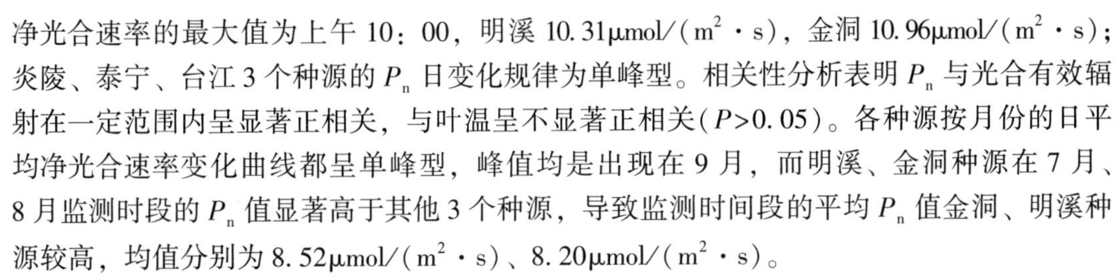

净光合速率的最大值为上午 10：00，明溪 10.31μmol/(m²·s)，金洞 10.96μmol/(m²·s)；炎陵、泰宁、台江 3 个种源的 P_n 日变化规律为单峰型。相关性分析表明 P_n 与光合有效辐射在一定范围内呈显著正相关，与叶温呈不显著正相关($P>0.05$)。各种源按月份的日平均净光合速率变化曲线都呈单峰型，峰值均是出现在 9 月，而明溪、金洞种源在 7 月、8 月监测时段的 P_n 值显著高于其他 3 个种源，导致监测时间段的平均 P_n 值金洞、明溪种源较高，均值分别为 8.52μmol/(m²·s)、8.20μmol/(m²·s)。

(2)明溪和金洞种源的蒸腾速率日变化呈双峰型，在正午 12：00 蒸腾速率显著降低，对植株在高温时段保存自身水分有明显的促进作用；炎陵、泰宁和台江呈单峰型，蒸腾速率的峰值大多出现在下午 14：00；蒸腾速率的平均月变化自 7 月至 11 月逐月降低，与温度变化趋势一致。气孔导度和胞间 CO_2 浓度的平均日变化随光强和环境温度变化表现出较大的差异性，高温时间维持在相对稳定状态。气孔导度和蒸腾速率的月变化趋势不呈正相关，说明蒸腾速率的主要影响因子并非只有气孔导度，环境温度和湿度也是影响蒸腾速率的主要影响因子。

(3)明溪种源的地径和树高生长量最大，地径生长为 14.28mm，树高生长 90.97cm，生长量最小为炎陵种源，仅为 5.72mm，61.49cm；叶面积指数 *LAI* 明溪最大，为 2.13±0.24，炎陵种源最小仅为 1.47±0.13；叶绿素 a+叶绿素 b 平均值最大为炎陵种源 2.54±0.54mg/g，最小为金洞种源 2.05±0.50mg/g。

(4)生理因子相关性分析：闽楠幼树叶面积指数 *LAI* 与地径生长量呈显著正相关($P<0.05$)；叶绿素 a、叶绿素 b 对地径生长无显著相关性；净光合速率 P_n 跟地径生长成显著正相关($P<0.05$)，跟树高生长量呈正相关；叶面积指数 *LAI* 跟叶片净光合速率 P_n 呈极显著正相关($P<0.01$)；叶绿素含量对叶净光合速率、地径生长量、树高生长量无明显相关性。

综合以上几方面总结，可得知金洞、炎陵、明溪、泰宁、台江 5 个分别来自湖南、福建和贵州的种源，在金洞林场相似的立地条件下生长状况有所差异。明溪、金洞两个种源在高温季节优于其他种源的光合特性，对林木地径和树高生长有明显的影响，使得单位时间内两个种源的生长量高于其他几个种源，但是金洞种源在净光合速率较大的情况下气孔导度和蒸腾速率也大于其他种源，对生境水分条件要求较高。

第2章 闽楠苗木繁育技术

2.1 播种苗培育技术

2.1.1 闽楠种子休眠与萌发

2.1.1.1 试验材料和方法

科研团队在湖南省金洞林场的15棵闽楠母树上收获了种子，每棵树采摘约1000g种子。这些种子随后被送往中南林业科技大学的实验室。将种子浸泡在水中48h，然后擦洗去果皮。种子被拿出来，放在室内晾干。选取正常种子作为试验材料，1000粒闽楠种子的重量为229.7g。以白菜种子(含水量10%，发芽率高于93%)为试验材料，研究了闽楠种子浸提物的抑制效果。

(1)种子层积

正常种子在4±1℃下用湿沙层积，沙体积为种子体积的3倍。

(2)种子吸水率

将种子分为两组，一组种子有完整的种皮，另一组种子去掉种皮。分别称取约20g有完整种皮的种子和去掉了种皮的种子放入烧杯，并分别加入100mL蒸馏水，放入培养箱，温度为25±1℃。将种子从培养箱取出，用滤纸吸去种子表面的水，用数字天平称取种子的质量。在第一个24h内，每隔4h称取一次种子的质量。随后，每8h称取一次种子的质量，直到质量没有变化。吸水率表示为在初始质量基础上增加的百分比。

(3)种子呼吸率

用静态法测量闽楠种子的呼吸率。称取每种类型(完整的新鲜种子、去除种皮的新鲜种子、层积时间分别为30、45、60d的种子)的闽楠种子约200g，将其分别放到直径为260mm密封性能良好的干燥器中，在干燥器中放入一个加入10mL 0.4mol/L的NaOH溶液的培养皿，干燥器中的空气作为最初的气体环境。30min后取出培养皿，并立即用

0.2mol/L 草酸($C_2H_2O_4$)滴定。用CO_2量的变化来估计闽楠种子的呼吸速率。

(4)闽楠种子浸提物的抑制作用

提取：每组称取不同层积时间的闽楠种子20g左右，研磨后分别放入500mL的锥形瓶中。在每个锥形瓶中加入200mL的蒸馏水，与样品混合，然后放入温度为2±1℃的冰箱中。将锥形瓶密封，每隔12h摇1次，充分抽提。提取72h后进行过滤。每个锥形瓶中再加入150mL蒸馏水，再提取72h。两种提取物混合后倒入400mL的容量瓶中，最后用蒸馏水定容。由此制备了闽楠种子的浸提液。

浸提液的抑制作用。用蒸馏水将提取液稀释至25mL/100mL、50mL/100mL、75mL/100mL、100mL/100mL。取2张滤纸作为萌发床，放置于培养皿中，取5mL不同浓度的浸提液分别加入培养皿中，取5mL蒸馏水作为对照。试验重复三次，将50粒白菜种子置于每个培养皿的萌发床上，置于25±1℃的暗培养箱中的进行萌发试验。计算48h后白菜种子萌发率(胚根长于种子直径)和根长。

(5)种子发芽试验

随机选取30粒闽楠种子，分别置于25±1℃的培养箱中萌发床上进行萌发试验，每天早上9点进行种子检查，以确定种子是否发芽。

① 种皮对种子萌发的影响

对层积前的种子萌发进行了2类种子萌发试验，一种是对种皮完整的种子进行试验，另一种是对去皮的种子进行试验。

② 赤霉素(GA_3)溶液浓度对种子萌发的影响

将新鲜完整的种子分别浸泡在浓度为0、100、300、500、800和1200mg/L的GA_3水溶液中24h，分别进行种子发芽试验。

③ 层积时间对种子萌发的影响

对完整的闽楠种子分别层积处理30、45、60d后，进行发芽试验。

(6)统计分析

所有实验均重复3次，采用标准差的平均值进行分析。所有数据均采用SPSS(Windows XP)统计软件进行方差分析(ANOVA)。采用Duncan检验确定各处理间的差异，$P<0.05$的条件下检查差异显著性。

2.1.1.2 闽楠种子休眠特性

(1)种皮对种子萌发的影响

图2-1显示，在闽楠种子萌发的50d内，完整种子与去皮种子的发芽率变化。去皮种子的发芽率在第20天前迅速增加，然后缓慢增加至第40天。完整种子在第20天开始发芽，发芽率在第20天到第40天迅速增加，然后缓慢增加至第50天。种子萌发期内，完整种子和去皮种子的发芽率具有显著性差异($P<0.05$)。与完整种子相比，去皮种子发芽早(在第10天前)，发芽率高(第50天发芽率比完整种子高68.7%)，说明种皮对闽楠种子萌发有一定的延滞作用。

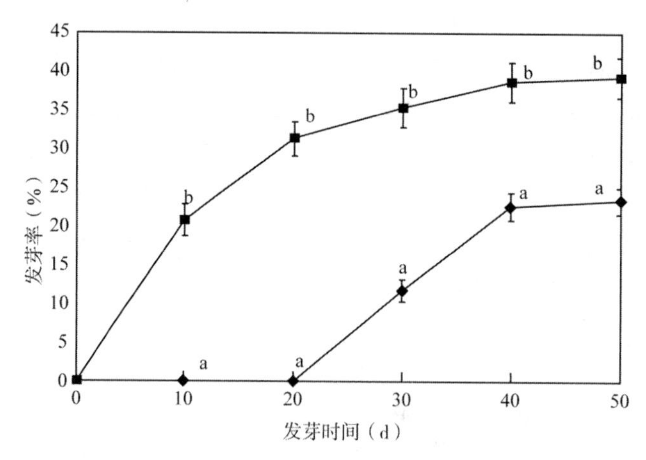

图 2-1　闽楠完整种子与去皮种子发芽率变化

（◆）完整种子　（■）去皮种子（不同字母表示存在显著差异）

（2）种子吸水率评价

完整的闽楠种子与去皮的闽楠种子的吸水率都随着吸水时间的延长（图 2-2）。闽楠种子的吸水率在前 4h 迅速增加，然后增加逐渐缓慢至第 48 小时。完整的闽楠种子与去皮的闽楠种子的吸水率没有显著性差异（$P<0.05$）。在吸水 56h 时，完整的闽楠种子与去皮闽楠种子的吸水率分别达到 13.5%和 13.8%。这一结果表明，闽楠种子的种皮具有透水性。

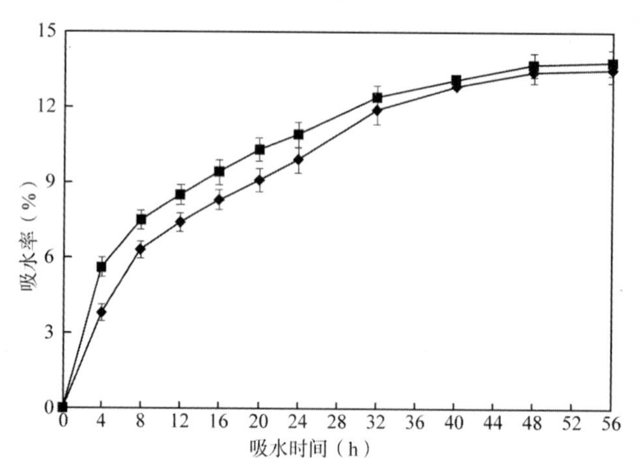

图 2-2　闽楠完整种子与去皮种子吸水率的变化

（◆）完整种子　（■）去皮种子

（3）种皮和层积时间对闽楠种子呼吸速率的影响

图 2-3 显示，不同的处理对闽楠种子呼吸速率的影响不同。新鲜的完整闽楠种子呼吸速率最低［86.5mgCO_2/（kg·h）］，而去皮的新鲜闽楠种子呼吸速率较前者高［193.7mgCO_2/（kg·h）］，是前者的 2.2 倍，这表明种皮抑制种子的呼吸。由图 2-3 还可以看出，随着层积时间的延长，种子的呼吸速率增加。当种子层积时间为 0、30、45 和 60d，种子的呼吸速率分别为 86.5mgCO_2/（kg·h）、184.2mgCO_2/（kg·h）、233.4mgCO_2/（kg·h）和 278.6mgCO_2/（kg·h）。结果表明，在低温（4±1℃）条件下，经过一定时间的层积处理，

可以提高种子的呼吸速率。不同层积天数的闽楠种子呼吸速率存在显著差异($P<0.05$)。然而，去皮的新鲜闽楠种子与在 4±1℃下层积 30d 的完整种子不存在显著差异($P<0.05$)。

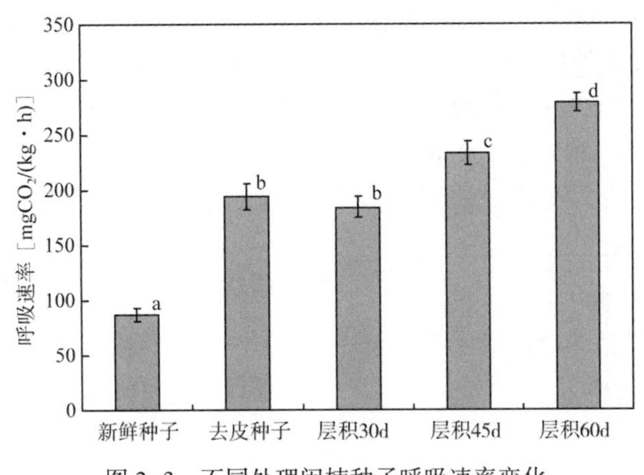

图 2-3 不同处理闽楠种子呼吸速率变化

(不同字母表示存在显著差异)

(4)闽楠种子提取液对白菜种子萌发和根系生长的抑制作用

不同层积时间、不同浓度的种子提取液对白菜种子的萌发抑制作用不同(图 2-4)，不同处理对白菜种子的发芽率具有显著性差异($P<0.05$)。闽楠种子提取液对白菜种子萌发的抑制作用随着层积时间的延长而减弱。层积 60d 的闽楠种子的不同浓度种子提取液对白菜种子的萌发没有抑制作用，发芽率在 90.4%~92.1%之间，而层积 0d 的闽楠种子提取液(即新鲜种子)的抑制效果最强，在提取液浓度为 100mL/100mL 时，无种子萌发。从层积 45d 和 30d 的种子中提取的浸提液对白菜种子的萌发分别有第二和第三强的抑制效果。从图 2-4 还可以看出，除了层积 60d 的闽楠种子浸提液的抑制作用外，白菜种子的发芽率随提取液浓度的增加而降低，说明高浓度提取液具有较强的抑制作用。

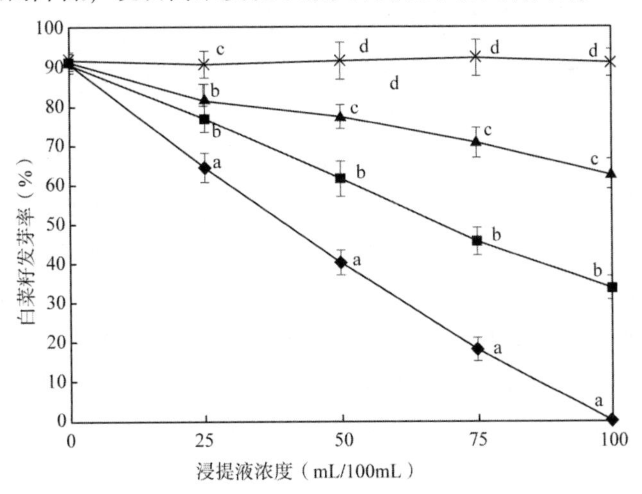

图 2-4 不同层积时间闽楠种子浸提液不同浓度处理白菜籽发芽率变化

(◆)新鲜闽楠种子浸提液 (■)30d 4±1℃层积闽楠种子浸提液

(▲)45d 4±1℃层积闽楠种子浸提液 (╳)60d 4±1℃层积闽楠种子浸提液(不同字母表示存在显著差异)

图 2-5 说明不同种子处理对白菜幼苗根系长度的影响。不同处理白菜幼苗根系长度存在显著差异($P<0.05$)。闽楠种子提取液对白菜幼苗根系生长的抑制作用随闽楠种子的层积时间的延长而减弱。层积 60d 的闽楠种子提取液对白菜幼苗的根生长并没有抑制作用。各浓度的闽楠种子提取液培养的白菜幼苗跟的长度均高于 13.4mm，但是层积 0d 的闽楠种子(即新鲜种子)提取液的抑制作用最强，闽楠种子提取液浓度为 25mL/100mL、50mL/100mL、75mL/100mL、100mL/100mL 所对应的白菜幼苗的根长度是分别是 8、2.8、1.3、0mm。这一结果也表明，较高浓度的提取物对根的生长有较强的抑制作用。

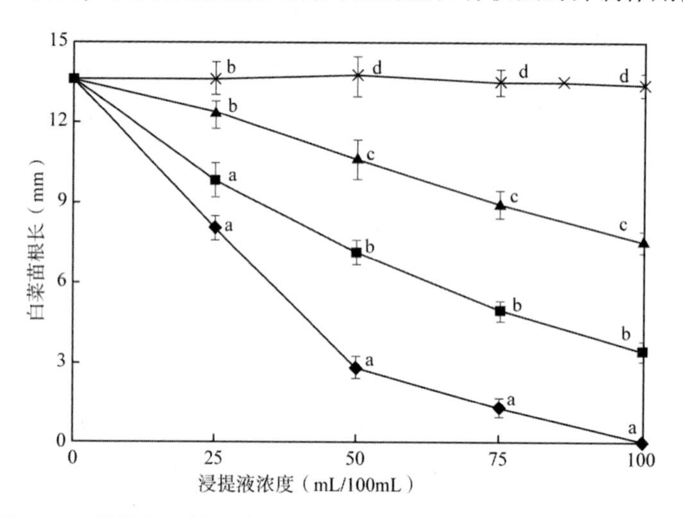

图 2-5　不同层积时间闽楠种子浸提液不同浓度处理白菜籽根长变化

(◆)新鲜闽楠种子浸提液　(■)30d 4±1℃层积闽楠种子浸提液

(▲)45d 4±1℃层积闽楠种子浸提液　(╳)60d 4±1℃层积闽楠种子浸提液(不同字母表示存在显著差异)

2.1.1.3　促进闽楠种子萌发的技术

(1)赤霉素(GA_3)溶液浓度对种子萌发的影响

图 2-6 表明，闽楠种子的发芽率随 GA_3 浓度的变化而变化。将 GA_3 浓度提高至 800mg/L时，可以提高种子的发芽率，其余浓度对发芽率没有明显提高。各处理间闽楠种子发芽率存在显著差异($P<0.05$)。而经 800mg/L 和 1200mg/L 浓度处理的闽楠种子发芽率不存在显著差异($P< 0.05$)。在 50d 的发芽期，用 0mg/L 处理的种子在第 20 天开始发芽，用 100mg/L 和 300mg/L GA3 溶液处理的种子在第 10 天之后为开始发芽。种子经 500mg/L 浓度以上的 GA_3溶液处理的在第 10 天开始发芽。结果表明，高浓度 GA_3溶液处理的闽楠种子发芽早、发芽快。种子经 GA_3溶液 0mg/L 处理过的发芽率最低，第 50 天仅为 23.3%，而 800mg/L 处理的种子发芽率最高，50 d 时为 87.3%，是经 GA_3溶液 0mg/L 处理过的种子发芽率的 3.7 倍。这一结果表明，800mg/L GA_3溶液对种子萌发的促进作用最好。

(2)层积时间对种子萌发的影响

图 2-7 表明，不同层积时间对种子发芽率的影响不同。不同层积时间的闽楠种子发芽率存在显著差异($P<0.05$)。种子随着层积时间的延长，闽楠种子发芽早、快，发芽率高。层积时间 60d 的种子发芽最早，发芽率最高，在第 10 天前发芽，第 30 天的发芽率达

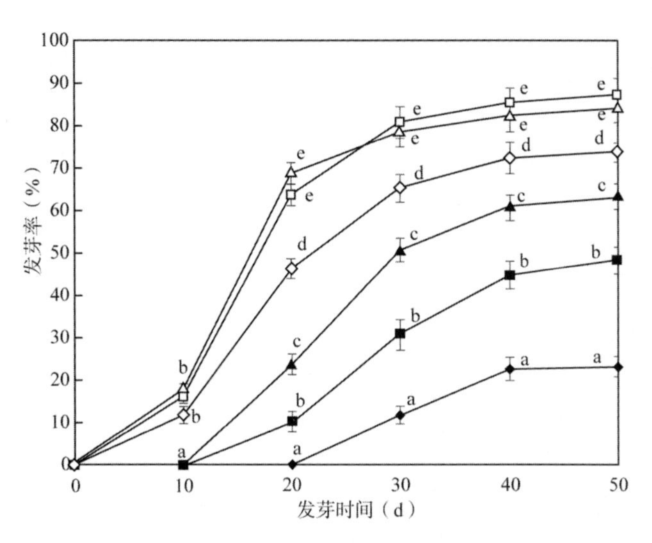

图2-6 不同浓度 GA_3溶液处理闽楠种子的发芽率变化

（◆）0mg/L GA_3溶液 （■）100mg/L GA_3溶液 （▲）300mg/L GA_3溶液 （◇）500mg/L GA_3溶液

（□）800mg/L GA_3溶液 （△）1200mg/L GA_3溶液（不同字母表示存在显著差异）

91.3%；层积时间0d的种子发芽最晚，发芽率最低，第20天后发芽，第50天发芽率仅为23.3%，层积60d种子第50天的发芽率是层积0d种子发芽率的3.9倍。层积时间45d和30d的第10天后开始发芽，第50天时发芽率分别为76.3%和51.3%，分别排在第二位和第三位。

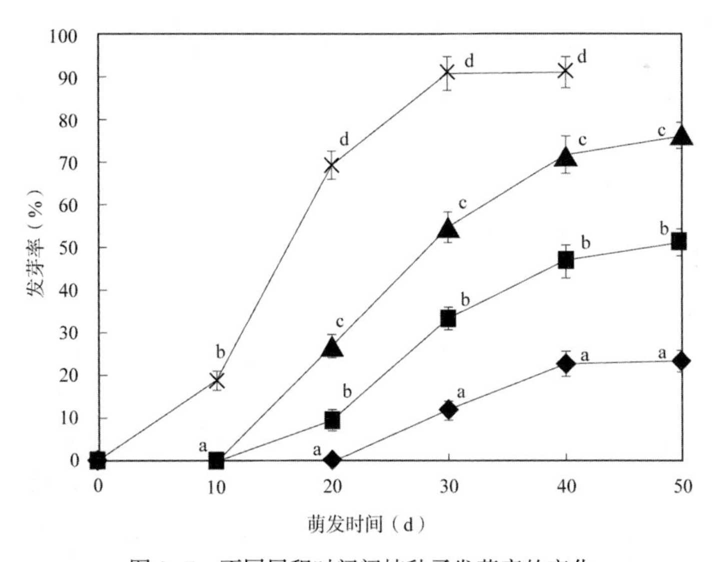

图2-7 不同层积时间闽楠种子发芽率的变化

（◆）0d层积 （■）30d层积 （▲）45d层积 （╳）60d层积（不同字母表示存在显著差异）

2.1.1.4 结 论

新鲜的闽楠种子的种皮是透水的，种子吸收水分没有困难。闽楠种子中含有抑制种子萌发的物质，这些物质抑制了新鲜闽楠种子的萌发并且诱导了休眠。这些结果表明，闽楠种子处于生理休眠状态。在4±1℃条件下，通过延长湿沙分层时间至第60天，闽楠种子的呼吸速率不断提高，种子的休眠逐渐得到释放，发芽率逐渐提高。与未处理种子相比，湿沙层积60d的种子发芽早、快，发芽率高达91.3%。赤霉素溶液处理能有效地缓解种子的休眠，提高种子的发芽率，800mg/L GA_3溶液为最佳浓度。GA_3溶液处理与湿沙层积60d处理对种子休眠的解除和发芽率的提高效果基本相同，说明GA_3处理可以替代新鲜闽楠种子的冷层积要求。

2.1.2 播种苗培育技术

2.1.2.1 种子采集与处理

闽楠种子11月下旬以后成熟，当果实由青(绿色)转变为黑色时，即可抓紧采集，宜选20年生以上健壮母树采种，用钩刀、高枝剪或竹竿等击落收集种子，也可收集自然脱落的种子。采回后，将果实放入清水中，放置2d以上，每天换水，待果皮软化后，搓去果皮，漂洗干净，置于室内通风处阴干，待种壳水迹消失后，即可贮藏。果实出籽率40%~50%，种子千粒重250~350g。闽楠种子含水量高，种子失水后易丧失发芽力，故多采用湿润河沙分层贮藏或混沙湿藏。

2.1.2.2 育苗地选择与作床

圃地位置的环境条件尽量与造林地接近，这样培育出来的苗木出圃后最能适应造林地的环境生态条件，成活、生长、发育都较为理想。闽楠幼苗喜阴湿、忌强光，应选择肥沃湿润的沙质壤土、日照时间短、风小、空气湿度大、灌溉排水容易的圃地。若是坡地，以阴坡、半阳坡为好，这种地方所育成的苗木，冠根比值小，含水率低，适应性强。土壤要求疏松肥沃湿润，质地最好选择沙性较大的沙质土壤，粒状或团粒结构，松软多孔隙，腐殖质含量较高，这样的土质播种后比较好出苗，苗木根系发育较好、须根多；起苗时，须根伤损较少，造林成活率高。苗圃地水源要充足，旱季不断流，水源位置最好要比圃地稍高，能自流侧方灌溉。圃地要求地下水位不高于0.5m。此外，圃地必须排水良好，雨季不会积水而造成苗木被水淹没。为防止或减少病虫害，应避免选用菜地及种过瓜类、马铃薯、烟叶等的农地作为圃地。

为了保证出苗率，圃地必须深耕细整。土壤肥力较差的圃地，特别是固定苗圃，应施基肥。基肥用量应依土壤肥力定。一般每亩用红心土2500kg，饼肥50~100kg，过磷酸钙20kg。闽楠育苗选用高床，以利排水通风，减少病害，苗床方向以东西向为宜，使光照均匀。床面宽100~120cm，高20~30cm，床面平整，土块要细。苗床四周开边沟排水。

2.1.2.3 闽楠种子处理

新鲜闽楠种子具有休眠特性，含有萌发的抑制物质，发芽率比较低。闽楠种子在播种前，经过60d 4℃的低温层积或用800mg/L GA_3溶液浸种处理24h就能解除种子休眠，提高发芽率，经过处理的种子，按正常程序播入苗床就可以了。

2.1.2.4 播种技术

一般在早春气候转暖，平均气温稳定通过10℃左右时播种。早播种，发芽出土早，生长快，待4~5月湿热雨季到来，苗木已较粗壮，特别是根颈部位已木质化，根系入土较深，不易发生猝倒病。夏季到来时，苗木提早封行，抗旱能力较强。

常用的播种方法有条播和撒播两种。条播便于管理，培育的苗木质量高，在金洞林场，闽楠育苗常用宽幅双行条播。播种方法如下：

先在做好的苗床上开 7cm 宽、3～4cm 的播种沟，条播行距 15～20cm，每亩播种量 10～15kg。播种后覆盖“红心土”或“火烧土”，覆土要均匀，以不见种子为度，厚约 1～2cm。上面再覆盖一层新鲜稻草、茅草或其他作物秸秆，以保持苗床温度和湿度，促进发芽。用塑料膜覆盖床面更好，能提早出苗，生长期增加，并且苗高、地径都有显著提高。

2.1.2.5 苗期管理

(1)出苗期

闽楠播种后 15～20d 幼芽出土。出苗期长短和发芽整齐度主要受气温影响。播种早，气温低，出土慢，历时较长，但苗根入土较深，木质化较早，抗旱能力较强，因此，以早播为佳。幼芽出土前要注意苗床保温保湿，出土后要及时揭草，保持苗床湿润，防鸟害、防旱、防低温，使出苗迅速整齐。

(2)生长初期

从初生叶形成到旺盛生长前期为止。闽楠幼苗前期生长缓慢，7 月份苗高 7～8cm 即可定苗。这一时期幼苗地下部分生长较快，应及时进行松土、除草、间苗、施肥、灌溉等苗期管理。在日照时间长的地方育苗应适当遮阴，若在山垄林缘背阴处育苗，勿需遮阴。此时苗木幼嫩，要注意防涝、防旱、抗病保苗。

(3)速生期

苗木地上部分生长最旺盛时期，从 8～10 月，历时 70～90d。这一时期以苗高迅速生长为主要标志，高生长量为全年生长量的 65%，地茎生长量为全年生长量的 60%。这时，苗木的地上与地下部分生长旺盛，枝叶和根系彼此互相接触，竞争激烈，群体出现分化现象。必须及时松土，适时适量地灌溉和施肥，并注意防旱、防涝、防病。

(4)苗木硬化期

10～11 月间，苗木高生长明显下降，侧枝大量出现，叶面积继续增加，后期出现顶芽，苗木定型。这一时期要防止苗木徒长，停止灌溉和施肥，促进幼苗木质化，提高越冬抗寒能力，以免冬天发生冻害(图 2-8)。

图 2-8 闽楠播种 5 个月后的苗木

金洞林场的闽楠造林一般采用2年生苗木，其抗逆性强、造林成活率高。对于闽楠幼苗第2年的培育与管理，按照苗圃日常管理，及时松土、除草、施肥与灌溉，施肥与灌溉的量比1年生苗要大，但次数可以减少(图2-9、图2-10)。

图2-9　1年生闽楠苗

图2-10　1年7个月的闽楠苗

2.2　闽楠无性繁殖技术

2.2.1　闽楠扦插繁育技术

2.2.1.1　*材料与方法*

(1)插穗的采集与处理

从优良闽楠母株中选取无病虫害、生长健壮的当年生半木质化的枝条及当年实生苗茎段，待闽楠枝条全部木质化后。闽楠枝条选取的粗度约为0.3~0.5cm。在扦插当天清晨采条，切成长10~15cm左右的插穗，上切口留2个半叶，采用平切，离最上面的芽1cm左右，下切口采用斜切，尽量靠近最下面的芽；扦插时采用直插法，扦插深度为留一个芽露在外面。

(2)扦插基质的选择与处理

本试验所选扦插基质为细河沙。先用清水多次冲洗基质，待冲洗干净后，将细河沙放入烘箱中进行烘干杀菌，烘箱温度为80℃。待烘干后放入实验室备用。

(3)试验设计与方法

试验采用不同生根促进剂及其浓度、不同浸泡时间进行试验，分别将当年生半木质化、木质化的闽楠枝条及当年实生苗茎段作为插穗。将剪好的插穗采用漫浸法分别浸泡于NAA、IBA、ABT-1#溶液中，每个溶液处理30根插穗，重复3次。在不同材料对插穗生根的影响试验中，将插穗浸泡于NAA 300mg/L的溶液中3h，比较它们的生根率及生根时间。在不同NAA与IBA浓度及浸泡时间对插穗生根的影响试验中，NAA与IBA的浓度均分别为：100mg/L、300mgL、600mg/L、1000mg/L，插穗浸泡时间分别为3h、6h、9h、12h。在不同ABT-1号浓度及浸泡时间对插穗生根的影响试验中，ABT-1号浓度分别为：

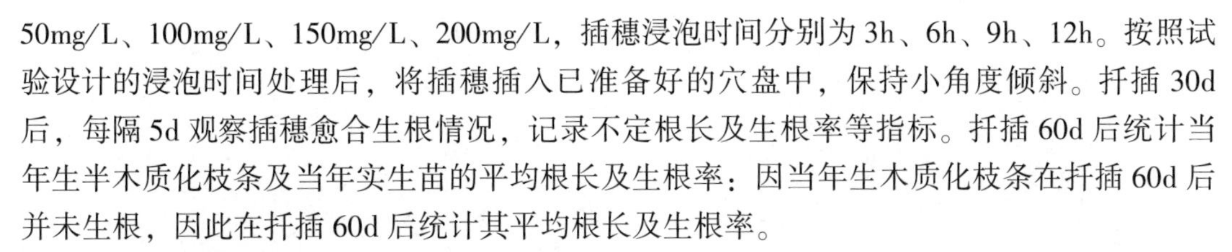

50mg/L、100mg/L、150mg/L、200mg/L，插穗浸泡时间分别为3h、6h、9h、12h。按照试验设计的浸泡时间处理后，将插穗插入已准备好的穴盘中，保持小角度倾斜。扦插30d后，每隔5d观察插穗愈合生根情况，记录不定根长及生根率等指标。扦插60d后统计当年生半木质化枝条及当年实生苗的平均根长及生根率；因当年生木质化枝条在扦插60d后并未生根，因此在扦插60d后统计其平均根长及生根率。

(4)插穗的管理

扦插后浇透水，控制光照、温度和湿度，及时喷水并保持通风，喷水要少量多次喷湿，透光率过高或者过低都不利于插穗生根，应保持在60%左右。相对湿度保持在80%~90%。

(5)观察记录与数据分析

对插穗的生根率及平均根长进行统计，运用SPSS统计软件对统计所得数据进行分析。试验数据按照单变量一般线性模型，用Tukey HSD方法进行方差分析和多重比较。在前期预备试验中，分别以清水浸泡插穗3h、6h、9h、12h，然后进行扦插，处理9h的生根率最高，为10%，比使用生长素处理的要低得多，故在统计时未将其一并进行分析。

2.2.1.2 试验结果与分析

(1)材料对插穗生根的影响

不同材料对插穗生根的影响见表2-1，插穗产生愈伤组织效果见图2-11，当年实生苗茎段扦插生根效果见图2-12，当年生半木质化枝条扦插生根效果见图2-13，当年生木质化枝条扦插生根效果见图2-14。从表2-1分析可知，当年实生苗茎段的生根率为43.3%，比当年生半木质化闽楠枝条的生根率高116.5%。比当年生木质化闽楠枝条的生根率高333%。并且当年实生苗茎段平均生根时间为35d；而当年生半木质化闽楠枝条的平均生根时间为52d，所需时间比当年实生苗茎段长17d；当年生木质化闽楠枝条的平均生根时间为98d，所需时间比当年实生苗茎段长63d。因此，选取当年实生苗茎段为扦插材料，可得到较好的效果。然而，选用当年生半木质化和当年生木质化的枝条进行扦插，能够从选出的优树上进行采条，保留母株优良性状，不但有利于进行扩繁造林；而且在建立种子园方面具有较大的优势。所以。研究当年生半木质化枝条和当年生木质化枝条的扦插生根情况也具有重大的现实意义。

表2-1 不同材料对插穗生根的影响

插穗	生根率(%)	生根时间(d)
当年生半木质化枝条	20.0	52
当年实生苗茎段	43.3	35
当年生木质化枝条	10.0	98

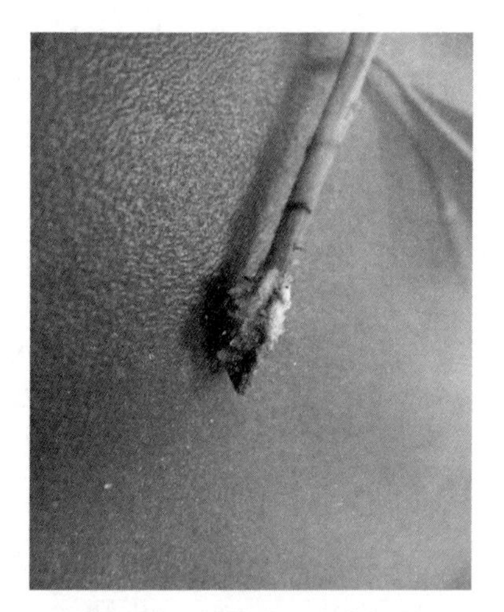

图 2-11　插穗产生愈伤组织

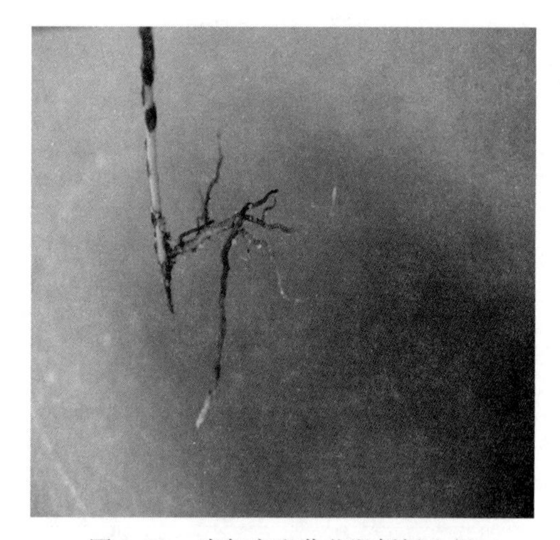

图 2-12　当年实生苗茎段扦插生根

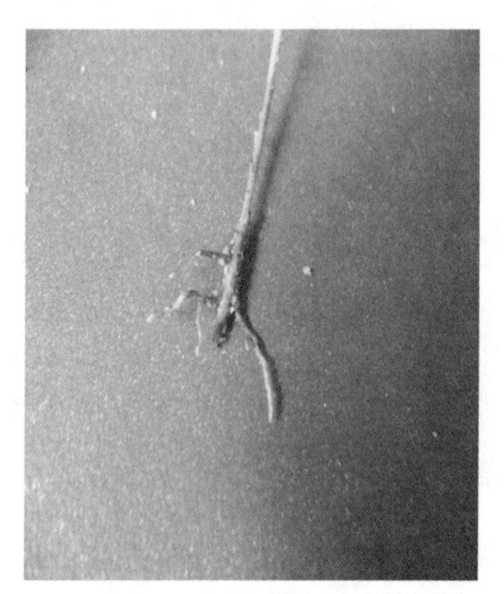

图 2-13　当年生半木质化枝条扦插生根

图 2-14　当年生木质化枝条扦插生根

(2)不同生根促进剂及其配比对插穗生根的影响

① NAA 浓度及浸泡时间对插穗生根的影响

不同 NAA 浓度及浸泡时间对插穗生根的影响见表 2-2，在生根率方面，当浸泡时间相同时，随着 NAA 浓度的增加，生根率也在逐渐升高，当 NAA 浓度为 600mg/L 时，生根率可达 80.0%，但是当 NAA 浓度增加到 1000mg/L 时，插穗生根率反而降低；在 NAA 浓度相同的情况下，生根率在插穗浸泡 9h 时为最高。在平均根长方面，当浸泡时间相同时，随着 NAA 浓度的增加，平均根长也呈现先增后降的趋势；当 NAA 浓度相同时，平均根长在插穗浸泡 6h 时最长，最长为 4.5mm。

对试验结果进行的方差分析见表 2-3，不同 NAA 浓度及浸泡时间对 3 种插穗生根的影响均极为显著，不同 NAA 浓度与浸泡时间之间的交互作用对当年生半木质化枝条插穗及当年实生苗茎段插穗生根的影响也极为显著，但对当年生木质化枝条插穗生根的影响不显著。在实际生产应用中，选择插穗浸泡于浓度为600mg/L的NAA溶液中6h和9h，生根情况较好。

表2-2 不同NAA浓度及浸泡时间对插穗生根的影响

处理	NAA (mg/L)	浸泡时间 (h)	平均根长(mm)			生根率(%)		
			半木质化枝条	茎段	木质化枝条	半木质化枝条	茎段	木质化枝条
1	100	3	1.1	2.5	0.8	12.2	26.7	8.9
2	100	6	2.4	4.0	2.4	17.8	26.7	10.0
3	100	9	1.8	3.2	1.7	25.6	33.3	11.1
4	100	12	1.4	2.7	1.1	11.1	20.0	10.0
5	300	3	1.5	3.0	1.3	20.0	43.3	10.0
6	300	6	2.8	4.2	2.5	28.9	36.7	13.3
7	300	9	2.3	3.6	2.1	32.2	40.0	15.6
8	300	12	1.4	2.8	1.2	20.0	26.7	11.1
9	600	3	1.5	3.1	1.5	44.4	50	12.2
10	600	6	3.3	4.5	3.0	51.1	73.3	17.8
11	600	9	2.4	3.8	2.1	63.3	80.0	20.0
12	600	12	1.5	3.0	1.4	50.0	63.3	13.3
13	1000	3	1.4	2.8	1.5	27.8	33.3	10.0
14	1000	6	2.7	4.0	2.4	38.9	46.7	11.1
15	1000	9	1.7	3.1	1.4	44.4	60.0	12.2
16	1000	12	1.4	2.6	1.0	32.2	40.0	10.0

表2-3 不同NAA浓度对浸泡时间对插穗生根的方差分析

源	I型平方和			*df*	均方			*F*值		
	半木质化枝条	茎段	木质化枝条		半木质化枝条	茎段	木质化枝条	半木质化枝条	茎段	木质化枝条
NAA浓度	759.617	110.917	21.562	3	253.056	36.972	7.187	1012.222**	197.185**	43.125**
浸泡时间	151.167	25.083	12.896	3	50.389	8.361	4.299	201.556**	44.593**	25.792**
NAA浓度×浸泡时间	10.667	7.917	4.521	9	1.185	0.88	0.502	4.741**	4.691**	3.014
误差	8	6	5.333	32	0.25	0.188	0.167	$F_{0.01}(3,40)=4.31$ $F_{0.05}(3,40)=4.05$		

注：*表示在0.05水平上存在显著差异，**表示在0.01水平上存在显著差异。

② IBA 浓度及浸泡时间对插穗生根的影响

不同处理对插穗生根的影响如表 2-4，随着 IBA 浓度的增加，3 种插穗生根率也在不断上升，当 IBA 浓度达到 600mg/L 时，3 种插穗的生根效果都相对最好，最高生根率为 66.7%。随着 IBA 浓度的继续增加。插穗生根率反而下降。平均根长也随着 IBA 浓度的增加呈现先增后降的趋势；当 IBA 浓度相同时，平均根长基本在插穗浸泡 6h 时最长，最长为 3.5mm。

对试验结果进行方差分析，分析结果见表 2-5，不同 IBA 浓度对 3 种插穗生根的影响均极显著。不同浸泡时间对当年生半木质化枝条插穗及当年实生苗基段插穗生根的影响均极为显著，但对当年生木质化枝条插穗生根的影响不显著。不同 IBA 浓度与浸泡时间之间的交互作用对当年生半木质化枝条插穗及当年实生苗茎段插穗生根的影响均极为显著，但对当年生木质化枝条插穗生根的影响不显著。在本试验中，采用 IBA 600mg/L 浸泡 6h 时，生根率最高，同时平均根长也为最长。

表 2-4　不同 IBA 浓度及浸泡时间对插穗生根的影响

处理	IBA (mg/L)	浸泡时间 (h)	平均根长(mm)			生根率(%)		
			半木质化枝条	茎段	木质化枝条	半木质化枝条	茎段	木质化枝条
1	100	3	0.5	1.8	0.3	17.8	23.3	8.9
2	100	6	1.4	2.9	1.3	15.6	20.0	10.0
3	100	9	0.9	2.3	0.8	22.2	33.3	10.0
4	100	12	0.7	1.9	0.3	13.3	20.0	8.9
5	300	3	0.5	1.9	0.4	26.7	40.0	12.2
6	300	6	1.7	3.2	1.6	22.2	40.0	12.2
7	300	9	1.3	2.7	1.1	31.1	46.7	14.4
8	300	12	0.6	2.2	0.7	18.9	26.7	10.0
9	600	3	1.0	2.4	0.8	34.4	56.7	13.3
10	600	6	2.2	3.5	1.9	43.3	66.7	15.6
11	600	9	1.4	2.8	1.3	31.1	40.0	15.6
12	600	12	0.5	2.0	0.4	26.7	36.7	12.2
13	1000	3	0.6	2.1	0.6	28.9	43.3	7.8
14	1000	6	1.7	2.9	1.3	35.6	56.7	10.0
15	1000	9	0.8	2.2	0.6	26.7	33.3	11.1
16	1000	12	0.2	1.7	0.2	22.2	30.0	10.0

表 2-5　不同 IBA 浓度对浸泡时间对插穗生根的方差分析

源	I 型平方和			df	均方			F 值		
	半木质化枝条	茎段	木质化枝条		半木质化枝条	茎段	木质化枝条	半木质化枝条	茎段	木质化枝条
IBA 浓度	164.229	42.729	16.167	3	54.743	14.243	5.389	238.879**	62.152**	11.758**
浸泡时间	47.062	23.563	4.5	3	15.687	7.854	1.5	68.455**	34.273**	3.273
IBA 浓度×浸泡时间	55.854	25.188	2.333	9	6.206	2.799	0.259	27.081**	12.212**	0.566
误差	7.333	7.333	14.667	32	0.229	0.229	0.458	$F_{0.01}(3, 40)=4.31$ $F_{0.05}(3, 40)=4.05$		

注：* 表示在 0.05 水平上存在显著差异，** 表示在 0.01 水平上存在显著差异。

③ ABT-1 号浓度及浸泡时间对插穗生根的影响

不同处理对插穗生根的影响如表 2-6。当浸泡时间相同时，随着 ABT-1 号浓度的增加，插穗生根率和平均根长均不断上升，当 ABT-1 号浓度为 200mg/L 时，生根率可高达 93.3%，平均根长可达 5.3mm。当 ABT-1 号浓度相同时，随着浸泡时间的增加，插穗生根率和平均根长均呈现先升后降的趋势。不同的是，插穗生根率最高的浸泡时间为 9h，而平均根长最长的浸泡时间为 6h。

对试验结果进行方差分析，分析结果见表 2-7。不同 ABT-I 号浓度对 3 种插穗生根的影响均极为显著，不同浸泡时间对 3 种插穗生根的影响均极为显著。不同 ABT-1 号浓度与浸泡时间之间交互作用对当年实生苗茎段插穗及当年生木质化枝条插穗生根的影响不显著，但对当年生半木质化枝条生根的影响极显著。综合各因素可知，15 号处理为最佳组合。

表 2-6　不同 ABT-1 号浓度及浸泡时间对插穗生根的影响

处理	ABT-1 号 (mg/L)	浸泡时间 (h)	平均根长(mm)			生根率(%)		
			半木质化枝条	茎段	木质化枝条	半木质化枝条	茎段	木质化枝条
1	50	3	1.6	3.1	1.2	24.4	36.7	12.2
2	50	6	2.8	4.4	2.2	30.0	40.0	15.6
3	50	9	2.3	3.5	1.5	35.6	43.3	17.8
4	50	12	2.1	3.4	1.6	22.2	36.7	13.3
5	100	3	2.1	3.5	1.6	57.8	80.0	14.4
6	100	6	2.4	3.8	1.5	57.8	83.3	17.8
7	100	9	3.2	4.7	2.7	62.2	83.3	21.1
8	100	12	2.3	3.7	1.9	52.2	66.7	15.6
9	150	3	2.4	4.0	1.9	60.0	83.3	25.6
10	150	6	3.6	5.0	3.1	66.7	80.0	28.9
11	150	9	3.2	4.6	2.3	71.1	86.7	32.2
12	150	12	3.1	4.7	2.5	50.0	70.0	28.9
13	200	3	2.7	4.2	2.2	63.3	86.7	14.4
14	200	6	3.9	5.3	2.9	67.8	86.7	12.2
15	200	9	3.4	4.9	3.0	70.0	93.3	11.1
16	200	12	3.2	4.6	2.5	50.0	70.0	10.0

表 2-7　不同 ABT-1 号浓度及浸泡时间对插穗生根率的方差分析

<table>
<tr><th rowspan="2">源</th><th colspan="3">Ⅰ型平方和</th><th rowspan="2">df</th><th colspan="3">均方</th><th colspan="3">F 值</th></tr>
<tr><th>半木质化枝条</th><th>茎段</th><th>木质化枝条</th><th>半木质化枝条</th><th>茎段</th><th>木质化枝条</th><th>半木质化枝条</th><th>茎段</th><th>木质化枝条</th></tr>
<tr><td>ABT-1 号浓度</td><td>882.729</td><td>158.417</td><td>179.75</td><td>3</td><td>294.243</td><td>52.806</td><td>559.917</td><td>1569.296**</td><td>230.424**</td><td>89.875**</td></tr>
<tr><td>浸泡时间</td><td>153.062</td><td>16.417</td><td>10.417</td><td>3</td><td>51.021</td><td>5.472</td><td>3.472</td><td>272.111**</td><td>23.879**</td><td>5.208</td></tr>
<tr><td>ABT-1 号浓度×浸泡时间</td><td>22.688</td><td>3.75</td><td>10.417</td><td>9</td><td>2.521</td><td>0.417</td><td>1.157</td><td>27.081**</td><td>1.818</td><td>1.736</td></tr>
<tr><td rowspan="2">误差</td><td rowspan="2">6</td><td rowspan="2">7.333</td><td rowspan="2">21.333</td><td rowspan="2">32</td><td rowspan="2">0.188</td><td rowspan="2">0.229</td><td rowspan="2">0.667</td><td colspan="3">$F_{0.01}(3,\ 40)=4.31$</td></tr>
<tr><td colspan="3">$F_{0.05}(3,\ 40)=4.05$</td></tr>
</table>

注：* 表示在 0.05 水平上存在显著差异，* * 表示在 0.01 水平上存在显著差异。

2.2.1.3　结论与讨论

（1）当年生半木质化枝条与当年生实生苗茎段的生根时间基本相同，都具有比较强的分生能力，扦插后，插穗都能获得一定的生根率；但是当年生木质化枝条的生根时间比前两者长很多，分生能力较弱，插穗的生根率较低。一般来说，母株年龄越小，生根也就越容易，因为其薄壁细胞的分生能力越强，生根所用时间也就越短。当年生半木质化枝条和当年生木质化枝条采自多年生的母树，带有母树的年龄印记，生根能力要差一些，在本研究中，在相同条件下，采用当年生实生苗茎段做插穗的生根率最高，当年生半木质化枝条次之，当年生木质化枝条的生根率最低。此现象在樟科植物中并不少见，张建忠、姚小华等人在香樟扦插繁殖试验研究中发现，分别采用 1 年生苗、大树萌条及 6 年生母树中当年生枝条作为插穗，结果发现，6 年生母树中当年生枝条作插穗时，扦插的平均成活率只有 30.7%，而 1 年生苗作插穗时，扦插的平均成活率为 60.8%，为最高。何洪城、马芳、殷非等人发现，采用不同母株年龄龙脑樟的 1 年生枝条作为插穗，母株树龄越大，其插穗的生根率越低。耿玉敏在沉水樟扦插繁殖试验中，选取了 3 种不同类型的插穗，结果发现，半木质化枝条作插穗的效果最好，速蘸浓度 1000×10^{6}mg/L 的 ABT-6 号生根粉溶液后，扦插的生根率可达到 86%。曲芬霞进行了纯种芳樟嫩枝扦插和硬枝扦插试验，发现以夏季的嫩枝扦插生根率最高，且愈伤和新梢形成时间以及不定根的发生时间都比较短，硬枝扦插无论扦插早晚、插穗芽是否膨胀增大，生根率均很低。王凤枝、谢方等人在进行天目木姜子扦插试验时，选取未木质化侧梢、半木质化侧梢及末木质化项梢三种插穗，发现选用未木质化的顶芽做插穗，扦插效果最好，生根率达到了 85.7%。赵杰、崔家俊等人在月桂扦插试验中，分别采用多年生枝条、1 年生枝条及当年生嫩枝条作为插穗，结果表明，采用 1 年生枝条和当年生嫩枝条扦插，成活率均高达 95%以上，远远高于多年生枝条。

（2）生根促进物主要是植物激素类物质，它们能加快新陈代谢和刺激细胞分裂，从而加快不定根的形成，有利于插穗生根。曲芬霞等人研究表明，采用 NAA 浓度分别为 100、200、400、800mg/L 对樟树插穗进行浸泡处理，以 400mg/L 为最佳，生根率可达 90%。此结果与本试验的结果基本类似，可能是由于闽楠与樟树在生物性状上有相似之处，因此对 NAA 处理的结果比较接近。赵海鹄、江泽鹏等人对山苍子插穗采用 IBA 浓度分别为 50、100、200、500mg/L 浸泡后进行扦插试验，结果发现随着 IBA 浓度的增加，插穗生根率也随之上升，以 500mg/L 的 IBA 处理，生根率最高。与本试验的差异之处，可能是由于赵海鹄，江泽鹏等没有采用更高浓度的 IBA 进行试验而导致的。廖健明、曾祥艳等人采用 ABT-1 号浓度分别为 200、400、600mg/L 对清化肉桂进行的扦插，发现随着 ABT-1 号浓度的增加，插穗生根率呈先升后降的趋势，以 400mg/L 为最佳，200mg/L 次之，此结果与本试验基本相同。

不同生根促进剂对闽楠嫩枝扦插的影响差别很大。本研究中，清水处理的插穗生根率极低，最高仅为 10%；采用的 NAA、IBA、ABT-1 号 3 种生根促进剂中，ABT-1 号对促进插穗生根及根长的作用最大，NAA 次之，IBA 的作用最小。在以往的研究中，也有类似的结果。史梅娟在对山苍子的扦插试验中，分别用 NAA 及 IBA 对山苍子插穗进行处理，NAA 处理的插穗生根率为 43%，用 IBA 处理的插穗生根率为 28.3%，表明用 NAA 处理的插穗生根率高于 IBA。庄姗、胡松竹、王光云等人在阴香扦插繁殖试验中，分别用不同浓度的 ABT-1 号及 NAA 处理阴香插穗，发现选用 ABT 为生根剂，插穗生根率可达 95%，而选用 NAA 为生根剂，生根率为 69%，表明 ABT 对阴香插穗生根的促进作用更大。张丽霞、杨坤等人在对狭叶阴香进行扦插繁殖试验过程中，将插穗浸泡于不同浓度的 NAA、IBA、ABT-1 号 3 种生根促进剂中，扦插结果发现，用 1000mg/L 的 NAA 和 1000mg/L 的 IBA 处理插穗的生根率为 75.33% 和 71.33%，显著高于 ABT-1 号处理，表明狭叶阴香对 NAA 和 IBA 的敏感度要高于 ABT-1 号。殷国兰、周永丽等人采用不同浓度的 NAA、IBA、ABT 对香樟插穗进行处理，结果表明，在 NAA、ABT 处理条件下的插穗生根率均不如 IBA，在 200mg/kg 的 IBA 处理条件下，香樟扦插成活率最高，为 97%，说明 IBA 是香樟扦插的最佳生根促进剂。

2.2.2　闽楠组织培养技术

2.2.2.1　材料与方法

(1)外植体的采集与处理

分别于 2011 年 9 月、2011 年 12 月、2012 年 3 月及 2012 年 6 月采集闽楠优株根部当年生幼嫩萌芽条，剪取所需要的茎段及叶片作为试验外植体进行组织培养试验。

将外植体先用洗洁精浸泡 1h 左右，同时用软毛刷刷洗表面的柔毛，再用自来水冲洗 3h 左右，叶片切成 0.5cm 见方的小块，茎剪成 1.0~1.5cm、带 1~2 个腋芽的茎段。在无菌超净台上，用 70%酒精浸泡 25s，再用 0.1%升汞浸泡 7min，无菌水冲洗 7~8 次，接种在已灭菌的培养基上进行培养。

(2)试验设计

① 取材时期及添加剂对愈伤组织诱导的影响试验

一般认为，褐化是指在组织培养过程中，在有氧的条件下，外植体接种后在切割造成的机械损伤处分泌出酚类化合物，切面细胞中的酚类物质被多酚氧化酶氧化为醌，醌再通过非酶促反应产生有色物质，从而导致愈伤组织褐变成暗褐色或棕褐色，并逐渐扩散到整个培养基中，抑制细胞内其他酶的活性，进而毒害整个组织，影响细胞的正常代谢，甚至导致组织死亡。在木本植物组织培养过程中，外植体褐变死亡是其培养难度较大的主要因素。为了抑制愈伤组织褐化，本试验设计了16组处理，分别在MS培养基中添加了0mg/L、0.1mg/L、0.5mg/L、1.0mg/L的IBA，1.0mg/L、1.5mg/L、2.0mg/L、2.5mg/L的6-BA和0mg/L、0.5mg/L、1.0mg/L、1.5mg/L的NAA，并分别添加了1.0g/L、2.0g/L的活性炭，用不添加活性炭的培养基作为对照组。在外植体接入30d后观察统计其褐化率，寻求最佳接种时间及添加剂浓度。

② 取材部位对愈伤组织诱导的影响试验

根据细胞的全能性原理，在多细胞生物中每个体细胞的细胞核都具有个体发育的全部基因，只要条件许可，都可发育成完整的个体。但是在实践中，不同取材部位对愈伤组织的诱导能力却不尽相同。本试验选取闽楠的叶片和茎段作为外植体进行诱导，设计了16组处理，分别在MS培养基中添加了0mg/L、0.1mg/L、0.5mg/L、1.0mg/L的IBA，1.0mg/L、1.5mg/L、2.0mg/L、2.5mg/L的6-BA和0mg/L、0.5mg/L、1.0g/L、1.5mg/L的NAA，接种30d后，观察统计叶片和茎段愈伤组织的平均诱导率、诱导时间及愈伤组织状态。

③ 植物激素种类及其浓度对愈伤组织诱导的影响试验

在愈伤组织的诱导试验中，基本培养基为MS培养基，采用$L16(4^5)$正交设计，在培养基中分别添加了0mg/L、0.1mg/L、0.5mg/L、1.0mg/L的IBA，1.0mg/L、1.5mg/L、2.0mg/L、2.5mg/L的6-BA和0mg/L、0.5mg/L、1.0mg/L、1.5mg/L的NAA，把已消毒的外植体接种到16种不同激素浓度配比的培养基上，培养30d后，观察统计愈伤组织诱导情况。

④ 植物激素种类及其浓度对愈伤组织继代培养的影响试验

愈伤组织在培养基上生长一段时间后，培养基营养物质不足，水分散失，在培养基上积累了一些外植体的代谢产物，随着愈伤组织的增大，培养基和培养空间也不适合其继续生长。必须将这些愈伤组织转移到新的培养基上，进行连续多代的培养，这种转移称为继代培养。

在愈伤组织继代培养的试验中，将叶片与茎段产生的愈伤组织接入诱导愈伤组织的16种培养基中进行继代培养。15d继代一次，观察继代培养中愈伤组织的生长情况。

⑤ 植物激素种类及其浓度对愈伤组织分化的影响试验

愈伤组织在一定的条件下，可以通过再分化产生不定芽或不定根，进而通过分化出的组织发育成完整的新植株。愈伤组织再分化形成新植株的过程通常有以下3种形式：a. 先分化出不定根，再长出芽；b. 先分化出不定芽，随后在不定芽的基部产生根系；c. 同时在不同部位分化出不定芽和不定根。在进行诱导分化的过程中，愈伤组织的表面和内部都可以产生分生组织，通常不定芽在愈伤组织的表面产生，而不定根则一般在愈伤组织的内部形成。愈伤组织的结构也随着分化而发生改变，一般由疏松转向致密。在很大程度上，植物组织或器官的再生受激素的影响，当生长素与细胞分裂素之比较高时，愈伤组织易分化产生不定根；当生长素与细胞分裂素之比较低时，愈伤组织易分化产生不定芽。但具体的分化效果还要综合考虑各种植物自身的物种特性。

本试验设计了9组处理，基本培养基为MS培养基，在培养基中分别添加了1.0mg/L、2.0mg/L、3.0mg/L的6-BA和0.1mg/L、0.5mg/L、1.0mg/L的NAA，把愈伤组织转到9种不同激素浓度配比的培养基上，30d后，观察统计愈伤组织分化情况。

⑥植物激素种类及其浓度对愈伤组织生根的影响试验

基本培养基采用1/2MS培养基，在其中分别添加了0.5mg/L、1.0mg/L、1.5mg/L的IBA，把愈伤组织转到3种不同激素浓度配比的培养基上。30d后，观察统计其生根情况。

⑦植物激素种类及其浓度对带腋芽茎段启动的影响试验

本试验设计了9组处理，基本培养基为MS培养基，在培养基中分别添加了1.0mg/L、2.0mg/L、3.0mg/L的6-BA和0.1mg/L、0.5mg/L、1.0mg/L的NAA，将带腋芽茎段接入9种不同激素浓度配比的培养基上，30d后，观察统计带腋芽茎段启动生长情况。

⑧植物激素种类及其浓度对嫩枝增殖的影响试验

在本试验中，将带腋芽茎段启动后长出的嫩枝剪下，接入带腋芽茎段启动的9种培养基中，30d后对其增殖情况进行统计。

⑨ 植物激素种类及其浓度对幼苗生根的影响试验

在幼苗诱导生根的试验中，采用1/2MS培养基，在培养基中分别添加了0.5mg/L、1.0mg/L、1.5mg/L的IBA，把幼苗转到3种不同激素浓度配比的培养基上。30d后，观察统计其生根情况。

(3)培养条件

本试验所采用的基本培养基中均加入蔗糖30g/L，琼脂粉10g/L，pH控制在5.8~6.0，培养室温度控制在23±2°C，诱导愈伤组织时采用黑暗培养，其余均为全光照培养。每处理30个，重复3次。

(4)观测内容及数据统计分析方法

计算污染率与出愈率：

$$污染率=(外植体污染数/接种外植体总数)\times 100\%$$

$$褐化率=(出现褐化现象的外植体数/接种外植体总数)\times 100\%$$

$$愈伤组织诱导率=(产生愈伤组织的外植体数/未污染的外植体数)\times 100\%$$

$$启动率=(发芽外植体数/未污染的外植体数)\times 100\%$$

$$生根率=(生根外植体数/未污染的外植体数)\times 100\%$$

试验观察的结果以Excel进行统计，运用SPSS统计软件对统计所得数据进行分析。试验数据按照单变量一般线性模型，用Tukey HSD方法进行方差分析和多重比较。

2.2.2.2 试验结果与分析

(1)取材时期及添加剂对愈伤组织诱导的影响

取材时期及不同活性炭浓度对褐化率的影响统计结果如表2-8。整体来看，在4个取材时期中，3月份取材的愈伤组织褐化率较低，最低为12.2%；而12月份取材的褐化率较高，最高为77.8%；6月及9月两个取材时期的褐化率居中。随着活性炭浓度的增加，诱导出的愈伤组织褐化率在逐步降低，效果较好。在2011年9月的试验中，不加活性炭时的褐化率为57.8%，随着活性炭浓度的上升，当其浓度为2.0g/L时，褐化率降低至36.7%。在2012年3月的试验中，当添加的活性炭浓度为2.0g/L时，愈伤组织的褐化率可降低至12.2%。可得出结论：在2012年3月接种，褐化率整体比其余3个时期接种时的低；并且当添加活性炭2.0g/L时，最有效地抑制了愈伤组织的褐化，最低仅为12.2%。因此，3月份是闽楠接种的最佳时期，在培养基中添加浓度为2.0g/L的活性炭，能最有效地抑制愈伤组织的褐化。

表2-8　取材时期及不同添加剂对诱导率、褐化率的影响

取材时间	活性炭(g/L)	褐化率(%)
2011年9月	0	57.8
2011年9月	1.0	52.2
2011年9月	2.0	36.7
2011年12月	0	77.8
2011年12月	1.0	62.2
2011年12月	2.0	45.6
2012年3月	0	28.9
2012年3月	1.0	15.6
2012年3月	2.0	12.2
2012年6月	0	46.7
2012年6月	1.0	35.6
2012年6月	2.0	21.1

樟科植物的组织培养研究中，前人的结论与本试验的结论基本相同。林萍、普晓兰在滇润楠的组织培养试验中，从2月底至5月底分别取材进行比较。结果发现，2月底至4月初取材褐化较轻，褐变时间较迟，能诱导腋芽萌发或不定芽分化。因此，滇润楠外植体取材时间以2月底至4月初为宜。郑红建在香樟组培快繁技术研究中，选择3月、4月、5月、6月、7月5个不同时间进行外植体的采集与试验，比较不同采集时间对组织培养的影响。结果发现，香樟外植体在4月的成活率最高，6~7月成活率最低。周锦霞、周黎军等人在油樟组织培养污染率控制试验中，进行了不同外植体采集时间对带腋芽茎段启动率的影响研究，其中外植体采集时间分别为3月、7月、10月。试验结果表明，春季(3月)取材的启动率最高，秋季(10月)取材的启动率最低。因此，春季(3月)为油樟组织培养时，外植体的最佳采集时间。

(2)取材部位对愈伤组织诱导的影响

试验统计结果如表2-9，叶片产生愈伤组织效果见图2-15，茎段产生愈伤组织效果见图2-16。可以看出，用叶片作为外植体时，愈伤组织平均诱导率为51.5%，平均诱导时间较短，为20d，产生的愈伤组织呈白色、质地疏松，状态也较好。用茎段作为外植体时，愈伤组织平均诱导率为41.2%，较叶片的平均诱导率低了20.0%，平均诱导时间为25d，较叶片的平均诱导时间长了5d，并且产生的愈伤组织呈浅绿色或暗黄色、结构小而紧凑，状态也不如叶片诱导的状态好。从平均诱导率、平均诱导时间及愈伤组织状态等各个方面来看，选用叶片作为外植体都有一定的优势。因此，叶片为闽楠愈伤组织诱导试验的最佳外植体。

表2-9 不同取材部位对愈伤组织诱导的影响

取材部位	平均诱导率(%)	平均诱导时间(d)	状态
叶片	51.5	20	白色愈伤组织，质地疏松
茎段	41.2	25	浅绿色或暗黄色愈伤组织，结构小而紧凑，易褐化

图2-15 叶片产生愈伤组织

图2-16 茎段产生愈伤组织

(3)植物激素种类及其浓度对愈伤组织诱导的影响

试验比较愈伤组织的诱导率及其状态，结果如表2-10所示，3种植物激素及其浓度对愈伤组织诱导的直观图见图2-17，愈伤组织刚产生时的效果见图2-18，长势好的愈伤组织效果见图2-19，长势较差的愈伤组织效果见图2-20，褐化的愈伤组织见图2-21。可以看出，植物激素种类及其浓度配比对外植体愈伤组织的诱导有很大影响。从表中整体来看，6-BA和NAA两种激素是决定闽楠愈伤组织诱导率高低的主要因子，而IBA对愈伤组织诱导率的影响不大。当6-BA浓度逐渐增加时，愈伤组织诱导率也基本随之升高，但当6-BA浓度增加到2.5mg/L时，愈伤组织诱导率开始下降；在NAA方面，当其浓度为0.5mg/L和1.5mg/L时，愈伤组织的诱导率相对较高。由试验结果得到的诱导愈伤组织的最佳培养基为：MS+IBA 0.1mg/L+6-BA 2.0mg/L +NAA 1.5mg/L，诱导率为81.1%。从图2-17植物激素种类及其浓度对愈伤组织诱导影响的直观图中也可以看出，IBA对愈伤组织的诱导率没有明显的规律；随着NAA浓度的上升，愈伤组织的诱导率也基本呈现上升的趋势，但有波动；随着6-BA浓度的上升，愈伤组织的诱导率呈现出先上升后下降的趋势。对植物激素种类及其浓度对愈伤组织诱导影响的试验数据进行方差分析，结果见表2-11。从表中可以看出，只有激素6-BA对愈伤组织的诱导有极显著的影响，其余两种激素 IBA 和 NAA 对愈伤组织的诱导均没有显著的影响。由分析可知，激素 6-BA 是影响愈伤组织诱导率高低的决定因素。

表 2-10　植物激素种类及其浓度对愈伤组织诱导的影响

处理	IBA(mg/L)	6-BA(mg/L)	NAA(mg/L)	诱导率(%)	愈伤组织状态	
					颜色	质地
1	0	1.0	0	17.8	棕色	紧密
2	0	1.5	0.5	76.7	白色	较疏松
3	0	2.0	1.0	70.0	浅黄色	较疏松
4	0	2.5	1.5	52.2	淡黄色	紧密
5	0.1	1.0	0.5	23.3	浅棕色	紧密
6	0.1	1.5	0	67.8	淡黄色	较紧密
7	0.1	2.0	1.5	81.1	白色	疏松
8	0.1	2.5	1.0	26.7	浅棕色	紧密
9	0.5	1.0	1.0	65.6	浅黄色	较紧密
10	0.5	1.5	1.5	75.6	浅黄色	疏松
11	0.5	2.0	0	68.9	浅黄色	较疏松
12	0.5	2.5	0.5	25.6	棕色	紧密
13	1.0	1.0	1.5	42.2	黄色	较紧密
14	1.0	1.5	1.0	47.8	淡黄色	紧密
15	1.0	2.0	0.5	53.3	浅黄色	较紧密
16	1.0	2.5	0	30.0	浅棕色	紧密

表 2-11　植物激素种类及其浓度对愈伤组织诱导影响的方差分析

源	离差平方和	df	均方	F
IBA(mg/L)	426.250	3	142.083	0.721
6-BA(mg/L)	3388.250	3	1129.417	5.728**
NAA(mg/L)	658.250	3	219.417	1.113
误差	1183.000	6	197.167	$F_{0.01}(3, 40)=4.31$ $F_{0.05}(3, 40)=4.05$

注：*表示在 0.05 水平上存在显著差异，**表示在 0.01 水平上存在显著差异。

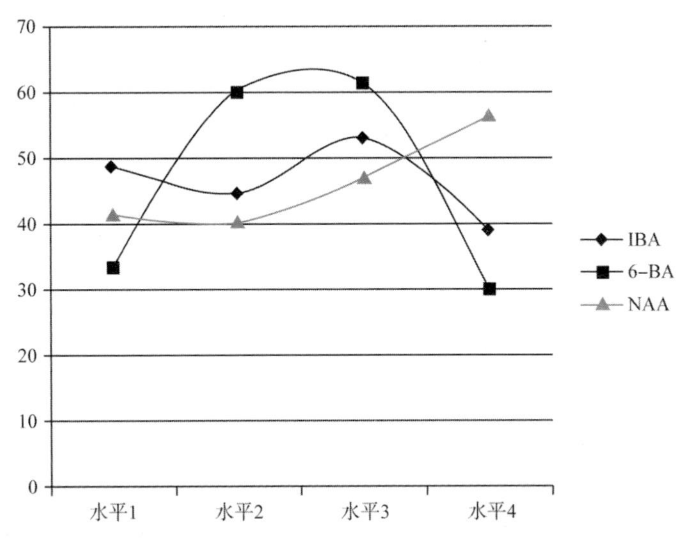

图 2-17 植物激素种类及其浓度对愈伤组织诱导影响的直观图

图 2-18 出现愈伤组织

图 2-19 长势好的愈伤组织

图 2-20 长势较差的愈伤组织

图 2-21 褐化的愈伤组织

在前人的研究中也发现，不同树种诱导愈伤组织所需的激素配比不同，只有找到最适合的激素配比，才能诱导出较多较好的愈伤组织。毛堂芬、黄先群在进行少花桂愈伤组织诱导的研究中，以 MS 为基本培养基，在其中添加不同浓度的 2,4-D 及 NAA，2,4-D 浓度为 1.0mg/L、2.0mg/L、4.0mg/L，NAA 浓度为 0.1mg/L、0.2mg/L、0.5mg/L。结果发现，不同激素配比对愈伤组织的诱导起着重要作用，当激素配比为 2.4-D2mg/L+NAA0.2mg/L 时，外植体能产生较多的愈伤组织的。王芳、肖小君等人在不同浓度 2,4-D 与 6-BA 对少花桂愈伤组织形成的影响试验中，在 1/2MS 培养基中添加 0mg/L、0.5mg/L、1.0mg/L 3 种浓度的 2，4-D 和 0mg/L、0.5mg/L、1.0mg/L 3 种浓度的 6-BA。结果发现，当激素组合为 2，4-D 0.5mg/L+6-BA 0.5mg/L 时，少花桂愈伤组织的诱导率最高，愈伤组织的状态最好。王长宪、刘静等人在进行香樟叶片愈伤组织诱导研究中，在 MS 培养基上添加 6-BA 与 2,4-D 的不同浓度配比进行试验，其中 6-BA 的浓度为 0.2mg/L、0.5mg/L，2,4-D 的浓度为 1.0mg/L、2.0mg/L。结果表明，不同浓度的 6-BA 与 2，4-D 配比对叶片愈伤组织的诱导都有促进作用，当激素配比为 6-BA 0.5mg/L+2,4-D 2mg/L 时，叶片愈伤组织的诱导率较高，为 67%，且愈伤组织的颜色较浅，表面更湿润疏松。

(4)植物激素种类及其浓度对愈伤组织继代培养的影响

植物激素种类及其浓度对愈伤组织继代培养的影响结果见表 2-12，继代效果好、产生较多芽点的愈伤组织见图 2-22，继代效果一般、产生部分芽点的愈伤组织见图 2-23，继代效果差的愈伤组织见图 2-24，继代过程中死亡的愈伤组织见图 2-25。可以看出，3 种激素对愈伤组织继代培养的影响很大。只有当 3 种激素在合理的配比条件下，愈伤组织才能很好地增殖。试验发现，当 IBA、6-BA、NAA 浓度分别为 0.5mg/L、1.5mg/L、1.5mg/L 时，愈伤组织增殖呈白色，质地均匀、生长良好，能很好地继代，并有较多的芽点产生；当 IBA、6-BA、NAA 浓度分别为 0.5mg/L、1.0mg/L、1.0mg/L 以及 1.0mg/L、1.5mg/L、1.0mg/L 时，愈伤组织为淡黄色，质地均匀，继代效果较好，并有较多的芽点产生；其他处理愈伤组织增殖效果均不理想，大多愈伤组织变为黄褐色，只有少量的增殖；当不添加 IBA 时，愈伤组织无明显增殖现象，并逐渐死亡。因此，闽楠愈伤组织继代培养的激素配比以 IBA 0.5mg/L+6-BA 1.5mg/L+NAA 1.5mg/L 为最佳。

表 2-12　植物激素种类及其浓度对愈伤组织继代培养的影响

处理	IBA (mg/L)	6-BA (mg/L)	NAA (mg/L)	愈伤组织大小 (mm)	愈伤组织增殖情况
1	0	1	0	1.9	无明显增殖现象，没有芽点产生，并逐渐死亡
2	0	1.5	0.5	2.2	无明显增殖现象，没有芽点产生，并逐渐死亡
3	0	2.0	1.0	1.9	无明显增殖现象，没有芽点产生，并逐渐死亡
4	0	2.5	1.5	1.5	无明显增殖现象，没有芽点产生，并逐渐死亡

（续）

处理	IBA（mg/L）	6-BA（mg/L）	NAA（mg/L）	愈伤组织大小（mm）	愈伤组织增殖情况
5	0.1	1	0.5	3.2	愈伤组织少量增殖，没有芽点产生，质地较疏松，且为黄褐色
6	0.1	1.5	0	3.8	愈伤组织少量增殖，有很少的芽点产生，质地较疏松，且为黄褐色
7	0.1	2.0	1.5	2.6	愈伤组织少量增殖，没有芽点产生，质地较疏松，且为黄褐色
8	0.1	2.5	1.0	2.5	愈伤组织少量增殖，没有芽点产生，质地较疏松，且为黄褐色
9	0.5	1.0	1.0	8.5	愈伤组织大量增殖，有较多芽点产生，质地均匀，为白色
10	0.5	1.5	1.5	9.1	愈伤组织大量增殖，有较多芽点产生，质地均匀，为白色
11	0.5	2.0	0	6.9	愈伤组织增殖，有部分芽点产生，质地均匀，为淡黄色
12	0.5	2.5	0.5	6.6	愈伤组织增殖，有部分芽点产生，质地较均匀，为浅黄色
13	1.0	1.0	1.5	6.2	愈伤组织增殖，有部分芽点产生，质地较均匀，为浅黄色
14	1.0	1.5	1.0	7.3	愈伤组织大量增殖，有较多芽点产生，质地均匀，为淡黄色
15	1.0	2.0	0.5	5.4	愈伤组织少量增殖，有较少芽点产生，质地较疏松，为黄色
16	1.0	2.5	0	5.0	愈伤组织少量增殖，有较少芽点产生，质地较疏松，为黄色

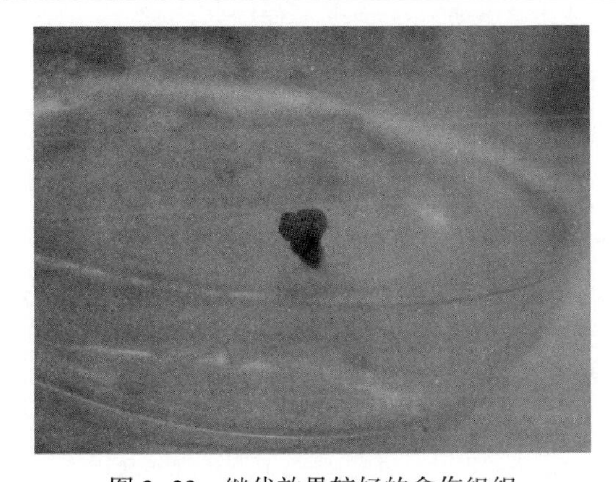

图2-22　继代效果较好的愈伤组织

图2-23　继代效果一般的愈伤组织

图 2-24 继代效果差的愈伤组织

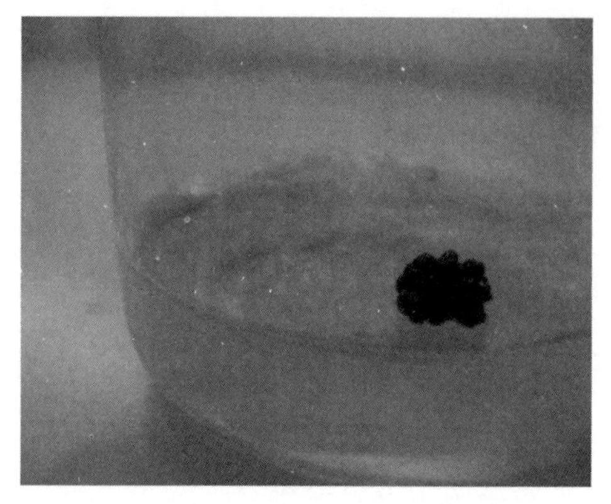

图 2-25 继代过程中死亡的愈伤组织

(5)植物激素种类及其浓度对愈伤组织分化及生根的影响

试验采用的 9 种不同植物激素种类及其浓度配比的培养基，均不能使愈伤组织分化。把愈伤组织转入试验设计的 3 种生根培养基中，均未生根。可能是在进行愈伤组织继代培养时错过了分化的时期，未能形成较好的组织结构，或是外界条件未能达到愈伤组织分化及生根所需的条件，影响了愈伤组织的分化及幼根的形成。因此，这部分试验还需进一步研究。

在樟科植物中，采用愈伤组织诱导分化生根的研究较少。林苹、普晓兰在滇润楠的组织培养研究中，在 MS 基本培养基中添加了不同浓度的 6-BA 与 NAA，对愈伤组织进行了分化试验，其中，6-BA 浓度为 2.0mg/L、4.0mg/L、6.0mg/L，NAA 浓度为 0.1mg/L、0.5mg/L、1.0mg/L。结果发现，滇润楠诱导不定芽分化的最佳激素浓度组合为 6-BA 4.0 mg/L+NAA 0.1 mg/L，但增殖率低，仅为 18%。

(6)植物激素种类及其浓度对带腋芽茎段启动的影响

试验结果见表 2-13，带腋芽茎段启动效果见图 2-26。9 个处理中，带腋芽茎段的启动率均不是很高，最高启动率为 51.1%，不过启动的嫩枝生长健壮、叶片多、叶色青绿，适于增殖培养。从表中可以看出，随着 6-BA 浓度的增加，带腋芽茎段的启动率呈现先升

表 2-13 植物激素种类及其浓度对带腋芽茎段启动的影响

处理	6-BA(mg/L)	NAA(mg/L)	启动率(%)	状态
1	1.0	0.1	17.8	生长较慢，叶片少，叶色淡绿
2	1.0	0.5	25.6	生长较好，叶片较多，叶色淡绿
3	1.0	1.0	46.7	生长健壮，叶片多，叶色青绿
4	2.0	0.1	21.1	生长较慢，叶片少，叶色淡绿
5	2.0	0.5	33.3	生长较好，叶片较，叶色青绿
6	2.0	1.0	51.1	生长健壮，叶片多，叶色青绿
7	3.0	0.1	15.6	生长较慢，叶片少，叶色淡绿
8	3.0	0.5	23.3	生长较好，叶片较多，叶色淡绿
9	3.0	1.0	45.6	生长健壮，叶片多，叶色青绿

后降的趋势，当6-BA浓度为2.0mg/L时，最高启动率为51.1%。随着NAA浓度的增加，带腋芽茎段的启动率也在上升。试验结果得出带腋芽茎段启动的最佳培养基为MS+6-BA 2.0mg/L+NAA 1.0mg/L。对试验数据进行方差分析，结果见表2-14。从表中可以看出，6-BA和NAA两种激素对带腋芽茎段启动的影响均极显著，但它们的交互作用对带腋芽茎段启动的影响不显著。由表2-15和表2-16中两种激素的均值可以看出，两种激素的浓度水平对带腋芽茎段启动的影响显著顺序为：6-BA，2.0mg/L>1.0mg/L>3.0mg/L；NAA，1.0mg/L>0.5mg/L>0.1mg/L。由分析可知，带腋芽茎段启动的最佳激素组合为：MS+6-BA 2.0mg/L+NAA 1.0mg/L。此结果与实际试验结果一致，因MS+6-BA 2.0mg/L+NAA 1.0mg/L为带腋芽茎段启动的最佳培养基。

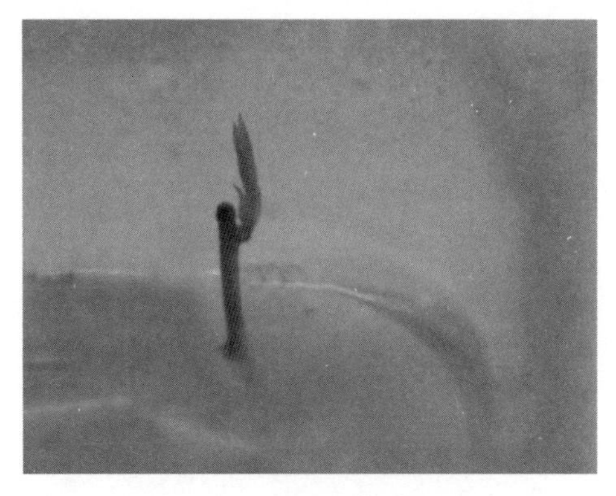

图2-26 带腋芽茎段启动

表2-14 植物激素种类及其浓度对带腋芽茎段启动的方差分析

源	I型平方和	df	均方	F
6-BA(mg/L)	21.556	2	10.778	48.500**
NAA(mg/L)	372.222	2	186.111	837.500**
BA浓度×NAA浓度	2.222	4	0.556	2.500
误差	4.000	18	0.222	$F_{0.01}(2, 24)=5.61$ $F_{0.05}(2, 24)=3.40$

注：*表示存在显著差异；**表示存在极显著差异。

在其他樟科植物带腋芽茎段的启动试验中，得到的最适培养基与本试验基本一致。王长宪、刘静等人在进行香樟侧芽的诱导研究中，在MS培养基上添加1.0mg/L的6-BA与不同浓度的NAA进行试验，其中，NAA的浓度为0.05mg/L、0.1mg/L、0.25mg/L、0.5mg/L。结果发现，当激素组合为6-BA 1.0mg/L+NAA 0.1mg/L时，对侧芽诱导的效果明显。林萍、普晓兰在滇润楠的组织培养试验中，在MS基本培养基上进行了6-BA与NAA的不同配比对腋芽萌发的影响研究，其中，6-BA浓度为0mg/L、0.5mg/L、1.0mg/L、2.0mg/L、4.0mg/L、6.0mg/L，NAA浓度为，0mg/L、0.1mg/L、0.5mg/L、1.0mg/L。结果发现，采用6-BA 4.0mg/L+NAA 0.5mg/L的激素组合时，滇润楠茎段启动率最高，芽苗生长健壮，叶色翠绿。辜夕容、潘继杰在天竺桂离体培养体系建立的研究中，以MS作为基本培养基，进行了不同6-BA与NAA浓度比对天竺桂茎段启动生长的试验，其中，6-BA浓度为0.5mg/L、1.0rng/L、2.0mg/L，NAA浓度为0.02mg/L、0.05mg/L、0.1mg/L。结果发现，当6-BA与NAA的浓度比为40时，最适于天竺桂茎段上腋芽的萌发及伸长。郑红建在香樟组培快繁技术研究中，以带腋芽茎段作为茎段启动的外植体，以MS为基本培养基，其中添加不同浓度的6-BA与NAA，6-BA浓度为0.3mg/L、0.6mg/L、

0.9mg/L,NAA 浓度为 0.1mg/L、0.3mg/L、0.5mg/L。结果发现，当 6-BA 浓度为 0.6mg/L、NAA 浓度为 0.1mg/L 时，茎段启动率最高，为 53.8%。因此，香樟茎段启动培养的较适培养基为：MS+6-BA 0.6mg/L+NAA 0.1mg/L。

表 2-15　激素 6-BA 均值

BA(mg/L)	均值	标准误差
1.00	9.000	0.157
2.00	10.556	0.157
3.00	8.444	0.157

表 2-16　激素 NAA 均值

NAA(mg/L)	均值	标准误差
0.10	5.111	0.111
0.50	3.778	0.111
1.00	3.333	0.111

(7)植物激素种类及其浓度对幼苗增殖的影响

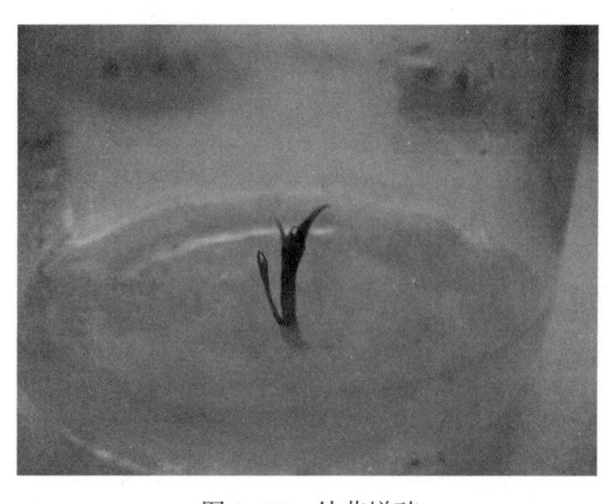

图 2-27　幼苗增殖

不同植物激素种类及其浓度对幼苗增殖的影响结果见表 2-17，幼苗增殖效果见图 2-27。从表中可以明显看出，两种激素对幼苗增殖的影响很大。随着 6-BA 浓度的增加，幼苗的增殖率也在不断上升，当 6-BA 浓度为 1.0mg/L 时，幼苗并没有出现明显的增殖现象；当 6-BA 浓度增加到 3.0mg/L 时，幼苗增殖率有了明显的上升，最高增殖率为 30.0%，并且幼苗生长正常，叶色青绿。从 NAA 方面来看，其浓度与幼苗增殖率成反比，当 NAA 浓度为 0.1mg/L 时，幼苗增殖率相对较高，并且幼苗生长正常，叶色青绿；当 NAA 浓度增加到 1.0mg/L 时，幼苗增殖率可降低至 10.0%，并且幼苗生长缓慢，叶色呈淡绿色。试验结果得出，幼苗增殖的最佳培养基为 MS+6-BA 3.0mg/L+NAA 0.1mg/L。对试验数据进行方差分析，结果见表 2-18。由表可以看出，6-BA 浓度、NAA 浓度以及 6-BA 浓度与 NAA 浓度的交互作用对幼苗增殖均有极显著的影响。从表 2-19 和表 2-20 中两种激素的均值可以看出，两种激素的浓度水平对幼苗增殖的影响显著顺序为：6-BA，3.0mg/L>2.0mg/L>1.0mg/L；NAA，0.1mg/L>0.5mg/L>1.0mg/L。由分析可知，幼苗增殖的最佳培养基为：MS+6-BA 3.0mg/L+NAA 0.1mg/L。此结果与实际试验所得结果一致。但是所有处理中，最高增殖率只有 30.0%，因此这部分试验还需继续研究，寻找提高幼苗增殖率的激素组合。

表 2-17　植物激素种类及其浓度对幼苗增殖的影响

处理	6-BA(mg/L)	NAA(mg/L)	增殖率(%)	状态
1	1	0.1	—	未出现明显增殖
2	1	0.5	—	未出现明显增殖
3	1	1.0	—	未出现明显增殖
4	2	0.1	21.1	生长缓慢，有少分增殖，叶色淡绿
5	2	0.5	12.2	生长缓慢，有少分增殖，叶色淡绿
6	2	1.0	10.0	生长缓慢，有少分增殖，叶色淡绿
7	3	0.1	30.0	生长正常，有部分增殖，叶色青绿
8	3	0.5	25.6	生长正常，有部分增殖，叶色青绿
9	3	1.0	23.3	生长正常，有部分增殖，叶色淡绿

表 2-18　植物激素种类及其浓度对幼苗增殖影响的方差分析

源	I 型平方和	df	均方	F
6-BA(mg/L)	280.963	2	140.481	1264.333**
NAA(mg/L)	15.407	2	7.704	69.333**
6-BA 浓度×NAA 浓度	9.481	4	2.370	21.333**
误差	2.000	18	0.111	$F_{0.01}(2, 24)=5.61$ $F_{0.05}(2, 24)=3.40$

注：* 表示存在显著差异；** 表示存在极显著差异。

表 2-19　激素 6-BA 均值

BA(mg/L)	均值	标准误差
1.00	5.181×10^{-16}	0.111
2.00	4.333	0.111
3.00	7.889	0.111

表 2-20　激素 NAA 均值

NAA(mg/L)	均值	标准误差
0.10	5.111	0.111
0.50	3.778	0.111
1.00	3.333	0.111

诱导樟科植物幼苗增殖的激素主要为 6-BA 与 NAA 的组合，在之前的研究中，不同植物的幼苗增殖率出现了参差不齐的现象。刘忠荣在进行牛樟组培快繁技术研究的试验时，幼苗增殖的培养基选取为在 MS 中添加 6-BA 与 NAA 的组合，其中，6-BA 浓度为

1.0mg/L、1.2mg/L、1.5mg/L、2.0mg/L，NAA 浓度为 0.2mg/L、0.4mg/L、0.6mg/L、0.8mg/L。结果得出，不同浓度水平的 6-BA 与 NAA 对幼苗增殖有极显著影响，以 MS+6-BA 1.5mg/L+NAA 0.4mg/L 的组合作为幼苗增殖培养基，其增殖倍数较高，为 3.30。林萍、普晓兰在滇润楠的组织培养试验中，在 MS 基本培养基中添加了不同浓度的 6-BA、NAA、KT 进行幼苗增殖，其中，6-BA 浓度为 6.0mg/L、8.0mg/L、10.0mg/L，NAA 浓度为 0.1mg/L、0.5mg/L、1.0mg/L，KT 浓度为 0.5mg/L、1.0mg/L、1.5mg/L。结果得出，只有激素组合为 6-BA 8.0mg/L+KT 1.0mg/L+NAA 0.5mg/L 时，获得了一定数量的增殖芽苗，但平均增殖倍数仅为 1.9，其余组合均无不定芽增殖。王长宪、刘静等人在进行香樟侧芽的增殖研究中，在 MS 培养基上添加 6-BA 与 IBA 的不同浓度配比进行试验，其中，6-BA 的浓度为 2.0mg/L、3.0mg/L、4.0mg/L、5.0mg/L，IBA 的浓度为 0.1mg/L、0.1mg/L、0.5mg/L、1.0mg/L、1.5mg/L。结果发现，香樟侧芽增殖的最佳培养基为 MS+6-BA 5.0mg/L+IBA 1.0mg/L,其增殖系数最高，为 10.1。陈珍、孙骏威等人在进行天台乌药的组织培养与快速繁殖研究中，在 MS 基本培养基中添加不同浓度配比的 6-BA 和 NAA，其中，6-BA 的浓度为 1.0mg/L、2.0mg/L、2.5mg/L、3.5mg/L，NAA 的浓度为 0.2mg/L。结果发现，当激素组合为 6-BA 2.5mg/L+NAA 0.2mg/L 时，芽苗的生长浓绿健壮，增殖系数可达 19.5，因此 MS+6-BA 2.5mg/L+NAA 0.2mg/L 为天台乌药的最佳不定芽增殖培养基。辜夕容、潘继杰在天竺桂离体培养体系建立的研究中，以 MS 作为基本培养基，进行了不同 6-BA 与 NAA 浓度比对天竺桂幼苗增殖的试验，其中，6-BA 浓度为 3.0mg/L、4.0mg/L、5.0mg/L，NAA 浓度为 0.02mg/L、0.04mg/L、0.06mg/L。结果表明，当激素配比为 BA 4.0mg/L+NAA 0.04mg/L 时，幼苗增殖倍数最高，为 4.67 倍。田华英在香樟组培快繁和再生体系的建立及植物表达载体 pCAMBIA2300_ ACA 的构建研究中，进行了香樟幼苗增殖的试验。选取 MS 为基本培养基，在其中添加不同浓度的 6-BA 和 NAA，6-BA 浓度为 1.0mg/L、2.0mg/L、3.0mg/L、4.0mg/L、5.0mg/L、6.0mg/L，NAA 浓度为 0.1mg/L，0.5mg/L。结果表明，当 6-BA 浓度为 4.0mg/L、NAA 浓度为 0.5mg/L 时，增殖率达到最高值，为 60%，效果明显好于其他处理。因此，香樟幼苗增殖的最佳培养基为：MS+6-BA 4.0mg/L+NAA 0.5mg/L。郑红建在香樟组培快繁技术研究中，进行了不同激素配比对香樟增殖系数的影响试验。以 MS 为基本培养基，其中添加不同浓度的 6-BA 与 NAA，6-BA 浓度为 0.5mg/L、1.0mg/L、1.5mg/L、2.0mg/L，NAA 浓度为 0.1mg/L、0.3mg/L、0.5mg/L、0.8mg/L。结果表明，在香樟的增殖过程中，当6-BA浓度为 1.5mg/L、NAA 浓度为 0.5mg/L 时，增殖系数最大，为 3.80。因此，香樟的较适增殖培养基为 MS+6-BA 1.5mg/L+NAA 0.5mg/L。辜夕容在银木组织培养繁殖研究中，进行了芽苗增殖试验。选取 MS 为基本培养基，其中添加不同浓度的 6-BA 和 NAA，6-BA 浓度为 0.5mg/L、1.0mg/L、2.0mg/L，NAA 浓度为 0.01mg/L。结果发现，当6-BA浓度为 0.5mg/L 时，芽苗增殖率为 96.0%，增殖系数为 5.08 倍，均为所有处理中的最大值。

(8)植物激素浓度对幼苗生根的影响

试验结果见表 2-21，幼苗生根效果见图 2-28。从表中可以看出，随着 IBA 浓度的上升，幼苗生根率呈现先增后降的趋势。当 IBA 浓度为 0.5mg/L 时，没有出现明显生根现象；随着 IBA 的浓度增加到 1.0mg/L 时，幼苗有少量白色的幼根产生；但是当 IBA 浓度增加到 1.5mg/L 时，幼苗生根率开始有所下降。从表 2-22对数据的方差分析可知，IBA 对幼苗生根的影响极显著。从表 2-23 激素 IBA 的均值可以看出，3 个水平的 IBA 对幼苗生根的影响显著顺序为：1.0mg/L>1.5mg/L>0.5mg/L。因此，试验得出的诱导幼苗生根的最佳培养基为：1/2MS+IBA 1.0mg/L。但是由于试验中设立的因素和水平不够充分，试验中的生根率最高仅为 20.0%，因此仍需进一步进行研究试验。

图 2-28　幼苗生根

表 2-21　植物激素种类及其浓度对幼苗生根的影响

处理	IBA(mg/L)	生根率(%)	状态
1	0.5	—	无明显生根现象
2	1.0	20.0	有少量白色幼根产生
3	1.5	17.8	有少量白色幼根产生

表 2-22　植物激素种类及其浓度对幼苗生根影响的方差分析

源	I 型平方和	df	均方	F
IBA(mg/L)	98.667	2	49.333	222.000**
误差	1.333	6	0.222	$F_{0.01}(2,6)=10.92$ $F_{0.05}(2,6)=5.14$

注：*表示存在显著差异；**表示存在极显著差异。

表 2-23　激素 IBA 均值

IBA(mg/L)	均值	标准误差
0.50	0.000	0.272
1.00	7.333	0.272
1.50	6.667	0.272

以往的研究中也表明，IBA 的浓度是影响幼苗生根的主要因素。林萍、普晓兰在滇润楠的组织培养试验中，采用添加了不同浓度的 IBA 的 1/2MS 培养基对幼苗进行生根诱导，其中，IBA 的浓度分别为 0mg/L、0.1mg/L、0.3mg/L、0.5mg/L、1.0mg/L。结果表明，效果较好的是 IBA 浓度为 0.1mg/L 时，生根率达到 77.7%，根白色健壮，并形成了完整的小植株。刘忠荣在进行牛樟组培快繁技术研究的试验时，生根培养基为在 1/2MS 中添加不同浓度的 NAA 与 IBA，其中，NAA 浓度为 0.1mg/L、0.2mg/L、0.3mg/L，IBA 浓度为 0.3mg/L、0.5mg/L、1.0mg/L。结果表明，不同 NAA 浓度对幼苗生根率的影响不显著，不同 IBA 浓度对芽苗生根率有显著影响。其中，以添加 NAA 0.1mg/L+IBA 1.0mg/L 为最

佳激素浓度组合，生根率达 94.0%。陈珍、孙骏威等人在进行天台乌药的组织培养与快速繁殖研究中，在 1/2MS 培养基中添加不同浓度配比的 NAA 和 IBA 进行天台乌药不定根的诱导试验，其中，NAA 的浓度为 0mg/L、0.5mg/L、1.0mg/L，IBA 的浓度为 0mg/L、0.5mg/L、1.0mg/L。结果发现，只添加 IBA 1.0mg/L 时，最有利于不定根的形成和生长，生根率最高为 73.9%。辜夕容、潘继杰在天竺桂离体培养体系建立的研究中，以 1/2MS 作为基本培养基，进行了不同浓度的 IBA 对天竺桂嫩枝生根的试验，其中，IBA 浓度为 0.5mg/L、1.0mg/L、1.5mg/L。试验表明，当培养基选为 1/2MS+IBA 1.0mg/L 时，生根率最高，为 72%。田华英在香樟组培快繁和再生体系的建立及植物表达载体 pCAMBIA2300_ACA 的构建试验中，进行了香樟幼苗生根的诱导。选取 1/2MS 为基本培养基，添加不同浓度的 IBA，IBA 浓度为 0mg/L、0.5mg/L、1.0mg/L、1.5mg/L、2.0mg/L、2.5mg/L、3.0mg/L。结果表明，随着 IBA 浓度的增加，幼苗生根率也逐渐增大，当 IBA 浓度为 0.5mg/L 时，幼苗生根率达到最大值，为 70%，诱导出的根形态正常，生长健壮。因此得出，诱导香樟幼苗生根的最佳培养基为：1/2MS+IBA 0.5mg/L。郑红建在香樟组培快繁技术研究中，进行了幼苗生根培养的试验。试验以 1/2MS 为基本培养基，其中添加浓度分别为 0.3mg/L、0.5mg/L、0.7mg/L 的 IBA。结果发现，当 IBA 浓度为 0.5mg/L 时，幼苗生根率最高，为 95%，平均每株生根 3~4 条，且幼根生长情况良好。因此，诱导香樟幼苗生根的最佳培养基为：1/2MS+IBA0.5mg/L。黄先群、毛堂芬等人在进行少花桂组织培养离体繁殖初步研究中，采用 MS+IBA 的培养基进行芽苗的生根培养，其中，IBA 的浓度分别为 1.0mg/L、2.0mg/L、3.0mg/L。结果表明，当添加的 IBA 浓度为 2.0mg/L 时，生根率最高为 80%左右，培养 2 个月左右，根可长到大约 2cm，并形成了完整植株。

2.2.2.3 结 论

(1)在组织培养时，取材时期及培养基中活性炭浓度的不同对愈伤组织诱导率的影响极大。在四个季节中，春季接种所得的愈伤组织诱导率最高。在培养基中添加 2.0g/L 的活性炭，最有效地抑制了愈伤组织的褐化。

(2)取材部位的不同对愈伤组织的诱导有一定的影响。在叶片和茎段两种外植体中，采用叶片诱导出的愈伤组织，在诱导率、诱导时间及愈伤组织状态方面均较采用茎段诱导的好，采用叶片诱导愈伤组织时的平均诱导率为 51.5%，比茎段作为外植体时的平均诱导率高 10.3%，平均诱导时间也比茎段作为外植体时的平均诱导时间短 5d。

(3)植物激素种类及其浓度对愈伤组织诱导的影响极大。在 6-BA、NAA、IBA3 种激素中，激素 6-BA 是影响愈伤组织诱导率高低的决定因素。在 3 种激素的不同配比下，愈伤组织的诱导率差别很大。当培养基为 MS+IBA 0.1mg/L+6-BA 2.0mg/L+ NAA 1.5mg/L 时，试验诱导率最高，为 81.1%；由试验数据分析所得最佳培养基为：MS+6-BA 1.5mg/L+NAA 0.5mg/L，诱导率为 76.7%。

(4)不同植物激素配比对愈伤组织的继代培养影响很大。在 6-BA、NAA、IBA3 种激素的 16 种配比试验中，得出愈伤组织继代培养的最佳培养基为：MS+IBA 0.5mg/L+6-BA 1.5mg/L+NAA 1.5mg/L。

(5)不同植物激素配比对带腋芽茎段的启动有一定的影响。试验设计的 9 个处理中，带腋芽茎段的启动率均不是很高，当6-BA浓度为2.0mg/L并且NAA浓度为1.0mg/L时，带腋芽茎段的启动率最高，为51.1%。因此，带腋芽茎段的启动最佳培养基为：MS+6-BA 2.0mg/L+NAA 1.0mg/L。

(6)不同植物激素种类及其浓度对嫩枝增殖的影响极大。由试验设计的9个处理得出最佳增殖培养基为：MS+6-BA 3.0 mg/L+NAA 0.1mg/L，最高增殖率为30.0%。

(7)不同植物激素种类及其浓度对幼苗生根有一定的影响。在试验设计的处理中，当IBA浓度为1.0mg/L时，得到试验的最高生根率，但仅为20.0%，有待进一步的研究。试验最佳生根培养基为：1/2MS+IBA 1.0mg/L。

第3章 闽楠苗木的耐旱性研究

3.1 试验材料和方法

3.1.1 试验材料

选取生长健壮、无病虫害、长势大概一致的闽楠实生幼苗为试验材料，种植于口径18cm聚乙烯塑料盆中，盆栽土用苗圃红壤。试验前保持土壤含水量为田间持水量的80%左右。试验在塑料大棚中进行，大棚保持良好的通风、良好的透光性，只起阻挡降水的作用。

3.1.2 试验设计

3.1.2.1 干旱试验

设置试验3个干旱处理(轻度干旱、中度干旱和重度干旱)，1个对照(表3-1)。2015年3月育闽楠实生幼苗为试验材料，于2016年7月27日进行试验。每个处理40盆，共160盆，于每天18：00采用称重法进行流失水分补充。水控处理8d后进行试验指标测定，共测定4次，每次间隔时间为8d，整个试验处理32d。测定试样均取成熟叶片，混合取样，液氮保存后带回试验室进行指标测定。

表3-1 干旱胁迫对闽楠幼苗影响的试验设计

胁迫程度	土壤水分
正常浇水(对照组CK)	土壤含水量为田间持水量的80%±5%
轻度胁迫(T1)	土壤含水量为田间持水量的60%±5%
中度胁迫(T2)	土壤含水量为田间持水量的40%±5%
重度胁迫(T3)	土壤含水量为田间持水量的20%±5%

3.1.2.2 干旱胁迫下喷施ABA处理试验

设置试验4个处理，1个对照(表3-2)。2016年3月育闽楠实生幼苗为试验材料，于2017年7月1日进行试验。试验前所有苗木均正常浇水。试验前三天停止浇水，后于每天18：00进行叶面喷施ABA，喷至叶面湿润无滴液为止。每个处理15盆，共75盆。处理3、6、9、12d进行取样测定。测定试样均取成熟叶片，混合取样，液氮保存后带回试验室进行指标测定。

表3-2 外源ABA对干旱胁迫下闽楠幼苗影响的试验设计

处理	CK	T	A1	A2	A3
浇水	正常	干旱胁迫	干旱胁迫	干旱胁迫	干旱胁迫
ABA(mg/L)	0	0	5	10	15
取样时间(d)	3、6、9、12				

3.1.2.3 干旱胁迫下喷施SA处理试验

设置试验4个处理，1个对照(表3-3)。2016年3月育闽楠实生幼苗为试验材料，于2017年7月1日进行试验。试验前所有苗木均正常浇水。试验前三天停止浇水，后于每天18：00进行叶面喷施SA，喷至叶面湿润无滴液为止。每个处理15盆，共75盆。处理3、6、9、12d进行取样测定。测定试样均取成熟叶片，混合取样，液氮保存后带回试验室进行指标测定。

表3-3 外源SA对干旱胁迫下闽楠幼苗影响的试验设计

处理	CK	T	B1	B2	B3
浇水	正常	干旱胁迫	干旱胁迫	干旱胁迫	干旱胁迫
SA(mg/L)	0	0	50	100	200
取样时间(d)	3、6、9、12				

3.1.2.4 干旱胁迫下施加多胺处理试验

选取其中生长良好、无病虫害、长势相近的幼苗140株，分为7组，分别为对照组(CK)、低浓度精胺(Spm)组(A1)、中浓度精胺组(A2)、高浓度精胺组(A3)、低浓度亚精胺(Spd)组(B1)、中浓度亚精胺组(B2)、高浓度亚精胺组(B3)，每组20株，试验前三天停止浇水，试验开始后，于每天18：00利用称重法对各组流失水分进行补充，保持各组土壤含水量为田间持水量的40%，每隔2d对CK、A1、A2、A3、B1、B2、B3各组幼苗叶片喷施清水、0.01mmol/L的Spm、0.1mmol/L的Spm、1mmol/L的Spm、0.01mmol/L的Spd、0.1mmol/L的Spd、1mmol/L的Spd，将所有叶片喷湿至无滴液，每隔8d对各项指标进行测定，共测定4次，为期32d。各组测定采用成熟叶片，多株幼苗进行混合取样，液氮保存，以进行各项指标的测定。

3.1.3 测定与分析方法

3.1.3.1 苗高、地径、生物量

苗高 H(cm)和地径 D(mm)每个处理测定 2 次，分别为处理前和干旱处理后(干旱试验测量时间间隔为 32d，ABA 和 SA 处理试验测量时间间隔为 20d)，苗高利用卷尺测量，地径利用电子数显游标卡尺测量；测量生物量时用流水冲松盆土，取出闽楠幼苗，洗净泥土，晾干后于分析天平称取根、茎、叶和闽楠幼苗单株鲜重后，放入烘箱在 105℃杀青 10min，然后温度降至 85℃烘至恒重，分别称取根、茎、叶干重，并进一步计算生物量和根冠比，每个处理重复 6 次。

$$\text{苗高增量(cm)}=\text{处理后幼苗苗高}-\text{处理前幼苗苗高}$$

$$\text{地径增量(mm)}=\text{处理后幼苗地径}-\text{处理前幼苗地径}$$

$$\text{根冠比}(DW)=\frac{\text{根生物量}}{\text{叶生物量}+\text{茎生物量}}$$

3.1.3.2 叶片相对含水量 RWC

将闽楠幼苗叶片用去离子水洗净，晾干，称取各处理闽楠幼苗叶片，记为 FW，然后将闽楠幼苗叶片完全沉浸蒸馏水中，使其吸水至饱和状态。取出闽楠幼苗叶片用吸水纸吸取表面水分，然后立即称重，再放入蒸馏水中一段时间后取出吸干水分，再称重，直至重量不再增加为止，此时即为叶片吸水饱和时的重量 SFW，之后将闽楠幼苗叶片 105℃杀青，80℃烘干至恒重，干燥器中晾至室温，测得组织干重 DW，计算。

$$\text{相对含水量}(RWC)=\frac{FW-DW}{SWF-DW}\times 100\%$$

3.1.3.3 叶绿素含量

采用丙酮浸提法，将闽楠幼苗叶片用去离子水洗净，剪去中脉，称取 0.2g 左右，放置棕色具塞刻度试管。配制 95%的乙醇和丙酮(体积比按 1∶1)混合溶液，加入 25mL 混合液于试管中，密封避光浸提 24h，使闽楠幼苗叶片完全失绿后，即为叶绿色提取待测液，使用紫外分光光度计在波长 663nm 和 645nm 测定吸光度 A 值。

$$Ca(\text{mg/L})=\frac{(12.7A_{633}-2.59A_{645})\times V}{1000\times W}$$

$$Cb(\text{mg/L})=\frac{(22.9A_{633}-4.68A_{645})\times V}{1000\times W}$$

$$\text{叶绿素总浓度(mg/L)}=Ca+Cb$$

式中：V——浸提液体积(mL)；

W——样品鲜重(mg)。

3.1.3.4 相对电导率

称取闽楠幼苗叶片 0.2g，擦洗干净后剪碎放于锥形瓶中，然后加入 50mL 蒸馏水，锥形瓶口用保鲜膜封口。然后每隔 1h 震荡锥形瓶，24h 后用电导仪测定电导率 R_1，然后继续封口(封完口后用牙签扎孔通气)，沸水浴 30min，冷却后，测定电导率 R_2，即计算闽楠

幼苗的相对电导率。

$$相对电导率=\frac{R_1}{R_2}\times 100\%$$

3.1.3.5　可溶性蛋白含量

采用考马斯亮蓝 G-250 染色法测定，先绘制标准曲线，称取闽楠幼苗叶片 0.1g，用 5mL 预冷 0.1mol/L(pH=7)磷酸缓冲溶液(分几次加入)研磨成匀浆后，离心，10000r/min 离心 10min，所得上清液为待测液，取上清液 0.1mL，加入 0.9mL 蒸馏水和 5mL 的考马斯特亮蓝 G-250 试剂混合，放置 2~3min 后在用紫外分光光度计在波长 595nm 比色，通过标准曲线查得蛋白质含量。

$$蛋白质含量(mg/g)=\frac{C\times V_T}{V_S\times W_t\times 1000}$$

式中：C——查标准曲线值(μg)；

V_T——提取液体积(mL)；

V_S——测定时加样量(mL)；

W_t——样品鲜重(g)。

3.1.3.6　丙二醛(MDA)含量

采用硫代巴比妥酸法测定，将闽楠幼苗叶片洗净擦干，称取 0.2g 左右，剪碎置于研体中，加入 2mL TCA 和石英砂研磨至匀浆，然后加入 8mL TCA 继续研磨，转移到 10mL 的离心管中，离心 10min，即上清液为待测液。取 4 支试管，3 支重复各加入待测液 2mL，1 支对照加入蒸馏水 2mL，然后各管中再加入 2mL 0.6%TBA，摇匀。沸水浴 10min(管内出现气泡开始计时)，取出并迅速冷却，离心 10min，取上清液在波长 532nm、450nm、600nm 处测定吸光度。

$$C_{MDA}=6.45(A_{532}-A_{600})-0.56A_{450}$$

3.1.3.7　游离脯氨酸含量(Pro)

采用茚三酮比色法测定。称取闽楠幼苗叶片 0.2g，剪碎后放入具塞试管中，然后加入 5mL 3%的磺基水杨酸溶液，在沸水浴中提取 10min，过程中要经常摇动，冷却后过滤，滤液即为 Pro 的提取液。吸取 2mL 于带塞的试管中，加冰醋酸和酸性茚三酮，沸水浴 30min，冷却后加甲苯摇匀，静置，取上层液于离心管中进行离心，吸取上清液进行比色。并通过标准曲线计算出 Pro 含量。

$$脯氨酸含量(\mu g/g)=\frac{X\times 提取液总量(mL)}{样品鲜重(g)\times 测定时提取液量(mL)}$$

式中：X——从标准曲线中查得的脯氨酸含量(μg)。

3.1.3.8　抗氧化酶 POD、SOD、CAT 的活性测定

粗酶液提取，取闽楠幼苗叶片，洗净去中脉，称取 0.1~0.15g，置于 4℃预冷研钵中，加 1mL 预冷的 pH=7.8 的 50mmol/L 磷酸缓冲液低温研磨成浆，再加入 3mL 磷酸缓冲液冲洗研钵，转移至离心管中，4℃下 10000rpm 离心 20 min，上清液即为粗酶提取液。

(1)过氧化物酶 POD

利用愈创木酚显色法测定。加入 25mmol/L 愈创木酚溶液 3mL、250mmol/L 过氧化氢 0.2mL 和 0.1mL 粗酶液反应，从加入酶液开始记录每 30s 在波长 470nm 处的吸光度，连续 10min。

(2)超氧化物歧化酶 SOD

利用氮蓝四唑光化还原法测定。取 50mmol/L 磷酸缓冲液、130mmol/L 甲硫氨酸、750μmol/L 氮蓝四唑、1μmol/L 乙二胺四乙酸二钠、0.2μmol/L 核黄素、粗酶液、蒸馏水充分混匀后在 4000lx 光下反应 8min。其中取两支试管为对照，一支置于暗处、一支日常光下反应，反应结束后立即避光。在波长 560nm 处测定吸光值。

(3)过氧化氢酶 CAT

利用紫外吸收法测定。取 20mmol/L 过氧化氢溶液 3mL 和 50μL 粗酶液混合均匀后快速转移比色皿，在波长 240nm 处测定吸光度。连续测定 1~3min，记录初始值和终止值。

$$POD\text{活性}[\mathrm{U/(gFW\cdot min)}]=\frac{\Delta A_{470}\times V}{0.001\times\Delta t\times Vs\times W}$$

$$SOD\text{活性}(\mathrm{U/gFW})=\frac{(Ac-As)\times V}{0.5\times Ac\times Vs\times W}$$

$$CAT\text{活性}[\mathrm{U/(gFW\cdot min)}]=\frac{\Delta A_{240}\times V}{0.1\times\Delta t\times Vs\times W}$$

式中：ΔA_{470}——反应混合液的吸光度变化值；

Δt——反应时间(min)；

V——样品提取液总体积(mL)；

Vs——加入粗酶液体积(mL)；

W——样品质量(g)；

ΔA_{240}——反应混合液的吸光度变化值(终止值-初始值)；

Ac——照光对照管吸光度值；

As——样品管的吸光度值。

3.1.3.9 抗旱隶属函数法

利用抗旱隶属函数法，计算出最优的、能增加闽楠幼苗抗旱性处理。先求出各指标的具体隶属值，再计算出各指标的平均值，平均值越大即抗旱性就越强，处理就越好。具体计算公式如下：

$$U(X_i)=\frac{X_i-X_{\min}}{X_{\max}-X_{\min}} \tag{3-1}$$

$$U(X_i)=1-\frac{X_i-X_{\min}}{X_{\max}-X_{\min}} \tag{3-2}$$

若测量指标与抗旱呈正相关选择计算公式(3-1)，否则，则选择计算公式(3-2)。

3.1.3.10 光合指标的测定

选取各组 3 株幼苗，分别标记各株从上至下数第 3、4、5 片叶进行光合指标的测定，将幼苗搬至阳光下，于7：00至17：00之间每隔两个小时使用LI-6400XT便携式光合仪测量标记叶片测量一次，主要测定指标为净光合速率P_n、气孔导度$Cond$、蒸腾速率T_r，计算出气孔限制值$L_s=1-C_i/C_a$干旱试验于7~8月测量，干旱胁迫下施加多胺处理试验于9月下旬测量。

$$L_s=1-\frac{C_i}{C_a}$$

式中：C_i——胞间CO_2浓度；

C_a——大气CO_2浓度。

3.1.3.11　叶绿素荧光指标的测定

在各组已选取的幼苗上，分别标记各株从上至下数第6、7、8片叶片进行叶绿素荧光指标的测定，使用叶夹将叶片夹住，暗处理40min，使用MINI-PAM便携式荧光仪对叶片进行荧光诱导曲线的测定，主要测量指标有初始荧光F_0、最大荧光产量F_m、最大光化学量子产量F_v/F_m、光化学猝灭系数qP、有效光化学消耗能Y(Ⅱ)，表观电子传递速率ETR、热能耗散量子产量Y(NPQ)。干旱试验于7~8月测量，干旱胁迫下施加多胺处理试验于9月下旬测量。

3.1.3.12　营养元素的测定

摘取各组成熟叶片若干，擦拭叶片表面，将叶片置于105℃烘箱中杀青15min，后将烘箱温度调至70℃烘24h，后取出置于研钵中研磨，过40目筛后放置在10mL离心管中，且保证储存环境干燥。

测量N含量时采用凯氏定N法，称取0.2g样于开式管中，加入催化剂(硫酸钾：硫酸铜：硒粉=100：10：1研磨混匀)2g，加入5mL浓硫酸，摇匀，置于石墨消解仪380℃中消煮2.5h，将开式管置于凯氏定N仪中蒸馏，后用盐酸标准溶液滴定，溶液从蓝色变成紫红色时终止滴定，读取数值。

$$W(\mathrm{N})=\frac{C\times(V-V_0)\times0.014}{M}\times1000$$

式中：W(N)——N含量(g/kg)；

C——盐酸标准溶液浓度(mol/L)；

V——样品滴定中所消耗盐酸溶液体积(mL)；

V_0——空白滴定中所消耗盐酸溶液体积(mL)；

0.014——N原子毫摩尔质量(g/mmol)；

M——称取样品质量(g)。

称取0.8g样于锥形瓶中，加少许水湿润，加入10mL浓硫酸—高氯酸10：1体积混合液，瓶口放置弯颈漏斗，与消煮炉300℃中消煮至清澈透明，后将消煮液转入100mL容量瓶中加入蒸馏水定容，用以作为P、K、Ca、Mg含量的待测液。

测量P含量时，采用钼锑抗比色法，吸取5mL待测液于50mL容量瓶，加入15mL水，加一滴指示剂，用2mol/L NaOH溶液调至黄色，后用0.5mol/L浓硫酸调至微黄色，加入5mL钼锑抗显色剂，加水定容30min后，在700nm波长处比色测定，利用1mg/mL的P标准液配制不同浓度的 P 标准液，测定在 700nm 波长处吸光度，绘制标准曲线。

$$W(\mathrm{P})=\frac{C\times V\times t_s}{m\times 10^6}\times 1000$$

式中　$W(\mathrm{P})$——磷含量(g/kg)；

C——标准曲线上查的磷浓度(μg/mL)；

V——显色液体积(mL)；

t_s——稀释倍数，$t_s=\frac{\text{消煮液的定容体积(mL)}}{\text{吸取待测液体积(mL)}}$；

m——称取样品质量(g)。

测量 K 含量时，采用火焰光度计法，用钾滤色片，以空白溶液作为参比，调零，测定在火焰光度计下的检流计读数(浓度大时稀释)。利用 1mg/mL 的 K 标准溶液配制不同浓度 K 标准溶液，读取在火焰光度计下的读数，并绘制标准曲线。

$$W(\mathrm{K})=\frac{C\times V\times t_s}{m\times 10^6}\times 1000$$

式中：$W(\mathrm{K})$——钾含量(g/kg)；

C——标准曲线上查的磷浓度(μg/mL)；

V——显色液体积(mL)；

t_s——稀释倍数，$t_s=\frac{\text{消煮液的定容体积(mL)}}{\text{吸取待测液体积(mL)}}$；

m——称取样品质量(g)。

测量 Ca、Mg 含量时，采用原子吸收分光光度法，吸取 5mL 待测液于 50mL 容量瓶中，加入 1mL 50g/L 镧溶液，加水定容，分别用 Ca、Mg 空心阴极灯，用空白溶液调零，测定 Ca、Mg 吸收值。分别利用 10mg/mL 的 Ca 标准溶液和 1mg/mL 的 Mg 标准溶液配制不同浓度的标准溶液，在原子吸收分光光度计下测量其吸收值，绘制标准曲线。

$$W(\mathrm{Ca})=\frac{C_{\mathrm{Ca}}\times V\times t_s}{m\times 10^6}\times 1000$$

$$W(\mathrm{Mg})=\frac{C_{\mathrm{Mg}}\times V\times t_s}{m\times 10^6}\times 1000$$

式中：$W(\mathrm{Ca})$——钙含量(g/k)；

$W(\mathrm{Mg})$——镁含量(g/k)；

C_{Ca}——标准曲线上查的钙浓度(μg/mL)；

C_{Mg}——标准曲线上查的镁浓度(μg/mL)；

V——测读液体积(mL)；

t_s——稀释倍数，$t_s=\frac{\text{消煮液的定容体积(mL)}}{\text{吸取待测液体积(mL)}}$；

m——称取样品质量(g)。

3.2 结果与分析

3.2.1 干旱对闽楠苗木生长的影响

从表3-4可以看出，随着干旱胁迫的加剧，闽楠幼苗的苗高增量、地径增量和根、茎、叶的生物量都在逐渐减少。其中T1、T2、T3组与CK组苗高增量有显著差异($P<0.05$)且下降了28.13%、65.22%、69.05%；T1组与CK组之间地径增量无显著差异，T2、T3组与CK、T1组有显著差异($P<0.05$)，且T2和T3组分别比CK组下降25.35%和40.14%；根生物量，CK组与T1、T2、T3组之间有显著差异($P<0.05$)，T1、T2和T3组分别比CK组下降25.01%、47.52%和75.61%；茎生物量，CK组与T1、T2组相比均无显著差异，T3组与CK组有显著差异($P<0.05$)，下降66.38%；叶生物量和总生物量，CK组与T1组无显著差异，与T2、T3组之间有显著差异($P<0.05$)，且T2、T3组分别下降了54.16%、64.04%和42.92%、69.06%；各组之间根冠比无显著差异。

表3-4 干旱胁迫对闽楠幼苗平均生物量及形态生长指标的变化

指标	处理			
	CK	T1	T2	T3
苗高增量(cm)	3.91±0.13a	2.81±0.26b	1.36±0.07c	1.21±0.54c
地径增量(mm)	1.42±0.04a	1.17±0.03ab	0.76±0.04c	0.51±0.06c
根生物量(g)	4.71±1.00a	3.52±0.80b	2.47±0.18bc	1.18±0.14c
茎生物量(g)	4.01±0.65a	3.61±0.18a	2.97±0.59b	1.36±0.41c
叶生物量(g)	4.04±0.70a	3.42±0.50a	1.846±0.33b	1.45±0.33b
总生物量(g)	12.75±2.36a	10.55±0.48a	7.28±1.07b	3.95±0.3b
根冠比	1.18±0.50a	0.98±0.26a	0.85±1.39a	0.85±0.36a

3.2.2 干旱对闽楠苗木生理特性的影响

3.2.2.1 干旱胁迫对闽楠幼苗植物组织相对含水量的影响

水分情况对植物的生理活动有重要的意义。干旱的最直接作用就是引起植物组织失水，导致各种生理代谢紊乱。叶片相对组织含水量是衡量植物体内水分情况的一个常用指标。如图3-1所示，闽楠幼苗叶片组织的相对含水量(*RWC*)随着干旱胁迫程度的加剧有所下降，并且在同一处理水平随着干旱胁迫时间的延长，叶片的组织相对含水量也有所下降；在处理的前16d，各组均无显著差异；处理16d、处理24d T2、T3组与CK和T1组存在显著差异($P<0.05$)，处理24d T2、T3组分别比CK下降13.04%和9.57%；处理32d CK组与T1、T2、T3组之间均有显著差异($P<0.05$)，分别比CK组下降13.04%、18.48%和32.61%。

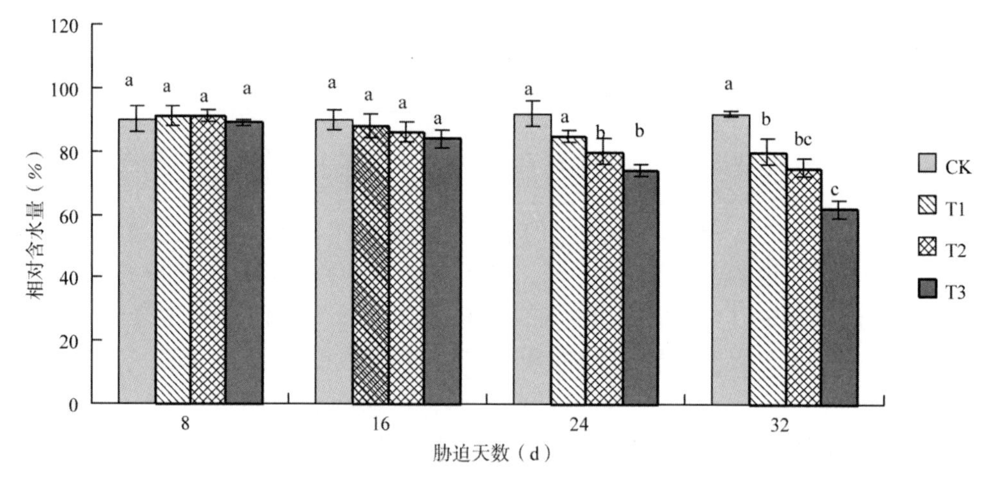

图 3-1　干旱胁迫下闽楠幼苗叶片相对含水量的变化

3.2.2.2　干旱胁迫对闽楠幼苗叶绿素含量的影响

如图 3-2 所示，随着干旱胁迫程度加剧闽楠幼苗叶绿素有上升的趋势，并且同一处理水平随着干旱时间的延长，闽楠幼苗叶绿素整体呈现一个先上升后下降的趋势，处理 8d 时闽楠幼苗的叶绿素水平相对一致，各处理组之间无显著性差异；处理 16d T3 组与 T2、CK 组有显著差异($P<0.05$)，T3 组比 CK 组高 50%；处理 24d T1 组与 T2、CK 组有显著性差异($P<0.05$)，T1 比 CK 高 70.83%，这时各处理组的叶绿素含量均达到最大值，随后下降；处理 32d T1、T2 组与 CK 组有显著差异($P<0.05$)，分别高 31.66%、42.21%。

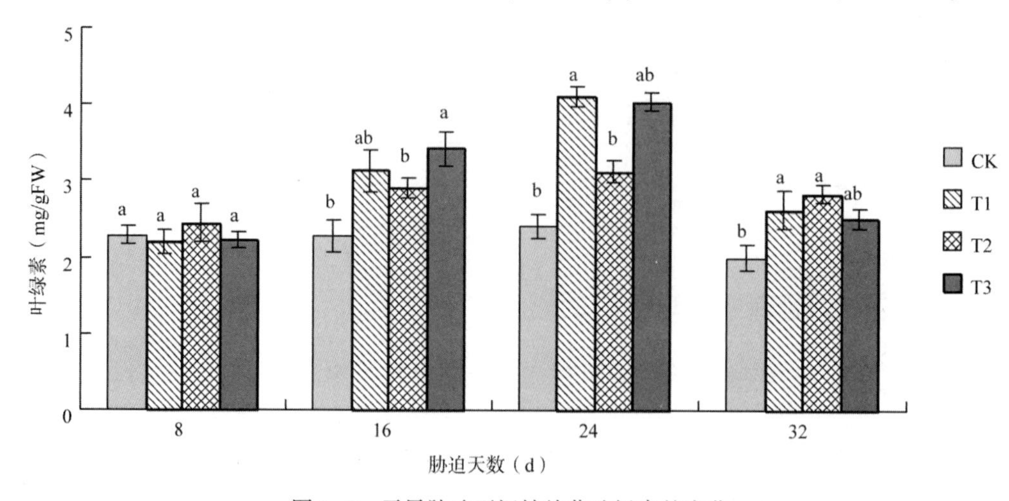

图 3-2　干旱胁迫下闽楠幼苗叶绿素的变化

3.2.2.3　干旱胁迫对闽楠幼苗可溶性蛋白的影响

随着干旱胁迫的加剧和干旱时间的延长闽楠幼苗的可溶性蛋白含量增加(图 3-3)，24 天后开始缓慢下降。处理 16d 以后各处理组之间存在显著性差异；处理第 16 天，T2、T3 组与 CK 差异显著($P<0.05$)，分别高 310.14%和 567.39%；处理 24d，T1、T2、T3 组与 CK 差异显著($P<0.05$)，比 CK 组分别高 125.77%、239.88%和 509.82%($P<0.05$)；处理第 32 天，T2、T3 组分别比 CK 组高 78%和 277.64%($P<0.05$)，差异显著；处理第 24 天

到第32天，除CK组外，其他处理的可溶性蛋白含量缓慢下降。T2、T3组在处理16d时的可溶性蛋白含量与处理8d时存在显著差异($P<0.05$)，前者比后者分别高420.86%和625.20%，T3组在整个试验过程中的可溶性蛋白含量均高于其他组。

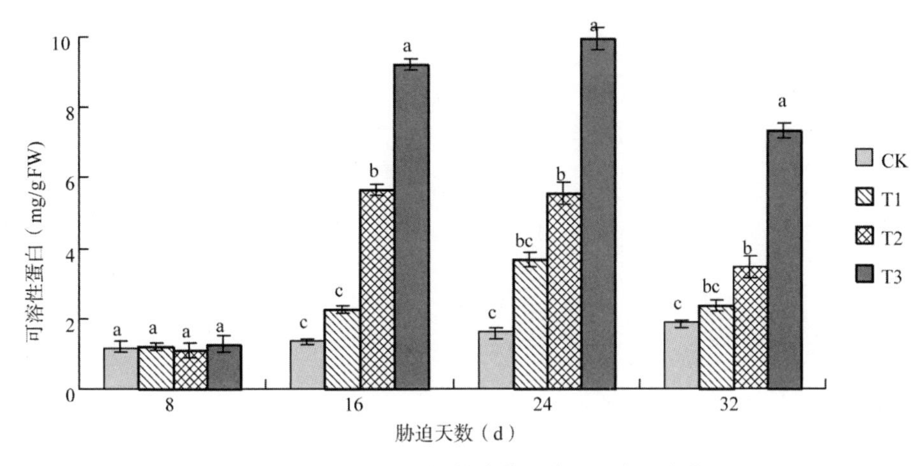

图3-3　干旱胁迫下闽楠幼苗可溶性蛋白的变化

3.2.2.4　干旱胁迫对闽楠幼苗丙二醛(MDA)的影响

如图3-4所示，闽楠幼苗随着干旱胁迫的加剧和时间的延长，MDA的含量逐渐上升。处理16d T3组的MDA的含量最大，并且与CK、T1、T2组有显著差异($P<0.05$)，比CK组高46.17%；处理24d时，T3和CK、T1组之间有显著差异($P<0.05$)；处理32d时，T3组的与CK组有显著差异($P<0.05$)，比CK组高52.18%，T3组在整个试验过程MDA的含量最高。

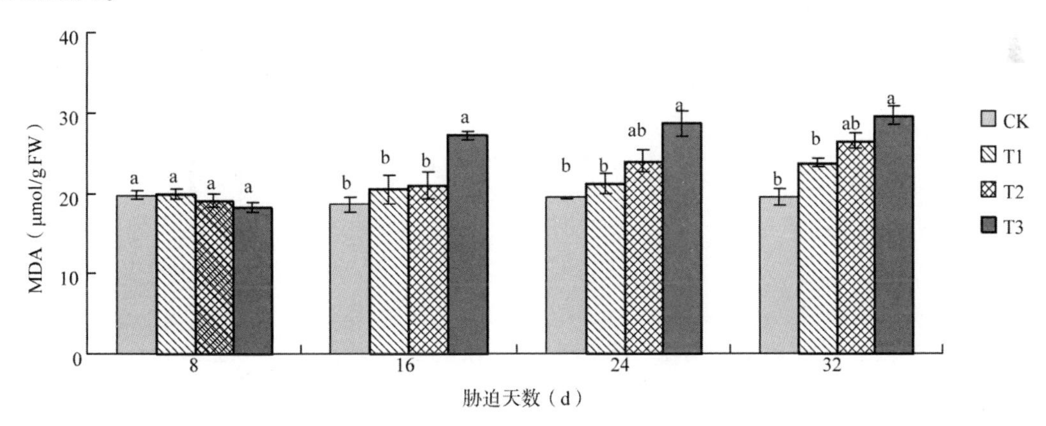

图3-4　干旱胁迫下闽楠幼苗MDA的变化

3.2.2.5　干旱胁迫对闽楠幼苗脯氨酸(Pro)的影响

如图3-5可知，随着干旱胁迫的加剧，闽楠幼苗的Pro含量增加，并且在同一水平处理条件下，Pro的含量随着时间的延长也呈现一个上升的趋势。处理16d，T3、T2组与CK组差异显著($P<0.05$)，T3组比CK组高150.84%，处理24d，T3组与其他组均存在差异显著($P<0.05$)，其中T2、T3组比CK组的Pro含量分别高242.42%和414.45%；处理32d，各处理组间有显著差异($P<0.05$)，T1、T2、T3组比CK组的Pro含量分别高

309.47%、528.18%和747.41%。T1、T2、T3组Pro的含量都随干旱胁迫时间的延长逐渐升高，其中T3组尤为明显，处理32d比处理8d时显著上升555.85%。

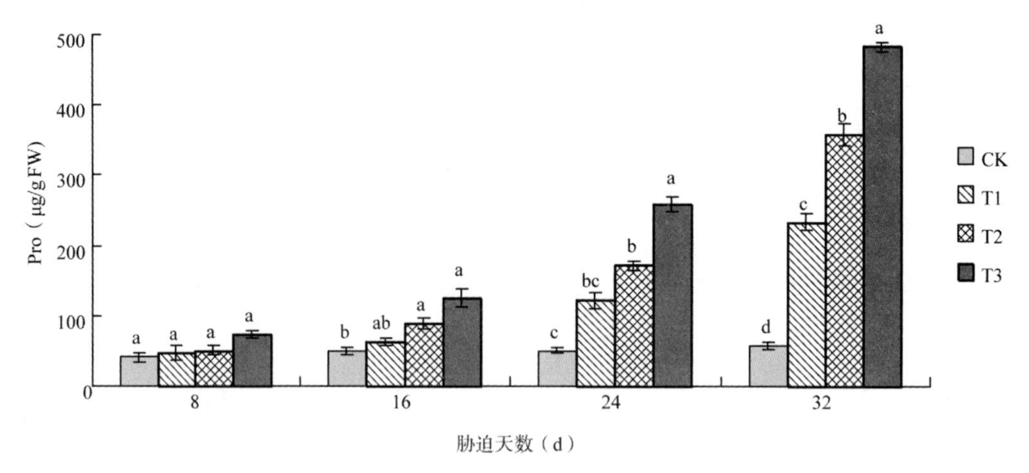

图3-5　干旱胁迫下闽楠幼苗脯氨酸含量的变化

3.2.2.6　干旱胁迫对闽楠幼苗保护酶活性的影响

(1)过氧化物酶(POD)的活性

从图3-6可以看出，闽楠幼苗的POD活性随着干旱胁迫程度加剧升高，处理16d后开始下降，16d时，各处理间的差异最大，随后各处理间的差异逐渐缩小，随着胁迫时间延长，各处理的POD活性呈现先上升后降低的趋势。处理16d，T2、T3组POD含量达峰值，与CK组有显著差异($P<0.05$)，分别高119.15%和139.16%；处理24d，T1、T2、T3组与CK组有显著差异($P<0.05$)，分别上升71.55%、68.18%和45.11%。

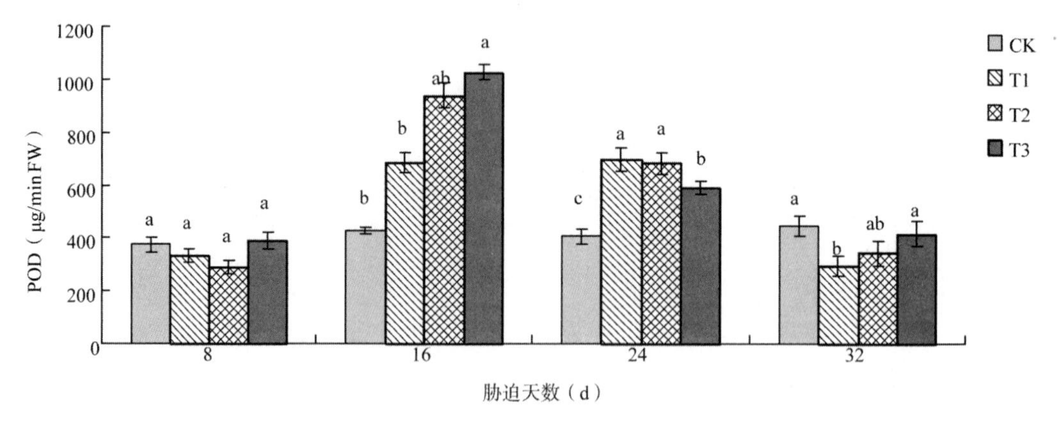

图3-6　干旱胁迫下闽楠幼苗POD的变化

(2)超氧化物歧化酶(SOD)的活性

如图3-7可以得出，在干旱胁迫程度加剧的情况下闽楠幼苗保护酶SOD的活性增强，随着处理时间延长，SOD的活性先增加，后下降。处理16d，T3组处于峰值，与CK组有差异显著($P<0.05$)，上升134.51%；处理24天时，T2达到高峰值与其他处理组差异显著($P<0.05$)，比CK组上升187.53%；在干旱胁迫处理32d SOD的活性下降，且各处理无显著差异。

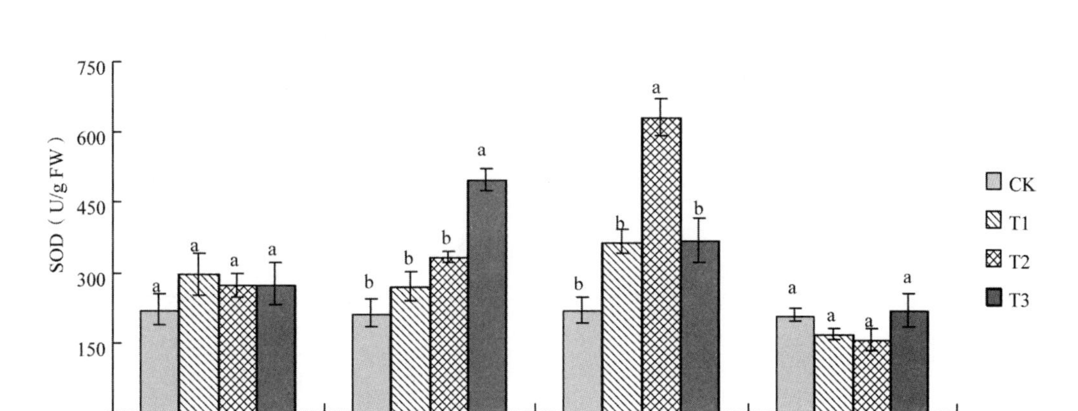

图 3-7 干旱胁迫对闽楠幼苗 SOD 的变化

(3)过氧化氢酶(CAT)的活性

如图 3-8 所示，在干旱胁迫程度加剧的情况下闽楠幼苗保护酶 CAT 的活性增强，随着干旱胁迫时间的延长呈现先上升后下降的趋势，与 SOD 总体变化趋势基本相似。处理 16d 和 24d 时，T1、T2、T3 组与 CK 组有显著差异($P<0.05$)，处理 16d 时，分别比 CK 上升 78.13%、64.12% 和 104.30%；处理 24d 时，分别比 CK 上升 74.51%、88.17% 和 111.66%；处理 32d 时，各组间无显著差异。

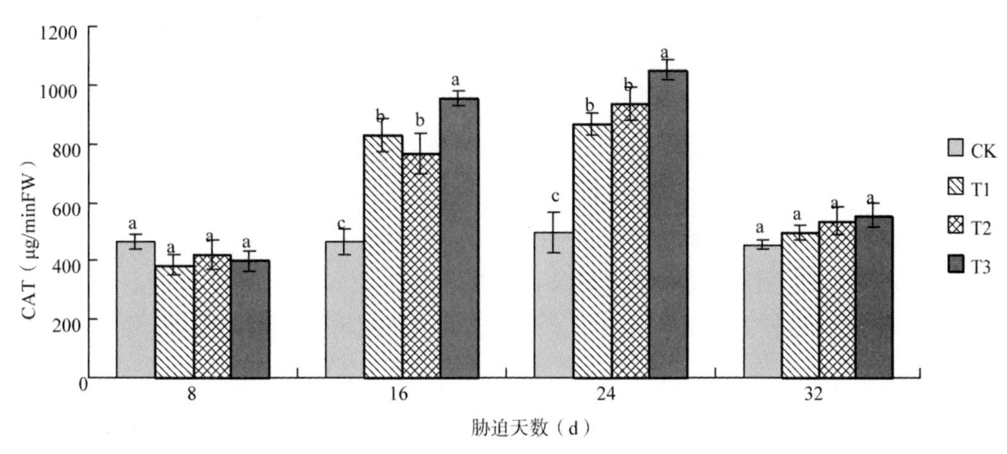

图 3-8 干旱胁迫下闽楠幼苗 CAT 的变化

3.2.3 脱落酸对闽楠苗木抗旱性的影响

3.2.3.1 脱落酸对闽楠苗木生长的影响

如表 3-5 可以得出，苗高增量、根生物量、茎生物量总生物量各处理组之间无显著差异($P<0.05$)，除对照 CK 组以外喷施 5mg/L ABA 的 A1 组苗高增长量、茎生物量和地径增长量最大，其中茎生物量大于 T 组 0.28g；地径增量对照 CK 组与各处理组有显著差异($P<0.05$)；叶生物量对照 CK 组与 A3 组有显著差异($P<0.05$)，上升 0.24g；对照 CK 与 T、A1、A2 和 A3 组的根冠比有显著差异($P<0.05$)，其中 T 组最大；总生物量中 T 组与其他各处理组有显著差异($P<0.05$)。干旱胁迫下，喷施 ABA 处理组比喷施清水更能促进闽楠

幼苗的生长，但是对闽楠幼苗生长影响并不显著，随着喷施 ABA 浓度的增加在一定程度上反而会抑制闽楠幼苗生长。

表 3-5　外源 ABA 对干旱胁迫下闽楠幼苗平均生物量及形态生长指标的变化

指标	处理				
	CK	T	A1	A2	A3
苗高增量(cm)	1. 42±0. 27a	1. 06±0. 41a	1. 14±0. 21a	1. 13±0. 31a	1. 02±0. 23a
地茎增量(mm)	0. 98±0. 15a	0. 52±0. 03b	0. 73±0. 02ab	0. 63±0. 08b	0. 57±0. 08b
根生物量(g)	2. 60±0. 04a	2. 06±0. 16a	2. 44±0. 11a	2. 36±0. 23a	2. 23±0. 10a
叶生物量(g)	1. 66±0. 03a	1. 41±0. 07ab	1. 35±0. 26ab	1. 43±0. 27ab	1. 40±0. 16b
茎生物量(g)	1. 54±0. 16a	1. 25±0. 16a	1. 53±0. 13a	1. 52±0. 33a	1. 50±0. 20a
总生物量(g)	5. 8±0. 29a	4. 72±0. 20b	5. 32±0. 41a	5. 31±0. 42a	5. 13±0. 32a
根冠比	0. 3±0. 18b	1. 1±0. 49a	0. 89±0. 19a	0. 83±0. 18a	0. 95±0. 16a

3. 2. 3. 2　脱落酸对闽楠苗木生理特性的影响

(1)外源 ABA 对干旱胁迫下闽楠幼苗叶片组织相对含水量的影响

如图 3-9 所示，处理 3d，T 组与喷施 ABA 的 A3 组有显著差异($P<0.05$)；处理 6d，T 组与其他各个处理组之间有显著差异($P<0.05$)；处理 9d，CK、A1、A2、A3 组与 T 组有显著差异($P<0.05$)，且分别比 T 组高 11. 33%、4. 31%、6. 36%、7. 38%。其中 A1 组又与 CK 组有显著差异($P<0.05$)且低 6. 31%；处理 12d，CK、A1、A2、A3 组与 T 组有显著差异($P<0.05$)且分别高 22. 81%、11. 49%、17. 33%、19. 52%。其中，喷施 ABA 的 A1、A2、A3 组又与对照 CK 组有显著差异($P<0.05$)且低 9. 21%、4. 46%、2. 68%。A3 组在处理 12d 相对含水量下降速度比 CK、A1、A2 组缓慢。综上，随着干旱胁迫时间的延长闽楠幼苗叶片相对含水量总体呈现一个下降的趋势，外源 ABA 能够提高叶片组织相对含水量，喷施 ABA 的 A1、A2、A3 组在处理的 12d 中相对含水量均比 T 组高，有显著差异($P<0.05$)，T 组下降趋势最为显著，干旱胁迫下，外源 ABA 能有效提高闽楠幼苗的相对含水量，减少水分流失。

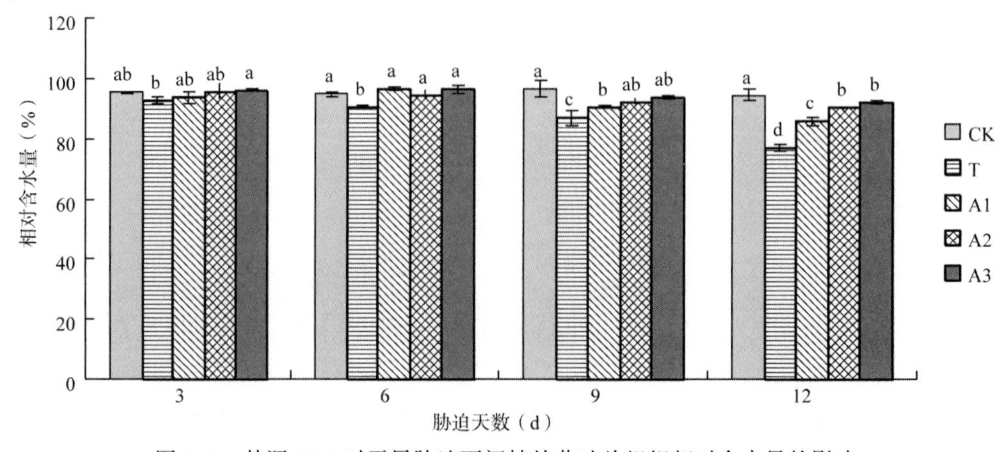

图 3-9　外源 ABA 对干旱胁迫下闽楠幼苗叶片组织相对含水量的影响

(2)外源ABA对干旱胁迫下闽楠幼苗叶片叶绿素含量的影响

图3-10表明，处理3d，A3组与其他各处理组有显著差异($P<0.05$)，且A3组的叶绿素含量高于其他组，其他组之间无显著差异；处理6d，T组显著比A1组低14.48%($P<0.05$)；处理9d，T、A1、A2、A3组与对照CK组有显著差异($P<0.05$)，其中A1组又与T组有显著差异($P<0.05$)；处理12d，喷施ABA处理组与对照CK、T组有显著差异($P<0.05$)，其中分别比T组低24.83%、28.8%和24.59%。综上得出，处理前期闽楠幼苗叶绿素含量的上升，在处理9d时，叶绿素含量达到最大值，后又下降。A2、A3组在前-中期叶绿素含量与A1、T组相比没有明显上升变化趋势。

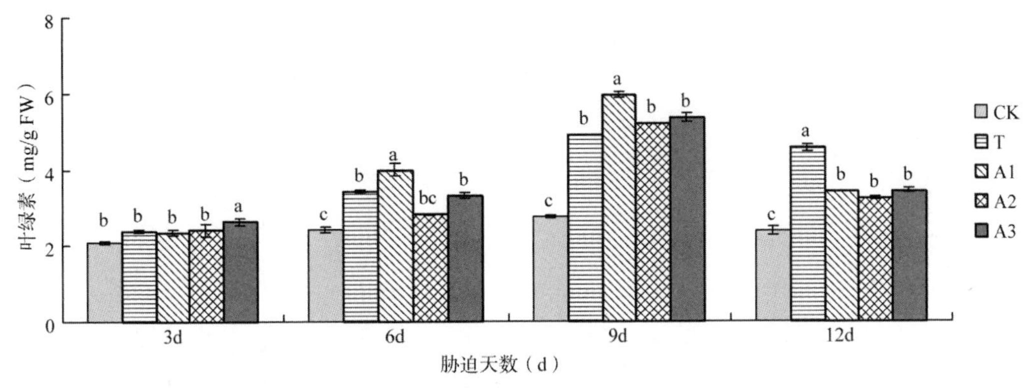

图3-10　外源ABA对干旱胁迫下闽楠幼苗叶片叶绿素含量的影响

(3)外源ABA对干旱胁迫下闽楠幼苗叶片相对电导率变化的影响

如图3-11所示，处理3d，各组之间无显著差异($P<0.05$)；处理6d，喷施ABA的A1、A2、A3组分别低T组27%、41.28%和28.63%($P<0.05$)，处理9d、处理12d与处理6d，各处理间的变化趋势基本一致，喷施10 mg/L ABA的A2组闽楠幼苗的相对电导率显著低于喷施5 mg/L和15 mg/L ABA的A1、A3组($P<0.05$)。喷施清水的T组，相对电导率一直显著高于喷施ABA的处理组($P<0.05$)。在处理的12d过程中，闽楠幼苗的相对电导率一直处于上升的趋势，外源ABA能降低干旱胁迫下闽楠幼苗的相对电导率，A2组上升趋势最小。

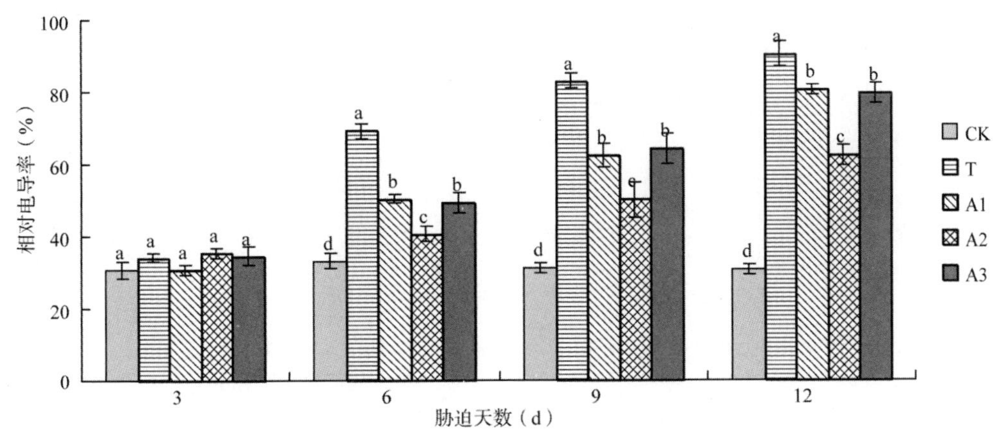

图3-11　外源ABA对干旱胁迫下闽楠幼苗叶片相对电导率变化的影响

(4)外源 ABA 对干旱胁迫下闽楠幼苗叶片丙二醛(MDA)的影响

如图 3-12 可以得出，处理 3d，各处理组之间无显著差异(P<0.05)；处理 6d，CK、A1、A2、A3 组分别低 T 组 21.93%、12.22%、16.11%、9.54%(P<0.05)，其中，CK 组又与 A1、A2、A3 组有显著差异(P<0.05)；处理 9d，CK、A1、A2、A3 组与 T 组有显著差异(P<0.05)，且 A2 组的 MDA 的含量均显著低于其他组(P<0.05)；处理 12d，CK、A1、A2、A3 组与 T 组有显著差异(P<0.05)，且 A2 组比 T 组低于 17.30%，其中，A1、A3 组又与 A2 组有显著差异(P<0.05)；综上得出，整个处理期间闽楠幼苗的 MDA 含量一直呈现上升的趋势，喷施 ABA 有助于降低 MDA 的含量。处理 6、9 和 12dT 组 MDA 的含量上升速度显著大于其他组(P<0.05)，其中喷施 10mg/L ABA 的 A2 组 MDA 的含量低于 T、A1、A3 组并高于 CK 组。

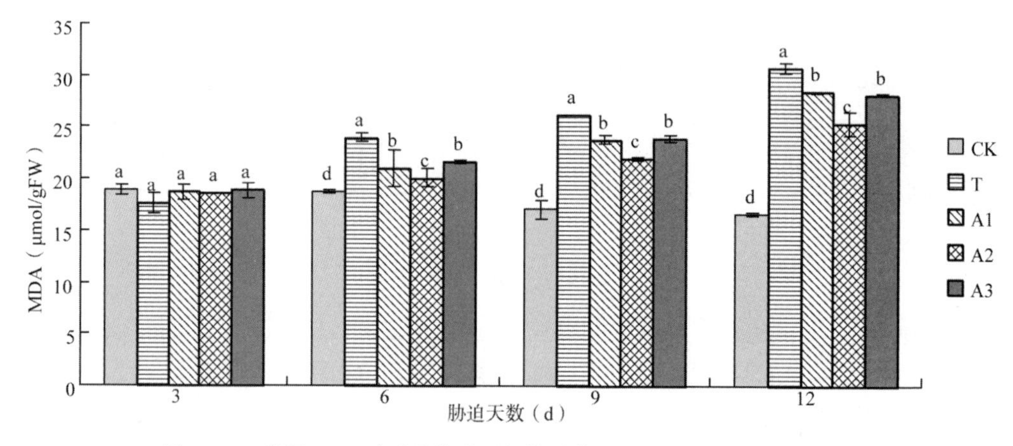

图 3-12　外源 ABA 对干旱胁迫下闽楠幼苗叶片丙二醛(MDA)的影响

(5)外源 ABA 对干旱胁迫下闽楠幼苗叶片脯氨酸(Pro)的影响

如图 3-13，处理 3d，各组之间存在显著差异(P<0.05)，A3、T 组与 CK、A1、A2 组有显著差异(P<0.05)；处理 6d，喷施 10mg/L ABA 的 A2 组 Pro 含量明显高于其他组，T、A2、A3 组没有显著差异(P<0.05)；处理 9d，A2 组与其他各处理组有显著差异(P<0.05),其中，A2 组闽楠幼苗 Pro 含量高 T 组 52.10%；处理 12d 时，各组闽楠幼苗的 Pro 含量到达最大值，喷施 ABA 的 A1、A2、A3 组与 T、CK 组显著差异(P<0.05)，且 A1、A2、A3 组分别比 T 组高 11.51%、38.81%、和 22.27%，A2 组 Pro 含量累积最快。干旱胁迫下，喷施 ABA 有助于闽楠幼苗 Pro 含量的累积，其中，A2 组在整个处理过程 Pro 含量累积稍大于 A1、A2 组，处理 3d 后，用清水代替 ABA 的 T 组 Pro 含量在处理 9d 后低于其他组。

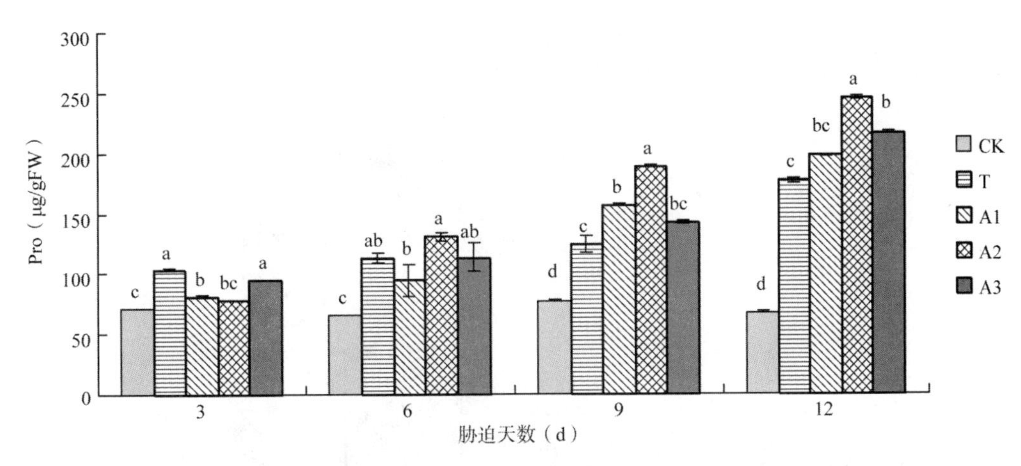

图 3-13　外源 ABA 对干旱胁迫下闽楠幼苗叶片脯氨酸(Pro)的影响

(6)外源 ABA 对干旱胁迫下闽楠幼苗叶片保护酶活性的影响

① 过氧化物酶(POD)的活性

图 3-14 表明，处理 3d，A2 组与其他各处理组有显著差异(P<0.05)，其中，喷施 ABA 的 A2 组比 T 组高了 16.72%；处理 6d，喷施 ABA 的 A1、A2、A3 组与 CK、T 组有显著差异(P<0.05)，且分别比 T 组高 15.28%、34.32%和 29.38%，处理 A2、A3 组与 A1 组有显著差异(P<0.05)；处理 9d，保护酶 POD 活性达到峰值且各处理组之间均有显著差异(P<0.05)，其中，A2 组高 T 组 30.44%；处理 12d，喷施 ABA 的 A1、A2、A3 组与 T 组无显著差异(P<0.05)。外源 ABA 对干旱胁迫下 POD 的活性呈现先上升后下降的趋势。处理后期外源 ABA 对闽楠幼苗 POD 的活性影响没有明显变化，喷施 10mg/L ABA 的 A2 组 POD 的活性高于其他组，并且喷施 ABA 的处理组 POD 的含量比 T 组高，说明外源 ABA 有助于闽楠幼苗 POD 活性的提高。

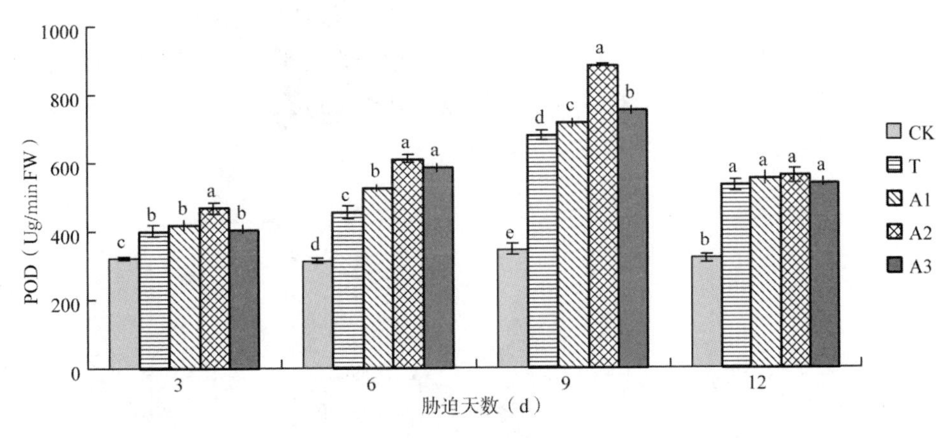

图 3-14　外源 ABA 对干旱胁迫下闽楠幼苗叶片 POD 活性的影响

② 超氧化物歧化酶(SOD)的活性

如图 3-15，处理 3d 时 A1、A2、A3、T 组与 CK 组有显著差异(P<0.05)，A1、A2、A3 组与 T 组无显著差异(P<0.05)，但喷施清水的 T 组 SOD 的活性大于喷施 ABA 处理组；

处理 6d，T、A2 组与其他处理组有显著差异(P<0.05)，其中，A1、A3 组低 T 组 11.40% 和 2.84%；处理 9d，A2、A3 组与 CK、T、A1 组显著差异(P<0.05)，A2 组高 T 组 28.56%；处理 12d 各处理组有显著差异(P<0.05)，A1、A2、A3 组分别高 T 组 37.96%、49.65%、15.55%。干旱胁迫下，外源 ABA 有助于提高闽楠幼苗 SOD 活性，且呈现一个先上升后下降的趋势，在处理 9d 达到最大值。处理前-中期喷施 5mg/L ABA 和 10mg/L ABA 没有起到显著性作用，喷施后期，ABA 处理组 SOD 活性显著高于喷施清水的 T 组。

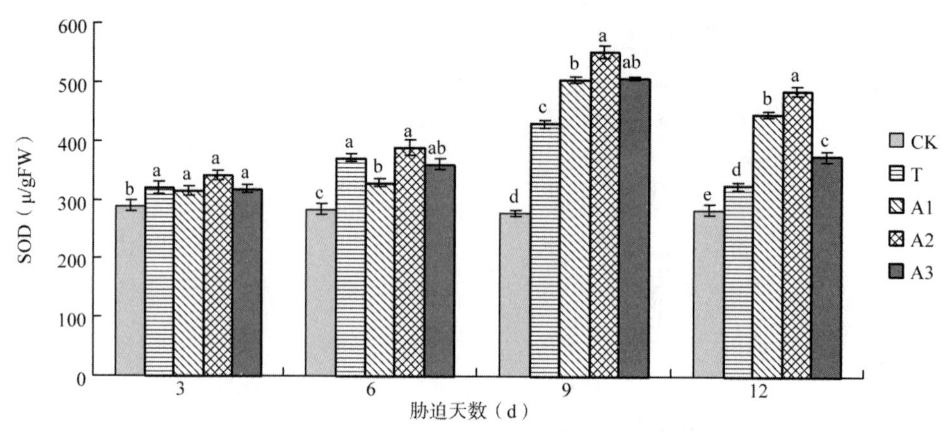

图 3-15　外源 ABA 对干旱胁迫下闽楠幼苗叶片 SOD 活性的影响

③ 过氧化氢酶(CAT)的活性

从图 3-16 可以得出，处理 3d，A3 组与 T、A1、A2、CK 组有显著差异(P<0.05)，其中，A3 组低 T 组 3.82%；处理 6d，对照 CK 组与 T、A1、A2、A3 组有显著差异(P<0.05)，A1 组比 T 组低 5.77%(P<0.05)；处理 9d，对照 CK 组与其他各处理组有显著差异(P<0.05)，喷施 ABA 的 A1、A2、A3 组分别比 T 组高 13.19%、19.52%和 13.52%(P<0.05)；处理 12d，A2 组显著比 T 组高 45%(P<0.05)。处理期间保护酶 CAT 活性呈上升后下降趋势，外源 ABA 有助于提高 CAT 的活性。在处理 9d 时，A2 组 CAT 活性达到最大值，处理后期喷施 ABA 处理组与 T 组有显著差异(P<0.05)，其中，喷施 10mg/L ABA 的 A2 组 CAT 的活性最高。

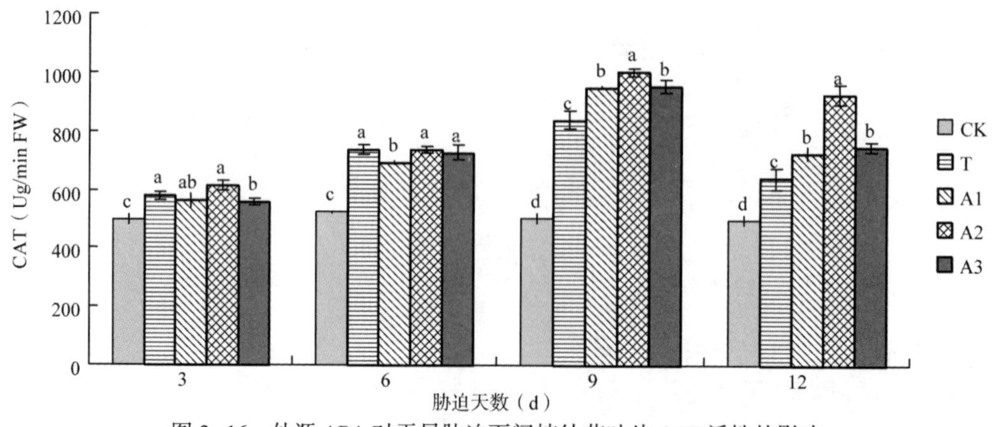

图 3-16　外源 ABA 对干旱胁迫下闽楠幼苗叶片 CAT 活性的影响

3.2.4 水杨酸对闽楠苗木生长的影响

3.2.4.1 水杨酸对闽楠苗木生长的影响

从表3-6可以看出，干旱胁迫下外源SA对闽楠幼苗各生长指标的影响，苗高增量各处理组无显著差异($P<0.05$)，其中，苗高增量中B3组与对照组CK之间的差距最小；地径增量对照组CK与其他处理组有显著差异($P<0.05$)，T、B1、B2、B3组之间无显著差异($P<0.05$)，B3组地径增量最小，小于对照CK组0.51；根、茎、叶生物量各处理组无显著差异($P<0.05$)；总生物量中T组与CK、B2有显著差异($P<0.05$)，且分别低1.08和0.46；根冠比中对照组CK与T、B1、B2、B3组之间有显著差异($P<0.05$)，T组高B3组0.39($P<0.05$)。综上，外源SA对闽楠幼苗影响并不显著，但在一定程度上会促进根生长。干旱胁迫下外源SA比清水更利于闽楠幼苗生长。

表3-6 外源SA对干旱胁迫下闽楠幼苗平均生物量及形态生长指标的变化

指标	处理				
	CK	T	B1	B2	B3
苗高增量(cm)	1.42±0.27a	1.06±0.41a	1.12±0.19a	1.22±0.60a	1.24±0.35a
地茎增量(mm)	0.98±0.15a	0.52±0.03b	0.56±0.02b	0.52±0.09b	0.47±0.08b
根生物量(g)	2.60±0.04a	2.06±0.16a	2.27±0.56a	2.40±0.47a	2.22±0.42a
叶生物量(g)	1.66±0.03a	1.41±0.07a	1.43±0.46a	1.46±0.10a	1.51±0.59a
茎生物量(g)	1.54±0.16a	1.25±0.16a	1.58±0.13a	1.50±0.36a	1.46±0.36a
总生物量(g)	5.8±0.29a	4.72±0.20b	5.28±0.05ab	5.36±0.02a	5.19±0.24ab
根冠比	0.3±0.18c	1.1±0.49a	0.76±0.17ab	0.94±0.21a	0.71±0.29b

3.2.4.2 水杨酸对闽楠苗木生理的影响

(1)外源SA对干旱胁迫下闽楠幼苗叶片组织相对含水量的影响

如图3-17所示，处理3d和处理6dT组与各处理组之间有显著差异($P<0.05$)；处理9d各处理组之间均有显著差异($P<0.05$)，分别比T组高11.33%、4.23%、6.45%、6.10%，其中，喷施SA的处理组分别比对照CK组低6.38%、6.18%、4.70%($P<0.05$)；处理12d，各处理组与T组之间有显著差异($P<0.05$)且分别高22.81%、8.56%、10.25%、18.69%。喷施SA的B1、B2、B3组与对照CK组有显著差异($P<0.05$)且分别低11.6%、10.23%、3.36%。B3组在处理12d相对含水量下降速度比CK、B1、B2组缓慢。综上得出，随着干旱胁迫时间的延长闽楠幼苗叶片相对含水量总体呈现一个下降的趋势，喷施SA的B1、B2、B3组在处理的12d中相对含水量显著高于T组($P<0.05$)，T组下降趋势最为显著。

(2)外源SA对干旱胁迫下闽楠幼苗叶片叶绿素含量的影响

图3-18可以得出，处理3d，B2组与其他各处理组有显著差异($P<0.05$)，且高CK组37.84%；处理6d，T、B2、B3组与CK、B1组有显著差异($P<0.05$)；处理9d，喷施清水T组与CK、B1、B3组之间有显著差异($P<0.05$)，其中，分别高CK、B3组44.28%

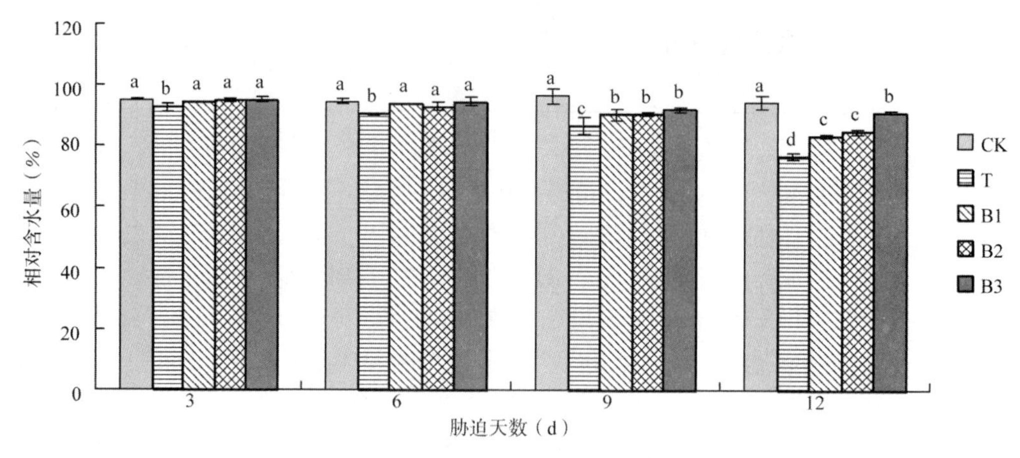

图 3-17　外源 SA 对干旱胁迫下闽楠幼苗叶片组织相对含水量的影响

和 19. 63%；处理 12d，喷施清水 T 组与各处理组有显著差异($P<0.05$)，且分别比各组高 47. 93%、19. 19%、25. 79%和 41. 02%。综上得出，叶绿素含量呈现先上升后下降趋势。处理期间各组叶绿素含量均高于对照 CK 组，并且在处理 9d 时差异显著($P<0.05$)，喷施 200mg/L SA 的 B3 组与对照 CK 组之间差异最小。

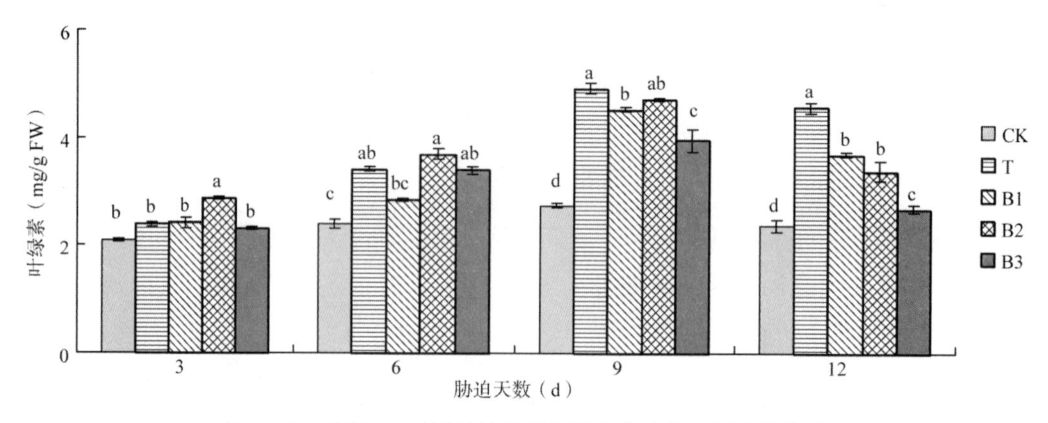

图 3-18　外源 SA 对干旱胁迫下闽楠幼苗叶片叶绿素的影响

(3)外源 SA 对干旱胁迫下闽楠幼苗叶片电导率变化的影响

图 3-19，处理 3d 各处理组之间无显著差异($P<0.05$)；处理 6d，CK、B1、B2、B3 组与喷施清水的 T 组有显著差异($P<0.05$)且分别低 51. 91%、30. 54%、32. 71%和 48. 19%，B1、B2 组与 CK、B3 组有显著差异($P<0.05$)；处理 9d，T 组与其他处理组有显著差异($P<0.05$)，其中，喷施 200mg/L SA 的 B3 组相对电导率低于 T 组 39. 23%，喷施 50mg/L SA 的 B1 组与其他两组有显著差异($P<0.05$)；处理 12d，T、CK、B1、B2 组和 B3 组有显著差异($P<0.05$)。整个处理过程，闽楠幼苗相对电导率处于上升的趋势，喷施 SA 能降低闽楠幼苗的相对电导率，其中，喷施 200mg/L SA 的 B3 组相对电导率略低于其他两组。

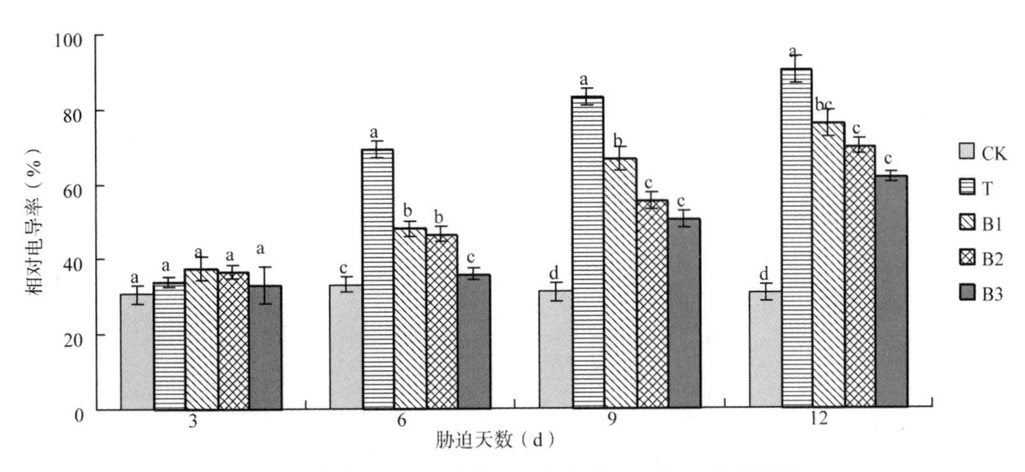

图 3-19 外源 SA 对干旱胁迫下闽楠幼苗叶片电导率的影响

(4)外源 SA 对干旱胁迫下闽楠幼苗叶片丙二醛(MDA)的影响

从图 3-20 得出，处理 3d，各处理组之间无显著差异(P<0.05)；处理 6d，CK、B1、B2、B3 组与 T 组之间有显著差异(P<0.05)，且 CK、B3 组的 MDA 含量分别比 T 组低 21.93%和 14.41% ，B1、B2 组与 CK、B3 组有显著差异(P<0.05)；处理 9d，各处理组之间均有显著差异(P<0.05)；处理 12d，与处理 9d 结果相类似。干旱胁迫下，外源 SA 能降低 MDA 的累积速度，处理 12d 时达到峰值，喷施清水的 T 组 MDA 的含量均高于其他组，其中，喷施 200 mg/L SA 的 B3 组 MDA 的含量低于 50mg/L、100mg/L SA 的 B1、B2 组。

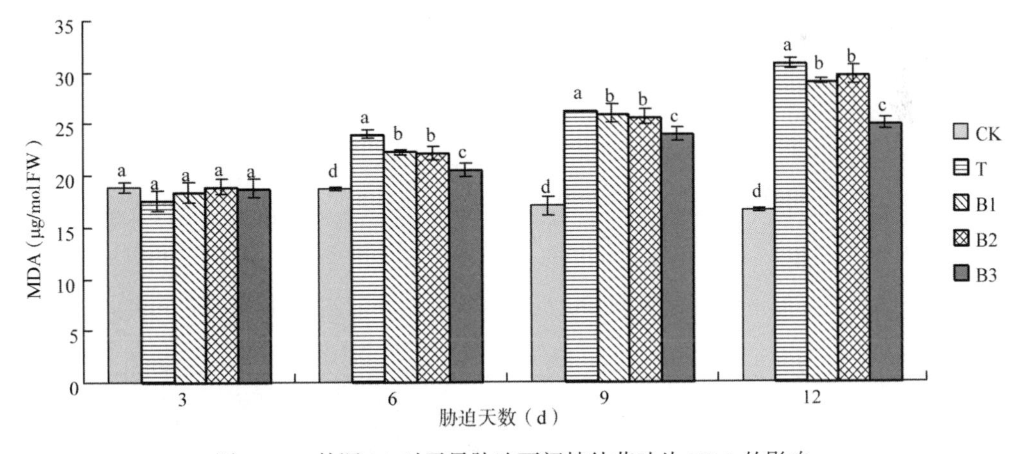

图 3-20 外源 SA 对干旱胁迫下闽楠幼苗叶片 MDA 的影响

(5)外源 SA 对干旱胁迫下闽楠幼苗叶片脯氨酸(Pro)的影响

图 3-21 所示，处理 3d，喷施 200mg/L SA 的 B3 组 Pro 含量与其他处理组有显著差异(P<0.05)；处理 6d，B3 组与 CK、T、B1、B2 组有显著差异(P<0.05)，且 B3 组比 T 组高 21.11%；B1、B2 组与 T 组无显著差异(P<0.05)，且 B2 组又与 CK 组有显著差异(P<0.05)；处理 9d，B2、B3 组与 CK、T 组有显著差异(P<0.05)，其中，喷施 200mg/L SA 的 B3 的 Pro 含量比 T 组高 34.98%；处理 12d，B1、B2、B3 组与 CK、T 组有显著差异(P<0.05)，喷施 SA 的处理组分别比 T 组高 34.39%、39.07%和 85.36%。处理后期，喷施

SA 的处理组 Pro 含量明显高于 T 组和 CK 组。综上所述，喷施 SA 有助于干旱胁迫下闽楠幼苗 Pro 含量的累积，且随着干旱时间的延长 Pro 含量一直呈上升的趋势。喷施 200mg/L SA 的 B3 组 Pro 含量的累积最快。

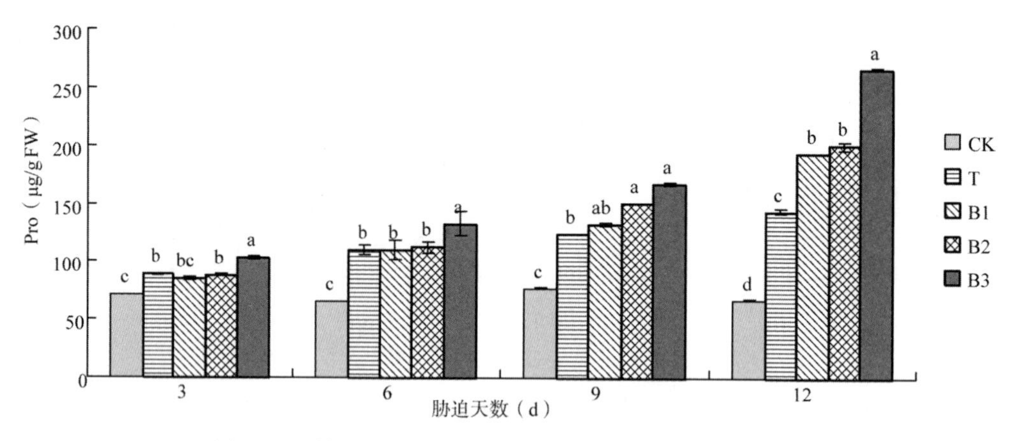

图 3-21　外源 SA 对干旱胁迫下闽楠幼苗叶片 Pro 的影响

(6)外源 SA 对干旱胁迫下闽楠幼苗叶片保护酶活性的影响

①过氧化物酶(POD)的活性

图 3-22 所示，处理 3d、处理 6d，B3 组与其他处理组有显著差异(P<0.05)。处理 6d 时，喷施 SA 的 B2、B3 组分别比 T 组高 23.63%和 39.05%(P<0.05)；处理 9d，与处理 12d 结果类似；处理 12d，B3 组与其他各处理组有显著差异(P<0.05)，其中，T、B1、B2 组之间并无显著差异(P<0.05)，B1 组比 T 组低 4.01%。综上，干旱胁迫下闽楠幼苗保护酶 POD 活性呈先上升后缓慢下降的趋势，喷施 SA 能有效提高 POD 的活性，其中，处理 6d 时，喷施 SA 与喷施清水处理组之间有显著差异(P<0.05)，处理 3、9、12d 时，喷施 200mg/L SA 的 B3 组与喷施清水的 T 组之间有显著差异(P<0.05)，说明高浓度的 SA 能有效提高保护酶 POD 的活性。

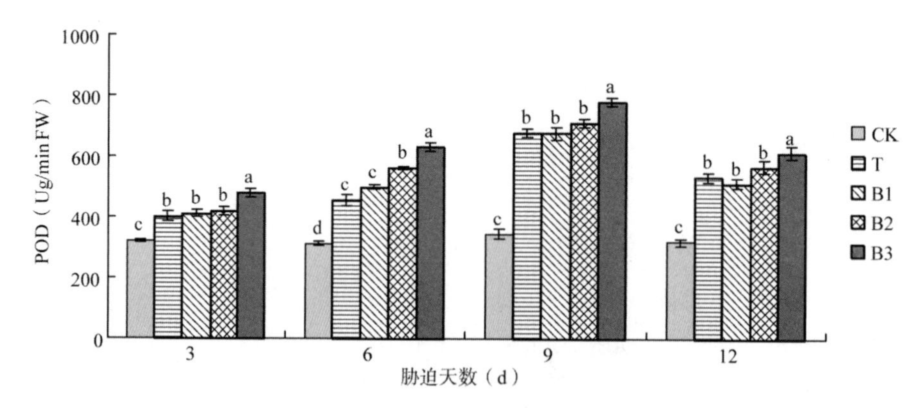

图 3-22　外源 SA 对干旱胁迫下闽楠幼苗叶片 POD 活性的影响

②超氧化物歧化酶(SOD)的活性

如图 3-23 所示，处理 3d 时，喷施 SA 组与清水处理组无显著差异(P<0.05)；处理

6d，B3、T组与CK、B1、B2组有显著差异($P<0.05$)，其中，B1、B2分别比T组低13.03%和8.09%，B3组与T组无显著差异($P<0.05$)。处理9d，B3组显著高T组17.29%($P<0.05$)；处理12d，喷施SA的B1、B2、B3组与T组有显著差异($P<0.05$)且分别高14.31%、23.59%和40.76%。综上，处理期间保护酶SOD的活性先上升后下降的趋势，外源SA能提高SOD的活性。在处理9d时，各处理组保护酶SOD的活性达到最大值，处理前-中期，外源SA对干旱条件下SOD活性影响并不明显，且B1、B2组的SOD的活性小于T组，在处理后期喷施SA的保护酶SOD的活性显著大于喷施清水的处理组。

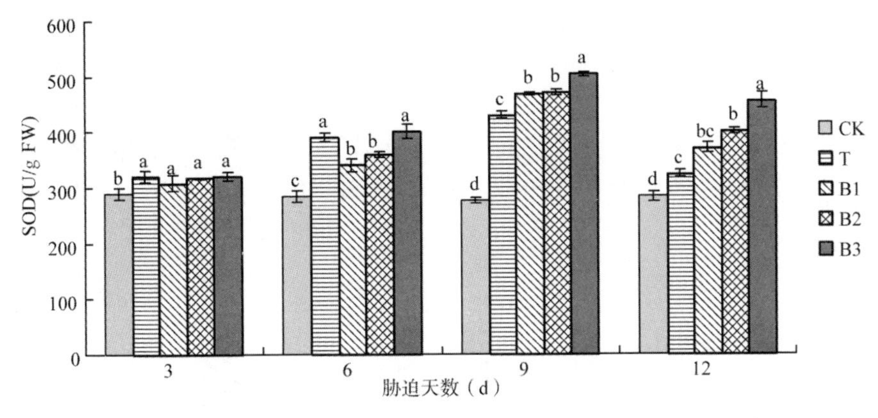

图3-23 外源SA对干旱胁迫下闽楠幼苗叶片SOD活性的影响

③过氧化氢酶(CAT)的活性

从图3-24可以得出，处理3d，喷施清水的T组与CK、B1、B2组有显著差异($P<0.05$)；处理6d，喷施清水的T组CAT活性高于喷施SA处理组，其中，显著比B1组高11.32%($P<0.05$)；处理9d，喷施SA处理组与喷施清水T组有显著差异($P<0.05$)，且分别比T组高11.77%、11.78%和19.58；处理12d，B3组显著比T组高17.63%($P<0.05$)。综上，外源SA对保护酶CAT活性影响趋势与POD、SOD变化相似，整体波动比SOD明显，在处理中-后期，外源SA处理组CAT的活性高于T组，且与喷施200mg/L SA的B3组有显著差异($P<0.05$)。

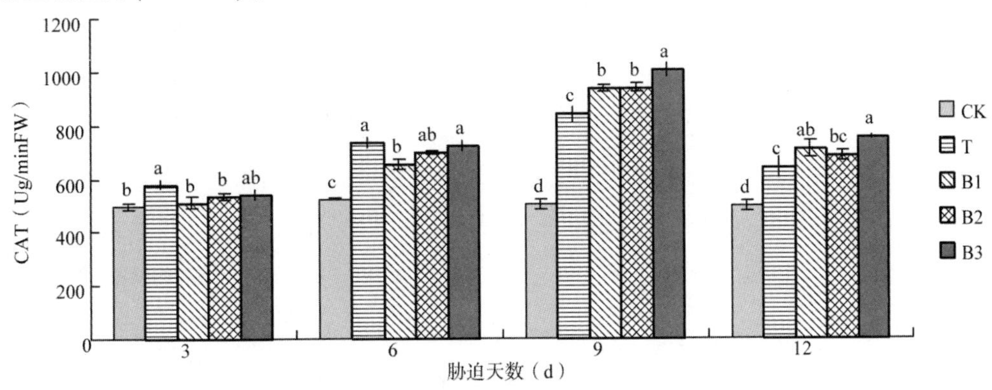

图3-24 外源SA对干旱胁迫下闽楠幼苗叶片CAT活性的影响

3.2.5 多胺对闽楠苗木抗旱性的影响

3.2.5.1 对光合特性和叶绿素荧光的影响

(1)对净光合速率的影响

由图 3-25 所示，第 8 天时，各组之间 P_n 的差异不明显，13：00，B3 出现明显的下降，后在 15：00，有所回升，CK 在 11：00 略高于 B1，在 13：00 略高于 B2，在其余时间点上都明显低于其他各组；第 16 天时，CK、B2、B3 呈现双峰型变化，在 11：00 和 15：00 达到峰值，CK 在各个时间段都低于其余各组；第 24 天，A1、A2 和 B2 在一天中都比 CK 高，在 11：00，B2 比 CK 高 116.13%，而其余各组都有在不同的时间点上出现低于 CK 的情况；第 32 天时，各组之间在一天之中的趋势也不一样，在 7：00，A1、A2、B2、B3 与 CK 差异比较大，在 9：00 和 11：00A2 的 P_n 最高，在 15：00 和 17：00 B3 的 P_n 最高。根据日平均 P_n 可以看出，在第 8 天时，A1、A3 和 B2 组的 P_n 受干旱的影响最小，能保持比较高的水平，第 16 天时，CK 的 P_n 大幅度下降，但另外 6 组的 P_n 变化不明显，到 24d 时 B2 的 P_n 最高，比 CK 高 78.38%，到 32d 时，各组 P_n 差异比较小。

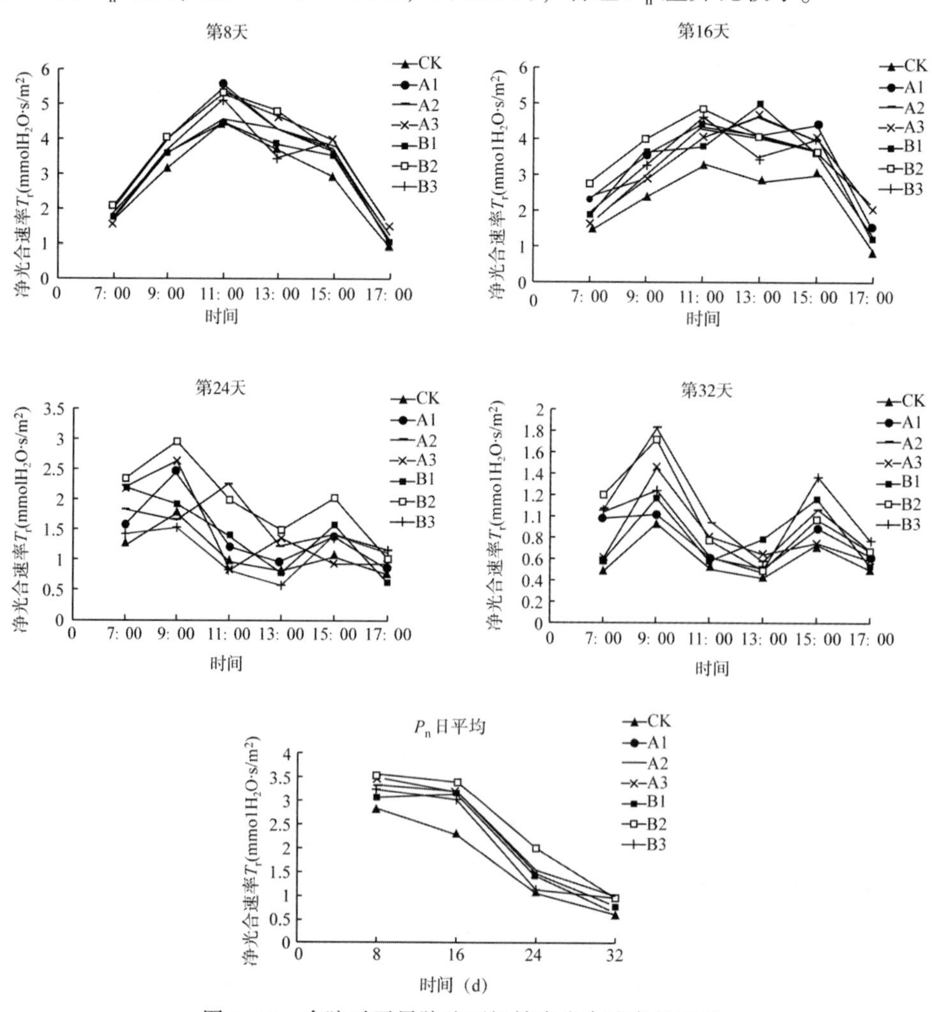

图 3-25 多胺对干旱胁迫下闽楠净光合速率的影响

(2)对气孔导度的影响

由图3-26可知，干旱第8天时，各组的*Cond*都呈现先上升后下降的趋势，除B2外，都在11：00达到峰值，在11：00，A3最大，CK最小，在17：00，各组都达到最低；第16天时，各组之间出现明显变化，在7：00，CK最小，B1最大，9：00和11：00CK、A1、B2、B3明显升高，而A2、A3、B1略有降低，到13：00，B2、B3出现大幅度的下降；其中A2在一天中的变化最小，B3的变化幅度最大，11：00比17：00高109.62%；第24天时，各组的*Cond*峰值都出现在7：00和9：00，在9：00，A1和B2明显高于其他组，在17：00，CK的*Cond*明显高于其他组。根据*Cond*的日平均来看，在第8天时，CK的*Cond*低于其他组，最高的是A2，而到16d时A1、A2、A3和B1的降低幅度都大于CK，24d和32d时，CK又恢复到最低。

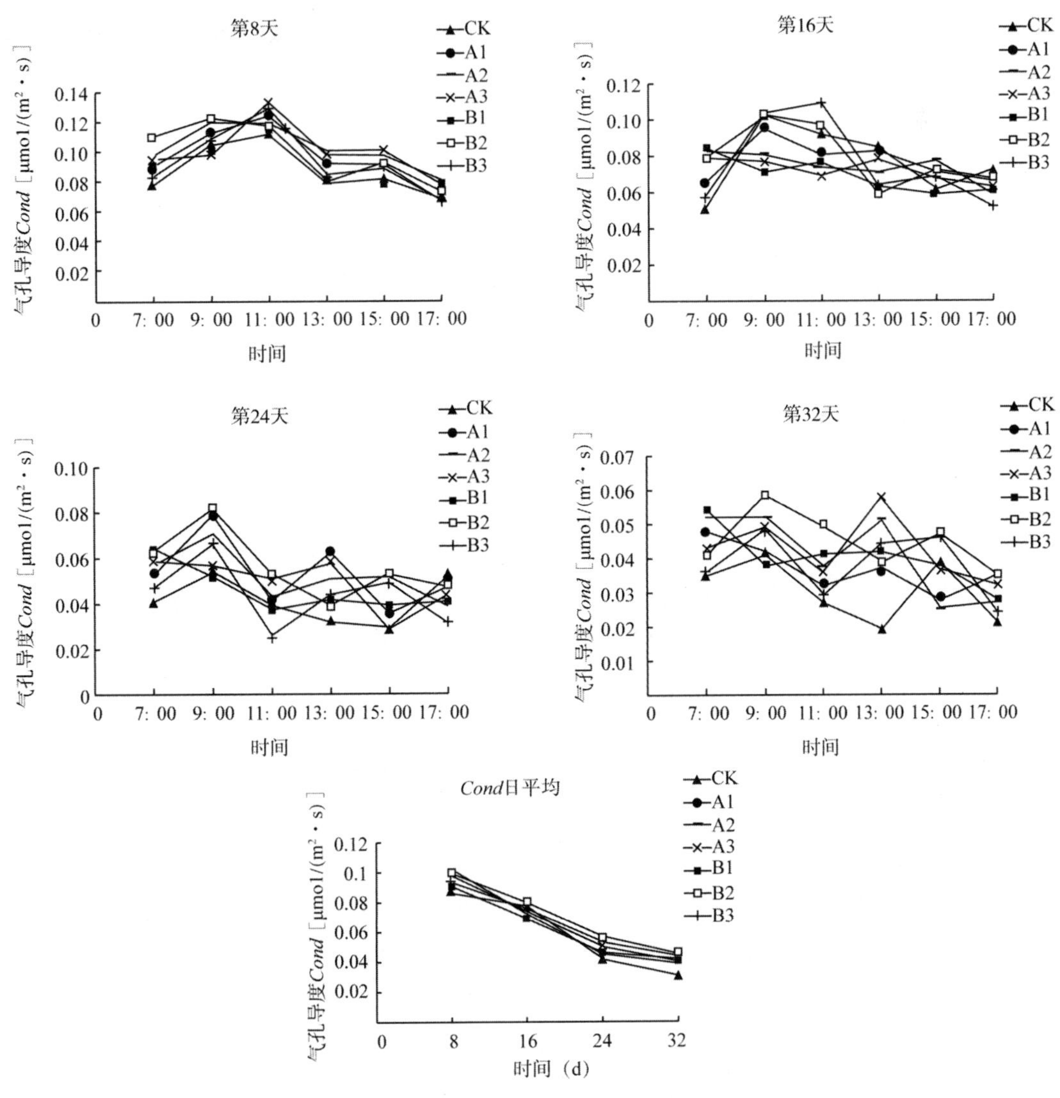

图3-26 多胺对干旱胁迫下闽楠气孔导度的影响

(3)对气孔限制值的影响

由图3-27可知，在干旱第8天时，各组L_s呈现先上升后降低的趋势，其中13：00最高，7：00最低，在13：00，B2的L_s最高，B1最低，为B2的71.54%；干旱第16天，7到13：00CK的L_s明显高于其余各组，其中，在11：00，A1、B1与CK的差异最大，分别仅为CK的63.45%、65.58%，15：00到17：00，CK的L_s急剧下降，A1和B1的L_s在15：00与其他组差异明显；第24天时，CK的L_s在7：00明显高于其他组，而B1、B2、B3组较A1、A2、A3组下降明显，11：00，CK的L_s高于其他组，但差异不是很明显，B2与CK的差异最大，仅为CK的62.07%。根据L_s的日平均来看，各组总体呈现先上升后下降的趋势，第8天各组的L_s相差不大，24d时，各组的L_s上升，CK上升的幅度最大，且高于其余各组，到24d时各组都不同程度的下降，CK下降的幅度较小，到32d时，CK急剧下降，A1与A2基本保持不变，其余各组下降幅度较小，此时A1最高、CK最低，CK为A1的60.23%。

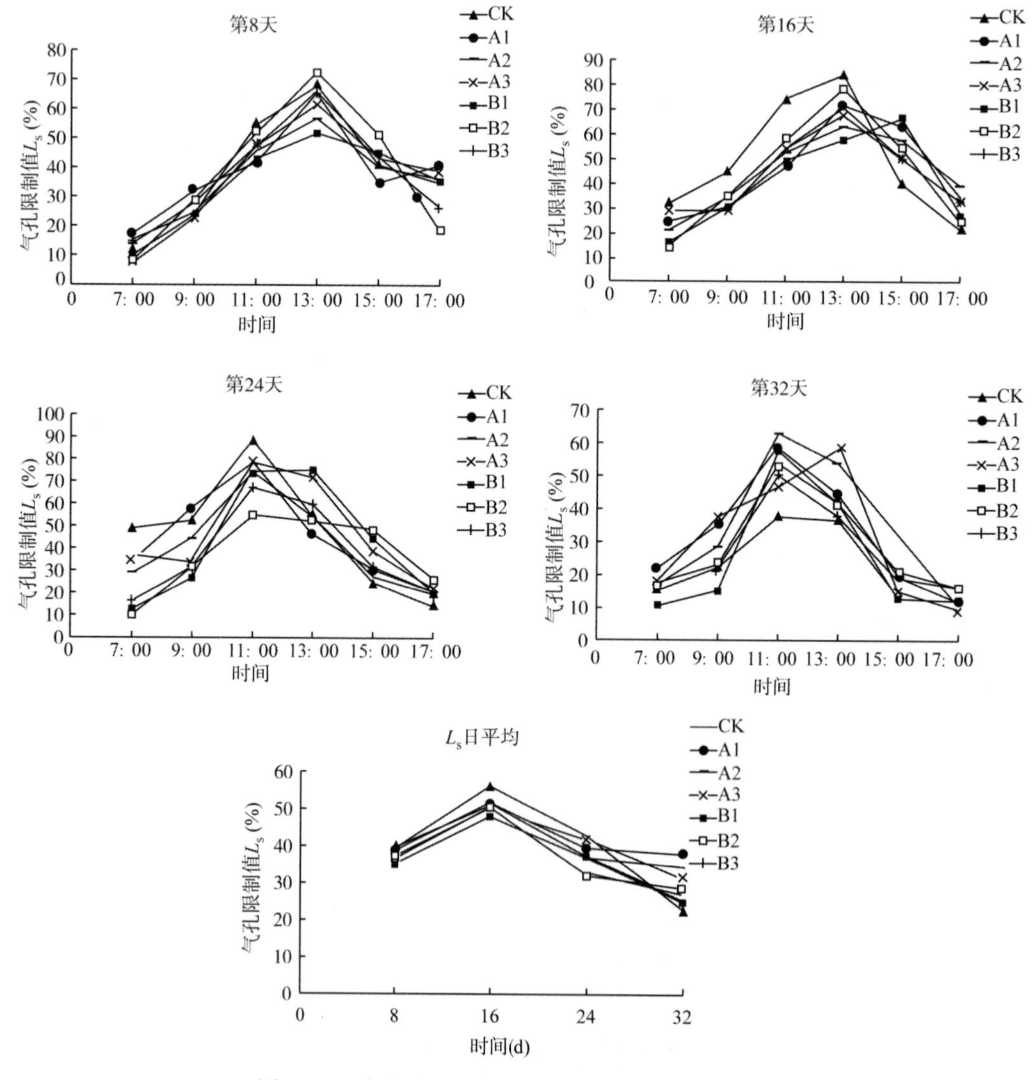

图3-27　多胺对干旱胁迫下闽楠气孔限制值的影响

(4) 对蒸腾速率的影响

由图 3-28 可知，在干旱第 8 天时，各组一天中的变化趋势相同，都是先上升后下降，13：00 达到最高。在 7：00，CK 的 T_r 最高，B1 最低，在 11：00，A2 的 T_r 急剧上升，略高于 CK，明显高于其他各组；第 16 天，在 13：00，CK 的 T_r 达到最高，此时 A3 比 CK 略低，B2 呈现先下降后上升再下降的趋势，且变化幅度最小；第 24 天，7：00 和 9：00，CK 的 T_r 最低，B2 的 T_r 最高，到 11：00，B2 急剧下降，A3 最高，CK 整体呈现先上升后下降的趋势，在 15：00 达到最高点，17：00 急剧降低。根据 T_r 的日平均可以发现，在第 8 和 16 天时，CK 的 T_r 比其他施加多胺处理组更高，第 24 天时，CK 的 T_r 下降幅度较大，仅高于 B3，到 32d 时，各组差异较小，说明多胺使闽楠的蒸腾速率保持相对稳定，增强闽楠对水分的控制。

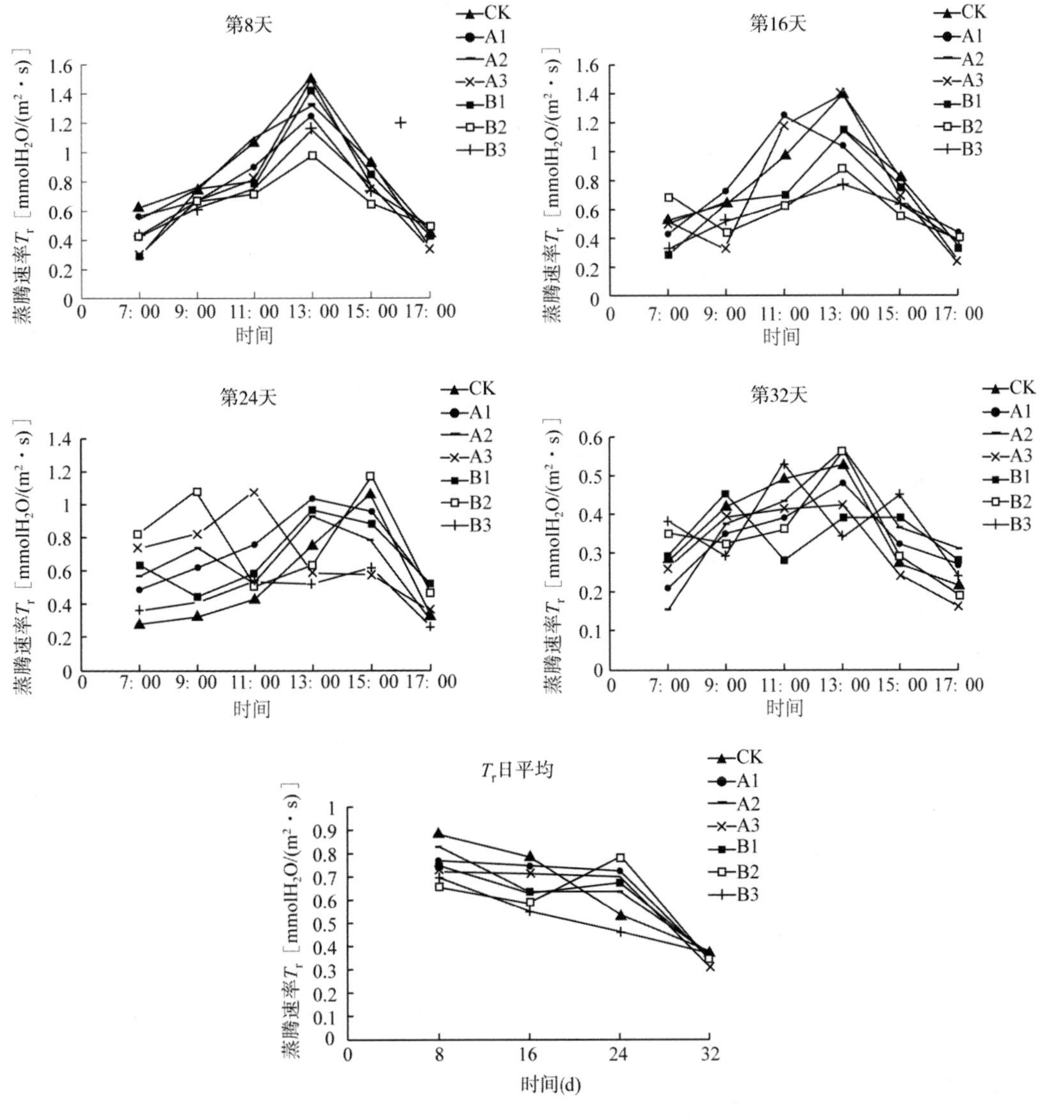

图 3-28　多胺对干旱胁迫下闽楠蒸腾速率的影响

(5)对 F_0、F_m、F_v/F_m 的影响

由表 3-7 可知，各组的 F_0(初始荧光)随着干旱时间延长呈现上升的趋势，在第 8 天时，A1 与 A3 之间有显著差异($P<0.05$)，与其余各组无显著差异；第 16 天时，CK 与 A2、B3 差异明显($P<0.05$)，A2、B3 较 CK 分别下降了 13.14%、11.86%；第 24 天时，各组之间差异变小，其中 CK 与 A2、A3、B1 具有显著差异($P<0.05$)，其中，A2 与 CK 的差异最大，A2 比 CK 低了 11.37%；第 32 天时，CK 最高，与其余各组都存在显著差异($P<0.05$),其中，CK 与 A2 差异最大，A2 比 CK 低 17.33%，与 B1 差异最小，B1 比 CK 低 6.1%。整体来说，各组 F_0 随着干旱时间的增加呈现不断上升的趋势，其中，CK 在第 32 天时比第 8 天上升了 60.55%，B2 上升幅度最小，为 28.88%。

表 3-7　多胺对干旱胁迫下闽楠初始荧光的影响

处理	干旱时间(d)			
	8	16	24	32
CK	327±21ab	388±23a	422±23a	525±29a
A1	305±26b	392±16a	398±14ab	472±15b
A2	321±27ab	337±21b	374±19b	434±22b
A3	341±16a	372±17ab	396±15b	463±22b
B1	328±8ab	390±16a	383±10b	493±18b
B2	336±11ab	358±16ab	401±13ab	459±15b
B3	331±11ab	342±19b	418±17a	448±13b

由表 3-8 可知，在干旱胁迫第 8 天时，各组之间 F_m(最大荧光)差异不显著；到 16d 时，CK 最小，B2 最大，A1、A2、B2、B3 与 CK 之间存在显著差异($P<0.05$)，分别比 CK 高 20.26%、14.41%、24.88%、12.61%，第 24 天时，各组之间的差异变大，其中，CK 与 B3 差异不显著，而 CK 与 A1、A2、A3、B1、B2 都存在显著差异($P<0.05$)，其中，与 B2 差异最大，CK 比 B2 低 27.3%，与 B1 的差异最小，CK 比 B1 低 8.8%；第 32 天，各组之间的差异变小，其中 A3、B2 与 CK 有显著差异($P<0.05$)，B2 比 CK 高 26.88%。整体来说随着干旱时间的延长，各组都有明显的下降，但下降的幅度不同，其中 CK 在第 32 天时比第 8 天时下降了 40.88%，B2 下降幅度最小，仅为 28.88%。

表 3-8　多胺对干旱胁迫下闽楠最大荧光产量的影响

处理	干旱时间(d)			
	8	16	24	32
CK	1825±79a	1443±75c	1322±69d	1079±85b
A1	1921±127a	1735±94ab	1625±43ab	1247±77ab
A2	1943±106a	1651±79ab	1535±55bc	1201±84b
A3	1965±123a	1603±105bc	1559±62b	1334±65a
B1	1897±146a	1542±58bc	1438±68c	1181±69b
B2	1925±58a	1802±123a	1683±75a	1369±42a
B3	1831±88a	1625±106b	1415±45d	1252±80ab

由表3-9可知，在干旱第8天时，各组的 F_v/F_m 无显著差异，到第16天时，各组都下降，CK与A2、B2、B3有显著差异(P<0.05)，B2与CK的差异最大，比CK高9.5%，CK下降幅度最大，为10.96%，而A2、B2、B3下降的幅度较小，分别为4.67%、2.91%和3.66%；第24天时，CK与B1、B3之间无显著差异，与其他各组之间均存在显著差异(P<0.05)，其中，与B2差异最明显，B2较CK增加了11.89%，B3与CK差异最小，仅比CK增加了3.5%；在第32天时CK与各组之间都存在显著差异(P<0.05)，其中，与B2差异最大，B2较CK升高了29.63%，与B1差异最小，B1较CK仅升高13.65%。随着干旱时间的增加，各组 F_v/F_m 都呈现下降的趋势，CK的下降幅度最大，第32天时比第8天时下降了37.52%，B2下降幅度最小，仅下降了19.39%。

表3-9　多胺对干旱胁迫下闽楠最大光化学量子产量的影响

处理	干旱时间(d)			
	8	16	24	32
CK	0.821±0.011a	0.731±0.010b	0.681±0.034b	0.513±0.026b
A1	0.841±0.020a	0.774±0.021ab	0.755±0.003a	0.621±0.027a
A2	0.835±0.020a	0.796±0.021a	0.756±0.016a	0.639±0.039a
A3	0.826±0.019a	0.768±0.020ab	0.746±0.013a	0.635±0.032a
B1	0.827±0.010a	0.747±0.020b	0.734±0.018ab	0.583±0.032a
B2	0.825±0.008a	0.801±0.015a	0.762±0.0180a	0.665±0.014a
B3	0.819±0.005a	0.789±0.024a	0.705±0.004b	0.642±0.030a

(6)对 ETR、Y(Ⅱ)、qP、Y(NPQ)的影响

由表3-10可知，在干旱第8天时，各组的差异比较明显，A3的ETR最小，CK与A2、B1、B2、B3差异显著(P<0.05)，其中，与B2的差异最大，B2较CK上升了25.74%；第16天时，CK与A1、A2、B2差异显著(P<0.05)，其中与A2之间差异最大，A2比CK高39.83%；第24天时，CK与A3无显著差异，与其余各组差异显著(P<0.05)，A2和B2与CK差异最大，分别比CK高49.71%、52.94%；第32天时，各组之间差异减小，CK与A1、B1、B2差异显著(P<0.05)。整体来说各组在干旱时间内 ETR 降低的幅度都比较大，其中，降低幅度最小的是A1，仅为59.57%。

表3-10　多胺对干旱胁迫下闽楠表观电子传递速率的影响

处理	干旱时间(d)			
	8	16	24	32
CK	43.17±2.02c	32.39±2.09c	22.21±1.31d	14.82±2.09b
A1	45.29±4.39bc	40.18±2.40b	31.54±1.68ab	18.31±0.97a
A2	51.14±3.20ab	45.29±2.20a	33.25±1.38ab	17.46±1.18ab
A3	42.12±2.21c	36.18±2.57c	23.59±1.99d	15.26±2.19b
B1	49.31±1.51b	39.34±1.67bc	27.23±1.10c	19.43±1.67a
B2	54.28±1.83a	41.82±2.39ab	33.97±1.37a	18.97±2.08a
B3	48.81±3.00b	37.29±1.91bc	31.26±41.65b	17.85±1.26ab

由表3-11可知，在干旱第8天时，B1、B2的$Y(\text{II})$差异显著($P<0.05$)，其余各组之间无显著差异。第16天时，CK最小，与A1、B2、B3差异显著($P<0.05$)，其中，B2较CK高30.25%，A3与CK差异最小，仅比CK高7.4%；第24天时，各组继续下降，CK仅与A1和B2具有显著差异($P<0.05$)，A1比CK高27.39%，差异最大；第32天时，各组之间差异不显著。各组随着干旱时间的增加都呈现不断下降的趋势，整体来看，CK在干旱时间内降低的幅度最大，B1的降低幅度最小。

表3-11　多胺对干旱胁迫下闽楠$Y(\text{II})$的影响

处理	干旱时间(d)			
	8	16	24	32
CK	0.215±0.019ab	0.162±0.014b	0.114±0.012b	0.062±0.012a
A1	0.234±0.016ab	0.204±0.016a	0.157±0.011a	0.081±0.012a
A2	0.226±0.017ab	0.189±0.018ab	0.129±0.017b	0.076±0.012a
A3	0.219±0.017ab	0.174±0.01b	0.124±0.013b	0.069±0.016a
B1	0.204±0.029b	0.196±0.019ab	0.138±0.014ab	0.084±0.014a
B2	0.243±0.022a	0.211±0.014a	0.149±0.014a	0.083±0.017a
B3	0.231±0.023ab	0.209±0.006a	0.121±0.019b	0.073±0.006a

由表3-12可以看出，第8天时，CK的qP与其余各组之间无显著差异，B1最高，B2最低；到16d时，CK与各组差异不显著，A1、B1与A3、B3之间有显著差异($P<0.05$)；第24天时，CK仅与B3差异显著($P<0.05$)，与其余各组差异不显著，CK较B3低9.2%；第32天时，各组之间的差异变大，CK最低，与A1、A3、B1、B3有显著差异($P<0.05$)，CK比B3低19.63%，差异最大。整体来看，各组qP随着干旱时间的增加而呈现不断下降的趋势，其中，B1的下降幅度最大，为45.47%，B2的下降幅度最小，为31.97%。

表3-12　多胺对干旱胁迫下闽楠光化学猝灭系数的影响

处理	干旱时间(d)			
	8	16	24	32
CK	0.634±0.019ab	0.519±0.041ab	0.435±0.013b	0.352±0.006c
A1	0.627±0.023b	0.478±0.043b	0.456±0.029ab	0.404±0.009b
A2	0.654±0.023ab	0.529±0.017ab	0.474±0.018ab	0.398±0.024bc
A3	0.629±0.016b	0.543±0.029a	0.464±0.033ab	0.426±0.009ab
B1	0.684±0.035a	0.494±0.027b	0.443±0.012ab	0.417±0.027ab
B2	0.613±0.022b	0.538±0.029ab	0.439±0.017b	0.372±0.014c
B3	0.653±0.031ab	0.562±0.012a	0.479±0.015a	0.438±0.010a

从表3-13可以得出，在干旱第8天时，CK与B2，B1与B2有显著差异($P<0.05$)，其他各组之间无显著差异；第16天时，CK与B1差异显著($P<0.05$)，其余各组无显著差

异，B1 比 CK 高 7%；第 24 天时，各组之间的差异变大，CK 与 B2、B3 差异显著($P<0.05$)，CK 仅为 B2 的 85.93%，差异最大；第 32 天时，各组差异进一步扩大，CK 最低，与其余各组差异显著($P<0.05$)，B2 比 CK 高 40.96%，差异最大。随着干旱时间的增加，各组 Y(NPQ)都呈现下降的趋势，其中，CK 下降趋势最大，为 51.46%，B1 下降趋势最小，为 35.78%。

表 3-13　多胺对干旱胁迫下闽楠 Y(NPQ)的影响

处理	干旱时间(d)			
	8	16	24	32
CK	0.513±0.021b	0.601±0.02b	0.403±0.014c	0.249±0.012d
A1	0.526±0.011ab	0.616±0.023ab	0.418±0.01bc	0.293±0.016c
A2	0.535±0.013ab	0.631±0.012ab	0.439±0.018b	0.319±0.019b
A3	0.521±0.021ab	0.619±0.014ab	0.425±0.015bc	0.302±0.015bc
B1	0.517±0.013b	0.643±0.021a	0.432±0.013bc	0.332±0.015ab
B2	0.549±0.012a	0.625±0.013ab	0.469±0.028a	0.351±0.016a
B3	0.523±0.018ab	0.612±0.015ab	0.443±0.014ab	0.309±0.007bc

3.2.5.2　多胺对闽楠苗木生理特性的影响

(1)可溶性糖含量的变化

由图 3-29 可知，在干旱胁迫第 8 天时，CK 的可溶性糖含量最高，与 A2、A3、B1、B2、B3 差异显著($P<0.05$)，B1 比 CK 低 29.81%，差异最大；在第 16 天时，各组都大幅上升，CK 含量最高，与 A3、B1、B2、B3 差异显著($P<0.05$)，B3 含量最低，CK 比 B3 高 22.67%；第 24 天，CK 急剧下降，各组也有不同程度的下降，B2 的含量最高，CK 的最低，CK 与 B2 差异显著($P<0.05$)，B2 比 CK 高 12.72%，说明在 24d 时施加多胺处理组可以比较好的维持可溶性糖的含量，保持渗透压；第 32 天，CK 与 B3 差异不显著，与其余各组有显著差异($P<0.05$)，B1 与 CK 差异最大，比 CK 高 72.66%。整体来说，除 B1 外，其余各组随着时间延长都呈现先上升后下降的趋势。CK 的下降幅度最大，为 57.21%，比其余各组都高。

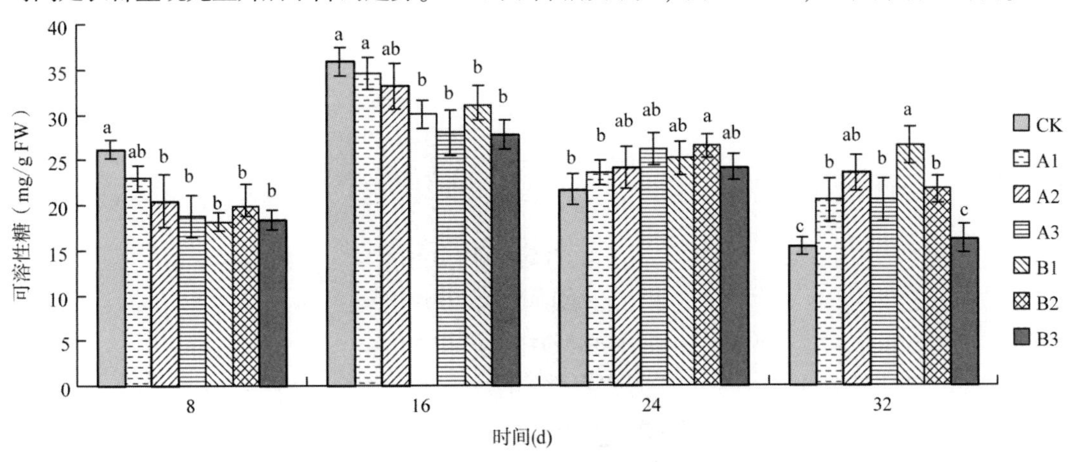

图 3-29　多胺对干旱胁迫下闽楠可溶性糖含量的影响

(2)可溶性蛋白含量的变化

由图 3-30 可知，在干旱胁迫第 8 天时，CK 的可溶性蛋白含量与其余各组之间差异不显著；在第 16 天时，CK 的含量最高，与 A2、B2、B3 有显著差异($P<0.05$)，B3 比 CK 高 29.59%，两组差异最大；第 24 天时，CK 含量最高，B2 含量最低，CK 与 A3、B3 无显著差异，与其余各组差异显著($P<0.05$)，B2 比 CK 低 24.51%；第 32 天时，与第 24 天一样，CK、B2 分别为最高的和最低，CK 与其余各组都有显著差异($P<0.05$)，B2 比 CK 低 28.63%。

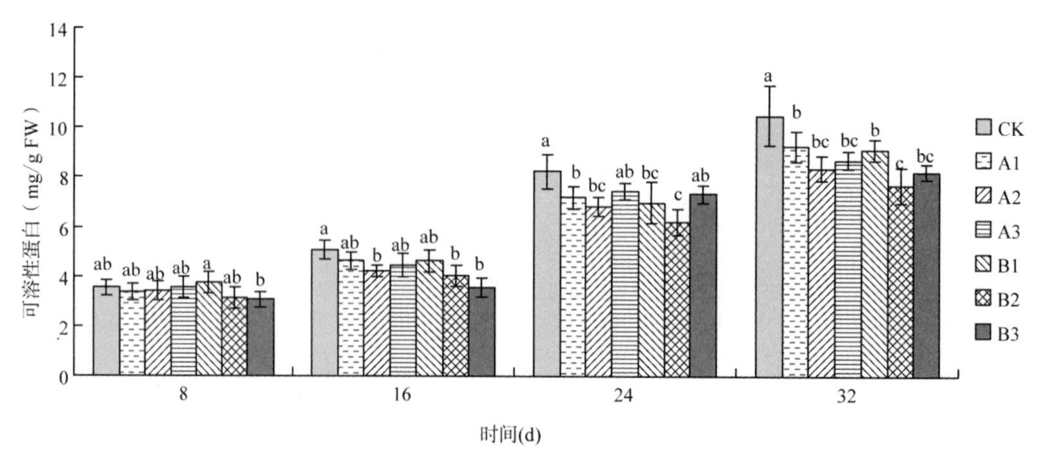

图 3-30　多胺对干旱胁迫下闽楠可溶性蛋白含量的影响

(3)叶绿素含量的变化

由图 3-31 可以得知，第 8 天时，B3 叶绿素含量最高，与其余各组差异显著($P<0.05$)，A3 最低，与 A2、B1、B3 存在显著差异($P<0.05$)，A3 比 CK 低 7.6%、B3 比 CK 高 23.81%；第 16 天时，CK 急剧上升，与各组之间差异显著($P<0.05$)，A2 最低，比 CK 低 24.2%；第 24 天，CK 仍旧最高，与其余各组差异显著($P<0.05$)，其余各组有较大变化，B3 含量最低，与 CK、A1、A2、A3 差异显著($P<0.05$)，比 CK 低 32.9%；第 32 天，CK 大幅下降，比其余各组都低，与各组差异显著($P<0.05$)，B1、B2、B3 变化比较小，A2 最高，与 CK、A1、A2、B2 差异显著($P<0.05$)，比 CK 高 56.71%。

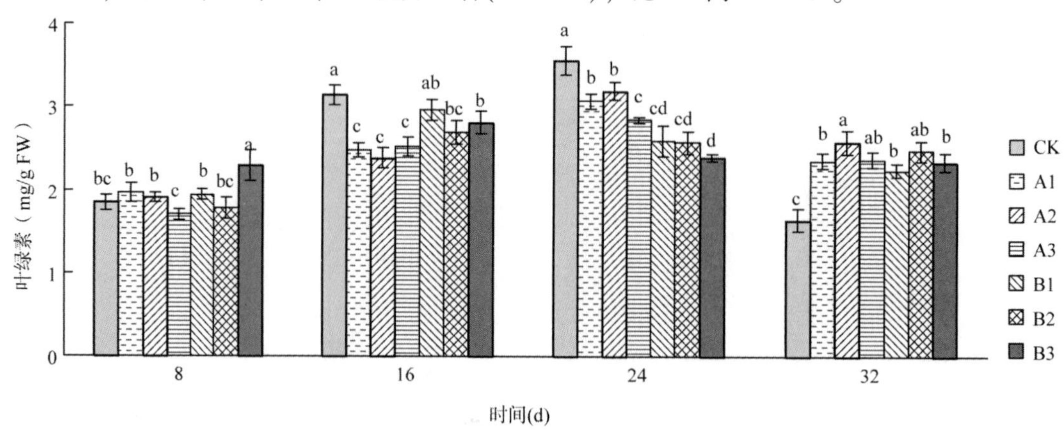

图 3-31　多胺对干旱胁迫下闽楠叶绿素含量的影响

(4)脯氨酸含量的变化

从图 3-32 可以看出，第 8 天，CK 的脯氨酸含量与 A2、A3、B2 差异显著，B2 比 CK 低 28.54%，差异最大；第 16 天，CK 大幅升高，与其余各组差异显著($P<0.05$)，B3 比 CK 低 46.77%，差异最大；第 24 天，CK 依旧最高，B3 最低，CK、B2、B3 分别和其余各组有显著差异($P<0.05$)，A1、A2、A3、B1 之间无显著差异，B3 比 CK 低 38.38%；第 32 天，CK 最高，与其余各组差异显著($P<0.05$)，B3 最小，B3 比 CK 低 29.32%，与其余各组差异显著($P<0.05$)。

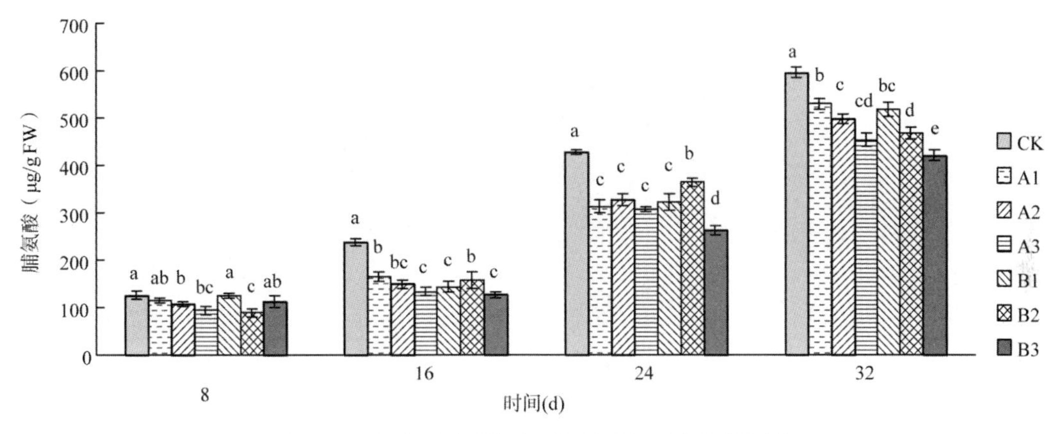

图 3-32 多胺对干旱胁迫下闽楠脯氨酸含量的影响

(5)丙二醛含量的变化

从图 3-33 可以得知，第 8 天，CK 的 MDA 含量最高，与 A2、B2、B3 差异显著($P<0.05$)，B3 比 CK 低 23.09%，差异最大；第 16 天，CK 与 B1 差异不显著，与其余各组差异显著($P<0.05$)，B2 比 CK 低 25.24%，差异最大；第 24 天，CK 最高，与其余各组差异显著($P<0.05$)，B3 含量最低，为 CK 的 74.98%；第 32 天时，CK、A1、B3 之间差异显著($P<0.05$)，B3 比 CK 低 22.66%。整体来说，随着时间的延长，MDA 含量都会有所上升，CK 上升的程度最大，多胺处理组 MDA 含量降低。

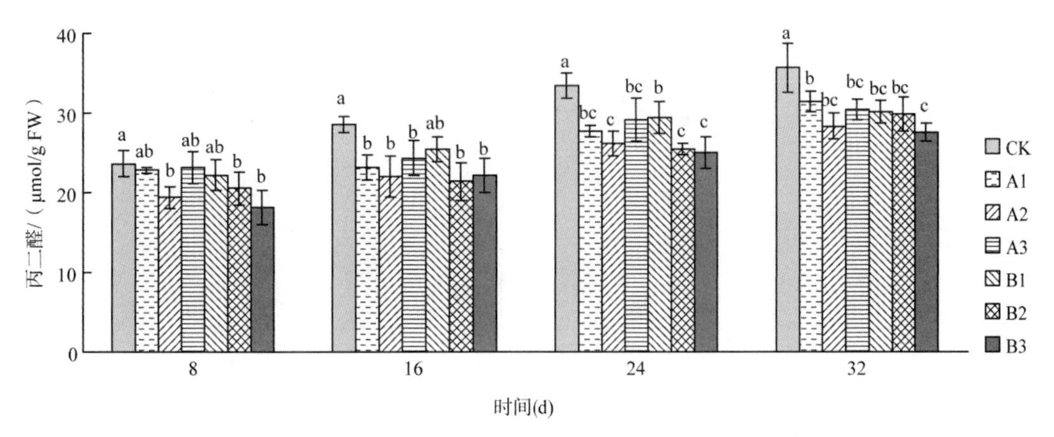

图 3-33 多胺对干旱胁迫下闽楠丙二醛含量的影响

(6)SOD 酶活性的变化

由图 3-34 可知，第 8 天时，A3 的 SOD 酶活性最高，B1 最低，B1 为 A3 的 79.01%，CK 与其余各组差异不显著；在第 16 天时，CK 与 A2、A3、B1 差异显著($P<0.05$)，与其余各组差异不显著，A2 比 CK 高 18.82%，差异最大；第 24 天时，各组都有所下降，B3 下降幅度最大，A1 最高，B3 最低，CK 与 A1、A2、A3、B2、B3 有显著差异($P<0.05$)，A1 比 CK 高 23.07%，B3 比 CK 低 5.1%；第 32 天，CK 最低，与其余各组差异显著($P<0.05$)，A2 活性最高，与 CK、A3、B2、B3 之间存在显著差异，A2 比 CK 高 51.89%。

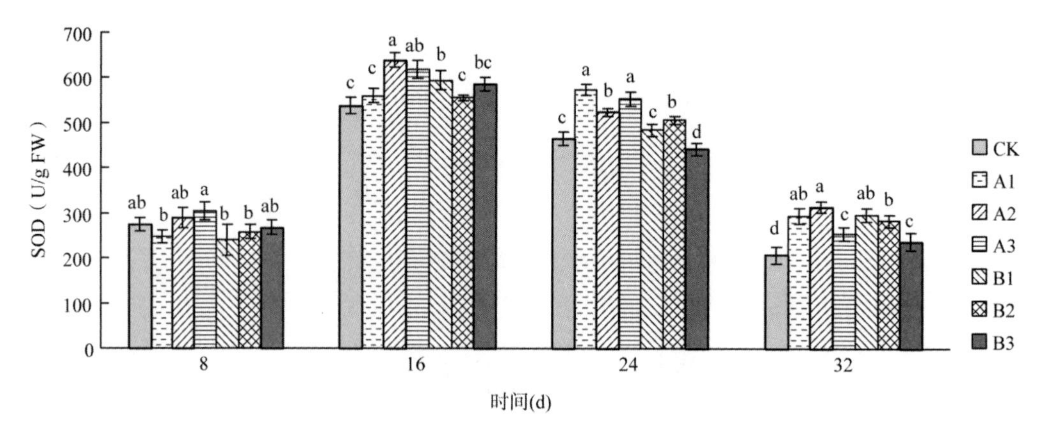

图 3-34　多胺对干旱胁迫下闽楠 SOD 酶活性的影响

(7)POD 酶活性的变化

由图 3-35 可知，第 8 天，B3 的 POD 酶活性最高，与其余各组差异显著($P<0.05$)，B2 比 B3 低 22.02%，CK 与 A1、B2、B3 有显著差异($P<0.05$)；第 16 天，各组都有大幅度的升高，CK 最高，与 B1 差异不显著，与其余各组都有显著差异($P<0.05$)，比 A2 高 17.54%；第 24 天，CK 最高，与其余各组都有显著差异($P<0.05$)，B1 比 CK 低 40.48%，差异最大；第 32 天时，CK 与 A1、A2、B1、B2 有显著差异($P<0.05$)，B1 最高，B2 最低，B1 比 CK 高 9.1%，B2 比 CK 低 11.32%。

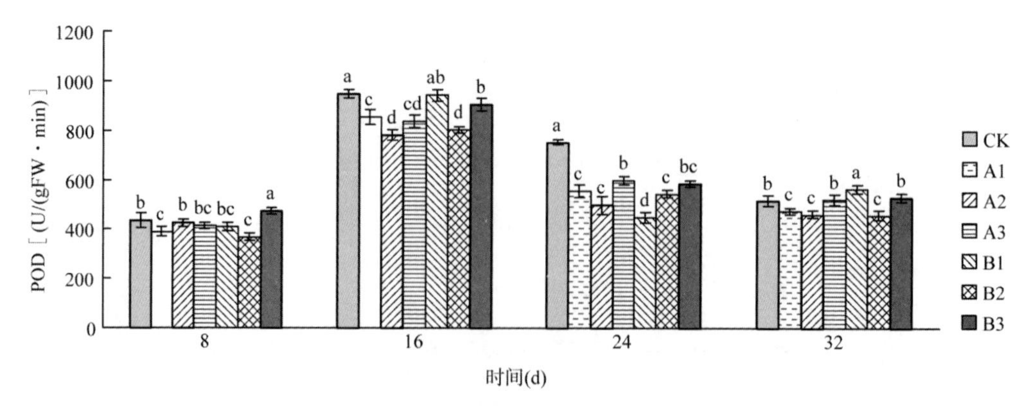

图 3-35　多胺对干旱胁迫下闽楠 POD 酶活性的影响

（8）CAT 酶活性的变化

由图 3-36 可知，在干旱胁迫第 8 天时，A2 的 CAT 活性最高，与 B3 无显著差异，与其余各组差异显著($P<0.05$)，B1 最低，与 CK、A2、B3 之间差异显著($P<0.05$)，A2 比 CK 高 13.5%，B1 比 CK 高 9.6%；第 16 天时，各组都大幅上升，A3 和 B1 分别为最高和最低，CK 与 A2、A3、B1、B3 之间差异显著($P<0.05$)，A3 比 CK 高 18%，B1 比 CK 低 5.5%；第 24 天时，A3 最高，比 CK 高 40.83%与其余各组差异显著($P<0.05$)，A2 的最低，与 A1、A3、B1、B2 有显著差异($P<0.05$)；第 32 天，B1 的最高，与其余各组之间存在显著差异($P<0.05$)，CK 最低，与 A1、A3、B1、B2 差异显著($P<0.05$)，B1 比 CK 高 40.44%，差异最大。

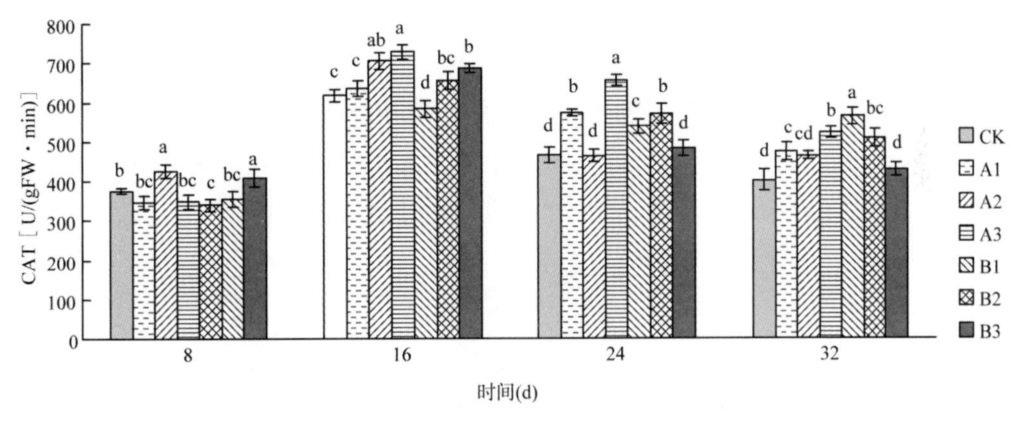

图 3-36　多胺对干旱胁迫下闽楠 CAT 酶活性的影响

（9）不同种类和浓度多胺的抗旱隶属函数分析结果

表 3-15　不同处理的抗旱隶属函数分析

指标 处理组	抗旱隶属函数值					
	A1	A2	A3	B1	B2	B3
P_n	0	1	0.3529	0.3529	0.7941	0.7059
T_r	0.4006	0.8863	0	0.572	0.5435	1
Cond	0	0.4792	0.6875	0.3958	1	0.1042
L_s	1	0.7049	0.4992	0	0.2700	0.1381
F_m	0.3511	0.1064	0.8138	0	1	0.3777
F_0	0.6441	0	0.4915	1	0.4237	0.2373
F_v/F_m	0.4634	0.6829	0.8537	0	1	0.7195
ETR	0.7314	0.5276	0	1	0.8897	0.6211
qP	0.4769	0.3846	0.8154	0	0.6769	1
Y(Ⅱ)	0.8000	0.4667	0	1	0.9333	0.2667
Y(NPQ)	0	0.4483	0.1552	0.6724	1	0.2759

（续）

指标 处理组	抗旱隶属函数值					
	A1	A2	A3	B1	B2	B3
可溶性糖	0.4165	0.7087	0.4136	1	0.5340	0
可溶性蛋白	1	0.4359	0.6410	0.9103	0	0.3462
叶绿素	0.3333	1	0.3939	0	0.6970	0.3030
Pro	1	0.717	0.2944	0.8995	0.4215	0
MDA	1	0.2021	0.7435	0.6736	0.5984	0
POD	0.1479	0.0501	0.6021	1	0	0.6683
SOD	0.7207	1	0.2249	0.7673	0.6001	0
CAT	0.3332	0.2566	0.6886	1	0.5877	0
平均值	0.5168	0.5293	0.4564	0.5918	0.6300	0.356

由表3-16可知，根据不同处理下的抗旱隶属函数值可以发现，整体来说各种浓度的多胺对闽楠的抗旱性都有显著的提升，其中，0.1mmol/L的Spd对闽楠的抗旱作用提升最为明显，而1mmol/L的Spd作用最小。

3.3 结论

（1）随着干旱强度的增加，闽楠幼苗生物量出现不同程度的降低；叶片组织相对含水量随着干旱胁迫程度的加剧而下降，并且在同一处理水平随着干旱胁迫时间的延长，叶片组织的相对含水量也有所下降。干旱胁迫32d时，T3组与CK组差异显著，T3组下降了32.61%；随着干旱胁迫程度加剧，闽楠幼苗叶绿素有上升的趋势，并且随着干旱时间的延长呈现先上升后下降的趋势。干旱胁迫前24d，可溶性蛋白含量上升，后期可溶性蛋白含量降低；随着干旱胁迫的加剧闽楠幼苗的Pro含量增加，并且在同一水平处理条件下，Pro的含量随着干旱时间的延长也呈现上升的趋势。闽楠幼苗MDA的含量随着干旱胁迫程度加剧逐渐上升，变化幅度比较小。闽楠幼苗的POD活性随着干旱胁迫程度加剧而升高，随着胁迫时间延长，各处理的POD活性呈现先上升后降低的趋势。SOD、CAT和POD的变化趋势相似。

（2）外源ABA对干旱胁迫下闽楠幼苗生长影响不显著，喷施高浓度的ABA在一定程度会抑制闽楠幼苗生长，减少单株生物量的累积；干旱胁迫下喷施ABA能维持幼苗含水量；在处理的12d过程中，闽楠幼苗的相对电导率一直处于上升的趋势，A2组上升趋势最小，T组最为明显，外源ABA能使闽楠幼苗的相对电导率减小；ABA能加快Pro含量的累积，减缓MDA的累积速度；干旱胁迫下，外源ABA能提高保护酶POD、SOD和CAT的活性。

（3）外源SA对干旱胁迫下闽楠幼苗影响并不显著；随着干旱胁迫时间的延长，闽楠幼苗叶片相对含水量总体呈现一个下降的趋势，喷施SA处理组在12d中相对含水量均比

T组高，T组下降趋势最为显著，说明外源SA能维持闽楠幼苗的相对含水量；处理过程中，闽楠幼苗相对电导率处于上升的趋势，喷施200mg/L SA的B3组略低于其他两组。SA还有助于Pro含量的累积，更好地维持细胞膜的稳定性，降低闽楠幼苗MDA的含量，其中喷施200mg/L SA的B3组MDA的含量低于B1、B2组；干旱胁迫下外源SA能提高闽楠幼苗POD、SOD、CAT活性，喷施200mg/L SA效果最好，最为显著。

(4)外源多胺处理下对闽楠幼苗各个指标都有较明显的影响，在不同时期时不同种类和浓度的多胺对于闽楠幼苗干旱的缓解有不同的效果，干旱24d时，0.1mmol/L的Spd对维持闽楠P_n的效果最好，32d时差异不显著；多胺对闽楠*Cond*有轻微的缓解作用，但效果不明显；在干旱前期，未施加多胺的闽楠的T_r高于其余各组，后期则低于大部分施加多胺的处理组；施加0.01mmol/L的Spm在长期干旱时可以减小闽楠气孔受到的伤害。

(5)不同浓度的Spm和Spd在缓解干旱对叶绿素荧光的影响上有不同的效果，0.1mmol/L的Spd对于在干旱时提升F_m、F_v/F_m和Y(NPQ)作用最大，0.01mmol/L的Spd对维持干旱下闽楠的Y(Ⅱ)和ETR效果比较好；施加0.01mmol/L的Spm和1 mmol/L的Spd分别对qP和F_0的缓解效果最好。

(6)多胺能有效增加干旱下可溶性糖、叶绿素的含量，使闽楠在干旱时提高渗透压以减小水分流失速度，并提高光合作用的强度；通过提高POD、SOD和CAT的活性来降低膜脂过氧化程度，减小MDA含量；并且可以使可溶性蛋白和Pro的含量降低，以维持闽楠植株体内正常的蛋白代谢，而达到提高各种生理生化反应的作用。

第4章

闽楠幼林的施肥效应

4.1 施肥对闽楠幼林荧光特性及生长状况的影响

4.1.1 材料与方法

4.1.1.1 试验材料

试验对象为3年生闽楠幼林。试验采用有机复合肥，含有机质28.88%，N 11.81%，有效 P_2O_5 3.06%，K_2O 3.37%，Pb 60.00mg/kg，Cr 40.00mg/kg，As 1.64mg/kg，Hg 0.016mg/kg。

4.1.1.2 样地概况与试验设计

该试验地设置于攸县黄丰桥林场，位于湖南省株洲市，地理位置为113°40′E、27°18′N，为典型的亚热带季风气候。春寒多湿，暑热期长，秋旱多晴，严冬期短。年平均气温17.8℃，无霜期292d，年降水量1410mm左右。成土母岩为板页岩，土壤以板页岩发育而成的山地黄壤为主，腐殖质层厚8cm，土壤厚度80cm，海拔为530m。

试验设置5种施肥处理，均株分别施用150g/株、300g/株、450g/株、600g/株及一个空白对照样地。每个样地种植苗木80株，共计400株。每种处理对样地坡向做3次重复，重复样地坡向分别为东坡、东南破、南坡，每种处理的重复样地由西至东排开。

4.1.1.3 试验方法

(1)叶绿素荧光参数的测定

采用德国WALZ公司MINI-PAM(超便携式调制叶绿素荧光仪)对成熟功能叶片的叶绿素荧光参数进行测定。于2014年7月下旬至2014年12月下旬，在晴朗无风的天气对不同施肥处理下的闽楠幼林叶片荧光参数进行测量。各参数每个处理选用3个植株，每个植株选3片叶，每片叶重复测定3次，每个处理重复3次。

①主要荧光参数测定

于上午 8：00~11：00，每个样地选择 3 株生长健康、长势一致、光照均一的个体，随机分布于样地中。每株选择 3 片健康完整且充分展开的成熟未衰老叶片，测定时选择叶片中部并避开叶片的主脉。暗反应 30min 后进行饱和光强处理，测定 F_0（初始荧光）、F_m（最大荧光）、F_v/F_m（PSⅡ最大光化学量子产量）。

$$F_v/F_m=(F_m-F_0)/F_m$$

②主要荧光参数日变化测定

测定 F_0（初始荧光）、F_m（最大荧光）和 Yield（PSⅡ总的光化学量子产量）参数日变化从 8：00~18：00 每 2h 测定 1 次，每个处理选用 3 个植株，每个植株选 3 片叶，每片叶重复测定 3 次，每个处理重复 3 次。

（2）植株生长量测定

苗高地径的测量从 2014 年 7 月开始至 12 月结束，每个月分别测定 4 个施肥处理及空白对照样地的闽楠苗高和地径，每个种源随机测量 50 株，地径用游标卡尺，苗高用卷尺。分析不同施肥量苗高和地径的差异，筛选出最佳施肥量。

（3）叶绿素含量测定

于 2014 年 7 月至 12 月，每个月对不同施肥处理闽楠幼林叶片取样进行叶绿素含量测定。用毛笔或毛刷清除叶片表面的灰尘，用打孔器从绿叶上打取直径为 0.25~2mm 的叶圆片，立即称重，放入研钵。注意剪取样本时要尽量的舍去较大的叶脉。研磨提取法：首先在研钵中加入适量的 80%丙酮和少量的石英砂，充分研磨直至成为匀浆，然后再加入 3mL 80%丙酮，研磨至组织变白，暗处理 3~5min，用一层干滤纸过滤到 25mL 容量瓶中，用滴管吸取 80%丙酮将研钵洗净，清洗液也要过滤到容量瓶中，并用 80%丙酮沿滤纸的周围洗脱色素，待滤纸和残渣全部变白后，用 80%丙酮定容至刻度。取厚度为 1cm 的洁净比色皿，以 80%丙酮的比色皿，作为空白对照。将仪器波长分别调至 663、645nm 处，以 80%丙酮作为空白对照调透光率 100%，分别测定溶液在上述 3 个波长下的吸光度。每个样品重复测定 3 次。将 645、663、652nm 处测得的吸光度代入公式计算叶绿素 a、b 浓度和总浓度。丙酮法计算公式如下：

$$C_a=12.7A_{663}-2.59A_{645}$$

$$C_b=22.9A_{645}-4.67A_{663}$$

$$\text{叶绿素总量}=C_a+C_b$$

式中，C_a、C_b 分别为叶绿素 a、叶绿素 b 的含量。

（4）营养元素测定

①全 N 含量的测定——凯氏半微量定氮法

②全 P 含量的测定——氢氧化钠碱熔-钼锑抗比色法

③全钾量的测定——火焰光度法

④钙镁离子测定——原子吸收分光光度法

(5)实验数据统计与分析

采用 Excel 进行数据统计和图标绘制，使用 SPSS17.0 软件对数据进行方差分析、相关性分析。

4.1.2 结果与分析

4.1.2.1 不同施肥处理对闽楠荧光特性差异比较

(1)施肥处理对闽楠幼林叶片荧光参数日变化差异比较

光合日变化能很好地反映植物光合组织内适应环境的平衡能力，叶绿素荧光作为植物体的内在探针，可测定植物从暗中转到光下其光合功能从休止状态转为局部活化状态，直至全部正常运转状态过程中的荧光动态变化。为了进一步探索不同施肥处理对闽楠幼林荧光特性的影响，本研究对不同施肥处理闽楠幼林荧光参数进行差异比较，5 个施肥处理叶片荧光参数变化趋势如图 4-1 至图 4-6 所示。

①生长期 F_0(最小荧光)日变化

7 月、8 月、9 月植物处于生长旺盛期，4 种施肥处理对闽楠幼林叶片 F_0 日变化的影响如图 4-1 所示。不同施肥处理的闽楠幼林叶片 F_0 变化规律大致相似，均呈先降后升再趋于平衡的规律。各种施肥处理的闽楠幼林的 F_0 值在早上 8：00 至中午 12：00 基本呈均速下降趋势，在 12：00 降至最低后又呈回升趋势，然后在下午 14：00 至 18：00 缓慢下降。

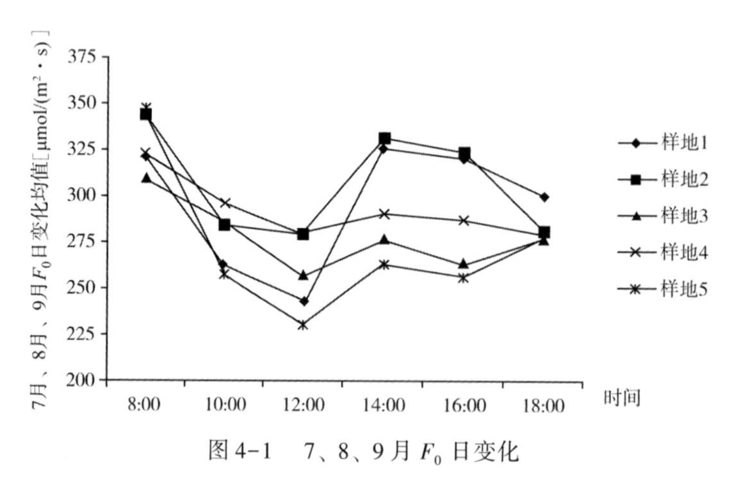

图 4-1 7、8、9 月 F_0 日变化

10 月、11 月、12 月植物处于生长缓慢期，4 种施肥处理对闽楠幼林叶片 F_0 日变化的影响如图 4-2 所示。5 个施肥处理的 F_0 日变化趋势基本一致，8：00 至 10：00F_0 均为上升趋势，其中，样地 4 上升最多，12：00 至 14：00 期间，F_0 缓慢略有下降，14：00 至 16：00 期间，F_0 迅速上升，16：00 至 18：00 后缓慢上升。

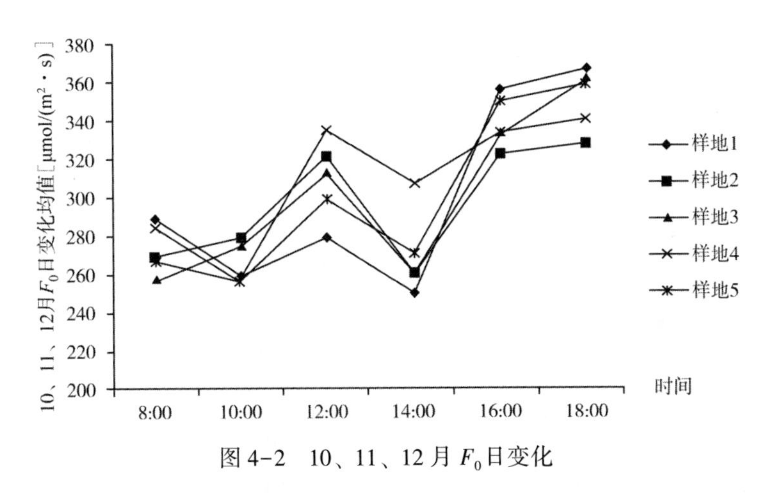

图 4-2 10、11、12 月 F_0日变化

F_0(初始荧光)是 PSII 反应中心全部打开时的荧光值即 QA(PSII 反应中心的电子受体)全部氧化时的荧光水平，PSII 天线的热耗散会导致根据初始荧光降低，PSII 反应中心的可逆失活或被破坏会导致初始荧光上升，因此可根据 F_0的变化来推测 PSII 反应中心的状况和可能的光保护机制。7 月、8 月、9 月夏季室外温度较高，8：00~12：00 间不同施肥处理闽楠幼林 F_0全部呈迅速下降趋势，这种条件下的光抑制是植物自身光保护的调节机制，并非植物叶片光合组织受到强光破坏。12：00 后部分样地 F_0有所回升，但仍低于早上 8：00的 F_0，可能是由于植物在受到高温强光胁迫后，PSII 反应中心出现短暂失活。从图 4-2可以看出，10 月、11 月、12 月冬季并未出现此种现象。由此可以推测，植物叶片在遭到高温强光胁迫时，可能会通过消耗多余光能的保护性反应来避免光合组织被破坏。这与李月灵、金则新在玉兰叶片光合速率和叶绿素荧光参数中的推断一致。

②F_m(最大荧光)日变化

F_m(最大荧光)是 PSII 反应中心全部关闭时的荧光，反映了通过反应中心的电子传递情况，它的降低代表光抑制的一个主要特征，F_m 大小与 QA 的氧化还原状态有关，所以大量研究中都以 F_m 的变化作为判断光抑制的指标。

不同施肥处理闽楠幼林叶片生长旺盛期 F_m 日变化的影响如图 4-3 所示：各施肥处理 F_m 日变化大致都呈先降低后升高趋势，5 个处理的 F_m 最小值均出现于中午 12：00；12：00之后 F_m 值开始回升，14：00 迅速上升到高点后后，F_m 值略有下降，但是始终高于 12：00 的最小值，最后 F_m 值在 18：00 又上升到一个小高峰。

不同施肥处理闽楠幼林叶片在生长缓慢期(10、11、12 月)期间，F_m 日变化的影响如图 4-4 所示：5 个样地 F_m 变化基本一致，呈现为先降后升的“V”字形变化趋势，首先，从 8：00 至 12：00，F_m 一直缓慢下降直至最低点，然后开始上升直至最高点。

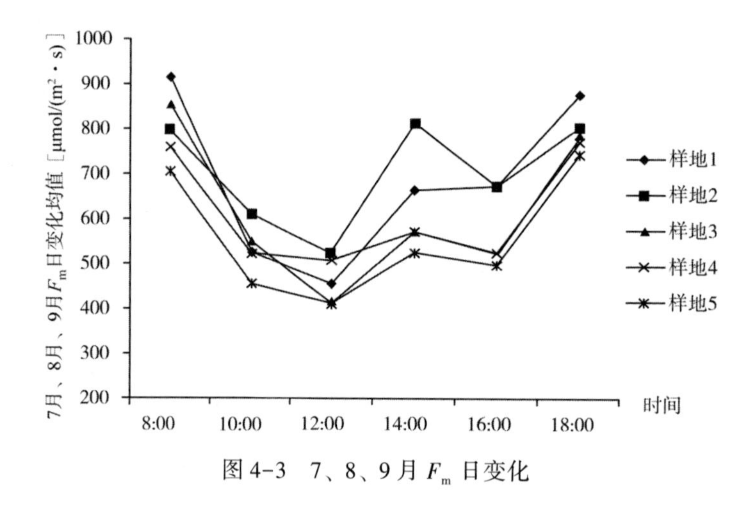

图 4-3　7、8、9 月 F_m 日变化

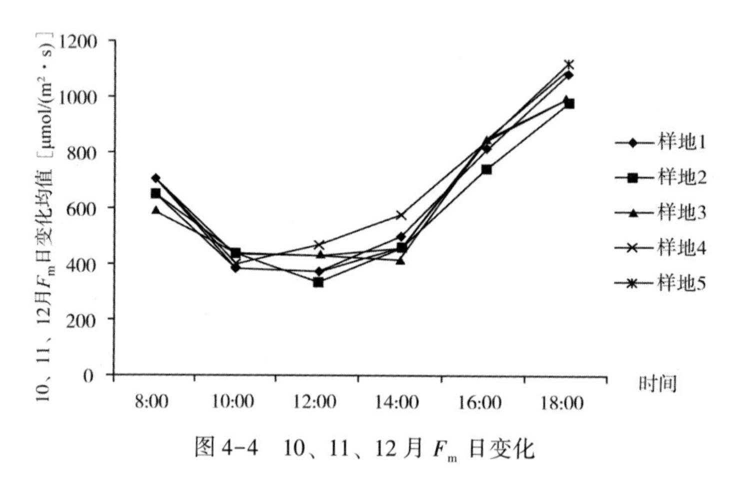

图 4-4　10、11、12 月 F_m 日变化

③Yield(PSⅡ总的光化学量子产量)日变化

Yield 为实际光化学量子产量，它反映 PSII 反应中心在部分关闭情况下的实际原初光能捕获效率，能准确地反映实际的 PSII 中心进行光化学反应的效率情况。

不同施肥处理闽楠幼林叶片生长旺盛期 Yield 日变化的影响如图 4-5 所示：样地 1、样地 2、样地 3、样地 4 从 8：00 至 12：00 降至一天中 Yield 最低点，12：00 至 18：00 均为“升—降—升”；样地 5 从 8：00 一直呈下降趋势，14：00 降至最低点，14：00 至 18：00迅速上升。

不同施肥处理闽楠幼林叶片生长缓慢期 Yield 日变化的影响如图 4-6 所示：5 个样地 Yield 变化基本一致，从 8：00 至 12：00 均降至最低点，12：00 至 18：00 升至最高点。

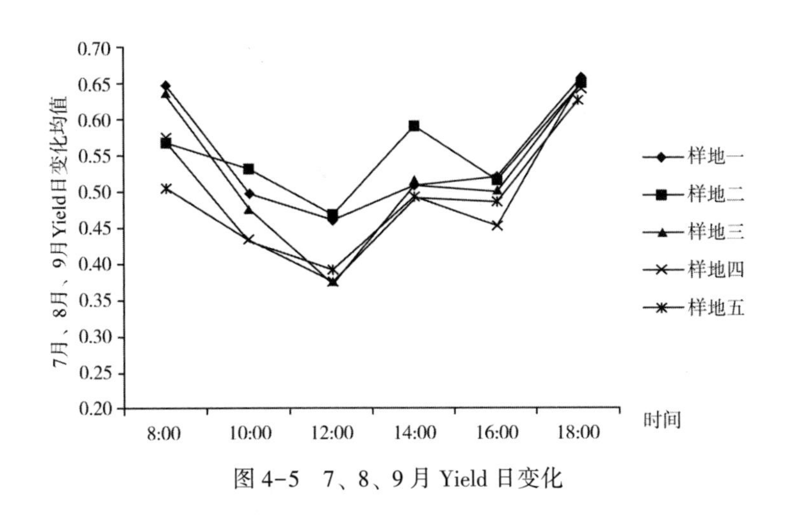

图 4-5　7、8、9 月 Yield 日变化

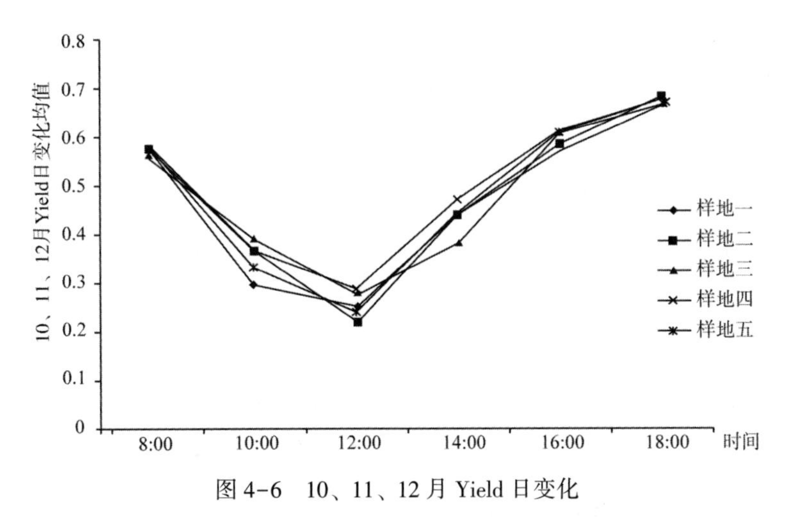

图 4-6　10、11、12 月 Yield 日变化

PSⅡ有效量子产量或总的光化学量子产 Yield，各施肥处理样地变动在 0.516~0.597 之间，最高品种与最低品种相差 15.7%，变化幅度不大。因为在恒定条件下 Yield 正比于非循环电子传递速率，是 PSⅡ的实际光化学效率，反映叶片用于光合电子传递的能量占所吸收光能的比例，是 PSⅡ反应中心部分关闭时的光化学效率，其值大小可以反映 PSⅡ反应中心的开放程度。常用来表示植物光合作用电子传递的量子产量，可作为植物叶片光合电子传递速率快慢的参数。即在光合作用进程中，PSⅡ每获得一个光量子所能引起的总的光化学反应。

因此，较高的 Yield 值，有利于提高光能转化效率，为暗反应的光合碳同化积累更多所需的能量，以促进碳同化的高效运转和有机物的积累。

（2）施肥处理对闽楠幼林叶片荧光参数月变化差异比较

表 4-1　不同主要叶绿素荧光参数分析

月份	样地	F_0	F_m	F_v/F_m
7	样地 1	264. 67±30. 75ab	1336. 33±35. 30c	0. 80±0. 02a
	样地 2	538. 00±59. 03ab	2152±77. 00de	0. 75±0. 02a
	样地 3	276. 33±68. 60ab	1310±51. 57c	0. 79±0. 05a
	样地 4	474. 00±75. 82ab	1616±588. 84cd	0. 69±0. 08a
	样地 5	639. 33±21. 13b	2495. 67±423. 38e	0. 74±0. 04a
8	样地 1	618. 67±78. 00b	2672. 00±120. 80d	0. 77±0. 04a
	样地 2	503. 33±57. 87b	2173. 33±51. 39c	0. 77±0. 03a
	样地 3	440. 67±27. 59b	2395. 33±66. 12cd	0. 82±0. 01a
	样地 4	547. 33±16. 86b	2305. 00±321. 31cd	0. 76±0. 04a
	样地 5	622. 67±118. 49b	2030. 33±287. 25c	0. 69±0. 03a
9	样地 1	618. 67±96. 00b	2444. 33±140. 22cd	0. 74±0. 05a
	样地 2	508. 33±2. 52b	2389. 00±143. 27c	0. 79±0. 01a
	样地 3	564. 00±13. 53b	2715. 67±71. 56d	0. 79±0. 003a
	样地 4	592. 33±41. 64b	2258. 33±273. 89c	0. 74±0. 03a
	样地 5	570. 67±52. 60b	2200. 67±88. 16c	0. 74±0. 03a
10	样地 1	398. 67±27. 23a	2002. 67±77. 70c	0. 80±0. 02a
	样地 2	388. 67±28. 75a	1741. 67±49. 53bc	0. 78±0. 02a
	样地 3	401. 33±35. 50a	1992. 00±266. 53c	0. 80±0. 01a
	样地 4	396. 67±41. 04a	1629. 33±296. 64bc	0. 75±0. 03a
	样地 5	406. 67±14. 47a	1406. 33±395. 36b	0. 70±0. 07a
11	样地 1	639. 00±56. 80a	2128. 33±369. 50b	0. 70±0. 03a
	样地 2	623. 00±89. 45a	2027. 33±449. 84b	0. 69±0. 02a
	样地 3	622. 00±91. 43a	2318. 00±584. 53b	0. 73±0. 03a
	样地 4	618. 00±69. 35a	2071. 67±580. 97b	0. 69±0. 07a
	样地 5	713. 33±11. 24a	2729. 33±267. 61b	0. 74±0. 03a
12	样地 1	657. 33±70. 06ab	1861. 67±416. 37bc	0. 64±0. 06a
	样地 2	562. 33±154. 29ab	1421. 33±807. 17abc	0. 56±0. 11a
	样地 3	543. 67±83. 86ab	1502. 67±638. 55abc	0. 61±0. 09a
	样地 4	833. 33±363. 88ab	1931. 67±1287. 60bc	0. 48±0. 21a
	样地 5	1031. 00±253. 52abc	2589. 33±1310. 28c	0. 57±0. 11a

由表可得，各施肥处理间叶绿素荧光参数差异较大。7 月份 F_0 值的排序为样地 5>样地 2>样地 4>样地 3>样地 1，最大 F_0 为 639. 33，最小 F_0 为 264. 67，前者比后者大 141. 57%，F_m 值的排序为样地 5>样地 2>样地 4>样地 1>样地 3，最大 F_m 为 2495. 67，最

小 F_m 为 1310. 00，前者比后者大 90. 51%，F_v/F_m 的排序为样地 1>样地 3>样地 2>样地 5>样地 4，最大 F_v/F_m 为 0. 80，最小 F_v/F_m 为 0. 69，前者比后者大 15. 94%；8 月份 F_0值的排序为样地 5>样地 1>样地 4>样地 2>样地 3，最大 F_0为 622. 67，最小 F_0为 440. 67，前者比后者大 41. 30%，F_m 值的排序为样地 1>样地 3>样地 4>样地 2>样地 5，最大 F_m 为 2672. 00，最小 F_m 为 2030. 33，前者比后者大 31. 63%，F_v/F_m 的排序为样地 3>样地 1>样地 2>样地 4>样地 5，最大 F_v/F_m 为 0. 82，最小 F_v/F_m 为 0. 69，前者比后者大 18. 84%；9 月份 F_0值的排序为样地 1>样地 4>样地 5>样地 3>样地 2，最大 F_0为 618. 67，最小 F_0为 508. 33，前者比后者大 21. 71%，F_m 值的排序为样地 3>样地 1>样地 2>样地 4>样地 5，最大 F_m 为 2444. 33，最小 F_m 为 2200. 67，前者比后者大 11. 07%，F_v/F_m 的排序为样地 3>样地 2>样地 5>样地 4>样地 1，最大 F_v/F_m 为 0. 79，最小 F_v/F_m 为 0. 74，前者比后者大 6. 76%；10 月份 F_0值的排序为样地 5>样地 3>样地 1>样地 4>样地 2，最大 F_0为 406. 67，最小 F_0为 388. 67，前者比后者大 4. 63%，F_m 值的排序为样地 1>样地 3>样地 2>样地 4>样地 5，最大 F_m 为 2002. 67，最小 F_m 为 1406. 33，前者比后者大 42. 40%，F_v/F_m 的排序为样地 3>样地 1>样地 2>样地 4>样地 5，最大 F_v/F_m 为 0. 80，最小 F_v/F_m 为 0. 70，前者比后者大 14. 29%；11 月份 F_0值的排序为样地 5>样地 1>样地 2>样地 3>样地 4，最大 F_0为 713. 33，最小 F_0为 618. 00，前者比后者大 15. 43%，F_m 值的排序为样地 5>样地 3>样地 1>样地 2>样地 4，最大 F_m 为 2729. 33，最小 F_m 为 2027. 33，前者比后者大 34. 63%，F_v/F_m 的排序为样地 5>样地 3>样地 1>样地 2>样地 4，最大 F_v/F_m 为 0. 74，最小 F_v/F_m 为 0. 69，前者比后者大 7. 25%；12 月份 F_0值的排序为样地 5>样地 4>样地 1>样地 2>样地 3，最大 F_0为 1031. 00，最小 F_0为 543. 67，前者比后者大 89. 45%，F_m 值的排序为样地 5>样地 4>样地 1>样地 3>样地 2，最大 F_m 为 2589. 33，最小 F_m 为 1421. 33，前者比后者大 82. 18%，F_v/F_m 的排序为样地 1>样地 3>样地 5>样地 2>样地 4，最大 F_v/F_m 为 0. 64，最小 F_v/F_m 为 0. 48，前者比后者大 33. 33%。

F_0表示暗适应下 PSⅡ反应中心处于完全开放时的荧光产量，称为最小荧光产量，它与叶片叶绿素浓度有关。F_m 称为最大荧光产量。是经过充分的暗适应后，所有 PSⅡ反应中心处于完全关闭时的荧光强度，$qP=1$，此时所有的非光化学淬灭过程处于最小状态，$qN=0$。这是暗适应下标准的最大荧光产量。植物在环境胁迫下，F_m 数值下降，与 PSⅡ反应中心的关闭程度有一定的比例关系。F_v/F_m 代表 PSⅡ反应中心最大光化学产量，反映 PSⅡ反应中心的光能转换效率或称最大 PSⅡ的光能转换效率，F_0代表不参与 PSⅡ光化学反应的光能辐射部分；可变荧光 F_v 代表可参与 PSⅡ光化学反应的光能辐射部分。F_m、F_v/F_m 是衡量叶绿素荧光特性最常用的主要参数，因而根据可变荧光 F_v 在总的最大荧光 $F_m=F_v+F_0$中所占的比例 F_v/F_m，即可得出植物 PSⅡ原初光能转换效率。综合可得，不同施肥处理闽楠幼林生长期样地 3 荧光特性最佳。

4.1.2.2　不同施肥处理对闽楠叶绿素含量差异比较

(1)不同施肥处理的闽楠叶绿素含量差异

在光合作用进行的过程中，叶绿素的主要功能是吸收、传递光能。因此，植物的光合速率的快慢与植物叶片叶绿素的含量有着直接的关系，在一定范围内，植物光合速率将会随着叶片叶绿素含量的增长而升高。由表 4-8 可知，各个施肥处理叶绿素 a、b 及总量在生长期各月的变化看，具有相似的动态变化，总体呈现“低—高—低”的变化趋势。5 个施肥处理的叶绿素 a、b 和叶绿素总量的最高值都出现在 8 月，叶绿素的含量从 7 月至 8 月开始上升，这是由于叶绿素形成的最适温度是35℃左右，所以在气温较高且接近35℃的时期里，叶绿素的合成大于分解，随着温度降低到一定程度后，叶绿素的分解大于合成。8月最后温度过后叶绿素含量开始逐渐下降，因为叶绿素需要光才能合成，但在光下又容易分解。最重要的一点是全程参与叶绿素合成的酶，受到温度的影响，而温度随着季节的变化而变化，故而叶绿素含量随时间呈动态变化。7月下旬闽楠幼林新梢展叶，叶片生长旺盛，其叶绿素合成大于分解，到8月份出现最高峰；9月份气温开始下降，叶片开始衰老，其叶绿素分解大于合成，叶绿素含量下降。但是，10月份各样地的叶绿素含量仍保持较高的水平，高于12月植物生长缓慢期。方差分析结果表明：不同施肥处理闽南幼林各月份叶绿素含量均存在极显著差异，这与陈昕在雷公藤不同种源光合特性及其生长属性关系研究中的结果一致。但并不是所有的施肥处理都表现出完全一致的规律，这可能是因为不同坡位、光照、温度、坡向、土壤养分等环境因子的差异导致叶片内叶绿素含量不同，也可能是由于不同施肥处理闽楠幼林叶片对环境的反应机制不一样而表现出叶性间的差异。

表4-2　不同施肥处理对闽楠幼林叶绿素含量月变化

参数	样地	月份					
		7	8	9	10	11	12
叶绿素 a (mg/g)	样地1	5.19±0.06abc	5.44±1.85a	4.36±0.58ab	4.29±0.64abcd	4.07±1.08a	4.08±0.96abcd
	样地2	5.23±0.20a	6.00±0.25abcd	4.42±0.86abcd	4.119±4.23a	4.05±0.34d	4.00±0.56ab
	样地3	7.48±0.35cd	7.57±0.07a	5.15±1.30ab	4.72±0.22abcd	4.71±0.62abcd	4.18±0.31bcd
	样地4	6.35±0.85abc	6.82±1.38abcd	6.45±0.41abcd	5.96±0.76abcd	5.67±0.93abcd	5.52±0.21abcd
	样地5	6.84±0.60abcd	6.88±0.40ab	6.05±0.64abcd	5.79±0.41abcd	5.53±0.22abcd	5.02±0.52abcd
叶绿素 b (mg/g)	样地1	4.06±0.09a	4.21±0.67a	2.91±0.09a	3.28±0.41a	2.51±0.12a	2.78±0.15a
	样地2	3.26±2.87c	3.48±0.14a	2.87±0.32a	4.41±2.06a	4.44±1.05a	2.50±0.08a
	样地3	3.32±2.25b	3.95±0.07a	3.00±1.34a	3.30±0.31a	3.06±0.19a	3.77±0.58a
	样地4	3.10±0.50a	3.70±0.18a	3.05±0.24a	2.98±0.34a	2.85±0.15a	2.77±0.16a
	样地5	3.15±0.69a	3.40±0.31a	3.02±0.92a	3.09±0.84a	2.78±0.24a	2.90±0.26a
叶绿素 a+b (mg/g)	样地1	8.25±0.03ab	8.66±2.52a	6.87±0.66a	6.77±1.04abc	6.58±1.19a	6.36±1.11ab
	样地2	9.18±2.66d	9.39±0.30abc	8.29±0.99ab	8.02±2.19ab	7.69±1.34cd	7.50±0.64a
	样地3	10.44±2.59d	11.12±0.10a	8.85±1.18ab	8.02±0.17abc	7.78±0.75abc	7.75±0.27bc
	样地4	10.10±1.32ab	10.27±1.56ab	9.02±0.19abc	8.94±0.67ab	8.52±1.07ab	8.30±0.15ab
	样地5	10.24±0.42abc	10.53±0.70a	9.07±1.55abc	8.88±0.93ab	8.31±0.42ab	7.92±0.77abc

不同施肥处理闽楠幼林叶绿素月平均含量存在差异显著，结果如图4-1所示，5个样地叶绿素a的含量为4.59~6.93mg/g，叶绿素b的含量为2.40~3.01mg/g，叶绿素总量为6.78~9.97mg/g。叶绿素总量大小为：样地3>样地4>样地1>样地2>样地5。叶绿素a与叶绿素b均各处理间差异显著，且叶绿素a始终大于b的含量，叶绿素a、b分别具有不同的吸收光谱，a主要吸收红光，b主要吸收蓝紫光，因而叶绿素b的含量越高，植物对蓝紫光的利用就越多，从而提高光能利用率。因此，选择叶绿素b值较大的种源，其光合能力越强。

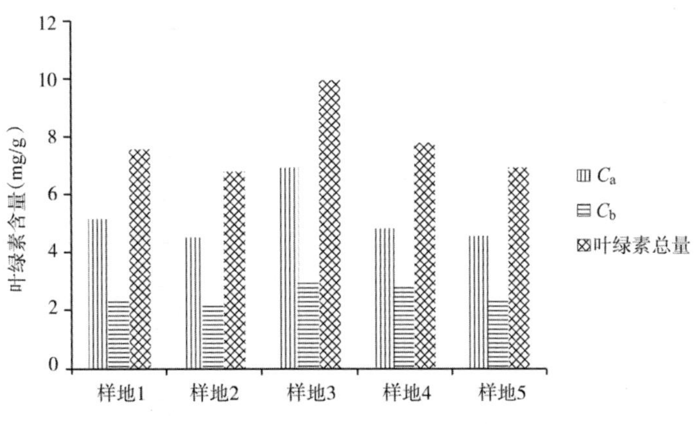

图4-7　不同施肥处理闽楠幼林叶绿素含量比较

(2)荧光特性与叶绿素含量相关关系

为了研究不同施肥处理闽楠幼林叶绿素荧光特性差异显著的原因，将3个主要荧光参数与叶绿素含量进行相关性分析。结果如表4-3所示：叶绿素总量与叶绿素a呈极显著正相关，这与李畅在一品红不同品种叶绿素荧光特性比较的研究中结果一致，叶绿素间各组分的关系十分密切。F_0与叶绿素b呈显著负相关，F_m与叶绿素b呈显著正相关，叶绿素b的含量越高，植物对蓝紫光的利用就越多，光能利用率也越高，说明叶绿素含量与植物的光合能力呈正相关关系。

表4-3　叶绿素荧光参数与叶绿素含量相关关系分析

参数	叶绿素a	叶绿素b	叶绿素总量	F_0	F_m	Yield
叶绿素a	1					
叶绿素b	0.09	1				
叶绿素总量	0.986**	0.178	1			
F_0	0.278	-0.415*	0.204	1		
F_m	0.099	0.377*	0.035	0.570**	1	
Yield	-0.235	0.231	-0.191	-0.666**	0.194	1

注：*表示在0.05水平(双侧)上显著相关，**表示在0.01水平(双侧)上显著相关。

4.1.2.3　不同施肥处理闽楠幼林生长特性差异比较

(1)不同施肥处理闽楠幼林生长量差异比较

苗木的生长快慢主要与其遗传特性有关，此外还受到气候条件和管理水平的影响。一个树种在苗期的生长特性具体体现在幼苗的生长速度伤，掌握幼苗的生长规律，可为树种苗期的田间管理提供科学的理论依据。苗高和地径是衡量苗木生长最常用的稳定指标，根据六个月的实际观察与测量，根据不同生长时期闽楠幼林苗高和地径的生长量绘制了生长曲线图，结果如图4-8、图4-9所示。7~9月间各施肥处理的闽楠幼林苗高及地径生长速度均较快，9~12月生长速度放缓，说明不同施肥处理闽楠幼林生长规律符合由快到慢的节奏。

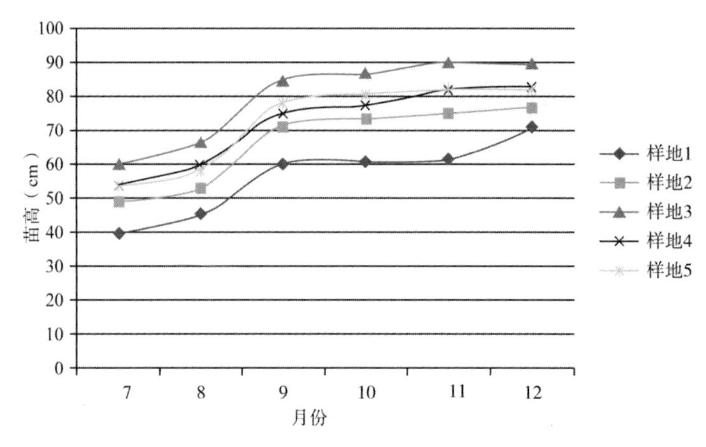

图 4-8　不同施肥处理闽楠幼林树高变化曲线图

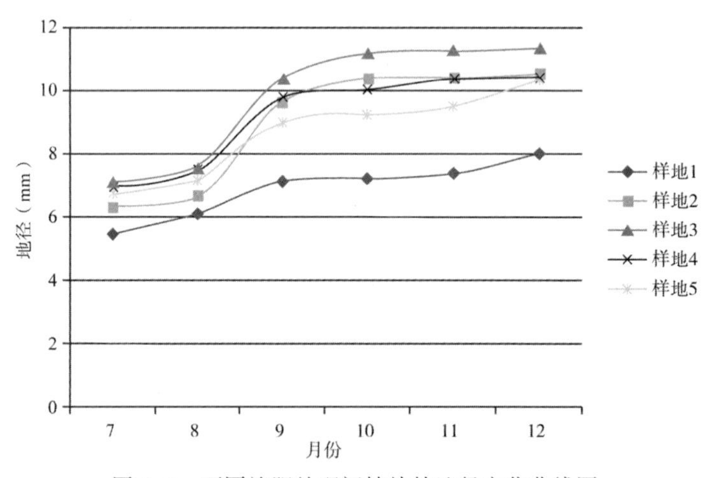

图 4-9　不同施肥处理闽楠幼林地径变化曲线图

由图 4-10、图 4-11 可知，树高及地径的表现，样地 3 均为最佳，树高最大值为 89. 43cm，地径最大值为 11. 31mm。生长最缓慢的为样地 1，树高最大值 70. 77cm，地径最大值为 8. 01mm。样地 3 与样地 1 树高相差 18. 66cm，地径相差 3. 3mm。

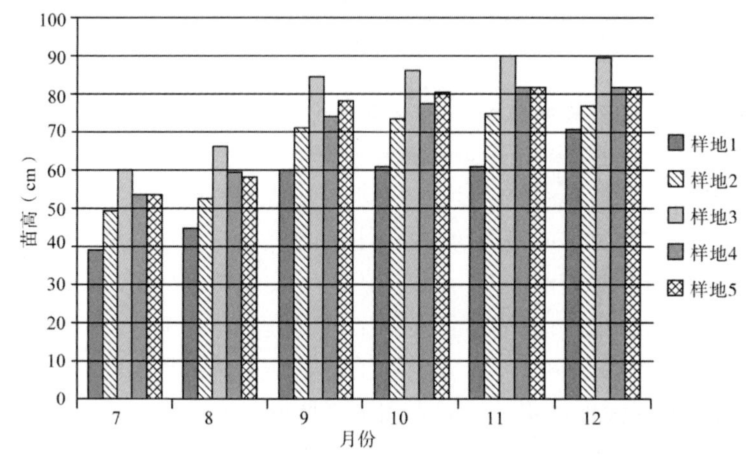

图 4-10　不同施肥处理闽楠幼林树高变化

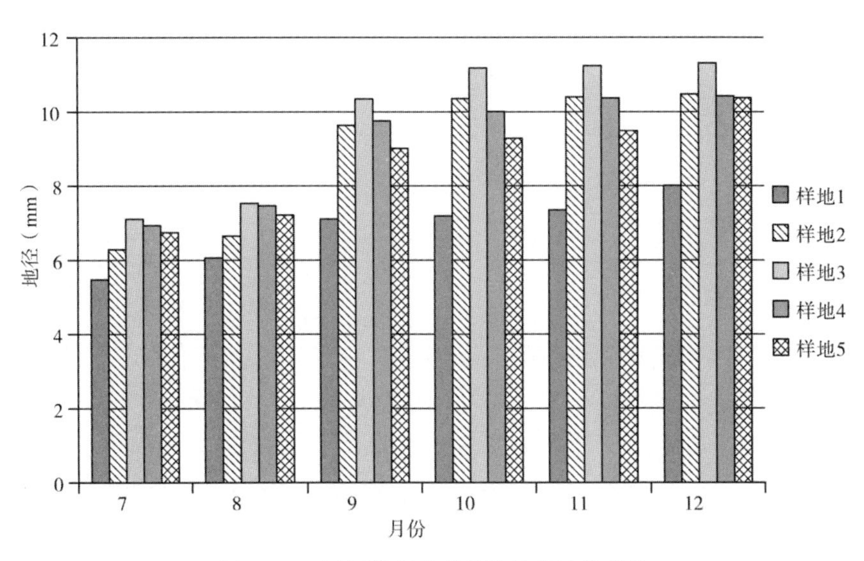

图 4-11　不同施肥处理闽楠幼林地径变化

本试验对 5 个施肥处理的闽楠幼林生长量差异进行分析，从表 4-4 可以看出，各施肥处理间树高存在显著差异，综合各月地径变化及地径平均值，样地 3 树高一直处于最优状态，与其他施肥处理差异显著。不同施肥处理的样地同一时期内树高、地径差异显著，7 月树高大小为 39. 60 ~ 59. 97cm，相差 20. 37cm，地径大小为 5. 48 ~ 7. 11mm，相差 1. 63mm；8 月树高大小为 52. 77 ~ 66. 36cm，相差 13. 59cm，地径 6. 65 ~ 7. 53mm，相差 0. 88mm；9 月树高大小 59. 91 ~ 84. 58cm，相差 24. 67cm，地径大小为 7. 41 ~ 10. 35mm；10 月树高大小为 60. 50 ~ 87. 51cm，相差 27. 01，地径大小为 8. 19 ~ 11. 58mm，相差 3. 39mm；11 月树高大小为 61. 20 ~ 89. 82cm，相差 28. 62cm，地径 7. 35 ~ 10. 94mm，相差 3. 59mm；12 月树高大小为 70. 77 ~ 89. 15cm，相差 18. 38cm，地径大小为 8. 01 ~ 11. 11mm，相差 3. 1mm。各样地树高均依次递增，到 2014 年 12 月树高顺序从大到小分别为：样地 3、样地 4、样地 5、样地 2、样地 1。方差分析表明不同施肥处理闽楠幼林生长树高、地径具有显著差异，说明闽楠幼林的施肥处理选择具有较大潜力。很多研究以单一时间的测量作为评价指标是不科学的，不同施肥处理幼林在不同时期生长速度有差异，大部分在 7~9 月间生长速度较快，进入冬季后则生长较慢。

表 4-4　不同施肥处理闽楠幼林生长量差异比较

参数	样地	7 月	8 月	9 月	10 月	11 月	12 月
苗高（cm）	样地 1	39. 60±16. 26b	57. 89±23. 38a	59. 91±47. 07a	60. 50±25. 25a	61. 20±24. 95a	70. 77±67. 44a
	样地 2	49. 13±21. 62a	52. 77±23. 75a	71. 22±29. 79b	78. 15±32. 79b	71. 86±32. 70b	76. 98±33. 98ab
	样地 3	59. 97±24. 19b	66. 36±28. 10b	84. 58±45. 39c	87. 51±34. 10c	89. 82±32. 36c	89. 15±32. 48b
	样地 4	53. 53±18. 37a	59. 64±20. 82a	74. 81±27. 54b	85. 16±31. 70bc	85. 69±32. 45c	82. 71±27. 54b
	样地 5	53. 52±20. 58a	57. 89±23. 38a	72. 31±28. 91b	78. 28±32. 34b	75. 03±26. 98b	79. 89±26. 20ab

（续）

参数	样地	7月	8月	9月	10月	11月	12月
地径（mm）	样地1	5.48±2.31a	7.21±3.22a	7.41±3.03a	8.19±3.51a	7.35±3.01a	8.01±3.30a
	样地2	6.29±2.94ab	6.65±3.10a	9.64±4.16b	10.76±4.77a	9.40±4.47bc	10.48±4.56b
	样地3	7.11±3.15b	7.53±3.34a	10.35±4.49c	11.58±4.92a	10.94±4.51d	11.11±4.68b
	样地4	6.93±2.86b	7.46±2.99a	9.76±3.53b	10.99±4.18a	10.37±4.45cd	10.43±4.07b
	样地5	6.75±2.93b	7.21±3.22a	9.17±3.68b	9.82±4.10a	8.97±3.52b	10.18±3.58b

(2)荧光特性与生长量相关关系

由表4-5可知，树高和地径呈极显著正相关，树高和Yeild呈显著正相关，地径与Yeild呈显著正相关；Yield代表PSII中心进行光化学反应的效率，说明闽楠幼林的树高地径与其叶片内PSII中心进行光化学反应的效率呈正相关关系。

表4-5　不同施肥处理闽楠幼林树高、地径及荧光参数的相关性分析

参数	苗高	地径	F_0	F_m	Y
苗高	1				
地径	0.966**	1			
F_0	0.273	0.232	1		
F_m	-0.017	-0.056	0.570**	1	
Yield	0.366*	0.373*	-0.666**	0.194	1

注：*表示在0.05水平(双侧)上显著相关，**表示在0.01水平(双侧)上显著相关。

4.1.2.4　不同施肥处理闽楠幼林营养元素差异比较

(1)不同施肥处理闽楠幼林营养元素年变化比较

在2014年7月至12月，每个月的下旬采集5个不同施肥处理闽楠幼林枝叶片，比较它们的营养元素含量差异。

由表4-6可得，不同施肥处理闽楠幼林叶片内N元素含量差异显著。综合来看，同一时期内样地5个不同施肥处理闽楠幼林叶片内N元素的含量随着叶龄的增长而降低，在7月、8月、10月、11月均为样地3叶片内N元素含量最高。样地1在不同时期N元素含量在8.03~9.05g/kg，样地2为8.26~9.76g/kg，样地3为8.52~10.47g/kg，样地4为8.74~10.23g/kg，样地5为8.57~9.86g/kg。叶片N元素含量最大值基本在8月、9月两个月。

表4-6　不同施肥处理闽楠幼林N元素动态变化　　g/kg

参数	样地	7月	8月	9月	10月	11月	12月
N元素	样地1	8.72±0.18ab	9.05±0.09b	8.77±0.06ab	8.55±0.64ab	8.33±0.19ab	8.05±0.16a
	样地2	9.45±0.35b	9.76±0.10b	9.08±0.62ab	8.74±0.54ab	8.50±0.15ab	8.26±0.09a
	样地3	9.62±0.04b	10.47±0.44c	9.58±0.23b	9.38±0.54a	9.17±0.17a	8.52±0.23a
	样地4	9.45±0.18a	10.07±0.22b	10.23±0.11b	8.89±0.40a	8.74±0.16a	8.89±0.12a
	样地5	9.67±0.09c	9.86±0.28ab	9.42±0.11b	8.88±0.22a	8.73±0.14a	8.57±0.16a

由表4-7可得，不同施肥处理闽楠幼林叶片内P元素含量差异显著。综合来看，同一时期内样地5个不同施肥处理闽楠幼林叶片内P元素的含量随着叶龄的增长而降低，在8月、9月、10月均为样地3叶片内P元素含量最高。样地1在不同时期P元素含量在1.24~1.94g/kg，样地2为1.10~1.40g/kg，样地3的为1.10~1.70g/kg，样地4为1.25~1.64g/kg，样地5为1.39~1.98g/kg。叶片N元素含量最大值基本在8月、9月两个月。

表4-7 不同施肥处理闽楠幼林P元素动态变化 g/kg

参数	样地	7月	8月	9月	10月	11月	12月
P元素	样地1	1.27±0.09a	1.94±0.30b	1.36±0.03a	1.36±0.06a	1.26±0.13a	1.24±0.11a
	样地2	1.35±0.07a	1.40±0.10a	1.33±0.05a	1.27±0.12a	1.10±0.26a	1.28±0.13a
	样地3	1.25±0.16a	1.40±0.13a	1.70±0.03b	1.65±0.24ab	1.36±0.05ab	1.10±0.19a
	样地4	1.25±0.16a	1.36±0.13a	1.28±.012a	1.28±0.06a	1.64±0.13b	1.33±0.05a
	样地5	1.59±0.12a	1.39±0.15a	1.60±0.15a	1.47±0.08a	1.98±0.38a	1.48±0.25a

由表4-8可得，不同施肥处理闽楠幼林叶片内K元素含量差异显著。综合来看，同一时期内样地5个不同施肥处理闽楠幼林叶片内K元素的含量随着叶龄的增长而降低，在7月、8月、9月均为不同施肥处理样地叶片内K元素含量均值最高。样地1在不同时期K元素含量在2.88~6.17g/kg，样地2为2.56~4.92g/kg，样地3为2.75~5.33g/kg，样地4为2.28~6.21g/kg，样地5为2.12~5.89g/kg。7月、8月、9月两个月叶片N元素含量明显高于10月、11月、12月。

表4-8 不同施肥处理闽楠幼林K元素动态变化 g/kg

参数	样地	7月	8月	9月	10月	11月	12月
K元素	样地1	5.59±1.01c	6.17±0.18c	5.42±0.53c	3.68±0.05b	3.25±0.06b	2.88±0.14a
	样地2	4.60±0.54d	4.92±0.57cd	4.53±0.26c	4.09±0.11c	2.99±0.05b	2.56±0.21a
	样地3	4.96±0.06d	5.33±0.36cd	5.20±0.38c	4.67±0.40c	2.80±0.19b	2.75±0.15a
	样地4	6.05±0.66d	5.59±0.25cd	6.21±0.28d	5.10±0.13c	2.28±0.06b	2.47±0.02a
	样地5	5.89±0.42c	5.41±0.03c	5.34±0.12c	4.98±0.86c	3.34±0.35b	2.12±0.30a

由表4-9可得，不同施肥处理闽楠幼林叶片内Ca元素含量差异显著。综合来看，同一时期内样地5个不同施肥处理闽楠幼林叶片内Ca元素的含量随着叶龄的增长而升高，在不同时期内，不同施肥处理闽楠幼林均为样地3叶片内Ca元素含量最高。样地1在不同时期Ca元素含量在6.96~9.58g/kg，样地2为7.03~8.71g/kg，样地3为8.36~10.88g/kg，样地4为7.35~10.59g/kg，样地5为8.73~10.12g/kg。

表 4-9 不同施肥处理闽楠幼林 Ca 元素动态变化 g/kg

参数	样地	7月	8月	9月	10月	11月	12月
Ca 元素	样地 1	6.96±1.89a	8.78±1.51a	9.03±0.53a	9.17±1.31a	9.23±0.53a	9.58±0.66a
	样地 2	7.03±0.67a	7.07±1.77a	8.37±1.30a	8.52±1.77a	8.71±0.71a	8.79±1.00a
	样地 3	8.36±0.49a	9.06±1.55a	9.24±1.48a	9.39±1.86a	9.42±1.64a	10.88±2.58a
	样地 4	8.76±0.53a	8.78±1.51a	8.94±1.35a	7.35±1.74a	9.76±2.97a	10.59±0.61a
	样地 5	8.73±0.33a	8.88±1.69a	9.12±2.19a	9.43±0.78a	9.73±1.41a	10.12±1.26a

由表 4-10 可得，不同施肥处理闽楠幼林叶片内 Mg 元素含量差异显著。综合来看，同一时期内样地 5 个不同施肥处理闽楠幼林叶片内 Mg 元素的含量随着叶龄的增长而降低，在 7 月、8 月、9 月均为不同施肥处理样地叶片内 Mg 元素含量均值最高。样地 1 在不同时期 Mg 元素含量在 0.86~1.02g/kg，样地 2 为 0.65~1.01g/kg，样地 3 为 0.77~1.02g/kg，样地 4 为 0.80~1.09g/kg，样地 5 为 0.86~1.17g/kg。7 月、8 月、9 月两个月叶片 N 元素含量明显高于 10 月、11 月、12 月。

表 4-10 不同施肥处理闽楠幼林 Mg 元素动态变化 g/kg

参数	样地	7月	8月	9月	10月	11月	12月
Mg 元素	样地 1	1.02±0.01c	0.93±0.01b	0.97±0.01b	0.93±0.02b	0.93±0.03b	0.86±0.03a
	样地 2	1.01±0.04b	0.87±0.04b	0.91±0.01b	0.84±0.11ab	0.87±0.02b	0.65±0.16a
	样地 3	1.02±0.02b	0.94±0.03b	0.99±0.04b	0.95±0.06b	0.85±0.03a	0.77±0.03a
	样地 4	1.09±0.04a	1.00±0.05a	1.10±0.03a	0.80±0.52a	1.02±0.04a	0.90±0.03a
	样地 5	1.10±0.04bc	1.08±0.07bc	1.17±0.01c	1.07±0.04bc	1.03±0.03b	0.86±0.08a

综合不同施肥处理闽楠幼林叶片内营养元素含量的动态变化来看，N、P、K、Mg 含量随叶龄而下降，而 Ca 含量趋势变化则是在增加。一般说来，在植株体内可移动的元素随着植物组织和器官的老化而逐渐降低，不易移动的元素则随着组织和器官的老化而增高。N、P、K、Mg 在植物体内为高移动性元素，其含量随叶龄而下降。前人证明 Ca 在树体内难被再运转利用，分配到一个器官后而被固定不能转移，本研究中 Ca 元素含量随叶龄呈增加趋势。另外，叶片营养元素分析值，是基因型与生态条件、人工管理相互作用的结果。对于高移动性元素 N、P、K 和 Mg，在实验前阶段时含量较高，但随着叶龄的增加和树体生长结果等对这些元素的消耗和累积，叶片中的这些元素被慢慢转移出去，导致含量下降。

(2)不同施肥处理闽楠幼林营养元素与叶绿素荧光特性相关性分析

通过对 5 个施肥处理闽楠幼林叶片内 N、P、K、Ca、Mg、F_0、F_m、Yield 9 个指标进行相关性分析。不同施肥处理闽楠幼林 F_0 与 N 元素呈极显著负相关，与 Mg 元素呈显著负相关；Yield 与 N 元素呈显著正相关，与 K 元素呈显著正相关，与 Mg 元素呈极显著正相关。地径生长与 N 含量极显著正相关，与 P 含量极显著负相关，与 K、Ca、Mg 含量显著负相关；苗高生长与 N 含量极显著正相关，与 P、K、Ca、Mg 含量均呈极显著负相关。说明不同施肥处理闽楠幼林的营养元素在一定程度上会影响苗木的生长量和荧光特性(4-11)。

表 4-11 不同施肥处理闽楠幼林营养元素与叶绿素荧光特性和生长量的相关性分析

参数	N	P	K	Ca	Mg	F_0	F_m	Yeild	地径(mm)	苗高(cm)
N	1									
P	-0.624**	1								
K	-0.565**	0.865**	1							
Ca	-0.570**	0.910**	0.824**	1						
Mg	-0.597**	0.885**	0.828**	0.899**	1					
F_0	0.367*	-0.302	-0.255	-0.302	-0.424*	1				
F_m	-0.044	-0.067	0.106	-0.122	-0.102	0.570**	1			
Yeild	0.450*	0.332	0.406*	0.297	0.478**	-0.666**	0.194	1		
地径(mm)	0.648**	-0.502**	-0.413*	-0.415*	-0.380*	-0.032	-0.169	-0.123	1	
苗高(cm)	0.770**	-0.764**	-0.652**	-0.725**	-0.727**	0.290	0.016	-.370*	0.654**	1

注：*表示在 0.05 水平(双侧)上显著相关，**表示在 0.01 水平(双侧)上显著相关。

4.1.3 结论与讨论

4.1.3.1 不同施肥处理闽楠幼林叶绿素荧光特性差异

光合作用是地球上光合作用最基本的反应是在反应中心通过电荷分离而引起原初能量转换，叶绿素直接参与该过程，并且可以通过叶绿素荧光来反映该过程的效率。5 种施肥处理中，F_0、F_m、F_v/F_m、Yield 值都有着不同的差异。

初始荧光 F_0是 PSII 反应中心全部开放时的荧光。许大全等认为 FQ 的减少表明天线色素的热耗散增加，FQ 增加表明 PSII 反应中心不易逆转的破坏，而热耗散是消耗过剩光能的重要途径，可保护光合机构免受光破坏。杨广东等也认为 PSII 天线色素的热耗散常导致 F_q 降低，而 PSII 反应中心的破坏或可逆失活则能引起 F_q 的增加，因此可根据 F_0的变化推测反应中心的状况和可能的光保护机制。赵丽英等则认为 F_0的大小取决于 PSII 天线色素内的最初光子密度、天线色素之间以及天线色素到 PSII 反应中心的激发能传递有关的结构状态。

在本试验中，7 月、8 月、9 月植物生长旺盛期，不同施肥处理闽楠幼林 F_0 为 500.67~610.89，10 月、11 月、12 月生长缓慢期为 522.33~717，后者明显高于前者，样地 3 的 F_0值各时期均为最低值，说明在光照温度相同的情况下，施肥处理 3 的施肥量最佳，与上述研究结论相吻合。

最大荧光(F_m)是 PSII 反应中心全部关闭时的荧光。叶片暗适应后测得的荧光参数 F_m 为最大荧光产量，是 PSII 反应中心处于完全关闭时的产量，反映通过 PSII 的电子传递情况。光合作用的能量转换也就是特殊的叶绿素分子将电子传给受体的过程。李晶等的研究表明，F_m 值逐渐增加，说明此叶绿素含量增加，叶绿素荧光发射能力提高；而后 F_m 值降低，表明随着叶绿素含量的进一步提高，光合作用强度增加，光化学量子产量增加；随生育期的推迟，光合作用减弱，量子产量逐渐下降，荧光产量增加，当热耗散保护机制逐渐失去作用，叶绿素光合机构受损，导致 F_m 逐渐降低，成熟期 F_m 越高，表明叶绿素受损程度越低，光合特性越好。而本研究表明，在 7 月、8 月、9 月植物生长旺盛期 F_m 大小为 2059.78~2242.223，但在生长缓慢期则表现为 1730.11~2241.66。两个时期对比，后者均小于前者，与上述研究结果相吻合。

PSII 最大光能转化效率(F_v/F_m)，经过充分暗适应的植物叶片 PSII 最大的光能转化效率，有时 F_v/F_m 也被称为 PSII 反应中心的能量捕捉效率。肖春旺研究表明，F_0、F_m、F_v 值较低，F_v/F_m 较高说明该植物 PSII 反应中心的光量子电子传递和转换效率较高。本研究中，在生长旺盛期和生长缓慢期不同施肥处理闽楠幼林 F_v/F_m 的日均值都表现为样地 3 施肥处理相对较高，样地 5 施肥处理相对较低，与上述研究结果相同。PSII 活性及其光化学效率的提高，有利于光合色素把所捕获的光能以更高的速度和效率转化为化学能，从而为碳同化提供更加充足的能量，有利于光合速率的提高。

所以，综上所述，闽楠幼林进行合理施肥可以影响植株本身的荧光反应，有利于植株的光合作用，而过量施肥则会对光合作用有一定程度的抑制作用。

4.1.3.2 不同施肥处理闽楠幼林生长特性差异

不同施肥处理对闽楠幼林生长状况的影响表明，不同施肥量对 3 年生闽楠幼林影响明显，株高、地径差异显著。不同施肥处理中，树高最大为 89.43cm，为空白对照样地的 126.37%；地径最大为 11.31mm，为空白对照样地的 141.20%。不同施肥处理闽楠幼林 F_0 与 N 元素呈极显著负相关，与 Mg 元素呈显著负相关；Yield 与 N 元素呈显著正相关，与 K 元素呈显著正相关，与 Mg 元素呈极显著正相关。地径生长与氮含量呈极显著正相关，与磷含量呈极显著负相关，与钾、钙、镁含量呈显著负相关；树高生长与氮含量呈极显著正相关，与磷、钾、钙、镁含量均呈极显著负相关。这说明不同施肥处理闽楠幼林的营养元素在一定程度上会影响树木的生长。不同施肥处理下，树高、地径均在 7 月、8 月、9 月生长量较大，且与空白对照生长规律一致，说明施肥不影响 3 年生闽楠幼林树高、地径的自然生长规律，即夏季生长旺盛，冬季则生长缓慢。

综上所述，施肥处理会影响闽楠 3 年生幼林的荧光特性，对幼林生长也有促进作用。合理的施肥量对于幼林生长和光合反应有显著的增强，而过量施肥则会有一定的抑制作用。对于闽楠幼林的最佳施肥量，由于笔者水平和本文监测数据有限，暂不能作出准确判断，有待进一步研究。

4.2 不同配方施肥对闽楠幼林的影响

4.2.1 试验区概况与试验方法

4.2.1.1 试验区概况

金洞林场地处湖南省永州市金洞管理区，属中亚热带大陆性季风湿润气候区，四季分

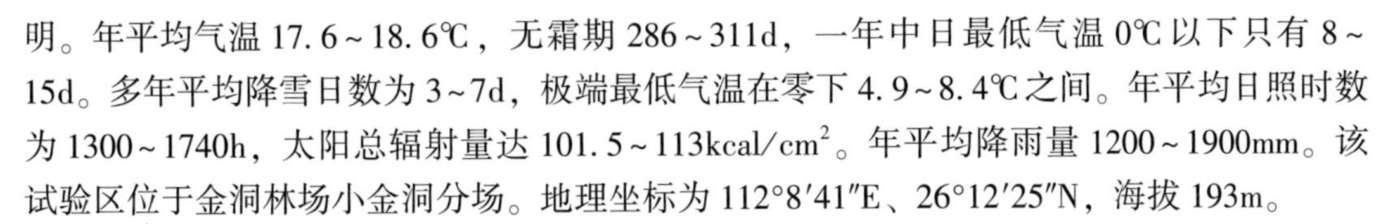

明。年平均气温 17.6～18.6℃，无霜期 286～311d，一年中日最低气温 0℃以下只有 8～15d。多年平均降雪日数为 3～7d，极端最低气温在零下 4.9～8.4℃之间。年平均日照时数为 1300～1740h，太阳总辐射量达 101.5～113kcal/cm^2。年平均降雨量 1200～1900mm。该试验区位于金洞林场小金洞分场。地理坐标为 112°8′41″E、26°12′25″N，海拔 193m。

4.2.1.2　试验材料

本研究试验材料为金洞林场 6 年生闽楠幼林，2012 年造林，造林密度 2m×2m，坡度 30°。于 2018 年 4 月份对闽楠幼林进行施肥处理。

4.2.1.3　试验方案

用以下 15 种配方对闽楠幼林进行施肥处理，氮肥（尿素，总含氮量≥46%）、磷肥（P_2O_5≥12%）、钾肥（氯化钾，钾含量≥60%）（表 4-12）。

表 4-12　施肥实验设计表

处理	配方	N	P	K
A	N_2	2	1	1
B	N_3	3	1	1
C	P_2	1	2	1
D	P_3	1	3	1
E	K_2	1	1	2
F	K_3	1	1	3
G	N_2P_2	2	2	1
H	N_3P_3	3	3	1
I	N_2K_2	2	1	2
J	N_3K_3	3	1	3
K	P_2K_2	1	2	2
L	P_3K_3	1	3	3
M	$N_2P_2K_2$	2	2	2
N	$N_3P_2K_2$	3	2	2
CK	$N_1P_1K_1$	1	1	1

注：表中 1、2、3 为施肥水平，分别为 0g/株、100g/株、200g/株。

在 6 年生闽楠幼林中，选取 3 块试验区进行施肥试验，每个处理在试验区中自上坡至下坡选取 9 株闽楠进行施肥，采用随机区组法，设置 3 个平行试验区（表 4-13）。

表 4-13　施肥方案

试验区	处理
试验区一	cK A B C D E F G H I J K L M N
试验区二	K G M B D F cK N A C E J H I L
试验区三	G E A K M I D H C B J N L cK F

于 2018 年 3 月份进行第一次采样，进行本底调查。2018 年 4 月份进行施肥处理，于 6 月、9 月和 12 月进行采样测定。在实验区域内，每个处理组中选取生长中等、无病虫害的闽楠 3 株，采集植株根、枝、干、叶和土样分别测定其植株营养元素和土壤养分，从而进行数据处理分析。

4.2.1.4 试验方法

(1)样品前期处理

①将采集的植物样带回实验室，将植物根进行冲洗至没有泥土，枝、干、叶同样清洗干净，将清洗干净的植物样品置于 105℃烘箱中杀青 15min，之后调至 75℃烘 24h，将烘干植物样品粉碎，过 60 目(0.25mm)筛，保存于塑封袋中，以待测定。

②将采集的土样平铺于通风室内，挑拣出植物根系、枯枝、落叶、动物残骸和石块，时常翻滚至风干。将风干土样研磨，过 120 目(0.125mm)尼龙筛，保存于塑封袋中，以待测定。

(2)植物和土壤氮含量的测定

氮的测定采用凯氏半微量定氮法，将 2.0000g 土样(植物样为 0.2000g)加入凯氏管，加 5mL 浓硫酸及催化剂置于石墨消解仪上，消解 3h(植物样为 2.5h)。冷却后，用凯氏定氮仪进行蒸馏，将馏出液用 0.02mol/L 盐酸滴定至蓝绿色突变为紫红色为止。

(3)植物和土壤磷、钾、钙、镁含量的测定

① 植物样品消解采用硫酸-高氯酸消化法，准确称取 0.8000g 植物样置于消化管内，加入浓硫酸：高氯酸=10：1 混合酸 10mL，放入 380℃电热板加热至溶液透明且管壁无黑色颗粒。冷却，转移，定容，稀释 1000 倍，待测。等离子体发射光谱法(ICP_AES)，可测定 P、K、Ca、Mg 元素。

② 土壤样品的分解采用 HCL-HNO3 溶浸法，准确称取 2.0000g 风干过 120 目筛土样置于三角瓶内，加入 15mL(1+1)HCL 和 5mL 浓硝酸，加塞，振荡 30min，过滤，定容至 100mL，待测。

4.2.2 结果与分析

4.2.2.1 不同配方施肥对氮含量变化的影响

(1)不同配方施肥对闽楠根氮含量的影响

如表 4-14 所示，3 月到 9 月闽楠根 N 含量持续增长，9 月到 12 月开始下降。至 6 月时，以处理 J 的 N 含量最高，达 9.49g/kg，比 CK 高出 58%。9 月时，根 N 含量增加至最高，施以氮肥的处理组与 CK 之间存在着显著性差异，处理 N 的氮含量最高，达 10.99g/kg，比 CK 高出 46%。至 12 月，根氮含量明显下降，根氮含量最高为处理 N，比 CK 高出 45%。由表 4-14 可知，与处理 CK 相比，施以氮肥的处理 A、B、G、H、I、J、M、N 根氮含量与处理 CK 根氮含量在所有月份均存在显著性差异且明显高于 CK 根氮含量。未施氮肥的其他处理，根氮含量也比处理 CK 高，但都低于施以氮肥的处理。

表 4-14　不同施肥处理下闽楠根氮含量　　g/kg

处理	2018.03	2018.06	2018.09	2018.12
A	5.54±0.09a	7.89±0.12ef	9.16±0.19c	8.72±0.07b
B	5.62±0.12a	7.96±0.16de	10.05±0.36b	9.38±0.35a
C	5.47±0.08a	6.65±0.07hi	8.56±0.16de	6.85±0.03e
D	5.53±0.1a	6.42±0.05g	7.88±0.07g	6.75±0.13e
E	5.64±0.08a	7.46±0.05de	8.55±0.14de	7.38±0.12d
F	5.46±0.1a	6.97±0.12e	8.48±0.16e	7.50±0.03d
G	5.56±0.08a	8.42±0.09b	9.77±0.13b	8.65±0.07b
H	5.53±0.11a	8.75±0.02b	10.06±0.22b	9.44±0.44a
I	5.62±0.09a	8.39±0.07cd	9.02±0.11cd	7.97±0.03c
J	5.46±0.1a	9.49±1.02b	9.95±0.73b	8.41±0.13b
K	5.51±0.1a	6.86±0.08fg	7.97±0.08fg	7.38±0.09d
L	5.64±0.14a	7.12±0.13ef	8.39±0.07ef	7.52±0.08d
M	5.46±0.1a	8.09±0.10b	9.66±0.36b	8.68±0.09b
N	5.61±0.09a	8.53±0.18a	10.99±0.43a	9.56±0.11a
CK	5.47±0.11a	6.02±0.23g	7.52±0.14g	6.60±0.20e

注：不同小写字母表示不同处理下的显著性差异($P<0.05$)(下同)。

(2)不同配方施肥对闽楠枝氮含量的影响

由表 4-15 可知，不同配方施肥处理下，闽楠枝氮含量总体呈现先上升后下降，在 3 月到 9 月氮含量持续增长，到 6 月，枝氮含量以施以 200g 氮肥的处理 N 最高，达到 7.79g/kg，比 CK 高出 10%。6 月至 9 月，枝氮含量持续增加，到 9 月时，施以氮肥处理组与处理 CK 之间存在显著性差异，其中处理 J 枝氮含量最高，达 8.82g/kg，比 CK 高出 17%。9 月到 12 月枝氮含量出现下降，到 12 月时，处理 J 的枝氮含量仍然最高，达 8.65g/kg，比 CK 高出 26%。氮肥施肥量为 200g 的处理 B、H、J、N 的氮含量大于施肥量为 100g 的处理 A、G、I、M，且均大于 CK。施以氮肥处理的枝氮含量与 CK 呈现显著性差异。

表 4-15　不同施肥处理下闽楠枝氮含量　　g/kg

处理	2018.03	2018.06	2018.09	2018.12
A	6.24±0.07a	7.15±0.08c	7.94±0.03def	7.82±0.09cd
B	6.38±0.11a	7.49±0.1b	8.41±0.2bc	8.28±0.11b
C	6.32±0.19a	6.97±0.08c	7.56±0.09g	7.26±0.03fg
D	6.26±0.13a	7.03±0.11c	7.68±0.16fg	7.37±0.08efg
E	6.36±0.23a	7.08±0.13c	7.73±0.03fg	7.18±0.11fgh
F	6.38±0.12a	7.16±0.21c	7.82±0.06defg	7.54±0.09def
G	6.43±0.15a	7.47±0.02b	7.94±0.09def	7.67±0.07cde

（续）

处理	2018.03	2018.06	2018.09	2018.12
H	6.35±0.09a	7.65±0.19ab	8.50±0.32ab	8.30±0.48ab
I	6.26±0.17a	7.42±0.12b	8.10±0.12cde	7.91±0.17cd
J	6.34±0.29a	7.57±0.08ab	8.82±0.32a	8.65±0.19a
K	6.24±0.04a	6.95±0.22c	7.64±0.14fg	7.10±0.15gh
L	6.24±0.11a	7.04±0.08c	7.76±0.27efg	6.82±0.10h
M	6.46±0.12a	7.55±0.19ab	8.13±0.19cd	7.96±0.21bc
N	6.19±0.04a	7.79±0.13a	8.67±0.15ab	8.30±0.33ab
CK	6.30±0.12a	7.05±0.21c	7.52±0.28g	6.86±0.28h

(3)不同配方施肥对闽楠干氮含量的影响

如表4-16所示，在不同配方施肥处理下，闽楠干氮含量呈现先下降后上升的现象，3月到6月干氮含量下降，干属于养分运输区域，此阶段，闽楠新生枝叶生长，树干积累的和根部吸收的氮被运输到枝叶供生长所需，致使干氮含量下降。到6月时，处理CK与各处理之间无显著性差异。6月到12月，氮含量持续上升，其中6月份到9月份期间，氮含量增长速度最快，至9月时，闽楠干氮含量大幅度增长，处理CK与施以氮肥处理组之间均存在着显著性差异，其中以处理B氮含量最高，达6.50g/kg，比CK高出16%。至12月份，施以氮肥处理的干氮含量明显高于未施氮肥处理组，其中施以200g氮肥处理的B、H、J和N的氮含量较高，分别是J>N>B>H，施以100g氮肥处理的A、G、I和M组，干氮含量同样高于未施氮肥的处理组。处理CK与施以氮肥处理组之间存在着显著性差异。

表4-16　不同施肥处理下闽楠干氮含量　　g/kg

处理	2018.03	2018.06	2018.09	2018.12
A	5.32±0.13a	5.18±0.01abc	6.16±0.1bcd	6.39±0.14c
B	5.26±0.16a	5.15±0.03abc	6.50±0.04a	6.77±0.13ab
C	5.46±0.14a	5.27±0.13a	6.01±0.15cd	6.16±0.07cd
D	5.42±0.19a	5.12±0.06abc	5.95±0.14cde	6.13±0.02d
E	5.31±0.10a	5.23±0.15ab	5.70±0.13f	6.02±0.08d
F	5.38±0.19a	5.03±0.05bc	6.09±0.12cd	6.22±0.17cd
G	5.38±0.17a	4.98±0.10c	6.34±0.12ab	6.68±0.18b
H	5.30±0.08a	4.98±0.17c	6.40±0.06a	6.77±0.02ab
I	5.23±0.23a	5.07±0.05abc	6.41±0.08a	6.67±0.11b
J	5.22±0.11a	5.19±0.2abc	6.46±0.17a	6.96±0.24a
K	5.33±0.20a	5.12±0.13abc	6.00±0.08cd	6.21±0.19cd
L	5.43±0.23a	5.22±0.13ab	5.74±0.16ef	6.13±0.12d
M	5.17±0.16a	5.07±0.15abc	6.18±0.12bc	6.67±0.13b
N	5.37±0.16a	5.02±0.12bc	5.94±0.21de	6.79±0.19ab
CK	5.43±0.22a	5.16±0.13abc	5.59±0.03f	6.00±0.07d

(4)不同配方施肥对闽楠叶氮含量的影响

如表 4-17 所示，不同施肥处理下闽楠叶氮含量总体增加，至 6 月，处理 J、F、M 与 CK 之间存在着显著性差异，分别为 J>F>M。6 月到 9 月期间，光照充足，光合作用强，需要较多的氮合成叶绿素及其他含氮有机物，叶氮含量增长速度最快，至 9 月时，施以 200g 氮肥的处理 J 氮含量最高，达 18. 94g/kg，比处理 CK 高出 10%。至 12 月，施以 200g 氮肥的处理 B、H、J、N 叶氮含量较高，且与处理 CK 之间存在显著性差异，分别是 J>N>H>B，其中处理 J 的氮含量达 19. 37g/kg，比 CK 高出 11%。施以 100g 氮肥的处理 A、G、I、M 的叶氮含量同样高于处理 CK，但与处理 CK 之间无显著性差异。其他处理组与处理 CK 之间无显著性差异。

表 4-17　不同施肥处理下闽楠叶氮含量　　g/kg

处理	2018. 03	2018. 06	2018. 09	2018. 12
A	15. 43±0. 36a	16. 69±0. 17abc	16. 90±0. 28e	17. 45±0. 24efg
B	15. 17±0. 06a	16. 54±0. 16bc	17. 49±0. 1cd	18. 11±0. 11cd
C	15. 26±0. 11a	16. 64±0. 15abc	16. 92±0. 21de	17. 14±0. 03g
D	15. 36±0. 24a	16. 65±0. 14abc	16. 91±0. 37de	17. 69±0. 37defg
E	15. 26±0. 07a	16. 10±0. 25d	17. 34±0. 22cde	17. 69±0. 19defg
F	15. 40±0. 04a	16. 88±0. 08ab	17. 46±0. 10cde	17. 78±0. 18def
G	15. 38±0. 16a	16. 36±0. 29cd	17. 36±0. 20cde	17. 80±0. 18def
H	15. 13±0. 16a	16. 38±0. 1cd	17. 78±0. 4bc	18. 45±0. 55bc
I	15. 42±0. 24a	16. 41±0. 1cd	17. 48±0. 22cde	17. 98±0. 27cde
J	15. 38±0. 17a	16. 96±0. 24a	18. 94±0. 77a	19. 37±0. 53a
K	15. 26±0. 27a	16. 44±0. 38cd	17. 27±0. 15cde	17. 41±0. 16efg
L	15. 25±0. 21a	16. 29±0. 12cd	16. 94±0. 04de	17. 31±0. 22fg
M	15. 44±0. 16a	16. 82±0. 11ab	17. 22±0. 21cde	17. 86±0. 23def
N	15. 44±0. 20a	16. 60±0. 2abc	18. 07±0. 29b	18. 88±0. 51ab
CK	15. 44±0. 15a	16. 39±0. 29cd	17. 21±0. 15cde	17. 42±0. 08efg

(5)不同配方施肥对土壤全氮含量影响

对闽楠幼林施以不同配方的肥料，其土壤全氮含量的变化波动较大，在施肥两个月后，进行施肥后第一次测定土壤中全氮含量，表 4-18 表明，3 月至 6 月，土壤中全氮含量出现大幅增加，至 6 月，施以氮肥的处理组，土壤中全氮含量高于未施氮肥的处理。施氮肥 200g 的处理的土壤全氮含量较高，均与 CK 之间存在显著性差异，土壤全氮含量高低排序分别是 B>J>H>N，其中处理 B 的土壤全氮含量达 2. 76g/kg，比 CK 高出 31%。施以 100g 氮肥处理的土壤全氮含量同样高于未施氮肥的处理组，分别为 I>A>G>M，其中，以处理 I 的氮含量最高达 2. 35g/kg，比处理 CK 高出 11%。6 月至 9 月，土壤全氮总体呈现下降之势，至 9 月份，整体情况基本与 6 月相似，同样以施氮肥的处理土壤全氮含量较未施氮肥的处理高，施 200g 氮肥的处理高于 100g 氮肥的处理，处理 B、H、J 与 CK 呈显著性差异。9月到12月，土壤全氮含量略有增长，至12月，土壤全氮含量最高为处理B，达2.40g/kg，比处理CK高出29%，施200g氮肥的处理B、H、J、N与CK呈显著性差异。3月到6月，土壤全氮含量增加，应是土壤施肥及枯枝落叶分解速度增加，致使土壤全氮含量增加。6月到9月期间土壤全氮含量下降，此阶段闽楠各部位氮含量增加，对氮需求较大，导致土壤全氮含量下降，9月到12月，闽楠对氮素吸收较缓，导致土壤全氮含量略有上升。

表 4-18 不同施肥处理下土壤全氮含量 g/kg

处理	2018.03	2018.06	2018.09	2018.12
A	1.75±0.01a	2.31±0.10cde	1.97±0.17bcd	2.04±0.16bcd
B	1.75±0.02a	2.76±0.10a	2.25±0.09a	2.40±0.18a
C	1.75±0.01a	2.13±0.08ef	1.84±0.04cd	2.02±0.06bcd
D	1.76±0.01a	2.15±0.12def	1.82±0.10cd	1.98±0.12bcd
E	1.75±0.02a	2.04±0.08f	1.88±0.07cd	1.86±0.07d
F	1.74±0.01a	2.03±0.03f	1.80±0.03d	1.83±0.11d
G	1.75±0.01a	2.30±0.10cde	1.97±0.11bcd	1.99±0.14bcd
H	1.76±0.01a	2.60±0.10ab	2.12±0.09ab	2.17±0.13b
I	1.74±0.01a	2.35±0.08cd	1.93±0.13cd	2.17±0.05b
J	1.74±0.02a	2.71±0.26a	2.18±0.03a	2.37±0.15a
K	1.74±0.01a	2.15±0.03def	1.83±0.06cd	1.96±0.02bcd
L	1.75±0.02a	2.03±0.11f	1.90±0.07cd	2.05±0.03bcd
M	1.75±0.01a	2.24±0.11cdef	1.86±0.10cd	1.90±0.14cd
N	1.75±0.02a	2.42±0.08bc	2.00±0.11bc	2.09±0.07bc
CK	1.75±0.01a	2.11±0.11ef	1.85±0.09cd	1.86±0.05d

4.2.2.2 不同配方施肥对磷含量变化的影响

(1)不同配方施肥对闽楠根磷含量的影响

所有处理中，闽楠根磷含量总体呈下降之势。如表4-19所示，在经过施肥处理后，到6月时，各处理下闽楠根磷含量均高于处理CK，其中处理G、H和M与处理CK之间呈显著性差异，处理G的根磷含量最高达0.724g/kg，比处理CK高4%。至9月时，以处理C磷含量最高，达0.716g/kg，比处理CK高出6%。其中，施以磷肥的处理C、D、G、H、I和N的根磷含量较高，均与处理CK呈显著性差异，施以氮肥且未施磷肥的处理A、B和I也与处理CK呈显著性差异，可能因为氮肥能够促进磷吸收。至12月，除处理E、F、K、L之外，其他处理组与CK之间存在显著性差异。

表 4-19　不同施肥处理下闽楠根磷含量　g/kg

处理	2018. 03	2018. 06	2018. 09	2018. 12
A	0. 725±0. 001a	0. 714±0. 012ab	0. 711±0. 014ab	0. 671±0. 011abcd
B	0. 725±0. 003a	0. 717±0. 008ab	0. 714±0. 007ab	0. 674±0. 007abc
C	0. 725±0. 014a	0. 718±0. 006ab	0. 716±0. 011a	0. 675±0. 005abc
D	0. 721±0. 04a	0. 718±0. 011ab	0. 715±0. 008a	0. 675±0. 003abc
E	0. 735±0. 004a	0. 704±0. 01ab	0. 687±0. 014abc	0. 663±0. 009cde
F	0. 726±0. 029a	0. 701±0. 018ab	0. 684±0. 01bc	0. 660±0. 007de
G	0. 726±0. 054a	0. 724±0. 008a	0. 710±0. 011ab	0. 681±0. 007a
H	0. 724±0. 001a	0. 721±0. 017a	0. 713±0. 017ab	0. 678±0. 001ab
I	0. 727±0. 076a	0. 712±0. 007ab	0. 707±0. 007ab	0. 670±0. 007abcd
J	0. 727±0. 047a	0. 712±0. 011ab	0. 704±0. 01abc	0. 670±0. 003abcd
K	0. 721±0. 035a	0. 707±0. 012ab	0. 702±0. 009abc	0. 665±0. 011bcde
L	0. 73±0. 024a	0. 702±0. 018ab	0. 700±0. 011abc	0. 660±0. 007de
M	0. 725±0. 021a	0. 723±0. 043a	0. 706±0. 026abc	0. 680±0. 006a
N	0. 725±0. 022a	0. 719±0. 036ab	0. 711±0. 036ab	0. 676±0. 004ab
CK	0. 727±0. 028a	0. 684±0. 002b	0. 677±0. 002c	0. 653±0. 002e

(2)不同配方施肥对闽楠枝磷含量的影响

闽楠枝磷含量在不同施肥处理下总体呈现先上升后下降的趋势，如表 4-20 所示，在 3 月至 9 月期间，枝磷含量持续增加。到 6 月时，以处理 M 的磷含量最高，达 1. 13g/kg，比处理 CK 高出 26%。处理 B、D、G、H、K、M 和 N 均与处理 CK 之间存在着显著性差异，但处理 N 的磷含量低于 CK。至 9 月，枝磷含量增长至最高，其中处理 G 的磷含量最高，达 1. 34g/kg，比处理 CK 高出 29%，其中施以 100g 磷肥的处理 C、G、K 和 M 的枝磷含量较高，分别为 G>M>C>K。施以 200g 磷肥的处理枝磷含量低于施以 100g 磷肥的处理，可能由于土壤磷浓度过高，抑制了闽楠对其吸收与在枝内的贮藏。9 月至 12 月期间，枝磷含量出现下降，至 12 月时，处理 H 的磷含量最高，达 1. 02g/kg，比处理 CK 高出 32%。其中施以氮磷肥配比处理的磷含量均高于只施钾肥的处理 E、F，所有施肥处理闽楠枝的磷含量均高于处理 CK，且与其存在显著性差异。

表 4-20　不同施肥处理下闽楠枝磷含量　g/kg

处理	2018. 03	2018. 06	2018. 09	2018. 12
A	0. 77±0. 02a	0. 96±0. 01de	1. 15±0. 01d	0. 91±0. 01cde
B	0. 76±0. 04a	0. 99±0. 02cd	1. 16±0. 01d	0. 94±0. 02bcd
C	0. 74±0. 05a	0. 96±0. 01de	1. 29±0. 01bc	0. 91±0. 01cde
D	0. 74±0. 05a	0. 99±0. 01cd	1. 02±0. 01f	0. 94±0. 01bcd
E	0. 78±0. 02a	0. 91±0. 01e	1. 03±0. 06f	0. 86±0. 01e
F	0. 74±0. 05a	0. 91±0. 01e	1. 05±0. 01f	0. 86±0. 01e

（续）

处理	2018.03	2018.06	2018.09	2018.12
G	0.74±0.04a	1.03±0.04bc	1.34±0.06b	0.98±0.04ab
H	0.75±0.01a	1.07±0.11b	1.27±0.02a	1.02±0.11a
I	0.75±0.05a	0.94±0.01de	1.07±0.01ef	0.89±0.01de
J	0.73±0.01a	0.96±0.05de	1.11±0.06de	0.91±0.05cde
K	0.74±0.01a	0.98±0.01cd	1.13±0.06de	0.93±0.01bcd
L	0.74±0.06a	0.97±0.01cde	1.24±0.02c	0.92±0.01bcde
M	0.75±0.05a	1.13±0.02a	1.32±0.02b	0.98±0.02ab
N	0.74±0.01a	0.82±0.00f	1.28±0.06bc	0.95±0.01bc
CK	0.73±0.01a	0.90±0.01e	1.04±0.00f	0.77±0.00f

（3）不同配方施肥对闽楠干磷含量的影响

如表4-21所示，不同施肥处理下，闽楠干磷含量总体呈现先上升后下降的趋势，在3月到9月期间，干磷含量持续增长。至6月时，其中处理B、H、N和M的磷含量较高，分别为H>N>M>B，处理H磷含量达0.63g/kg，比处理CK高出43%。且与CK间存在显著性差异。至9月时，各处理下闽楠干磷含量达到最高，以处理C的干磷含量最高，达0.71g/kg，比处理CK高3%。9月至12月期间，闽楠干磷含量持续下降，至12月时，以处理B、G、H、M和N的干磷含量较高，分别为H>G>N=M>B，且与处理CK间存在着显著性差异，其中处理H干磷含量达0.60g/kg，比之处理CK高出20%，表明氮肥能够促进磷的吸收。

表4-21　不同施肥处理下闽楠干磷含量　　g/kg

处理	2018.03	2018.06	2018.09	2018.12
A	0.37±0.02a	0.43±0.03e	0.53±0.01de	0.50±0.01e
B	0.37±0.02a	0.53±0.03b	0.64±0.01c	0.56±0.01abcd
C	0.37±0.01a	0.43±0.00e	0.71±0.01a	0.53±0.06bcde
D	0.38±0.03a	0.44±0.01e	0.65±0.00bc	0.54±0.05bcde
E	0.39±0.02a	0.44±0.02e	0.63±0.00c	0.50±0.03e
F	0.38±0.03a	0.44±0.03e	0.67±0.01bc	0.51±0.03de
G	0.37±0.03a	0.45±0.00e	0.69±0.06ab	0.58±0.01ab
H	0.36±0.01a	0.63±0.00a	0.69±0.02ab	0.60±0.02a
I	0.39±0.05a	0.49±0.01c	0.57±0.02d	0.51±0.00e
J	0.38±0.05a	0.40±0.01f	0.55±0.04de	0.52±0.02cde
K	0.37±0.04a	0.46±0.01de	0.52±0.03e	0.51±0de
L	0.37±0.03a	0.48±0.01cd	0.56±0.00de	0.52±0.01de
M	0.38±0.03a	0.54±0.01b	0.67±0.00abc	0.57±0.01ab
N	0.39±0.02a	0.56±0.02b	0.64±0.01c	0.57±0.02abc
CK	0.38±0.04a	0.44±0.01e	0.69±0.01ab	0.50±0.02e

(4)不同配方施肥对闽楠叶磷含量的影响

如表 4-22 所示，不同施肥处理下叶磷含量持续上升。6 月至 9 月期间，部分处理下叶部磷含量出现大幅增长，到 9 月，处理 E、F、M 和 N 的叶磷含量较高，分别为 F>E=M>N，与处理 CK 存在显著性差异。到 12 月时，施以氮、磷混合肥的处理 G、H、M 和 N 的叶磷含量较高，分别为 H>M>G>N，且与处理 CK 之间存在着显著性差异，处理 H 的叶部磷含量达 1.16g/kg，比处理 CK 高出 14%。到 12 月时，施氮磷混合肥的处理 G、H 与单施磷肥的处理 C、D 之间存在显著性差异，说明氮磷肥对闽楠叶磷元素的吸收有协同作用。

表 4-22　不同施肥处理下闽楠叶磷含量　　g/kg

处理	2018.03	2018.06	2018.09	2018.12
A	0.76±0.04a	0.81±0.05cd	0.98±0.01c	1.09±0.02cd
B	0.77±0.02a	0.84±0.01b	0.93±0.01de	1.03±0.01efg
C	0.75±0.03a	0.79±0.01d	0.92±0.02de	1.08±0.06cd
D	0.75±0.03a	0.84±0.01bc	0.91±0.01e	1.08±0.01cd
E	0.77±0.01a	0.78±0.01d	1.02±0.00ab	1.01±0.00g
F	0.77±0.02a	0.83±0.01bc	1.05±0.01a	1.01±0.01fg
G	0.77±0.02a	0.78±0.01d	0.92±0.02de	1.13±0.01ab
H	0.75±0.01a	0.86±0.01a	0.94±0.01d	1.16±0.00a
I	0.76±0.02a	0.78±0.01d	0.94±0.02d	1.06±0.01de
J	0.76±0.00a	0.78±0.01d	0.87±0.01f	1.05±0.01def
K	0.76±0.01a	0.81±0.01cd	0.92±0.01de	1.06±0.01de
L	0.74±0.02a	0.85±0.01b	0.93±0.05de	1.04±0.00efg
M	0.75±0.03a	0.84±0.02bc	1.02±0.01ab	1.14±0.02ab
N	0.76±0.04a	0.84±0.00b	1.01±0.01b	1.12±0.04bc
CK	0.74±0.05a	0.86±0.01b	0.92±0.00de	1.02±0.01fg

综上所述，不同施肥处理下闽楠各部位磷含量不同，根磷含量在 N2、P2、K2 水平上即处理 M 下根磷含量最高；枝磷含量在 N3、P3、K2 水平上即在处理 H 下枝磷含量最高；干磷含量在 N3、P3、K1 水平上即处理 H 下最高；叶磷含量在 N2、P2、K1 水平上即处理 G 最高。

(5)不同配方施肥对土壤全磷含量影响

由表 4-23 可知，3 月到 6 月，施以磷肥的处理组，土壤全磷含量均增加，未施磷肥的处理，土壤全磷含量略有降低，至 6 月时，施以磷肥处理的土壤全磷含量均大于未施磷肥的处理组，且与 CK 之间存在着显著性差异。其中以处理 M 的土壤全磷含量最高，达 0.114g/kg，比处理 CK 高出 36%。6 月至 12 月，土壤全磷含量持续下降，施以磷肥处理组的全磷含量均高于未施磷肥的处理组。至 12 月份时，施以磷肥的处理组与处理 CK 之间均存在着显著性差异，其中以处理 M 的土壤全磷含量最高，达 0.109g/kg，比处理 CK 高出 51%。

表 4-23　不同施肥处理下土壤全磷含量　g/kg

处理	2018.03	2018.06	2018.09	2018.12
A	0.086±0.00ab	0.083±0.000hi	0.082±0.001f	0.080±0.001f
B	0.083±0.001b	0.082±0.001i	0.079±0.001g	0.071±0.001h
C	0.085±0.001ab	0.095±0.001f	0.093±0.001d	0.089±0.000d
D	0.086±0.005ab	0.102±0.001d	0.100±0.001b	0.099±0.001b
E	0.085±0.001ab	0.084±0.001h	0.08±0.001fg	0.080±0.000f
F	0.086±0.000ab	0.085±0.001h	0.083±0.003f	0.076±0.001g
G	0.086±0.001ab	0.089±0.000g	0.086±0.002e	0.078±0.000f
H	0.086±0.001ab	0.105±0.001c	0.101±0.000b	0.098±0.002b
I	0.085±0.002ab	0.082±0.003i	0.082±0.000f	0.078±0.001fg
J	0.086±0.001ab	0.083±0.001hi	0.085±0.001e	0.079±0.001f
K	0.087±0.001a	0.110±0.000b	0.102±0.001b	0.093±0.001c
L	0.086±0.001ab	0.098±0.003e	0.093±0.000d	0.083±0.001e
M	0.085±0.002ab	0.114±0.001a	0.112±0.000a	0.109±0.003a
N	0.084±0.005ab	0.101±0.000d	0.097±0.001c	0.095±0.001c
CK	0.086±0.000ab	0.084±0.000hi	0.081±0.002fg	0.072±0.000h

4.2.2.3 不同配方施肥对钾含量变化的影响

(1)不同配方施肥对闽楠根钾含量的影响

不同配方施肥对闽楠根钾含量的影响总体呈现先上升后下降的趋势，由表 4-24 可知，3 月到 6 月，闽楠根钾含量整体上升，至 6 月时，达到最高值。施以 100g 钾或钾混合肥的处理 E、I、K 和 M 的含量较高，且与 CK 存在着显著性差异，分别为 K=E>I=M，其中 K、E 的含量达 7.15g/kg，比 CK 高出 5%。6 月到 12 月期间，根钾含量开始下降，至 9 月时，处理 E、F 和 K 的含量较高，且与 CK 之间存在着显著性差异，分别为 E>K>F，处理 E 的根钾含量达 6.75g/kg，比 CK 高出 3%。至 12 月时，施以 100g 钾肥的处理 E、I、K、M 的根钾含量较高，分别为 E>K>M>I，且均与处理 CK 呈显著性差异，其中，以处理 E 的钾含量最高，达 6.58g/kg，比处理 CK 高出 8%。

表 4-24　不同施肥处理下闽楠根钾含量　g/kg

处理	2018.03	2018.06	2018.09	2018.12
A	6.58±0.04a	6.84±0.06b	6.51±0.04cd	6.12±0.03ef
B	6.49±0.09a	6.91±0.09b	6.50±0.09cde	6.17±0.06de
C	6.68±0.18a	6.89±0.04b	6.36±0.13ef	6.14±0.08ef
D	6.60±0.29a	6.73±0.11cd	6.49±0.04cde	6.24±0.04cd
E	6.68±0.20a	7.15±0.01a	6.75±0.04a	6.58±0.07a
F	6.67±0.20a	6.92±0.07b	6.71±0.07a	6.31±0.04c
G	6.64±0.18a	6.86±0.03b	6.34±0.11f	6.13±0.02ef

（续）

处理	2018. 03	2018. 06	2018. 09	2018. 12
H	6. 53±0. 19a	6. 88±0. 07b	6. 37±0. 06def	6. 13±0. 05ef
I	6. 57±0. 17a	7. 12±0. 06a	6. 67±0. 04ab	6. 40±0. 02b
J	6. 56±0. 28a	6. 81±0. 07bc	6. 56±0. 05bc	6. 28±0. 03c
K	6. 68±0. 31a	7. 15±0. 04a	6. 74±0. 02a	6. 46±0. 05b
L	6. 54±0. 33a	6. 42±0. 04e	6. 34±0. 10f	6. 07±0. 06f
M	6. 66±0. 33a	7. 12±0. 07a	6. 66±0. 08ab	6. 41±0. 04b
N	6. 55±0. 22a	6. 64±0. 04d	6. 40±0. 12def	6. 10±0. 04ef
CK	6. 52±0. 19a	6. 84±0. 03b	6. 57±0. 03bc	6. 10±0. 04ef

(2)不同配方施肥对闽楠枝钾含量的影响

通过表 4-25 可得，不同施肥处理下，闽楠枝钾含量总体呈现先上升后下降的趋势，3 月到 9 月期间，枝钾含量持续上升。至 6 月时，施以 100g 钾肥的处理 E、I、K、M 的闽楠枝钾含量较高，分别为 I>E>M>K，且均与处理 CK 间存在显著性差异，其中，以处理 I 的钾含量最高，达 8. 27g/kg，比处理 CK 高出 4%。到 9 月时，闽楠枝钾含量达最高，以施以 100g 钾肥处理的枝钾含量较高，且均与处理 CK 间存在显著性差异，其中 E>I>M>K，处理 E 的钾含量达 8. 63g/kg，比 CK 高出 6%。9 月至 12 月，枝钾含量出现大幅下降，到 12 月时，仍以施以 100g 钾肥处理的钾含量较高，各施肥处理组均与处理 CK 间存在显著性差异，CK 的钾含量在所有试验组中最低。

表 4-25　不同施肥处理下闽楠枝钾含量　　g/kg

处理	2018. 03	2018. 06	2018. 09	2018. 12
A	7. 87±0. 04a	7. 99±0. 03d	8. 15±0. 03gh	7. 86±0. 04bcde
B	7. 77±0. 02a	8. 00±0. 03d	8. 20±0. 04fg	7. 81±0. 01e
C	7. 93±0. 10a	7. 97±0. 03d	8. 16±0. 03gh	7. 83±0. 1de
D	7. 89±0. 07a	8. 10±0. 01c	8. 24±0. 04ef	7. 84±0. 03de
E	7. 79±0. 05a	8. 21±0. 03b	8. 63±0. 05a	7. 96±0. 01ab
F	7. 75±0. 20a	7. 96±0. 01d	8. 33±0. 01d	7. 83±0. 04de
G	7. 74±0. 12a	7. 98±0. 03d	8. 14±0. 03gh	7. 84±0. 02de
H	7. 74±0. 05a	7. 94±0. 03d	8. 12±0. 02h	7. 86±0. 01bcde
I	7. 76±0. 31a	8. 27±0. 03a	8. 59±0. 01a	7. 94±0. 03abcd
J	7. 84±0. 14a	8. 10±0. 04c	8. 41±0. 04c	7. 85±0. 03cde
K	7. 93±0. 06a	8. 16±0. 01b	8. 48±0. 02b	7. 96±0. 01abc
L	7. 71±0. 06a	7. 97±0. 02d	8. 31±0. 05d	7. 81±0. 12e
M	7. 90±0. 06a	8. 20±0. 03b	8. 50±0. 04b	7. 98±0. 09a
N	7. 78±0. 10a	7. 96±0. 05d	8. 29±0. 01de	7. 87±0. 07bcde
CK	7. 83±0. 19a	7. 96±0. 07d	8. 14±0. 02gh	7. 68±0. 07f

(3)不同配方施肥对闽楠干钾含量的影响

不同施肥处理对闽楠干钾含量的影响波动较大，由表4-26可知，3月至6月，干钾含量下降，至6月时，施以钾肥处理组(除处理K外)的干钾含量均高于CK，且与处理CK之间存在着显著性差异，其中，以处理F的钾含量最高，达4. 58g/kg，比CK高出6%。6月至9月期间，干钾含量上升至最高，以处理F、J、N含量较高，且均与处理CK之间存在着显著性差异，分别为F>J=N，其中，以处理F的干钾含量最高，达4. 72g/kg，比CK高出4%。9月至12月，干钾含量下降，到12月时，施以钾肥的处理干钾含量与处理CK之间存在着显著性差异，其中，施以200g钾肥的处理F、I、K的含量和处理N的含量较高，分别为N>F>K>I，其中，处理N的干钾含量达4. 35g/kg，比CK高出5%。

表4-26　不同施肥处理下闽楠干钾含量 g/kg

处理	2018. 03	2018. 06	2018. 09	2018. 12
A	4. 55±0. 02a	4. 28±0. 05f	4. 55±0. 03def	4. 13±0. 03g
B	4. 53±0. 02a	4. 3±0. 06ef	4. 55±0. 03def	4. 18±0. 06fg
C	4. 54±0. 04a	4. 31±0. 06ef	4. 56±0. 03def	4. 18±0. 02fg
D	4. 56±0. 03a	4. 28±0. 02f	4. 52±0. 02ef	4. 20±0. 01ef
E	4. 54±0. 01a	4. 45±0. 01bc	4. 63±0. 04bc	4. 22±0. 02def
F	4. 54±0. 04a	4. 58±0. 04a	4. 72±0. 04a	4. 34±0. 04ab
G	4. 6±0. 03a	4. 31±0. 07ef	4. 58±0. 00cd	4. 24±0. 03def
H	4. 58±0. 02a	4. 43±0. 02bcd	4. 56±0. 04de	4. 23±0. 04def
I	4. 57±0. 03a	4. 46±0. 03bc	4. 65±0. 01b	4. 28±0. 04bcd
J	4. 57±0. 02a	4. 47±0. 02b	4. 71±0. 04a	4. 27±0. 03cd
K	4. 55±0. 05a	4. 36±0. 02de	4. 63±0. 03bc	4. 31±0. 01abc
L	4. 56±0. 09a	4. 44±0. 02bc	4. 50±0. 03f	4. 25±0. 03de
M	4. 56±0. 02a	4. 39±0. 02cd	4. 61±0. 03bcd	4. 22±0. 03def
N	4. 58±0. 01a	4. 46±0. 04bc	4. 71±0. 01a	4. 35±0. 04a
CK	4. 59±0. 01a	4. 31±0. 03ef	4. 56±0. 03def	4. 13±0. 01g

(4)不同配方施肥对闽楠叶钾含量的影响

如表4-27所示，3月到9月期间，叶钾含量持续增长。到6月时，处理I、L的叶钾含量与处理CK之间存在显著性差异，钾含量最高为处理L，达8. 24g/kg，比CK高出6%。到9月时闽楠叶钾含量增加到最高值，各处理组之间叶钾含量无显著性差异。9月至12月，叶钾含量出现下降，施以钾肥的处理组与处理CK之间存在着显著性差异，且施以200g钾肥处理F、J、L的叶钾含量和100g钾肥处理N的叶钾含量较高，分别为F>J>N>L，其中，处理F的钾含量达8. 44g/kg，比处理CK高出4%。

表 4-27　不同施肥处理下闽楠叶钾含量　g/kg

处理	2018.03	2018.06	2018.09	2018.12
A	7.30±0.13a	7.75±0.27bcd	8.53±0.31ab	8.16±0.01ef
B	7.39±0.13a	7.61±0.31d	8.35±0.29b	8.17±0.03def
C	7.18±0.16a	7.81±0.29bcd	8.44±0.28ab	8.21±0.02d
D	7.27±0.12a	7.72±0.29bcd	8.42±0.30ab	8.12±0.01f
E	7.39±0.13a	8.03±0.09abc	8.76±0.11ab	8.29±0.03c
F	7.18±0.16a	8.12±0.10ab	8.61±0.09ab	8.44±0.03a
G	7.28±0.13a	7.71±0.30cd	8.52±0.29ab	8.20±0.02de
H	7.39±0.10a	7.63±0.29cd	8.45±0.30ab	8.17±0.04def
I	7.18±0.13a	8.24±0.09a	8.67±0.10ab	8.30±0.05c
J	7.39±0.10a	8.13±0.09ab	8.65±0.09ab	8.40±0.01ab
K	7.29±0.14a	8.02±0.11abcd	8.78±0.09a	8.27±0.00c
L	7.38±0.09a	8.24±0.11a	8.66±0.11ab	8.38±0.03b
M	7.18±0.12a	8.03±0.11abc	8.66±0.1ab	8.29±0.02c
N	7.39±0.10a	8.13±0.11ab	8.71±0.09ab	8.40±0.03ab
CK	7.38±0.11a	7.75±0.29bcd	8.56±0.30ab	8.12±0.00f

综上所述，不同施肥处理对闽楠不同器官钾含量的影响不同，根钾含量在 N1、P1、K2 水平上即处理 E 下含量最高；枝钾含量在 N2、P2、K2 水平上即处理 M 下含量最高；干钾含量在 N3、P2、K3 水平上含量最高，K2 和 K3 水平上无显著性差异，在本实验中以处理 N 干钾含量最高；叶钾含量在 N3、P1、K3 水平上即处理 J 下含量最高。

(5)不同配方施肥对土壤全钾含量影响

不同配方处理下，土壤全钾含量如表 4-28 所示，在 3 月到 6 月期间，土壤全钾含量上升，至 6 月时土壤全钾含量上升至最高，以施以 200g 钾肥的处理 F、J、L 含量较高，且与处理 CK 之间存在着显著性差异，分别为 L>J>F，以处理 L 的土壤全钾含量达 0.167g/kg，比 CK 高出 12%。6 月至 9 月期间，土壤全钾含量下降，到 9 月时，施以钾肥处理的土壤全钾含量均与处理 CK 之间存在着显著性差异，以处理 K 的土壤全钾含量最高，达 0.153g/kg，比处理 CK 高出 17%。9 月至 12 月期间，施以 100g 钾肥的处理组 E、I、K 和 M 的土壤全钾含量下降，其余处理组土壤全钾含量上升，到 12 月时，施以 200g 钾肥的处理 F、J、L、N 的土壤全钾含量较高，且均与处理 CK 之间存在着显著性差异，分别为 F>J=L>N，其中，以处理 F 的土壤全钾含量最高，达 0.159g/kg，较之处理 CK 高出 19%。

表 4-28　不同施肥处理下土壤全钾含量　g/kg

处理	2018.03	2018.06	2018.09	2018.12
A	0.131±0.005a	0.141±0.001ef	0.127±0.008d	0.133±0.010c
B	0.125±0.010a	0.140±0.005f	0.131±0.005d	0.136±0.006c
C	0.126±0.012a	0.143±0.007ef	0.135±0.008cd	0.136±0.006c

（续）

处理	2018. 03	2018. 06	2018. 09	2018. 12
D	0. 130±0. 004a	0. 141±0. 007ef	0. 132±0. 005d	0. 135±0. 005c
E	0. 131±0. 004a	0. 148±0. 005cdef	0. 149±0. 005ab	0. 144±0. 001bc
F	0. 130±0. 001a	0. 161±0. 002ab	0. 145±0. 004ab	0. 159±0. 012a
G	0. 131±0. 006a	0. 145±0. 010def	0. 131±0. 006d	0. 135±0. 010c
H	0. 131±0. 011a	0. 145±0. 008def	0. 135±0. 006cd	0. 134±0. 002c
I	0. 128±0. 014a	0. 153±0. 003bcde	0. 152±0. 004ab	0. 146±0. 003abc
J	0. 128±0. 009a	0. 163±0. 006ab	0. 142±0. 002bc	0. 154±0. 007ab
K	0. 132±0. 006a	0. 157±0. 007abcd	0. 153±0. 004a	0. 144±0. 009bc
L	0. 126±0. 007a	0. 167±0. 006a	0. 147±0. 002ab	0. 154±0. 004ab
M	0. 131±0. 005a	0. 157±0. 005abc	0. 151±0. 008ab	0. 143±0. 010bc
N	0. 132±0. 004a	0. 155±0. 004bcd	0. 146±0. 003ab	0. 152±0. 007ab
CK	0. 131±0. 011a	0. 149±0. 010cdef	0. 131±0. 004d	0. 134±0. 007c

4. 2. 2. 4　不同配方施肥对钙含量变化的影响

(1) 不同配方施肥对闽楠根钙含量的影响

如表 4-29 所示，不同施肥处理下闽楠根钙含量变化。3 月到 6 月期间，施以钙镁磷肥的处理组的根钙含量有所上升，未施钙镁磷肥的处理组钙含量有所下降，各处理组之间与处理 CK 之间无显著性差异。6 月到 9 月期间，根钙含量总体上升且增加速度最快。至 9 月时，施以 200g 钙镁磷肥的处理 D、H、L 的钙含量较高，分别为 H>D>L，且与处理 CK 之间存在着显著性差异，其中，处理 H 的根钙含量达 3. 79g/kg，比处理 CK 高出 13%。至 12 月时，以处理 D、G、H、K、L 的根钙含量较高且与处理 CK 之间存在着显著性差异，分别为 H>D>L>G=K，以处理 H 的根钙含量最高，达 3. 87g/kg，比处理 CK 高出 8%。

表 4-29　不同施肥处理下闽楠根钙含量　　g/kg

处理	2018. 03	2018. 06	2018. 09	2018. 12
A	3. 46±0. 09a	3. 30±0. 10c	3. 33±0. 10d	3. 65±0. 04de
B	3. 44±0. 10a	3. 37±0. 11abc	3. 38±0. 12d	3. 63±0. 02de
C	3. 46±0. 06a	3. 45±0. 06abc	3. 62±0. 11ab	3. 73±0. 12bcde
D	3. 49±0. 15a	3. 55±0. 06a	3. 77±0. 06a	3. 85±0. 02ab
E	3. 45±0. 09a	3. 32±0. 13c	3. 41±0. 16cd	3. 62±0. 01de
F	3. 44±0. 08a	3. 36±0. 09abc	3. 46±0. 11bcd	3. 65±0. 02de
G	3. 46±0. 10a	3. 49±0. 09abc	3. 62±0. 05ab	3. 74±0. 09bcd
H	3. 33±0. 07a	3. 48±0. 16abc	3. 79±0. 05a	3. 87±0. 03a
I	3. 45±0. 10a	3. 34±0. 13bc	3. 33±0. 08d	3. 60±0. 07e
J	3. 48±0. 14a	3. 29±0. 16c	3. 41±0. 11cd	3. 61±0. 07de
K	3. 34±0. 09a	3. 46±0. 11abc	3. 63±0. 05ab	3. 74±0. 07bcd

（续）

处理	2018.03	2018.06	2018.09	2018.12
L	3.47±0.06a	3.55±0.12ab	3.75±0.03a	3.84±0.04abc
M	3.42±0.10a	3.43±0.03abc	3.60±0.08abc	3.72±0.09cde
N	3.46±0.03a	3.46±0.07abc	3.62±0.09ab	3.72±0.11cde
CK	3.48±0.02a	3.36±0.08abc	3.34±0.21d	3.60±0.09e

(2)不同配方施肥对闽楠枝钙含量的影响

不同配方施肥处理下，闽楠枝钙含量总体呈下降之势，如表4-30所示。3月到12月期间，闽楠枝钙含量大幅下降。至6月和9月时，施以200g钙镁磷肥的处理D、H、L的枝钙含量较高且与处理CK之间存在着显著性差异，分别为D>H>L，9月时，处理D的枝钙含量5.84g/kg，比处理CK高出5%。至12月时，同样以施200g的钙镁磷肥的处理D、H、L含量较高，且与处理CK之间存在着显著性差异，分别为L>H>D，其中，处理L的枝钙含量达到5.46g/kg，比CK高出5%。

表4-30 不同施肥处理下闽楠枝钙含量 g/kg

处理	2018.03	2018.06	2018.09	2018.12
A	6.07±0.10a	5.66±0.10bc	5.50±0.10de	5.16±0.13cde
B	6.12±0.11a	5.65±0.11bc	5.56±0.14cde	5.16±0.11bcde
C	6.13±0.10a	5.73±0.10abc	5.71±0.1abcd	5.38±0.09ab
D	6.10±0.07a	5.89±0.09a	5.84±0.13a	5.42±0.11a
E	6.09±0.08a	5.65±0.07c	5.55±0.08cde	5.13±0.08de
F	6.15±0.09a	5.64±0.12c	5.54±0.11cde	5.20±0.22bcde
G	6.11±0.11a	5.76±0.12abc	5.41±0.08e	5.31±0.09abcde
H	6.13±0.12a	5.87±0.09a	5.83±0.12ab	5.44±0.10a
I	6.06±0.07a	5.67±0.09bc	5.55±0.11cde	5.15±0.07de
J	6.11±0.11a	5.66±0.09bc	5.63±0.10bcd	5.12±0.07e
K	6.11±0.07a	5.77±0.12abc	5.73±0.12abc	5.35±0.14abcd
L	6.14±0.08a	5.84±0.06ab	5.82±0.11ab	5.46±0.08a
M	6.16±0.12a	5.75±0.05abc	5.73±0.09abc	5.38±0.10abc
N	6.13±0.13a	5.72±0.12abc	5.71±0.07abcd	5.32±0.10abcde
CK	6.17±0.04a	5.65±0.07c	5.55±0.15cde	5.18±0.10bcde

(3)不同配方施肥对闽楠干钙含量的影响

不同施肥处理下，闽楠干钙含量如表4-31所示。3月到6月期间，干钙含量急剧下降至最低值，至6月时，以施以200g钙镁磷肥的处理D、H、L的干钙含量居高，且与处理CK之间存在显著性差异，分别为H=L>D，其中处理H的钙含量达5.22g/kg，比处理CK高出7%。6月到9月期间，干钙含量开始增加，至9月时，各处理组与处理CK之间无显著性差异。9月至12月期间，施以200g钙镁磷肥的处理D、H、L的干钙含量出现小幅增加，其他处理的干钙含量均下降。到12月时，施以钙镁磷肥的处理均与处理CK之间存在着显著性差异。处理H和L的钙含量居高，达5.89g/kg，比处理CK高出8%。

表 4-31　不同施肥处理下闽楠干钙含量　　g/kg

处理	2018. 03	2018. 06	2018. 09	2018. 12
A	5. 36±0. 11a	4. 86±0. 07c	5. 76±0. 10ab	5. 48±0. 10c
B	5. 36±0. 13a	4. 78±0. 10c	5. 73±0. 11ab	5. 43±0. 07c
C	5. 40±0. 18a	4. 95±0. 03abc	5. 78±0. 19ab	5. 68±0. 05b
D	5. 33±0. 18a	5. 19±0. 23ab	5. 83±0. 03a	5. 87±0. 10a
E	5. 35±0. 10a	4. 81±0. 10c	5. 78±0. 03ab	5. 45±0. 08c
F	5. 32±0. 17a	4. 80±0. 14c	5. 60±0. 10b	5. 44±0. 07c
G	5. 24±0. 30a	4. 91±0. 02bc	5. 75±0. 07ab	5. 69±0. 08b
H	5. 26±0. 28a	5. 22±0. 34a	5. 79±0. 10ab	5. 89±0. 08a
I	5. 34±0. 09a	4. 87±0. 04c	5. 76±0. 08ab	5. 45±0. 12c
J	5. 30±0. 02a	4. 83±0. 14c	5. 72±0. 18ab	5. 46±0. 07c
K	5. 46±0. 15a	4. 99±0. 1abc	5. 72±0. 04ab	5. 66±0. 06b
L	5. 43±0. 09a	5. 22±0. 26a	5. 83±0. 01a	5. 89±0. 05a
M	5. 38±0. 03a	4. 97±0. 14abc	5. 72±0. 10ab	5. 71±0. 03b
N	5. 28±0. 03a	5. 00±0. 13abc	5. 85±0. 12a	5. 67±0. 07b
CK	5. 38±0. 19a	4. 87±0. 12c	5. 75±0. 10ab	5. 44±0. 13c

(4)不同配方施肥对闽楠叶钙含量的影响

在不同施肥处理下，闽楠叶钙含量如表 4-32 所示。3 月到 6 月期间，叶钙含量呈增长之势，至 6 月时，施以 200g 钙镁磷肥的处理 D、H、L 的叶钙含量较高，且与处理 CK 之间存在显著性差异，分别为 D=H>L，其中，以处理 D、H 的钙含量最高，达 6. 96g/kg，比 CK 高出 3%。6 月到 9 月期间，叶钙含量出现大幅下降，到 9 月时，钙含量降至最低，同样以处理 D、H、L 的含量较高，且与处理 CK 之间存在显著性差异，其中 H=L>D。9 月到 12 月期间，叶钙含量大幅上升，至 12 月时，施以 200g 钙镁磷肥处理 D、L、H 的钙含量较高，且与 CK 之间存在显著性差异，分别为 L=H>D，其中，处理 L、H 的钙含量达 7. 14g/kg，比处理 CK 高出 4%。

表 4-32　不同施肥处理下闽楠叶钙含量　　g/kg

处理	2018. 03	2018. 06	2018. 09	2018. 12
A	6. 63±0. 11a	6. 76±0. 08cde	6. 42±0. 10c	7. 00±0. 09abcd
B	6. 57±0. 04a	6. 66±0. 08e	6. 46±0. 12c	6. 96±0. 10abcd
C	6. 63±0. 22a	6. 87±0. 02abc	6. 54±0. 08abc	7. 04±0. 10abc
D	6. 65±0. 09a	6. 96±0. 03a	6. 68±0. 08ab	7. 12±0. 06ab
E	6. 61±0. 10a	6. 74±0. 10cde	6. 44±0. 10c	6. 92±0. 13cd
F	6. 71±0. 06a	6. 73±0. 06cde	6. 46±0. 12bc	6. 94±0. 1bcd
G	6. 64±0. 09a	6. 84±0. 03abcd	6. 56±0. 12abc	7. 07±0. 11abc
H	6. 65±0. 03a	6. 96±0. 19a	6. 70±0. 11a	7. 14±0. 02a

（续）

处理	2018.03	2018.06	2018.09	2018.12
I	6.61±0.05a	6.78±0.08bcde	6.46±0.18bc	6.95±0.06abcd
J	6.62±0.13a	6.68±0.11de	6.40±0.04c	6.97±0.07abcd
K	6.56±0.11a	6.84±0.12abcd	6.54±0.12abc	7.02±0.08abcd
L	6.56±0.11a	6.93±0.06ab	6.70±0.11a	7.14±0.09a
M	6.65±0.10a	6.86±0.05abc	6.57±0.09abc	7.03±0.07abcd
N	6.56±0.01a	6.82±0.06abcde	6.54±0.13abc	7.03±0.16abc
CK	6.73±0.22a	6.75±0.06cde	6.40±0.17c	6.85±0.09d

综上所述，不同施肥处理下闽楠不同器官钙含量表现不同，根、枝、干钙含量均在 N1、P3、K1 水平上最高，主要由于钙元素存在于钙镁磷肥中，氮钾肥对钙含量几乎没有影响；叶钙含量在 N3、P3、K1 水平上最高，可能由于氮肥与磷肥作用有一定的协同性，影响了钙的吸收和叶钙含量。

(5)不同配方施肥对土壤钙含量影响

不同施肥处理对土壤钙含量的影响如表 4-33 所示，在 3 月到 6 月期间，土壤钙含量整体增加，至 6 月时，施以钙镁磷肥的处理组均与处理 CK 之间存在着显著性差异，施以 200g 钙镁磷肥的处理 D、L、H 的土壤钙含量较高，分别为 L>H=D，处理 L 的钙含量达 0.40g/kg，比处理 CK 高出 13%。6 月到 9 月期间，土壤钙含量出现大幅下降，至 9 月时，施以钙镁磷肥处理组(除处理 M、N 外)的土壤钙含量与处理 CK 之间存在显著性差异。施以 200g 钙镁磷肥处理组的土壤钙含量较高，大小为 H>D=L，其中处理 H 的土壤钙含量达 0.33g/kg，比处理 CK 高出 17.9%。9 月到 12 月期间，土壤钙含量均出现增长，到 12 月时，施以 200g 钙镁磷肥的处理 H、L、D 的钙含量较高且与处理 CK 之间存在显著性差异，施以 100g 钙镁磷肥的处理 C、G、K、M 和 N 的土壤钙含量均高于未施钙镁磷肥的处理组，但与处理 CK 之间差异不显著。3 月到 6 月，土壤钙含量增加，由于施入磷肥中含有钙元素所致；其他月份土壤钙含量的变化，应与地上植被对钙的吸收利用及土壤和枯枝落叶分解与释放的不同节律有关。

表 4-33　不同施肥处理下土壤钙含量　　g/kg

处理	2018.03	2018.06	2018.09	2018.12
A	0.27±0.00a	0.35±0.01c	0.28±0.01de	0.33±0.02b
B	0.26±0.01a	0.35±0.01c	0.28±0.01de	0.33±0.02b
C	0.26±0.01a	0.37±0.01b	0.30±0.01bc	0.35±0.01b
D	0.26±0.02a	0.39±0.01ab	0.32±0.01ab	0.38±0.01a
E	0.26±0.01a	0.35±0.01c	0.28±0.01de	0.33±0.02b
F	0.26±0.00a	0.34±0.02c	0.28±0.01de	0.33±0.02b
G	0.26±0.00a	0.37±0.01b	0.30±0.00cd	0.35±0.01b
H	0.26±0.01a	0.39±0.01ab	0.33±0.01a	0.38±0.01a

（续）

处理	2018.03	2018.06	2018.09	2018.12
I	0.26±0.00a	0.35±0.01c	0.28±0.01de	0.33±0.02b
J	0.26±0.01a	0.35±0.00c	0.27±0.01e	0.33±0.02b
K	0.27±0.00a	0.37±0.01b	0.30±0.01c	0.35±0.01b
L	0.26±0.00a	0.40±0.01a	0.32±0.01ab	0.38±0.01a
M	0.26±0.00a	0.37±0.01b	0.28±0.01de	0.35±0.01b
N	0.26±0.01a	0.37±0.01b	0.28±0.01de	0.35±0.01b
CK	0.26±0.02a	0.35±0.01c	0.28±0.01e	0.33±0.02b

4.2.2.5 不同配方施肥对镁含量变化的影响

(1)不同配方施肥对闽楠根镁含量的影响

不同配方施肥处理下，闽楠根镁含量整体下降，如表4-34所示，至6月时，施以200g钙镁磷肥的处理D、H、L的镁含量居高，且均与处理CK之间存在显著性差异，均达到0.64g/kg，比处理CK高出7%。至9月时，施以200g钙镁磷处理的镁含量居高，且均与处理CK之间存在着显著性差异，施以100g钙镁磷肥处理的镁含量略高于未施钙镁磷肥的处理组，与处理CK之间的差异不显著。至12月时，处理D、L、H与处理CK间存在显著性差异，分别为L>D=H，其中以处理L的镁含量达0.55g/kg，比处理CK高出7%。

表4-34 不同施肥处理下闽楠根镁含量 g/kg

处理	2018.03	2018.06	2018.09	2018.12
A	0.68±0.01a	0.59±0.01de	0.51±0.01c	0.50±0.00de
B	0.69±0.02a	0.60±0.02bcd	0.51±0.01c	0.50±0.01de
C	0.70±0.02a	0.62±0.00abcd	0.53±0.03abc	0.52±0.01bcd
D	0.68±0.01a	0.64±0.02ab	0.55±0.03ab	0.54±0.01ab
E	0.69±0.01a	0.59±0.01d	0.51±0.01c	0.50±0.01de
F	0.69±0.02a	0.59±0.01de	0.50±0.01c	0.49±0.01e
G	0.68±0.01a	0.62±0.01abc	0.53±0.01bc	0.52±0.02bcd
H	0.68±0.01a	0.64±0.03a	0.55±0.03ab	0.54±0.01ab
I	0.68±0.01a	0.60±0.01de	0.51±0.01c	0.49±0.02e
J	0.69±0.01a	0.60±0.02de	0.50±0.01c	0.50±0.02de
K	0.69±0.02a	0.63±0.00abc	0.53±0.02abc	0.52±0.01bcd
L	0.68±0.01a	0.64±0.02ab	0.56±0.02a	0.55±0.01a
M	0.69±0.01a	0.62±0.02abc	0.53±0.02abc	0.53±0.01abc
N	0.68±0.01a	0.62±0.01abcd	0.53±0.03abc	0.54±0.01abc
CK	0.69±0.01a	0.60±0.02de	0.50±0.01c	0.51±0.01cde

(2)不同配方施肥对闽楠枝镁含量的影响

不同施肥处理下闽楠枝镁含量变化，如表4-35所示。3月到6月期间，施以钙镁磷肥处理的镁含量均有所上升，未施钙镁磷肥处理的镁含量下降，至6月份，以处理D、H、L的镁含量较高，均达0.73g/kg，比CK高出3%，且与CK之间存在着显著性差异。6月份到9月份期间枝镁含量大幅上升，到9份时，施以200g钙镁磷肥处理的镁含量较高，且与处理CK存在显著性差异，其次为施100g钙镁磷肥的处理略高于未施钙镁磷肥的处理组，与CK差异不显著。9月到12月期间，枝镁含量小幅下降，同样以200g施肥量的处理与处理CK间差异显著，最高达0.80g/kg，比处理CK高出7%。

表4-35 不同施肥处理下闽楠枝镁含量 g/kg

处理	2018.03	2018.06	2018.09	2018.12
A	0.69±0.01a	0.68±0.01bcd	0.77±0.01b	0.75±0.01bcd
B	0.68±0.01a	0.67±0.01d	0.78±0.00b	0.75±0.01bcd
C	0.70±0.01a	0.71±0.03abc	0.80±0.01ab	0.78±0.01ab
D	0.69±0.01a	0.73±0.02a	0.83±0.03a	0.80±0.02a
E	0.68±0.01a	0.68±0.01bcd	0.77±0.01b	0.75±0.01bcd
F	0.69±0.01a	0.68±0.01bcd	0.77±0.01b	0.75±0.01cd
G	0.70±0.01a	0.72±0.04ab	0.78±0.05b	0.77±0.01ab
H	0.68±0.01a	0.73±0.02a	0.83±0.03a	0.80±0.02a
I	0.69±0.01a	0.68±0.02bcd	0.77±0.01b	0.75±0.01cd
J	0.69±0.01a	0.67±0.01d	0.77±0.01b	0.74±0.02d
K	0.68±0.01a	0.72±0.03ab	0.79±0.01ab	0.78±0.01ab
L	0.70±0.01a	0.73±0.01a	0.83±0.03a	0.80±0.02a
M	0.68±0.01a	0.71±0.03ab	0.80±0.01ab	0.78±0.01abc
N	0.68±0.01a	0.71±0.03abcd	0.80±0.03ab	0.77±0.01ab
CK	0.70±0.01a	0.67±0.02cd	0.78±0.01b	0.75±0.01bcd

(3)不同配方施肥对闽楠干镁含量的影响

不同施肥处理下，闽楠干镁含量变化如表4-36所示，3月到9月期间，闽楠干镁含量持续增加，到6月份时，施以200g钙镁磷肥的处理D、H、L的干镁含量较高，且与处理CK呈显著性差异，均达0.47g/kg，比处理CK高出15%。至9月时，仍以处理D、H、L的镁含量较高，且与处理CK间存在着显著性差异，大小分别为L>D>H，其中，处理L的干镁含量达0.68g/kg，比处理CK高出13%。9月到12月期间，干镁含量下降，至12月时，除G、K处理外，施以钙镁磷肥的其他处理组与处理CK之间存在着显著性差异，L的镁含量最高，达0.53g/kg，比CK高出18%。

表 4-36　不同施肥处理下闽楠干镁含量方差分析　g/kg

处理	2018. 03	2018. 06	2018. 09	2018. 12
A	0. 38±0. 01a	0. 40±0. 01d	0. 60±0. 01de	0. 46±0. 01d
B	0. 37±0. 01a	0. 41±0. 01d	0. 59±0. 01e	0. 45±0. 01d
C	0. 39±0. 02a	0. 44±0. 01bc	0. 63±0. 02bc	0. 48±0. 01bc
D	0. 37±0. 01a	0. 47±0. 02a	0. 67±0. 02a	0. 51±0. 01a
E	0. 38±0. 01a	0. 42±0. 02cd	0. 60±0. 01de	0. 45±0. 01d
F	0. 39±0. 02a	0. 41±0. 01d	0. 61±0. 01cde	0. 45±0. 01d
G	0. 38±0. 01a	0. 45±0. 01ab	0. 64±0. 01b	0. 46±0. 01d
H	0. 37±0. 01a	0. 47±0. 02a	0. 66±0. 02a	0. 52±0. 01a
I	0. 38±0. 01a	0. 41±0. 01d	0. 60±0. 01de	0. 46±0. 01d
J	0. 39±0. 01a	0. 40±0. 01d	0. 61±0. 01cde	0. 45±0. 01d
K	0. 38±0. 01a	0. 44±0. 02bc	0. 64±0. 01b	0. 47±0. 01cd
L	0. 39±0. 01a	0. 47±0. 03a	0. 68±0. 01a	0. 53±0. 02a
M	0. 39±0. 01a	0. 44±0. 02bc	0. 62±0. 01bcd	0. 48±0. 01bc
N	0. 37±0. 01a	0. 45±0. 01ab	0. 63±0. 02bc	0. 49±0. 01b
CK	0. 37±0. 01a	0. 41±0. 01cd	0. 60±0. 01de	0. 45±0. 01d

(4)不同配方施肥对闽楠叶镁含量的影响

通过表 4-37 可知，不同施肥处理下，闽楠叶镁含量总体呈持续增长之势。3 月到 6 月期间为叶镁含量快速增长期，至 6 月时，以处理 D、H、L 的叶镁含量居高，且与处理 CK 之间存在着显著性差异，大小分别为 H>D>L，其中处理 H 的叶镁含量达 0. 75g/kg，比 CK 高 12%。至 9 月时，同样以施以 200g 钙镁磷肥的处理 D、H、L 的叶镁含量较高，大小为 D=L>H，其中，最高值达 0. 76g/kg，比处理 CK 高出 7%。至 12 月时，施以钙镁磷肥的处理组(除处理 K 外)与处理 CK 之间存在着显著性差异，其中，施 200g 钙镁磷肥的处理 D、H、L 叶镁含量较高，分别为 L>H>D，处理 L 的镁含量达 0. 84g/kg，比 CK 高 11%。

表 4-37　不同施肥处理下闽楠叶镁含量　g/kg

处理	2018. 03	2018. 06	2018. 09	2018. 12
A	0. 6±0. 01ab	0. 67±0. 03de	0. 69±0. 03e	0. 77±0. 03de
B	0. 61±0. 01a	0. 68±0. 02cde	0. 70±0. 03de	0. 76±0. 03e
C	0. 59±0. 01b	0. 7±0. 01bcde	0. 73±0. 01abcd	0. 80±0. 01bcd
D	0. 61±0. 01a	0. 74±0. 01ab	0. 76±0. 01a	0. 81±0. 01abc
E	0. 6±0. 01ab	0. 67±0. 03de	0. 71±0. 02cde	0. 78±0. 03cde
F	0. 59±0. 01b	0. 67±0. 03de	0. 70±0. 02de	0. 76±0. 03e
G	0. 59±0. 01b	0. 71±0. 01abcd	0. 72±0. 01bcde	0. 80±0. 01bcd
H	0. 6±0. 01ab	0. 75±0. 02a	0. 75±0. 01ab	0. 83±0. 01ab
I	0. 6±0. 01ab	0. 68±0. 03cde	0. 70±0. 03de	0. 77±0. 04cde

（续）

处理	2018. 03	2018. 06	2018. 09	2018. 12
J	0. 61±0. 00a	0. 66±0. 04e	0. 69±0. 03e	0. 78±0. 01cde
K	0. 61±0. 01a	0. 71±0. 01abcd	0. 73±0. 01abcd	0. 79±0. 01cde
L	0. 61±0. 00a	0. 73±0. 01ab	0. 76±0. 01a	0. 84±0. 01a
M	0. 61±0. 01a	0. 70±0. 01bcde	0. 74±0. 01abc	0. 80±0. 01bcd
N	0. 6±0. 01ab	0. 72±0. 01abc	0. 72±0. 01bcde	0. 80±0. 01bcd
CK	0. 59±0. 01b	0. 67±0. 03de	0. 71±0. 01cde	0. 76±0. 01e

综上所述，不同施肥处理对闽楠各位镁含量影响不同，根、枝、干、叶镁含量在 N1、P3、K1 水平上最高，由于镁只存在于钙镁磷肥，导致磷因子对闽楠各部位镁含量的影响最大。

（5）不同配方施肥对土壤镁含量影响

不同施肥处理下，土壤中镁含量变化如表 4-38 所示，3 月到 6 月期间，土壤中镁含量出现上升，至 6 月时，以处理 D、H、L 的土壤镁含量居高，且与处理 CK 之间存在着显著性差异，大小分别为 L>H>D，其中，处理 L 的镁含量达 0. 087g/kg，比 CK 高 9%。6 月到 9 月期间，土壤镁含量开始下降，至 9 月时，处理 H、L 与处理 CK 之间存在着显著性差异，其中，处理 L 的土壤镁含量最高，达 0. 81g/kg，比 CK 高 8%。9 月到 12 月期间，施以钙镁磷肥的处理组与处理 CK 之间存在着显著性差异，其中，以处理 D、H 的土壤镁含量最高，均达 0. 088g/kg，比处理 CK 高出 7%。

表 4-38 不同施肥处理下土壤镁含量 g/kg

处理	2018. 03	2018. 06	2018. 09	2018. 12
A	0. 075±0. 001a	0. 079±0. 003e	0. 075±0. 003cde	0. 083±0. 001ef
B	0. 074±0. 001a	0. 080±0. 003de	0. 073±0. 003e	0. 082±0. 001fg
C	0. 073±0. 001a	0. 082±0. 001bcde	0. 078±0. 001abcd	0. 086±0. 001bc
D	0. 073±0. 001a	0. 085±0. 001abc	0. 079±0. 001abc	0. 088±0. 001ab
E	0. 075±0. 001a	0. 081±0. 003cde	0. 074±0. 003de	0. 081±0. 001g
F	0. 075±0. 001a	0. 080±0. 003de	0. 073±0. 003e	0. 081±0. 001g
G	0. 075±0. 001a	0. 083±0. 001abcde	0. 076±0. 001bcde	0. 086±0. 001bc
H	0. 074±0. 001a	0. 086±0. 001ab	0. 080±0. 001ab	0. 088±0. 001a
I	0. 074±0. 001a	0. 081±0. 003cde	0. 075±0. 003cde	0. 083±0. 001ef
J	0. 074±0. 001a	0. 079±0. 003e	0. 074±0. 003de	0. 082±0. 001fg
K	0. 074±0. 001a	0. 084±0. 001abcd	0. 077±0. 001abcde	0. 084±0. 001de
L	0. 073±0. 001a	0. 087±0. 001a	0. 081±0. 001a	0. 087±0. 001bc
M	0. 075±0. 001a	0. 082±0. 001bcde	0. 076±0. 001bcde	0. 085±0. 001cd
N	0. 073±0. 001a	0. 084±0. 001abcd	0. 077±0. 001abcde	0. 086±0. 001bc
CK	0. 075±0. 001a	0. 080±0. 003de	0. 075±0. 003cde	0. 082±0. 001fg

综上所述，土壤镁含量与其季节性和施肥量之间关系密切，由于施入了含有镁元素的磷肥，导致土壤镁含量增加，施以200g钙镁磷肥处理组的土壤镁含量均高于其他组；9月到12月期间，可能由于枯枝落叶的分解补充以及植物对镁吸收缓慢，致使土壤中镁含量上升，6月到9月期间，光合作用强，生长旺盛，此时植物需镁量上升，导致土壤中镁含量降低。

4.2.2.6 不同配方施肥对生长指标的影响

(1)不同配方施肥对树高的影响

如图4-12所示，在整个实验周期，各个施肥处理下闽楠幼林的树高均大于处理CK，说明各施肥处理对树高的生长均具有明显的促进作用。处理B、E、G、J的生长量较高，分别为J>G>B>E，处理J的树高生长量达0.78m，比处理CK高出152%。其次是处理A、C、K、L、N，分别为A>K=N>C>L，其中处理A的树高生长量达0.63m，比处理CK高出103%。处理D、F、H、I、M的树高生长量略大于处理CK，分别为D>I>H>F>M。其中，处理A、B、C、E、G、J、K和N与处理CK之间存在着显著性差异，其余各处理组与CK间无显著性差异。

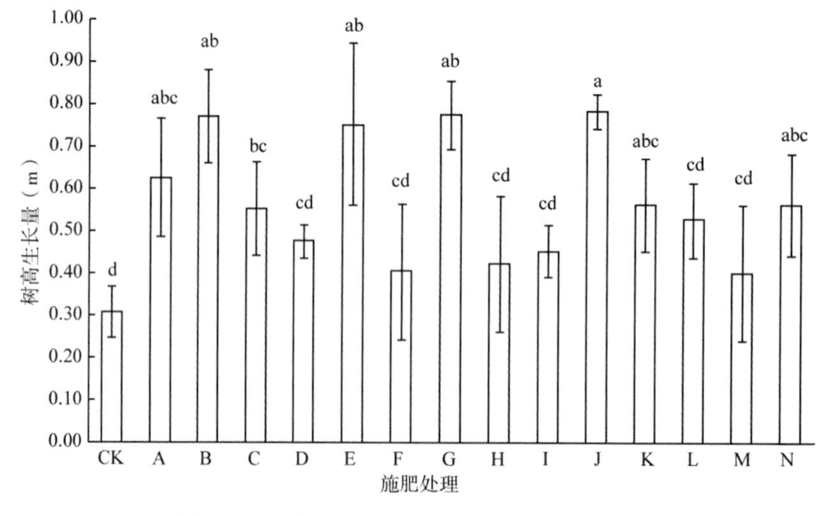

图4-12　不同施肥处理下闽楠幼林树高生长量

不同水平的氮、磷、钾肥处理下树高生长量的极差分析，如表4-39所示。氮因子下的极差为0.124，磷因子下的极差为0.112，钾因子下的极差为0.027，说明氮因子的影响最大，其次为磷因子和钾因子。氮、磷、钾各不同水平下对树高生长量的影响均有不同，分别为N3>N2>N1，P1>P2>P3，K3>K1>K2。氮肥在N3水平下的树高生长量与N1之间存在显著性差异。磷肥在P3水平下的树高生长量与P1和P2之间存在显著性差异，P1和P2之间无显著性差异。钾肥在3个施肥水平下对树高生长量的影响均无显著性差异。这说明氮肥促进闽楠的高生长作用明显，而磷肥则对高生长有抑制作用，钾的作用较小。

表 4-39 闽楠树高生长量极差分析

水平	水平1	水平2	水平3	极差
N	0.512b	0.563ab	0.636a	0.124
P	0.586a	0.571a	0.474b	0.112
K	0.562a	0.545a	0.572a	0.027

综合树高生长量极差分析和单因素方差分析，树高生长量随着氮肥浓度增加呈递增的趋势，在N3水平下达到最大值；随着磷肥浓度的增加呈递减趋势，在P1水平下达到最大值；随着钾肥浓度的增加呈递增趋势，在K3水平下达到最大值。选出适合闽楠树高生长的配方为N3 P1 K3，即为处理J。

(2)不同配方施肥对胸径的影响

如图4-13所示，在整个实验周期内，各个施肥处理组胸径均高于处理CK，说明各个施肥处理对胸径的生长均具有促进作用。其中，以处理N的胸径生长量最高，达1.71cm，比处理CK高出66%。其余排序为处理J>A>C>B>H>L>G。处理D、E、F、I、K与M的胸径生长量略大于CK，按大小排序I>M>K>D>E>F>CK。其中，处理D、E、F和K与处理CK之间无显著性差异，其余各处理组与处理CK之间存在着显著性差异。

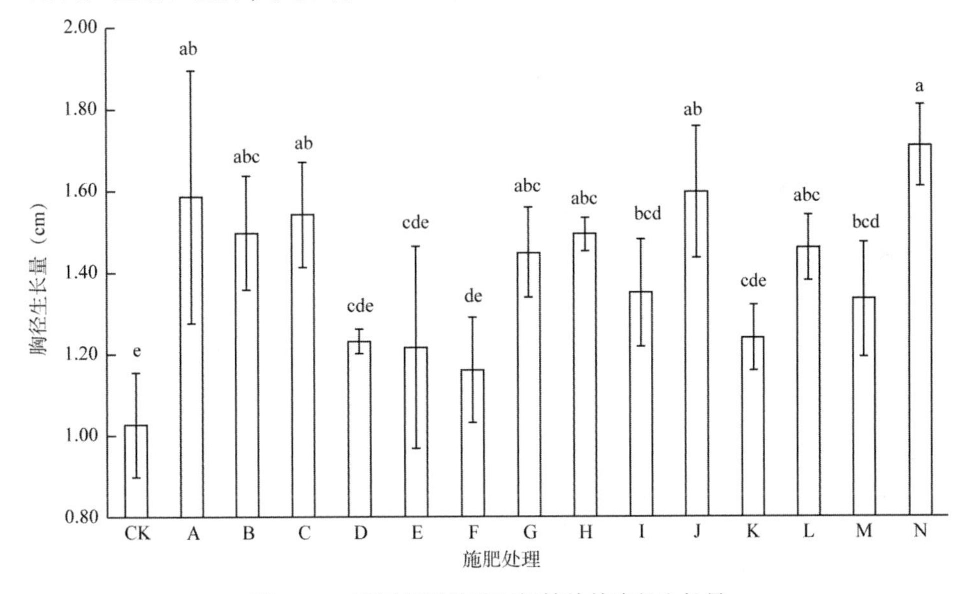

图4-13 不同施肥处理下闽楠幼林胸径生长量

如表4-40所示，对不同水平的氮、磷、钾肥处理下胸径生长量做极差分析。氮因子下的极差为0.308，磷因子下的极差为0.107，钾因子下的极差为0.038，说明氮因子的影响最大，其次为磷因子和钾因子。氮磷钾各不同水平下对胸径生长量的影响均有不同，分别为N3>N2>N1，P2>P3>P1，K3>K1>K2。氮肥的3个施肥水平之间互有显著性差异，磷肥和钾肥的3个施肥水平之间均无显著性差异，表明K1、K2、K3对胸径生长量影响不大。这说明氮肥促进闽楠的胸径生长作用明显，适量的磷肥促进胸径生长，而过多的磷肥则对胸径生长有抑制作用，钾的作用较小。

表 4-40 闽楠胸径生长量极差分析

水平	水平 1	水平 2	水平 3	极差
N	1.266c	1.428b	1.574a	0.308
P	1.346a	1.453a	1.393a	0.107
K	1.402a	1.368a	1.406a	0.038

综合胸径生长量极差分析、单因素方差分析以及最低成本考虑，对胸径生长的最佳配方为处理 N。

(3)不同配方施肥对冠幅的影响

如图 4-14 所示，各个施肥处理组冠幅生长量均高于处理 CK，说明各个施肥处理对冠幅的生长均具有促进作用。以处理 J、L 的冠幅生长量居高，总生长量最高为处理 L，达 0.50m，比处理 CK 高出 108%。其次为处理 B>N>I>A>H，处理 B 的冠幅生长量达 0.37cm，比处理 CK 高出 54%。其余处理的冠幅生长量排序为 G>E>C>D>K>F>M>CK。其中处理 J 和 L 与处理 CK 之间存在显著性差异，其他处理组与处理 CK 间无显著性差异。处理 J 和处理 L 之间无显著性差异。

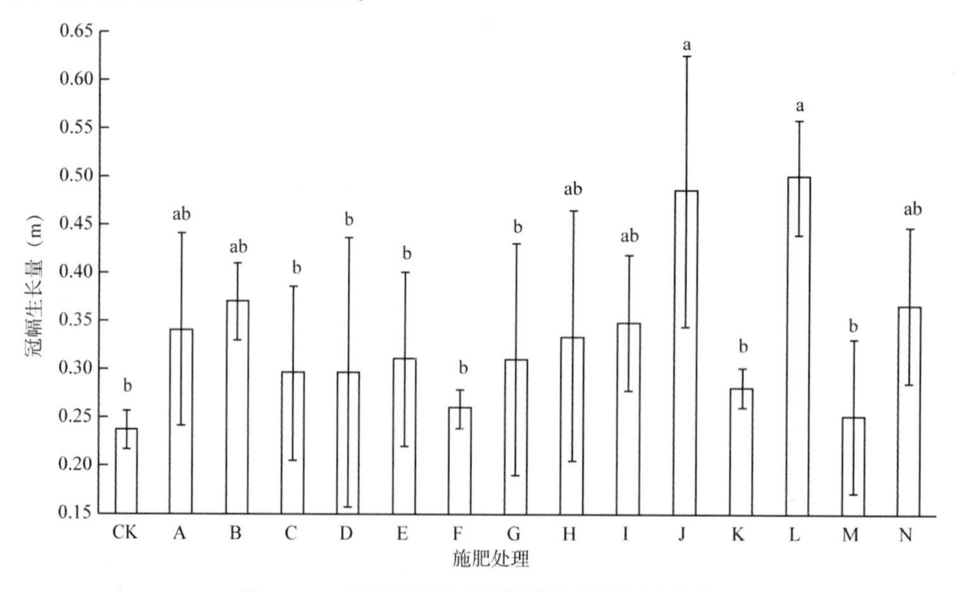

图 4-14 不同施肥处理下闽楠幼林冠幅生长量

不同水平的氮、磷、钾肥处理下冠幅生长量的极差分析，如表 4-41 所示。氮因子下的极差为 0.076，磷因子下的极差为 0.075，钾因子下的极差为 0.102，说明钾因子的影响最大，其次为氮因子和磷因子。氮磷钾不同水平下对冠幅生长量的影响均有不同，分别为 N3>N2>N1，P3>P1>P2，K3>K2>K1。氮肥在 N3 水平下冠幅生长量与 N1 和 N2 水平下存在显著性差异，N1 和 N2 之间无显著性差异，表明 N3 水平对冠幅生长量影响最大。磷肥在 3 个施肥水平下对冠幅生长量的影响均无显著性差异。钾肥在 K3 水平下冠幅生长量与 K1 和 K2 水平下存在显著性差异，K1 与 K2 之间无显著性差异，表明 K3 水平对冠幅生长量影响最大。综合冠幅生长量极差分析、单因素方差和成本最低原则，适合闽楠冠幅生长的配方为 N3、P1、K3，即处理 J。

表 4-41　闽楠冠幅生长量极差分析

水平	水平 1	水平 2	水平 3	极差
N	0. 312b	0. 314b	0. 388a	0. 076
P	0. 336a	0. 302a	0. 377a	0. 075
K	0. 312b	0. 313b	0. 414a	0. 102

4. 2. 3　结　论

(1)不同施肥处理对闽楠生长指标影响均有差异，各施肥组的树高、胸径和冠幅均高于处理 CK，说明氮磷钾肥对各项指标的增长有促进作用。树高生长量在 N3、P1、K3 水平上最高，说明氮、钾混合肥能够促进树高的生长，并且在一定程度上随着施肥量增加而增加，促进树高生长最佳配方为处理 J。胸径生长量在 N3、P2、K2 水平上最高，表明氮磷钾配合施肥能促进胸径生长，促进胸径生长，其最佳配方为处理 N。冠幅生长量在 N3、P1、K3 水平上表现最高，表明在一定程度上，随着施肥量的增加，更有益于冠幅生长，促进冠幅生长最佳配方为处理 J。胸径与树高是构成材积的 2 个主要因素，胸径的影响更大，因此处理 N 作为闽楠幼林最佳施肥配方。

(2)不同配方施肥对闽楠不同器官营养元素和土壤全氮含量的影响有所不同，氮肥对闽楠各部位氮含量和土壤全氮含量的增加均起促进作用，其中以氮钾肥配比处理对各个部位氮含量增加最为明显，且各部位均在 N3 水平上最高，表明在一定程度上，随着氮含量的增加，各部位氮含量和土壤全氮增加。

(3)施以磷肥对各部位磷含量起促进作用，其中以枝、干磷含量在 P3 水平上最高，表明在一定程度上，随着磷肥施肥量的增加各部位磷含量增加。根、叶部磷含量和土壤全磷含量在 P2 水平上最高，说明磷肥施肥量在 P2 水平上增加将不会促进吸收。钙镁磷肥的施用对闽楠各部位钙、镁含量和土壤中钙镁含量影响基本一致，均在 P3 水平上最高，说明在一定范围内，随着钙、镁肥料施肥量的增加，钙、镁含量增加。

(4)不同施肥处理对闽楠不同器官钾含量和土壤全钾的影响不同，根、枝钾含量和土壤全钾均在 K2 水平上最高，说明 K3 水平的施肥量会抑制根、枝钾含量的增加。干、叶钾含量在 K3 水平上最高，表明在一定程度上，随着钾肥施肥量的增加，干、叶钾含量会上升。

(5)闽楠不同营养元素富集部位不同。氮元素为叶>枝>根>干；磷元素为叶>枝>根>干；钾元素为枝>叶>根>干；钙元素为叶>枝>干>根；镁元素为枝>叶>根>干。

(6)树高与根氮含量、枝氮含量、干氮含量、叶氮含量、土壤全氮含量和根磷含量之间存在着正相关，与其余各项指标呈负相关。胸径与根氮含量和冠幅之间存在着极显著性正相关，与干氮含量和土壤全氮含量之间存在着显著性相关，与根钾含量之间存在着显著性负相关，与土壤钙含量和树高之间存在着负相关，与其余指标之间存在着正相关。冠幅与干磷含量、土壤全磷含量、根钾含量、根钙含量、枝钙含量、叶钙含量、枝镁含量存在着负相关，与其余各项指标之间存在着正相关。

第5章 林窗大小与幼树生长

5.1 样地设置与研究方法

5.1.1 样地设置

为了研究模拟林窗对闽楠幼树及土壤的影响，在湖南省永州市金洞管理区下桃源有闽楠分布的次生林中，以林分平均树高为划分标准，通过采伐形成大型林窗：9m×9m(1 倍树高)、中型林窗：6m×6m(2/3 倍树高)、小型林窗：3m×3m(1/3 倍树高)，3 种面积不等的近正方形林窗，每个面积设置 3 个林窗样地(3 个重复)，并设置无林窗标准地作为空白对照。

2016 年 4 月，以每亩种植 166 株闽楠幼苗的标准分别在各个林窗样地下种植两年生闽楠幼苗，并以每网袋收集 0.5kg 枯枝落叶的标准，于每个样地平铺放置 4 袋枯枝落叶。土壤基本理化性质见表 5-1。

表 5-1 试验地土壤理化性质

土层	含水率(%)	容重(g/cm^3)	pH	N(g/kg)	P(g/kg)	K(g/kg)
0~20cm	26.54	1.18	4.37	1.74	0.24	3.05
20~40cm	25.16	1.20	4.55	1.56	0.21	2.92
40~60cm	24.23	1.25	4.68	1.29	0.21	2.67
均值	25.31	1.21	4.53	1.53	0.22	2.88

5.1.2 数据测定及样品采集

5.1.2.1 光合日变化测定

根据试验样地内设置的不同面积林窗样地，在 1 倍树高林窗样地，2/3 倍树高林窗样地和1/3倍树高林窗样地内各选择3株平均木，于4月、5月、7月、8月、10月、12月(共6个月)每个月选择2d连续晴天测量光合参数。测量仪器为美国LI-COR公司的LI-6400XT便携式光合作用测量仪，测量方式为田间活体测量。测量过程中，选择各面积林窗下平均木的3片健康的向阳叶测量，测量时间为每天8：00~18：00，其中10：00~14：00每隔1h测量一次，其余时间段每隔2h测量一次。测定时采用透明叶室，利用自然光照，当测量数据变动频率少于0.05时，进行测量标记。并在每次测量光合数据的同时，利用M6612数字照度计测量同一时间的光照强度。

5.1.2.2 功能性状、生长量的测定

(1)树高、地径

本试验所采取的材料为2年生闽楠幼树，暂未达到胸径测量要求，因此使用电子游标卡尺测量地径，单位mm；树高使用卷尺测量闽楠幼树树高，单位m，测量时间为4月、8月、12月，即光合数据测量的开始、中期及结束时间。

(2)生物量

于12月采集不同面积林窗下闽楠幼树各3株，使用卷尺测量株高后，将其根茎叶做低温处理分别装袋，带回实验室测量鲜重后放置105℃烘箱杀青，80℃烘干至恒重，称量得出干重。

5.1.2.3 土壤和植物样品采集

(1)土壤样品采集

土壤样品的采集于2017年4月、8月、12月分别在各林窗样地内进行，根据“随机、等量、多点混合”的原则，设置土壤采样点3个，由于地处山地丘陵，土层较薄，并且N、P、K等营养元素在深层土壤中的变化不大，故采用环刀取土法，每20cm一层，在每个采样点采集3层，共60cm，称重带回，将其置于温室，风干后用粉碎机粉碎、过筛，用于测定土壤的容重、含水率以及N、P、K含量。

(2)植物样品采集

植物样品的采集于2017年8月、10月、12月分别在各林窗样地内进行，在每块样地选取标准木3株，将其根茎叶做低温处理分别装袋，带回实验室测量鲜重后放置105℃烘箱杀青，80℃烘干至恒重，称重后磨碎以供测定其N、P、K含量。

(3)凋落物样品采集

2017年4月首次野外埋样后，立即从样地随机抽取3份凋落物袋带回实验室65℃烘箱烘干至恒重，磨碎测定其初始基质含量。8月，在每个放置点，采集凋落物一袋，并立即用封口袋封装，及时将附在上面的土壤颗粒等杂质去除干净，烘干至恒重，称重后磨碎以供测定其N、P、K含量。

5.1.3 样品测定

(1)植物及凋落物养分元素测定

称取烘干并磨碎过筛的植物(凋落物)样品0.4g于消煮管中，采用硫酸-高氯酸消化法消煮，充分消煮完成后装于100mL塑料瓶中以供N、P、K的测定。全N的测定采用靛酚

蓝比色法，全 P 的测定采用钼锑抗比色法(LY/T 1270—1999)，全 K 的测定采用火焰光度计法(LY/T 1270—1999)。

(2)土壤养分元素测定

①土壤全 N 的测定：称取 1.0g 通过 0.149mm 筛孔的土壤样品于消煮管中，加入加速剂-浓硫酸消煮，充分消煮后，采用凯氏消煮法测定全 N 含量。

②土壤全 P 的测定：称取 0.25g 通过 0.149mm 筛孔的土壤样品于消煮管，采用硫酸-高氯酸酸溶法消煮，充分消煮完成后装于 100mL 塑料瓶，采用钼锑抗比色法测定全 P 含量。

③土壤全 K 的测定：称取 0.3g 通过 0.149mm 筛孔的土壤样品于消煮管，采用氢氟酸-高氯酸消煮法消煮，充分完成后装于 100mL 塑料瓶，采用火焰光度计法测定全 K 含量。

5.1.4 数据分析

模拟林窗对闽楠幼树及土壤的影响研究数据统计与分析制表采用 SPSS 和 Excel，制图采用 Origin。采用单因素方差分析(One-way ANOVA)和配对样本 t 检验，分析不同面积林窗中闽楠幼树在光合特性、生长量变化与各器官 N、P、K 含量的差异，不同面积林窗光照强度的差异，不同面积林窗中土壤 C、N、P、K 含量与含水率的差异，不同面积林窗中枯枝落叶分解速率的差异；采用 Person 相关分析光合作用强度与植物各器官 N、P、K 含量的关系，土壤 N、P、K 含量与植物各器官 N、P、K 含量的关系。

5.2 结果与分析

5.2.1 林窗大小对闽楠幼树光合特性的影响

植物在吸收阳光的能量时，通过二氧化碳和水，制造有机物质并释放氧气的过程中，其光合参数会发生变化，主要包括净光合速率 P_n、气孔导度 *Cond*、胞间 CO_2浓度 C_i、蒸腾速率 T_r、瞬时水分利用效率 *WUE*、水气压亏缺 *VpdL*、叶片温度等，本节描述这类气体交换参数及植物生理参数在监测月份数值的平均日变化状态。

5.2.1.1 光合日变化特征

(1)光照强度与闽楠幼树净光合速率 P_n 日变化规律

净光合速率(Net Photosynthetic Rate，P_n)是指光合作用速率减去呼吸作用速率，体现植物有机物的积累。林木的生长实质上是净光合作用的结果，光合作用能力的高低直接决定林木总生产力，并在一定程度上影响植物净生产力状况。研究光合作用的日动态变化规律，是研究林木生产力的基础，能最直接反映林木光合能力，光合速率大小直接体现林木光合能力的强弱。由于光合作用收很多因素影响，如：光照、温度、湿度和 CO_2浓度等，这些因素在一天中不断变化，有些呈现明显的日变化，导致光合作用也呈现出各种复杂的日变化规律。

图 5-1、5-2 所示 4 月份不同面积林窗(1 倍树高林窗、2/3 倍树高林窗、1/3 倍树高

林窗)下闽楠幼树净光合速率 P_n 日变化均呈单峰曲线型，8：00时净光合速率 P_n 随着光照强度增强而逐渐上升，于12：00时达到最大峰值，此时小型林窗闽楠幼树的 P_n 值为 2.70μmolCO_2/(m^2·s)，中型林窗闽楠幼树的 P_n 值为 5.94μmolCO_2/(m^2·s)，大型林窗闽楠幼树的 P_n 值为 7.08μmolCO_2/(m^2·s)。此后随着光照强度的减弱，净光合速率开始下降，在18：00时为最小值。

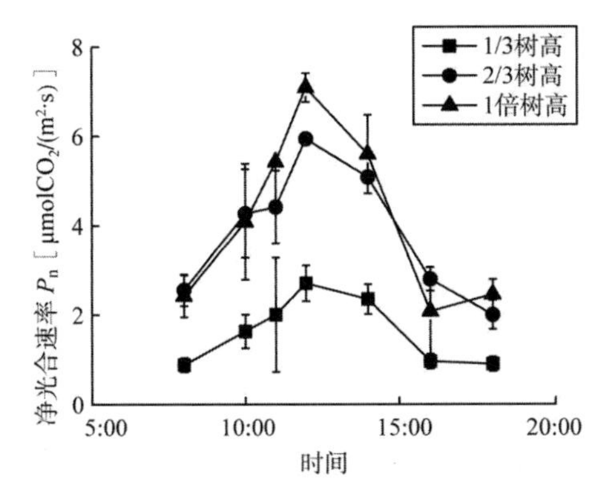

图5-1 4月净光合速率 P_n 日变化

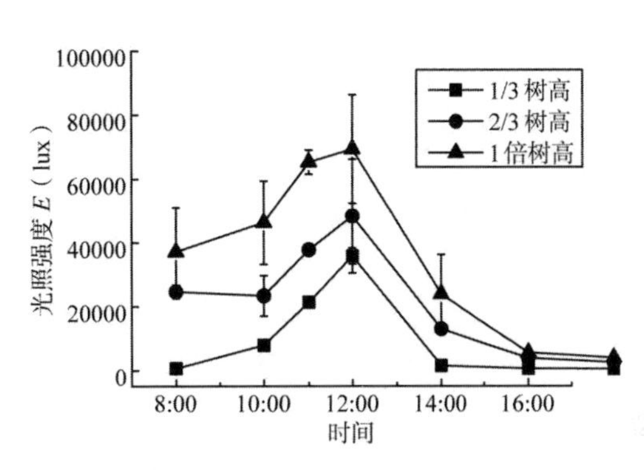

图5-2 4月光照强度日变化

通过对3种规格林窗闽楠幼树在4月的净光合速率日变化平均值进行差异显著性分析，中型林窗闽楠幼树的净光合速率明显高于小型林窗(P<0.05)；大型林窗闽楠幼树的净光合速率明显高于小型林窗(P<0.05)；中型林窗与大型林窗闽楠幼树的净光合速率差异不显著(P>0.05)。

如图5-3、5-4所示，5月份不同面积林窗下闽楠幼树净光合速率 P_n 日变化均呈单峰曲线型，于当日12：00达到最大峰值，此时小型林窗闽楠幼树的Pn值为2.70μmol[CO_2/(m^2·s)]，中型林窗闽楠幼树的Pn值为5.94μmolCO_2/(m^2·s)，大型林窗闽楠幼树的 P_n 值为6.08μmolCO_2/(m^2·s)。当日13：00天气转多云后，大、中、小型林窗闽楠幼树的净光合速率均呈下降趋势，但大型林窗闽楠幼树的净光合速率下降速率明显低于中、小型林窗，相对应从图可知，大型林窗的光照强度下降速率也明显低于中、小型林窗。随着光照强度的减弱，净光合速率在18：00降到当日最小值。

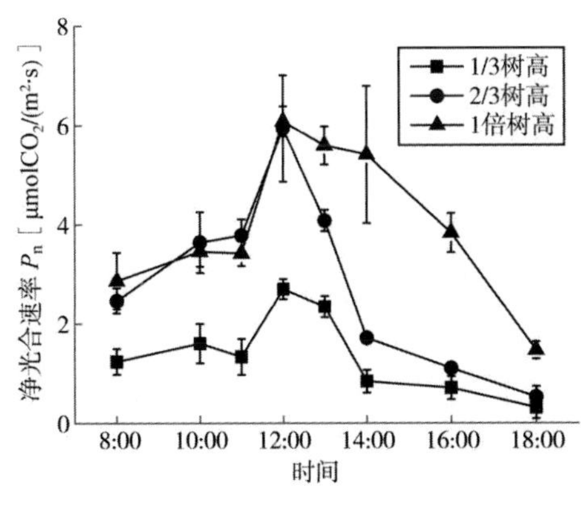

图5-3 5月净光合速率 P_n 日变化

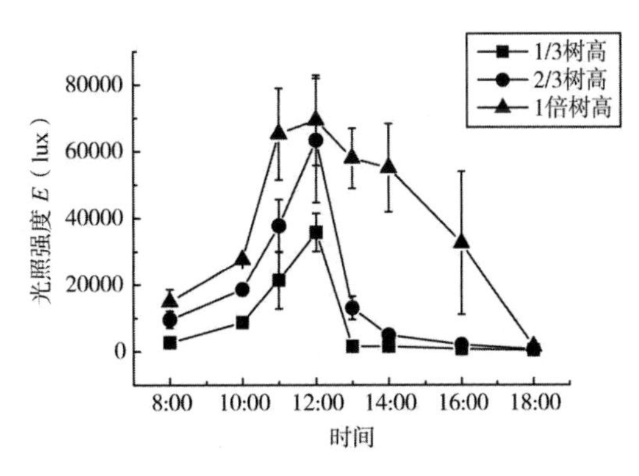

图5-4 5月光照强度日变化

通过对 3 种规格林窗闽楠幼树在 5 月的净光合速率日变化平均值进行差异显著性分析，中型林窗闽楠幼树的净光合速率明显高于小型林窗($P<0.05$)；大型林窗闽楠幼树的净光合速率明显高于小型林窗($P<0.05$)；中型林窗与大型林窗闽楠幼树的净光合速率差异不显著($P>0.05$)。

由图 5-5、5-6 可得，7 月份不同面积林窗下闽楠幼树净光合速率 P_n 日变化均呈单峰曲线型，于当日 13：00 达到最大峰值，此时小型林窗闽楠幼树的 P_n 值为 3.29μmolCO_2/(m^2·s)，中型林窗闽楠幼树的 P_n 值为 6.35μmolCO_2/(m^2·s)，大型林窗闽楠幼树的 P_n 值为 6.67μmolCO_2/(m^2·s)。随着光照强度的减弱，净光合速率也呈下降趋势。

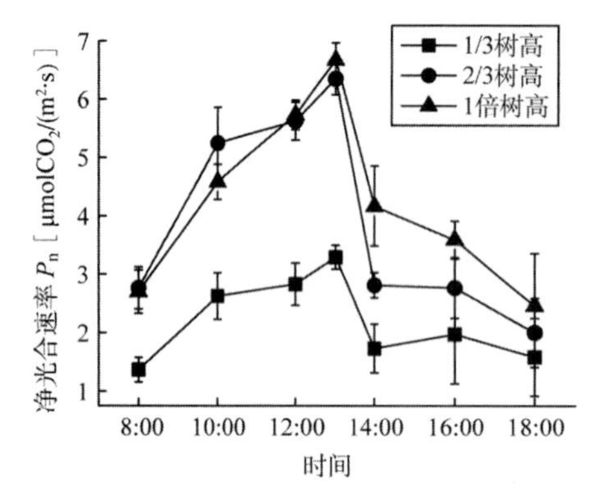

图 5-5 7 月净光合速率 P_n 日变化

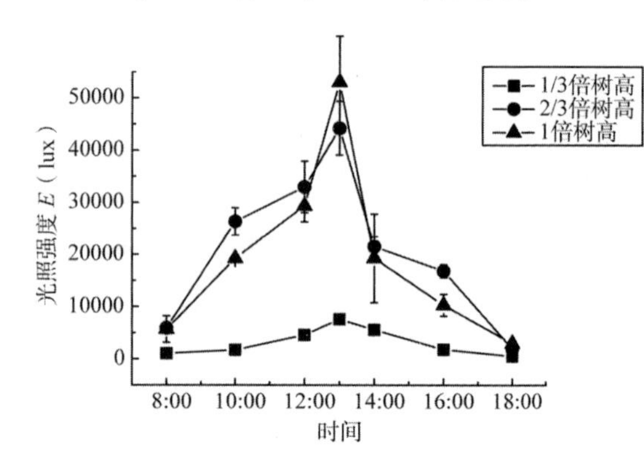

图 5-6 7 月光照强度日变化

通过对 3 种规格林窗闽楠幼树在 7 月的净光合速率日变化平均值进行差异显著性分析，中型林窗闽楠幼树的净光合速率明显高于小型林窗($P<0.05$)；大型林窗闽楠幼树的净光合速率明显高于小型林窗($P<0.05$)；中型林窗与大型林窗闽楠幼树的净光合速率差异不显著($P>0.05$)。

如图 5-7、5-8 所示，8 月份不同面积林窗下闽楠幼树净光合速率 P_n 日变化均呈单峰曲线型，于当日 13：00 达到最大峰值，此时小型林窗闽楠幼树的 P_n 值为 3.26μmolCO_2/(m^2·s)，中型林窗闽楠幼树的 Pn 值为 6.80μmolCO_2/(m^2·s)，大型林窗闽楠幼树的 P_n 值为 7.04μmolCO_2/(m^2·s)。随着光照强度的减弱，净光合速率也呈下降趋势。

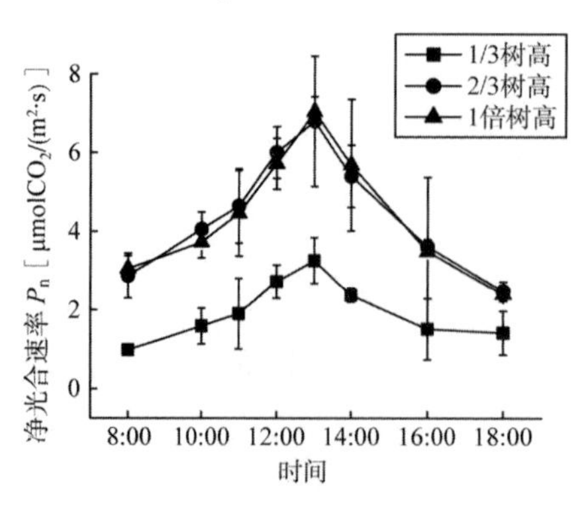

图 5-7 8 月净光合速率 P_n 日变化

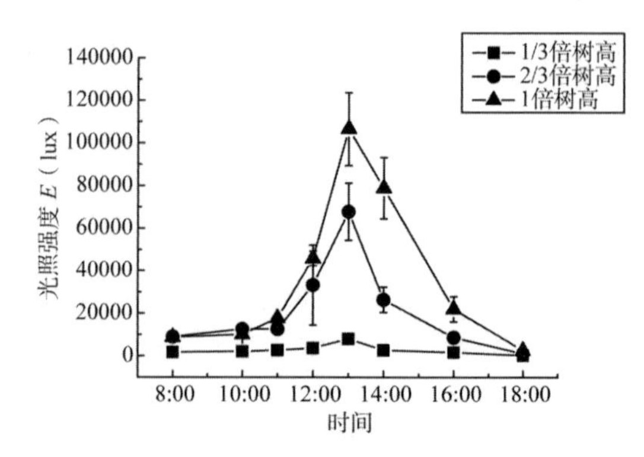

图 5-8 8 月光照强度日变化

对 3 种规格林窗闽楠幼树在 8 月的净光合速率日变化平均值进行差异显著性分析的结果显示，中型林窗闽楠幼树的净光合速率明显高于小型林窗($P<0.05$)；大型林窗闽楠幼树的净光合速率明显高于小型林窗($P<0.05$)；中型林窗与大型林窗闽楠幼树的净光合速率差异不显著($P>0.05$)。

如图 5-9、5-10 所示，10 月份大型林窗闽楠幼树的净光合速率 P_n 日变化呈双峰曲线型，8：00 时净光合速率随关照强度而逐渐上升，12：00 时出现第一个高峰，净光合速率为 5.84μmolCO_2/(m^2·s)，随后光照强度继续增强，净光合速率反而呈下降趋势，植株高温时间段通过调节自身生理状态达到自我保护的作用，出现明显的光合“午休现象”，田大伦等对同属樟科的樟树幼树进行光合特性研究也得出了相同结论。随着光照强度的继续增强，在 14：00 时达到第二个高峰，净光合速率为 5.49μmolCO_2/(m^2·s)，此后净光合速率又开始回落，当 18：00 时降到全天最低值。中、小型林窗闽楠幼树的净光合速率日变化呈单峰曲线型，于当日 13：00 达到最高值，此时小型林窗闽楠幼树的 P_n 值为 3.35μmolCO_2/(m^2·s)，中型林窗闽楠幼树的 P_n 值为 4.68μmolCO_2/(m^2·s)，随后光照强度开始减弱，净光合速率也呈下降趋势，在 18：00 达到最低值。不同的日变化曲线，说明不同面积林窗闽楠幼树对中午高温时段的光合反应有所差别，大型林窗的闽楠幼树在高温时段的自我保护能力较强。

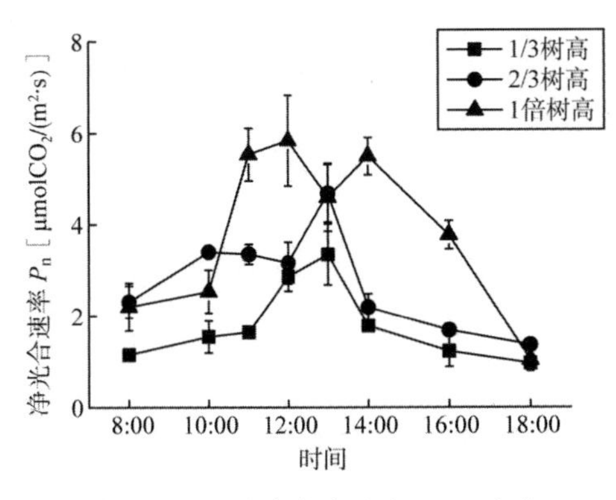

图 5-9　10 月净光合速率 P_n 日变化

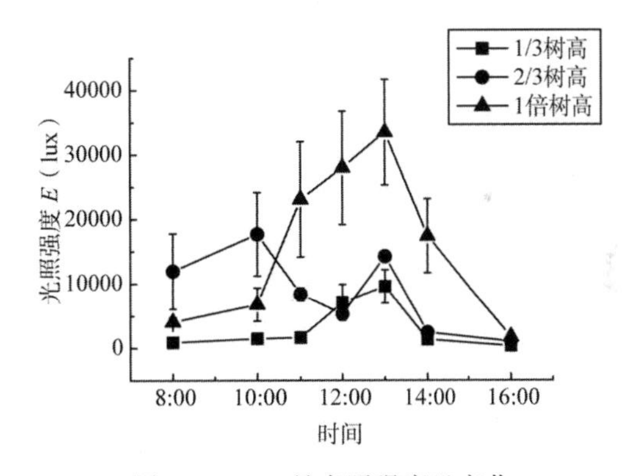

图 5-10　10 月光照强度日变化

对 3 种规格林窗闽楠幼树在 10 月的净光合速率日变化平均值进行差异显著性分析的结果显示，中型林窗闽楠幼树的净光合速率明显高于小型林窗($P<0.05$)；大型林窗闽楠幼树的净光合速率明显高于小型林窗($P<0.05$)；中型林窗与大型林窗闽楠幼树的净光合速率差异不显著($P>0.05$)。

由于进入 12 月份光照时间变短，所以 12 月份对闽楠幼树光和特性日变化的检测时间是 10：00~17：00。如图 5-11，5-12 所示，12 月份不同面积林窗下闽楠幼树净光合速率 P_n 日变化均呈单峰曲线型，于当日 12：00 达到最大峰值，此时小型林窗闽楠幼树的 P_n 值为 2.95μmolCO_2/(m^2·s)，中型林窗闽楠幼树的 P_n 值为 4.87μmolCO_2/(m^2·s)，大型林窗闽楠幼树的 P_n 值为 4.37μmolCO_2/(m^2·s)。随着光照强度的减弱，净光合速率也呈下降趋势，于 17：00 达到最小值。

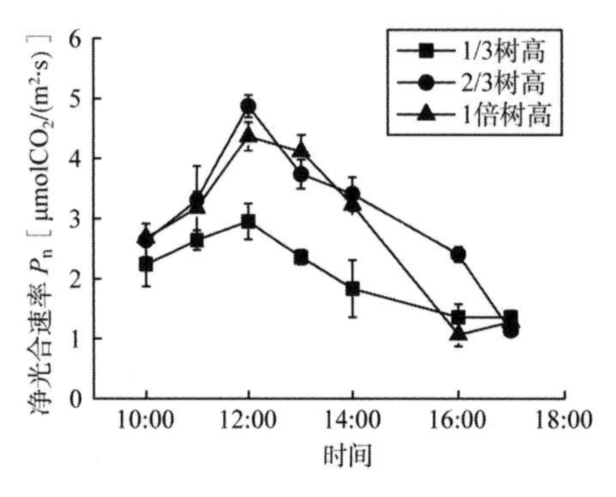

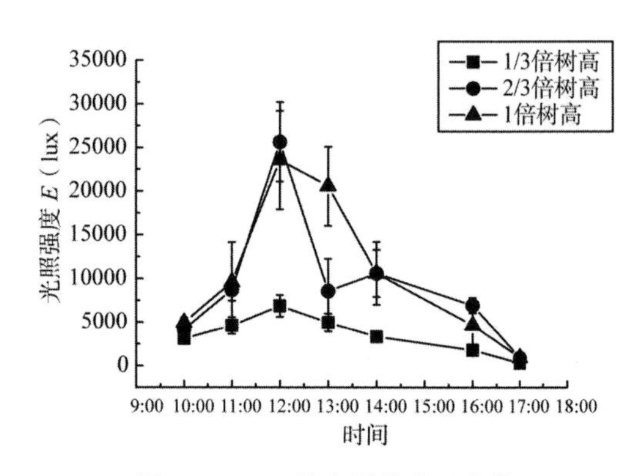

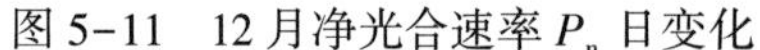
图 5-11　12 月净光合速率 P_n 日变化

图 5-12　12 月光照强度日变化

对 3 种规格林窗闽楠幼树在 12 月的净光合速率日变化平均值进行差异显著性分析的结果显示，中型林窗闽楠幼树的净光合速率明显高于小型林窗($P<0.05$)；大型林窗闽楠幼树的净光合速率明显高于小型林窗($P<0.05$)；中型林窗与大型林窗闽楠幼树的净光合速率差异不显著($P>0.05$)。

(2)闽楠幼树蒸腾速率 T_r 日变化规律

蒸腾作用(Transpiration)是水分以水蒸气的形式从植物表面散发到大气中的过程。蒸腾作用与叶片气孔调解、叶片湿度、植物对养分的吸收和运输等有着紧密联系。蒸腾速率(Transpiration Rate，T_r)指的是单位面积的叶片在单位时间内所蒸腾掉的水分。T_r 的高低能大致反映植物调节水分损失能力的强弱及对逆境适应能力的大小。影响植物蒸腾作用的因素有很多，近年来，人们对树木蒸腾作用进行了较多的研究和报道，有研究表明，一般树木蒸腾速率 T_r 的日变化曲线会呈现出单峰型和双峰型两种变化曲线，无论属于哪种曲线类型，都有一个较强的主峰，且不同季节出现主峰值的时间也不尽一致。

由图 5-13 看出，4 月份不同面积林窗闽楠蒸腾速率 T_r 日变化均呈单峰曲线型，但出现最大峰值的时间不相同，8：00 时 T_r 随关照强度增强而逐渐上升，10：00 时后增幅明显增大。小型、中型林窗闽楠幼树 T_r 的最大峰值出现 11：00 时，分别为 0.83μmol/(m^2·s)、1.04μmol/(m^2·s)，图中显示此时的蒸腾速率 T_r 的标准差偏大，说明11：00时林窗内影响蒸腾速率因子的差异性大。大型林窗 T_r 最大峰值出现在 12：00 时，为 1.23μmol/(m^2·s)。随后光照强度开始减弱，蒸腾速率 T_r 逐渐减小，到 14：00 时下降趋势开始减弱，在下午 18：00 时达到最小值。

对日变化平均值差异显著性分析显示，小型、中型、大型林窗闽楠幼树在 4 月蒸腾速率日变化差异都不显著($P>0.05$)。

由图 5-14 看出，5 月份不同面积林窗闽楠蒸腾速率 T_r 日变化呈单峰曲线型，在同一时间达到最大峰值，10：00 时后随着光照强度的迅速增强，蒸腾速率 T_r 也迅速增强，于 14：00 时达到最大峰值，此时，小型林窗闽楠幼树的蒸腾速率 T_r 为 1.59μmol/(m^2·s)，中型林窗闽楠幼树的蒸腾速率 T_r 为 2.78μmol/(m^2·s)，大型林窗闽楠幼树的蒸腾速率 T_r 为 3.32μmol/(m^2·s)。此后，小型、中型、大型林窗闽楠幼树的蒸腾速率呈下降趋势，到 18：00 降到全天最小值。

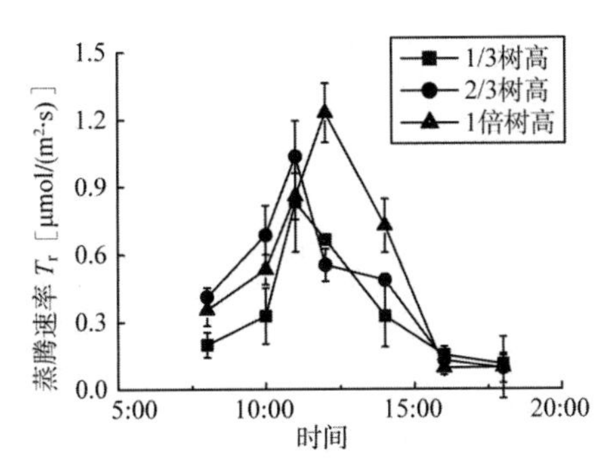

图 5-13 4 月蒸腾速率(T_r)日变化

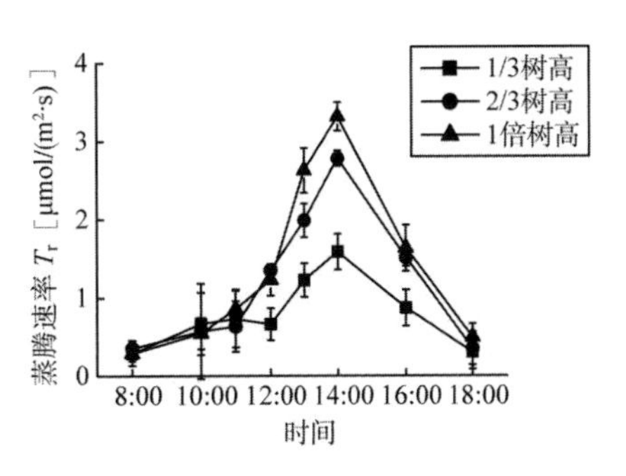

图 5-14 5 月蒸腾速率 T_r 日变化

对日变化平均值差异性分析的结果显示，小型林窗与中型林窗闽楠幼树的蒸腾速率差异是不显著的($P>0.05$)；大型林窗闽楠幼树的蒸腾速率明显高于小型林窗($P<0.05$)；中型林窗与大型林窗闽楠幼树的蒸腾速率差异不显著($P>0.05$)。

由图 5-15 可以看出，7 月份不同面积林窗闽楠蒸腾速率 T_r 日变化呈单峰曲线型，在同一时间达到最大峰值，8：00 后随着光照强度的增强，蒸腾速率 T_r 呈上升趋势，于 13：00时达到最大峰值，此时，小型林窗闽楠幼树的蒸腾速率 T_r 为 2.33μmol/(m^2·s)，中型林窗闽楠幼树的蒸腾速率 T_r 为 3.90μmol/(m^2·s)，大型林窗闽楠幼树的蒸腾速率 T_r 为 4.05μmol/(m^2·s)。此后，小型、中型、大型林窗闽楠幼树的蒸腾速率呈下降趋势，到 18：00 降到全天最小值。

对日变化平均值进行差异性分析的结果显示，中型林窗闽楠幼树的蒸腾速率明显高于小型林窗($P<0.05$)；大型林窗闽楠幼树的蒸腾速率明显高于小型林窗($P<0.05$)；大型林窗闽楠幼树的蒸腾速率明显大于中型林窗($P<0.05$)。

由图 5-16 可以看出，8 月份不同面积林窗闽楠蒸腾速率 T_r 日变化呈单峰曲线型，在同一时间达到最大峰值，10：00 后随着光照强度的增强，蒸腾速率 T_r 呈上升趋势，于 13：00时达到最大峰值，此时，小型林窗闽楠幼树的蒸腾速率 T_r 为 2.09μmol/(m^2·s)，中型林窗闽楠幼树的蒸腾速率 T_r 为 3.57μmol/(m^2·s)，大型林窗闽楠幼树的蒸腾速率 T_r 为 3.98μmol/(m^2·s)。此后，小型、中型、大型林窗闽楠幼树的蒸腾速率呈下降趋势，到 18：00 降到全天最小值。

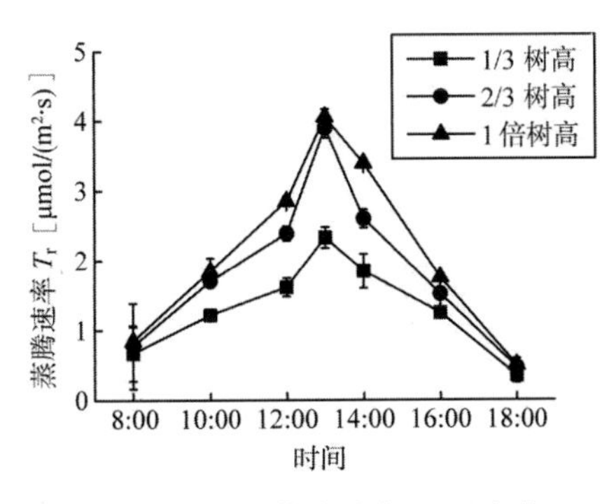

图 5-15 7 月蒸腾速率 T_r 日变化

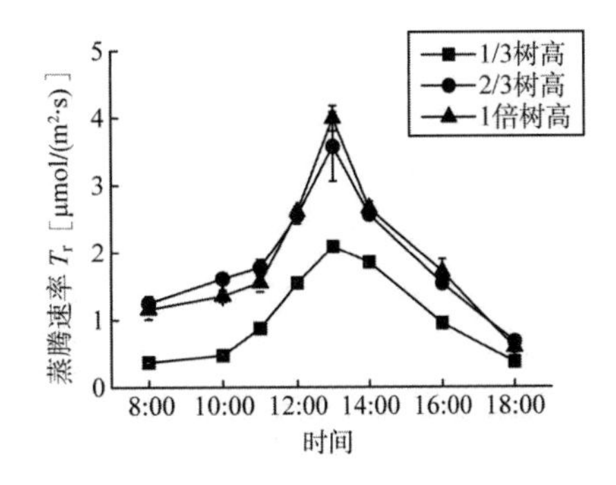

图 5-16 8 月蒸腾速率 T_r 日变化

对日变化平均值差异性分析的结果显示，中型林窗闽楠幼树的蒸腾速率明显高于小型林窗($P<0.05$)；大型林窗闽楠幼树的蒸腾速率明显高于小型林窗($P<0.05$)；中型林窗与大型林窗闽楠幼树的蒸腾速率差异不显著($P>0.05$)。

如图 5-17 所示，10 月份大型林窗闽楠幼树的蒸腾速率 T_r 日变化呈双峰曲线型，与净光合速率 P_n 日变化规律相一致，8：00 时蒸腾速率随关照强度增强而逐渐上升，12：00 时接近光饱和现象，出现第一个高峰，蒸腾速率为 2.58μmol/(m^2·s)，随后净光合速率呈下降趋势，出现“午休现象”。在 14：00 时达到第二个高峰，蒸腾速率为 3.01μmol/(m^2·s)，此后蒸腾速率又开始回落，当 18：00 时降到最低值。中、小型林窗闽楠幼树的蒸腾速率 T_r 日变化呈单峰曲线型，但出现峰值的时间不一致，小型林窗闽楠幼树的蒸腾速率于 13：00 达到最高峰值，为 1.65μmol/(m^2·s)，中型林窗闽楠幼树的蒸腾速率于 12：00 达到最高峰值，为 2.64μmol/(m^2·s)，随后光照强度开始减弱，蒸腾速率也呈下降趋势，在 18：00 达到最低值。

对日变化平均值差异显著性分析的结果显示，中型林窗闽楠幼树的蒸腾速率明显高于小型林窗($P<0.05$)；大型林窗闽楠幼树的蒸腾速率明显高于小型林窗($P<0.05$)；中型林窗与大型林窗闽楠幼树的蒸腾速率差异不显著($P>0.05$)。

由于进入 12 月份光照时间变短，所以 12 月份对闽楠幼树光和特性日变化的检测时间是 10：00~17：00。如图 5-18 所示，12 月份不同面积林窗下闽楠幼树蒸腾速率 T_r 日变化均呈单峰曲线型，于当日 12：00 达到最大峰值，此时小型林窗闽楠幼树的 T_r 值为 0.88μmol/(m^2·s)，中型林窗闽楠幼树的 T_r 值为 1.51μmol/(m^2·s)，大型林窗闽楠幼树的 T_r 值为 1.80μmol/(m^2·s)。出现过峰值后，蒸腾速率逐渐降低，于 17：00 达到最小值。12 月份由于温度低、光照时间短，17：00 时蒸腾速率较低，17 时小型林窗闽楠幼树的 T_r 值为 0.09μmol/(m^2·s)，中型林窗闽楠幼树的 T_r 值为 0.07μmol/(m^2·s)，大型林窗闽楠幼树的 T_r 值为 0.05μmol/(m^2·s)。

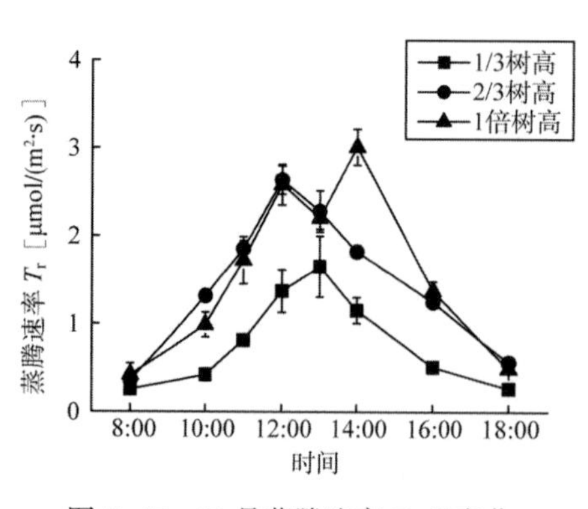

图 5-17　10 月蒸腾速率 T_r 日变化

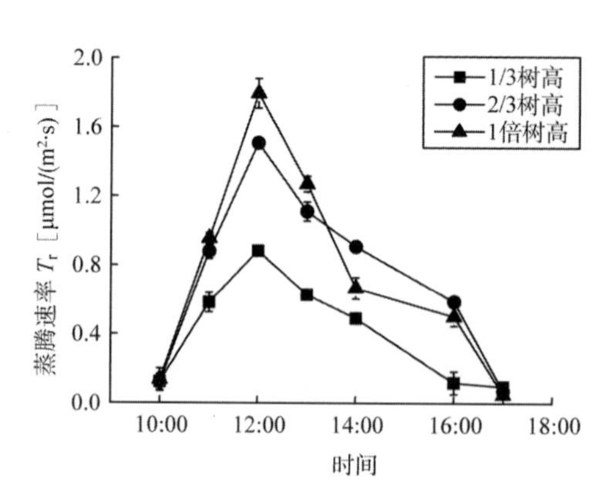

图 5-18　12 月蒸腾速率 T_r 日变化

对日变化平均值差异显著性分析的结果显示，中型林窗闽楠幼树的蒸腾速率明显高于小型林窗($P<0.05$)；大型林窗闽楠幼树的蒸腾速率明显高于小型林窗($P<0.05$)；中型林窗与大型林窗闽楠幼树的蒸腾速率差异不显著($P>0.05$)。

(3)闽楠幼树瞬时水分利用效率 *WUE* 日变化规律

瞬时水分利用效率是净光合速率 P_n 与蒸腾速率 T_r 的比值求得，意在反映植物在单位蒸腾水分条件下对光能的吸收利用值。如图5-19所示，4月小型、中型与大型林窗闽楠幼树瞬时水分利用效率日变化呈现的规律为，在11：00~12：00跌至谷值后呈上升趋势，于18：00达到最高值。5月不同林窗呈现的规律略不相同，小型林窗和大型林窗日变化规律呈现为三峰曲线型，8：00出现最大峰值后呈下降趋势，于11：00下降到谷值后又呈上升趋势，于12时达到第二个峰值后转为下降趋势，于14：00出现第二个谷值后呈上升趋势；而中型林窗呈现的日变化规律为8：00出现最大峰值后呈下降趋势，于14：00达到谷值后转为较为缓慢的上升趋势。7~12月各林窗闽楠幼树的瞬时水分利用效率日变化呈现出早晚高，中午低的规律。其中，4~8月小型林窗的瞬时水分利用效率明显低于其他两者，10~12月三者则无明显差异性。

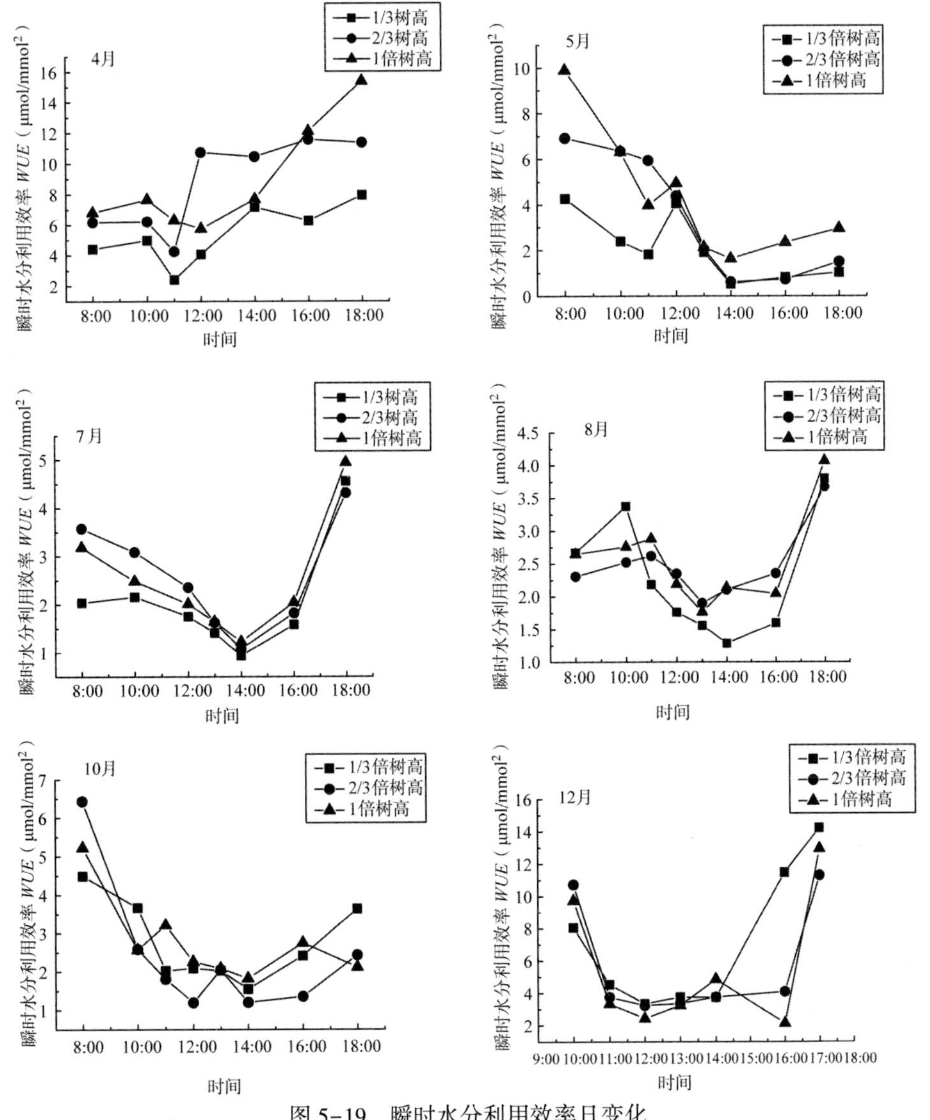

图5-19　瞬时水分利用效率日变化

通过分析可以得出，同一月份不同林窗的闽楠幼树瞬时水分利用效率呈现出的规律不相同，同一林窗闽楠幼树不同月份呈现的规律也不相同，这是因为同一月份不同林窗间或同一林窗不同月份间的水分、相对湿度、光照强度、温度等因素的不相同的。这与刘长利等研究结果相一致：水分利用效率受水分、相对湿度、二氧化碳浓度、光照强度、冰冻、干旱、温度等因素影响。

(4)闽楠幼树胞间 CO_2浓度 C_i 日变化规律

植物胞间 CO_2浓度 C_i 是光合生理生态研究中常用到的一个参数，在光合作用的气孔限制分析中尤为重要，C_i 的变化方向是确定光合速率变化的主要原因，以及是否为气孔因素的不可少的判断依据之一。

如图 5-20 所示，7 月、8 月不同面积林窗闽楠幼树的胞间 CO_2浓度监测值早晚时间段高，中午 12：00~14：00 时间段低，日变化规律呈"V"形曲线。中午时间段胞间 CO_2浓度 C_i 值低表明此时叶片的气孔导度低或者光合作用相对强烈，导致叶片内部 CO_2供应不足，浓度偏低，相对应 7 月、8 月闽楠幼树净光合速率日变化规律中最大峰值出现的时间段也是 12：00~14：00。4 月、5 月、10 月数据显示，上午 8：00 监测时段时，是胞间 CO_2浓度最大的时候，说明早上细胞本身呼吸作用以及较低的光合速率导致细胞 CO_2累积较多，此后 C_i 值呈下降趋势，于 12：00~14：00 时间段降到最低值，此后 C_i 值随时间变化波动不大，都是维持在一个相对稳定的区间，直到傍晚时候会有一个上升趋势。12 月份因为光照时间变短，所以监测时间是 10：00~17：00。从 10：00 开始 C_i 值呈下降趋势，于 12：00 时降到最低值，随后呈上升趋势，于 17：00 达到最高值。

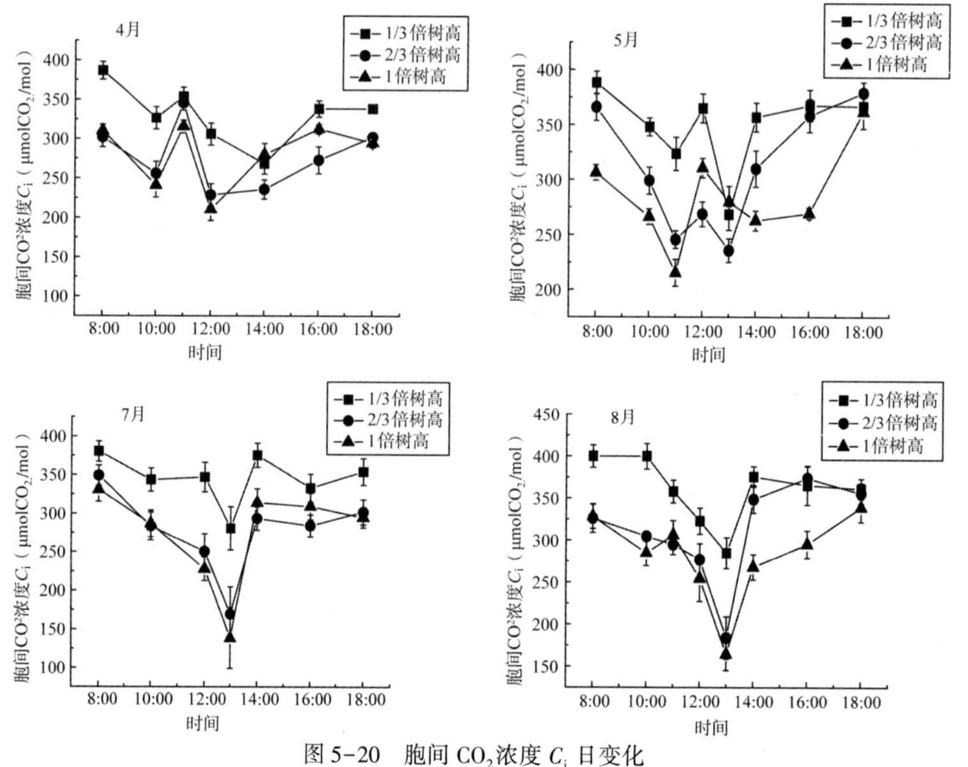

图 5-20　胞间 CO_2浓度 C_i 日变化

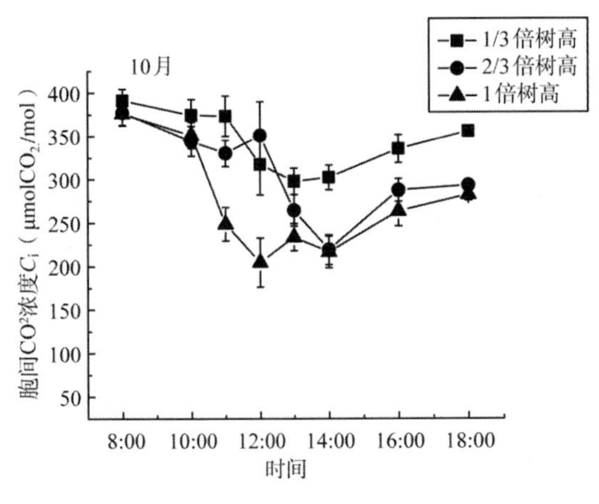

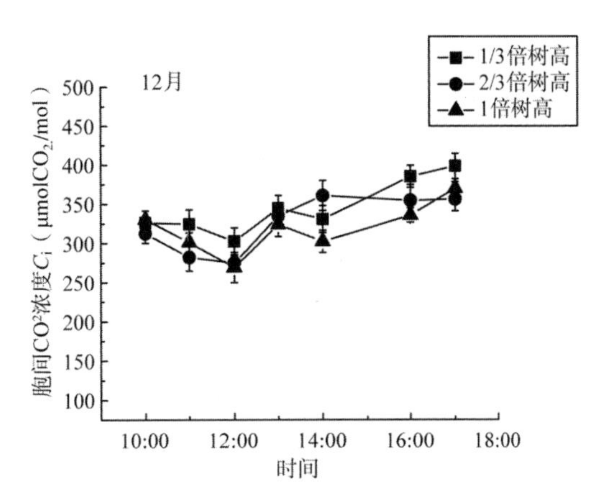

图5-20　胞间 CO_2浓度(C_i)日变化(续)

通过对同月份不同面积林窗闽楠幼树的胞间 CO_2浓度 C_i 日变化平均值进行差异显著性分析，得出在4月、5月、7月、8月、10月小型林窗闽楠幼树的 C_i 值明显高于中心林窗($P<0.05$)，在12月份则差异不显著($P>0.05$)。在所有监测月份中，小型林窗闽楠幼树的 C_i 值均明显高于大型林窗($P<0.05$)。中型林窗闽楠幼树的 C_i 值与大型林窗闽楠幼树的 C_i 值除了在8月份的差异显著($P<0.05$)，其余月份均表现为不显著($P>0.05$)。

(5)闽楠幼树气孔导度 *Cond* 日变化规律

气孔是植物在光合作用过程中，与周围环境间气体交换的主要门户，植物水分通过气孔的蒸腾量一般可达与叶面积相同的自由水面蒸发量的50%，甚至更高。气孔导度(Stomatal Conductance，*Cond*)表示的是气孔张开的程度，影响光合作用、呼吸作用及蒸腾作用。当气孔开度增大时，气孔导度变大，蒸腾速率提高。由于气孔导度受外部环境因素(主要包括光照强度、气温和空气相对湿度等环境因子)和植物内部因素的影响，而四季中内部因素和外部因素差异较大，因此气孔导度呈现出不一样的日变化和季节变化规律。

由图5-21可知，不同面积林窗闽楠幼树的气孔导度 *Cond* 日变化规律中，4月、5月、7月呈单峰型曲线。4月、5月由上午8：00监测开始，气孔导度值呈下降趋势，到11：00到达一个相对低值，随后呈急速上升趋势，于12：00达到最大峰值，其中4月份大型林窗闽楠气孔导度最大峰值明显大于其他林窗面积的闽楠幼树，达到0.17mol/(m·s)。随后呈下降趋势于18：00达到最低值。7月小型、中型、大型林窗闽楠幼树气孔导度出现峰值的时间不一致，由上午8：00监测开始，气孔导度呈上升趋势，小型林窗和中型林窗闽楠幼树的气孔导度于12：00达到峰值，分别为0.071mol/(m·s)、0.084mol/(m·s)，随后呈下降趋势，18：00达到最低值；大型林窗闽楠幼树的气孔导度于14：00达到峰值，为0.099mol/(m·s)，随后呈下降趋势，18：00达到最低值。

8月不同面积林窗闽楠幼树的气孔导度 *Cond* 日变化规律均呈双峰曲线型，10：00监测开始，气孔导度呈上升趋势，小型林窗和中型林窗闽楠幼树的气孔导度于11：00时出现第一个峰值，分别为0.062mol/(m·s)、0.082mol/(m·s)；随着光照强度加强和温度的提升，气孔导度呈下降趋势，13：00时又达到第二个峰值，分别为0.060mol/(m·s)、

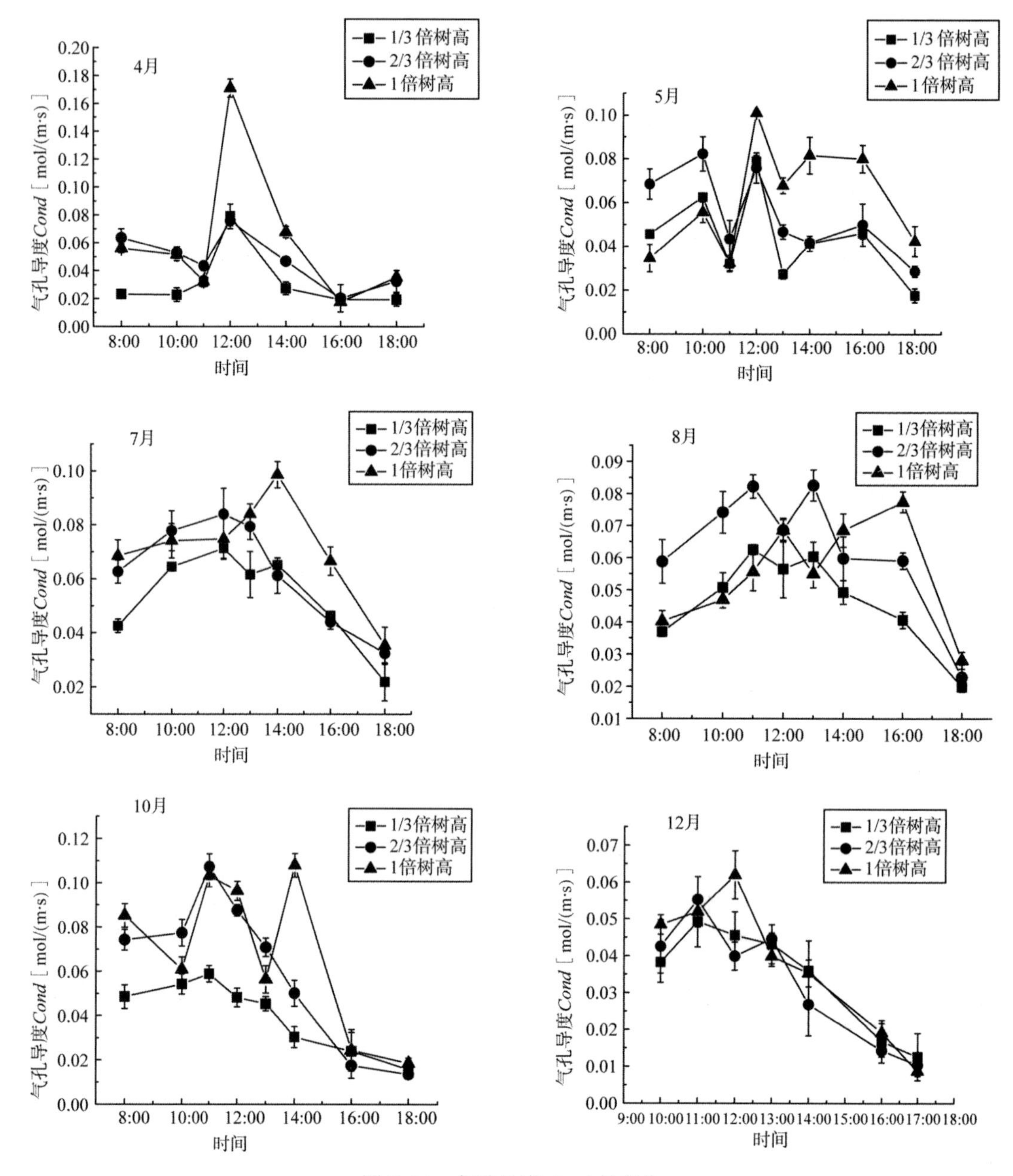

图 5-21 气孔导度 *Cond* 日变化

0.082mol/(m·s)，随后呈下降趋势，于 18：00 时到达最低值；大型林窗闽楠幼树的气孔导度于 12：00 时达到第一个峰值，为 0.069mol/(m·s)，随后呈下降趋势，16：00 时达到第二个峰值，为 0.077mol/(m·s)，随后呈下降趋势，于 18：00 时达到最低值。

10 月不同面积林窗闽楠幼树的气孔导度 *Cond* 日变化规律中，小型林窗和中型林窗闽楠幼树的气孔导度呈单峰型曲线型，大型林窗闽楠幼树的气孔导度呈双峰曲线型。8：00 随着监测开始，小型林窗和中型林窗闽楠幼树的气孔导度呈上升趋势，于 11：00 达到峰值，分别为 0.059mol/(m·s)、0.107mol/(m·s)，随后呈下降趋势，于 18：00 达到最低值。大型林窗闽楠幼树的气孔导度随着监测开始呈下降趋势，于 10：00 下降到相对低值后呈上升趋势，11：00 达到第一个峰值，为 0.096mol/(m·s)，随着光照强度加强和温度的提升，气孔导度呈下降趋势，14：00 时又达到第二个峰值，为 0.108mol/(m·s)，随后呈下降趋势，于 18：00 达到最低值。

12 月不同面积林窗闽楠幼树的气孔导度 *Cond* 日变化规律中，小型林窗和大型林窗闽楠幼树的气孔导度呈单峰型曲线型，中型林窗闽楠幼树的气孔导度呈双峰曲线型。10：00 监测开始，气孔导度呈上升趋势，11：00 时小型林窗闽楠幼树的气孔导度达到峰值，为 0.049mol/(m·s)，12：00 大型林窗闽楠幼树的气孔导度达到峰值，为0.062mol/(m·s)，两者先后达到峰值后均呈下降趋势，于 17：00 达到最小值；中型林窗闽楠幼树的气孔导度于 11：00 达到第一个峰值，为 0.055mol/(m·s)，随后呈下降趋势，13：00 时又达到第二个峰值，为 0.045mol/(m·s)，随后呈下降趋势，于 17：00 达到最小值。

通过对同月份不同面积林窗闽楠幼树的气孔导度 *Cond* 日变化平均值进行差异显著性分析得出，在 4~10 月中型林窗明显高于小型林窗($P<0.05$)，而在 12 月份差异不显著($P>0.05$)。小型林窗闽楠幼树的 *Cond* 值与大型林窗闽楠幼树的 *Cond* 值除了在 8 月、12 月差异不显著($P>0.05$)外，在其余监测月份都是大型林窗大于小型林窗。中型林窗闽楠幼树的 *Cond* 值与大型林窗闽楠幼树的 *Cond* 值在所有监测月份中差异都不显著($P>0.05$)。

(6)闽楠幼树叶片温度 T_{leaf}日变化规律

叶片接受太阳辐射，温度逐渐上升，通过植株蒸腾作用消耗部分能量，实现自身湿度的调节。若出现水分亏缺，则蒸腾速率降低，所以消耗的能力降低，叶片温度也随之增高。因此，叶片温度与植物叶片的水分与能量平衡相关，可以反映作物的水分状况，并用于水分亏缺判断。

由图 5-22 可以看出，不同面积林窗闽楠幼树叶片温度 T_{leaf} 在 4 月、5 月、8 月、10 月、12 月的变化规律均表现为早晚较低，中午较高的单峰型。单达到峰值的时间略有不同，4 月小型、中型、大型林窗闽楠幼树叶片温度于 11：00 达到最大值，分别为 31.9℃、32.6℃、31.6℃；5 月小型、中型林窗闽楠幼树叶片温度于 12：00 达到最大值，分别为 32.0℃、33.7℃，大型林窗闽楠幼树叶片温度于 13：00 达到最大值，为 33.2℃；8 月小型、中型、大型林窗闽楠幼树叶片温度于 13：00 达到最大值，分别为 33.3℃、36.2℃、35.0℃；10 月小型、中型、大型林窗闽楠幼树叶片温度于 13：00 达到最大值，分别为 24.2℃、23.5℃、24.3℃；12 月小型、中型、大型林窗闽楠幼树叶片温度于 14：00达到最大值，分别为 16.0℃、15.7℃、15.6℃。7 月叶片温度日变化规律呈双峰曲线型，小型、中型、大型林窗闽楠幼树叶片温度于 10：00 出现第 1 个峰值，分别为 30.9℃、30.9℃、30.4℃，第 2 个峰值出现在 14：00，分别为 31.5℃、31.2℃、30.7℃。7 月出现双峰型的原因是因为测量日内中午时分出现了多云天气，使环境温度降低，从而影响到叶片温度。

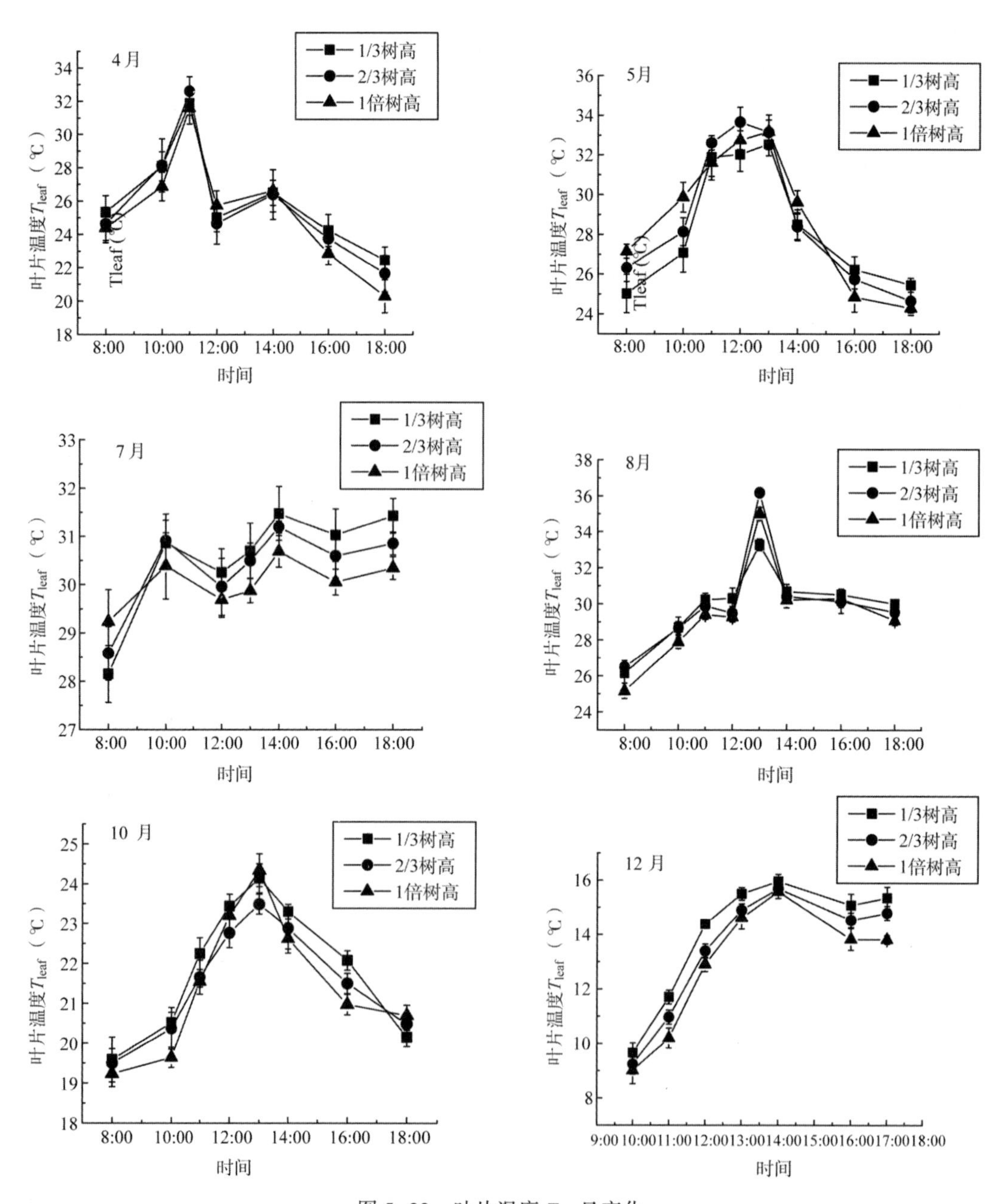

图 5-22　叶片温度 T_{leaf} 日变化

通过对同月份不同面积林窗闽楠幼树的叶片温度 T_{leaf} 日变化平均值进行差异显著性分析得出，小型林窗闽楠幼树的 T_{leaf} 值与中型林窗闽楠幼树的 T_{leaf} 值在 4 月、5 月、7 月、8 月的差异性不显著($P>0.05$)，在 10、12 月份差异显著($P<0.05$)。小型林窗闽楠幼树的 T_{leaf} 值与大型林窗闽楠幼树的 T_{leaf} 值在 4 月、5 月、7 月、8 月、10 月的差异性不显著($P>0.05$)，在 12 月份差异性显著($P<0.05$)。中型林窗闽楠幼树的 T_{leaf} 值与大型林窗闽楠幼树的 T_{leaf} 值在 4 月、5 月、7 月的差异性都不显著($P>0.05$)，在 8 月、10、12 月份差异显著($P<0.05$)。

(7)小结与讨论

通过对不同林窗闽楠幼树光合特性的测定与分析，得出净光合速率 P_n 的测定范围在 0.88~7.08μmolCO_2/(m·s)，低于杨佳伟对不同种源闽楠的光合生理特性研究得出的净光合速率(P_n)，这是因为本文的研究对象是林窗下的闽楠幼树，林窗改变了闽楠的生境，相对于郁闭林，林窗提升了光照强度和光照有效辐射，但是未能达到闽楠的光饱和点，所以造成了这一现象。本研究净光合速率 P_n 的日变化规律多表现为达到峰值后呈剧烈下降趋势，与杨佳伟、付泽华、姚振一等研究结果不一致，这可能是由于试验区域在5~7月频发暴雨，在测试时段里，中午过后天气由晴转阴，导致光合强度和 P_n 值明显下降。

在净光合速率 P_n 与蒸腾速率 T_r 的日变化规律中，只有10月份大型林窗呈现出双峰曲线型，其余都是单峰曲线型。这与付泽华8年生闽楠人工林光和特性研究、姚振一闽楠幼树光合特性研究得出高温季节中午时分由于温度上升等因素导致闽楠出现"午休现象"的结论不一致，这是因为林窗会影响森林小气候，相对闽楠人工林，林窗内的温度，光照强度等因子较低，从而使林窗内闽楠幼树 P_n、T_r 日变化规律呈现的规律多为单峰曲线型。

5.2.1.2 光合月变化特征

(1)闽楠幼树净光合速率 P_n 月变化规律

如图5-23所示，不同面积林窗闽楠幼树净光合速率 P_n 月变化规律呈单峰曲线型，但出现峰值的时间略不相同。小型林窗闽楠幼树 P_n 最低值出现5月，为1.41μmolCO_2/(m^2·s)，随后呈上升趋势，于7月达到最高峰值，为2.20μmolCO_2/(m^2·s)，随后呈下降趋势。中型林窗闽楠幼树5月光合特性的测量时间受天气原因影响，导致 P_n 值于4月后呈下降趋势，于5月降到一个相对低值，然后呈上升趋势，于8月达到最高峰值，为4.71μmolCO_2/(m^2·s)，随后呈下降趋势，于12月份达到最低值，为2.84μmolCO_2/(m^2·s)。大型林窗闽楠幼树 P_n 值从4月开始呈上升趋势，于8月达到最高峰值，为4.64μmolCO_2/(m^2·s)，随后呈下降趋势于12月达到最低值，为2.67μmolCO_2/(m^2·s)。

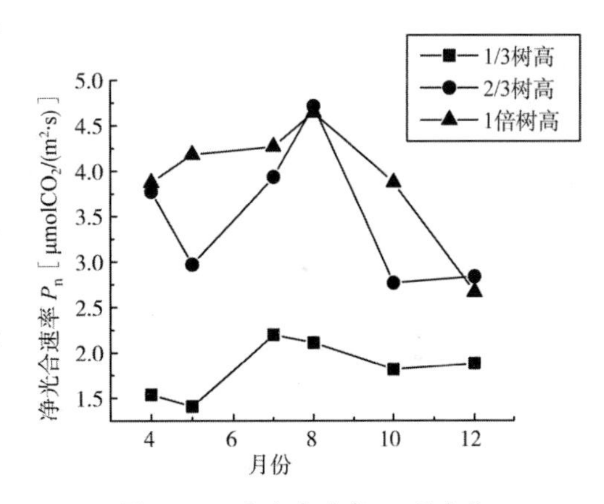

图5-23 净光合速率 P_n 月变化

通过对小型、中型、大型林窗闽楠幼树按月份的日平均 P_n 值进行差异显著性分析得出，中型林窗闽楠幼树的 P_n 明显高于小型林窗($P<0.05$)；大型林窗闽楠幼树的 P_n 明显高于小型林窗($P<0.05$)；中型林窗与大型林窗闽楠幼树的 P_n 差异不显著($P>0.05$)。

(2)林窗闽楠幼树蒸腾速率 T_r 月变化规律

从蒸腾速率月均变化图5-24中可以看出，高温季节闽楠幼树的水分蒸腾量明显高于其他季节，7月、8月闽楠自身活性较强，外界环境的温度、光合有效辐射都足够高，植株生长迅速，处于生理活性较强的生长旺盛期，小型林窗和大型林窗闽楠幼树蒸腾速率监测月最大值出现在7月，分别是1.32μmol/(m^2·s)、2.18μmol/(m^2·s)，中型林窗闽楠

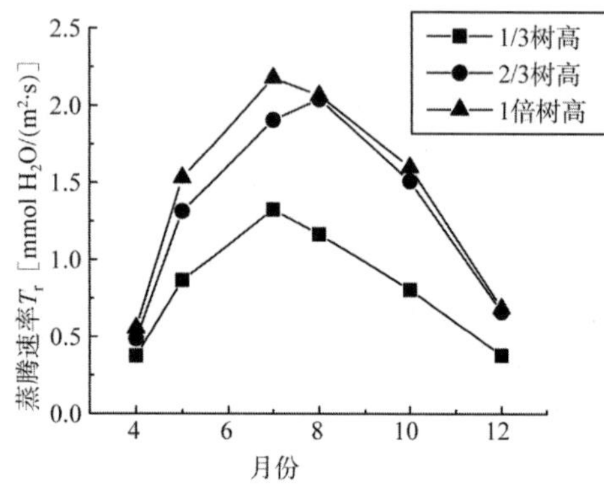

图 5-24　蒸腾速率 T_r 月变化

幼树蒸腾速率最大值出现在 8 月，为 2.04μmol/(m^2·s)。随着气温降低、光照强度偏弱以及内部生理因素的影响，闽楠幼树蒸腾速率呈下降趋势，并于 8 月后大幅度下降。

通过对小型、中型、大型林窗闽楠幼树按月份的日平均 T_r 值进行差异显著性分析得知，中型林窗闽楠幼树的 T_r 明显高于小型林窗($P<0.05$)；大型林窗闽楠幼树的 T_r 明显高于小型林窗($P<0.05$)；中型林窗与大型林窗闽楠幼树的 T_r 差异不显著($P>0.05$)。

(3)闽楠幼树胞间 CO_2浓度 C_i 月变化规律

胞间 CO_2浓度的月变化趋势如图 5-25 所示，小型林窗闽楠幼树 C_i 值在 4~12 月变化不大，在一定范围内波动，由于小型林窗面积较小，即使在高温季节，林窗内的一些环境因子相对其他季节也没很大变化，导致 C_i 值波动不大。中型和大型林窗闽楠幼树的 C_i 最低值出现在 7 月，随着生长季的延长，胞间 CO_2浓度逐月增加，于 12 月份达到测试时段的最高值。由图 5-25、5-23 可知，闽楠幼树胞间 CO_2浓度 C_i 月变化与净光合速率 P_n 月变化呈负相关，闽楠幼树 P_n 值于 7~8 月生长旺盛季达到最高峰值，净光合速率越高所需要的 CO_2就越多，胞间 CO_2浓度就越低，所以闽楠幼树幼树 C_i 值于 7~8 月达到最低值。

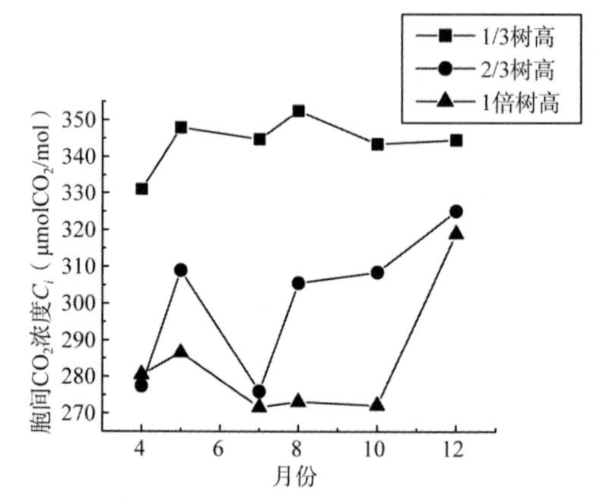

图 5-25　胞间 CO_2浓度 C_i 月变化

通过对小型、中型、大型林窗闽楠幼树按月份的日平均 C_i 值进行差异显著性分析得出，中型林窗闽楠幼树的 C_i 明显高于小型林窗($P<0.05$)；大型林窗闽楠幼树的 C_i 明显高于小型林窗($P<0.05$)；中型林窗与大型林窗闽楠幼树的 C_i 差异显著($P>0.05$)。

(4)闽楠幼树气孔导度 *Cond* 月变化规律

由图 5-26 可知，大型林窗闽楠幼树气孔导度 *Cond* 月变化呈双峰曲线型，第 1 个峰值出现在 5 月，为 0.076mol/(m·s)，随后随着光照强度的增强和气温的提升，呈下降趋势，于 8 月达到谷值，为 0.057mol/(m·s)，10 月达到第 2 个峰值，为 0.076mol/(m·s)，随后呈下降趋势，于 12 月达到最低值。小型和中型林窗呈单峰曲线型，先后于 7 月、10 月到达峰值，分别为 0.053mol/(m·s)、0.069mol/(m·s)，随后呈下降趋势。

通过对小型、中型、大型林窗闽楠幼树按月份的日平均 *Cond* 值进行差异显著性分析得出，中型林窗闽楠幼树的 *Cond* 明显高于小型林窗($P<0.05$)；大型林窗闽楠幼树的 *Cond* 明显高于小型林窗($P<0.05$)；中型林窗与大型林窗闽楠幼树的 *Cond* 差异不显

著($P>0.05$)。

(5)闽楠幼树叶片温度 T_{leaf} 月变化规律

由图 5-27 可知，不同面积林窗闽楠幼树叶片温度 T_{leaf} 月变化规律呈单峰曲线型，与月平均气温(图 5-28)变化成正相关，从检测时段开始的 4 月叶片温度呈上升趋势，于 7~8 月达到峰值，随后呈下降趋势，于 12 月达到最低值。

通过对小型、中型、大型林窗闽楠幼树按月份的日平均 T_{leaf} 值进行差异显著性分析得出，三者间差异性均不显著($P>0.05$)。

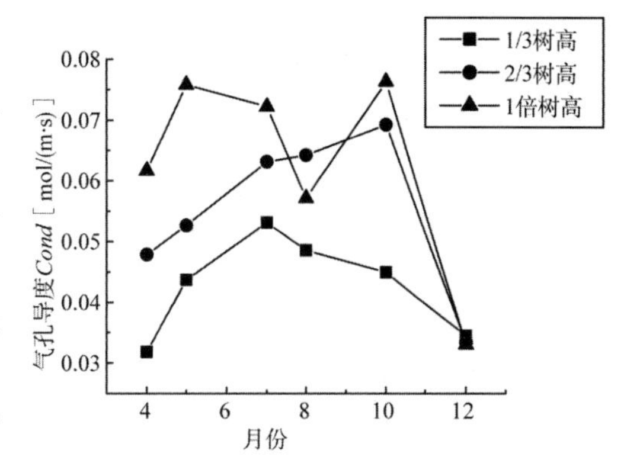

图 5-26　气孔导度 *Cond* 月变化

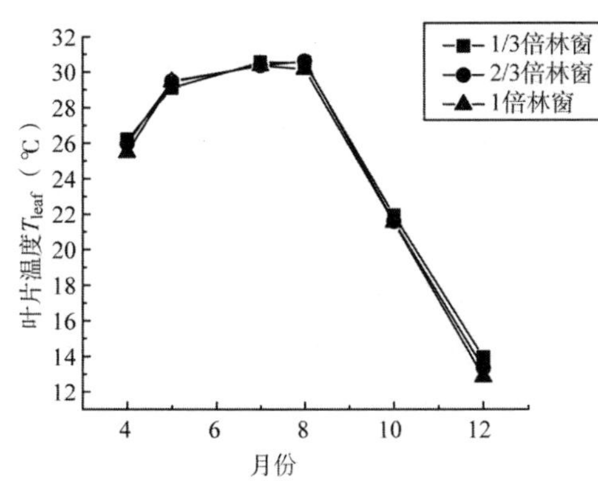

图 5-27　叶片温度 T_{leaf} 月变化

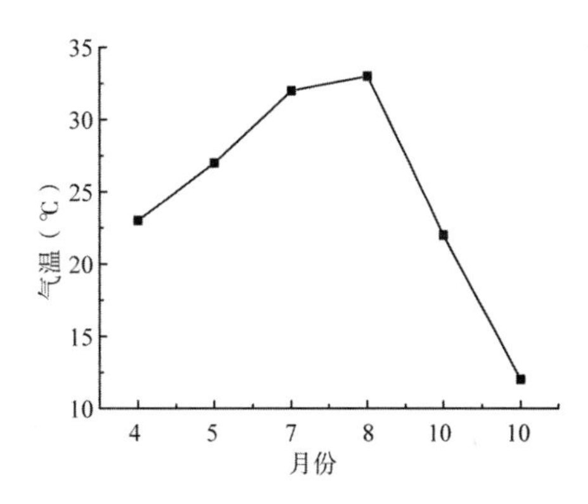

图 5-28　金洞林场管理区月平均气温变化

(6)小　结

①4~12 月闽楠幼树净光合速率 P_n 日变化规律表现为，小型林窗和中型林窗呈单峰曲线型，而大型林窗除了 10 月呈双峰曲线型，其余月份呈单峰曲线型。不同月份达到峰值的时间不一样，主要表现为高温季节的 7~10 月于 13：00 达到峰值，其余月份12：00达到峰值。与光照强度呈显著正相关。4~12 月闽楠幼树净光合速率 P_n 月变化规律呈现为单峰型曲线，峰值出现在闽楠生长季的 7~8 月。通过差异显著性结果分析得出林窗面积从小型到中型，对闽楠幼树 P_n 的影响是显著的，从中型到大型，对闽楠幼树 P_n 的影响不显著。

②不同面积林窗蒸腾速率 T_r 日变化与 P_n 日变化规律一致，表现为早晚低，中午高。T_r 月变化规律与 P_n 月变化规律呈显著正相关，不同林窗闽楠幼树的 T_r 峰值先后出现在闽楠生长季的 7~8 月。通过差异显著性分析，大型林窗和中型林窗 T_r 值明显大于小型林窗，说明大型和中型林窗闽楠幼树比小型林窗具有更强的蒸腾作用。

③不同月份同一林窗下闽楠幼树的瞬时水分利用效率 *WUE* 日变化规律差异性大，如 7~8 月份呈现出早晚高，中午低的规律，而 4 月份这一现象不明显，这是因为水分利用效

率受多种因素影响，包括水分、相对湿度、二氧化碳浓度、光照强度、冰冻、干旱、温度等，不同月份这些因子差异大从而影响水分利用效率的日变化规律。同一月份不同林窗下闽楠幼树的瞬时水分利用效率也有差异，这是因为林窗面积的大小会影响光照强度，温度，相对湿度等因子。

④各林窗闽楠幼树胞间 CO_2浓度 C_i 日变化规律，在7~8月表现为明显的“V”型曲线，早晚 C_i 高，中午 C_i 低。在4月、5月、10月 C_i 也是呈早晚高，中午低的趋势，但相对7~8月而言，C_i 的波动区间要小，而且 C_i 降到最低值后，会有一段时间呈相对稳定状态，到了傍晚又会出现上升。12月光照时间段，光照有效辐射低，C_i 的波动区间就更小了，而且监测时段内，最高值出现在17：00。闽楠幼树 C_i 月变化呈现为，小型林窗 C_i 月变化曲线相对稳定，并且明显高于中型、大型林窗 C_i。

⑤各面积闽楠幼树气孔导度 *Cond* 日变化呈现为早晚低，中午高，4~8月各林窗 *Cond* 日变化均呈单峰曲线型，10月大型林窗 *Cond* 日变化呈双峰曲线型，小型和中型林窗呈单峰曲线型，与 P_n 日变化规律一致。12月小型林窗和大型林窗 *Cond* 呈单峰曲线型，中型林窗呈双峰曲线型。其中，不同月份不同林窗出现峰值的时间不一致，出现双峰型曲线的变化规律是植物通过降低气孔导度，减弱植物的蒸腾作用的自我保护。*Cond* 月变化规律表现为，大型林窗呈双峰曲线型，中型和小型林窗呈单峰曲线型，并且大型林窗和中型林窗 *Cond* 明显高于小型林窗，而大型林窗和中型林窗 *Cond* 无明显差异。

⑥叶片温度 T_{leaf}的日变化规律与气温一样，呈现为早晚低，中午高的规律。除了7月都呈现出很明显的单峰型曲线，峰值出现时间在11：00~14：00。T_{leaf}月变化曲线也呈现明显单峰曲线型，最大值出现在8月，在试验时段内，最低值出现在12月。对各林窗间闽楠幼树按月份的日平均 T_{leaf}进行差异显著性分析，结果表明，各林窗间闽楠幼树 T_{leaf}差异不显著($P>0.05$)。

5.2.2 林窗大小对闽楠幼树生长量、功能性状的影响

5.2.2.1 林窗大小对闽楠幼树生长量的影响

本试验于2016年11月设置样地，2017年4~12月为试验检测时间，每4个月一次监测不同面积林窗中闽楠幼树的地径、树高，计算其生长量，统计如表5-2所示。

表5-2 不同面积林窗闽楠幼树地径、树高生长量

时间	生长指标	林窗类型		
		小型林窗	中型林窗	大型林窗
2016年11月	地径(mm)	7.48±0.57a	7.53±0.43a	6.87±1.02a
	树高(cm)	74.5±5.5a	74.7±7.9a	76.2±11.8a
2017年4月	地径(mm)	7.87±0.23b	8.25±0.69a	7.29±0.90b
	树高(cm)	81.4±3.6b	107.9±17.6a	104.5±14.3a

（续）

时间	生长指标	林窗类型		
		小型林窗	中型林窗	大型林窗
2017 年 8 月	地径（mm）	8.43±0.25b	9.22±0.62a	8.34±1.03b
	树高（cm）	87.5±5.8b	140.7±15.8a	131.7±20.7a
2017 年 12 月	地径（mm）	8.67±0.51b	10.6±0.86a	9.36±1.36a
	树高（cm）	93.8±8.7b	167.2±14.5a	156.5±25.6a
生长量	地径（mm）	1.19	3.07	2.49
	树高（cm）	19.3	92.5	80.3
生长率	地径（%）	15.9	40.8	36.2
	树高（%）	25.9	123.8	105.4

注：不同小写字母代表同一时间同一指标不同林窗大小间差异显著（$P<0.05$）。

从表 5-2 可以得出，2016 年 11 月设置样地时，每个林窗种下的闽楠幼树在地径和树高都是比较接近的，差异性都不显著（$P>0.05$），到了 2017 年 12 月，大型林窗和中型林窗闽楠幼树的地径和树高均明显高于小型林窗（$P<0.05$），而大型林窗和中型林窗的差异性不明显。各林窗间闽楠幼树地径生长量大小为中型林窗>大型林窗>小型林窗，树高生长量大小为中型林窗>大型林窗>小型林窗。其中，大型林窗和中型林窗比较接近，而小型林窗则明显低于前两者。

5.2.2.2　不同面积林窗下闽楠生物量

由表 5-3 可以得出 3 种面积类型林窗闽楠的生物量从大到小依次为：中型林窗>大型林窗>小型林窗，中型、大型林窗明显大于小型林窗（$P<0.05$）。地上部分，中型林窗和大型林窗植物鲜重和干重都明显大于小型林窗（$P<0.05$），而中型林窗和大型林窗则差异不显著（$P>0.05$）；地下部分，中型林窗植物鲜重明显大于大型和小型林窗，小型林窗和大型林窗差异不明显，地下部分干重的大小关系为中型林窗>大型林窗>小型林窗（$P<0.05$）。地下部分含水率相比地上部分都有提升，植物根冠比指植物地下部分与地上部分的鲜重或干重的比值，从表 5-3 可以得出，小型林窗根冠比远远大于中型和大型林窗（$P<0.05$），中型林窗和大型林窗则差异不显著（$P>0.05$）。

表 5-3　不同面积林窗闽楠生物量指标

林窗类型	植物	地上部分			地下部分			根冠比
		鲜重（g）	干重（g）	含水率（%）	鲜重（g）	干重（g）	含水率（%）	
小型林窗	闽楠	23.83±8.37b	9.65±4.11b	59.5	17.23±4.58b	6.03±2.86c	65.0	0.72
中型林窗	闽楠	58±19.21a	27±9.53a	53.4	32.07±11.05a	14.10±3.28a	56.0	0.55
大型林窗	闽楠	50±14.52a	22.7±5.38a	54.5	21.7±5.37ab	8.06±2.14b	62.9	0.43

注：不同小写字母代表同一指标不同林窗大小间差异显著（$P<0.05$）。

5.2.2.3 闽楠各性状相关性

相关性分析因子包括地径 d、树高 H、净光合速率 P_n、蒸腾速率 T_r、胞间 CO_2浓度 C_i、气孔导度 $Cond$、林窗面积、光照强度、叶面积。从表 5-4 中数据可以总结出：

(1)林窗面积与净光合速率 P_n、树高 H、光照强度、叶面积呈极显著正相关($P<0.01$)，与气孔导度 $Cond$ 呈显著正相关($P<0.05$)，与胞间 CO_2浓度 C_i 呈极显著负相关($P<0.01$)，说明林窗面积对闽楠幼树的生长与生境有显著影响的。在本试验的 3 种面积林窗，面积越大，林木的生长势越好。

(2)净光合速率 P_n、蒸腾速率 T_r、气孔导度 $Cond$ 这 3 个因子互为呈极显著正相关($P<0.01$)；胞间 CO_2浓度 C_i 与净光合速率 P_n、气孔导度 $Cond$ 呈极显著负相关($P<0.01$)，与蒸腾速率 T_r 呈显著负相关($P<0.05$)。这说明植物光合作用的因子是相互作用、相互影响的，P_n 值的增加，消耗的 CO_2就会增加，导致胞间 CO_2浓度下降，气孔导度会加大，蒸腾速率上升。

(3)叶面积与闽楠幼树的树高 H、地径 d 呈极显著正相关($P<0.01$)，与净光合速率 P_n 呈显著正相关，说明闽楠叶片作为光合作用的主要场所，叶面积越大，闽楠的净光合速率 P_n 越好，闽楠的单位时间生长量越大。

(4)光照强度与林窗面积、净光合速率 P_n 呈极显著正相关($P<0.01$)，与树高 H 呈显著正相关($P<0.05$)，与地径 d 呈正相关，但不显著($P>0.05$)。这说明林窗与郁闭林对比，最直观的差别的就是光照强度的改变，光照强度的改变又影响闽楠幼树的净光合速率 P_n，光合作用越强，闽楠幼树生长越旺盛。

表 5-4 闽楠幼树各指标间的相关性分析

参数	林窗面积	P_n	T_r	C_i	$Cond$	d	H	光照强度	叶面积
林窗面积	1								
P_n	0.799**	1							
T_r	0.422	0.650**	1						
C_i	-0.840**	-0.871**	-0.509*	1					
$Cond$	0.561*	0.690**	0.764**	0-.677**	1				
d	0.356	0.589*	0.527*	-0.315	0.172	1			
H	0.632**	0.530*	0.354	-0.468	0.233	0.773**	1		
光照强度	0.754**	0.896**	0.657**	-0.489*	0.756**	0.232	0.537*	1	
叶面积	0.638**	0.511*	0.389	-0.482*	0.370	0.717**	0.949**	0.735**	1

注：表中 d 为地径、H 为树高、P_n 为净光合速率、T_r 为蒸腾速率、C_i 为胞间 CO_2浓度、$Cond$ 为气孔导度。

** 表示在 0.01 水平(双侧)上极显著相关，* 表示在 0.01 水平(双侧)上显著相关。

5.2.2.4 小　结

通过监测不同面积林窗下闽楠幼树 4~12 月的生理和性状功能指标，得出以下结论。

(1)生长量

中型林窗下闽楠幼树的生长量最大，地径和树高增量分别为 3.07mm 和 92.5cm。各林

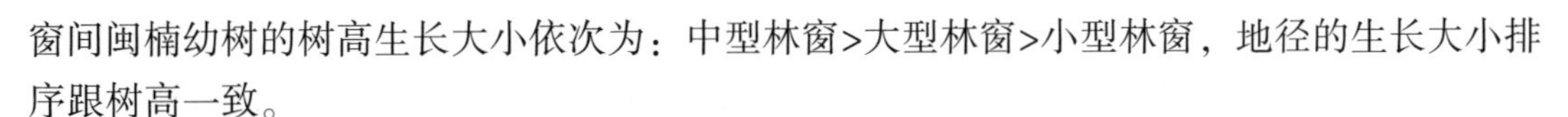

窗间闽楠幼树的树高生长大小依次为：中型林窗>大型林窗>小型林窗，地径的生长大小排序跟树高一致。

(2)生物量

闽楠幼树生物量地上部分表现为中型林窗>大型林窗>小型林窗，其中，小型林窗明显小于其他两者($P<0.05$)；地下部分表现为中型林窗>大型林窗>小型林窗，其中，中型林窗明显大于其他两者($P<0.05$)。

(3)相关性分析

林窗面积与净光合速率P_n、树高H、光照强度、叶面积都呈极显著相关($P<0.01$)；净光合速率P_n与叶面积、树高H都呈显著性相关($P<0.05$)；叶面积与地径d、树高H都呈极显著相关($P<0.01$)。

5.2.3　林窗大小对闽楠幼树各器官营养元素含量的影响

在植物需要的各种营养元素之中，氮(N)、磷(P)、钾(K)3种是植物需要量和收获时带走量较多的营养元素，N元素是构成蛋白质、叶绿素、核酸等的重要成分，能促进细胞分裂和增长；P元素是构成植物细胞中细胞核、核酸等的组成部分，能促进早起根系的形成和生长；K元素能提高植物对N的吸收和利用，促进光合作用。本章通过对不同面积林窗下闽楠幼树各器官N、P、K含量的分析对比，研究不同面积林窗对闽楠幼树各器官营养元素的影响。

5.2.3.1　林窗大小对闽楠幼树叶片营养元素含量的影响

(1)林窗大小对闽楠幼树叶片全氮(N)含量的影响

由图5-29可以看出，8月叶片全N含量的大小关系表现为小型林窗>大型林窗>中型林窗，分别为15.98g/kg、15.45g/kg、14.68g/kg；10月份叶片全N含量的高低关系表现为大型林窗>小型林窗>中型林窗，分别为15.70g/kg、10.68g/kg、9.63g/kg；12月份叶片全N含量的高低关系表现为小型林窗>大型林窗>中型林窗，分别为18.43g/kg、14.3g/kg、11.6g/kg。其中，大型林窗闽楠幼树全N含量在8~12月的变化不大，而小型林窗与中型林窗则呈递减趋势，这可能是因为大型林窗调节了环境因子(如光照强度、温度、空气湿度等)，更有利于闽楠幼树的生长发育，叶片全N含量处于一个较高而稳定的水平。通过对不同面积林窗闽楠幼树叶片全N含量单月平均值进行差异显著性分析得出，三者差异性不显著($P>0.05$)。

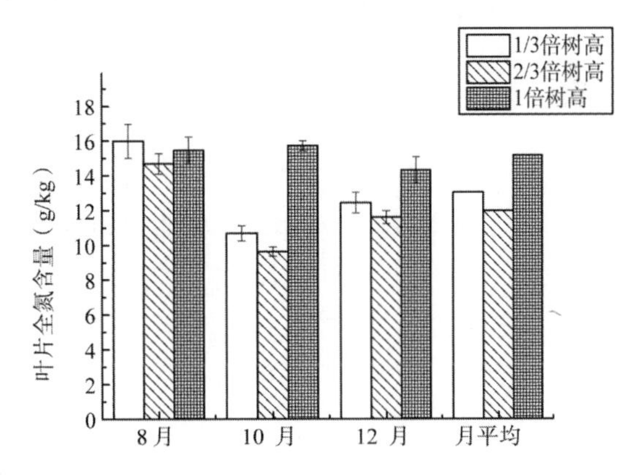

图5-29　叶片全氮含量月变化

(2)林窗大小对闽楠幼树叶片全磷(P)含量的影响

由图5-30可以看出，8月叶片全P含量的高低关系表现为中型林窗>大型林窗>小型林窗，分别为2.41g/kg、2.34g/kg、2.04g/kg；10月份叶片全P含量的高低关系表现为大型林窗>中型林窗>小型林窗，分别为2.20g/kg、1.99g/kg、1.83g/kg；12月份叶片全P含量的高低关系表现为小型林窗>中型林窗>大型林窗，分别为2.13g/kg、1.97g/kg、1.70g/kg。通过对不同面积林窗闽楠幼树叶片全P含量单月平均值进行差异显著性分析得出，三者差异性不显著(P>0.0.5)。

(3)林窗大小对闽楠幼树叶片全钾(K)含量的影响

由图5-31可以看出，8月叶片全K含量的高低关系表现为小型林窗>中型林窗>大型林窗，分别为14.59g/kg、14.34g/kg、13.29g/kg；10月份叶片全P含量的高低关系表现为小型林窗>中型林窗>大型林窗，分别为13.02/kg、12.16g/kg、12.12g/kg；12月份叶片全P含量的高低关系表现为小型林窗>中型林窗>大型林窗，分别为13.18g/kg、12.39g/kg、11.23g/kg。通过对不同面积林窗闽楠幼树叶片全K含量单月平均值进行差异显著性分析，得出小型林窗与大型林窗差异性显著(P<0.05)。

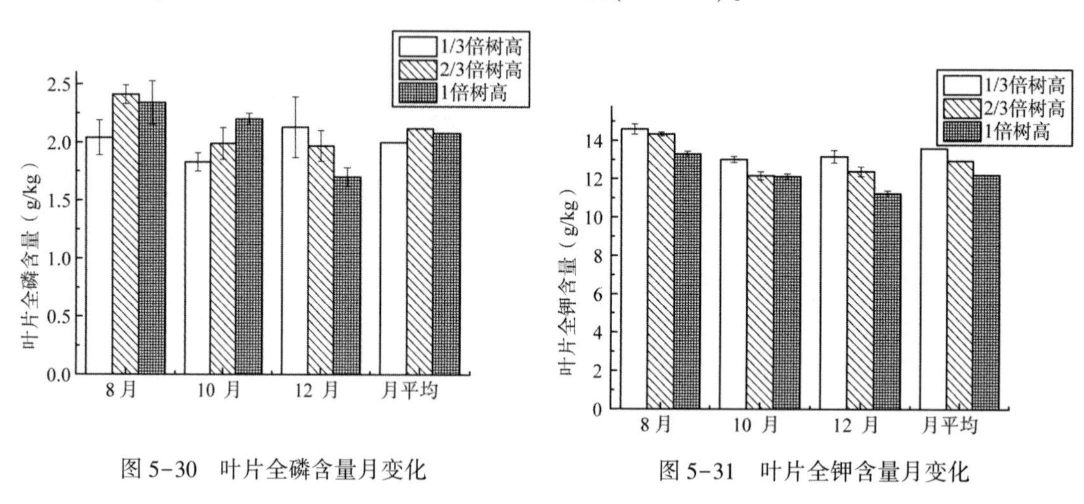

图5-30 叶片全磷含量月变化　　图5-31 叶片全钾含量月变化

5.2.3.2 林窗大小对闽楠幼树枝干的营养元素含量的影响

(1)林窗大小对闽楠幼树枝干全氮(N)含量的影响

由图5-32可以看出，8月枝干全N含量的高低关系表现为中型林窗>小型林窗>大型林窗，分别为7.15g/kg、6.65g/kg、5.48g/kg；10月份枝干全N含量的高低关系表现为中型林窗>小型林窗>大型林窗，分别为4.83g/kg、4.00g/kg、3.63g/kg；12月份枝干全N含量的高低关系表现为大型林窗>中型林窗>小型林窗，分别为4.18g/kg、3.18g/kg、2.85g/kg。通过对不同面积林窗闽楠幼树枝干全N含量单月平均值进行差异显著性分析得出，小型林窗与中型林窗闽楠幼树枝干全N含量差异性显著(P<0.05)。

(2)林窗大小对闽楠幼树枝干全磷(P)含量的影响

由图5-33可以看出，8月枝干全P含量的高低关系表现为大型林窗>中型林窗>小型林窗，分别为1.27g/kg、1.14g/kg、0.55g/kg；10月份枝干全P含量的高低关系表现为大型林窗>中型林窗>小型林窗，分别为1.90g/kg、1.76g/kg、1.42g/kg；12月份枝干全P含量的高低关系表现为大型林窗>中型林窗>小型林窗，分别为1.43g/kg、1.29g/kg、

1.04g/kg。通过对不同面积林窗闽楠幼树枝干全 P 含量进行差异显著性分析得出，小型林窗与中型林窗闽楠幼树枝干全 P 含量差异不显著($P>0.05$)；小型林窗与大型林窗闽楠幼树枝干全 P 含量差异显著($P<0.05$)，大型林窗闽楠幼树枝干全 P 含量明显高于小型林窗；中型林窗与大型林窗闽楠幼树枝干全 P 含量差异显著($P<0.05$)，大型林窗闽楠幼树枝干全 P 含量明显高于中型林窗。

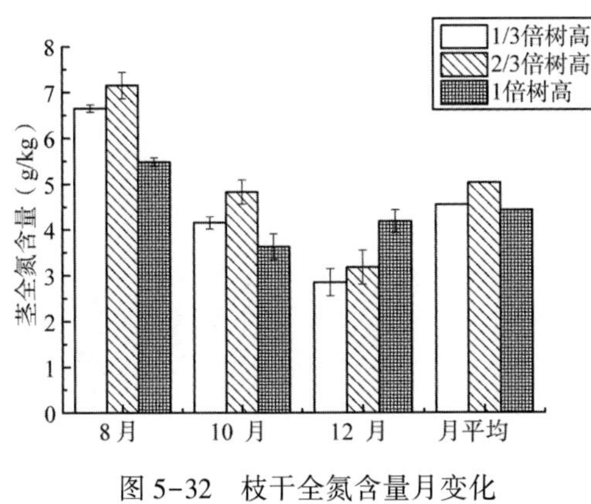

图 5-32　枝干全氮含量月变化

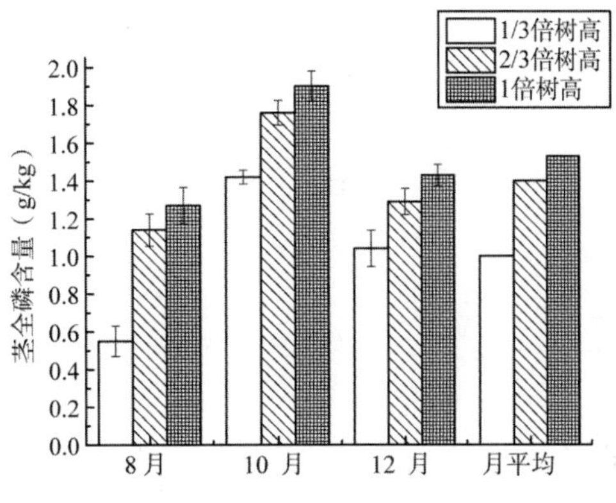

图 5-33　枝干全磷含量月变化

(3)林窗大小对闽楠幼树枝干全钾(K)含量的影响

由图 5-34 可以看出，8 月枝干全 K 含量的高低关系表现为小型林窗>大型林窗>中型林窗，分别为 12.85g/kg、12.29g/kg、12.23g/kg；10 月枝干全 K 含量的高低关系表现为小型林窗>大型林窗>中型林窗，分别为 12.92g/kg、11.47g/kg、11.44g/kg；12 月枝干全 K 含量的高低关系表现为大型林窗>中型林窗>小型林窗，分别为 11.54g/kg、11.53g/kg、10.95g/kg。通过对不同面积林窗闽楠幼树枝干全 K 含量单月平均值进行差异显著性分析，得出三者差异性不显著($P>0.05$)。

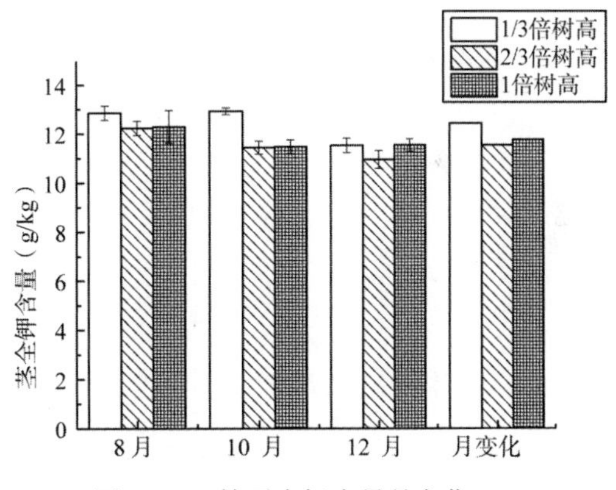

图 5-34　枝干全钾含量月变化

5.2.3.3　林窗大小对闽楠幼树根系营养元素含量的影响

(1)林窗大小对闽楠幼树根系全氮(N)含量的影响

由图 5-35 可以看出，8 月根系全 N 含量的高低关系表现为小型林窗>中型林窗>大型林窗，分别为 7.40g/kg、7.38g/kg、5.93g/kg；10 月根系全 N 含量的高低关系表现为小型林窗>中型林窗>大型林窗，分别为 6.15g/kg、5.65g/kg、4.88g/kg；12 月根系全 N 含量的高低关系表现为大型林窗>小型林窗>中型林窗，分别为 4.00g/kg、3.50g/kg、2.98g/kg。通过对不同面积林窗闽楠幼树根系全 N 含量单月平均值进行差异显著性分析，得出三者差异性不显著($P>0.05$)。

(2)林窗大小对闽楠幼树根系全磷(P)含量的影响

由图 5-36 可以看出，8 月根系全 P 含量的高低关系表现为中型林窗>大型林窗>小型林窗，分别为 1.20g/kg、0.91g/kg、0.67g/kg；10 月根系全 P 含量的高低关系表现为中型林窗>大型林窗>小型林窗，分别为 1.59g/kg、1.46g/kg、1.25g/kg；12 月根系全 P 含量的高低关系表现为中型林窗>小型林窗>大型林窗，分别为 1.72g/kg、1.59g/kg、1.30g/kg。通过对不同面积林窗闽楠幼树根系全 P 含量单月平均值进行差异显著性分析得出，三者差异性不显著($P>0.05$)。

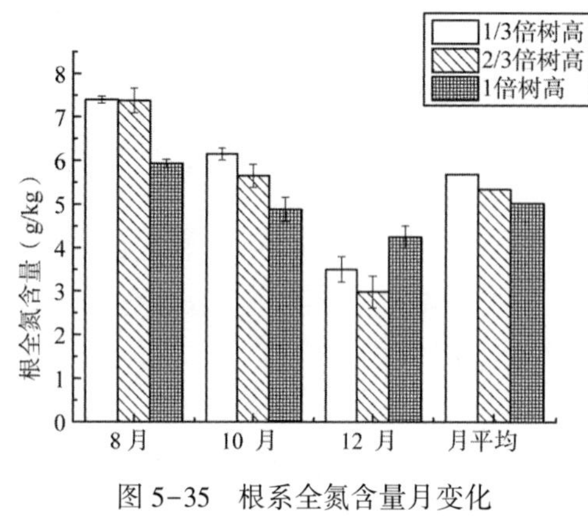

图 5-35　根系全氮含量月变化

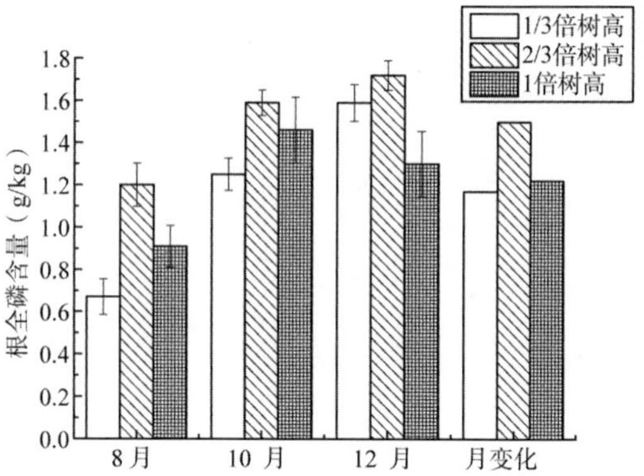

图 5-36　根系全磷含量月变化

(3)林窗大小对闽楠幼树根系全钾(K)含量的影响

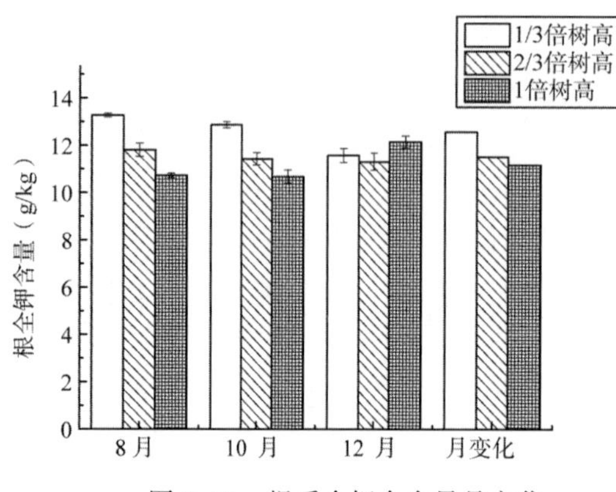

图 5-37　根系全钾全含量月变化

由图 5-37 可以看出，8 月根系全 K 含量的高低关系表现为小型林窗>中型林窗>大型林窗，分别为 13.27g/kg、11.81g/kg、10.72g/kg；10 月根系全 K 含量的高低关系表现为小型林窗>中型林窗>大型林窗，分别为 12.87g/kg、11.43g/kg、10.67g/kg；12 月根系全 K 含量的高低关系表现为大型林窗>小型林窗>中型林窗，分别为 12.15g/kg、11.58g/kg、11.31g/kg；通过对不同面积林窗闽楠幼树根系全 K 含量单月平均值进行差异显著性分析得出，三者差异性不显著($P>0.05$)。

5.2.3.4　林窗大小对凋落物分解及土壤的影响

(1)林窗大小对凋落物的影响

与郁闭林相比，林窗改变了林内水热条件(光照、温度、湿度)和分解者群落结构，可能对凋落物分解过程具有强烈的影响，而不同面积林窗内的水热条件也不尽相同，本章通过分析在固定时间内不同面积林窗下凋落物在 N、P、K 元素和干重的变化来研究不同面积林窗对凋落物分解的影响。由 4 月开始布置实验，到 8 月第一次取样后，实验装置遭到了破坏，导致不能在 12 月完成第 2 次取样。

由表 5-5 可以得出，凋落物在干重的减少量中，无林窗>小型林窗>大型林窗>中型林窗；N 含量的减少量中，小型林窗>无林窗>中型林窗>大型林窗；P 含量的减少量中，小型林窗>无林窗>大型林窗>中型林窗；K 含量的减少量中，小型林窗>大型林窗>无林窗>中型林窗。综上所述，小型林窗在凋落物营养元素分解上速率最快，无林窗在凋落物重量上分解速率最快，由于 4~8 月实验区域是高温多雨的季节，小型林窗相对于无林窗，光照强度更强，温度更高，而小型林窗相对于中型、大型林窗，湿度会更大，环境因素在四者之间更适合分解者，加快了凋落物的分解速率。这与 Li H 等研究结果小林窗加速了凋落物的分解一致。

表 5-5　不同面积林窗凋落物分解情况统计表

时间	小型林窗				中型林窗				大型林窗				无林窗			
	营养元素(g/kg)			干重(g)	营养元素(g/kg)			干重(g)	营养元素(g/kg)			干重(g)	营养元素(g/kg)			干重(g)
	N	P	K		N	P	K		N	P	K		N	P	K	
4 月	10.3	1.5	9.8	247.0	10.3	1.5	9.8	247	10.3	1.5	9.8	247	10.3	1.5	9.8	247.0
8 月	7.6	1.0	5.7	199.8	8.7	1.2	8.5	203.3	9.1	1.1	6.5	201.4	7.9	1.1	6.7	195.9
减少量	2.7	0.5	4.1	47.2	1.6	0.3	1.3	43.7	1.2	0.4	3.3	45.6	2.4	0.4	3.1	54.1

(2)林窗大小对土壤物理性质的影响

林窗的大小造成了林窗内光照强度、温度等，而光照和温度因素会对土壤的含水率、容重造成影响。由表 5-6 可知，4 月各土层的土壤含水率都随着林窗面积的增加而下降，0~20cm 土层，小型林窗土壤含水率明显高于中型、大型林窗土壤含水率($P<0.05$)，土壤容重则刚好呈相反规律。20~40cm 土层小型林窗土壤含水率明显高于中型、大型林窗土壤含水率($P<0.05$)，土壤容重表现为三者互为差异性显著($P<0.05$)。40~60cm 土层，小型林窗土壤含水率明显高于大型林窗土壤含水率($P<0.05$)，土壤容重表现为大型林窗明显高于其他两种类型林窗($P<0.05$)。

表 5-6　4 月不同面积林窗各土层物理性质统计表

土层	林窗	物理性质	
		含水率(%)	容重(g·cm^3)
0~20cm	小型林窗	28.61±0.58a	1.12±0.05b
	中型林窗	24.57±0.79b	1.16±0.02a
	大型林窗	25.39±0.76b	1.15±0.02a
20~40cm	小型林窗	27.62±0.58a	1.14±0.02c
	中型林窗	24.36±0.84b	1.17±0.05b
	大型林窗	23.53±0.62b	1.19±0.02a
40~60cm	小型林窗	24.27±0.42a	1.19±0.03b
	中型林窗	22.25±0.22ab	1.21±0.01b
	大型林窗	21.75±0.53b	1.29±0.04a

（续）

土层	林窗	物理性质	
		含水率（%）	容重（g·cm³）
均值	小型林窗	26.83±0.39	1.15±0.02
	中型林窗	23.73±0.57	1.18±0.05
	大型林窗	23.56±0.47	1.21±0.03

注：数值为平均值±标准差，不同小写字母代表同一土层不同林窗大小间差异显著（$P<0.05$）（下同）。

由表5-7可知，7月各土层中，0~20cm土层，土壤含水率随着林窗面积的增加而下降，小型林窗土壤含水率明显高于其他两种林窗（$P<0.05$），土壤容重表现为大型、中型林窗土壤容重明显高于小型林窗（$P<0.05$）；20~40cm土层，小型林窗土壤含水率明显高于其他两种林窗（$P<0.05$），中型林窗与大型林窗土壤含水率无明显差异（$P>0.05$）；40~60cm土层，土壤含水率与容重都表现为3种面积林窗互为差异性不显著（$P>0.05$）。

表5-7　7月不同面积林窗各土层物理性质统计表

土层	林窗	物理性质	
		含水率（%）	容重（g·cm³）
0~20cm	小型林窗	30.36±0.38a	1.10±0.02b
	中型林窗	28.83±0.54b	1.14±0.03a
	大型林窗	28.59±0.68b	1.14±0.01a
20~40cm	小型林窗	28.72±0.85a	1.15±0.04b
	中型林窗	24.68±0.76b	1.18±0.05a
	大型林窗	25.26±0.28b	1.19±0.02a
40~60cm	小型林窗	23.62±0.67a	1.20±0.03a
	中型林窗	23.58±0.52a	1.19±0.04a
	大型林窗	23.87±0.44a	1.21±0.01a
均值	小型林窗	27.60±0.52	1.15±0.03
	中型林窗	25.70±0.61	1.17±0.02
	大型林窗	25.90±0.32	1.18±0.01

由表5-8可知，10月各土层的土壤含水率都随着林窗面积的增加而下降，土壤容重则随着林窗面积增加而增大。0~20cm土层，小型林窗土壤含水率与大型林窗差异性显著（$P<0.05$），中型林窗土壤含水率与大型林窗差异性显著（$P<0.05$），小型林窗土壤容重与大型林窗差异性显著（$P<0.05$）；20~40cm土层，小型林窗与大型林窗差异性显著（$P<0.05$），大型林窗容重分别与小型、中型林窗差异性显著（$P<0.05$）；40~60cm土层，3种面积林窗之间土壤含水率均差异性不显著（$P>0.05$），大型林窗容重分别与小型、中型林窗差异性显著（$P<0.05$）。

表 5-8　10 月不同面积林窗各土层物理性质统计表

土层	林窗	物理性质	
		含水率(%)	容重($g \cdot cm^3$)
0~20cm	小型林窗	26.38±0.56a	1.14±0.04b
	中型林窗	25.59±0.64a	1.16±0.03ab
	大型林窗	23.26±0.62b	1.19±0.02a
20~40cm	小型林窗	25.74±0.72a	1.16±0.03b
	中型林窗	24.26±0.41ab	1.17±0.05b
	大型林窗	22.58±0.92b	1.21±0.03a
40~60cm	小型林窗	24.83±0.39a	1.18±0.05b
	中型林窗	23.47±0.82a	1.19±0.02b
	大型林窗	21.87±0.70a	1.26±0.03a
均值	小型林窗	25.65±0.62	1.16±0.04
	中型林窗	24.44±0.73	1.17±0.06
	大型林窗	22.57±0.46	1.22±0.04

由图 5-38 可以看出，在监测时段内，小型林窗、中型林窗、大型林窗土壤含水率最高值均出现在 7 月，因为试验区域 7 月是高温多雨季，所以 7 月土壤含水率高于 4 月和 10 月。通过差异显著性分析，小型林窗土壤含水率明显高于大型林窗土壤($P<0.05$)，小型林窗土壤含水率与中型林窗土壤含水率差异性不显著($P>0.05$)，中型林窗土壤含水率与大型林窗土壤含水率差异不显著($P>0.05$)。

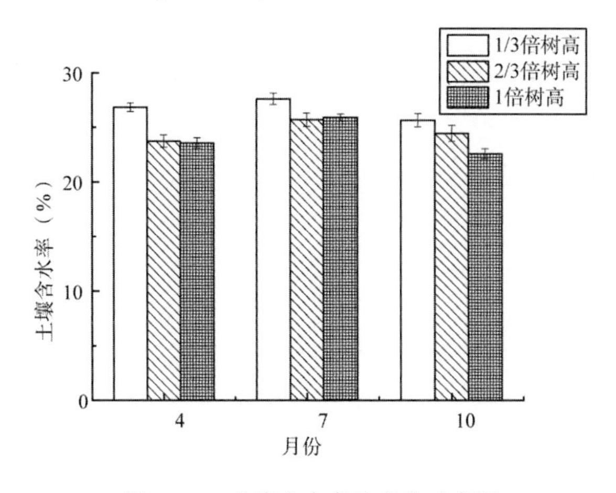

图 5-38　土壤含水率月变化动态图

5.3 结　论

本研究以不同面积林窗下 3 年生闽楠幼树、土壤和凋落物为试验材料，监测时段为 4~12 月，通过监测闽楠生长缓慢期到生长旺盛期再到生长缓慢期，不同林窗下闽楠幼树的光合特性、各器官营养元素含量、生长量、凋落物分解情况、土壤理化性质，来分析林窗大小对闽楠幼树及土壤的影响，得出以下结论。

(1)林窗大小对闽楠幼树光合特性的影响主要表现为，大型林窗和中型闽楠幼树的净光合速率 P_n、蒸腾速率 T_r、气孔导度 *Cond* 均明显高于小型林窗，而胞间 CO_2 浓度明显低于小型林窗；大型林窗的光合特性与中型林窗无明显差别。这说明在本研究设置林窗类型中，面积从 1/3 倍树高(3m×3m)增大到 2/3 倍树高(6m×6m)，闽楠幼树光合作用有明显的加强；从 2/3 倍树高(6m×6m)增大到 1 倍树高(9m×9m)，闽楠幼树的光合作用没明显改变。

(2)不同林窗间闽楠幼树各器官全 N、全 P、全 K 元素含量差异不显著，说明林窗面积对闽楠幼树主要营养元素含量影响不显著。而季节变化会影响着各器官营养元素含量的变化规律。叶片全 N、全 P、全 K 元素含量的最高值出现在闽楠生长季的 8 月(夏季)；枝干与根系全 N 元素含量与叶片出现最高值的时间一致，但枝干全 P 元素含量出现在 10 月(秋季)，根系全 P 元素含量出现在 12 月(冬季)。

(3)林窗大小对凋落物分解的影响表现为，在无林窗、小型林窗、中型林窗、大型林窗四个变量中，干重减少量最大的是无林窗，其次是小型林窗。凋落物全 N、全 P、全 K 含量减少量最多的是小型林窗。综上所述，小型林窗凋落物的分解速率要高于中型与大型林窗，可能是由于 4~8 月实验区域是高温多雨的季节，小型林窗相对于无林窗，光照强度更强，温度更高，而小型林窗对于中型、大型林窗，湿度会更大，环境因素在四者之间更适合分解者，有利于加快凋落物的分解速率。

(4)林窗大小对土壤物理性质的影响表现为，随着林窗面积增大阳光照射时间会变长，光照强度也会越强，上层土壤含水率会明显降低，而容重会增大。

(5)林窗大小对闽楠幼树生长情况的影响表现为，中型林窗的闽楠幼树生长量与生物量都远远大于小型林窗，大型林窗略低于中型，但无明显差异，说明在本研究设置林窗类型中，面积从 1/3 倍树高(3m×3m)增大到 2/3 倍树高(6m×6m)，闽楠幼树生长量与生物量有明显加强；从 2/3 倍树高(6m×6m)增大到 1 倍树高(9m×9m)，闽楠幼树的生长量和生物量反而有所下降，但不明显。

第6章 闽楠人工林的养分循环

6.1 试验样地及方法

6.1.1 样地概况

试验区位于湖南省永州市金洞林场境内，该林场位于永州市东南部金洞管理区，湘江中上游，踞南岭余脉阳明山脉的东北部，总面积 635km^2，地理位置为 112°04′30″E、26°18′30″N。林场地貌以砂岩、页岩、碳质板岩为主，土层深厚肥沃，土壤类型为山地黄壤和红壤，有机质含量较高。该地属于亚热带季风湿润气候，全年四季分明，雨热同期，降雨量充沛，年平均气温 16.3～17.7℃，年均日照时间为 159.9h，年均降水量为 1600～1900mm，无霜期约为 293d。

林场内森林茂盛，物种多样，有高等植物 210 科 1557 种；种子植物中有木本植物 98 科 654 种；属国家重点保护野生植物有银杏、红豆杉、钟萼木、伞花木、赤皮青冈、圆槠、楠木等 56 种，覆盖率达 89.4%。本试验地是 2001 年营造的闽楠人工林，郁闭度为 0.72，平均胸径为 9.1cm，平均树高为 9.4m；林下灌木较少，主要为蕨类等草本。全场土地总面积 54840.4hm^2，其中，林地 49927.9hm^2，非林地 4912.5hm^2，森林覆盖率达 72.1%，林木绿化率 76.3%，有种植闽楠的历史和传统。

林分类型为闽楠、木荷纯林及其混交林。土壤母质主要以砂岩和板页岩为主，土层深厚肥沃，厚度 60cm 以上，土壤类型为山地黄壤，石砾含量中等。试验地林分郁闭度高，林下几乎没有灌木，草本稀少，主要为菜蕨、长羽复叶耳蕨、菝葜等。

6.1.2 研究方法

6.1.2.1 标准地设置

对永州市金洞区国有林场试验区内闽楠纯林、木荷纯林以及闽楠木荷混交林进行全面踏查，在 12 年闽楠纯林中选取一块地势较为平缓，能代表整个林分基本状况的区域，设置 20m×30m 的标准地，标准地编号 1。

在 14 年闽楠纯林、木荷纯林以及闽楠木荷混交林中设置 3 块 20m×20m 具有代表性的标准地(闽楠、木荷纯林、闽楠木荷混交林各 1 块,)，标准地编号 2、3、4。

在闽楠人工林种，按不同林龄(60 年、45 年、14 年)选取土壤类型、立地条件一致的 3 块林分，在每种林龄林分内分别设置 2 块 20m×20m 的样地，标准地编号 5-10，详见表 6-1。

表 6-1　标准地基本概况

标准地编号	林龄(年)	林分类型	郁闭度	平均胸径	平均树高
1	12	闽楠纯林	0.72	9.1	9.4
2	14	闽楠木荷混交林	0.85	13.3	15.2
3	14	闽楠纯林	0.8	12.3	14.4
4	14	木荷纯林	0.85	12.5	14.4
5	14	混交林	0.8	13.9	11.4
6	14	混交林	0.8	13.4	10.9
7	45	混交林	0.8	22.8	14.9
8	45	混交林	0.8	23.1	15.2
9	60	混交林	0.8	42.4	18.5
10	60	混交林	0.8	41.1	17.8

6.1.2.2　土壤与植物样品采集

标准样地内进行每木检尺。在每木检尺的基础上，选取标准木，把树体分为叶、枝、干、皮和根几个部分对乔木层样品进行采集。由于植物各器官的养分含量不同，为取得更为精确的养分含量，将枝、叶、干、皮按照不同部位取样进一步分区，根系也按根茎、粗根、中根、细根等级加以区分。

在标准样地内，设置 5 个面积为 1m×1m 的小样方，按未分解层、半分解层直接收集样方内全部枯落物。其中，未分解层判断标准为枯落物形状和颜色变化不明显，无分解痕迹；半分解判断标准为枯落物外形轮廓不完整，且颜色呈褐色，部分已分解，呈碎屑状。

分季度对标准样地内样品进行采集，取得植物样品各 0.5kg 带回试验室，将新鲜的植物样品用蒸馏水迅速冲洗干净，经 105℃快速杀青 20min，80℃烘干直到恒量。样品粉碎后过 60 目筛装入密封袋中，标记后保存，留待测定养分含量。

1 号标准地将土壤剖面分为 4 层(0~15cm，15~30cm，30~45cm，45~60cm)，各取 1kg，带回实验室测定。2~4 号标准地将土壤剖面分 3 层(0~20cm，20~40cm，40~60cm)，各取每层土样 300g，带回实验室测定。5~10 号标准地将土壤剖面分为 4 层(0~15cm，

15~30cm，30~45cm，45~60cm)，各取500g，带回实验室测定。

6.1.2.3 样品测定

1号标准地植物和土壤全K、Ca、Mg和微量元素用原子吸收分光光度计测定，全N含量用凯氏蒸馏测定法，全P用钒钼黄比色法测定，每份样品至少测定3次，再取平均值。

2~4号标准地植物和土壤全C的测定方法均采用重铬酸钾-烘箱加热法，全N含量用凯氏蒸馏测定法。植物和土壤的全P和全K均采用电感耦合等离子光谱发生仪(ICP)测定，植物采用硫酸-高氯酸消煮法。

5~10号标准地土壤和植物全C含量用重铬酸钾外加热法测定，全N用凯氏半微量定氮法测定，全P采用钼锑抗吸光光度法。

6.1.2.4 数据处理与统计

根据实验得出的数据，应用Excel和SPSS进行数据处理和分析。

6.2 闽楠人工林养分循环

6.2.1 闽楠人工幼林各器官大量元素分布特征

6.2.1.1 叶片大量元素季节动态变化

叶片生长需要合成大量蛋白质和核酸，且对大量元素需求量随季节变化不同。由表6-2可知，闽楠叶片中，N元素含量最高，均值达到18.169 g/kg，其他营养元素含量顺序为K>Ca>P>Mg。叶片中P、K含量均在夏季达到最大值，此后含量逐渐下降。

表6-2 叶片大量元素季节变化 g/kg

季节	N	P	K	Ca	Mg	合计
春	16.908	1.045	7.229	6.902	0.376	32.460
夏	18.586	2.275	12.457	1.866	0.411	35.594
秋	19.240	1.760	5.941	1.994	0.194	29.130
冬	17.940	1.072	4.844	2.596	0.101	26.554
均值	18.169	1.538	7.618	3.340	0.271	30.936

从表6-2中可知，N元素从年初开始增多，到秋季一直处于不断积累阶段，秋季达到最大值，为19.240g/kg，冬季含量有所下降。闽楠叶片中P、K元素含量从生长初期开始积累、增多，夏季为闽楠叶片P、K元素积累鼎盛时期，含量达到最大值，夏季至冬季含量呈下降趋势，到冬季达到一年中最低值，可能与闽楠树种类型、生长规律及气候条件有关，闽楠是常绿阔叶树种，夏季树叶生命力旺盛。Ca元素春季含量最高，到夏季出现最低值，由于秋季、冬季叶片内P、K元素会发生大量转移，致使秋季、冬季

相同质量中的 Ca 元素有一定量的增加。Mg 元素是叶绿素的重要组成成分，闽楠叶片中叶绿素随着叶片生长不断增多，使得 Mg 元素从春季至夏季一直处于积累阶段，到夏季出现最大值，夏季至秋季含量明显降低，是由于夏季末期 Mg 元素在植物体内发生转移。

在一年中叶片大量元素总含量季节变化为夏季>春季>秋季>冬季，主要是因为闽楠人工林从春季开始吸收大量养分维持其生长，到夏季根系、叶片组织、输导组织等发育都比春季时完善，根系吸收能力、输导组织运输能力都到达鼎盛时期，所以夏季叶片中大量元素总含量达到最高值，从秋季开始叶片中 N、P、K、Mg 元素慢慢发生转移，到冬季大量元素总含量出现最小值。

6.2.1.2 枝条大量元素季节动态变化

由表 6-3 可看出，春季至夏季是闽楠人工林生物量大量积累的阶段，K 作为植物器官组成元素，含量最高，均值为 6.291g/kg ，其他元素顺序为 N>Ca>P>Mg。

春季至夏季 K 元素含量有大幅度的增加，K 元素含量在夏季出现最大值，为 12.076g/kg，随后 K 元素含量降低，到秋季出现最低值，冬季含量有所上升。枝条中 N 元素含量从春季开始减少，秋季含量出现最小值，为 4.136g/kg，秋季至冬季枝条中 N 元素含量开始上升，这可能是由于入秋开始，叶片中 N 元素开始转移，部分营养被储存在枝条内，使得枝条中 N 元素含量增加，这有利于养分循环再利用和保持养分。Ca 元素春季含量最高，其他季节含量保持稳定，变化幅度较小。Mg 一年中季节变化不明显，秋季含量略高于其他季节。P 元素变化幅度不大，基本在 0.9g/kg 左右波动。

表 6-3　枝条大量元素季节变化　　g/kg

季节	N	P	K	Ca	Mg	总值
春	7.999	0.855	5.193	2.827	0.344	17.218
夏	4.669	0.916	12.076	1.580	0.305	19.545
秋	4.136	1.073	2.225	1.425	0.527	9.386
冬	7.620	0.904	5.670	1.542	0.246	15.982
均值	6.106	0.937	6.291	1.844	0.355	15.533

由图 6-1 可看出，由于枝条主要功能是将养分输送到叶片，供叶片的生长发育，使得枝条中各元素含量都低于树叶中大量元素含量。枝条与叶片中各元素变化规律都不同，除 Ca 元素，叶片中其他元素含量从春季开始增多，这主要是因为闽楠入春开始生长，需要大量的养分维持其叶片正常生长，到夏季叶片生长达到顶峰时期，含量出现最高值(P、K)，夏季过后叶片生长趋于缓慢，营养元素含量逐渐降低，秋季叶片中元素开始转移，枝条中元素含量增多。这说明在闽楠新叶萌发初期(春季)至发育完善(夏季)，枝条主要是将养分输送到叶片中，当叶片发育完善，叶片中光合作用合成的营养物质开始转移至枝条、干等其他器官，这种机制有利于植物整体生长发育。

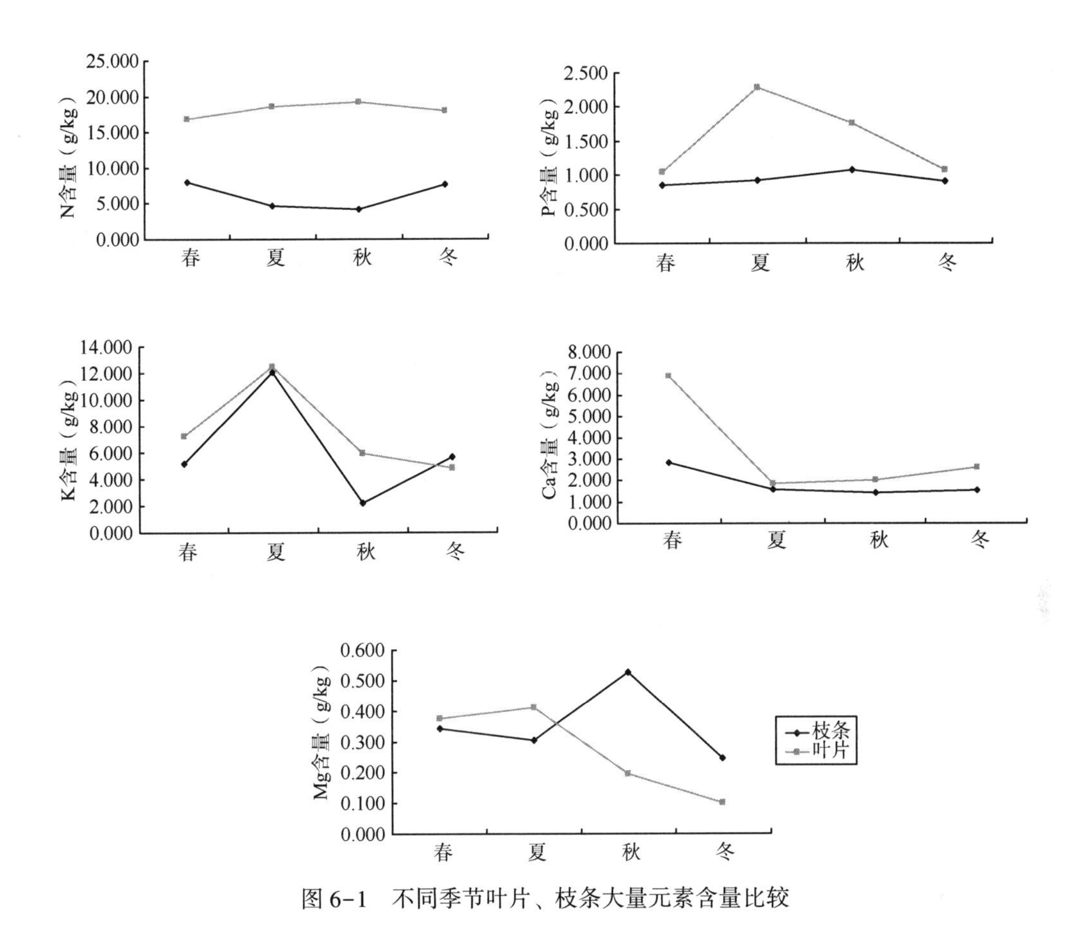

图6-1 不同季节叶片、枝条大量元素含量比较

6.2.1.3 根系大量元素季节动态变化

从表6-4可看出，根茎中各大量元素含量大小顺序为K>N>Ca>P>Mg，此大小顺位和干材中大量元素顺序相一致，主要是因为根茎和干材相连，元素含量最为接近。根茎中大量元素总含量季节变化顺序为冬季>夏季>秋季>春季，根茎冬季含量较高，说明冬季根茎储存大量元素为来年前期生长做准备。根茎中N元素含量春季最低，春季至夏季含量由2.771g/kg增加到7.855g/kg，夏季至冬季一直保持下降趋势。根茎中P、Mg元素含量较低，且季节变化不明显，冬季含量稍高。K元素由春季开始一直处于不断积累阶段，到冬季含量达到最峰值，为7.324g/kg。Ca元素春季含量为1.917g/kg，到6月含量有所下降，随后含量一直呈增加趋势，到冬季含量出现最大峰值，为4.653g/kg 。

闽楠粗根中大量元素含量顺序为N>K>Ca>P>Mg。粗根中N元素含量最大，均值为5.426g/kg，春季、夏季含量开始增多，秋季稍微有所下降，冬季含量回升。P元素春季至秋季呈增加趋势，秋季增加至最大峰值，为1.006g/kg，随后含量逐渐下降。K元素季节变化曲线呈双峰型，夏季和冬季含量高于春季和秋季，冬季含量最高，为6.997g/kg。粗根中Ca元素含量从生长季初开始下降，秋季至冬季含量急剧上升，冬季Ca元素含量约为其他三季含量总和。粗根中Mg元素含量前3个季节变化趋势正好与Ca元素季节变化趋势相反，为先增加再降低，秋季至冬季季节变化都是急剧增加，且冬季粗根中Mg元素含量远远大于前三季含量总和。

表 6-4 根系大量元素季节变化 g/kg

根系	季节	N	P	K	Ca	Mg	合计
根茎	春	2.771	0.435	4.287	1.917	0.182	9.592
	夏	7.855	0.497	4.885	1.153	0.238	14.627
	秋	5.721	0.515	5.108	2.471	0.207	14.022
	冬	3.837	0.585	7.324	4.653	0.565	16.964
	均值	5.046	0.508	5.401	2.548	0.298	13.801
粗根	春	3.430	0.551	4.171	1.870	0.181	10.204
	夏	5.749	0.815	5.735	1.330	0.198	13.827
	秋	5.575	1.006	2.536	0.776	0.116	10.010
	冬	6.951	0.502	6.997	4.644	0.633	19.727
	均值	5.426	0.719	4.860	2.155	0.282	13.442
中根	春	3.814	0.687	5.124	1.916	0.249	11.789
	夏	6.029	0.732	7.381	1.235	0.241	15.618
	秋	3.799	0.425	6.732	0.837	0.161	11.954
	冬	4.816	0.957	7.054	2.618	0.582	16.027
	均值	4.614	0.700	6.573	1.652	0.308	13.847
细根	春	7.292	0.804	4.838	2.037	0.335	15.306
	夏	7.052	0.948	8.023	1.202	0.318	17.543
	秋	3.841	1.140	2.749	0.871	0.187	8.587
	冬	7.915	0.485	7.772	4.806	1.140	22.118
	均值	6.525	0.844	5.846	2.229	0.495	15.939
总均值		5.403	0.693	5.670	2.146	0.346	14.258

闽楠中根大量元素含量大小顺序与根茎相同，均为 K>N>Ca>P>Mg。N、P、K 3 种元素变化曲线相似，均呈先增后减再增的变化趋势，其中，N、K 元素含量最大峰值出现在夏季，分别为 6.029g/kg 和 7.381g/kg，P 元素含量最大峰值出现在冬季，含量为 0.957g/kg。中根中 Ca、Mg 季节变化曲线相似，均由春季开始降低，到秋季出现最小峰值，分别为 0.837g/kg 和 0.161g/kg，至冬季含量大幅度增加，都增至一年中最大峰值，分别为 2.618g/kg 和 0.582g/kg。

闽楠细根中 N、P、Mg 元素含量明显高于根茎、粗根、中根。且细根中 N 元素含量最高，为 6.525g/kg，其他元素含量大小顺序为 K>Ca>P>Mg，与粗根顺序相一致。细根中 N、Ca、Mg 元素含量季节变化趋势相同，均在秋季出现最低值，冬季含量最高。P 元素含量春季开始平缓上升，到秋季达到最大值，冬季含量减少，出现一个生长季中最小值。K 元素季节变化曲线呈波浪形，夏季和冬季处于波峰值，春季和秋季处于波谷，且秋季含量最小，为 2.749g/kg。

结合表6-3、图6-2可看出，根系中各部位大量元素含量顺序为细根>根茎>中根>粗根。从图6-2可看出，细根季节变化幅度最大，根茎、粗根、中根季节变化幅度较小，且变化规律相同，都是春季至夏季处于增加阶段，夏季至秋季下降，秋季至冬季含量增多。这主要是因为夏季是闽楠生长旺盛期，根系(特别是细根)吸收大量营养，本身养分相应增加，而进入冬季，根系从土壤中吸收大量养分，承担着储存养分的功能，为第二年春季生长储蓄能量。

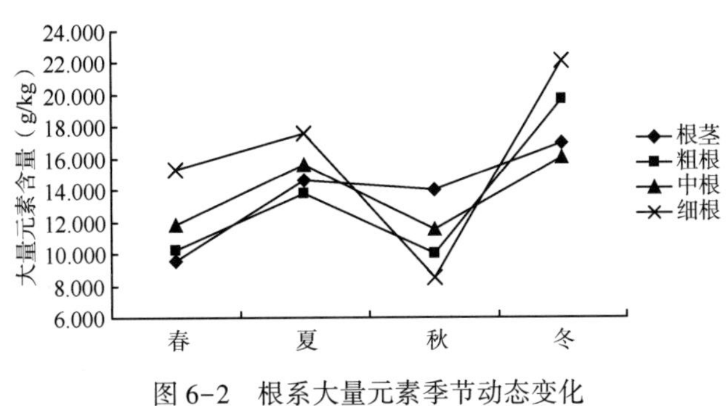

图6-2 根系大量元素季节动态变化

6.2.2 闽楠人工幼林各器官微量元素分布特征

6.2.2.1 叶片微量元素季节动态变化

从表6-5可知，闽楠叶片中微量元素Mn含量最高，均值达到782.824mg/kg，其余元素含量顺序为Fe>Zn>Cu>Cd>Ni>Pb。叶片中Fe元素含量次于Mn元素，且含量保持稳定，冬季含量略低。Cu、Ni元素含量最高值均出现在夏季，春季到夏季处于积累阶段，夏季至冬季处于消耗阶段。叶片中Pb元素在生长初期含量最高，为1.248mg/kg，随着叶片的生长，Pb元素含量逐渐下降，秋季出现最小值，冬季含量有明显的回升。Ni元素从春季开始增多，到夏季出现最大峰值，为1.248mg/kg，秋季、冬季含量逐渐下降。

表6-5 叶片微量元素季节变化 mg/kg

季节	Fe	Cu	Zn	Mn	Cd	Pb	Ni	合计
春	118.729	5.273	27.588	982.176	1.745	1.248	0.702	1137.461
夏	112.031	7.482	19.628	350.637	2.324	0.577	1.248	493.928
秋	113.184	6.833	26.762	818.182	0.285	0.169	0.818	966.232
冬	94.910	4.545	27.481	980.301	0.195	0.924	0.701	1109.056
均值	109.714	6.033	25.365	782.824	1.137	0.729	0.867	926.669

由图6-3可以看出，叶片中微量元素总含量季节变化正好与叶片大量元素总含量季节变化趋势相反，春季叶片微量元素含量最高，夏季含量最低，为493.928mg/kg，夏季至冬季含量呈上升趋势，冬季微量元素总含量出现一年中第二高峰，此变化趋势与叶片中Mn元素的季节变化完全相同，主要是因为微量元素中Mn元素比重最大，其变化趋势很

大程度影响微量元素总含量的季节变化趋势。

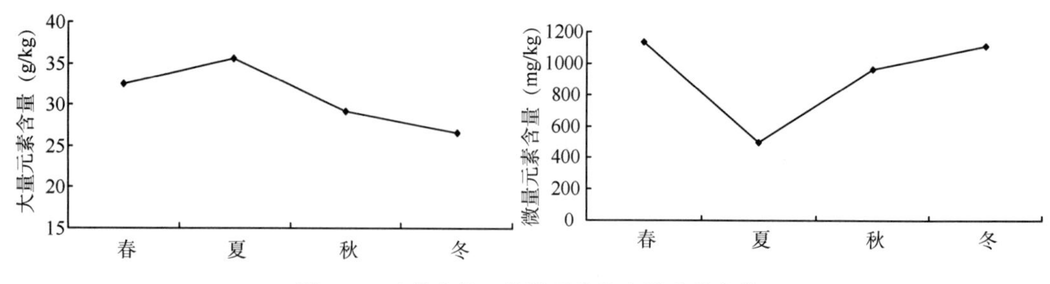

图 6-3　叶片大量、微量元素总含量季节变化

6.2.2.2　枝条微量元素季节动态变化

从表 6-6 可看出，枝条中微量元素总含量低于叶片中微量元素总含量，但枝条中 Cu、Cd、Pb 3 种元素含量明显高于叶片。除 Cd、Pb 元素，枝条与叶片中其他元素季节变化都不一致。

表 6-6 显示，枝条中微量元素 Mn 含量最高，均值为 506.379mg/kg，但较叶片中 Mn 含量低。其他元素含量顺序为 Fe>Zn>Cu>Pb>Cd>Ni。枝条中 Mn、Cu、Pb、Zn 随着枝条生长，含量逐渐降低，到秋季降到最低值，分别为 316.334mg/kg、5.199mg/kg、5.133mg/kg、14.956mg/kg，冬季含量回涨。枝条中 Fe 元素与叶片一样，季节变化规律不明显，秋季略低。Cd 元素含量呈波浪线性规律，夏季和冬季含量高于春季和秋季。Ni 元素含量变化曲线正好与 Cd 相反，呈先降低再增多趋势。

表 6-6　枝条微量元素季节变化　　mg/kg

季节	Fe	Cu	Zn	Mn	Cd	Pb	Ni	合计
春	70.148	10.540	24.010	714.652	1.319	12.333	0.844	833.847
夏	70.469	9.106	19.089	349.964	2.481	7.090	0.693	458.892
秋	54.996	5.199	14.956	316.334	1.031	5.133	1.182	398.831
冬	60.543	8.307	24.020	644.565	1.861	5.345	0.932	745.573
均值	64.039	8.288	20.519	506.379	1.673	7.475	0.913	609.286

枝条中微量元素总含量明显低于叶片，但季节变化规律突出，总含量大小顺序为春季>冬季>夏季>秋季，春季含量最高，为 833.847mg/kg，随后呈直线下降，到秋季到达最小值，为 398.831mg/kg，入秋之后枝条中微量元素总含量明显增多，到冬季达到第二峰值，为 745.573mg/kg。

6.2.2.3　根系微量元素季节动态变化

从表 6-7 可以看出，根系中微量元素含量均值顺序与大量元素一样，都是细根>根茎>中根>粗根，细根中微量元素含量最高。从表 6-7 可知，根茎中 Mn 元素含量最高，均值达到 392.710mg/kg，其他元素含量顺序为 Fe>Zn>Cu>Pb>Cd>Ni。根茎中 Fe 元素含量仅次于 Mn 元素，Fe 元素含量在生长季节初期最高，均值为 335.038mg/kg，随着季节的变化，Fe 元素到夏季含量出现最小值，为 123.127mg/kg，夏季至冬季含量保持呈增加趋势。

Cu 元素含量由 3 月开始增多，到夏季出现最大峰值，随后含量一直下降，由 8.941mg/kg 降低到 4.615mg/kg。Zn 元素春季含量非常低，为 1.727mg/kg，含量从春季骤升至 37.699mg/kg，说明闽楠根茎从春季生长季初从土壤中大量吸收 Zn 元素，随后含量逐渐下降。根茎中 Cd 元素春季至夏季处于积累阶段，夏季出现最大值，随后 Cd 元素含量逐渐下降。随着闽楠的生长，Pb 元素在根茎中不断积累增加，到冬季含量最高。根茎中 Ni 元素含量季节变化曲线呈双峰型，夏季和冬季含量高于春季和秋季。

表 6-7　根系微量元素季节变化　　mg/kg

根系	季节	Fe	Cu	Zn	Mn	Cd	Pb	Ni	合计
根茎	春	335.038	3.767	1.727	577.339	0.276	0.276	0.275	918.698
	夏	123.127	8.941	37.699	301.905	2.325	0.967	1.110	476.073
	秋	192.421	6.374	25.912	484.567	1.833	1.730	0.511	713.348
	冬	271.422	4.615	15.176	207.028	0.515	5.020	1.833	505.609
	均值	230.502	5.924	20.129	392.710	1.237	1.998	0.932	653.432
粗根	春	184.837	4.367	4.551	484.900	0.525	0.650	0.235	680.065
	夏	298.179	9.874	25.968	181.899	2.221	0.162	0.970	519.272
	秋	85.889	2.768	7.077	311.955	0.396	0.492	0.567	409.144
	冬	104.743	2.390	4.967	265.187	0.281	1.678	0.468	379.714
	均值	168.412	4.850	10.641	310.985	0.856	0.746	0.560	497.049
中根	春	153.343	6.053	7.132	399.026	0.521	2.173	0.447	568.695
	夏	295.895	8.630	99.273	205.564	1.549	0.872	2.220	614.002
	秋	108.121	4.228	49.106	348.415	0.827	1.053	1.712	513.462
	冬	159.546	6.482	25.456	564.751	1.108	3.447	2.729	763.519
	均值	179.226	6.348	45.242	379.439	1.001	1.886	1.777	614.920
细根	春	422.456	19.589	20.201	590.906	1.694	8.047	0.855	1063.749
	夏	506.459	10.351	16.048	353.828	3.204	3.453	1.592	894.934
	秋	120.985	3.549	5.148	348.310	0.415	1.248	0.370	480.024
	冬	350.563	8.307	9.739	434.365	1.008	10.306	0.561	814.849
	均值	350.116	10.449	12.784	431.852	1.580	5.763	0.844	813.389
总均值		232.064	6.893	21.949	378.746	1.169	2.548	0.992	644.697

粗根中微量元素总含量低于根茎，且粗根中各元素含量较根茎中含量都有所降低，各元素大小顺序也与根茎不相同，为 Mn>Fe>Zn>Cu>Cd>Pb>Ni。粗根中 Fe 元素含量季节变化呈波浪形变化，春季至夏季含量增多，夏季至秋季含量逐渐下降，冬季有所回升。Cu 元素含量在生长初期变化规律与 Fe 元素一样，但 Cu 元素在冬季含量持续下降，到冬季出现峰谷值，为 2.390mg/kg。粗根中 Zn、Cd、Ni 元素季节变化曲线规律相同，均由萌芽初期开始积累，到夏季达到最大峰值，随后含量逐渐下降，最小值均出现在冬季。Pb 元素春季至夏季含量下降，夏季至冬季含量逐渐上升，冬季含量出现最大值，为 1.678mg/kg。

由表 6-7 可看出，中根中养分处于根茎和粗根之间，春季至夏季含量升高，夏季出现一年中第一个峰值，随后降低再增高，到冬季含量积累至一年中最大峰值。中根中各元素含量顺序为 Mn>Fe>Zn>Cu>Pb>Ni>Cd，Mn 元素含量最高，季节变化显著，由春季开始下降，到夏季达到全年最低值，随后含量出现大幅度回升，逐渐增加至全年最高值。Fe、Cu、Cd、Ni 元素季节变化趋势相同，均是先增加再降低再含量回升的变化趋势，夏季和冬季含量稍高于其他两季。中根中 Zn、Pb 元素季节变化曲线正好相反。

由表 6-7 可知，细根中微量元素总含量明显高于根茎、粗根、中根。细根中微量元素在春季含量最高，平均为 1063.749mg/kg，秋季闽楠落叶量增加，生命活动减少，细根中养分含量最小，随后含量有所回升。细根中各微量元素含量大小顺序为 Mn>Fe>Zn>Cu>Pb>Cd>Ni，Mn 元素含量最高，Ni 元素含量最低。细根中 Mn、Zn、Cu、Pb 元素季节变化规律相同，春季至秋季含量一直保持下降趋势，都秋季含量达到最小峰值，秋季至冬季含量显著增加。Fe、Ni、Cd 元素含量季节变化相同，均为先增加再降低再增加的变化规律。

从图 6-4 可看出，根系中各部位微量元素季节变化规律存在很大的差异。且根系中各部位在不同季节含量变化规律不同，在春季，根系各部位微量元素含量顺序为细根>根茎>粗根>中根，到了夏季，根系中各部位微量元素含量顺序变为细根>中根>粗根>根茎，秋季为根茎>中根>细根>粗根，冬季为细根>中根>根茎>粗根。

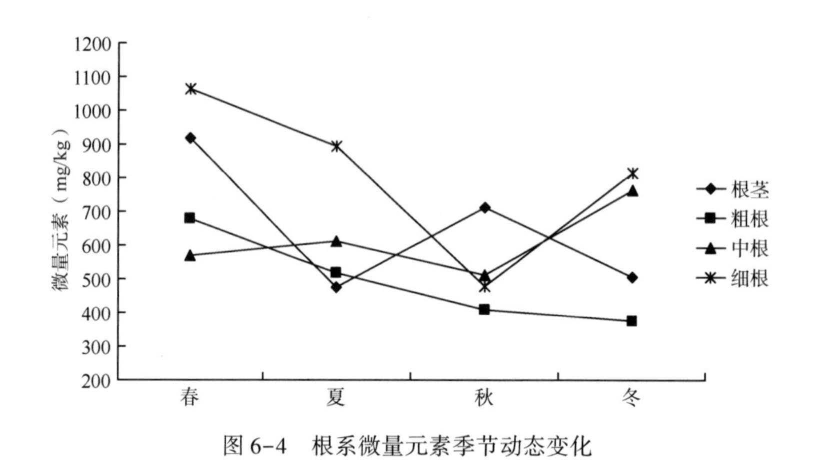

图 6-4　根系微量元素季节动态变化

6.2.3　闽楠人工幼林土壤层养分动态特征

6.2.3.1　土壤大量元素季节动态变化

从表 6-8 可以看出，该人工林四层土壤中，大量元素总含量顺序大致为 0~15cm > 15~30cm >45~60cm>30~45cm，且 0~15cm、15~30cm、30~45cm、45~60cm 各元素总含量大小顺序均为 K>Ca>N>Mg>P。0~15cm、15~30cm 层土壤养分总含量最高值均为冬季，30~45cm、45~60cm 土壤中养分总含量最大值均为春季，这与枯落物分解速率与淋溶速率相关，枯落物分解之后被淋溶首先进入 0~15cm、15~30cm 土层，随后才融入至 30~

45cm、45~60cm 土层。

0~15cm 土层中 N、K 元素含量最高值均出现在冬季，春季 N 含量较少，春季是闽楠生长旺盛期，需要大量 N 元素，致使土壤中 N 元素含量下降，秋季、冬季闽楠落叶，养分归还，0~15cm 土层中 N 元素含量上升。K 元素含量春季开始下降，夏季达到最低值，为 2.481g/kg，夏季到冬季含量迅速上升，这是因为夏季是闽楠生长鼎盛时期，根系从土壤中吸收大量养分运输到乔木层，使 0~15cm 土层中 K 元素含量下降，冬季含量慢慢回升，达到最高值，为 5.173g/kg。Ca 元素含量变化趋势呈双峰型，春季到夏季 Ca 含量上升，达到 2.778g/kg，随后含量下降，秋季最低，为 1.073g/kg，冬季含量增多，出现第二个高峰值。Mg 元素含量在一年中随季节变化逐渐增多，到秋季达到最高值，冬季有递减趋势。P 元素变化范围不大，在 0.234~0.322g/kg 之间。

表 6-8　土壤大量元素季节变化　g/kg

土层厚度(cm)	季节	N	P	K	Ca	Mg	合计
0~15	春	1.461	0.322	3.530	1.933	0.118	7.365
	夏	1.747	0.234	2.482	2.778	0.440	7.680
	秋	1.596	0.294	3.784	1.086	0.552	7.311
	冬	1.873	0.251	5.173	2.627	0.278	10.203
	均值	1.669	0.275	3.742	2.106	0.347	8.140
15~30	春	1.186	0.237	3.727	2.282	0.135	7.567
	夏	1.396	0.204	2.875	1.624	0.597	6.696
	秋	1.465	0.209	2.807	1.239	0.667	6.387
	冬	1.950	0.222	5.302	3.010	0.341	10.825
	均值	1.499	0.218	3.678	2.038	0.435	7.869
30~45	春	1.252	0.227	3.908	3.592	0.175	9.153
	夏	0.902	0.205	2.312	0.854	0.522	4.794
	秋	1.393	0.203	2.810	1.587	0.651	6.645
	冬	1.458	0.251	5.314	1.239	0.183	8.445
	均值	1.251	0.221	3.586	1.818	0.383	7.259
45~60	春	1.605	0.212	3.462	3.088	0.103	8.469
	夏	1.396	0.189	2.635	2.087	0.626	6.933
	秋	1.175	0.216	2.064	1.761	0.614	5.830
	冬	1.725	0.157	4.752	0.951	0.421	8.006
	均值	1.475	0.194	3.228	1.972	0.441	7.309
总均值		1.474	0.227	3.559	1.984	0.395	7.644

15~30cm 土层中养分含量随季节变化逐渐下降，到秋季含量达到最低值，为 6.387g/kg。N 元素含量随季节变化呈递增趋势，到冬季达到最高值，为 1.950g/kg。15~30cm 土层中 K、Ca 元素含量季节变化趋势相似，春季至秋季含量均下降，秋季处

于最低值，秋季至冬季含量均有上升趋势。Mg 元素含量季节变化正好与 K、Ca 季节变化规律相反，Mg 元素从春季开始增加，到秋季达到最大值，为 0.667g/kg，秋季至冬季逐渐下降。

30~45cm 土层中大量元素季节变化显著，春季含量最高，到夏季含量骤降，而引起这个变化的主要元素是 Ca，春季至夏季 Ca 元素含量迅速下降，说明夏季根系从 30~45cm 土层中吸收大量 Ca 元素。30~45cm 层夏季至冬季含量保持增加趋势。N、K 元素含量变化曲线相同，均由年初开始下降，夏季均处于最小值，夏季到冬季元素含量开始增多，冬季均处于最大值。Ca 元素含量在春季处于最大值，为 3.592g/kg，随后开始下降，到夏季达到最低值，含量从夏季到冬季有所回升。30~45cm 土层中 Mg 元素变化曲线与土壤 15~30cm 层相似，也是从春季开始增加，到秋季达到最大值，为 0.651g/kg，秋季至冬季逐渐下降。30~45cm 土层中 P 元素含量全年变化幅度不大，秋季略低。

45~60cm 层是离地表最远的一层，受腐殖质层的影响最小，养分总含量明显低于土壤 0~15cm 层，随季节变化规律显著，45~60cm 土层中养分随着闽楠的生长，总含量不断减少，到秋季含量出现峰谷值，为 5.830g/kg，随后含量有较大幅度的上升。45~60cm 土层中 N、K 元素季节变化规律相同，均由春季开始含量下降，到秋季达到最小值，分别为 1.175g/kg、2.064g/kg，冬季含量迅速上升，均达到生长期的最大值，分别为 1.725g/kg、4.752g/kg。45~60cm 土层中 Ca 元素随着闽楠的生长，含量逐渐下降，冬季含量最小。Mg 元素春季含量最低，下降含量最高。P 元素季节变化不显著。

6.2.3.2 土壤微量元素季节动态变化

由表 6-9 可知，土壤微量元素总含量顺序为：0~15cm>30~45cm>15~30cm>45~60cm。0~15cm 土层中养分含量最高。0~15cm 土层中微量元素总含量从春季开始渐增，夏季达到最大值，随后含量逐渐下降，到冬季出现最小值。15~30cm 土层微量元素总含量总体处于递增阶段，到冬季达到最高值。30~45cm 土层中养分含量季节变化呈双峰型，春季到夏季递增，随后含量下降，到秋季下降到最低值，年生长期期末含量有较大幅度增加。该闽楠人工林中土壤为红壤，土壤中 Fe 元素含量最高，且各层中变化幅度较小，0~15cm 土层中 Fe 元素含量略高于其他土层，说明该人工林样地土壤中 Fe 元素含量较稳定。

0~15cm 土层中微量元素总含量顺序为 Fe>Mn>Ni>Zn>Cu>Pb。与大量元素含量相似，0~15cm 土层中微量元素在春季含量最小，这主要是因为春季闽楠吸收大量养分，使土壤中养分减少。Mn 元素含量一年中变化曲线为双峰型，春季至夏季开始渐增，夏季至秋季渐减，秋季至冬季有所回升，冬季含量最高，均值为 194.259mg/kg。该人工林中 Ni 元素含量较高，夏季处于最高值，为 77.641mg/kg，春季与冬季含量略低。Zn 元素含量季节变化顺序为夏季>秋季>春季>冬季，春季至夏季处于积累阶段，含量由7.965mg/kg迅速上升至 50.735mg/kg，夏季至冬季一直处于消耗阶段。Cu 元素含量变化曲线也呈双峰型，春季至夏季骤降，夏季至秋季含量开始渐增，秋季之后呈递减趋势。Pb 元素含量季节变化不明显，夏季略高。

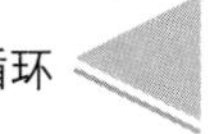

表6-9 土壤微量元素季节变化 单位：mg/kg

土层厚度(cm)	时间	Fe	Cu	Zn	Mn	Pb	Ni	合计
0~15	春	2533.120	26.984	7.965	74.403	14.602	48.357	2705.430
	夏	2989.991	5.906	50.735	148.479	17.806	77.641	3290.558
	秋	3035.990	22.575	33.587	65.626	12.139	70.128	3240.045
	冬	2882.801	6.226	6.121	194.259	11.720	45.087	3146.213
	均值	2860.475	15.423	24.602	120.692	14.067	60.303	3095.562
15~30	春	2563.413	5.837	9.914	73.719	15.092	8.213	2676.187
	夏	3012.051	6.719	54.686	40.550	10.886	68.184	3193.077
	秋	2546.738	3.771	33.004	41.838	14.666	74.196	2714.213
	冬	2866.180	5.671	13.579	243.279	10.885	49.398	3188.992
	均值	2747.095	5.500	27.796	99.846	12.883	49.998	2943.118
30~45	春	2497.261	10.812	11.479	81.050	13.167	36.261	2650.030
	夏	3006.895	5.861	47.664	76.800	10.072	169.947	3317.238
	秋	3002.879	6.125	33.974	23.315	10.695	52.428	3129.416
	冬	2819.051	12.245	39.681	219.929	8.768	50.401	3150.075
	均值	2831.521	8.761	33.199	100.273	10.675	77.259	3043.459
45~60	春	2514.664	21.502	5.471	127.273	13.703	56.002	2738.616
	夏	2713.910	20.149	54.719	83.944	10.894	33.817	2917.433
	秋	2631.546	19.457	31.412	104.517	11.524	45.122	2843.578
	冬	2845.557	20.751	10.581	92.411	12.546	42.781	3024.627
	均值	2676.419	20.465	25.546	102.036	12.167	44.431	2881.064
总均值		2778.878	12.537	27.786	105.712	12.448	57.998	2995.359

15~30cm 土层中微量元素总含量顺序为 Fe>Mn>Ni>Zn>Pb>Cu，15~30cm 土层中微量元素春季和秋季总含量小于夏季和冬季总含量，夏季含量稍高，春季含量稍低。一年中 Mn 元素含量前 3 个季节变化不明显，秋季至冬季含量剧增，由较低值 41.838mg/kg 迅速增加至全年最大值 243.279mg/kg。Zn 元素含量夏季处于最大值，夏季至冬季一直处于减少阶段。Ni 元素含量从春季至夏季变化显著，由最小值 8.213mg/kg 骤升至 68.184mg/kg，随后含量继续增加至全年最大值 74.196mg/kg。15~30cm 土层中 Pb 季节变化曲线呈波浪形，先降低后增加最后含量降低。Cu 元素含量最低，且随季节变化幅度不显著。

30~45cm 土层中微量元素总含量顺序为 Fe>Mn>Ni>Zn>Pb>Cu。Cu 元素含量季节变化趋势显著，春季至夏季含量减少，夏季与秋季含量处于稳定状态，秋季至冬季含量有所增长。Mn 元素含量秋季为最低值，冬季最大。相对土壤其他 3 层，30~45cm 土层中 Ni 含量最高，夏季出现最高值，达到 169.947mg/kg。Pb 元素含量季节变化波动性不大，春季含量略高于其他季节，含量较稳定。

45~60cm 土层各微量元素含量大小顺序为 Fe>Mn>Ni>Zn>Cu>Pb，Cu 元素含量明显高于其他 3 层的 Cu 含量，均值达到 20.465mg/kg。Zn 元素含量从年初开始上升，由 5.471mg/kg 上升至全年最大峰值 54.719mg/kg，随后含量保持减少趋势。Mn、Ni、Pb 3 种元素在一年中相对稳定。

6.2.4　不同林龄闽楠人工林各器官大量元素特征

6.2.4.1　不同林龄闽楠叶片 C、N、P 含量特征

本研究区域闽楠人工林林生态系统 3 种不同林龄闽楠叶片的 C、N、P 含量及计量比结果如图 6-5 所示。

C 变化范围为 500.58~510.07g/kg，年平均值为 505.96g/kg，叶片 C 含量随着年龄增加逐渐减低，表现为 14 年>45 年>60 年，分别为 510.07g/kg、507.23g/kg、500.58g/kg，标准差分别为 10.87、25.60、22.53，变异系分别为 2.2%、5%、4.4%，这说明叶片 C 含量的变异性很弱，变化不明显，3 个林龄闽楠叶片有机 C 含量差异不显著($P>0.05$)。

N 变化范围为 8.20~9.79g/kg，年平均值为 8.90g/kg，叶片全 N 含量随着林龄的增加先上升后降低，表现为 45 年>14 年>60 年，分别为 8.71g/kg、9.79g/kg、8.20g/kg，标准差分别为 0.56、1.21、0.83，变异系数分别为 10.1%、12.3%、6.5%，45 年叶片全 N 含量显著高于 14 年和 60 年($P<0.05$)。

P 变化范围为 0.61~1.02g/kg，年平均值为 0.76g/kg，叶片全 P 含量随着年龄的增加而逐渐降低，表现为 14 年>45 年>60 年，分别为 1.02g/kg、0.64g/kg、0.61g/kg，变异系数分别为 43.1%、52.6%、43.8%，14 年叶片全 P 含量显著高于 45 年和 60 年($P<0.05$)。

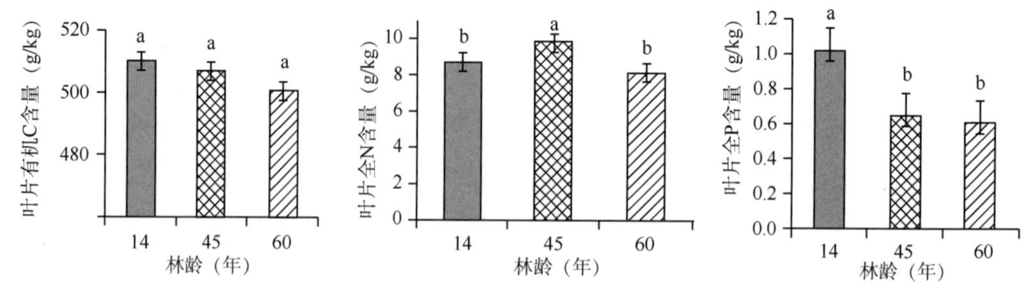

图 6-5　不同林龄叶片 C、N、P 含量

6.2.4.2　不同林龄闽楠根系 C、N、P 元素含量

本研究区域闽楠人工林生态系统 3 个不同林龄闽楠根系的 C、N、P 含量及计量比结果如图 6-6 所示。

C 变化范围为 495.57~511.81g/kg，年平均值为 505.64g/kg，根系 C 含量随着年龄增加逐渐增加，表现为 60 年>45 年 >14 年，分别为 511.81g/kg、509.57g/kg、495.57g/kg，标准差分别为 10.63、6.88、18.60，变异系分别为 2.1%、1.3%、3.7%，这说明闽楠根系 C 含量的变异性很弱，变化不明显，3 个林龄闽楠根系有机 C 含量差异不显著($P>0.05$)。

N 变化范围为 1.90~2.28g/kg，年平均值为 2.07g/kg，根系全 N 含量随着林龄的增加逐渐降低，表现为 14 年>45 年>60 年，分别为 2.28g/kg、2.03g/kg、1.90g/kg，标准差分别为 0.17、0.29、0.39，变异系数分别为 7.7%、14.5%、20.4%，3 个林龄闽楠根系全 N 含量差异不显著($P>0.05$)。

P 变化范围为 0.33~0.48g/kg，年平均值为 0.39g/kg，根系全 P 含量呈现出与全 N 含量相一致的变化规律，随着年龄的增加而逐渐降低，表现为 14 年>45 年>60 年，分别为

0.48g/kg、0.37g/kg、0.33g/kg，变异系数分别为51.8%、30.1%、43.3%，3个林龄闽楠根系全P含量差异不显著(P>0.05)。

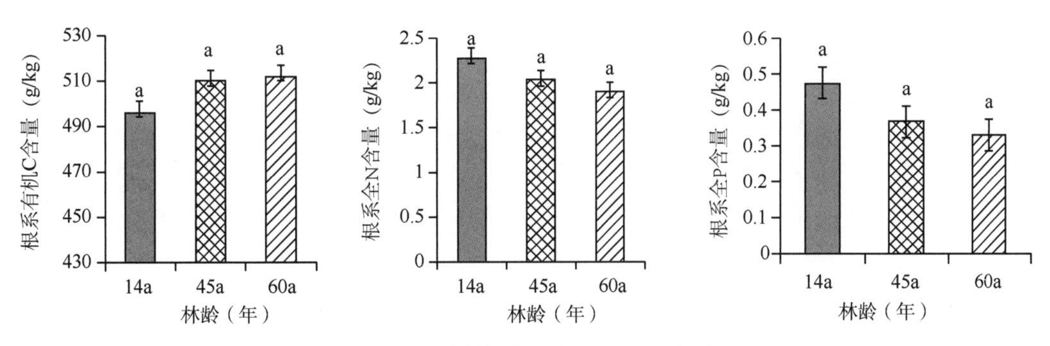

图6-6　不同林龄根系C、N、P含量

6.2.5　不同林龄闽楠土壤C、N、P特征

不同林龄土壤有机C、全N、全P含量如图6-7所示，土壤C、N、P含量均表现为随着土层的加深而逐渐减少，并且3个土层养分指标的含量的变化规律大致相同。土壤有机C含量在7.38~19.27g/kg之间，平均值为12.70g/kg，变异系数为30.8%，有机C含量表现为14年>60年>45年。土壤全N含量在0.81~2.28g/kg之间，平均值为化1.44g/kg，变异系数为33.5%，全N含量表现与有机C含量相同。土壤全P含量在0.20~0.28g/kg之间，平均值为0.24g/kg，变异系数为4.39%，全P含量表现45年>6年>14年。不同林龄间有机C含量差异较大，总体表现为14年与60年含量较高，并且显著高于45年。全N含量和全P含量的差异较小，整体来看不同林龄土壤的全N和全P含量无显著性差异。

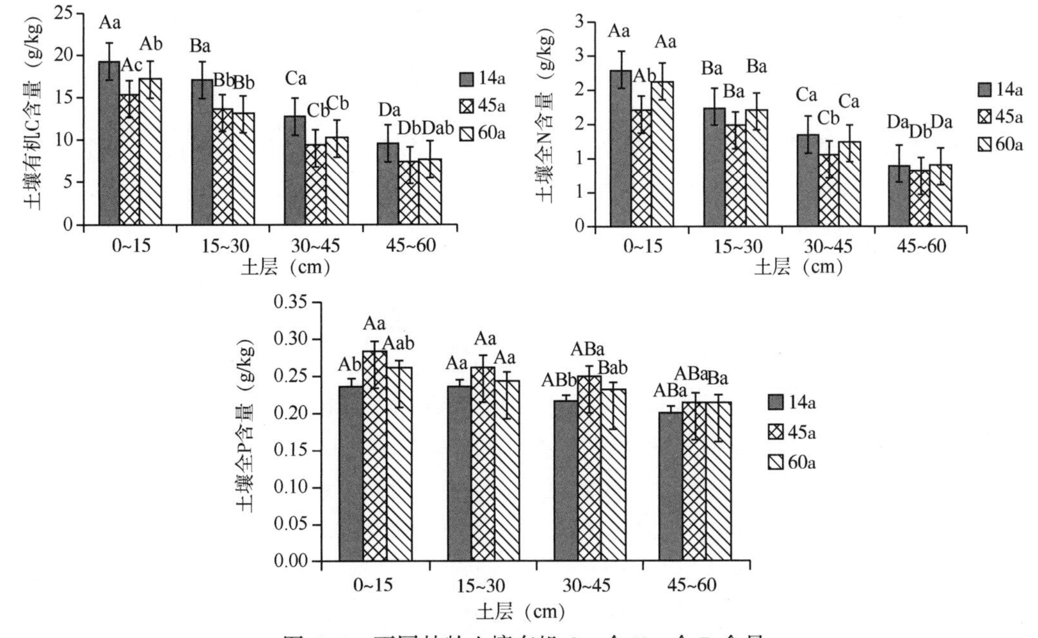

图6-7　不同林龄土壤有机C、全N、全P含量

注：大写字母表示同一林龄不同土层之间差异比较(P<0.05)，小写字母表示不同林龄同一土层之间差异性比较。

6.3 闽楠混交林养分循环研究

6.3.1 闽楠混交林各器官大量元素特征

6.3.1.1 叶大量元素含量特征

叶4种元素含量变异来源如表6-10所示。N、P含量林木类型和月份之间存在显著的交互作用，C、K含量树种类型和月份之间不存在显著的交互作用。4种林木类型叶C、N、P、K含量季节动态变化特征如表6-11所示。

表6-10 叶各个元素含量变异来源分析

元素种类	组间、内效应	*df*	*SS*	*MS*	*F*	*P*
C	林木类型	3.000	597.092	199.031	1.934	0.203
	月份	2.058	1478.494	718.378	16.461	<0.001
	林木类型×月份	6.174	411.917	66.715	1.529	0.229
N	林木类型	3.000	19.576	6.525	10.517	0.004
	月份	3.000	19.490	6.497	47.258	<0.001
	林木类型×月份	9.000	3.612	0.401	2.919	0.017
P	林木类型	3.000	0.282	0.094	7.949	0.009
	月份	3.000	0.558	0.186	30.536	<0.001
	林木类型×月份	9.000	0.186	0.021	3.397	0.008
K	林木类型	3.000	28.795	9.598	23.178	<0.001
	月份	3.000	14.199	4.733	11.094	<0.001
	林木类型×月份	9.000	4.305	0.478	1.121	0.386

注：表中 $P<0.05$ 说明该效应对元素含量影响显著。

叶C含量年平均值最大和最小的分别是混交林闽楠（518.46g/kg）和纯林闽楠（509.59g/kg）。其中，变化幅度最大的是混交林闽楠（变异系数1.76%），变化幅度最小的是纯林木荷（变异系数1.10%）。混交林、纯林木荷6月C含量均显著高于3月、12月，与9月不存在显著差异；混交林闽楠12月显著低于3月、9月；纯林闽楠9月显著高于12月，与其余2月差异不显著。4种类型树种叶的C含量随季节变化而变化，但整体的变化幅度并不大，最小值均为12月，而木荷的最大值出现在6月，闽楠的最大值出现在9月。6月、12月4种林木类型的C含量均不存在显著差异；3月和9月混交林闽楠显著高于纯林木荷，与混交林木荷和纯林闽楠之间不存在显著差异。

叶N含量年平均值最大和最小的分别是混交林闽楠（19.12g/kg）和纯林木荷（17.42g/kg）。其中变化幅度最大和最小的分别是混交林闽楠（变异系数4.97%）和纯林木荷（变异系数3.75%）。纯林木荷、闽楠3月、9月的N含量均显著高于6月、12月；混交林闽楠9月和混交林木荷3月均显著高于其他3个月份。4种林木类型叶的N含量随季节变化均呈现出“降—升—降”的规律。它们的最小值均为12月，而最大值除了混交林木荷为3 月外，其余均为 9 月。3 月、6 月纯林闽楠均显著低于混交林闽楠、木荷，与纯林木荷不存在显著差异；9 月、12 月混交林闽楠显著高于其他 3 种类型。

表 6-11　叶各个元素含量季节动态变化

林木类型	元素种类	各月份元素含量(g/kg)			
		3 月	6 月	9 月	12 月
混交林闽楠	C	524. 37±5. 89a	517. 11±7. 98ab	526. 28±3. 55a	506. 09±10. 83b
	N	19. 44±0. 79b	18. 43±0. 70c	20. 32±0. 51a	18. 29±0. 34c
	P	1. 22±0. 09a	0. 86±0. 08b	1. 26±0. 08a	1. 13±0. 07a
	K	8. 40±1. 06ab	7. 59±0. 74b	8. 85±0. 84a	7. 52±0. 70a
混交林木荷	C	515. 81±5. 83b	524. 58±4. 05a	518. 79±9. 71ab	506. 88±4. 38b
	N	19. 50±0. 59a	18. 24±0. 61b	18. 49±0. 47b	17. 51±0. 46c
	P	1. 24±0. 08a	0. 90±0. 09b	0. 94±0. 09b	0. 90±0. 07b
	K	9. 83±0. 40ab	9. 56±0. 55b	10. 87±0. 51a	9. 38±0. 40b
纯林木荷	C	507. 45±5. 34b	516. 09±7. 59a	511. 73±8. 21ab	503. 08±5. 00b
	N	18. 28±0. 60a	17. 38±0. 17b	18. 54±0. 61a	17. 16±0. 24b
	P	1. 08±0. 14a	0. 79±0. 08c	0. 88±0. 10bc	0. 93±0. 64b
	K	9. 13±0. 24a	8. 97±0. 46ab	9. 90±0. 76a	7. 62±0. 87b
纯林闽楠	C	518. 39±7. 77ab	519. 28±7. 96ab	524. 27±3. 53a	509. 01±8. 00b
	N	17. 89±0. 64a	17. 21±0. 36b	18. 11±0. 23a	16. 49±0. 31c
	P	1. 18±0. 06a	0. 97±0. 09b	1. 12±0. 10ab	1. 06±0. 09ab
	K	7. 55±0. 51a	7. 61±0. 51a	8. 74±0. 45a	8. 01±0. 84a

注：表中数据为平均值±标准差。相同字母表示同行不同列之间差异不显著(P>0. 05)。

叶 P 含量年平均值由大到小排列顺序分别为：混交林闽楠(1. 12g/kg)>纯林闽楠(1. 08g/kg)>混交林木荷(0. 99g/kg)>纯林木荷(0. 92g/kg)。混交林、纯林木荷 3 月 P 含量均显著高于其他 3 个月份；混交林闽楠 6 月显著低于其他 3 个月份；纯林闽楠 3 月显著高于 6 月，与 9 月、12 月差异不显著。叶 P 含量随着季节的变化而呈现出与叶 N 基本一致的变化规律。4 种林木类型 P 含量最低的月份均为 6 月，除了混交林闽楠最高值为 9 月，其余均为 3 月。3 月 4 种林木类型的 P 含量均不存在显著差异；6 月纯林闽楠显著高于纯林木荷，与混交林的差异不显著；9 月、12 月混交林闽楠均显著高于木荷的，并与纯林闽楠差异不显著。

叶 K 含量年平均值最大和最小的分别是混交林木荷(9. 91g/kg)和混交林闽楠(8. 09g/kg)。其中变化幅度最大的是纯林木荷，变异系数为 10. 63%，最小的是纯林闽楠，变异系数为 6. 16%。混交林闽楠 6 月 K 含量显著低于 9 月、12 月，与 3 月差异不显著；混交林木荷 9 月显著高于 6 月、12 月，与 3 月差异不显著；纯林木荷 12 月显著低于 3 月、9 月，与 6 月差异不显著；纯林闽楠 4 个月均不存在显著差异。4 种林木类型叶K的含量除了纯林闽楠外，基本呈现“降—升—降”的规律，最大值均为9月。3月、9月混交林木荷的K含量显著高于闽楠，与纯林木荷不存在显著差异；6月木荷均显著高于闽楠；12月混交林木荷显著高于混交林闽楠和纯林木荷，并与纯林闽楠差异不显著。

6.3.1.2 枝大量元素含量特征

枝4种元素含量变异来源如表6-12所示。其中C、N、P含量林木类型和月份之间存在显著的交互作用，K含量林木类型和月份之间不存在显著的交互作用。

表6-12 枝各个元素含量变异来源分析

元素	组间、内效应	df	SS	MS	F	P
C	林木类型	3.000	1114.822	371.607	2.614	0.123
	月份	3.000	1901.942	633.981	21.083	<0.001
	林木类型×月份	9.000	683.693	75.966	2.526	0.034
N	林木类型	3.000	5.000	1.667	7.137	0.012
	月份	3.000	27.117	9.039	42.054	<0.001
	林木类型×月份	9.000	17.215	1.913	8.899	<0.001
P	林木类型	3.000	0.250	0.083	38.333	<0.001
	月份	3.000	0.283	0.094	30.844	<0.001
	林木类型×月份	9.000	0.100	0.011	3.643	0.005
K	林木类型	3.000	16.749	5.583	11.461	0.003
	月份	3.000	16.407	5.469	24.908	<0.001
	林木类型×月份	9.000	3.015	0.335	1.526	0.195

注：表中$P<0.05$说明该效应对元素含量影响显著。

4种林木类型枝C、N、P、K含量的季节动态变化特征如表6-13所示。

枝C含量年平均值由大到小排列顺序分别为：混交林闽楠(490.01g/kg)>混交林木荷(484.51g/kg)>纯林木荷(478.98g/kg)>纯林闽楠(477.96g/kg)。其中，变异系数最大和最小的分别是纯林木荷(2.05%)和混交林木荷(1.61%)。混交林、纯林闽楠6月的C含量均显著低于9月、12月，与3月无显著差异；而混交林、纯林木荷3月C含量均显著低于其余3个月份。混交林、纯林闽楠枝C含量随着季节的变化而呈现出先降低后升高的规律，最小值出现在6月，而木荷的则随着月份的增大而升高，后期变化幅度不大，最小值出现在3月。3月混交林闽楠C含量显著高于纯林木荷，与其余2种差异不显著；6月混交林木荷显著高于纯林闽楠，与其余2种差异不显著；9月纯林闽楠显著低于混交林闽楠，与其余两种差异不显著；12月4种林木类型均不存在显著差异。

4种类型枝N含量年平均值最大和最小的分别是混交林木荷(8.35g/kg)和纯林闽楠(7.51g/kg)。其中，变化幅度最大和最小的分别是混交林闽楠(变异系数17.70%)和纯林木荷(8.59%)。混交林闽楠4个月份的N含量均存在显著差异；混交林木荷9月N含量显著高于其他3个月份，而12月的显著低于6月、9月；纯林木荷9月N含量显著高于6

月、12月，与3月不存在显著差异；纯林闽楠6月N含量显著低于其他3个月份。除了混交林木荷N含量呈现先升高后下降的规律外，其余3种的规律均为“降—升—降”。纯林闽楠的最小值出现在6月，而其他3种均出现在12月。3月混交林闽楠的N含量显著高于混交林木荷，与其余2种无显著差异；6月纯林闽楠显著低于其余3种；9月混交林闽楠显著高于纯林闽楠、木荷的，与混交林木荷无显著差异；12月混交林闽楠显著低于纯林，与木荷的差异不显著。

表6-13 枝各个元素含量季节动态变化

林木类型	元素种类	各月份元素含量(g/kg)			
		3月	6月	9月	12月
混交林闽楠	C	487.61±5.99ab	480.09±6.68b	499.27±7.27a	493.06±10.07a
	N	8.77±0.51b	7.53±0.44c	9.98±0.20a	6.64±0.69d
	P	0.83±0.04b	0.77±0.05bc	0.98±0.03a	0.67±0.05c
	K	8.47±0.51bc	8.55±0.32b	9.48±0.25a	7.61±0.50c
混交林木荷	C	473.45±8.28b	484.54±5.81a	490.47±6.76a	489.58±7.36a
	N	7.84±0.47bc	8.51±046b	9.51±0.50a	7.56±0.54c
	P	0.81±0.03b	0.89±0.05ab	0.94±0.31a	0.72±0.04c
	K	8.09±0.75b	8.37±0.18b	9.86±0.49a	8.11±0.93b
纯林木荷	C	465.21±9.54b	478.76±10.49a	487.18±8.89a	484.78±8.12a
	N	8.17±0.35ab	7.94±0.14b	8.86±0.16a	7.18±0.40b
	P	0.75±0.12b	0.69±0.04b	0.84±0.04a	0.77±0.04b
	K	7.23±0.85b	7.61±0.19b	8.70±0.37a	6.90±0.74b
纯林闽楠	C	475.50±7.71ab	468.02±7.65b	482.27±3.92a	486.04±3.64a
	N	8.26±0.55a	5.66±0.38b	8.31±0.83a	7.81±0.32a
	P	0.71±0.07ab	0.63±0.06b	0.76±0.06a	0.50±0.04b
	K	7.56±0.41ab	6.84±0.35b	7.73±0.63a	6.77±0.25b

注：表中数据为平均值±标准差。相同字母表示同行不同列之间差异不显著(P>0.05)。

枝P含量年平均值最大和最小的分别是混交林闽楠(0.84g/kg)和纯林木荷(0.65g/kg)。其中，纯林闽楠的变异系数最大，为17.45%，而纯林木荷的最小，为7.79%。混交林闽楠9月P含量显著高于其余3个月，12月的显著低于3月、9月；混交林木荷9月显著高于3月、12月，与6月差异不显著；纯林木荷9月显著高于其他3个月，纯林闽楠则显著高于6月、12月，与3月差异不显著。4种林木类型枝P的季节变化规律与N基本一致。它们P含量的最大值均出现在9月，除了纯林木荷外，其余3种最小值均出现在12月。3月4种林木类型枝P含量均不存在显著差异；6月混交林木荷显著高于其他3种；9月混交林显著高于纯林；12月纯林闽楠显著低于其他3种。

枝K含量年平均值由大到小排列顺序分别为：混交林木荷(8.61g/kg)>混交林闽楠(8.53g/kg)>纯林木荷(7.61g/kg)>纯林闽楠(7.23g/kg)。其中，变异系数最大和最小的分别为纯林木荷(10.31%)和纯林闽楠(6.76%)。混交林闽楠、混交林、纯林木荷9月K含量均显著高于其他3个月份；而纯林闽楠的只显著高于6月、12月，与3月不存在显著差异。4种林木类型枝K含量均分别在9月、12月份达到最大值和最小值。3月4种林木类型枝K含量均不存在显著差异；6月纯林闽楠显著低于其他3种，混交林内闽楠与木荷不存在显著差异；9月混交林木荷显著高于纯林闽楠与木荷，与混交林闽楠不存在显著差异；12月纯林闽楠显著低于混交林木荷，与其余2种差异不显著。

6.3.1.3 根大量元素含量特征

如表6-14所示，其中C、N含量林木类型和月份之间存在显著的交互作用，P、K含量林木类型和月份之间不存在显著的交互作用。

表6-14 根系各个元素含量变异来源分析

元素	组间、内效应	df	SS	MS	F	P
C	林木类型	3.000	2687.111	895.704	10.130	0.004
	月份	3.000	6565.640	2188.547	26.749	<0.001
	林木类型×月份	9.000	2130.500	236.722	2.893	0.018
N	林木类型	3.000	4.639	1.546	4.803	0.034
	月份	3.000	17.252	5.751	34.495	<0.001
	林木类型×月份	9.000	6.207	0.690	4.137	0.003
P	林木类型	3.000	0.086	0.029	3.408	0.073
	月份	3.000	0.070	0.023	14.257	<0.001
	林木类型×月份	9.000	0.027	0.003	1.843	0.112
K	林木类型	3.000	12.730	4.243	18.504	0.001
	月份	3.000	5.549	1.850	15.027	<0.001
	林木类型×月份	9.000	0.797	0.089	0.720	0.686

注：表中$P<0.05$说明该效应对元素含量影响显著，林木类型指的是混交林、纯林内的闽楠和木荷。

4种林木类型根系C、N、P、K含量的季节动态变化特征如表6-15所示。

根系C含量年平均值由大到小排列顺序分别为：混交林木荷(483.04g/kg)>混交林闽楠(482.06g/kg)>纯林闽楠(467.84g/kg)>纯林木荷(467.37g/kg)。其中，C含量一年中变化幅度最大的是纯林木荷，变化范围为442.75~488.48g/kg，变异系数为4.27%；最小的为纯林闽楠，变化范围为459.56~478.84g/kg，变异系数为1.88%。混交林闽楠9月C含量显著高于其他3个月；混交林木荷3月显著低于其他3个月；纯林木荷、闽楠9月显著高于3月、6月，而3月显著低于其余3个月份。根系C含量的季节变化均是呈现出先升高后下降的趋势，它们的最高值均出现在9月，而除混交林闽楠的最低值为12月外，其余林木类型根系C含量最低值都出现在3月。3月纯林木荷的C含量显著低于其余3种林木类型的C含量；6月混交林木荷显著高于纯林木荷和纯林闽楠，与混交林闽楠无显著差异；9月混交林闽楠、木荷显著高于纯林闽楠；12月混交林木荷显著高于纯林闽楠，与其余2种无显著差异。

表 6-15　根系各个元素含量季节动态变化

林木类型	元素种类	各月份元素含量(g/kg)			
		3 月	6 月	9 月	12 月
混交林闽楠	C	473. 50±9. 22b	479. 24±10. 89b	502. 44±11. 86a	473. 06±5. 13b
	N	6. 07±0. 19ab	4. 78±0. 29b	5. 30±0. 51b	6. 39±0. 35a
	P	0. 55±0. 05a	0. 42±0. 07b	0. 50±0. 07a	0. 52±0. 08a
	K	5. 83±0. 19ab	5. 59±0. 25b	6. 17±0. 34a	6. 49±0. 21a
混交林木荷	C	458. 48±5. 80b	493. 48±9. 37a	496. 57±8. 64a	483. 61±6. 31a
	N	7. 64±0. 34a	5. 86±0. 47bc	5. 22±0. 28c	6. 67±0. 65b
	P	0. 61±0. 07a	0. 57±0. 06a	0. 48±0. 06b	0. 58±0. 06a
	K	6. 02±0. 71b	6. 12±0. 20b	6. 52±0. 55ab	7. 12±0. 37a
纯林木荷	C	442. 75±10. 03c	460. 91±12. 36b	488. 48±8. 41a	477. 33±13. 06ab
	N	6. 81±0. 55a	6. 20±0. 41ab	5. 28±0. 50b	5. 51±0. 68b
	P	0. 50±0. 06a	0. 44±0. 05b	0. 42±0. 03b	0. 48±0. 05ab
	K	5. 69±0. 30a	4. 97±0. 17b	5. 77±0. 24a	5. 91±0. 50a
纯林闽楠	C	459. 56±7. 68c	470. 93±9. 00ab	478. 84±7. 86a	462. 02±5. 68b
	N	6. 43±0. 54a	5. 02±0. 37b	4. 95±0. 55b	5. 85±0. 24a
	P	0. 52±0. 03a	0. 38±0. 03b	0. 44±0. 06ab	0. 47±0. 07a
	K	4. 82±0. 38ab	4. 71±0. 30b	5. 22±0. 64ab	5. 47±0. 32a

注：表中数据为平均值±标准差。相同字母表示同行不同列之间差异不显著($P>0.05$)。

根系 N 含量年平均值由大到小排列顺序分别为：混交林木荷(6. 35g/kg)>纯林木荷(5. 95g/kg)>混交林闽楠(5. 63g/kg)>纯林闽楠(5. 56g/kg)。其中根系 N 含量变化幅度最大的树种类型为混交林木荷，变化范围为 5. 22~7. 64g/kg，变异系数为16. 44%；变化幅度最小的为纯林木荷，变化范围为 5. 28~6. 81g/kg，变异系数为11. 69%。混交林闽楠 12 月 N 含量显著高于6 月和9 月，与 3 月不存在显著差异；混交林木荷 3 月显著高于其余 3 个月份；纯林木荷 3 月显著高于 9 月、12 月，6 月与其余 3 个月份均不存在显著差异；纯林闽楠 3 月、12 月显著高于6 月、9 月。根系 N 含量的季节动态变化规律一致，均为先降低后上升；除了混交林闽楠在 12 月达到最低值，3 月达到最高值外，其余均分别在9 月、3 月达到最低值和最高值。3 月混交林木荷的 N 含量显著高于其余 3 种；6 月纯林、混交林木荷显著高于其余 2 种；9 月4 种林木类型均不存在显著差异；12 月混交林木荷显著高于纯林木荷，与其余两种差异不显著。

根系 P 含量年平均值最大和最小的分别为混交林木荷(0. 56g/kg)和纯林闽楠(0. 45g/kg)，其排列顺序由大到小分别为混交林木荷>混交林闽楠>纯林木荷>纯林闽楠。其中根系 P 含量变化幅度最大和最小的分别是纯林闽楠和纯林木荷，P 含量变化范围分别为 0. 38~0. 52g/kg 和 0. 42~0. 50g/kg，变异系数分别为 12. 99%和 8. 25%。混交林闽楠6 月P 含量显著低于其余 3 个月份；混交林木荷的则为 9 月显著低于其余 3 个月；纯林木荷 3 月显著高于 6 月、9 月，与 12 月不存在显著差异；纯林闽楠 6 月显著低于

3月、12月，与9月不存在显著差异。根系P含量的季节动态变化规律与N的一致，均为先降低后上升。有所不同的是混交林、纯林闽楠根系P含量的最低值出现在6月份，而混交林、纯林木荷的最低值出现在9月；它们的最高值均为3月。3月混交林木荷的P含量显著高于纯林木荷的，与其余2种差异不显著；6月混交林木荷量显著高于其他3种，其余3种相互之间不存在显著差异。9月、12月4种林木类型根系P含量均不存在显著差异。

根系K含量年平均值由大到小排列顺序分别为：混交林木荷(6.45g/kg)>混交林闽楠(6.02g/kg)>纯林木荷(5.59g/kg)>纯林闽楠(5.06g/kg)；它们的变异系数分别为7.69%、6.55%、7.55%和7.02%；其中变化幅度最大的混交林木荷K含量变化范围为6.02~7.12g/kg，变化幅度最小的混交林闽楠为0.42~0.55g/kg。混交林闽楠、木荷6月K含量均显著低于9月、12月；纯林木荷6月显著低于其余3个月份；纯林闽楠12月显著高于6月，与其余2个月份不存在显著差异。混交林木荷根系K含量随着月份的增加而呈现一直上升的趋势，除此之外，其余3种类型均呈现先下降后上升的规律。除了混交林木荷(3月最低)，其余3种根系的K含量均在6月达到最低值。3月纯林闽楠的K含量显著低于其余3种；6月混交林木荷显著高于其余3种，混交林闽楠的显著高于纯林木荷、闽楠的；9月纯林闽楠与纯林木荷不存在显著差异，显著低于混交林闽楠、木荷；12月混交林木荷显著高于纯林木荷、闽楠，与混交林闽楠不存在显著差异。

6.3.2 闽楠混交林土壤层养分动态特征

6.3.2.1 大量元素土壤养分特征

闽楠纯林、木荷纯林、和闽楠木荷混交林区域C、N、P、K含量如表6-16所示，对同一土层中不同林分的各元素进行单因素方差分析，结果得知：在上层土，木荷纯林C的含量(40.68±2.92g/kg)分别比闽楠纯林和闽楠木荷混交林高56.1%和56.2%，差异性均显著($P<0.05$)；木荷纯林N的含量(3.08±0.26g/kg)分别比闽楠纯林和闽楠木荷混交林高45.1%和9.7%，显著高于闽楠纯林($P<0.05$)；木荷纯林P的含量(0.57±0.11g/kg)分别比闽楠纯林和闽楠木荷混交林高15.8%和56.1%，显著高于闽楠木荷混交林($P<0.05$)；闽楠木荷混交林K的含量(5.97±0.63g/kg)分别比闽楠纯林和木荷纯林高84.4%和76.9%，差异性均显著($P<0.05$)。在中层土，木荷纯林C的含量(33.68±3.10g/kg)分别比闽楠纯林和闽楠木荷混交林高53.9%和57.1%，差异性均显著($P<0.05$)；闽楠木荷混交林N的含量(2.23±0.10g/kg)分别比闽楠纯林和木荷纯林高35.0%和46.6%，差异性均显著($P<0.05$)；闽楠纯林P的含量(0.46±0.06g/kg)分别比木荷纯林和闽楠木荷混交林高6.5%和54.3%，显著高于闽楠木荷混交林($P<0.05$)；闽楠木荷混交林K的含量(5.81±0.18g/kg)分别比闽楠纯林和木荷纯林高86.6%和58.5%，差异性均显著($P<0.05$)。在下层土，木荷纯林C的含量(19.36±2.64g/kg)分别比闽楠纯林和闽楠木荷混交林高34.9%和39.5%，差异性均显著($P<0.05$)；闽楠木荷混交林N的含量(1.67±0.08g/kg)分别

比闽楠纯林和木荷纯林高13.2%和82.6%，差异性均显著($P<0.05$)；闽楠纯林P的含量(0.47±0.03g/kg)分别比木荷纯林和闽楠木荷混交林高53.2%和61.7%，差异性均显著($P<0.05$)；闽楠木荷混交林K的含量(5.50±0.37g/kg)分别比闽楠纯林和木荷纯林高82.4%和53.2%，差异性均显著($P<0.05$)。

表6-16 不同林分类型的C、N、P、K元素含量 单位：g/kg

土层(cm)		闽楠纯林	木荷纯林	闽楠木荷混交林
上层 0~20	C	17.86±2.95b	40.68±2.92a	17.83±0.65b
	N	1.69±0.14b	3.08±0.26a	2.78±0.07a
	P	0.48±0.04a	0.57±0.11a	0.25±0.01b
	K	0.93±0.09b	1.38±0.45b	5.97±0.63a
中层 20~40	C	15.54±1.67b	33.68±3.10a	14.44±1.31b
	N	1.45±0.18b	1.19±0.43b	2.23±0.10a
	P	0.46±0.06a	0.43±0.12a	0.21±0.01b
	K	0.78±0.23c	2.41±0.42b	5.81±0.18a
下层 40~60	C	12.60±0.73b	19.36±2.64a	11.72±0.50b
	N	1.45±0.10b	0.29±0.05c	1.67±0.08a
	P	0.47±0.03a	0.22±0.12b	0.18±0.01b
	K	0.97±0.08c	2.57±0.17b	5.50±0.37a

注：表中数据为平均值±标准差。相同小写字母表示同一土层同一元素不同树种之间差异不显著($P>0.05$)。

6.3.2.2 微量元素土壤养分特征

闽楠纯林、木荷纯林、和闽楠木荷混交林区域Ca、Mg、Cu、Zn、Mn和Pb含量如表6-17所示，对同一土层中不同林分的各元素进行单因素方差分析，结果得知：在上层土，木荷纯林Ca的含量(3.64±0.26g/kg)分别比闽楠纯林和闽楠木荷混交林高94.0%和54.4%，差异性均显著($P<0.05$)；闽楠纯林Mg的含量(1.87±0.20g/kg)分别比木荷纯林和闽楠木荷混交林高19.3%和0.1%，显著高于木荷纯林($P<0.05$)；木荷纯林Cu的含量(38.66±3.32mg/kg)分别比闽楠纯林和闽楠木荷混交林高54.2%和96.6%，显著高于闽楠木荷混交林($P<0.05$)；闽楠纯林Zn的含量(74.19±7.64mg/kg)分别比闽楠纯林和木荷纯林高3.5%和90.2%，差异性均显著($P<0.05$)；闽楠木荷混交林Mn的含量(5.61±0.82mg/kg)分别比闽楠纯林和木荷纯林高79.5%和93.9%，差异性均显著($P<0.05$)；闽楠木荷混交林Pb的含量(45.92±4.33mg/kg)分别比闽楠纯林和木荷纯林高35.8%和15.3%，显著高于闽楠纯林($P<0.05$)。在中层土，木荷纯林Ca的含量(3.34±0.28g/kg)分别比闽楠纯林和闽楠木荷混交林高95.2%和54.8%，差异性均显著($P<0.05$)；木荷纯林Mg的含量(1.89±0.39g/kg)分别比闽楠纯林和闽楠木荷混交林高10.1%和7.9%，差异性均不显著($P>0.05$)；木荷纯林Cu的含量(23.58±3.59mg/kg)分别比闽楠纯林和闽楠木荷混交林高30.2%和95.0%，差异性均显著($P<0.05$)；木荷纯林Zn的含量(85.05±11.23mg/kg)分别比闽楠纯林和闽楠木荷混交林高

20.9%和92.3%，显著高于闽楠木荷混交林($P<0.05$)；闽楠木荷混交林Mn的含量(5.06±0.82mg/kg)分别比闽楠纯林和木荷纯林高79.2%和93.5%，差异性均显著($P<0.05$)；木荷纯林Pb的含量(61.21±9.51mg/kg)分别比闽楠纯林和闽楠木荷混交林高66.0%和36.9%，差异性均显著($P<0.05$)。在下层土，木荷纯林Ca的含量(3.64±0.67g/kg)分别比闽楠纯林和闽楠木荷混交林高93.4%和60.7%，差异性均显著($P<0.05$)；闽楠纯林Mg的含量(1.97±0.08g/kg)分别比木荷纯林和闽楠木荷混交林高16.8%和19.8%，差异性均不显著($P>0.05$)；闽楠纯林Cu的含量(16.40±2.45mg/kg)分别比木荷纯林和闽楠木荷混交林高1.3%和93.5%，显著高于闽楠木荷混交林($P<0.05$)；木荷纯林Zn的含量(87.60±4.77mg/kg)分别比闽楠纯林和闽楠木荷混交林高12.3%和93.0%，差异性均显著($P<0.05$)；闽楠木荷混交林Mn的含量(4.42±0.54mg/kg)分别比闽楠纯林和木荷纯林高73.5%和91.2%，差异性均显著($P<0.05$)；木荷纯林Pb的含量(66.16±4.43mg/kg)分别比闽楠纯林和闽楠木荷混交林高65.3%和55.1%，差异性均显著($P<0.05$)。

表6-17　不同林分类型的微量元素含量

土层(cm)		闽楠纯林	木荷纯林	闽楠木荷混交林
上层 0~20	Ca(g/kg)	0.22±0.09c	3.64±0.26a	1.66±0.04b
	Mg(g/kg)	1.87±0.20a	1.51±0.22b	1.87±0.06b
	Cu(mg/kg)	17.72±0.63b	38.66±3.32a	1.31±0.06c
	Zn(mg/kg)	74.19±7.64a	71.56±14.84b	7.25±0.18c
	Mn(mg/kg)	1.15±0.17b	0.34±0.03b	5.61±0.82a
	Pb(mg/kg)	29.49±4.50b	38.88±0.76a	45.92±4.33a
中层 20~40	Ca(g/kg)	0.16±0.02c	3.34±0.28a	1.51±0.05b
	Mg(mg/kg)	1.70±0.20a	1.89±0.39a	1.74±0.30a
	Cu(mg/kg)	16.47±2.45b	23.58±3.59a	1.18±0.08c
	Zn(mg/kg)	67.30±14.13a	85.05±11.23a	6.54±0.35b
	Mn(mg/kg)	1.05±0.33b	0.33±0.02c	5.06±0.29a
	Pb(mg/kg)	20.79±4.36c	61.21±9.51a	38.63±5.23b
下层 40~60	Ca(g/kg)	0.24±0.05c	3.64±0.67a	1.43±0.07b
	Mg(g/kg)	1.97±0.08a	1.64±0.46a	1.58±0.10a
	Cu(mg/kg)	16.40±2.45a	16.18±2.84a	1.06±0.04b
	Zn(mg/kg)	76.86±3.05b	87.60±4.77a	6.12±0.65c
	Mn(mg/kg)	1.17±0.04b	0.39±0.01a	4.42±0.54a
	Pb(mg/kg)	22.98±5.86b	66.16±4.43a	29.73±0.50b

注：表中数据为平均值±标准差。相同小写字母表示同一土层同一元素不同树种之间差异不显著($P>0.05$)。

6.4　闽楠人工林化学计量特征研究

6.4.1　不同林龄闽楠人工林各器官化学计量特征

6.4.1.1　不同林龄闽楠叶片 C、N、P 生态化学计量特征

三个林龄闽楠叶片 C∶N、C∶P、N∶P 表现出一定的规律性(表 6-18)。

C∶N 的变化范围为 52.48~61.39，年平均值为 57.50，随着林龄的增加先下降后上升，表现为 60 年>14 年>45 年，分别为 61.39、58.63、52.48，变异系数分别为 8.0%、14.9%、4%；60 年 C∶N 显著高于 45 年的($P<0.05$)，14 年与 45 年和 60 年之间均无显著性差异($P>0.05$)。)

C∶P 的变化范围为 581.80~957.96，年平均值为 818.23，随林龄的增加先上升后下降，表现为 45 年>60 年>14 年，分别为 957.96、914.94、581.80，变异系数分别为 43.5%、49.0%、33.7%；60 年和 45 年 C∶P 显著高于 14 年的($P<0.05$)。

N∶P 的变化范围为 9.99~18.21，年平均值为 14.39，与 C∶P 变化一致，表现为45 年>60 年>14 年，分别为 18.21、14.98、9.99，变异系数分别为 45.5%、41.8%、35.1%，45 年 N∶P 显著高于 14 年($P<0.05$)，60 年与 14 年和 45 年之间均无显著性差异。

表 6-18　不同林龄叶片 C、N、P 化学计量比

林龄(年)	C∶N	C∶P	N∶P
14	58.63±2.25ab	581.80±252.83b	9.99±4.55b
45	52.48±7.80b	957.96±469.10a	18.21±7.60a
60	61.39±4.90a	914.94±307.94a	14.98±5.26ab

6.4.1.2　不同林龄闽楠根 C、N、P 的化学计量特征

3 个林龄闽楠根系 C∶N、C∶P、N∶P 表现出较强的规律性，均随着林龄的增长逐渐升高，表现为 60 年>45 年>14 年(表 6-19)。

C∶N 的变化范围为 218.35~278.58，年平均值为 250.85，14 年、45 年、60 年分别为 218.35、255.63、278.58，变异系数分别为 6.2%、14.5%、23.2%；3 个林龄闽楠根系 C∶N 差异不显著($P>0.05$)。

C∶P 的变化范围为 1352.84~1841.77，年平均值为 1562.18，14 年、45 年、60 年分别为 1352.84、1491.94、1841.77，变异系数分别为 63.0%、31.4%、51.1%；3 个林龄闽楠根系 C∶P 差异不显著($P>0.05$)。

N∶P 的变化范围为 6.04~6.92，年平均值为 6.34，14 年、45 年、60 年分别为 6.04、6.05、6.92，变异系数分别为 56.3%、40.3%、63.1%，3 个林龄闽楠根系 N∶P 差异不显著($P>0.05$)。

表 6-19　不同林龄根系 C、N、P 化学计量比

林龄(年)	C : N	C : P	N : P
14	218.35±13.45	1352.84±851.78	6.04±3.4
45	255.63±37.06	1491.94±469.08	6.05±2.44
60	278.58±64.55	1841.77±940.73	6.92±4.37

6.4.2　不同林龄闽楠人工林土壤层化学计量特征

通过表 6-20 得出，3 个林龄闽楠人工林 0~60cm 土壤土层 C : N 变化范围为7.75~10.59，平均值为 8.98，变异系数为 13.00%；C : P 变化范围为 36.22~81.53，平均值为 53.36，变异系数为 29.00%；N : P 变化范围为 3.86~9.66，平均值为 6.00，变异系数为 31.00%。土壤的 C : N 变化相较于 C : P 和 N : P 稳定，变异系数均不大。3 个林龄闽楠人工林土壤 C : N 随着土层深度的变化而呈现轻微的上升趋势，C : P 和 N : P 均随着土层深度的变化而呈现逐渐下降的趋势，C : N 整体上小幅上升，其他土层相对于表层(0~15cm)土壤的降幅在 2%~24% 之间；C : P、N : P 随土壤深度的增加呈急剧下降的趋势，45~60cm 土层相对于 0~15cm 土层的降幅均在 40%以上。

表 6-20　不同林龄土壤有机 C、全 N、全 P 的化学计量比特征

林龄(年)	土层	C : N	C : P	N : P
14	0~15	8.50±0.64A	81.53±9.05A	9.66±1.56A
	15~30	9.79±0.45A	72.16±6.38A	7.37±0.35B
	30~45	9.56±0.78A	59.50±3.50B	6.25±0.44B
	45~60	10.59±1.47A	47.31±6.78C	4.47±0.18C
	平均	9.61±1.13a	65.12±14.64a	6.94±2.08a
45	0~15	8.99±0.76A	53.99±2.35A	6.04±0.47A
	15~30	9.20±0.62A	51.68±2.85A	5.63±0.33A
	30~45	8.90±0.78A	37.44±5.44B	4.20±0.30B
	45~60	9.24±1.78A	36.22±12.01B	3.86±0.71B
	平均	9.08±0.99a	44.83±10.33b	4.93±1.045b
60	0~15	8.20±0.38A	66.77±8.45A	6.33±1.02A
	15~30	7.75±0.78A	57.27±5.09A	5.16±0.85B
	30~45	8.36±0.88A	44.11±1.50B	5.12±0.54C
	45~60	8.67±1.70A	36.40±9.14B	4.09±0.62C
	平均	8.24±1.00b	50.14±13.15b	5.14±1.71b

注：大写字母表示同一林龄不同土层之间差异比较($P<0.05$)，小写字母表示不同林龄之间差异性比较。

根据方差分析结果，3 个林龄林分内土壤 C : N 表现为 14 年>45 年>60 年，并且 14 年和 45 年显著高于 60 年($P<0.05$)。C : P 表现为 14 年>60 年>45 年，并且 14 年显著高于

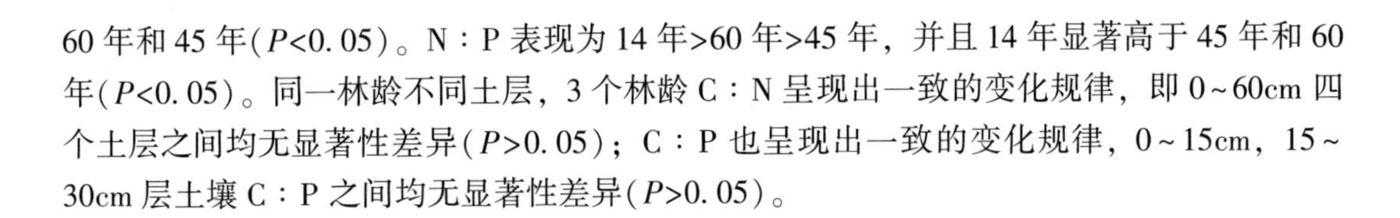

60 年和 45 年(P<0.05)。N：P 表现为 14 年>60 年>45 年，并且 14 年显著高于 45 年和 60 年(P<0.05)。同一林龄不同土层，3 个林龄 C：N 呈现出一致的变化规律，即 0~60cm 四个土层之间均无显著性差异(P>0.05)；C：P 也呈现出一致的变化规律，0~15cm，15~30cm 层土壤 C：P 之间均无显著性差异(P>0.05)。

6.5　闽楠混交林各器官化学计量特征研究

6.5.1　闽楠混交林叶片 C、N、P 生态化学计量特征

叶 3 种化学计量比的变异来源如表 6-21 所示。其中，C：P 的林木类型和月份之间存在显著的交互作用，C：N、N：P 不存在显著的交互作用。

表 6-21　叶各个化学计量比变异来源分析

计量比	组间、内效应	*df*	*SS*	*MS*	*F*	*P*
C：N	林木类型	3.000	41.757	13.919	9.797	0.005
	月份	1.805	30.601	16.951	21.148	<0.001
	林木类型×月份	5.416	7.200	1.329	1.659	0.205
C：P	林木类型	3.000	63081.941	21027.314	10.418	0.004
	月份	3.000	147496.237	49165.412	26.045	<0.001
	林木类型×月份	9.000	40641.822	4515.758	2.392	0.043
N：P	林木类型	3.000	85.251	28.417	7.604	0.010
	月份	2.195	127.972	58.294	16.921	<0.001
	林木类型×月份	6.586	40.092	6.088	1.767	0.160

注：表中 P<0.05 说明该效应对元素含量影响显著。

4 种林木类型叶 C、N、P 化学计量比的季节动态变化特征如表 6-22 所示。

叶 C：N 年平均值最大和最小的分别是纯林闽楠和混交林闽楠，值分别为 29.75 和 27.18。混交林木荷的年变化幅度最大，变异系数为 4.05%，而纯林闽楠的变化幅度最小，变异系数为 3.17%。混交林闽楠和纯林木荷 6 月 C：N 均显著高于 3 月、9 月，与 12 月差异不显著；混交林木荷 3 月显著低于其余 3 个月；纯林闽楠 6 月、12 月显著高于 3 月和 9 月。叶 C：N 随着季节的变化而基本呈现出先升高后降低再升高的趋势，变化幅度并不大，除了混交林木荷最小值为 3 月，其余均为 9 月；而 4 种林木类型 6 月、12 月的 C：N 都比较高。3 月纯林闽楠 C：N 显著高于混交林的，与纯林木荷差异不显著；6 月纯林闽楠显著高于混交林闽楠，与其余 2 种差异不显著；9 月混交林闽楠显著低于其他 3 种；12 月纯林闽楠显著高于其他 3 种。

叶 C：P 年变化幅度最大和最小的分别是混交林闽楠和纯林闽楠，变异系数分别为 17.97%和 8.78%。年平均值最大和最小的分别为纯林木荷和混交林闽楠。两种类型闽楠 3 月C：P 均显著低于 6 月，与 9 月、12 月差异不显著；两种类型木荷 3 月均显著低于其他 3 个月份。叶 C：P 随着季节的变化所呈现出来的规律基本与 C：N 相一致。它们的最

大值均出现在6月，而最小值除了混交林闽楠为9月，其余均为3月。3月4种林木类型C∶P均无显著差异；6月纯林木荷显著高于纯林闽楠，与混交林无显著差异；9月木荷显著高于闽楠；12月混交林木荷显著高于闽楠，与纯林木荷差异不显著。

叶N∶P年变化幅度最大和最小的分别是混交林闽楠和纯林闽楠，变异系数分别为15.40%和7.37%。年平均值最大和最小的分别为纯林木荷和纯林闽楠。混交林闽楠6月N∶P显著高于其他3个月份；混交林木荷3月显著低于其他3个月份；纯林木荷、闽楠3月均显著低于6月，与9月、12月差异不显著。4种林木类型叶N∶P随着季节的变化所呈现出来的规律是先升高后降低，最大值均出现在6月，最小值出现在3月。3月、6月4种林木类型叶N∶P之间均不存在显著差异；9月木荷显著高于闽楠；12月混交林木荷显著高于闽楠，与纯林木荷差异不显著。

表6-22　叶C、N、P计量比季节动态变化

林木类型	计量比	各月份元素含量(g/kg)			
		3月	6月	9月	12月
混交林闽楠	C∶N	27.02±1.38b	28.08±1.31a	25.91±0.81b	27.69±1.01ab
	C∶P	431.14±27.05b	601.93±50.55a	417.83±28.38b	450.65±34.72b
	N∶P	16.02±1.84b	21.52±2.80a	16.12±1.00b	16.26±0.75b
混交林木荷	C∶N	26.46±0.71b	28.77±0.90a	28.08±1.20a	28.96±0.56a
	C∶P	417.23±29.49b	589.09±60.86a	557.21±55.53a	563.68±48.04a
	N∶P	15.79±1.49b	20.53±2.73a	19.83±1.52a	19.46±1.49a
纯林木荷	C∶N	27.78±0.94b	29.69±0.66a	27.62±0.61b	29.31±0.21ab
	C∶P	473.38±57.54c	654.34±56.01a	585.41±54.43ab	540.72±37.46b
	N∶P	17.02±1.81b	22.07±2.32a	21.17±1.53ab	18.45±1.40b
纯林闽楠	C∶N	28.99±0.70b	30.18±0.23a	28.95±0.23b	30.88±0.89a
	C∶P	438.71±20.47b	539.72±42.03a	468.92±38.82ab	481.86±30.93ab
	N∶P	15.13±0.49b	17.88±1.32a	16.19±1.21ab	15.63±1.37ab

注：表中数据为平均值±标准差，相同字母表示同行不同列之间差异不显著(P>0.05)。

6.5.2　闽楠混交林枝C、N、P生态化学计量特征

枝3种化学计量比的变异来源如表6-23所示。3种化学计量比林木类型和月份之间均存在显著的交互作用。

表6-23　枝各个化学计量比变异来源分析

计量比	组间、内效应	*df*	*SS*	*MS*	*F*	*P*
C∶N	林木类型	3.000	308.887	102.962	9.354	0.005
	月份	3.000	1552.388	517.463	28.743	<0.001
	林木类型×月份	9.000	1333.514	148.168	8.230	<0.001

（续）

计量比	组间、内效应	df	SS	MS	F	P
C：P	林木类型	3.000	208405.995	69468.665	25.606	<0.001
	月份	3.000	241690.607	80563.536	29.597	<0.001
	林木类型×月份	9.000	112828.033	12536.448	4.606	0.001
N：P	林木类型	3.000	25.634	8.545	10.997	0.003
	月份	3.000	13.016	4.339	3.050	0.048
	林木类型×月份	9.000	66.480	7.387	5.193	0.001

注：表中 $P<0.05$ 说明该效应对元素含量影响显著。

4种林木类型枝C、N、P化学计量比的季节动态变化特征如表6-24所示。

表6-24　枝C、N、P计量比季节动态变化

林木类型	计量比	各月份元素含量(g/kg)			
		3月	6月	9月	12月
混交林闽楠	C：N	55.75±3.96c	63.86±3.39b	50.03±0.32c	74.84±8.43a
	C：P	588.22±23.29b	625.63±49.37ab	511.51±16.71c	741.89±50.54a
	N：P	10.60±1.13a	9.83±1.09a	10.23±0.40a	10.04±1.69a
混交林木荷	C：N	60.56±4.37a	57.02±2.94ab	51.66±2.08b	64.97±3.79a
	C：P	585.52±35.51b	543.25±24.66b	524.14±23.44b	684.55±43.31a
	N：P	9.67±0.31a	9.53±0.29a	10.16±0.77a	10.58±1.26a
纯林木荷	C：N	57.01±2.60b	60.32±0.29ab	55.01±0.25b	67.66±4.68a
	C：P	635.24±112.08ab	691.52±25.57a	583.33±33.71b	633.75±40.83ab
	N：P	11.13±1.77a	11.47±0.47a	10.61±0.64a	9.39±0.68a
纯林闽楠	C：N	57.72±2.94b	82.99±5.85a	58.42±6.11b	62.30±2.52b
	C：P	674.01±70.71bc	746.96±70.76b	636.96±45.38c	975.95±72.96a
	N：P	11.73±1.71b	9.06±1.35c	11.01±1.66bc	15.66±0.80a

注：表中数据为平均值±标准差，相同字母表示同行不同列之间差异不显著（$P>0.05$）。

枝C：N年平均值最大和最小的分别是纯林闽楠和混交林木荷。纯林闽楠年变化幅度最大，变异系数为18.25%，而混交林木荷的变化幅度最小，变异系数为9.61%。混交林闽楠12月C：N显著高于其他3个月；混交林木荷9月显著低于3月、12月，与6月不存在显著差异；纯林木荷12月与6月不存在显著差异，并显著高于其余2个月份；纯林闽楠6月显著高于其他3个月份。纯林闽楠枝C：N的最小值和最大值分别在3月和6月出现，除此之外，其他3种类型的均分别在9月、12月出现最小值和最大值。3月4种林木类型枝C：N均不存在显著差异；6月纯林闽楠显著高于其他3种；9月混交林内的闽楠和木荷显著低于纯林闽楠，与纯林木荷不存在显著差异；12月混交林闽楠显著高于纯林闽楠，与木荷不存在显著差异。

枝C：P年变化幅度最大和最小的分别是纯林闽楠和纯林木荷，变异系数分别为

20.04%和6.95%。年平均值最大和最小的分别为纯林闽楠和混交林木荷。混交林闽楠12月C：P显著高于3月、9月，与6月无显著差异；混交林木荷与纯林闽楠12月的C：P均显著高于其他3个月份；纯林木荷6月显著高于9月，与其他2个月份无显著差异。除了混交林木荷C：P呈现先下降后升高的规律外，其余3种的规律均为“升—降—升”。4种类型枝C：P均在9月达到最小值，除了木荷纯林在6月达到最大值外，其余均在12月达到最大值。3月4种林木类型枝C：P均不存在显著差异；6月混交林木荷显著低于其他3种；9月纯林闽楠显著高于混交林，与纯林木荷不存在显著差异，12月纯林闽楠显著高于其他3种。

枝N：P年平均值由小到大排列顺序分别为：纯林闽楠>纯林木荷>混交林闽楠>混交林木荷。其中，变异系数最大和最小的分别为混交林闽楠和纯林闽楠。纯林闽楠12月N：P含量显著高于其他3个月；除此之外，其他3种林木类型枝N：P分别在4个月份之间均无显著差异。4种林木类型根系N：P的季节变化趋势都不太一致，最大值与最小值出现的月份也都不太相同。3月、9月4种类型枝N：P均不存在显著差异；6月纯林木荷显著高于混交林木荷和纯林闽楠，与混交林闽楠不存在显著差异；12月纯林闽楠显著高于其他3种类型。

6.5.3 闽楠混交林根C、N、P生态化学计量特征

根系3种化学计量比的变异来源如表6-25所示。其中C：N的林木类型和月份之间存在显著的交互作用，C：P、N：P的不存在显著的交互作用。

表6-25 根系各个化学计量比变异来源分析

计量比	组间、内效应	*df*	*SS*	*MS*	*F*	*P*
C：N	林木类型	3.000	647.287	215.762	2.860	0.104
	月份	3.000	4852.841	1617.614	48.163	<0.001
	林木类型×月份	9.000	1455.253	161.695	4.814	0.001
C：P	林木类型	3.000	216677.727	7225.909	2.598	0.125
	月份	3.000	472156.909	157385.636	21.543	<0.001
	林木类型×月份	9.000	131471.038	14607.893	1.999	0.085
N：P	林木类型	3.000	23.838	7.946	2.865	0.104
	月份	3.000	8.042	2.681	1.351	0.282
	林木类型×月份	9.000	25.244	2.805	1.413	0.237

注：表中$P<0.05$说明该效应对计量比影响显著。

4种林木类型的根系C、N、P化学计量比的季节动态变化特征如表6-26所示。

根系C：N年平均值最大和最小的分别是混交林闽楠和混交林木荷。混交林木荷年变化幅度最大，变异系数为19.35%，而纯林闽楠的变化幅度最小，变异系数为14.30%。混交林闽楠、木荷以及纯林闽楠6月、9月的C：N均显著高于3月、12月；纯林木荷的则是9月和12月显著高于3月、6月。根系C：N的季节变化均是呈现出先升高后下降的趋

势，除了混交林闽楠的最大值出现在6月，最小值出现在12月外，其余的均在9月达到最大值，3月达到最小值。3月混交林、纯林闽楠的C：N显著高于混交林、纯林木荷的；6月混交林闽楠与纯林闽楠的差异不显著，与木荷存在显著差异；9月4种林木类型均不存在显著差异；12月纯林木荷显著高于混交林闽楠、木荷的，与纯林闽楠差异不显著。

表6-26 根系C、N、P计量比季节动态变化

林木类型	计量比	各月份元素含量(g/kg)			
		3月	6月	9月	12月
混交林闽楠	C：N	78.11±3.32b	100.37±4.81a	95.36±8.23a	74.16±3.69b
	C：P	865.42±70.74b	1148.06±149.78a	1016.15±120.80ab	922.74±130.50b
	N：P	11.12±1.38a	11.42±1.20a	10.73±1.74a	12.52±2.33a
混交林木荷	C：N	60.09±2.86c	84.60±8.34a	95.31±6.74a	73.03±7.72b
	C：P	762.17±82.62b	877.81±100.64ab	1047.00±150.03a	839.38±87.17b
	N：P	12.72±1.70a	10.37±0.48a	10.95±0.81a	11.49±0.14a
纯林木荷	C：N	65.19±3.89b	74.67±6.69b	93.05±7.50a	87.32±9.39a
	C：P	894.05±104.00b	1063.02±100.05ab	1176.14±73.51a	1008.61±108.05b
	N：P	13.73±1.61ab	14.40±2.73a	12.65±0.34ab	11.57±0.68b
纯林闽楠	C：N	71.79±5.02b	94.17±6.18a	97.61±11.10a	79.13±3.96b
	C：P	885.96±58.04b	1243.85±88.46a	1101.80±161.63a	988.65±132.33b
	N：P	12.41±1.55a	13.21±0.10a	11.39±2.01a	12.49±1.48a

注：表中数据为平均值±标准差，相同字母表示同行不同列之间差异不显著($P>0.05$)。

纯林闽楠根系C：P年变化幅度最大，变化范围为885.96~1243.85，而纯林木荷的变化幅度最小，变化范围为894.05~1176.14。混交林闽楠6月C：P显著高于3月、12月，与9月差异不显著；混交林、纯林木荷9月C：P均显著高于3月、12月，与6月不存在显著差异；纯林闽楠6月、9月C：P显著高于3月、12月。根系C：P的季节变化趋势与C：N的基本一致。4种根系C：N的最小值均在3月出现，而不同的是，混交林、纯林闽楠的C：N在6月达到最大值，木荷的则在9月达到最大值。6月混交林木荷的C：N显著低于闽楠的，与纯林木荷的无显著差异；其余3个月份内，4种林木类型根系C：N均不存在显著差异。

根系N：P年平均值最大和最小的分别是纯林木荷和混交林木荷。变异系数最大和最小的分别是纯林木荷和闽楠。纯林木荷6月N：P显著高于12月，与3月、9月不存在显著差异；其余3种林木类型各自月份之间的N：P均不存在显著差异。4种林木类型根系N：P的季节变化趋势都不太一致，最大值与最小值出现的月份也都不太相同。6月纯林木荷N：P显著高于混交林闽楠、木荷，与纯林闽楠的差异不显著；其余3个月份内，4种林木类型根系N：P均不存在显著差异。

6.6 小 结

6.6.1 闽楠人工林养分循环研究

(1)一年中，叶片大量元素总含量顺序为夏季>春季>秋季>冬季，各大量元素中N元素含量最高，其他营养元素含量顺序为K>Ca>P>Mg。

叶片中微量元素季节变化顺序为春季>冬季>秋季>夏季，此顺序与叶片中Mn元素的季节变化规律相似，主要是由于叶片中Mn元素含量比重最大。

(2)闽楠枝条中大量元素季节变化顺序为夏季>春季>冬季>秋季，大量元素含量顺序与叶片中大量元素顺序不同，为K>N>Ca>P>Mg。

枝条中微量元素总含量大小顺序为春季>冬季>夏季>秋季，春季含量最高，随后呈直线下降，到秋季含量出现最小值，入冬之后，枝条中开始积累大量微量元素以过冬，含量急剧增加。

(3)根系中大量元素总含量季节变化顺序为冬季>夏季>秋季>春季，最高值出现在冬季，春季含量最低；根系与中根中各大量元素含量大小顺序为K>N>Ca>P>Mg。

根系中部位各微量元素季节变化规律明显不同，根茎、粗根、中根、细根中微量元素季节变化曲线均呈波浪线型。

(4)土壤中各层大量元素总含量顺序大致为0~15cm>15~30cm>45~60cm>30~45cm，且0~15cm、15~30cm、30~45cm、45~60cm各元素总含量大小顺序均为K>Ca>N>Mg>P。

土壤微量元素总含量顺序为0~15cm>30~45cm>15~30cm>45~60cm，0~15cm土层养分含量最高，土壤中微量元素各元素季节变化规律没有大量元素强。土壤各层中Fe元素含量最高。

6.6.2 闽楠混交林养分循环研究

根系作为植物从土壤中获取养分的重要功能器官，是植物最敏感活跃的部分。春季时闽楠和木荷根系N、P、K含量都比较高。5月时，根系营养元素含量有所下降，木荷根系N、P、K含量在6~9月处于一个下降的状态，到了冬季植物体代谢速度放慢，C含量有所降低。

闽楠枝条在3月的时候累积了大量的营养元素，6月的时候养分大量转至生殖器官，导致养分含量下降。7月、8月的时候，正处于生长最旺盛的时期，累积了大量的养分。12月时养分开始往干中转移，含量有所下降。木荷7~8月有机物质得到大量的积累，因此枝条的C含量到了9月的时候有所升高，冬季基本维持在一定水平。

叶片是植物重要的营养器官，是光合作用的重要场所。闽楠与木荷叶片的N、P含量在3月时均维持在一个较高的水平，但到了6月却大幅度下降。叶片K含量与C含量全年基本维持在一个较为稳定的水平内。

6.6.3　闽楠人工林化学计量特征研究

针对不同林龄的闽楠人工林(14 年、45 年和 60 年)，测定了林木根系、叶片以及相应土壤的 C、N、P 含量，通过研究取得以下结论。

(1)土壤 C、N 含量随着土层加深均呈现“倒金字塔”状分布，并且每个土层含量差异显著，而 P 含量变化不显著，呈“圆柱体”分布；C∶N 随着土层深度的变化而呈现轻微的上升趋势，C∶P 和 N∶P 均随着土层深度的变化而呈现逐渐下降的趋势；随着林龄的增加土壤中 C、N 含量均表现出先降低后增加，而 P 含量则相反趋势，表现为先升高后降低，均无显著性差异；C∶N 比值在 14 年达到最大，并且随着林龄的增加呈逐渐降低的趋势，而 C∶P 和 N∶P 比值均呈现先降低后升高的趋势。

(2)不同林龄闽楠根系间 C、N、P 含量存在差异，根系 C 含量随着年龄增加逐渐增加；N、P 含量均随着年龄的增大而减少；3 个林龄根系 C∶N、C∶P 和 N∶P 比值均随着年龄的增加呈现上升的趋势。

(3)闽楠叶片 C 含量随着林龄的增加逐渐降低后随即趋于稳定状态，P 含量变化趋势一致，N 含量表现为先升高后降低的趋势；叶片 C∶N 比值随着林龄的增加先降低后升高，C∶P 比值和 N∶P 比值随着年龄的增加先升高后降低。

(4)不同林龄植物根系 C∶N 比值、C∶P 比值和 N∶P 比值受相应土壤中 C、N、P 元素量的影响较小。

(5)综合分析 3 个林龄闽楠人工林土壤、根系、叶片的 C、N、P 含量及其化学计量比值特征，发现 14 年闽楠生长受到 N 元素的限制；45 年闽楠生长受到 P 元素的限制；60 年闽楠生长受到 N、P 元素的共同限制。整体来看，该地区闽楠叶片 N∶P 平均值为 14.39，说明该地区闽楠人工林受 N 和 P 共同限制。

6.6.4　闽楠混交林各器官化学计量特征研究

植物化学计量其实是研究植物体内元素之间的动态平衡关系，其中最小因子定律认为植物的生长发育受到相对含量最少的那一类元素的限定。在本研究中，4 种类型叶 C∶N 和 C∶P 在生长旺盛的季节中都处于一个较高的水平，而闽楠主要在 6 月，木荷主要在 9 月，这主要是由于两种树种的物候期不同导致的。叶片除了个别月份的一些叶片种类 N∶P 在 14~16 之间外，其余大部分都大于 16，说明该地区的闽楠木荷混交林以及闽楠、木荷纯林植物生长主要受到 P 的限制。

第7章 闽楠次生林结构特征

7.1 数据来源

对闽楠次生林设置标准地调查获取数据。标准地主要分布在江西省吉安市的安福县、井冈山市以及遂川县。标准地大小依据其分布地形和群落分布情况等因素确定，每块标准地的面积为 400m^2(20m×20m)或 600m^2(20m×30m)，共 23 块标准地。采取相邻网格的调查方法，对每块标准地依次划分为 4 个或 6 个 10m×10m 小样方。将每个小样方范围作为林木调查的基本单元，调查林分中所有胸径≥2cm 林木的坐标位置(x、y 坐标)、树种、胸径、冠幅、树高等林木因子；利用 GPS 确定每个标准地的地理位置和海拔，同时调查郁闭度、林下植被、更新、凋落物等相关信息以及土壤、坡度、坡向、坡位等立地因子。

7.2 闽楠次生林非空间结构特征

在 23 块标准地中，随机抽取 16 块标准地用于最优分布函数的拟合，抽取的标准地为 1、3、5、6、8、10、11、12、13、14、15、17、20、21、22、23 号，剩余的 2、4、7、9、16、18、19 号 7 块标准地用于最优分布函数的检验。分布函数选取 Weibull 分布、正态分布、对数正态分布、Γ 分布和 β 分布 5 种概率密度函数。

7.2.1 直径结构特征

直径分布函数参数估计值见表 7-1。形状参数 c 值范围为 $0<c<3.6$，其分布为反 J 型或正偏山状曲线形式。从偏度值来看，所有标准地的 $SK>0$，说明林分直径分布曲线主要为右偏状态；从峰度值来看，只有标准地 13、14 的 $ST<0$，其余标准地的 $ST>0$，说明林分直径分布主要为较尖削趋势。

16 块标准地中，Weibull 分布、正态分布、对数正态分布、Γ 分布、β 分布函数通过 χ^2 检验的标准地数占总标准地数的百分比(接受率)分别为 81.3%、12.5%、31.3%、75.0% 和12.5%，Weibull 分布函数拟合林分直径分布的效果最好。

表 7-1 直径分布函数参数估计值

标准地号	Weibull 分布				正态分布			对数正态分布			Γ 分布				β 分布			$\chi^2_{0.05}$	偏度	峰度	标准差
	a	b	c	χ^2	μ	σ	χ^2	b	c	χ^2	a	b	c	χ^2	b	c	χ^2				
1	2.00	4.95	0.82	17.07	7.51	6.75	46.16	1.78	0.63	33.10	2.00	8.26	0.67	21.42	0.47	3.44	35.48	32.67	3.36	14.64	6.75
3	2.00	10.50	1.10	32.03	12.13	9.21	88.85	2.26	0.69	26.95	2.00	8.38	1.21	31.00	0.82	3.79	58.92	38.88	2.42	8.39	9.21
5	2.00	5.07	0.73	22.03	8.20	8.69	98.01	1.72	0.82	38.90	2.00	12.18	0.51	18.93	0.31	2.04	45.38	32.67	2.21	5.04	8.69
6	2.00	4.20	0.74	25.72	7.07	6.99	64.12	1.67	0.69	46.55	2.00	9.63	0.53	33.01	0.37	3.32	43.23	35.17	3.47	16.80	6.99
8	2.00	6.68	1.06	22.73	8.52	6.14	48.75	1.92	0.66	25.04	2.00	5.78	1.13	22.33	0.71	2.94	91.57	24.99	1.72	4.07	6.14
10	2.00	5.98	1.07	26.40	7.82	5.43	47.14	1.86	0.60	32.20	2.00	5.07	1.15	26.22	5.07	1.15	26.22	38.88	1.73	2.60	5.43
11	2.00	11.43	1.42	60.00	12.39	7.41	88.74	2.40	0.44	54.47	2.00	5.28	1.97	51.57	1.09	2.58	26.16	23.68	2.30	4.45	7.41
12	2.00	12.29	1.45	75.63	13.15	7.81	39.86	2.46	0.43	36.01	2.00	5.47	2.04	139.17	1.28	3.87	65.99	30.14	2.54	6.04	7.81
13	2.00	27.11	1.49	23.30	26.49	16.69	26.48	3.05	0.72	25.11	2.00	11.37	2.15	24.20	0.68	0.77	26.44	32.67	0.49	-1.33	16.69
14	2.00	24.75	1.51	27.85	24.33	15.06	36.42	2.98	0.70	32.73	2.00	10.16	2.20	29.86	0.99	1.63	30.90	38.88	0.76	-0.33	15.06
15	2.00	5.32	0.69	27.74	8.83	10.17	49.21	1.86	0.71	61.58	2.00	15.14	0.45	31.33	0.30	2.48	53.80	43.77	3.88	17.31	10.17
17	2.00	15.00	1.64	16.57	15.42	8.38	24.44	2.60	0.50	14.58	2.00	5.23	2.56	15.08	1.14	1.70	28.05	21.02	1.19	0.47	8.38
20	2.00	10.64	1.05	26.50	12.45	10.00	50.22	2.35	0.51	96.46	2.00	9.56	1.09	25.55	0.74	3.57	82.19	38.88	3.71	15.49	10.00
21	2.00	10.39	0.87	41.56	13.12	12.77	81.09	2.23	0.80	48.62	2.00	14.67	0.76	43.32	0.47	2.33	50.94	44.98	2.23	5.20	12.77
22	2.00	13.09	1.00	28.21	15.08	13.05	83.13	2.42	0.74	30.95	2.00	13.02	1.00	28.21	0.52	1.65	58.03	36.41	1.77	2.41	13.05
23	2.00	9.88	0.87	30.73	12.60	12.22	50.36	2.22	0.76	38.86	2.00	14.09	0.75	31.94	0.46	2.23	53.78	42.55	2.50	6.48	12.22

基于 Weibull 分布，对其理论株数与实际株数进行拟合，其结果见图 7-1。林木径阶分布范围较大，从 2cm 到 70cm 径阶内均有林木分布。标准地 1、3、5、6、8、10、11、12、15、20、21、22、23 主要表现为反 *J* 型或正偏山状曲线形式，林木分布集中在小径阶范围内，较符合异龄林直径分布特征；标准地 13、14、17 主要表现为不规则的山状曲线形式，林木集中分布在径阶为 10~20cm 范围内。

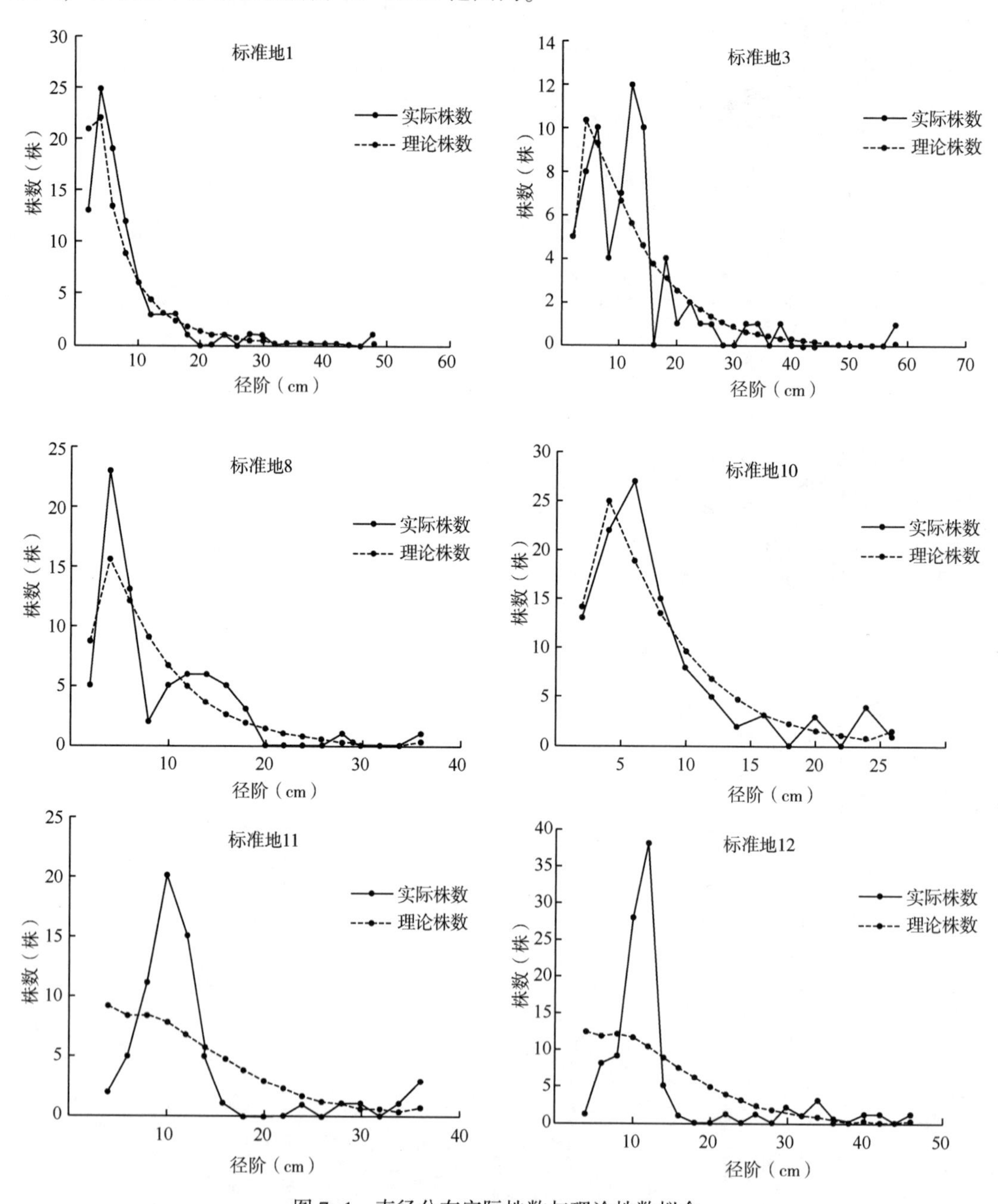

图 7-1 直径分布实际株数与理论株数拟合

7.2.2　树高结构特征

树高分布函数参数估计值见表 7-2。形状参数 c 值范围为 $1<c<3.6$，树高分布为正偏山状曲线形式。从偏度值来看，只有标准地 3、12、17 偏度值小于零，其余标准地均大于零，说明树高分布主要为正偏状态；从峰度值来看，除了标准地 3、6、8、13、14、17、21 峰度值小于零，其余标准地均大于零，说明树高分布主要为尖削趋势。

16 块标准地中，Weibull 分布、正态分布、对数正态分布、Γ 分布、β 分布函数通过 χ^2 检验的标准地数占总标准地数的百分比（接受率）分别为 56.3%、25.0%、50.0%、37.5% 和18.8%，Weibull 分布函数拟合林分树高分布的效果最好。

基于 Weibull 分布，对其理论株数与实际株数进行拟合，见图 7-2。树高范围为 2~30m，林木树高主要为 5~10m，部分标准地树高 10~15m 的林木分布较集中，随着树高的增大，林木株数开始逐渐减少。标准地 1、5、6、15、20、21、22、23 主要表现为正偏山状曲线形式，标准地 3、8、10、11、12、13、14、17 主要表现为不规则的山状曲线形式。

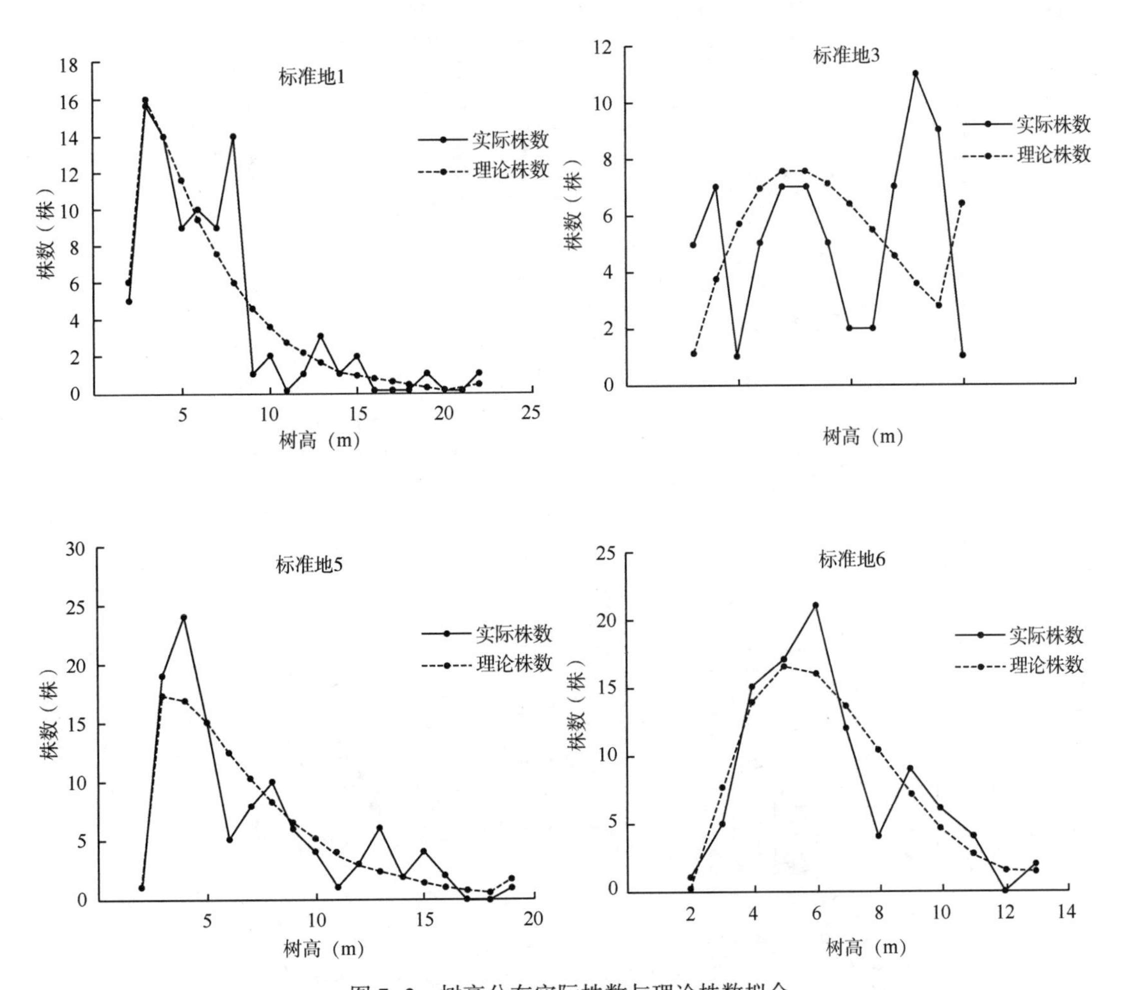

图 7-2　树高分布实际株数与理论株数拟合

表 7-2　树高分布函数参数估计值

标准地号	Weibull 分布				正态分布			对数正态分布			Γ 分布				β 分布			$\chi^2_{0.05}$	偏度	峰度	标准差
	a	b	c	χ^2	μ	σ	χ^2	b	c	χ^2	a	b	c	χ^2	b	c	χ^2				
1	2.09	4.39	1.13	26.34	6.28	3.73	76.76	1.69	0.53	28.48	2.09	3.31	1.27	26.20	0.80	3.13	78.29	27.58	1.80	4.12	3.73
3	2.71	7.36	1.84	61.91	9.26	3.69	40.56	2.12	0.48	65.58	2.71	2.08	3.14	26.15	0.88	0.73	14.33	16.91	-0.20	-1.33	3.69
5	2.33	4.75	1.18	24.80	6.82	3.83	93.05	1.78	0.52	38.72	2.33	3.26	1.38	25.30	0.73	1.97	47.63	23.68	1.07	0.20	3.83
6	2.35	4.60	1.79	12.34	6.43	2.37	22.25	1.79	0.37	9.15	2.35	1.37	2.99	52.13	1.43	2.25	57.32	15.50	0.65	-0.23	2.37
8	2.42	5.43	2.53	73.24	7.24	2.04	17.13	1.94	0.31	48.44	2.42	0.86	5.58	38.32	2.66	3.33	32.02	15.50	0.06	-0.19	2.04
10	2.95	4.83	1.79	10.51	7.24	2.48	21.98	1.92	0.35	12.59	2.95	1.44	2.99	15.43	1.42	2.18	21.63	15.50	0.65	0.04	2.48
11	3.10	7.06	2.38	35.59	9.36	2.80	23.44	2.19	0.32	30.27	3.10	1.25	5.01	78.13	2.16	2.39	40.70	18.30	0.40	0.41	2.80
12	4.96	6.56	4.13	31.67	10.91	1.62	45.74	2.38	0.17	28.56	4.96	0.44	3.15	39.78	3.87	1.97	30.46	12.59	-1.17	1.64	1.62
13	2.99	12.32	1.30	33.63	14.37	8.82	27.84	2.44	0.71	36.26	2.99	6.84	1.66	37.79	0.49	0.62	23.89	32.67	0.24	-1.62	8.82
14	3.64	12.61	1.74	21.47	14.88	6.67	24.14	2.58	0.50	23.09	3.64	3.97	2.83	33.15	1.01	1.13	17.48	31.41	0.21	-1.25	6.67
15	4.27	4.83	1.16	18.10	8.86	3.97	47.86	2.11	0.37	44.40	4.27	3.44	1.33	17.60	0.90	3.89	85.79	32.67	2.55	9.49	3.97
17	2.77	10.17	2.37	36.11	11.78	4.05	18.02	2.39	0.41	31.40	2.77	1.82	4.96	64.90	1.55	1.16	16.18	21.02	-0.15	-0.95	4.05
20	4.71	5.56	1.39	20.80	9.79	3.71	89.01	2.22	0.34	23.44	4.71	2.71	1.88	18.41	1.15	3.43	58.01	27.58	1.72	4.98	3.71
21	1.86	10.38	1.59	18.53	11.17	5.99	33.64	2.26	0.58	31.51	1.86	3.85	2.42	27.20	1.13	1.88	29.91	32.67	0.79	-0.09	5.99
22	5.71	6.14	1.15	19.77	11.56	5.10	64.10	2.37	0.37	28.32	5.71	4.44	1.32	19.16	0.68	1.81	56.69	28.86	1.63	2.14	5.10
23	3.06	6.22	1.47	25.54	8.69	3.90	60.79	2.07	0.43	23.87	3.06	2.70	2.09	31.79	1.24	3.30	49.53	27.58	1.20	2.05	3.90

7.2.3 预估模型

7.2.3.1 构建方法

根据最优分布函数构建参数预估模型。由于冠幅的最优分布函数为对数正态分布，其函数参数值主要是代表对数平均数和对数标准差，可根据数据直接计算得出。直径、树高最优分布函数均为 Weibull 分布，闽楠次生林中小径阶林木数量较多，这就决定了其位置参数 a 的变化不大，在以往的研究中，a 一般被定义为最小径阶的下限值。标准地林木的起测胸径为 2cm，故 $a=2$，a 受其他林分特征因子的影响力较小，没有表现出显著相关关系，因此参数预估模型的建立只考虑尺度参数 b 和形状参数 c。

采用方差膨胀因子 VIF 作为多因子变量之间的共线性检验指标，即利用各变量之间存在多重共线性时的方差与不存在多重共线性时的方差比值来进行判断，其公式如下：

$$VIF = \frac{1}{1 - R_j^{\ 2}}$$

式中：$R_j^{\ 2}$——第 j 个自变量对其他自变量采用回归分析得到的判定系数 R^2；

VIF 值处于 $1 \sim \infty$的范围内。

VIF 越大，说明建立模型的自变量 i 与其余参与建模的自变量存在共线性的概率就越大。据经验判断方法表明：当 $0 < VIF < 10$ 时，则不存在多重共线性；当 $10 \leq VIF < 100$ 时，则表明自变量之间共线性较强；当 $VIF \geq 100$，存在严重多重共线性。选取平均树高 $\overline{H}$ 、平均胸径 $\overline{D}$ 、公顷株数 N、平均冠幅 $C\overline{W}$ 、峰度 ST 和偏度 SK 等因子构建参数预估模型，采用逐步回归分析法对参数的各个自变量进行共线性 VIF 诊断，筛选出 $VIF < 10$ 的因子，最终得出参数的预估模型。

7.2.3.2 直径预估模型

直径分布参数见表 7-3。b 模型的自变量中，$\overline{D}$ 、SK 和 ST 均通过了 t 值检验，其 R^2 为 0.9966，且 R 值大于 $R_{0.01}$，拟合效果较好，其预估模型为：

$$b =- 0.1588 + 1.1007D - 2.1924SK + 0.2648ST$$

c 模型的自变量中，SK、N 均通过了 t 值检验，其 R^2 为 0.7915，R 值大于 $R_{0.01}$，其预估模型为：

$$c = 1.7438 - 0.1638SK - 0.0002N$$

表 7-3 直径分布参数回归统计量

尺度参数 b					形状参数 c				
自变量	系数	t 值	Sig	R^2	自变量	系数	t 值	Sig	R^2
$\overline{D}$	1.1007	27.4319	0.0000	0.9966	SK	−0.1638	−3.6357	0.0046	0.7915
SK	−2.1924	−3.0347	0.0141		N	−0.0002	−2.9876	0.0136	
ST	0.2648	2.6926	0.0247		常数项	1.7438	14.3032	0.0000	
常数项	−0.1588	−0.1138	0.9119						

将 7 块用于检验分布函数的标准地的相关变量分别代入预估模型中，得到 Weibull 分

布函数的 b 和 c 的估计值，并对 7 块标准地进行曲线拟合，经 χ^2 检验，所有标准地均通过检验，通过率为 100%，见表 7-4。

表 7-4　直径分布函数参数估计值与检验

标准地	估计值		检验结果		标准地	估计值		检验结果	
	b	c	χ^2	$\chi^2_{0.05}$		b	c	χ^2	$\chi^2_{0.05}$
2	8.82	0.95	16.56	81.38	16	9.40	0.97	9.00	49.80
4	5.50	0.84	29.68	92.80	18	20.18	1.35	2.33	30.14
7	7.47	0.91	34.42	100.74	19	10.68	1.02	2.48	44.98
9	9.95	0.99	4.61	61.65					

7.2.3.3　树高预估模型

树高分布参数由表 7-5。尺度参数 b 模型的自变量为平均胸径 $\overline{D}$ 、公顷株数 N ，R^2 为 0.8663，其预估模型为：

$$b = -3.9511 + 0.6294D + 0.0018N$$

c 模型的自变量中，$C\overline{W}$ 、SK 和 ST 均通过了 t 值检验，R^2 为 0.9642，其预估模型为：

$$c = 2.3876 - 0.0452CW - 0.7889SK + 0.0907ST$$

表 7-5　树高分布参数回归统计量

尺度参数 b					形状参数 c				
自变量	系数	t 值	Sig	R^2	自变量	系数	t 值	Sig	R^2
$\overline{D}$	0.6294	5.7943	0.0012	0.8663	$C\overline{W}$	−0.0452	−2.8466	0.0360	0.9642
N	0.0018	2.2444	0.0659		SK	−0.7889	−7.1201	0.0008	
常数项	−3.9511	−1.6148	0.1575		ST	0.0907	4.1350	0.0090	
					常数项	2.3876	20.1656	0.0000	

7 块用于检验分布函数的标准地的相关变量分别代入预估模型中，得到 Weibull 分布函数的 b 和 c 的估计值，并对其拟合，经 χ^2 检验，所有标准地均通过检验，通过率为 100%，见表 7-6。

表 7-6　树高分布函数参数估计值与检验

标准地	估计值		检验结果		标准地	估计值		检验结果	
	b	c	χ^2	$\chi^2_{0.05}$		b	c	χ^2	$\chi^2_{0.05}$
2	5.96	2.11	58.48	62.83	16	6.52	0.81	25.95	36.41
4	4.46	1.57	42.70	77.93	18	12.54	3.75	4.00	24.99
7	5.90	1.72	60.08	70.99	19	7.62	1.82	3.57	42.55
9	6.04	2.06	14.88	50.99					

7.3 闽楠种群年龄结构特征

7.3.1 研究方法

从23块标准地中选取立地条件相似的18块标准地，用于分析闽楠种群的年龄结构。

(1)种群大小级划分

同一树种龄级和径级对相同环境反应规律具有一致性，采用时间代替空间的方法确定闽楠的年龄结构，即用胸径大小作为度量闽楠年龄大小级的指标。将胸径2cm以下个体按树高分为2级：第1级 $H<1$m，第2级 $H\geqslant1$m；胸径大于2cm的个体按胸径大小分级，即第3级为2cm$\leqslant D<$5cm，其后以5cm为步长，共有16个径级。根据闽楠个体大小分布将种群划分为6个年龄段，分别为：幼苗(1~2级)、幼树(3级)、小树(4级)、中树(5~6级)、大树(7~10级)、老树(11~16级)。

(2)静态生命表的编制

静态生命表是在特定的时间点上观察种群内各个年龄组上的存活状况，计算公式如下：

$$l_x = a_x / a_0 \times 1000$$

$$d_x = l_x - l_{x+1}$$

$$q_x = (d_x / l_x) \times 100\%$$

$$L_x = (l_x + l_{x+1}) / 2$$

$$T_x = L_x + L_{x+1} + L_{x+2} + \cdots + L_{x+n}$$

$$e_x = T_x / l_x$$

式中：x——单位时间内该年龄等级的中值；

a_x——在 x 龄级种群目前存活的个体数；

l_x——在 x 龄级开始时标准化的存活个体数(一般转换为1000)；

d_x——从第 x 龄级到 $x+1$ 龄级中间间隔期内标准化死亡数；

q_x——从 x 龄级到 $x+1$ 龄级间隔期内死亡率；

L_x——从 x 龄级到 $x+1$ 龄级间隔期内还存活的个体数；

T_x——从 x 龄级到超过 x 龄级的个体总数；

e_x——进入 x 龄级个体的生命期望值。

(3)种群数量动态分析

以径级为横坐标，标准化的存活个体数的自然对数为纵坐标，绘制种群的存活曲线。采用指数方程 $N_x = N_0 e^{-bx}$ 描述Deevey-Ⅱ型存活曲线，幂函数 $N_x = N_0 x^{-b}$ 描述Deevey-Ⅲ型存活曲线。

采用种群结构动态量化分析方法推导闽楠种群年龄结构的动态指数，对种群动态(V)进行定量描述，V_n、V_{pi}、V'_{pi}取正、负、零值的意义分别反映种群或相邻年龄级个体数量的增长、衰退、稳定的动态关系，种群龄级间动态指数 V_n 为：

$$V_n = \frac{S_n - S_{n+1}}{\max(S_n, S_{n+1})} \times 100\%$$

$$V_{pi}=\frac{1}{\sum_{n=1}^{k-1}S_n}\sum_{n=1}^{k-1}(S_nV_n)$$

式中：V_n——种群从 n 龄级到 n+1 龄级的个体数量变化动态；

V_{pi}——种群结构的动态变化指数；

S_n与 S_{n+1}——第 n 与第 n+1 龄级的个体数；

max——取极大值；

min——取极小值；

$V_n\in[-1, 1]$；

k 为种群年龄级数量。此值越大，说明种群的增长趋势越大。V_{pi}仅适用于没有外部环境的干扰时种群结构动态比较，当考虑未来外部干扰时，种群年龄结构动态 V'_{pi}还与龄级数量(k)及各龄级个体数(S_n)有关，将 V_{pi}修正为：

$$V'_{pi}=\frac{\sum_{n=1}^{k-1}(S_nV_n)}{\min(S_1, S_2, S_3, \cdots, S_k)k\sum_{n=1}^{k-1}S_n}$$

$$P_{\max}=\frac{1}{k\min(S_1, S_2, S_3, \cdots S_k)}$$

式中：V'_{pi}越大，说明种群抗干扰能力越大，种群稳定性越好，P 是种群承担外界随机干扰的风险概率，当 P 值最大时对种群动态 V_{pi}会造成最大的影响。

7.3.2 种群大小级结构

标准地总面积为 0.78hm^2，闽楠共计 1755 株，最大胸径 69.6cm。由图 7-3(A)可知，株数按径级的分布总体呈倒“J”型，主要集中在 1~2 径级，占整个种群的 57.93%，但第 3 径级个体数量急剧减少，第 2 径级向第 3 径级过渡中死亡率达 54.59%。从图 7-3(B)可知，幼苗、幼树、小树、中树、大树和老树的株数分别为 763、173、170、125、65 和 21 株，占总数的比例分别为 57.93%、13.14%、12.91%、9.49%、4.96%和 1.59%。可见，种群从幼苗到幼树阶段，对环境的适应能力有较大幅度的下降，此后整个种群结构较为稳定，呈现出较典型的异龄林结构特征。

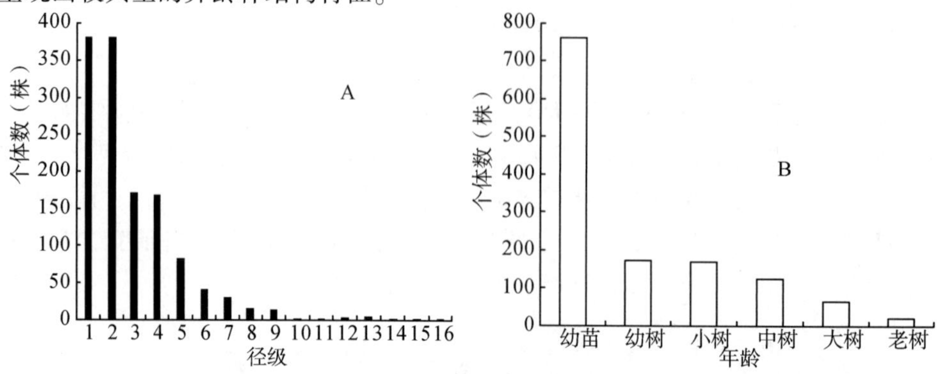

图 7-3　种群的径级和年龄结构

7.3.3 种群静态生命表

种群静态生命表见表7-7。种群不同径级个体存活数(l_x)差别较大，总体表现为个体数随径级的增大而减少。种群有3个死亡高峰期，分别为第2径级($D<2$cm且$H>1$m)、第4径级(5cm$\leq D<$10cm)和第15径级(60cm$\leq D<$65cm)，其死亡率均超过了50%。e_x在第4~8径级总体呈增大趋势，到第8径级时$e_x=4.50$达到峰值，表明径级为25~30cm的闽楠生长最旺盛；其后随着径级的增加e_x逐渐减小，种群生存能力逐渐减弱。

表7-7 闽楠天然种群静态生命表

径级(x)	范围	存活数(A_x)	修正后存活数(a_x)	标准化存活个体数(l_x)	死亡数(d_x)	死亡率(q_x)	平均存活数(L_x)	总个体数(T_x)	生命期望值(e_x)
1	$D<2$，$H\leq1$	382	382	1000.00	2.62	0.00	998.69	3013.09	3.01
2	$D<2$，$H>1$	381	381	997.38	544.50	0.55	725.13	2014.40	2.02
3	$2\leq D<5$	173	173	452.88	7.85	0.02	448.95	1289.27	2.85
4	$5\leq D<10$	170	170	445.03	227.75	0.51	331.15	840.31	1.89
5	$10\leq D<15$	83	83	217.28	107.33	0.49	163.61	509.16	2.34
6	$15\leq D<20$	42	42	109.95	28.80	0.26	95.55	345.55	3.14
7	$20\leq D<25$	31	31	81.15	39.27	0.48	61.52	250.00	3.08
8	$25\leq D<30$	16	16	41.88	2.62	0.06	40.58	188.48	4.50
9	$30\leq D<35$	15	15	39.27	5.24	0.13	36.65	147.91	3.77
10	$35\leq D<40$	3	13	34.03	5.24	0.15	31.41	111.26	3.27
11	$40\leq D<45$	2	11	28.80	5.24	0.18	26.18	79.84	2.77
12	$45\leq D<50$	5	9	23.56	5.24	0.22	20.94	53.66	2.28
13	$50\leq D<55$	6	7	18.32	5.24	0.29	15.71	32.72	1.79
14	$55\leq D<60$	3	5	13.09	5.24	0.40	10.47	17.02	1.30
15	$60\leq D<65$	2	3	7.85	5.24	0.67	5.24	6.54	0.83
16	$D\geq65$	3	1	2.62	—	—	1.31	1.31	0.50

注：H为树高(m)，D为胸径(cm)。

7.3.4 种群数量动态分析

图7-4为闽楠种群的存活曲线，种群存活率随径级的增大逐渐减小，存活曲线早期斜率较大，表明闽楠幼苗幼树对环境的自然选择强度较大。种群存活曲线介于Deevey-Ⅱ型和Deevey-Ⅲ型之间，经拟合得到的指数方程模型的R^2和F值均大于幂函数模型相应值，闽楠种群存活曲线为Deevey-Ⅱ型。

种群动态指数(表7-8)呈较大波动，说明种群处于关键和敏感时期。其中，V_{11}、V_{12}、

V_{15}均小于 0，表明 11~12、12~13、15~16 径级之间种群呈衰退的结构动态；$V_{pi}>0$ 表明种群总体呈现增长趋势；$V'_{pi}=0.0098$ 趋近于 0，且种群结构对随机干扰的敏感指数即随机干扰风险的极大值 $P_{max}=0.0006$，说明种群在受到外界环境干扰时，仍表现为增长型，但其增长性较低，趋于稳定型，对外界干扰敏感度较高。

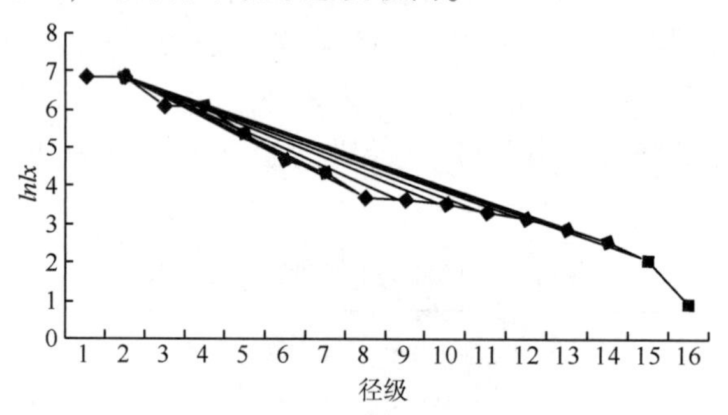

图 7-4　闽楠种群存活曲线

表 7-8　闽楠天然种群动态变化指数

径级	动态指数级	动态指数 V_n(%)	径级	动态指数级	动态指数 V_n(%)
1~2	V_1	0.09	10~11	V_{10}	20.00
2~3	V_2	17.98	11~12	V_{11}	-42.86
3~4	V_3	0.56	12~13	V_{12}	-14.29
4~5	V_4	44.39	13~14	V_{13}	75.00
5~6	V_5	34.17	14~15	V_{14}	50.00
6~7	V_6	16.67	15~16	V_{15}	-50.00
7~8	V_7	30.00	种群动态指数 V_{pi}		15.72
8~9	V_8	3.85	随机干扰敏感指标 V'_{pi}		0.98
9~10	V_9	80.00	随机干扰风险概率 P_{max}		0.06

7.4　闽楠次生林空间结构特征

7.4.1　研究方法

以吉安市安福县明月山林场山庄分场 12 块闽楠次生林固定标准地为研究对象，对胸径≥5cm 的树木的空间结构进行分析。

(1)林分空间结构参数的计算

为了消除处于林分边缘树木系统的影响，设置 3m 的缓冲区，采用 $n=4$ 时构成的空间结构单元分析林分空间结构。

混交度(M_i)：

$$M_i=\frac{1}{n}\sum_{j=1}^{n}v_{ij}$$

式中：n 为参照树 i 的最近相邻木株数（下同），当参照树 i 与第 j 株相邻木非同种时，$v_{ij}=1$，否则 $v_{ij}=0$。M_i 的取值有 5 种：0、0.25、0.5、0.75、1，分表代表零度、弱度、中度、强度和极强度混交。

大小比数（U_i）：

$$U_i = \frac{1}{n}\sum_{j=1}^{n} k_{ij}$$

式中：当相邻木 j 小于参照树 i 时，$k_{ij}=0$；否则，$k_{ij}=1$。U_i 的取值有 5 种：0、0.25、0.5、0.75、1，分表代表优势、亚优势、中庸、劣态和绝对劣态。“大小”用胸径描述。

角尺度（W_i）：

$$W_i = \frac{1}{n}\sum_{j=1}^{n} z_{ij}$$

式中：当第 j 个 α 角小于标准角 α_0（72°）时，$z_{ij}=1$，否则 $z_{ij}=0$。W_i 的取值有 5 种：0、0.25、0.5、0.75、1，当角尺度在[0.475，0.517]范围内为随机分布，小于 0.475 时为均匀分布，大于 0.517 时为集聚分布。

（2）林分空间结构评价

以混交度、大小比数和角尺度综合计算其林分空间结构评价指数，用于评价林分空间结构合理的程度，其计算公式如下：

$$L(g) = \frac{\dfrac{1+M(g)}{\sigma_W}}{[1+U(g)]\times\sigma_U\times[1+W(g)]\times\sigma_W}$$

式中：M、U 和 W——单木混交度、大小比数和角尺度；

σ_M、σ_U 和 σ_W——混交度、大小比数和角尺度的标准差。

为便于林分空间结构评价指数值进行分析比较，采用归一化处理式将其值进行等量变换到[0，1]区域内：

$$x_i^n = \frac{x_i - x_{\min}}{x_{\max} - x_{\min}}$$

式中：x_i、x_i^n——林分空间结构评价指数归一前后的值；

$x_{\min}$、$x_{\max}$——样本数据中的最小值和最大值。

采用定性和定量相结合的方法，将林分空间结构评价指数值划分为 5 个评价等级，见表 7-9。

表 7-9　林分空间结构评价等级划分及其空间结构特征

评价等级	评价指数值	林分空间结构特征描述
Ⅰ	≤0.20	大部分林分空间结构参数与其理想的取值标准相差较大，树种的混交程度低，属于弱度混交或中度混交，林木大小分化明显，林木分布格局为非随机分布
Ⅱ	0.20~0.40	少部分林分空间结构参数满足或与其理想的取值标准接近，树种的混交程度较低，属于中度混交或强度混交，林木大小分化较明显，林木分布格局为非随机分布

（续）

评价等级	评价指数值	林分空间结构特征描述
Ⅲ	0.40~0.60	半数左右的林分空间结构参数满足或与其理想的取值标准接近，树种的混交程度良好，属于强度混交，林木大小分化较明显，林木分布格局为接近随机分布
Ⅳ	0.60~0.80	大部分林分空间结构参数满足或与其理想的取值标准接近，树种的混交程度较高，为强度混交或极强度混交，林木大小分化不明显，林木分布格局为接近随机分布
Ⅴ	≥0.80	林分空间结构参数基本满足其理想的取值标准，树种的混交程度高，为强度混交或极强度混交，林木大小分化不明显，林木分布格局为随机分布

7.4.2 林分空间结构分析

7.4.2.1 混交度

林分混交度及其分布频率见表 7-10。10 号标准地林分混交度最大，为极强度混交，6 号标准地最小，为弱度混交。平均混交度介于 0.143~0.870 之间，取值范围相对较大，其均值为 0.525，属于强度混交。这表明闽楠次生林中同一树种聚集在一起的情况相对较少，整体水平树种混交程度良好。

表 7-10 林分混交度及分布频率

标准地	混交度分布频率					平均混交度
	0.00	(0, 0.25]	(0.25, 0.5]	(0.5, 0.75]	(0.75, 1]	
1	50.00	29.41	5.88	0.00	14.71	0.250
2	0.00	35.29	23.53	17.65	23.53	0.574
3	7.41	18.52	37.04	25.93	11.11	0.537
4	11.54	7.69	19.23	11.54	50.00	0.702
5	0.00	21.43	14.29	10.71	53.57	0.741
6	71.43	19.05	0.00	0.00	9.52	0.143
7	0.00	18.42	15.79	44.74	21.05	0.671
8	9.52	19.05	4.76	33.33	33.33	0.655
9	7.14	42.86	14.29	21.43	14.29	0.482
10	0.00	0.00	0.00	51.85	48.15	0.870
11	17.14	57.14	5.71	0.00	20.00	0.371
12	43.40	22.64	15.09	5.66	13.21	0.307

7.4.2.2 大小比数

林分胸径大小比数及其分布频率见表 7-11。6 号标准地的平均大小比数值最小，9 号标准地的平均大小比数值最大。平均大小比数介于 0.452~0.554 之间，取值范围波动不大，其均值为 0.506，属于中庸向劣态过渡状态。说明闽楠次生林整体水平树种的空间大小分化存在很大的差异，部分树种可能受相邻树种的压迫和影响，生长状况不佳。

表 7-11　林分大小比数及其分布频率

标准地	大小比数分布频率					平均大小比数
	0.00	0.25	0.5	0.75	1	
1	17.65	26.47	23.53	17.65	14.71	0.463
2	11.76	29.41	5.88	41.18	11.76	0.529
3	18.52	22.22	11.11	22.22	25.93	0.537
4	21.43	17.86	25.00	10.71	25.00	0.500
5	15.38	23.08	19.23	30.77	11.54	0.500
6	33.33	14.29	14.29	14.29	23.81	0.452
7	18.42	21.05	18.42	21.05	21.05	0.513
8	19.05	14.29	23.81	23.81	19.05	0.524
9	14.29	28.57	7.14	21.43	28.57	0.554
10	25.93	14.81	29.63	11.11	18.52	0.454
11	14.29	17.14	31.43	14.29	22.86	0.536
12	15.09	24.53	22.64	18.87	18.87	0.505

7.4.2.3　角尺度

林分角尺度其分布频率见表 7-12。11 号标准地的平均角尺度值最大，1 号标准地的平均角尺度值最小。平均角尺度介于 0.441～0.607 之间，取值范围波动不大，其均值为 0.518，属于聚集分布。

表 7-12　林分角尺度及其分布频率

标准地	角尺度分布频率					平均角尺度
	0.00	(0, 0.25]	(0.25, 0.5]	(0.5, 0.75]	(0.75, 1]	
1	0.00	32.35	58.82	8.82	0.00	0.441
2	0.00	23.53	29.41	41.18	5.88	0.574
3	0.00	25.93	62.96	3.70	7.41	0.482
4	0.00	17.86	64.29	17.86	0.00	0.500
5	0.00	11.54	76.92	7.69	3.85	0.510
6	0.00	14.29	80.95	4.76	0.00	0.470
7	0.00	18.42	57.89	13.16	10.53	0.540
8	0.00	28.57	47.62	14.29	9.52	0.512
9	0.00	28.57	57.14	0.00	14.29	0.500
10	0.00	14.81	55.56	22.22	7.41	0.556
11	0.00	8.57	54.29	22.86	14.29	0.607
12	0.00	18.87	62.26	13.21	5.66	0.520
平均	0.00	20.28	59.01	14.15	6.57	0.518

7.4.3 林分空间结构评价

林分空间结构评价指数和评价等级见图 7-5。12 块标准地的空间结构评价指数的值在 0.08~0.89，评价等级分属 5 个等级。其中，属于Ⅰ级的标准地分别为 1、6、11 和 12 号，林分树种的混交程度低，林木大小分化明显，林木分布格局为非随机分布；属于Ⅱ级的标准地分别为 2、3、和 9 号，占标准地总数的 25.0%，其林分树种的混交程度较低，林木大小分化较明显，林木分布格局为非随机分布；属于Ⅲ级的标准地分别为 4、7 和 8 号，其林分树种的混交程度良好，林木大小分化较明显，林木分布格局接近随机分布；属于Ⅳ级的标准地为 10 号，其林分树种的混交程度较高，林木大小分化不明显，林木分布格局接近随机分布；属于Ⅴ级的标准地为 5 号，树种的混交程度高，林木大小分化不明显，林木分布格局为随机分布。一般认为树种混交程度高，林木大小分化不明显，林木分布格局属于随机分布，其林分空间结构为理想状态。12 块标准地中属于Ⅰ级和Ⅱ级的标准地占了总标准地数的 58.3%，说明闽楠次生林离理想的空间结构差距较大，而 5 号标准地达到最高评价等级，表明其林分空间结构较为理想。

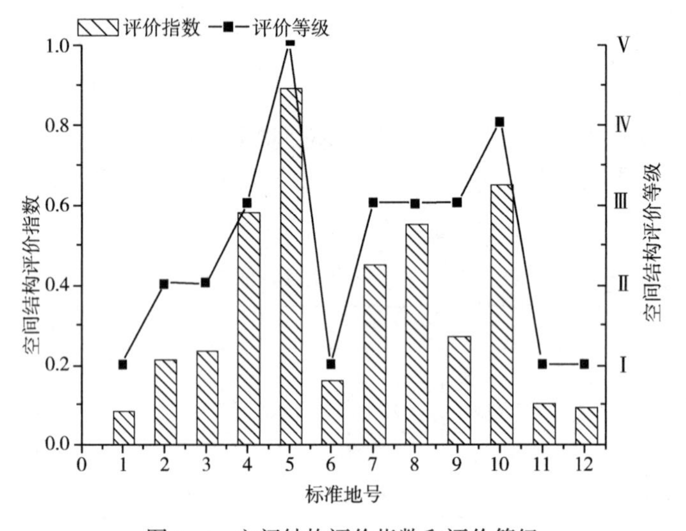

图 7-5 空间结构评价指数和评价等级

7.4.4 林分空间结构优化

林分空间结构优化的目的是使经营对象处于竞争优势地位，混交度得以提高，林分整体的格局趋于随机分布，这样才能使森林达到稳定健康的状态。如上分析得出 5 号标准地的林分空间结构较为理想，而在这较理想的林分空间结构中，进一步分析其目的树种闽楠的空间结构，可为闽楠恢复空间结构的优化提供依据。5 号标准地闽楠林木空间结构情况如图 7-6，其林木个体的混交程度主要以零度、弱度和中度混交为主，个体分布频率分别为 0.33，0.22 和 0.22，其林木平均混交度为 0.361，属于中度混交，说明闽楠的混交程度并未达到理想的状态；林木个体的大小比数主要以亚优势和劣态为主，个体分布频率分别为 0.66 和0.22，林木平均大小比数为 0.389，属于亚优势向中庸过渡状态，表明闽楠的胸径差异不明显，林木分化程度不严重，是较为理想的状态；林木个体的角尺度主要以随机为主，分布频率最高时角尺度为 0.50，且林木平均角尺度为 0.50，属于随机分布，也就是说闽楠的水平分布格局是较为理想的状态。整体而言，5 号标准地闽楠树种混交程度一般，林木大小分化不明显，处于较为优势的地位，呈随机分布格局。

虽然 5 号标准地目的树种闽楠属于中度混交，但整个标准地处于强度混交，说明闽楠的混交程度并未代表整个标准地的混交程度，其目的树种的混交度还有待提高；而整个标准地的林木分化程度处于中庸状态，闽楠则处于亚优势向中庸过渡状态，表明整个标准地闽楠的优势度较为明显；在分布格局上，闽楠及整个标准地林木均属于随机分布，林木的水平分布格局为较理想的状态。可以看出，5 号标准地整个林分林木混交程度高，林木大小分化不明显，分布格局为随机分布，且目的树种闽楠为主要优势树种，在林木竞争上占有优势地位，是较为理想的林分空间结构模式。

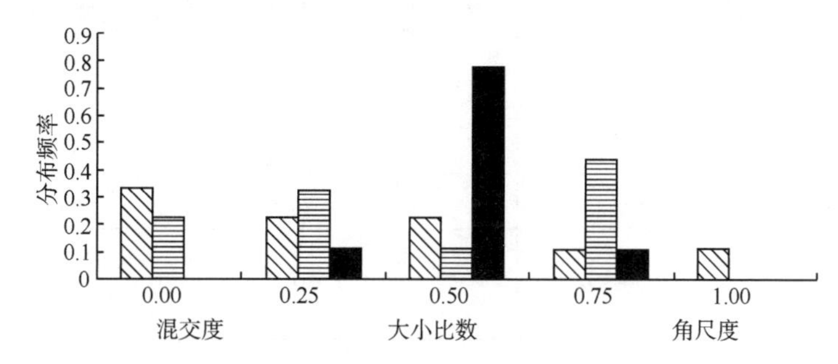

图 7-6　5 号标准地闽楠的混交度、大小比数及角尺度

7.5　闽楠次生林树种间联结性

7.5.1　研究方法

数据来源同“7.4 闽楠次生林空间结构特征”采用的 12 块标准地。

(1)主要树种筛选

12 块标准地共有乔木树种达 37 种，但不少树种的株数较少，由于株数太少的树种在空间分布上存在较大的偶然性，故首先采用重要性对种间联结分析的树种进行筛选，剔除重要值低的树种。重要值计算公式：

重要值=(相对多度+相对频度+相对优势度)/3

式中：相对多度=(某种的个体数之和/所有种的个体数总和) × 100%；

相对频度 =(某种的频度/所有种的频度总和) × 100%；

相对优势度=(某种的胸高断面积之和/所有种的胸高断面积总和) × 100%。

通过各树种的重要值大小，选取重要值大于 0.5 的前 15 个主要树种(表 7-13)进行种间联结性分析。

表 7-13　乔木层主要树种重要值

序号	树种	相对多度(%)	相对频度(%)	相对优势度(%)	重要值(%)
1	闽楠	35.25	28.40	29.27	30.97
2	毛竹	23.16	18.48	14.98	18.87
3	丝栗栲	9.12	13.19	13.23	11.85
4	拟赤杨	8.19	12.57	10.45	10.40
5	刨花楠	7.45	8.51	7.15	7.70
6	杉木	3.46	4.54	4.78	4.26
7	千年桐	1.89	2.35	3.70	2.65
8	茅栗	1.79	2.15	2.28	2.07
9	檫木	1.67	1.32	3.21	2.07
10	木荷	1.88	1.57	1.04	1.50
11	青冈	1.01	0.41	1.38	0.93
12	绒毛润楠	1.53	0.45	0.71	0.89
13	大叶青冈	0.49	0.71	0.87	0.69
14	杜英	0.49	0.51	0.84	0.61
15	山乌柏	0.74	0.35	0.43	0.51

(2)多物种总体关联性检验

采用方差比率(VR)法进行测定。计算公式如下：

总样方方差：

$$\sigma_T^2 = \sum_{i=1}^{s} P_i(1 - P_i)$$

总种数方差：

$$S_T^2 = \frac{1}{N}\sum_{j=1}^{N}(T_j - t)^2$$

方差比率：

$$VR = \frac{S_T^2}{\sigma_T^2}$$

式中：S——总的物种数；

$P_i = \frac{n_i}{N}$，N 为样方的总数，n_i 为物种 i 在全部样方中出现的频率；

t——各样方中物种数的平均值；

T_j——在样方 j 内出现的物种总数。

所有种间无关联的零假设时值 $VR=1$，而 $VR>1$ 时表示物种间为正关联，$VR<1$ 时表示物种间为负关联。并采用统计量 W 来检验 VR 值偏离 1 的显著程度。

$$W = VR \times N$$

若物种间不显著相关联，则 W 值落入由 χ^2 分布给出的界限内的概率有 90%，即 $\chi^2_{0.95}(N) < W < \chi^2_{0.05}(N)$，若 $W < \chi^2_{0.95}(N)$ 或 $W > \chi^2_{0.05}(N)$，则物种间总体关联显著。

(3)成对物种间关联性检验

根据调查数据，列出物种在样方中出现(1)或不出现(0)的矩阵表格，并以此为基础，列出各种对间的列联表(表 7-14)，然后计算出相应的 a、b、c、d 的值。

表 7-14　2×2 联列表

物　种		种 B		统计值
		出现(1)	不出现(0)	
种 A	出现(1)	a	b	$a+b$
	不出现(0)	c	d	$c+d$
	统计值	$a+c$	$b+d$	$a+b+c+d$

根据 2×2 列联表的 χ^2 统计量测定成对物种间的关联性。但其理论分布的分布曲线是连续性数据，而取样为非连续性取样，故采用 Yates 的连续性校正公式计算：

$$\chi^2_t = \frac{N(|ad-bc| - N/2)^2}{(a+b)(a+c)(b+d)(c+d)}$$

若 $ad > bc$，则表示种对间具有正关联，反之则表示种对间具有负关联；$\chi^2_{0.05}(1)=3.841$，$\chi^2_{0.01}(1)=6.635$，故：当 $\chi^2_t<3.841$ 时表示种对间无关联的零假设；当 $3.841<\chi^2_t<6.635$ 时表示种对间关联性显著；当 $\chi^2_t>6.635$ 时表示种对间关联性极显著。

(4)物种间相关分析

利用每个物种重要值作为 Spearman 秩相关分析的定量数据。计算公式如下：

$$r(i,\ k) = 1 - \frac{6\sum_{k=1}^{N} d_j^2}{N^3 - N}$$

式中：$r(i,\ k)$ ——种 i 与种 k 之间的相关系数；

$d_j = (x_{ij} - x_{kj})$，x_{ij} 和 x_{kj} ——物种 i 和物种 k 在样方 j 中的秩；

N 为样方数。

(5)闽楠生长期的划分

目的树种闽楠的生长周期较长，在不同生长期与其他树种的种间关系可能会发生变化。结合闽楠的自身生长特性及相关的研究，将闽楠划分为 3 个不同生长期，即大树(20cm≤DBH)、中树(10cm≤DBH<20cm)、小树(5cm≤DBH<10cm)。

7.5.2　树种间的总体关联性

闽楠次生林 15 个主要树种的总体关联性检验结果见表 7-15。总体种间关系为正关联($VR=1.08>1$)。由于 VR 值没有显著偏离 1[$\chi^2_{0.95}(52) < W < \chi^2_{0.05}(52)$]，表明 15 个物种

总体上正关联不显著，总体趋于随机性。

表 7-15　主要树种的总体关联性

方差比率(*VR*)	检验统计量(*W*)	χ^2 临界值			总体连接性
		$\chi^2_{0.95}(N)$	$\chi^2_{0.95}(N)$	$\chi^2_{0.05}(N)$	
1.08	56.16	36.44	69.83	不显著	不显著

7.5.3　树种种对间的关联性

χ^2 统计结果如图 7-7 所示。15 个树种形成的 105 个种对中，正关联、负关联、无关联的种对数分别为 45 对、56 对、4 对，分别占总对数的 42.86%、53.33%、3.81%，正负关联之比约为 0.80。15 个种群间检验显著率为 6.67%，表明绝大多数种对的种间关联性未达到显著程度，且正关联物种对数小于负关联物种对数，种间联结较为松散，这与总体关联性的检验结果一致，表明闽楠次生林大部分树种间为中性呈独立的分布格局。

图 7-8 为 Spearman 秩相关分析结果。正关联、负关联、无关联的种对数分别为 49 对、54 对、2 对，分别占总对数的 46.67%、51.43%、1.90%，正负关联之比约为 0.91。检验显著率为 9.52%，大部分种对的种间关联性并未达到显著程度，种间联结较为松散，与总体关联性的检验结果一致。Spearman 秩相关分析结果与 χ^2 统计结果较为一致。Spearman 秩相关分析显著率比 χ^2 统计结果高 2.85%，说明秩相关分析比 χ^2 统计的灵敏度高，故以 Spearman 秩相关系数检验结果为主，对不同生长期闽楠与其他乔木层树种间关联性只进行 Spearman 秩相关分析。

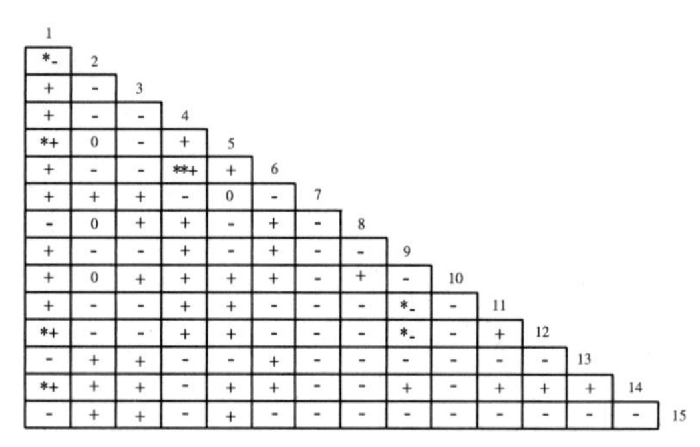

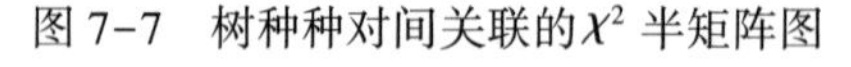

图 7-7　树种种对间关联的 χ^2 半矩阵图

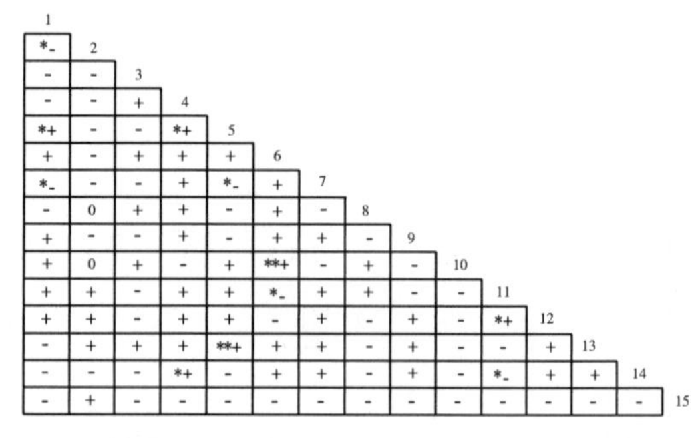

图 7-8　树种种对间关联的 Spearman 秩相关分析半矩阵图

注：＊＊+为极显著正关联；＊+为显著正关联；+为正关联；＊＊-为极显著负关联；＊-为显著负关联；-为负关联；0 为无关联。种名序号见表 7-13。

7.5.4　闽楠与其他乔木层树种种对间的关联性

7.5.4.1　闽楠大树与其他乔木层树种种对间的关联性

Spearman 秩相关分析结果如图 7-9a 所示。正关联、负关联、无关联的种对数分

别为 48 对、56 对、1 对，分别占总对数的 45.71%、53.33%、0.95%，正负关联之比约为 0.86。其中，闽楠大树与刨花楠显著正关联，与毛竹、千年桐均显著负关联。检验显著率为 11.43%，表明大部分种对的种间关联性并未达到显著程度，种间联结较为松散。

7.5.4.2　闽楠中树与其他乔木层树种种对间的关联性

Spearman 秩相关分析结果如图 7-9b。正关联、负关联、无关联的种对数分别为 44 对、58 对、3 对，分别占总对数的 41.90%、55.24%、2.86%，正负关联之比约为0.76。其中，闽楠中树与绒毛润楠显著正关联，与千年桐极显著负关联，与毛竹显著负关联。检验显著率为 8.57%，同样大部分种对的种间关联性并未达到显著程度，种间联结较为松散。

7.5.4.3　闽楠小树与其他乔木层树种种对间的关联性

Spearman 秩相关分析结果如图 7-9c 所示。正关联、负关联、无关联的种对数分别为 41 对、59 对、5 对，分别占总对数的 39.05%、56.19%、4.76%，正负关联之比约为 0.69。其中，闽楠小树与千年桐、拟赤杨均显著负关联。检验显著率为 5.71%，也表明大部分种对的种间关联性并未达到显著程度，种间联结较为松散。

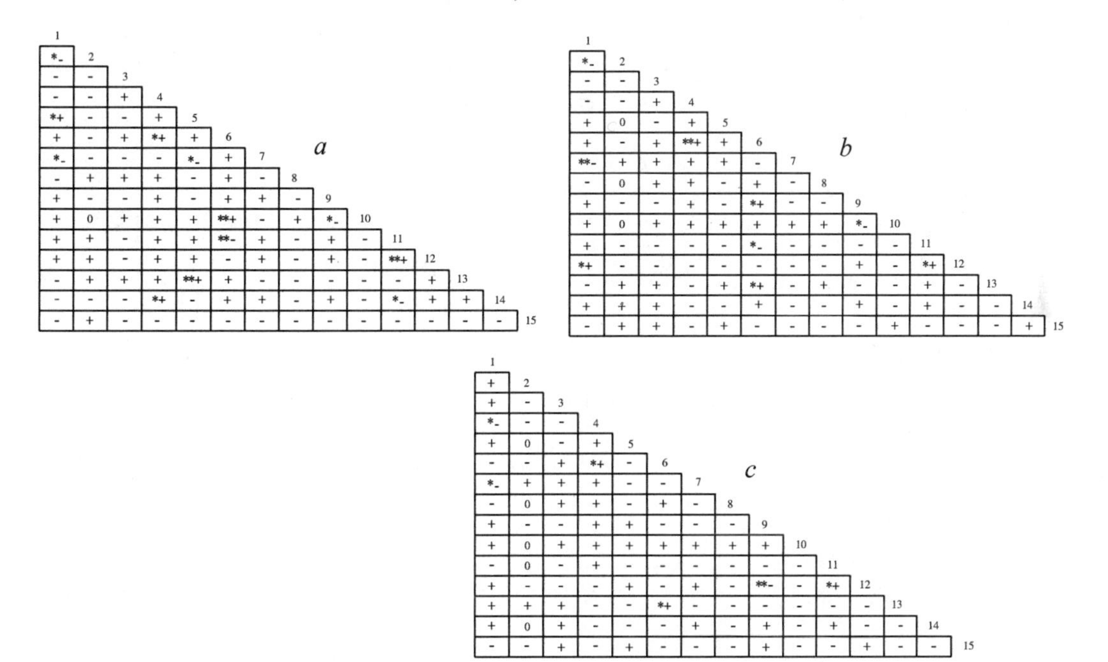

图 7-9　闽楠不同生长期与其他乔木层树种种对间的 Spearman 秩相关分析半矩阵图

7.6　闽楠群落乔木层主要种群生态位特征

生态位不仅显示了不同物种在生态系统中占据的空间、地位，还可了解它们的生态功能，对分析群落功能与结构的耦合关系、种内与种间关系、群落动态演替等发挥着重要意义。在本研究中将标准地作为资源状态，重要值作为指标，定量计算乔木层主要种群的生态位宽度、重叠值和相似比。

7.6.1 生态位分析方法

7.6.1.1 重要值计算方法

重要值是综合度量植物在森林群落中的生态位特征，可以表现种群在群落中所处的地位和作用，植物的重要值越大其地位越高。目前应用比较多的计算公式是 Curtis 等人修改的指数，他综合了相对密度、频度和优势度这 3 个指标。计算方法如下：

乔木重要值=(相对密度+相对频度+相对优势度)/3

式中：相对密度为标准地内某一物种的个体数占全部物种个体数的百分比，相对频度为标准地内某一物种出现的频率占全部物种出现频率的百分比，相对优势度为标准地内乔木层中某一树种胸高断面积之和占所有乔木胸高断面积之和的百分比。

7.6.1.2 生态位宽度

生态位宽度表示的是物种对资源的利用程度，本研究利用 Levins 和 Hurlbert 的公式来进行计算。

(1) Levins 生态位宽度

该式计算方式比较简单，而且生物学的意义非常明确，计算出的结果可以较为准确地表示各个种群生态位宽度对比情况，目前使用的较多。

$$B_i = \sum_{j=1}^{r} P_{ij}\log P_{ij}$$

式中：B_i是指物种 i 的生态位宽度；P_{ij}是物种 i 对第 j 个资源的利用占其对全部资源利用的频度，即 $P_{ij}=n_{ij}/N_i$，而 n_{ij}为种 i 在资源 j 上的优势度(即物种的重要值)，r 为资源等级数；方程值域为[0，$logr$]。

(2) Hurlbert 生态位宽度

$$B_a = (B_i - 1)/(r-1)$$

$$B_i = 1/\sum_{j=1}^{r} P_{ij}^2$$

式中：B_a为生态位宽度，P_{ij}值域[0，1]。

7.6.1.3 生态位重叠

Pianka 公式能准确地表示各个种群对资源的利用情况，生态适应的相似性，物种在资源利用上的重叠，它的值小于 1。

$$NO = \sum n_{ij}n_{kj} / \sqrt{\sum n_{ij}^2 \sum n_{kj}^2}$$

式中：NO 为生态位重叠值，n_{ij}和 n_{kj}为种 i 和 k 在资源 j 上的优势度(本文指的是重要值)。

7.6.1.4 生态位相似性比例

生态位相似性比例指的是 2 个物种对资源利用的相似性程度，Schoener 生态位相似性比例计算公式为：

$$C_{ih} = 1 - 1/2\sum_{j=1}^{r} | P_{ij} - P_{hj} |$$

式中：C_{ih}表示物种i与h的相似程度，且$C_{ih}=C_{hi}$，公式的值域为[0, 1]；P_{ij}、P_{hj}分别为i和h在资源位j上的重要值百分率[138]。

7.6.2 结果与分析

7.6.2.1 重要值

重要值是经常用来描述种群在群落中重要性的指标。本研究中将胸径大于等于5cm的树种计入乔木层，根据计算结果，位列前20的树种平均重要值之和占所有树种重要值的95.77%，因此本研究主要针对这20个种群的生态位特征进行研究(表7-16)，经计算所得重要值大小依次为闽楠>拟赤杨>木荷>南方红豆杉>丝栗栲>杉木>刨花楠>青冈>白榆>板栗>枫香>香樟>茅栗>油桐>椤木石楠>石楠>千年桐>桢楠>栲树>绒毛润楠。

重要值>3%的树种有闽楠(51.51%)、拟赤杨(9.52%)、木荷(5.33%)、南方红豆杉(3.50%)、丝栗栲(3.36%)和杉木(3.15%)这6个种群，占所有树种平均重要值的76.37%，是该群落的优势种。其中闽楠的平均重要值相对较大，其优势地位远高于其他种群，可证明闽楠种群在亚热带地区所具有的地带性特征，它是该群落中的优势树种和建群树种，说明它在闽楠天然群落中生态适应和资源利用的能力较强。

表7-16 主要树种的重要值

树种编号	树种	相对密度(%)	相对优势度(%)	相对频度(%)	重要值(%)
1	闽楠 *Phoebe bournei*	59.91	59.33	35.29	51.51
2	拟赤杨 *Alniphyllum fortunei*	10.85	5.93	11.76	9.52
3	木荷 *Schima superba*	6.29	3.34	6.37	5.33
4	南方红豆杉 *Taxus wallichiana*	2.99	2.12	5.39	3.50
5	丝栗栲 *Castanopsis fargesii*	2.36	4.79	2.94	3.36
6	杉木 *Cunninghamia lanceolata*	2.99	1.06	5.39	3.15
7	刨花楠 *Machilus pauhoi kanehira*	2.04	2.42	4.41	2.96
8	青冈 *Cyclobalanopsis glauca*	1.57	2.24	3.43	2.41
9	白榆 *Ulmus pumila*	0.47	3.57	0.98	1.67
10	板栗 *Castanea mollissima*	1.10	0.62	2.45	1.39
11	枫香 *Liquidambar formosana*	0.63	2.43	0.98	1.35
12	香樟 *Cinnamomum camphora*	0.47	1.91	0.98	1.12
13	茅栗 *Castanea seguinii*	1.10	1.00	0.98	1.03
14	油桐 *Vernicia fordii*	0.47	1.06	1.47	1.00
15	椤木石楠 *Photinia davidsoniae*	0.47	0.96	1.47	0.97
16	石楠 *Photinia serrulata*	0.31	1.58	0.98	0.96
17	千年桐 *Aleurites montana*	0.31	1.18	0.98	0.82
18	桢楠 *Phoebe zhennan*	0.63	0.27	1.47	0.79
19	栲树 *Castanopsis fargesii*	0.47	0.12	1.47	0.69
20	绒毛润楠 *Machilus velutina*	0.47	0.27	0.98	0.57

7.6.2.2 生态位宽度分析

生态位宽度用来衡量物种对环境资源的利用情况，它不仅和物种的生态学、进化生物学特征相关，还和物种之间相互适应、相互作用有关。生态位宽度越大或越小，表明树种对环境资源的利用能力越强或越弱。由表 7-17 可知，Levins 和 Hurlbert 的计算结果大体上是一致的。优势种群中，闽楠、拟赤杨、南方红豆杉、木荷、刨花楠等具有较高的生态位宽度值，其 B_i 值和 B_a 值分别为 1.22、0.83、0.81、0.72、0.61 和 0.85、0.31、0.30、0.22、0.16，闽楠的 B_i 值和 B_a 值均排第一，千年桐、栲树、桢楠的生态位宽度值较低，茅栗和白榆的生态位宽度值甚至为 0。

表 7-17　闽楠群落主要种群的生态位宽度

树种编号	树种	B_i	B_a	树种编号	树种	B_i	B_a
1	闽楠	1.22	0.85	11	枫香	0.30	0.06
2	拟赤杨	0.83	0.31	12	香樟	0.29	0.05
3	木荷	0.72	0.22	13	茅栗	0.00	0.00
4	南方红豆杉	0.81	0.30	14	油桐	0.30	0.06
5	丝栗栲	0.28	0.03	15	椤木石楠	0.47	0.11
6	杉木	0.46	0.11	16	石楠	0.27	0.04
7	刨花楠	0.61	0.16	17	千年桐	0.21	0.03
8	青冈	0.54	0.10	18	桢楠	0.25	0.04
9	白榆	0.00	0.00	19	栲树	0.25	0.04
10	板栗	0.30	0.06	20	绒毛润楠	0.30	0.06

上述结果反映了闽楠天然次生林内主要乔木种群的地位及分布均匀程度。闽楠、拟赤杨、南方红豆杉、木荷作为上层树种，同时也是优势种，说明这 4 个树种能充分地利用环境资源。相反，结合表 7-16 可知，茅栗、白榆、千年桐、栲树这 4 个树种的平均重要值在 20 个主要树种之间不算最低，但它们的生态位宽度最窄，表明了它们对环境资源的利用率低，还说明茅栗、白榆、千年桐、栲树在群落中分布范围小且不够均匀。另外，椤木石楠、绒毛润楠重要值低，生态位宽度却不窄，说明这两个种群在天然林内个体数量少，分布范围较广，所以生态位宽度较宽。这同时说明在群落中，生态位宽度与重要值的无明显相关性，重要值大的种群生态位宽度不一定大。

7.6.2.3　生态位重叠分析

生态位重叠是不同种群使用相同资源或占据特定的资源(食物，营养物，空间等)而在生态位上发生重叠，它反映了物种之间的竞争形势，可以表示种群之间利用同一资源产生的竞争，还表示种群所利用的比较相似的生态因子。生态位重叠值越小，树种之间的生态相似性也越低。

20 个主要种群组成了 190 个重叠种对(表 7-18、图 7-10)，*NO*=0 种对有 94 对，占总对数的 49.47%，说明这些种群没有出现在相同的资源位上，维持了闽楠天然次生林的物种多样性，如南方红豆杉-板栗、杉木-白榆、油桐-栲树等种对。*NO*≠0 的种对有 96 个，占总数的 50.53%。其中 0<*NO*<0.6 的有 83 对，占总数 43.68%，说明它们之间生态学特性比较一致，或者对环境要求互补，如闽楠-枫香、拟赤杨-南方红豆杉、丝栗栲-刨花楠等种对。另外，*NO*≥0.6 的有 13 对，占总对数的 6.84%，分别为闽楠-南方红豆杉(0.61)、拟赤杨-板栗(0.72)、丝栗栲-枫香(0.76)、杉木-板栗(0.66)、刨花楠-茅栗(0.64)、刨花楠-石楠(0.72)、刨花楠-绒毛润楠(0.79)、青冈-桢楠(0.97)、青冈-栲树(0.87)、白榆-枫香(0.63)、茅栗-绒毛润楠(0.67)、千年桐-绒毛润楠(0.73)、桢楠-栲树(0.88)，说明以上种对间生态位重叠现象较为明显，而且在生物学特性上可能有较高的相似性，或者对资源的需求等方面也比较一致。

闽楠的伴生树种中生态位宽度值排在前 3 名的南方红豆杉、拟赤杨和木荷与闽楠的 *NO* 值在 0.35~0.61 之间，表明生态位宽度较宽的伴生树种与闽楠之间的重叠值也较高。另外，生态位宽度值较大的树种如木荷、刨花楠等与生态位宽度值较小的树种如香樟、茅栗、石楠之间的生态位重叠值较大，说明它们的生态学特性比较相近或对周围生境的要求相似或互补。

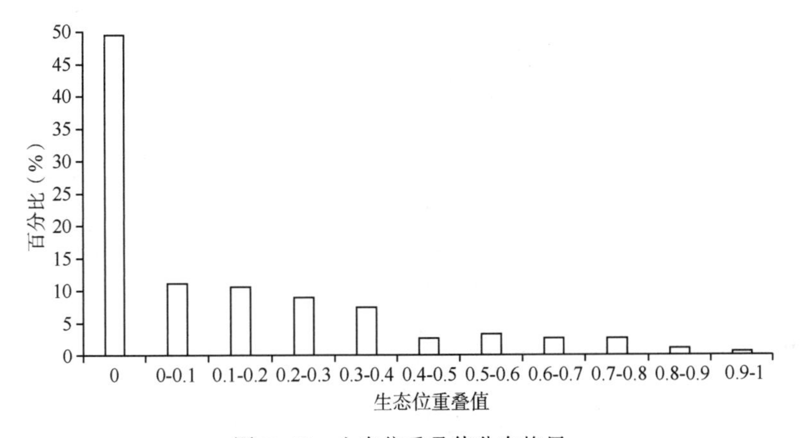

图 7-10 生态位重叠值分布格局

7.6.2.4 生态位相似性比例

生态位相似性表明了树种对资源的需求能力，还与树种本身的生物学特性有关。群落中主要种群生态位相似性比例(C_{ih})的计算结果见表 7-19。其中 C_{ih} 在 0.5 以上的有 8 对，占 2.11%，依次为青冈-桢楠(0.76)、桢楠-栲树(0.73)、刨花楠-绒毛润楠(0.58)、杉木-板栗(0.57)、青冈-栲树(0.56)、丝栗栲-枫香(0.55)、刨花楠-石楠(0.55)、千年桐-绒毛润楠(0.53)；在 0.4~0.5 范围内的有 9 对，占总数 4.74%；在 0.3~0.4 范围内的有 12 对，占总数 6.23%；在 0.2~0.3 的有 13 对，占总数 6.84%；在 0.1~0.2 范围内的有 24 对，占总数 12.63%；在 0~0.1 范围内的有 30 对，占总数 15.79%；相似性为 0 的则有 94 对，占 78.42%，表明群落中主要种群对环境资源的利用状况相差较大。

闽楠与南方红豆杉、木荷、拟赤杨和青冈的相似性比介于 0.29~0.41 之间，说明生态位宽度较宽的树种，它们之间的相似性比例通常较大，这表明闽楠与拟赤杨、南方红豆杉、木荷所生长的环境较类似，彼此间可共享资源，因而更易形成混交林。

表 7-18　闽楠群落主要种群的生态位重叠

树种	闽楠	拟赤杨	木荷	南方红豆杉	丝栗栲	杉木	刨花楠	青冈	白榆	板栗	枫香	香樟	茅栗	油桐	椤木石楠	石楠	千年桐	桢楠	栲树
闽楠	1.00																		
拟赤杨	0.43	1.00																	
木荷	0.38	0.56	1.00																
南方红豆杉	0.61	0.34	0.06	1.00															
丝栗栲	0.13	0.01	0.00	0.01	1.00														
杉木	0.29	0.47	0.29	0.37	0.00	1.00													
刨花楠	0.30	0.18	0.03	0.07	0.32	0.04	1.00												
青冈	0.31	0.03	0.07	0.07	0.15	0.00	0.10	1.00											
白榆	0.20	0.00	0.00	0.28	0.00	0.00	0.00	0.00	1.00										
板栗	0.17	0.72	0.37	0.00	0.00	0.66	0.04	0.00	0.00	1.00									
枫香	0.20	0.00	0.00	0.18	0.76	0.00	0.13	0.12	0.63	0.00	1.00								
香樟	0.23	0.00	0.54	0.15	0.00	0.00	0.00	0.00	0.55	0.00	0.34	1.00							
茅栗	0.07	0.23	0.00	0.12	0.06	0.00	0.64	0.12	0.00	0.00	0.00	0.00	1.00						
油桐	0.34	0.23	0.00	0.59	0.00	0.50	0.00	0.00	0.00	0.00	0.00	0.00	0.00	1.00					
椤木石楠	0.31	0.12	0.15	0.19	0.03	0.00	0.33	0.29	0.48	0.00	0.30	0.26	0.52	0.00	1.00				
石楠	0.28	0.00	0.00	0.00	0.19	0.00	0.72	0.00	0.00	0.00	0.00	0.00	0.00	0.00	0.00	1.00			
千年桐	0.26	0.13	0.04	0.00	0.00	0.08	0.48	0.00	0.00	0.17	0.00	0.00	0.00	0.00	0.00	0.40	1.00		
桢楠	0.27	0.00	0.07	0.00	0.00	0.00	0.00	0.97	0.00	0.00	0.00	0.00	0.00	0.00	0.25	0.00	0.00	1.00	
栲树	0.22	0.19	0.05	0.00	0.00	0.12	0.00	0.87	0.00	0.26	0.00	0.00	0.00	0.00	0.00	0.00	0.08	0.88	1.00

表 7-19 闽楠群落主要种群的生态位相似性比例值

树种	闽楠	拟赤杨	木荷	南方红豆杉	丝栗栲	杉木	刨花楠	青冈	白榆	板栗	枫香	香樟	茅栗	油桐	樱木石楠	石楠	千年桐	桢楠	栲树
拟赤杨	0.32																		
木荷	0.29	0.49																	
南方红豆杉	0.41	0.36	0.10																
丝栗栲	0.09	0.05	0.00	0.05															
杉木	0.12	0.40	0.26	0.21	0.00														
刨花楠	0.18	0.13	0.03	0.05	0.30	0.03													
青冈	0.30	0.09	0.10	0.12	0.14	0.00	0.16												
白榆	0.05	0.00	0.00	0.11	0.00	0.00	0.00	0.00											
板栗	0.06	0.40	0.26	0.00	0.00	0.57	0.03	0.00	0.00										
枫香	0.07	0.00	0.00	0.11	0.55	0.00	0.09	0.09	0.45	0.00									
香樟	0.09	0.00	0.30	0.11	0.00	0.00	0.00	0.00	0.40	0.00	0.40								
茅栗	0.02	0.09	0.00	0.05	0.05	0.00	0.33	0.07	0.00	0.00	0.00	0.00							
油桐	0.12	0.13	0.00	0.34	0.00	0.43	0.00	0.00	0.00	0.00	0.00	0.00	0.00						
樱木石楠	0.13	0.09	0.10	0.16	0.05	0.00	0.30	0.27	0.28	0.00	0.28	0.28	0.30	0.00					
石楠	0.11	0.00	0.00	0.00	0.17	0.00	0.55	0.00	0.00	0.00	0.00	0.00	0.00	0.00	0.00				
千年桐	0.09	0.19	0.07	0.00	0.00	0.19	0.25	0.00	0.00	0.19	0.00	0.00	0.00	0.00	0.00	0.31			
桢楠	0.11	0.00	0.10	0.00	0.00	0.00	0.00	0.76	0.00	0.00	0.00	0.00	0.00	0.00	0.27	0.00	0.00		
栲树	0.08	0.23	0.07	0.00	0.00	0.22	0.00	0.56	0.00	0.26	0.00	0.00	0.00	0.00	0.00	0.00	0.19	0.73	
绒毛润楠	0.08	0.09	0.00	0.05	0.05	0.00	0.58	0.07	0.00	0.00	0.00	0.00	0.47	0.00	0.30	0.31	0.53	0.00	0.00

7.7 闽楠次生林的竞争生长

7.7.1 研究方法

本章的数据来源于江西省吉安市的安福县、井冈山市以及遂川县设置的23块闽楠次生林标准地。

7.7.1.1 竞争指数的选取

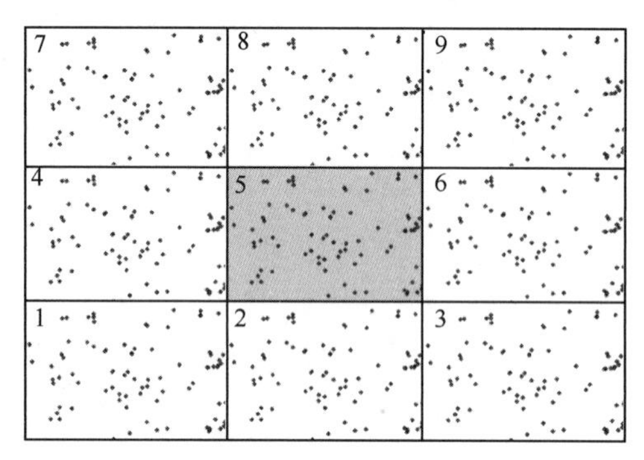

图7-11 标准地边缘矫正示意图

利用Excel 2010将所有调查数据进行初步整理，根据每个标准地林木的相对坐标，将实测标准地分别向8个邻域(上、下、左、右、左上、左下、右上、右下)进行偏移(图7-11)，并确定偏移后的林木坐标，最后将所有林木信息数据导入ArcGIS 10.2中，基于林木相对坐标信息，形成点状图层(Point)即林木空间分布情况，根据各个标准地的四角坐标，形成相应面状区域(Polygon)即标准地区域范围。

采用Hegyi提出的简单竞争指数CI模型，分别基于四邻体法、Voronoi图法和冠幅重叠法的竞争指数均采用以下公式：

$$CI_i = \sum_{j=1}^{n}\left(\frac{D_j}{D_i}\right)\cdot\left(\frac{1}{L_{ij}}\right)$$

式中：CI_i——林分中对象木i的简单竞争指标；

D_i——林分中对象木i的胸径大小；

D_j——对象木四周第j株竞争木胸径(j=1，2，3…n)；

L_{ij}——林分中对象木i与其对应的竞争木j之间的距离。

7.7.1.2 竞争单元的确定

(1)四邻体法竞争指数竞争单元

选取距离对象木最近的4株邻近木作为对象木的竞争木，从而确定相应的竞争单元(图7-12)。

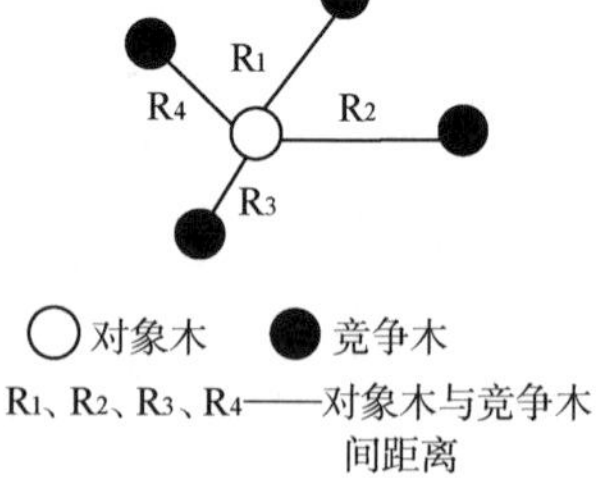

R1
R2
R3
R4
○对象木 ●竞争木
R1、R2、R3、R4——对象木与竞争木间距离

图7-12 四邻体竞争单元

(2)Voronoi图法竞争指数竞争单元

以标准地乔木层中的每株林木为目标，利用ArcGIS中邻域分析创建泰森多边形的功能，基于每株林木x、y定位坐标生成树木竞争Voronoi泰森多边形图(图7-13)。泰森多边形内部的点为对象木，与泰森多边形相交的点即为该对象木的竞争木，竞争木的数量与泰森多边形的边数相等。将Voronoi图引入到林木竞争中，根据林木点坐标生成的Voronoi图确定林木的空间结构单元又称为竞争单元(图7-14)。

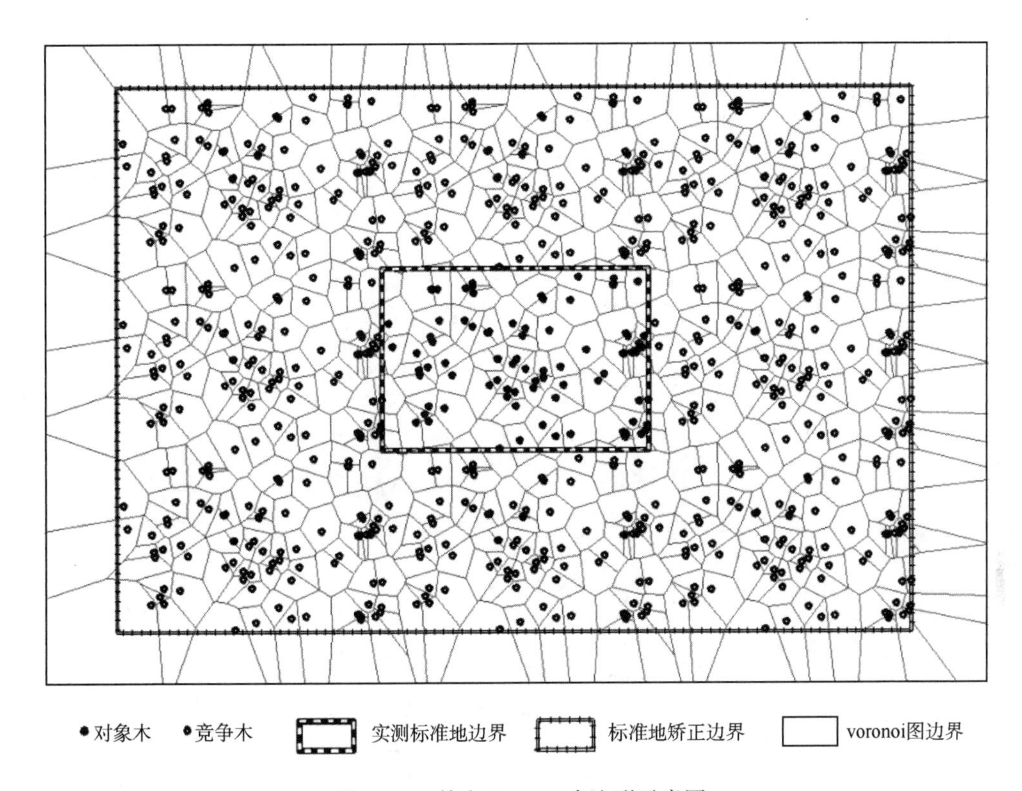

图 7-13　林木 Voronoi 多边形示意图

生成的 Voronoi 图中，每个泰森多边形即为最小组成单元，林分中每株树木与其周边的邻近木组成的泰森多边形即为一个空间结构单元，也就是林木的竞争单元。每个泰森多边形内部只有一株林木，与泰森多边形相邻的点的数量等于该多边形边数。每个泰森多边形的面积即为每株林木的空间影响范围，多边形的面积越大，说明林木影响范围就越大，反之，则影响范围就越小。

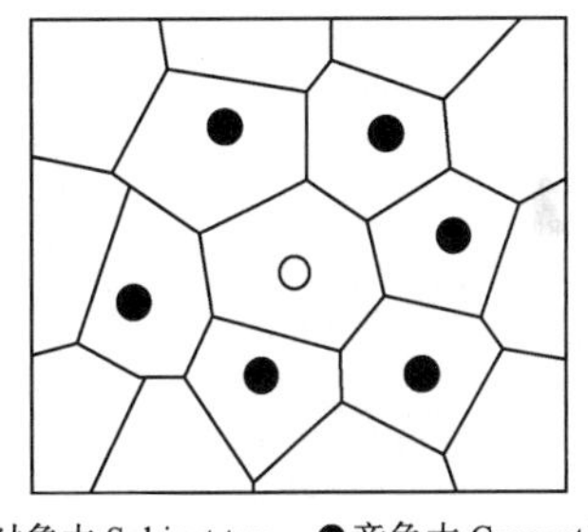

图 7-14　Voronoi 图竞争单元

(3)冠幅重叠法竞争指数竞争单元

将林木树冠看似成一个正圆形，其东西、南北冠幅长度的平均值作为圆的直径，以此为基础模拟林木冠幅的辐射范围(图 7-15)。以对象木为圆心，设定一定距离作为林木搜索半径，在搜索范围内的林木均作为该对象木的竞争木。基于邻近木冠幅范围与对象木冠幅范围有重叠的林木均看作该对象木的竞争木。采用影响力因子进行竞争木的判定，公式如下：

$$I_{ij} = 1 - \frac{L_{ij}}{R_i + R_j}$$

式中：I_{ij}——第 i 株树与第 j 株树的影响力因子；

L_{ij}——第 i 株树与第 j 株树之间的距离(m)；

R_i ——第 i 株树的冠幅半径(m)；

R_j——第 j 株树的冠幅半径(m)。

若 $I_{ij}>0$，则判定两株树存在重叠，否则不存在重叠。以两株林木冠幅是否重叠来确定相应的竞争单元(图7-16)。

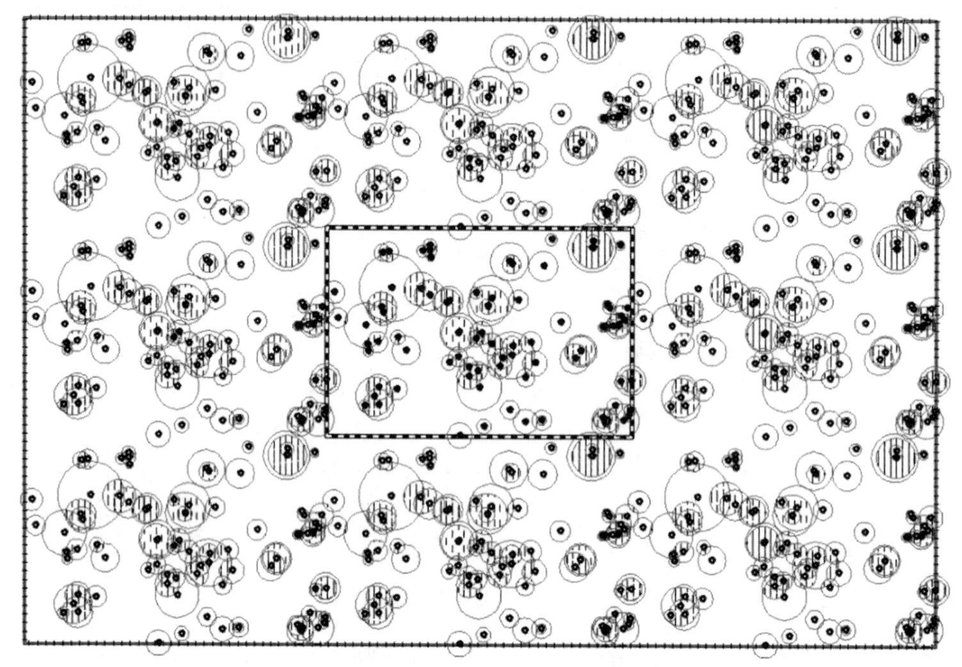

图 7-15　林木冠幅重叠示意图

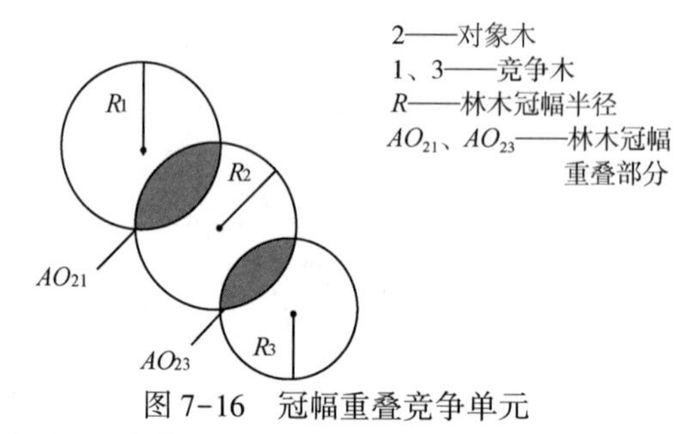

图 7-16　冠幅重叠竞争单元

7.7.1.3　对象木与竞争木的确定

(1)对象木的确定

将编号为 5 的实测标准地内的全部林木均作为对象木，其余偏移后区域内林木只选作竞争木。所有标准地以此类推，总共有 1308 株对象木。

(2)竞争木的确定

采用 3 种方法选取对象木相对应的竞争木。第一种，选择距离对象木最近的 4 株林木即四邻体作为竞争木。第二种，基于 Voronoi 图根据泰森多边形的竞争单元及其边数来确定相对应的竞争木。第三种，当邻近木的冠幅与对象木的冠幅存在重叠时，则该邻近木就被选作为竞争木。

7.7.1.4　边界木的处理

为了保证对象木的样木数量，采用偏移法即八邻域平移法消除边缘效应，把矩形标准

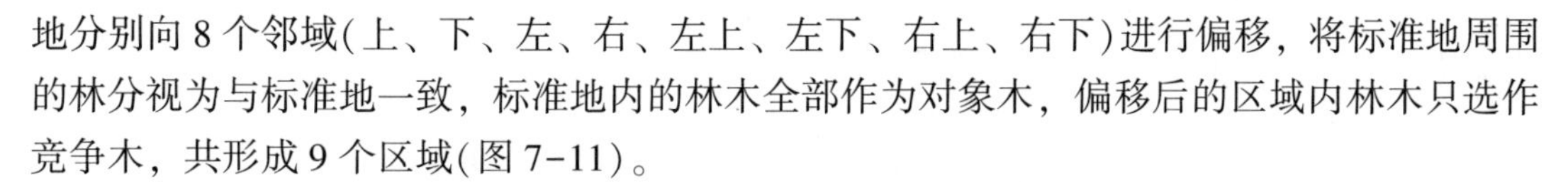

地分别向8个邻域(上、下、左、右、左上、左下、右上、右下)进行偏移，将标准地周围的林分视为与标准地一致，标准地内的林木全部作为对象木，偏移后的区域内林木只选作竞争木，共形成9个区域(图7-11)。

7.7.1.5　综合竞争指数模型的构建

基于Hegyi简单竞争指数模型，构建以林木胸径、树高、冠幅的乘积作为一个综合考虑因子，用竞争木的胸径、树高、冠幅乘积与对象木的胸径、树高、冠幅乘积的比值再乘以两者之间距离的倒数。模型形式如下：

$$CI - C_i = \sum_{j=1}^{n} \left(\frac{D_j \cdot H_j \cdot CW_j}{D_i \cdot H_i \cdot CW_i} \right) \cdot \left(\frac{1}{L_{ij}} \right)$$

式中：$CI - C_i$——林分中对象木 i 的综合竞争指标；

D_i、H_i、CW_i——林分中对象木 i 的胸径、树高和冠幅直径；

D_j、H_j、CW_j——林分中竞争木 j 的胸径、树高和冠幅直径；

L_{ij}——林分中对象木 i 与其相对应的竞争木 j 之间的距离。

所构建的竞争指数模型，第一部分采用竞争木与对象木的胸径、树高、冠幅3个林分因子乘积的比值来表示，既考虑到了林木水平方向上的大小，也考虑到了林木垂直方向上的大小；第二部分采用了对象木与竞争木之间距离的倒数来表示，此部分考虑到了林木间距离的问题，两部分加起来即可构成林木综合竞争指数模型。

采用简单竞争指数和综合竞争指数，并分别基于四邻体法、Voronoi图法和冠幅重叠法对林木竞争指数进行分析。其中基于四邻体法构建的简单竞争指数为*CI*，综合竞争指数为*CI-C*1；基于Voronoi图法构建的简单竞争指数为*CI-A*，综合竞争指数为*CI-C*2；基于冠幅重叠法构建的简单竞争指数为*CI-B*，综合竞争指数为*CI-C*3。

7.7.2　竞争指数与林木因子相关性

不同竞争指数与胸径、树高和冠幅的相关分析结果见表7-20。相关系数Kendall's tau_b和相关系数Spearman's rho均为负值，表明林木竞争指数与胸径、树高和冠幅均是负相关关系，且均在0.01水平上极显著相关($P<0.01$)。相关系数Kendall's tau_b和相关系数Spearman's rho的绝对值均表现出综合竞争指数高于简单竞争指数，基于Voronoi图法构建的竞争指数均高于基于四邻体法、冠幅重叠法确定的竞争指数。

表7-20　不同竞争指数与林木因子相关分析结果

林木因子	相关系数	*CI*	*CI-C*1	*CI-A*	*CI-C*2	*CI-B*	*CI-C*3
胸径	Kendall's tau_ b	-0.520**	-0.537**	-0.563**	-0.583**	-0.501**	-0.520**
	Spearman's rho	-0.704**	-0.729**	-0.748**	-0.775**	-0.688**	-0.715**
树高	Kendall's tau_ b	-0.544**	-0.560**	-0.586**	-0.603**	-0.532**	-0.545**
	Spearman's rho	-0.678**	-0.714**	-0.725**	-0.757**	-0.677**	-0.713**
冠幅	Kendall's tau_ b	-0.535**	-0.573**	-0.565**	-0.586**	-0.531**	-0.560**
	Spearman's rho	-0.650**	-0.708**	-0.675**	-0.709**	-0.634**	-0.670**

注：**表示在置信度(双侧)为0.01时有显著的相关性。

7.7.3 竞争指数与林木因子拟合

7.7.3.1 竞争指数与林木胸径的拟合

竞争指数与林木胸径拟合结果见图 7-17。不同竞争指数随着胸径的增大均减小，林木主要集中分布在胸径为 2~5cm 范围内，随着胸径的增大，竞争指数急剧减小，当胸径大于 5cm 后，林木竞争指数减小的速度趋于平缓。综合竞争指数与胸径的拟合度均大于简单竞争指数。基于 Voronoi 图法构建的竞争指数与胸径的拟合度最高，其次是基于四邻体法构建的竞争指数，基于冠幅重叠法构建的竞争指数拟合度最低。

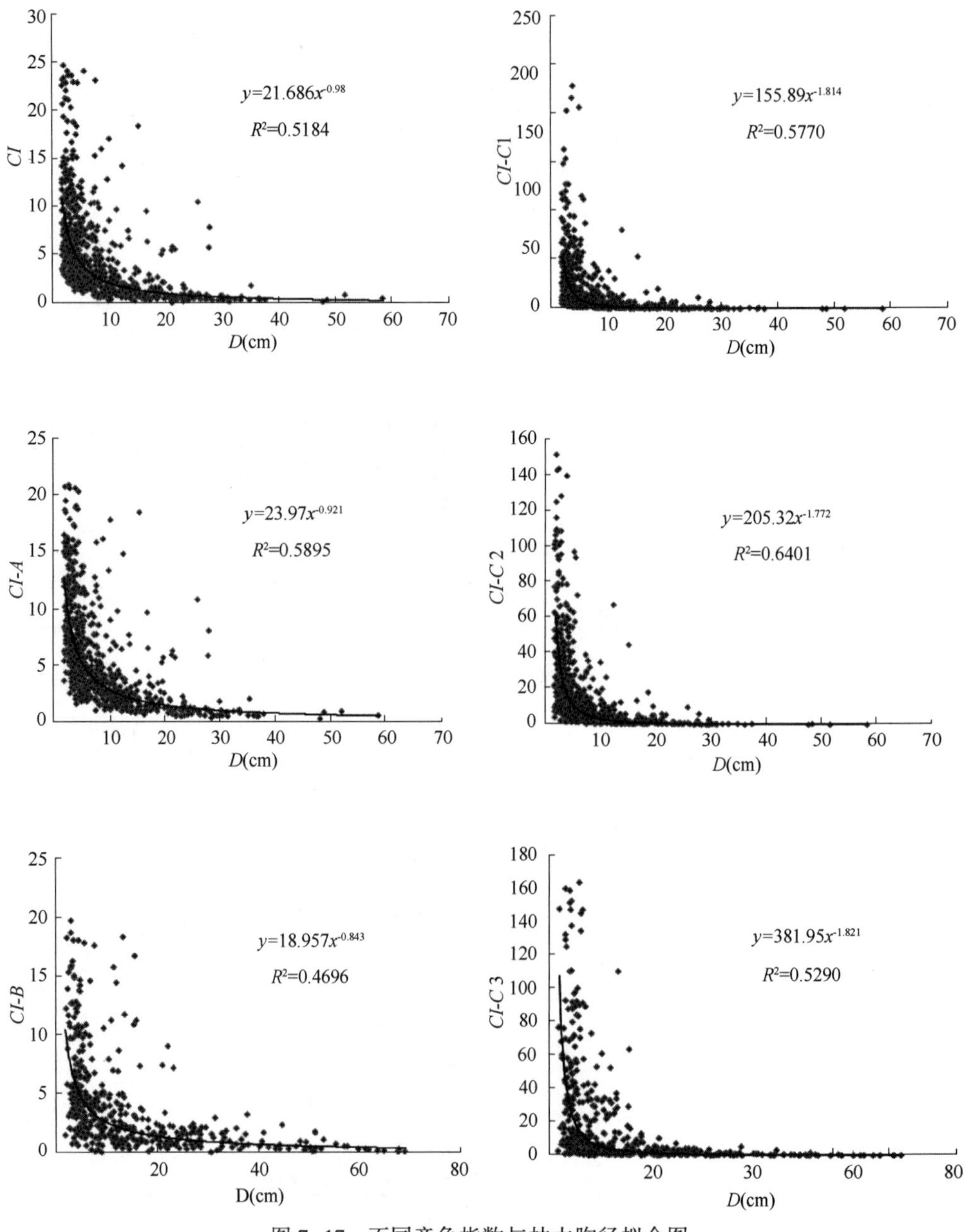

图 7-17 不同竞争指数与林木胸径拟合图

7.7.3.2 竞争指数与林木树高的拟合

不同竞争与林木树高拟合结果见图 7-18。不同竞争指数随着树高的增大均减小，林木主要集中分布在树高为 5~7m 范围内，随着树高的增大，竞争指数急剧减小，当树高大于 7m 后，林木竞争指数减少的速度趋于平缓。综合竞争指数与树高的拟合度均大于简单竞争指数。基于 Voronoi 图法构建的竞争指数与树高的拟合度最高，其次是基于四邻体法构建的竞争指数，基于冠幅重叠法构建的竞争指数拟合度最低。

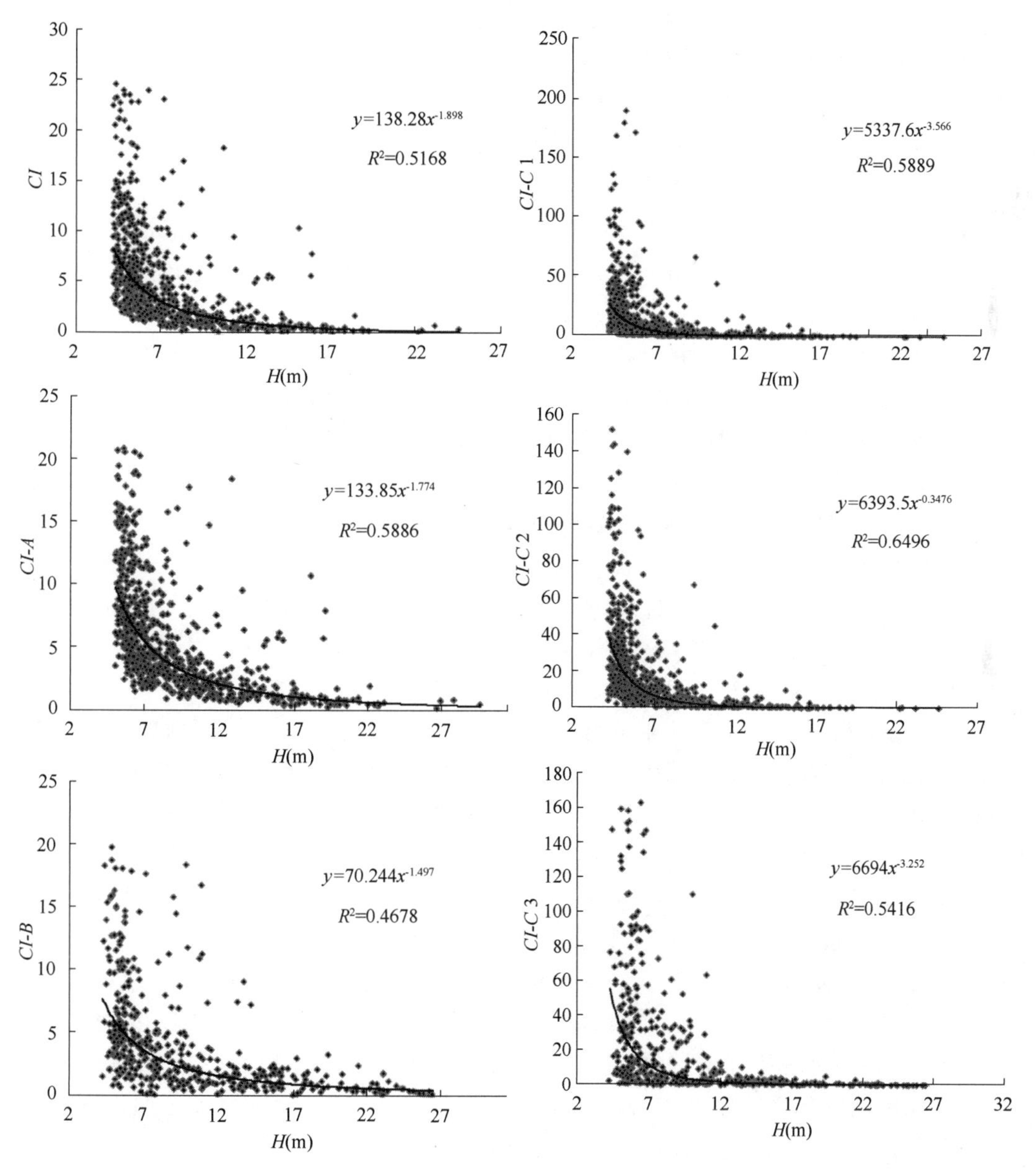

图 7-18　不同竞争指数与林木树高拟合图

7.8 小　结

（1）种群幼苗（D<2cm）、幼树（2cm≤D<5cm）、小树（5cm≤D<10cm）、中树（10cm≤D<20cm）、大树（20cm≤D<40cm）和老树（D≥40cm）占总株数的比例分别为57.93%、13.14%、12.91%、9.49%、4.96%和1.59%，其径级结构总体上呈倒"J"型。种群在D<2cm且H>1m、5cm≤D<10cm和60cm≤D<65cm 3个阶段的死亡率均超过了50%；在25cm≤D<30cm阶段生命期望值最大（e_x=4.50）。种群存活曲线趋于Deevey－Ⅱ型，属于增长型且趋于稳定型的种群，对外界干扰敏感度较高。

（2）闽楠次生林林分平均混交度为0.525，林木为强度混交；平均大小比数为0.506，林木分化属于中庸向劣态过渡状态；平均角尺度为0.518，林木呈聚集分布。林分空间结构评价指数值为0.08~0.89，总体上与理想的空间结构差距较大。林木混交程度高、大小分化不明显、分布格局为随机分布，且闽楠为主要优势树种，在林木竞争上占有优势地位，是闽楠次生林较理想的空间结构模式。

（3）闽楠次生林15个主要树种物种间总体呈不显著正关联，种间联结较为松散，树种的分布有一定的独立性；105个种对的正负关联比为0.91。闽楠大树（20cm≤DBH）、中树（10cm≤DBH<20cm）、小树（5cm≤DBH<10cm）与其他乔木层树种所形成的105个种对的正负关联比分别为0.86、0.76和0.69，其检验显著率分别为11.43%、8.57%和5.71%，均表现为大树>中树>小树，种间联结较为松散。

（4）赣中闽楠天然群落的主要种群中，闽楠的重要值（51.51%）和生态位宽度（B_i=1.22，B_a=0.86）都比其他种群大，说明闽楠在该群落内的分布面积较广，适应能力较强；其他优势种群拟赤杨、南方红豆杉、木荷、刨花楠的Levins和Hurtlbert生态位宽度值分别为1.22、0.78、0.78、0.70、0.56和0.86、0.26、0.25、0.20、0.1。

（5）通过分析Pianka生态位重叠可知，NO=0的种对有94对，占总对数的49.47%，表明这些种对之间没有出现在相同的资源位上，维持了闽楠天然次生林的物种多样性；NO<0.6的种对占所有种对的80%以上，说明很多树种对各资源位的需求不太明显。两个树种之间发生生态位重叠不一定就存在竞争关系，只有当资源紧缺时才会发生。此外，生态位重叠与生态位宽度之间不是绝对的正相关关系，主要取决于树种的生物学特性和对环境资源的需求。通过分析生态位相似性比例发现，C_{ih}=0的种对有94对，占总对数的78.42%，说明大部分种群对环境资源利用的相似性程度较低；闽楠与南方红豆杉、木荷、拟赤杨和青冈的相似性比介于0.29~0.41之间，说明生态位宽度较宽的树种和闽楠有着较高的相似性，一方面表明了周围的生境比较适于闽楠生长，另一方面说明这些树种对环境的适应性与闽楠也有较高相似性。研究表明该群落目前处于动态稳定状态，如果没有外界的干扰，闽楠将在很长时间内保持其优势种群地位。

第8章
闽楠次生林天然更新

8.1 国内外研究进展

8.1.1 植物多样性研究

生物多样性(Biological diversity 或 Biodiversity)最早是由 Willianms 在 1943 年提出来的，并于 19 世纪 80 年代首次出现在自然保护刊物上，被定义为生物及其所在的生态复合体种类相互之间差异性和物种丰富度。生物多样性的研究内涵十分丰富，研究问题小到微观的种内基因，大到宏观的生物圈，并且在不同层次上显示着不同的格局和动态过程。景观、生态系统、物种和基因 4 个方面的多样性研究是最常见的生物多样性研究，其中对物种多样性的研究是生物多样性研究最深入的一个层次。Frishe 等人在 1943 年首先提出了物种多样性的概念，并且利用 α、β、γ 指数研究群落的物种多样性。物种多样性的研究方面主要包括以下两个：一是指物种分布的均匀程度即群落物种的多样性；二是指在某特定区域内物种的丰富程度，该方面主要从分类学、系统学和生物地理学对特定区域内的物种进行研究。

20 世纪 50 年代以来，国外的生态学者对物种多样性的研究从梯度变化规律研究逐步过渡到生物多样性形成及变化机制研究，其研究深度和广度在不断增加。Vazquez 等计算了海拔从 1500m 到 2500m 高度范围内 43 个样地内 0.1hm^2内的植物丰富度，随着海拔的升高，其丰富度呈现下降的趋势。Aiba 和 Fosaa 等研究的结论与之相似。Paquin 和 Currie 系统地研究了随纬度梯度变化北美植物物种的分布特征。结果表明，北美东部植物物种多样性存在着纬度梯度特征，但是由于地形等因素影响，北美西部梯度特征的表现并不明显。而对于植物多样性的形成变化机制来说，在国外也有多种假说，例如生产力和空间尺度，群落内源干扰与斑块动态、物种协同进化和异质性的形成机制、群落内部物种共存等，但是还没有完善的理论体系。因此，对于国外研究来说，森林生物多样性形成机制成为了生物多样性研究的主要趋势。

目前，我国对研究植物多样性也很重视，主要集中在生物多样性的编目、信息系统的建立和保护实践等方面，并且取得较好的进展。葛红杰等把汾河中下游湿地植被划分成7个群落类型并分析了各群落间物种多样性指数之间的关系。此外，我国对于植物多样性形成机制研究也有大量的报道。谢晋阳、陈灵芝、高贤明等研究了暖温带落叶阔叶林植物的多样性，结果表明以1200m海拔为分界点，其高度不同，植物多样性变化也不同，且植物多样性和丰富度指数大多表现为草本层>灌木层>乔木层，其灌木层的均匀度指数最高；而随森林演替进行，灌木多样性并没有表现出发生很大的变化。于洋、袁继池等分别研究了植被多样性与土壤因子、地形因子之间的的关系，结果表明植被多样性与土壤因子(土壤理化性质、土壤酶活性、土壤功能多样性等)具有相关性；典型相关分析方法表明，土壤物理因子、地形因子、乔灌草 Shannon 指数三者之间相互影响，且三者均为造成复杂的群落结构的主要影响因素。

综上所述，对植物多样性的研究主要集中在以下两个方面，一是植物物种多样性变化规律的研究，二是植物多样性形成机制的研究。植物物种多样性变化研究主要是从时间尺度(年份、季节)、空间尺度(经纬度、海拔高度)、不同群落类型等来探究物种多样性的变化；植物多样性形成机制主要是从环境因子(地形、土壤等)、人类干扰等来研究造成植被多样性存在差异的原因。由于生态系统的复杂性，目前尚未形成一个系统的综合理论来研究植物多样性的形成机制，且对于更新层植物多样性与环境因子的关系研究也极为少见。

8.1.2 森林更新特征研究进展

森林自然更新也是森林生态系统动态过程中研究的热点问题，广义上的森林自然更新包括多方面的生态过程，从植物开花结实、种子扩散萌发、幼苗定居生长到再繁殖过程等都是森林自我繁衍恢复的重要过程，对植物种群的延续、发展以及未来的森林群落结构具有重要影响。目前有关于森林自然更新的报道有很多，如更新的动态研究，自然更新特征研究，幼树幼苗自然更新与环境因子之间关系研究，林窗干扰与自然更新关系研究等等。其中，研究森林自然更新特征，对森林群落的未来结构及森林的恢复能力具有一定的指示作用，有助于筛选出能够形成稳定的生态体系的更新模式，从而进一步丰富群落物种、更有利于形成稳定的群落结构类型。当前对森林自然更新特征的研究主要包括更新层植物物种组成和更新方式、生长与结构特征以及空间格局分布等方面。

更新层植物物种组成对于未来森林的群落结构、物种组成及其植物多样性等方面起着重要的作用。张希彪、李帅锋、路兴慧等分别运用不同方法研究更新层物种组成和更新方式等，研究结果分别表明更新层树种种类比较丰富且多以实生更新方式为主，其植物密度及丰富度均随演替的进行而有所增加，受不同干扰状态下自然恢复的更新物种组成存在着显著性的差异。高妍夏、康冰等分别对秦岭的4种阔叶次生林和5种典型次生林的的更新特征进行研究，研究结果表明秦岭的红桦和白桦次生林处于演替后期，锐齿栎和栓皮栎的更新能力较好，而不同类型典型次生林的更新植物物种组成分化明显，且其幼树和幼苗比例及其萌生比例均存在显著性差异。

更新层树种的数量动态及生长结构同样也对森林延续发展演替起着不可替代的作用。其中，树高、地径、年龄等均为研究其幼树幼苗的生长与结构特征的常用指标。近年来，关于这方面的研究报道也有很多，例如，于飞等对秦岭山地松栎混交林的更新特征进行研究，通过研究不同高度级结构幼树幼苗密度，表明无干扰情况下，锐齿槲栎将持续维持逆“*J*”型的更新方式，最终发展成为该松栎混交林群落的第一优势种。韩广轩等采用相关分析及线性回归方法，对山东北部的黑松海防林幼龄植株进行研究，结果表明幼树幼苗的地径、树高分别与年龄呈现指数函数关系。闫淑君等以闽江口朴树种群为研究对象，统计分析了不同更新方式的高度级、林下和林隙幼树幼苗的高度级分布均呈现先增大后减小的趋势。

更新层的空间分布格局直观地反映了树种在幼树幼苗阶段的整体分布状态，是对过去生态学过程结果的综合反映。认识研究更新层的空间分布格局，进一步分析形成此种空间分布格局的机制，有助于更深地了解更新过程中具体的规律性。因此，研究更新层树种空间格局分布以便认识其更新格局分布特征，对于把握未来的林分结构发展，并进一步揭示群落结构动态变化和稳定性具有重要意义。空间分布格局主要有聚集分布、随机分布和均匀分布 3 种类型。对于更新层树种空间分布格局的研究，多数学者均采用扩散系数法 Cx，结合平均拥挤指标和聚块性指标 m^{*}/m、丛生指标 I、负二项参数 K 和 Cassie 指标 CA 等指标分析更新层幼树幼苗分布格局，此外还有点格局分析方法中的单变量 O - ring 函数方法，Ripley 的 K 函数统计方法，Greig - Smith 法和间隙度分析法等。李峰、郭垚鑫等分别运用方差均值比率法、Greig - Smith 法、间隙度分析法和点格局中单变量 O - ring 函数法对更新层幼树幼苗空间分布格局进行分析，结果表明在植物幼树幼苗阶段空间分布格局均呈现聚集分布状态，且在不同的生境状态下，不同的种群聚集强度及格局规模存在显著性的差异；而相应的在同一生境状态下不同发育阶段的空间格局分布状态是不同的，从幼树到大树空间分布格局依次呈现为聚集分布、一定聚集分布和随机分布；还运用双变量 O - ring 函数对不同生长阶段的同一树种关联性进行研究表明幼树与大树在小尺度下呈负相关，整体上来说同一树种的不同生长阶段(即幼树、小树、大树)之间并没有关联性。刘振等以固定沙丘与丘间低地更新层幼树幼苗为研究对象，运用 Ripley 的 K 函数方法，分析了两种生境封育状态下的幼树幼苗空间分布格局，研究表明两种生境状态下的幼树幼苗均呈现聚集分布状态。除此之外，对更新评价的研究也有很多，如李杰等运用因子分析对更新状况最好的树种进行筛选。曾思齐等用熵值法从分布、生长、年龄结构 3 方面建立了木荷的更新评价指标体系。

8.1.3 自然更新影响因子研究

研究表明，从植物开花、种子产生传播萌发再到幼苗的定居、成长衰老的过程中，每个阶段都会面临着环境因素的影响以及人为干扰，这种干扰和影响将直接关系到森林群落的建成和再发展。就当前的研究来说，森林自然更新影响因子的研究主要集中在树种本身生态学特性、林分结构、环境因子(立地条件、凋落物因子等)、干扰(人为干扰、林窗等)等方面。对于树种特性来说，种子是天然更新的保证，种子萌发与否是由树种本身的生物特性和环境决定的。要保证更新的正常进行，首先要保证母树生产足够数量和质量的种子。

环境因子与生物因子之间的相互作用是森林群落结构构建的基本驱动力。环境因子中的立地条件因子与林木生长的关系之间是复杂的综合生态效应，立地质量高低影响着林木生长的好坏，立地因子主要包括坡位、坡向、坡度、土壤、海拔、经纬度等，与林分内部水、热、光照条件等密不可分，地形通过控制太阳辐射和降水分配，造成不同海拔、坡位、坡向内部光热水分发生变化，同时也会对土壤发育产生影响，进而对群落物种组成和植物生长发育产生作用。如辛丛林和曾东研究表明了不同坡向对天然次生林树种组成产生的影响较为显著。康冰、郑金萍、张希彪、张志东等研究表明林分密度、坡向、坡度、海拔、林分平均胸径等对幼树幼苗更新有显著影响。马姜明、杨文云等研究得出母树密度、倒木蓄积量、胸高断面积、灌木层及草本层盖度等因子对天然更新均有不同程度的影响。土壤因子主要影响种子的休眠、萌发及幼树幼苗的发生格局。张春雨、曾思齐等分别对次生林群落中的树种空间分布及天然更新指数环境因子间的关系进行分析，幼树幼苗空间分布以及自然更新指数均与土壤因子有关系；其中，土壤 pH 值和土壤水分对树种分布影响比较大，而土壤营养中的全氮、全磷和全钾作用相对较小；对于天然更新指数和土壤理化性质之间的关系来说，酸性更有助于林分更新，同样土壤有机碳、全氮全磷含量越高，林分更新指数就越高，而土壤容重、土壤 pH 值越高，更新指数则越低，全钾含量与更新指数并没有明显关系；此外，不同发育阶段的树种空间分布受环境因子制约的状况不同，对于幼树和小树来说，受环境因子制约较大，而对大树来说则受环境因子的制约较小。许多学者认为，森林的凋落物层对森林自然更新的影响也比较大，有关凋落物的研究主要集中在动植物和微生物(生物因子)、凋落物层的物理阻断(物理因子)、化感作用(化学因子)等方面。其中物理阻断是指凋落物在地表聚集成层而减少种子到达土壤表面的机会，从而降低种子萌发率及幼苗定居的可能性；而化感作用则是指一种植物产生并释放某种化学物质从而对另一种植物产生了间接或直接的相生相克作用。白志强等研究表明额尔齐斯河流域幼树幼苗更新影响因子的作用大小顺序为腐殖质层厚度>郁闭度>凋落物层厚度。李霄峰等则揭示了凋落物层的化感作用和物理阻断作用对青杨种子萌发的干扰机制。

干扰在塑造植物群落形成的过程中扮演着重要的角色。采伐方式和人工促进更新是人为干扰对自然更新影响的两个主要方面。Xu、Zhu、Gallegos、刘明国等探讨了干扰、林隙及林下植被等对森林更新再生的作用。此外，林窗也是影响自然更新的主要因素。最早提出林窗概念的是英国生态学家 Watt，其定义为森林群落中因偶然性的因素(如火灾、台风、干旱等)导致成熟大树的死亡或者是老龄树死亡，从而使林冠层发生空隙的现象。目前，对林窗下自然更新的研究有很多。如李贵才、王刚等分别以哀牢山常绿阔叶林和雪灾干扰下的木荷为研究对象，分析了林窗对更新层幼树幼苗更新状况的影响，研究表明林窗发生这种小尺度的干扰事件，群落上层起主要的决定性作用；而在不同大小的林窗中，随林窗面积增大，木荷幼树幼苗更新密度呈正态分布。从现有研究看，多数研究采用比较分析和简单相关分析的方法，如 Yu 等比较分析了坡位、坡向等对天然更新的影响，而农友、白登忠、Chai 等运用相关分析法探讨了天然更新与环境因子之间的关系，而运用综合方法研究多因子对天然更新影响的报道极为少见。

8.1.4 闽楠天然次生林研究现状

闽楠为国家二级珍稀渐危种，仅在福建、江西、湖南、浙江、广东、广西、湖北、贵州等山地常绿阔叶林中有零星分布。目前对于闽楠人工林的研究比较多，其研究集中在人工林栽培技术、经营改造措施以及人工栽植闽楠的生态特征、生长规律和生物量等方面。而对于天然次生林研究比较少，其天然林研究主要集中在自然状态下种子传播萌发、地理分布、空间结构、种间竞争和种间关联性等方面，如吴大荣等对福建罗卜岩闽楠种子传播、种子的萌发率以及幼苗的存活率等进行了研究，研究表明绝大部分的闽楠种子主要通过重力传播直接掉落到地面，少数属于鸟类传播，种子寿命较短且野外发芽率和幼苗存活率都比较低。葛永金等对闽楠所处环境的气候特征及其地理分布格局等进行了研究，研究表明适宜闽楠的生长环境为温暖湿润，热量因子、降水因子、低温因子为影响闽楠地理分布的主要因子。刘宝等对福建明溪闽楠群落进行研究表明闽楠为增长型群落，空间分布格局为随机分布，游晓庆等对安福县闽楠天然次生林空间结构和种间联结进行研究，结果表明闽楠为强度混交，属于中庸向劣汰过渡且为均匀分布，种间联结较松散，群落属于不稳定发展的阶段。就目前研究来看，对闽楠天然次生林群落植物物种组成和多样性、更新特征及其自然更新影响因子的研究尚为缺乏。

8.2 样地材料与研究方法

8.2.1 研究区概况

研究区位于江西省中部的吉安市(113°48′~115°56′E，25°58′~27°57′N)，东邻抚州市的崇仁县、乐安县及赣州市的宁都、兴国县，西接湖南省的桂东县、炎陵县、茶陵县，南连赣州市的赣县、南康市、上犹县，北与宜春市的丰城、樟树市及新余市、萍乡市接壤。研究区区位图如图 8-1 所示。

吉安市地貌以山地、丘陵为主，东、南、西三面环山，属于罗霄山脉中段，东西部地势较高、南部较突、中部较低为吉泰盆地，北部较为平坦为赣抚平原。全市低海拔区为低丘岗地，海拔 50~142m，最高海拔 2120m。吉安市境内地带性土壤为红壤，约占各土壤总面积的 60%，主要分布于丘陵地区，其他还有黄棕壤、山地黄壤、水稻土、紫色土、草甸土、潮土等。境内成土母岩主要为千枚岩、砂岩、花岗岩、板岩等。

吉安市气候属亚热带季风气候区，雨量充沛，日照充足，气候温和，无霜期长。该市年均气温为 17.1~18.6℃，极端最高气温为 40.2℃，极端最低气温为-8℃；年平均积温 5340~6350℃，年平均降雨量为 1360~1577mm；年平均日照数 1720~1800h，年均无霜期 281d。全市境内河流较多，以赣江为主流，由南向北流经 2 区 6 县，过境河长达到 289km，为赣江总长的 35.2%；另外有 28 条大小支流汇入，支流主要为遂川江、孤江、蜀水、禾水、乌江、泸水、洲湖水等。流域总面积近 2.9 万 km^2，水资源总量约 196.75 亿 m^3。

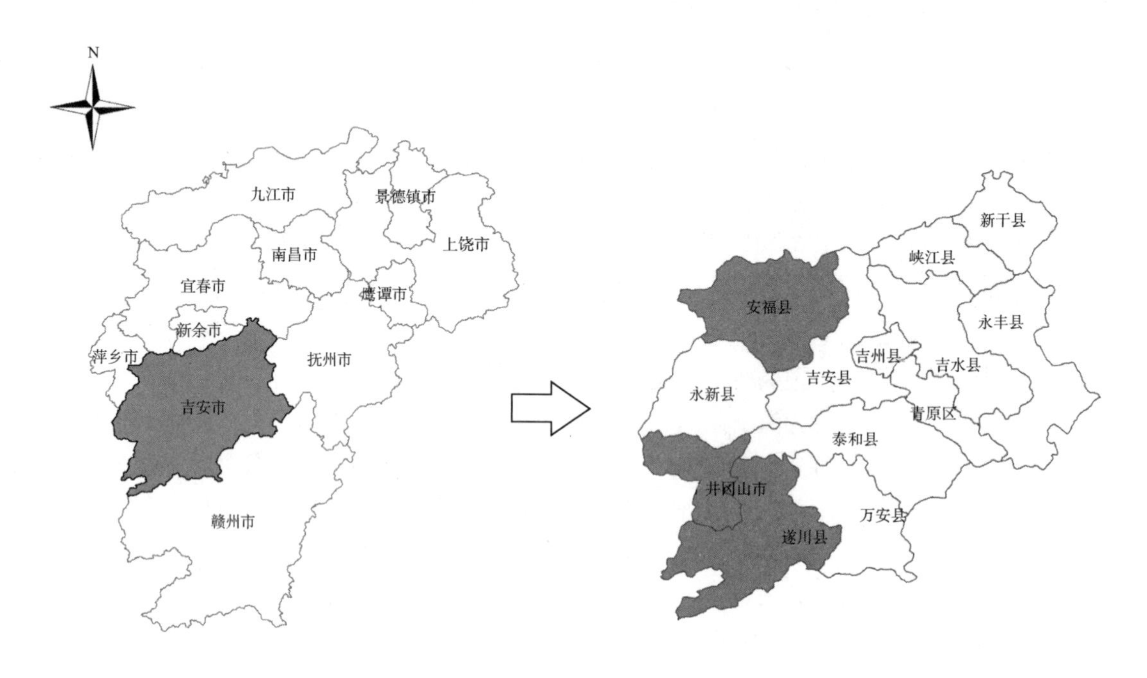

图 8-1　研究区区位示意图

吉安市境内森林自然资源十分丰富，已经发现高等植物有 3500 余种，其中木本有 1400 余种。保存珍稀树种有 190 余种，天然分布的珍稀濒危树种有 87 种。境内的森林植被类型有常绿阔叶林、落叶阔叶林、针阔混交林、针叶林、竹林等，其中针叶林以马尾松林和杉木林为主，而地带性森林顶极植被类型为亚热带常绿阔叶林。常见的树种主要有马尾松(*Pinus massoniana*)、杉木(*Cuninghamia lanceolata*)、湿地松(*Pinus elliottii*)、香樟(*Cinnamomum camphora*)、木荷(*Schima superba*)、枫香(*Liquidambar formosana*)、拟赤杨(*Alniphyllum fortunei*)、毛竹(*Phyllostachys edulis*)、油茶(*Camellia oleifera*)，以及闽楠、楠木(*Phoebe zhenan*)、银杏(*Ginkgo biloba*)、南方红豆杉(*Taxus mairei*)等珍贵稀有树种。

8.2.2　标准地设置与调查

根据森林资源二类调查资料及当地林业部门的了解，在研究区的安福县、遂川县、井冈山市的闽楠天然次生林分布地进行踏查，选择人为干扰程度轻且在分布地具有代表性的地块设置标准地，标准地依据其分布地形等因素而定，面积为 $400m^2$($20m\times20m$)或 $600m^2$($20m\times30m$)，共计标准地 23 块，并采用相邻网格调查方法，将每块标准地划分为 4 或 6 个 $10m\times10m$ 小样方，共有 100 个小样方。以每个小样方为调查单元，调查胸径 $\geq2cm$ 的所有乔木的林木位置(x、y 坐标)、树种、胸径、树高等；更新层的调查在 $10m\times10m$ 小样方内记录胸径 $<2cm$ 的幼苗($H<1m$)、幼树($1m<H<3m$)的乔木树种及其地径、树高、冠幅等；林下植被在 $10m\times10m$ 小样方的上、中、下分别选择具有代表性的样方，灌木样方调

查为2m×2m，草本样方调查为1m×1m，分别调查记录样方内灌木和草本的种类、数量、高度、地径、盖度等，同时在1m×1m小样方内记录凋落物层的盖度和厚度；土壤质地、土层厚度、腐殖质层厚度均在做土壤剖面时记录；利用GPS测定标准地的地理位置和海拔，同时记录坡位、坡向、坡度和郁闭度等因子。

参考相关文献并结合闽楠天然次生林实际情况，将其垂直结构分为乔木层、更新层、灌木层和草本层4个层次，其具体界定为：乔木层为胸径≥2cm的乔木树种（包括小乔木树种），考虑到毛竹的高度较高，也将其列在乔木层之中；更新层为胸径<2cm的乔木树种（包括小乔木树种）的幼苗（$H<1$m）、幼树（1m$<H<$3m）；灌木层为胸径<2cm的灌木树种，考虑到苦竹高度，将苦竹计入灌木层；草本层为所有草本物种，由于藤本物种所测地径和高度均较小，计入草本层。此外，更新层中出现的个别胸径<2cm，树高>3m的乔木树种，将其计入乔木层；由于有些植物因生长环境的变化表现为小乔木或灌木，本研究中根据实际调查情况和通常划分来界定小乔木树种和灌木树种。

8.2.3 研究方法

8.2.3.1 重要值计算方法

重要值是植物在森林群落中生态位的综合度量，是反映植物物种在群落中地位和作用的综合指标，重要值越大的植物物种在群落中地位越重要。其计算目前应用较多的是Curtis等修改的重要值指数，是相对密度、相对频度和相对优势度或相对盖度3项指数的综合。计算公式为：

乔木层物种重要值=相对密度（%）+相对频度（%）+相对优势度（%）

更新层、灌木层、草本层的物种重要值=相对密度（%）+相对频度（%）+相对盖度（%）

其中，相对密度=（某种植物的个体数/所有种个体数总和）×100%；

相对频度=（某种植物的频度/所有种的频度总和）×100%；

相对优势度=（某种植物胸高断面积/所有种胸高断面积总和）×100%；

相对盖度=（某种植物的盖度/所有种盖度总和）×100%。

8.2.3.2 植物多样性指数的选取

物种多样性研究有不同的测定方法和计算公式，参考相关文献，本研究选取了Margalef物种丰富度指数、Shannon-Wiener物种多样性指数、Pielou物种均匀度指数和Simpson物种优势度指数4类指标。

（1）Margalef物种丰富度指数

物种丰富度指数反映物种的丰富程度，是对一个群落中所有实际物种数目的测量。但在实际工作中，由于取样大小的原因，不可能完全记录一个群落内所有的物种种类和数量，通常测定的是群落样方内的物种，因此用单位面积内的物种数量来表示物种丰富度。本研究选取了Margalef物种丰富度指数（D_{Mg}）。计算公式为：

$$D_{Mg} = \frac{S - 1}{\ln N}$$

式中：S——物种数目；

N——观察到的植物物种个体数之和。

(2)物种多样性指数

物种多样性指数代表群落复杂程度，群落包含的物种数量越多，其多样性指数的数值越大，Shannon-Wiener 指数借用了熵信息论的方法，通过描述植物个体出现的不确定性来测度物种多样性，即不确定性越高，多样性越高，且对稀有物种变化的灵敏度高。因此，本研究选取了 Shannon-Wiener 物种多样性指数，计算公式为：

$$H = -\sum_{i=1}^{s}(p_i \ln p_i)$$

式中：S ——物种数目；

p_i ——第 i 个种的个体数占所有种个体数的比例。

(3)物种均匀度指数

物种均匀度指数表示群落中不同物种分布的均匀程度，本研究选取了以 Shannon-Wiener 指数为基础的 Pielou 物种均匀度指数(J_H)，计算公式为：

$$J_H = \frac{H}{\ln S}$$

其中，式中符号意义与上式相同。

(4)物种优势度指数

物种优势度指数反映的是群落内种群优势状况的指标，Simpson 优势度指数(D_1)侧重于最常见的种的多度，同样也是最有意义且稳健的方法之一，因此选取了 Simpson 物种优势度指数，D_1 数值越大，则群落优势种越大，计算公式为：

$$D_1 = \sum_{i=1}^{s} p_i^2$$

其中，式中符号与 8-4 式相同。

8.2.3.3 更新层空间格局分析方法

通过计算扩散系数 C_x 并对其进行 t 检验来判断更新层幼树幼苗的空间分布格局，同时计算二项分布指数 K，聚块性指数 m^*/m 来进行辅助判断。

(1)扩散系数法 C_x

此方法建立在 Poisson 分布的预期假设之上。Poisson 分布的总体有方差 V 和均值 m 相等的性质，即如果 $C_x < 1$，呈均匀分布；如果 $C_x = 1$，呈随机分布；如果 $C_x > 1$，则偏离 Poisson 分布，呈聚集分布。计算公式为：

$$C_x = V/m$$

$$V = \sum_{i=1}^{N}(x_i - m)^2/(N-1)$$

$$m = \sum_{x=1}^{N} x_i/N$$

式中：V ——方差；

m ——均值；

x_i ——第 i 样方内的个体数；

N ——小样方数。

在统计学上，为检验数据是否能接受预期假设，通常对其进行 t 检验，当 $|t| \leqslant t_{n-1, 0.05}$ 时，为随机分布，反之为聚集或均匀分布，t 公式如下：

$$t = (C_x - 1)\sqrt{2/(N-1)}$$

(2)负二项参数 K

每个样方的植物个体数呈负二项分布时，可以用分布的参数 K 值作为聚集的强度量。负二项参数 K 只考虑空间格局本身的性质，不受种群密度的影响，只定性描述种群的聚集强度。计算公式为：

$$K = m^2/(V - m)$$

式中：V——样本方差；

m ——样本均值。

K 值越大，则表示聚集强度越小。如果 K 值趋于无穷大(一般在 8 以上)，则越接近随机分布。

(3)聚块性指数(m^*/m)

$$m^* = m + (V/m - 1)$$

式中：m^* 为平均拥挤度指标，聚块性指数 $m^*/m > 1$ 时，为聚集分布；$m^*/m = 1$ 时，为随机分布；$m^*/m < 1$ 时，为均匀分布。

8.2.3.4 数据处理与分析

运用 Microsoft Excel 2016 和 SPSS19.0 对数据进行处理和分析。采用简单相关分析方法分析更新层植物多样性与影响因子之间的关系，采用数量化模型 I 构建闽楠幼树幼苗重要值与环境因子之间的关系模型，并采用单因素方差分析(one-way ANOVA)方法进一步分析某个因子变化下闽楠幼树幼苗更新状况(平均密度、平均高度)的差异程度。

数量化模型 I 的数学原理是建立某个因子和其他数量或者非数量因子之间的线性关系，其公式为：

$$Y_t = B_0 + \sum_{i=1}^{m}\sum_{j=1}^{n_i} B(i, j)s_t(i, j) + \sum_{i=m+1}^{p} B(i)x_{ti}$$

式中：Y_t——第 t 点因变量值；

B_0——常数项；

$B(i, j)$ ——第 i 定性因子第 j 等级的得分；

$s_t(i, j)$ ——第 t 点第 i 定性因子第 j 等级的反应值(或 0 或 1)；

$B(i)$ ——第 i 定量因子的回归系数；

x_{ti} ——第 t 点第 i 项定量因子的观测值；

n_i ——第 i 定性因子的等级数。

为衡量各项目在模型中的贡献，计算各项目的得分范围，得分范围越大，则该项目影响就越大。

8.3 植物物种组成

8.3.1 总植物物种组成

根据调查的数据统计了研究区闽楠天然次生林植物的物种组成及数量，闽楠天然次生林群落共计45科83属107种植物，其中，乔木植物共有23科40属55种；灌木植物共有17科22属25种；草本植物共有16科21属23种；藤本植物有3科4属4种。乔木树种以壳斗科(Fagaceae)、樟科(Lauraceae)、蔷薇科(Rosaceae)和大戟科(Euphorbiaceae)的所属物种最多，分别有11种、10种、5种和5种，灌木以山茶科(Theaceae)和茜草科(Rubiaceae)所属的物种最多，均为4种，草本以禾本科(Gramineae)和莎草科(Cyperaceae)所属的物种较多，均为3种。植物涉及的科、属及最大属的个体数分别见图8-2。

对各层物种计算其重要值，由于物种数较多，各层重要值10%以上的物种见表8-1。

表8-1 主要植物名录

植物	科名	属名	种名	重要值(%)
乔木	樟科 Lauraceae	楠属 *Phoebe*	闽楠 *Phoebe bournei*	119.5
		润楠属 *Machilus*	刨花楠 *Machilus pauhoi*	11.15
	安息香科 Styracaceae	赤杨叶属 *Alniphyllum*	拟赤杨 *Alniphyllum fortunei*	20.89
	壳斗科 Fagaceae	锥属 *Castanopsis*	丝栗栲 *Castanopsis fargesii*	12.46
	山茶科 Theaceae	木荷属 *Schima*	木荷 *Schima superba*	11.27
灌木	紫金牛科 Myrsinaceae	杜茎山属 *Maesa*	杜茎山 *Maesa japonica*	90.51
	荨麻科 Urticaceae	苎麻属 *Boehmeria*	苎麻 *Boehmeria nivea*	69.34
	山茶科 Theaceae	柃木属 *Eurya*	细枝柃 *Eurya loquaiana*	36.01
	金缕梅科 Hamamelidaceae	檵木属 *Loropetalum*	檵木 *Loropetalum chinensis*	20.59
草本	荨麻科 Urticaceae	楼梯草属 *Elatostema*	庐山楼梯草 *Elatostema stewardii*	57.55
	乌毛蕨科 Blechnaceae	狗脊属 *Woodwardia*	狗脊蕨 *Woodwardia japonica*	38.89
		乌毛蕨属 *Blechnum*	乌毛蕨 *Blechnum orientale*	28.52
	金星蕨科 Thelypteridaceae	金星蕨属 *Parathelypteris*	金星蕨 *Parathelypteris glanduligera*	36.13
	百合科 Liliaceae	山麦冬属 *Liriope*	禾草叶麦冬 *Liriope graminifolia*	26.36
	茜草科 Rubiaceae	蛇根草属 *Ophiorrhiza*	蛇根草 *Ophiorrhiza japonica*	15.84

8.3.2 乔木层物种组成

经统计计算，乔木层植物物种组成及其重要值见表8-2。从表中可以看出，乔木层共计46个树种，闽楠在乔木层中占有明显的优势，重要值为119.45，占所有乔木层植物重要值之和的39.82%，属于该群落的建群种，毛竹和拟赤杨为亚优势种，重要值都大于20，

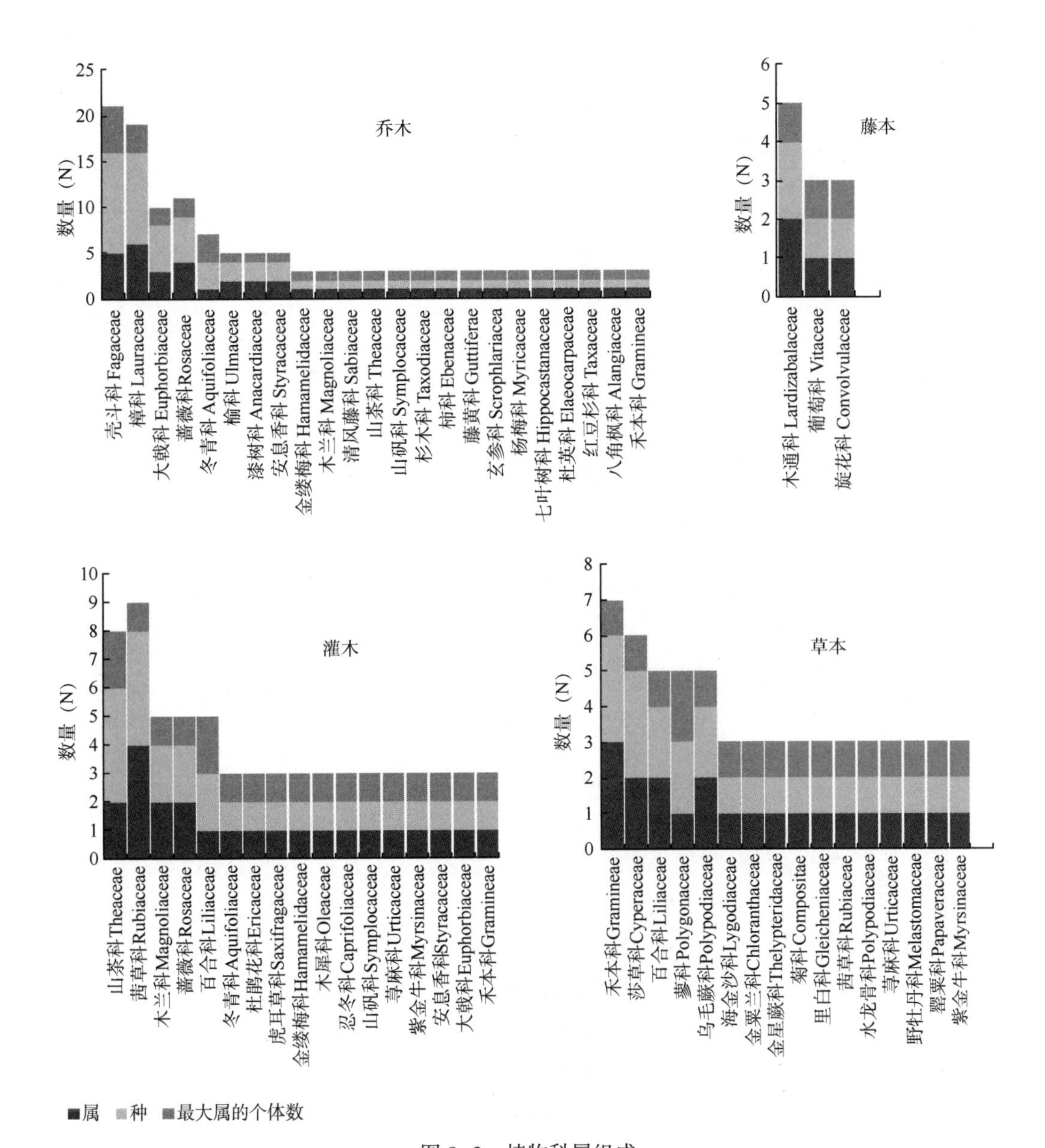

图 8-2 植物科属组成

丝栗栲、木荷和刨花楠属于次优势种，重要值都大于 10。其余树种重要值都小于 10，这表明在闽楠天然次生林的乔木层中，物种种类比较多，闽楠占有很大优势，其他树种相对于闽楠来说竞争力比较弱。

表 8-2 乔木层物种组成及重要值

序号	树种	相对密度(%)	相对优势度(%)	相对频度(%)	重要值(%)
1	闽楠 *Phoebe bournei*	47.08	48.75	23.62	119.45
2	毛竹 *Phyllostachys edulis*	18.67	9.24	11.55	39.45

（续）

序号	树种	相对密度(%)	相对优势度(%)	相对频度(%)	重要值(%)
3	拟赤杨 *Alniphyllum fortunei*	7.04	5.19	8.66	20.89
4	丝栗栲 *Castanopsis fargesii*	2.07	5.66	4.72	12.46
5	木荷 *Schima superba*	3.65	2.64	4.99	11.27
6	刨花楠 *Machilus pauhoi*	2.51	2.86	5.77	11.15
7	杉木 *Cunninghamia lanceolata*	3.27	1.15	5.25	9.67
8	青冈 *Cyclobalanopsis glauca*	1.82	2.40	3.41	7.64
9	南方红豆杉 *Taxus mairei*	1.32	1.52	3.15	5.99
10	枫香 *Liquidambar formosana*	0.75	2.94	2.10	5.79
……	……	……	……	……	……
41	钩栲 *Castanopsis tibetana*	0.06	0.03	0.26	0.36
42	大叶桂樱 *Laurocerasus zippeliana*	0.06	0.01	0.26	0.34
43	粗糠柴 *Mallotus philippensis*	0.06	0.01	0.26	0.34
44	米槠 *Castanopsis carlesii*	0.06	0.01	0.26	0.33
45	乌桕 *Sapium sebiferum*	0.06	0.01	0.26	0.33
46	盐肤木 *Rhus chinensis*	0.06	0.01	0.26	0.33

8.3.3 更新层物种组成

更新层植物物种组成及其重要值见表 8-3。从表中可以看出，更新层植物树种共计 33 种，相比于上层乔木树种种类偏少，其中，闽楠为优势种，其重要值高达 173.17，占更新层所有植物重要值之和的 57.72%，因此闽楠是该群落中主要建群种，对未来群落的发展起了主导作用。亚优势种为绒毛润楠和丝栗栲，重要值大于 20，次优势种为木荷、拟赤杨和刨花楠，重要值在 10~15 之间，而乔木层亚优势种为毛竹和拟赤杨，次优势种为丝栗栲和木荷，这表明绒毛润楠、丝栗栲相对于拟赤杨、木荷的更新能力更强。总体来看，闽楠天然次生林乔木树种比较多，闽楠占主要优势地位。

表 8-3　更新层物种组成及重要值

序号	名称	相对密度(%)	相对频度(%)	相对盖度(%)	重要值(%)
1	闽楠 *Phoebe bournei*	61.63	54.83	56.71	173.17
2	绒毛润楠 *Machilus velutina*	9.09	8.24	8.03	25.36
3	丝栗栲 *Castanopsis fargesii*	6.36	6.1	8.12	20.58
4	木荷 *Schima superba*	4.19	5.58	4.77	14.54
5	拟赤杨 *Alniphyllum fortunei*	4.02	3.81	5.02	12.85
6	刨花楠 *Machilus pauhoi*	3.07	3.23	4.46	10.76
7	青冈 *Cyclobalanopsis glauca*	3.02	4.74	3.98	9.74
8	大叶冬青 *Ilex latifolia*	2.57	2.71	2.55	7.83

（续）

序号	名称	相对密度(%)	相对频度(%)	相对盖度(%)	重要值(%)
9	豹皮樟 *Litsea coreana*	1. 51	2. 29	1. 33	5. 13
10	杉木 *Cunninghamia lanceolata*	0. 73	1. 14	1. 3	3. 17
……	……	……	……	……	……
25	石栎 *Lithocarpus glaber*	0. 06	0. 1	0. 12	0. 28
26	檫木 *Sassafras tzumu*	0. 06	0. 1	0. 07	0. 23
27	泡桐 *Paulowinia fortunei*	0. 06	0. 1	0. 03	0. 19
28	杨梅 *Myrica rubra*	0. 06	0. 1	0. 02	0. 18
29	南方红豆杉 *Taxus mairei*	0. 06	0. 1	0. 01	0. 17
30	七叶树 *Aesculus chinensis*	0. 06	0. 1	0. 01	0. 17
31	多花山竹子 *Garcinia multiflora*	0. 06	0. 1	0. 01	0. 17
32	润楠 *Machilus pingii*	0. 06	0. 1	0. 01	0. 17
33	笔罗子 *Meliosma rigida*	0. 06	0. 1	0. 01	0. 17

8. 3. 4 灌木层物种组成

灌木层植物物种组成及其重要值见表 8-4。从表中可以看出，灌木层共计植物物种共计 25 种。其中，杜茎山的重要值高达 90. 51，分布比较广泛，出现频率较高，为灌木层的优势种，其次是苎麻，重要值达 69. 34，细枝柃和檵木也占一定优势，重要值在 20 以上。总体来说，灌木层植物种类比较少，相比于更新层来说，杜茎山、苎麻和细枝柃所占比例比较大，会与乔木树种更新形成竞争。

表 8-4 灌木层物种组成及重要值

序号	名称	相对密度(%)	相对频度(%)	相对盖度(%)	重要值(%)
1	杜茎山 *Maesa japonica*	34. 4	26. 47	29. 64	90. 51
2	苎麻 *Boehmeria nivea*	34. 86	16. 18	18. 3	69. 34
3	细枝柃 *Eurya loquaiana*	7. 34	11. 76	16. 91	36. 01
4	檵木 *Loropetalum chinensis*	1. 55	4. 64	14. 4	20. 59
5	白檀 *Symplocos caudata*	4. 13	4. 41	0. 82	9. 36
6	矩形叶鼠刺 *Itea chinensis*	1. 38	4. 41	2. 24	8. 03
7	栀子花 *Gardenia jasminoides*	1. 38	1. 47	3. 24	6. 09
8	白花苦灯笼 *Tarenna mollissima*	0. 92	2. 94	1. 45	5. 31
9	高粱泡 *Rubus lambertianus*	0. 75	1. 24	3. 15	5. 13
10	山茶 *Camellia japonica*	1. 83	2. 94	0. 2	4. 97
……	……	……	……	……	……
20	金樱子 *Rosa laevigata*	0. 92	1. 47	0. 24	2. 63
21	秤星树 *Ilex asprella*	0. 92	1. 47	0. 24	2. 63

（续）

序号	名称	相对密度(%)	相对频度(%)	相对盖度(%)	重要值(%)
22	石岩枫 *Mallotus repandus*	0.46	1.47	0.48	2.41
23	苦竹 *Pleioblastus amarus*	0.46	1.47	0.19	2.12
24	柃木 *Eurya japonica*	0.46	1.47	0.19	2.12
25	含笑花 *Michelia figo*	0.46	1.47	0.07	2.00

8.3.5 草本层物种组成

草本层(含藤本)植物物种组成及其重要值见表8-5。从表中可以得出，草本层植物共计27种，其中，庐山楼梯草是草本层植物的优势种，重要值为57.55，其次是蕨类植物，狗脊蕨、金星蕨、乌毛蕨重要值均在20以上，禾草叶麦冬也占有比较大的优势。总体来说，草本层草本植物种类较少，其中，葛藤、木通、七叶木通、绿爬山虎属于藤本植物。

表8-5 草本层物种组成及重要值

序号	名称	相对密度(%)	相对频度(%)	相对盖度(%)	重要值(%)
1	庐山楼梯草 *Elatostema stewardii*	13.82	11.36	32.37	57.55
2	狗脊蕨 *Woodwardia japonica*	14.18	12.50	12.20	38.89
3	金星蕨 *Parathelypteris glanduligera*	9.09	11.36	15.68	36.13
4	乌毛蕨 *Blechnum orientale*	10.55	11.36	6.61	28.52
5	禾草叶麦冬 *Liriope graminifolia*	16.00	9.09	1.27	26.36
6	蛇根草 *Ophiorrhiza japonica*	6.55	4.55	4.75	15.84
7	铁芒萁 *Dicranopteris linearis*	2.18	1.14	5.85	9.17
8	绿爬山虎 *Parthenocissus laetevirens*	5.09	2.27	1.36	8.72
9	血水草 *Eomecon chionantha*	3.27	3.41	1.95	8.63
10	辣蓼 *Polygonum flaccidum*	2.55	4.55	0.85	7.94
……	……	……	……	……	……
21	地念 *Melastoma dodecandrum*	1.09	1.14	0.08	2.31
22	黄精 *Polygonatum sibiricum*	0.73	1.14	0.42	2.29
23	七叶木通 *Stauntonia duclouxii*	0.36	1.14	0.42	1.92
24	葛藤 *Argyreia seguinii*	0.36	1.14	0.17	1.67
25	海金沙 *Lygodium japonicum*	0.36	1.14	0.17	1.67
26	火炭母 *Polygonum chinense*	0.36	1.14	0.17	1.67
27	朱砂根 *Ardisia crenata*	0.36	1.14	0.08	1.58

8.3.6 植物多样性分析

8.3.6.1 不同层次植物多样性比较分析

不同层次植物多样性见表8-6。物种丰富度以乔木层最高，Margalef指数大小排序为乔木层>草本层>更新层>灌木层，其中，更新层和灌木层物种丰富度指数相差不大，与乔木层相差比较大。物种多样性以草本多样性指数最高，Shannon-Wiener 指数大小排序为草本层>乔木层>灌木层>更新层，乔木层与灌木层多样性指数相差不大。物种均匀度以草本层均匀度最大，Pielou 指数大小排序为草本层>灌木层>乔木层>更新层，草本层分布是最均匀的，而更新层分布最不均匀，原因可能是跟乔木层母树的分布有关。对于物种优势度来说，更新层优势度最大，Simpson 优势度指数大小排序为更新层>乔木层>灌木层>草本层，表明更新层有明显的优势树种，由此可见，闽楠的优势地位极其明显。总体来看，闽楠天然次生林群落植物物种较多，多样性比较高，更新层优势树种较明显，但是分布不均匀。

表 8-6　不同层次植物多样性比较

层次	Margalef 指数(R)	Shannon-Wiener 指数(H)	Pielou 指数(J_H)	Simpson 优势度指数(D_1)
乔木层	6.9180	2.0823	0.5270	0.2658
更新层	4.5408	1.3003	0.3657	0.5481
灌木层	4.4611	1.9291	0.5993	0.2513
草本层	4.9851	2.8082	0.8340	0.0819
所有物种	13.8011	2.3549	0.4963	0.2968

8.3.6.2　更新层多样性与环境因子的相关性分析

更新层树种丰富度及多样性等在不同演替阶段差异较大，其多样性对未来群落的物种组成和群落结构等起很大作用。因此，进一步探索更新层物种组成及多样性与环境因子的关系，以期对未来闽楠次生林物种组成及多样性保护起到指导的作用。参考相关文献，选取更新层 Margalef 丰富度指数、Shannon-Wiener 多样性指数、Pielou 均匀度指数、Simpson 优势度指数与环境因子进行简单相关分析。环境因子包括地形条件(坡位、坡向、坡度)，林分因子(郁闭度、平均胸径、林分密度)，土壤(土层厚度、腐殖质层厚度)及凋落物厚度，林下植被(林下植被盖度、林下植被高度)11 个因子，需要说明的是，由于标准地的海拔在 200~400m 范围，跨度小，土壤类型均为红壤，其土壤质地等均相差不大，因此没有考虑海拔及其他土壤因子；此外，考虑到上层乔木的物种多样性可能会对更新层多样性造成影响，还选取了乔木层 Margalef 指数、Shannon-Wiener 指数、Pielou 指数、Simpson 指数 4 个因子。分析过程中，对定性因子进行赋值，坡位分别采用 1、2、3 表示上坡、中坡、下坡，坡向分别用 1、2、3、4 表示阳坡、半阳坡、半阴坡、阴坡，其他因子采用实际测量值和计算值。

简单相关分析结果见表 8-7。从表中可得，更新层 Margalef 丰富度指数与坡位、腐殖质层厚度、林下植被盖度、郁闭度、林分密度呈显著($P<0.05$)正相关，与坡度、平均胸径呈显著($P<0.05$)负相关；Shannon-Wiener 多样性指数与坡位、林下植被盖度、郁闭度、林分密度呈显著($P<0.05$)正相关，与平均胸径呈显著($P<0.05$)负相关；Pielou 指数与坡位、林下植被盖度呈显著($P<0.05$)正相关，与平均胸径呈显著($P<0.05$)负相关；Simpson 优势度指数与坡位、平均胸径呈显著($P<0.05$)正相关，与林下植被盖度、郁闭度呈显著($P<0.05$)负相关。这表明坡位、林下植被盖度、平均胸径对更新层 4 个多样性指数均有影响，其中坡位对更新层多样性影响最大；郁闭度、林分密度、坡度和腐殖质层厚度均对

4个多样性指数有不同程度的影响。

表 8-7 更新层多样性与影响因子相关分析结果

环境因子	植被多样性			
	Margalef 丰富度指数	Shannon-Wiener 多样性指数	Pielou 均匀度指数	Simpson 优势度指数
坡向	0.195	0.221	0.284	-0.231
坡位	0.624**	0.560**	0.429**	0.521**
坡度	-0.360*	-0.255	-0.103	-0.212
土层厚度	0.215	0.183	0.028	-0.146
腐殖质层厚度	0.390**	0.267	0.137	-0.235
林下植被盖度	0.530**	0.388**	0.320*	-0.348*
林下植被高度	0.098	0.079	0.167	-0.128
凋落物厚度	0.114	0.072	0.016	-0.041
平均胸径	-0.411**	-0.364*	-0.310*	0.368*
郁闭度	0.379**	0.322*	0.249	-0.304*
林分密度	0.427**	0.323*	0.156	-0.288
乔木层 Margalef 丰富度指数	0.143	0.099	-0.070	-0.075
乔木层 Shannon-Wiener 多样性指数	0.167	0.154	0.051	-0.160
乔木层 Pielou 均匀度指数	0.080	0.065	-0.054	-0.060
乔木层 Simpson 优势度指数	-0.144	-0.126	-0.020	0.130

注：*表示在0.05水平上显著相关，**表示在0.01水平上显著相关。

8.4 闽楠天然次生林自然更新特征

自然更新的植物是维持整个森林生态系统植物多样性的重要组分，既为野生动植物提供栖息地，又能通过影响植物种群的数量动态以及种群分布格局来影响森林长期的演替格局，同时还利于森林养分的循环，在森林动态变化的过程中起到核心的作用。因此，本章对闽楠天然次生林更新层的树种生长状况及其分布特征进行分析，以进一步揭示其更新演替规律和物种共存机制，为闽楠次生林的保护和经营提供参考依据。

8.4.1 更新层树种高度级和地径级分布特征

8.4.1.1 高度级分布

更新层树种高度级和地径级分布被称为评判森林更新潜力的重要标志。统计分析更新层所有树种的高度级分布如图8-3所示，其分化比较明显，整体来看0~20cm高度的树种密度最大，280~300cm 的树种密度最小，随着高度级增大，其密度呈现逐渐减小的趋势，再处于比较稳定的状态，而在从 0~20cm 到 20~40cm 和从 260~280cm 到 280~300cm 时均出现骤减的现象，表明这 2 个阶段竞争比较激烈。图 8-4 为闽楠高度级分布，高度级为 0~20cm 的闽楠密度最大，其密度随高度级增大而减小，进一步分析得到闽楠幼树幼苗在生长过程中存在 3 个阶段其密度骤减的过程，分别是 0~20cm 到 20~40cm，120~140cm 到 140~160cm，260~280cm 到 280~300cm，尤其是 0~20cm 到 20~40cm，密度骤减，出现死亡高峰期，同样表明这 3 个阶段幼树幼苗竞争比较激烈。高度级分布的结果表明，高度级较小树种在群落内占较大的比例，这为森林自然更新奠定了良好的基础。

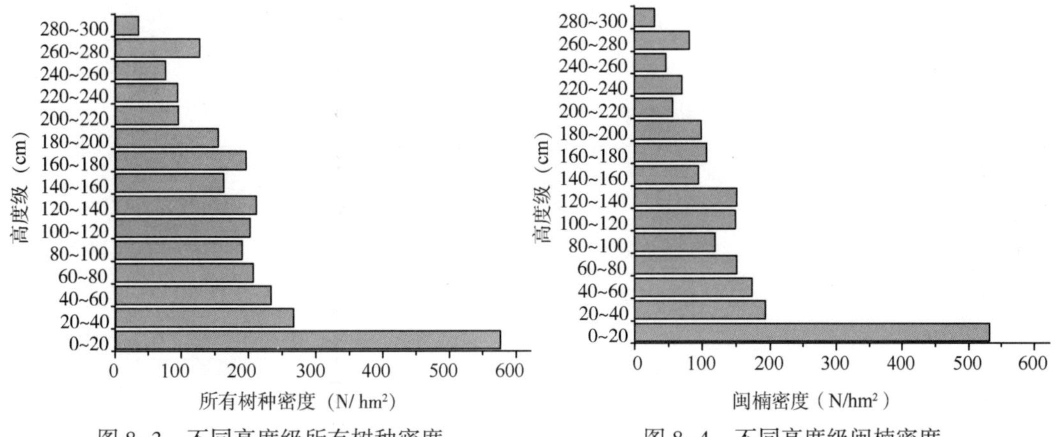

图 8-3　不同高度级所有树种密度　　　　图 8-4　不同高度级闽楠密度

8.4.1.2　地径级分布

统计分析更新层所有树种地径级分布如图 8-5 所示，所有树种密度在地径级为 0~0.2cm 时最大，其密度随地径级增大而递减，存在 2 个阶段密度骤减，与高度级分布不同的是，更新层所有树种的地径级分布更接近倒“*J*”形分布。图 8-6 所示为闽楠地径级分布，同样表明闽楠在地径级为 0~0.2cm 的更新密度最大，存在 2 个更新密度骤减的阶段，分别是 0~0.2cm 到 0.2~0.4cm，1.0~1.2cm 到 1.2~1.4cm，这两个时期出现了闽楠的死亡高峰期，表明这 2 个阶段竞争比较激烈。

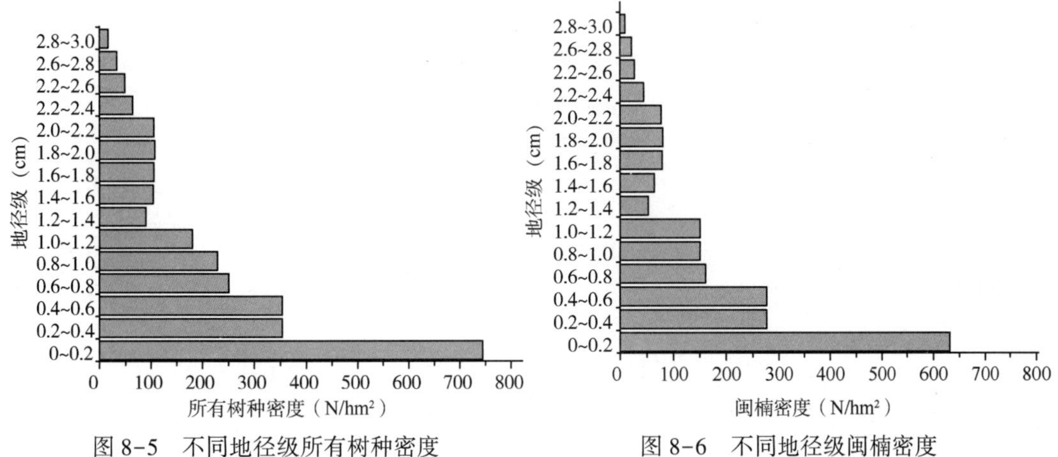

图 8-5　不同地径级所有树种密度　　　　图 8-6　不同地径级闽楠密度

8.4.2 更新层树种分布格局

8.4.2.1 主要树种分布格局

利用扩散系数法 C_x 、负二项参数 K 、聚块指数 m^*/m 3 种空间分布格局方法分析了更新层树种的空间分布格局。由表 8-8 可看出，由扩散系数 C_x 、负二项参数 K 和聚块指数 m^*/m 可得，更新层所有树种的空间分布均成聚集分布，即 $C_x>1$、$m^*/m>1$、K 值较小(0.25)。采用 t 检验对 C_x 进行差异显著性检验，结果表明，t 检验结果为极显著。此外，选取了更新层中重要值在 10%以上的树种进行空间分布格局的分析。研究表明，更新层 6 种主要树种中，闽楠、绒毛润楠、丝栗栲、木荷的空间分布均呈聚集分布，聚集强度大小排序为闽楠>丝栗栲>木荷>绒毛润楠，而拟赤杨、刨花楠呈随机分布状态。

表 8-8 主要树种空间分布格局

植物物种	C_x	t 检验	K 值	m^*/m	格局
闽楠	125.93	18.13**	0.18	6.61	聚集
绒毛润楠	9.57	2.38*	0.33	4.05	聚集
丝栗栲	18.33	5.94**	0.20	5.91	聚集
木荷	13.75	4.66**	0.30	4.36	聚集
拟赤杨	5.09	1.74	0.80	2.25	随机
刨花楠	5.53	1.51	0.48	3.09	随机
所有树种	97.30	13.97**	0.25	4.98	聚集

注：*表示在 0.05 水平上显著相关，**表示在 0.01 水平上显著相关；$t_{0.01}(100)=2.626$；$t_{0.05}(100)=1.984$；下同。

8.4.2.2 不同高度级树种的空间分布

由于不同高度级和地径级的更新层树种密度的变化相差不大，且地径和高度呈现线性关系，因此本研究只采用了高度级的划分来分析其空间分布格局。表 8-9 为更新层所有树种不同高度级的空间分布格局，其中，0~20cm、20~40cm、120~140cm 高度级下均呈聚集分布，其他高度级下均为随机分布，且随着高度级增大，整体上呈现 C_x 值逐渐减小，由聚集分布向随机分布转变，聚集强度逐渐减弱的状态。

表 8-9 所有树种不同高度级的空间分布格局

高度级(cm)	C_x	t 检验	K 值	m^*/m	格局
0~20	132.67	38.01**	0.11	10.09	聚集
20~40	11.24	2.21*	0.37	3.70	聚集
40~60	9.03	1.61	0.36	3.80	随机
60~80	8.58	1.52	0.33	4.00	随机
80~100	8.18	1.55	0.37	3.71	随机
100~120	9.87	1.98	0.35	3.86	随机
120~140	13.62	2.93**	0.28	4.63	聚集

（续）

高度级(cm)	C_x	t 检验	K 值	m^*/m	格局
140~160	7.94	1.51	0.34	3.93	随机
160~180	9.07	1.74	0.32	4.17	随机
180~200	7.23	1.43	0.40	3.51	随机
200~220	4.71	0.86	0.43	3.35	随机
220~240	5.27	1.07	0.42	3.39	随机
240~260	3.36	0.62	0.68	2.47	随机
260~280	3.45	0.74	0.58	2.71	随机
280~300	1.00	0.00	—	1.00	随机

表 8-10 为更新层闽楠不同高度级的空间分布格局。其中 0~20cm、20~40cm、40~60cm、100~120cm、120~140cm、160~180cm 及 260~280cm 高度级下闽楠幼树幼苗均呈现聚集分布，其他高度级均呈现随机分布，且随着高度级变化，扩散系数 C_x 呈现波浪式变化。

表 8-10 闽楠不同高度级的空间分布格局

高度级(cm)	C_x	t 检验	K 值	m^*/m	格局
0~20	134.21	34.98**	0.08	12.93	聚集
20~40	10.19	2.23*	0.42	3.38	聚集
40~60	9.57	2.11*	0.37	3.70	聚集
60~80	8.37	1.79	0.36	3.77	随机
80~100	6.12	1.37	0.50	2.98	随机
100~120	9.65	2.16*	0.33	4.07	聚集
120~140	13.75	3.14**	0.22	5.52	聚集
140~160	7.71	1.73	0.28	4.52	随机
160~180	10.40	2.47*	0.24	5.21	聚集
180~200	6.38	1.41	0.39	3.56	随机
200~220	5.63	1.40	0.33	4.04	随机
220~240	5.62	1.33	0.38	3.63	随机
240~260	3.41	0.80	0.63	2.58	随机
260~280	6.28	2.07*	0.30	4.36	聚集
280~300	1.18	0.06	5.86	1.17	随机

结果表明，高度级和地径级较小的树种在更新层中占有较大的比例，说明闽楠天然次生林有丰富的幼苗储备资源，为群落的持续更新和结构优化提供有力的保障；更新层的径级分布结构整体呈现倒“J”型分布，与异龄林直径分布的特征相似。

8.5 闽楠幼树幼苗自然更新与环境因子的关系

幼树幼苗生长阶段是植物生活史中对环境最敏感的时期，由种子萌发成为成熟个体的过程中会受到多方面因素的影响，如环境条件、自然或人为干扰及树种本身的特性等。从众多影响因素中寻找出影响其自然更新的规律，有助于在森林自然更新的基础上提高人为促进更新的效果。因此，本章通过多元数量化模型Ⅰ建模，综合分析闽楠幼树幼苗自然更新与环境因子关系，以期寻找适合其自然更新的理想条件，为促进闽楠幼树幼苗自然更新提供合理的经营措施。

8.5.1 相关性模型建立

以重要值作为因变量，影响林下植被更新状况的环境因子为自变量，通过多元数量化模型Ⅰ建模，分析各环境因子对闽楠天然次生林中闽楠幼树幼苗更新的影响，在此基础上，对影响极显著的定性因子进行控制变量分析，即控制其他影响因子相似的情况下，采用单因素方差分析方法进一步分析某个因子变化下闽楠幼树幼苗更新状况(平均密度、平均高度)的差异程度。由于数量化模型Ⅰ要求的样本数量较多，因此，闽楠幼树幼苗生长状况及环境因子的数据调查统计是在10m×10m的小样方中进行的，小样方数总计100个。其中筛选出的影响因子(项目)的每个等级(类目)的样方数均有4~5个重复，这种样方数在一定程度上可以说明某因子变化对闽楠幼树幼苗更新状况影响程度的差异。

参考相关文献及结合闽楠天然次生林的特征，选择影响闽楠幼树幼苗自然更新的环境因子并对其进行分解。环境因子包括林分因子(平均胸径、郁闭度和株树密度)、地形因子(坡度、坡位和坡向)、林下植被因子(林下植被盖度、林下植被高度)、土壤因子(土层厚度、腐殖质层厚度)、凋落物层厚度以及闽楠的状况(闽楠下种母树、闽楠密度和闽楠平均胸径)等14个因子。需要说明的是，由于标准地的海拔在200~400m范围，跨度小，土壤类型均为红壤，其土壤质地等均相差不大，因此没有考虑海拔及其他土壤因子；此外，考虑到能结实的闽楠数量的多少可能对其幼苗幼树更新影响较大，因此，将结实量较为稳定的闽楠视为下种母树，参考相关文献和闽楠的生长特性，将闽楠下种母树定义为胸径≥20cm以上的树木。环境因子类目划分按照通用的规定章程、参考相关文献及标准地实际情况后确定。

8.5.2 环境因子对闽楠幼树幼苗更新的影响

以闽楠幼树幼苗的重要值为因变量，选取的环境因子(包括定性和定量项目)为自变量，运用多元化数量模型Ⅰ，对14个环境因子进行建模，根据结果进行偏相关检验，把相关系数小的，差异性不显著的项目剔除掉，再对剩下的项目重新建模，反复进行。考虑到减少建模因子的数量，才能增加模型的准确性，最后筛选出闽楠下种母树、郁闭度、坡位、腐殖质层厚度、坡向、林下植被盖度、凋落物层厚度、株树密度8个环境因子，其模

型如下：

$$Y=2.284-3.416x_{11}-2.042x_{12}+0.245x_{13}-1.709x_{21}-0.686x_{22}+0.423x_{31}+0.384x_{32}-0.171x_{33}-1.488x_{41}-1.388x_{42}+6.022x_{51}+1.341x_{52}-0.131x_{61}+0.023x_{62}+0.291x_{63}-0.152x_{71}-0.094x_{72}+0.104x_{73}+0.605x_{8}$$

在模型检验中，偏相关系数采用 t 检验，其结果均为极显著或显著；复相关系数用 F 检验，检验结果为极显著，所以筛选出的 8 个因子与闽楠天然次生林幼苗幼树自然更新具有极显著的关系。模型运算结果及各类目得分值和项目分值极差见表 8-11。

表 8-11　环境因子分解

编号	项目	类目			
		1	2	3	4
1	坡位	上坡	中坡	下坡	
2	坡向	阳坡	半阳坡	半阴坡	阴坡
3	坡度	缓坡 6°~15°	斜坡 16°~25°	陡坡 25°~35°	急坡 35°~45°
4	林下植被盖度(%)	<30	30~60	60~90	>90
5	林下植被高度(m)	<0.5	0.5~1.0	1.0~1.5	>1.5
6	郁闭度	<0.3	0.3~0.5	0.5~0.7	>0.7
7	土层厚度(cm)	薄(<40)	中(40~80)	厚(>80)	
8	腐殖质层厚度(cm)	薄(<10)	中(10~20)	厚(>20)	
9	凋落物层厚度(cm)	薄(<1)	中(1~3)	厚(>3)	
10	闽楠密度(N/hm^2)	<500	500~1000	1000~1500	>1500
11	株数密度(N/hm^2)	<1000	1000~2000	2000~3000	>3000
12	闽楠下种母树(N)				
13	闽楠平均胸径(cm)				
14	林分平均胸径(cm)				

8.5.2.1　密度指标对闽楠幼树幼苗更新的影响

从表 8-12 可知，闽楠下种母树株数对闽楠幼树幼苗更新的贡献率最大。自然更新必须有种源，而闽楠大树结实比较稳定，可为更新提供种源，对其幼树幼苗的更新起最主要的作用，大树越多，提供的种子越多，越有利于自然更新。因此，必须保证林分中有一定数量的闽楠大树，这是其自然更新的基础。通过对标准地调查数据的分析，并参考闽楠种子萌发及其幼树幼苗生长竞争特性，要保证其天然更新的顺利进行，闽楠下种母树应保留 200 株/hm^2 以上。

郁闭度对闽楠幼树幼苗更新影响极显著，其影响程度排名第二位，其中以 0.5~0.7 的郁闭度最好，其次是 0.3~0.5 和>0.7，<0.3 最差。进一步通过单因素方差分析表明(表 8-12)，郁闭度 0.5~0.7 下闽楠幼树幼苗的平均密度显著高于其他郁闭度($P<0.05$)，而郁闭度为 0.3~0.5 的幼树幼苗平均高度显著高于郁闭度<0.3 和>0.7 的平均高度($P<$

0.05)。林冠层郁闭度的大小直接决定林下层光照的情况。郁闭度过小，会导致光照强度增大，引起土壤湿度变小，不利于种子的萌发；郁闭度过大，会导致光照强度过弱，不利于幼树幼苗生长。

表 8-12　模型运算结果

项目	项目代号	类目代号	得分值	分值极差	偏相关系数	t 检验
坡向	x_1	1	-3.416	3.661	0.3975	2.9472**
		2	-2.042			
		3	0.245			
		4	0			
坡位	x_2	1	-1.709	1.709	0.6024	5.1964**
		2	-0.686			
		3	0			
林下植被盖度	x_3	1	0.423	0.423	0.3651	2.7721**
		2	0.384			
		3	0.171			
		4	0			
腐殖质层厚度	x_4	1	-1.488	1.488	0.5848	4.9713**
		2	-1.388			
		3	0			
凋落物层厚度	x_5	1	6.022	6.022	0.3592	2.7186**
		2	1.341			
		3	0			
郁闭度	x_6	1	-0.131	0.422	0.6502	5.8466**
		2	0.023			
		3	0.291			
		4	0			
株数密度	x_7	1	-0.152	0.256	0.3257	2.3074*
		2	-0.094			
		3	0.104			
		4	0			
闽楠下种母树	x_8		0.605	0.605	0.7157	6.8435**

注：*表示在0.05水平上显著相关，**表示在0.01水平上显著相关；$t_{0.01}(59)=2.662$；$t_{0.05}(59)=2.001$；$F_{0.01}(8, 59)=2.829$；复相关系数为0.966；F 检验结果为极显著($F=30.96^{**}$)。

株数密度以2000~3000株/hm^2 最好，其次是3000~4000株/hm^2 和1000~2000株/hm^2，<1000株/hm^2 更新最差。模型运算虽然得出这种结果，但由于株数密度的多少主要是影响光照条件，而在天然林中株数密度对林内光照的影响程度，还与株数按径级的分配比例有

很大关系。因此，考虑到株数密度与郁闭度之间存在一定的关系，在经营过程中主要可采用调控郁闭度大小的措施，对郁闭度过大的林分结合径级结构的调整适当间伐掉一些次要树种，而对郁闭度过小的适当补植树种以提高郁闭度(表 8-13)。

表 8-13　不同郁闭度对幼树幼苗更新状况影响

郁闭度	<0.3	0.3~0.5	0.5~0.7	>0.7
幼树幼苗平均密度(N/hm^2)	789 ± 126b	2133 ± 208b	6533 ± 1973a	1633 ± 305b
幼树幼苗平均高度(m)	0.46 ± 0.23b	1.11 ± 0.35a	0.71 ± 0.01ab	0.55 ± 0.21b

注：同行不同小写字母代表差异显著($P<0.05$)，下同。

8.5.2.2　地形因子对闽楠幼树幼苗更新的影响

根据表 8-12 结果，坡位对幼树幼苗更新特征的影响排名第三位，从得分值来看，下坡位闽楠幼树幼苗更新最好，其次是中坡，最差的是上坡。图 8-7 单因素方差分析结果表明，下坡幼树幼苗的平均密度和平均高度与中坡、上坡之间均存在显著差异($P<0.05$)。这主要是因为下坡土壤的持水性能高，长期的地表径流作用会导致下坡土壤更为肥沃，下坡土壤更有利于乔木种群的繁殖、种子的萌发以及幼苗种群的扩展，且雨水冲刷导致种子冲到下坡，下坡种子库较上坡丰富，因此，下坡更新更好。而上坡位土壤流失水分多，光照比下坡强，同时养分含量具有抑制效应，不利于种子的萌发和幼树幼苗的生长。

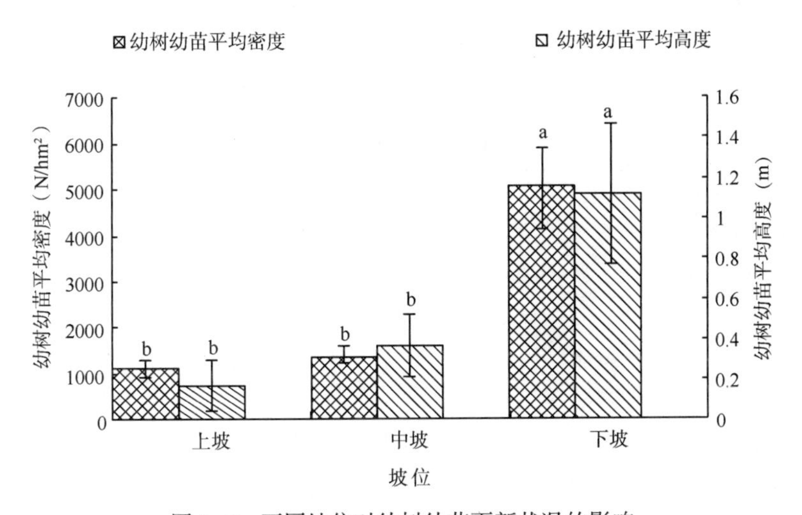

图 8-7　不同坡位对幼树幼苗更新状况的影响

坡向以半阴坡最好，其次是阴坡、半阳坡，阳坡最差。通过单因素方差分析(图 8-8)可知，阳坡、半阳坡、半阴坡、阴坡闽楠幼树幼苗的平均密度之间的差异均显著($P<0.05$)，其中半阴坡闽楠幼树幼苗的平均密度最大，且其平均高度也显著高于其他坡向($P<0.05$)。不同坡向太阳的辐射强度以及日照时数不同，导致水、热和土壤理化性质有所差异。半阴坡和阴坡林分内太阳辐射及日照少导致温度降低和蒸腾作用减小，土壤水分

充足，对种子萌发和幼树幼苗生长起促进作用。而阳坡光照强，导致温度升高和水分蒸腾增大，不利于幼树幼苗生长。闽楠是耐阴性树种，对光热的耐受条件有限。因此，对闽楠幼树幼苗来说，半阴坡最适合闽楠更新。

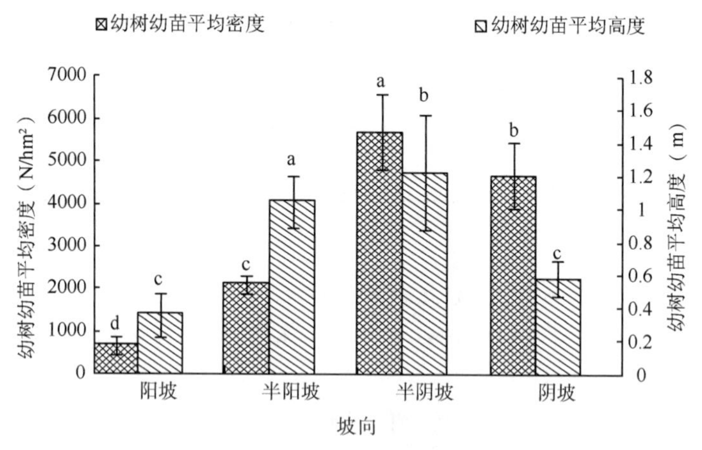

图 8-8 不同坡向对幼树幼苗更新状况的影响

8.5.2.3 土壤及凋落物对闽楠幼树幼苗更新的影响

腐殖质层厚度对闽楠次生林下幼树幼苗更新的影响排在第四位。其中，以>20cm 最好，10~20cm 次之，<10cm 最差。从单因素方差分析表 8-14 可以看出，腐殖质层厚度>20cm 的闽楠幼树幼苗的平均密度和平均高度均显著高于其他腐殖质层厚度的平均密度和平均高度($P<0.05$)。由于土壤中的水分、营养物质等影响着种子的萌发、幼苗的生长和发育，而幼树幼苗的根系较浅，加上腐殖质层的养分、微量元素较为丰富，因此腐殖质层厚度越厚越有利于幼树幼苗的更新。

表 8-14 不同腐殖质厚度对幼树幼苗更新状况影响

腐殖质层厚度(cm)	<10	10~20	>20
幼树幼苗平均密度(N/hm²)	1167 ± 88c	2620 ± 375b	4720 ± 712a
幼树幼苗平均高度(m)	0.99 ± 0.12b	1.20 ± 0.19b	1.49 ± 0.28a

凋落物层厚度以<1cm 最好，其次是 1~3cm，最差是>3cm。单因素方差分析(表 8-15)可以看出，凋落物层厚度<1cm 闽楠幼树幼苗的平均密度和平均高度均显著高于其他凋落物层厚度的平均密度和平均高度($P<0.05$)。这是由于较厚的凋落物对种子和土壤接触影响较大，不利于种子到达土壤表面，减少了种子萌发的可能性和幼苗定居的机会；同时，凋落物也可能会通过化感作用等抑制幼苗的更新。因此，经营中可通过人为措施对凋落物层厚度进行控制，以促进其更新。

表 8-15 不同凋落物厚度对幼树幼苗更新影响

凋落物层厚度(cm)	<1	1~3	>3
幼树幼苗平均密度(N/hm²)	4913 ± 893a	2320 ± 753b	1500 ± 169b
幼树幼苗平均高度(m)	1.39 ± 0.09a	0.98 ± 0.19b	0.95 ± 0.08b

8.5.2.4　林下植被盖度对闽楠幼树幼苗更新的影响

林下植被盖度以<30%最好，其次是 30%～60%、60%～90%，最差是>90%，从单因素方差分析(图 8-9)可知，林下植被盖度小于<30%的幼树幼苗平均密度和平均高度均显著高于其他林下植被盖度的平均密度和平均高度(P<0.05)。林下植被盖度的高低直接影响林下幼树幼苗生长空间的大小，其盖度越大林下幼树幼苗与灌草对光照、水分、养分等资源的竞争越强，从而影响幼树幼苗的自然更新。因此，在闽楠天然次生林经营中，进行砍杂抚育将有利于其自然更新。

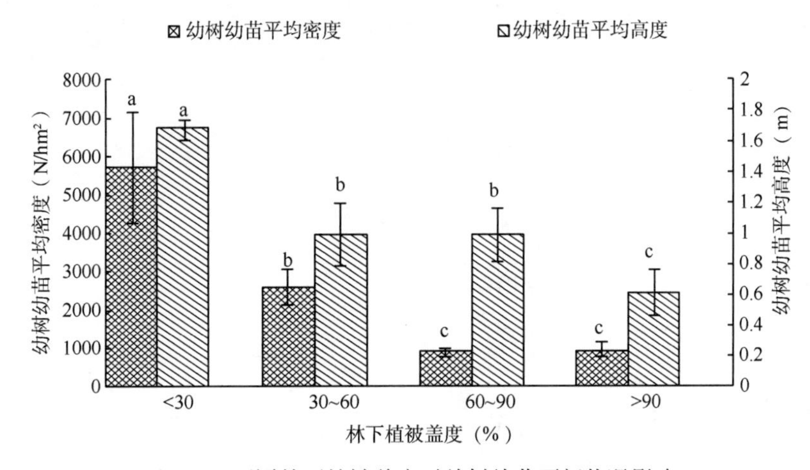

图 8-9　不同林下植被盖度对幼树幼苗更新状况影响

根据所建立的数量化模型，综合分析得到密度(闽楠下种母树、郁闭度、株数密度)、坡位、腐殖质层厚度、坡向、林下植被盖度、凋落物层厚度是影响闽楠天然次生林自然更新的主要因子。密度对闽楠天然次生林自然更新影响最大；其中，闽楠下种母树起着最主要的作用，其株数多有利于自然更新，而郁闭度与株数密度过高或过低均不利于其自然更新，郁闭度在 0.5～0.7 之间其幼树幼苗的平均密度均显著高于郁闭度<0.3、0.3～0.5 和>0.7的(P<0.05)。凋落物层越厚、林下植被盖度越大、腐殖质层越薄均不利于其自然更新；其中，凋落物层厚度<1cm 最好，最差是>3cm，厚度<1cm 的幼树幼苗平均密度和平均高度均显著高于厚度 1～3cm 及>3cm 的(P<0.05)；林下植被盖度以<30%更新最好，其次是 30%～60%、60%～90%，最差是>90%，其<30%盖度的幼树幼苗平均密度和平均高度均显著高于其他林下植被盖度(P<0.05)；腐殖质层厚度>20cm 的闽楠幼树幼苗的平均密度和平均高度均显著高于腐殖质层厚度<10cm 及 10～20cm 的(P<0.05)。地形对自然更新的影响主要体现在坡位和坡向，下坡位、半阴坡闽楠幼树幼苗更新最好；其中，下坡幼树幼苗的平均密度和平均高度均显著高于中坡和上坡(P<0.05)；半阴坡幼树幼苗的平均密度和平均高度显著高于其他坡向(P<0.05)。

为促进闽楠幼树幼苗的天然更新，林分中闽楠下种母树应保留 200 株/hm^{2}以上，同时，对郁闭度、林下植被盖度及凋落物层厚度等要实施相应的调控措施。

第9章

楠木次生林立地质量评价与生长收获模型

9.1 楠木次生林立地质量评价

9.1.1 国内外研究概述

立地(Site)，又称“生境”，是林木或森林内的其他植物生长的空间环境及与其生长发育相关的自然环境因子的综合。立地质量(Site Quality)则是指某一立地条件下既定森林或其他植被类型的生产潜力。对于立地的调查主要包括两个内容：一个是立地的分类，一个是立地质量的评价。

9.1.1.1 立地分类

立地分类是进行立地质量评价的基础，而立地分类的方法也多种多样，总体而言，包括以下 3 个方面：森林植被分类方法、环境因子分类方法以及综合因子分类方法。

在同一立地条件下，该地区的植被需要不断适应其所处的生存环境，长久以后就会形成一个稳定的植物群落，植被对其所处的立地条件的变化有极其敏感的响应，而该地区顶级群落的生态幅宽窄则可以反映其立地条件的好坏，因此，可将植被指示作为一个地区立地质量好与坏的重要依据。该方法最早由 Cajander 于 1926 年提出，阐述了对立地与植被之间的紧密联系，主张把一个地区稳定的植物群落作为该地区立地分类的重要条件。随后，Daubenmire 在该方法的基础上，进一步优化和完善，提出将种群结构加入立地分类，以不同类型的植物群落作为立地分类的依据，尤其是处于生态位顶层的植物群落，该方法也在以落基山脉为代表的美国西北地区得到广泛应用。我国对森林立地分类的研究最早可追溯到 20 世纪 50 年代，并对此进行了较为广泛的应用，其立地分类的方法主要借鉴于苏联的林型学派以及立地学派所使用的方法。随后又进行了大量相关的研究，伴随着人类社会的不断发展，由于生产生活日益增长的需求，植被遭到了人们不断地干扰和破坏，导致了以植被因子来划分立地类型的方法在一些地区是行不通的，此时，我们就要考虑其他立地分类的途径。

林木的生长会受到许多环境条件的影响，主要有温度和降雨等气候因子，地质、地貌和地形(包括坡度、坡位和坡向等)等地文因子，以及土壤质地、土壤类型和土层厚度等土壤因子，这些因子相比植被因子具有较高的稳定性，不易受到人为干扰，同时能够直接、稳定和准确地反应立地条件，因此，可以根据各环境因子之间的差异，对森林的不同类型的生态系统进行立地类型的分类。根据环境因子来划分立地类型最早于 20 世纪 70 年代被提出，Juradnt 等首先建立了能够同时反映自然地理格局及其特性，又能反映大气候对林木生长所能产生的作用的魁北克省立地生态区；之后 Kojima 等又在阿尔伯特的西南地区划分了不同的地理气候区。在现实中，气候条件往往会影响较大的区域，因此气候可以反映生态系统在大尺度上的差异，而其中、小尺度上的差异则主要受土壤和地文等立地因子的影响。地文因子主要包括地形、地貌和地质等因素，其中又以地形因子为主，包括坡位、坡度以及坡向等因子，可以充分反映森林生态系统的热量、水分和光照等条件，因此常常将其作为立地分类的重要依据。该分类方法最早由德国学者 Krauss 于 1926 年提出，被应用于森林的质量评价、林地制图和立地分类中。此后的 20 世纪 60 年代，美国的 Carmean 对林分生长和立地评价与环境变量之间的联系进行了研究。但该方法仍存在着一定的局限性，在立地分类的精度方面有一定的欠缺，因此，要想确保立地类型划分的精度，就需要结合其他方法，而利用土壤因子来划分立地类型则可以很好地解决这一问题。土壤因子对森林生产力具有决定性的作用，尤其是在地形无明显差异的平原地区，因此土壤-立地指数方法常被作为重要依据来进行立地分类和立地质量评价。甚至一些学者认为气候因子和地文因子对森林生态系统的影响首先是通过对土壤的影响而间接造成的，另有一些学者则以地貌划分立地单元，而通过土壤肥力等来对其进行描述。此外，随着研究的不断深入，学者们开始将多种环境因子综合运用，建立多级序的分类层次，以期更为科学、合理地划分立地类型，该方法已广泛应用于实际生产中，并取得了一定成效。

植被因子能够充分运用本身所携带的大量指示信息，直接、准确地反映森林生态系统状况，地形因子具有较强的表征意义，能够稳定地反映立地条件，二者在划分立地类型时均有着一定的局限性。近年来，学者开始以二者相结合的综合多因子途径作为立地分类的重要依据，相继提出了生境类型的划分、森林植物条件类型的分类等立地分类方法，此后还运用多元回归和数量化等方法对油松 *Pinus tabuliformis* 林、毛竹 *Phyllostachys heterocycla* 林等进行立地分类；之后，林业“3S”和遥感等技术也逐渐应用于立地类型的划分中，此外综合多因子结合主导因子的途径在立地分类中也有广泛运用。

9.1.1.2　立地质量评价

森林立地质量评价是衡量立地生产力和制定森林经营决策的重要手段，世界各国对立地质量评价进行了大量研究，主要包括对辐射松 *Pinus radiata*、邓恩桉 *Eucalyptus dunnii Maiden*、火炬松 *Pinus taeda*、欧洲赤松 *Pinus sylvestris*、挪威云杉 *Picea abies*、响叶杨 *Populus tremuloides* 以及栓皮栎 *Quercus suber* 等树种；我国主要对落叶松 *Larix gmelinii*、杉木 *Cunninghamia lanceolata*、刺槐 *Robinia pseudoacacia*、马尾松 *Pinus massoniana*、福建柏 *Fokienia hodginsii* 和油松 *Pinus tabuliformis* 等树种进行了相关研究。而立地质量评价的方法主要有直接评价、间接评价和结合二者的综合评价法 3 种。

直接评价法主要应用于有林地的评价，包括依据林分的收获量或蓄积量来评定立地质量和以林分高来评价两种方法，前者需要设置固定样地进行连续和长时间的测量来进行立地质量评价，具有一定的局限性。以林分高来评价立地质量的方法包括立地指数法和地位级法，此法最早应用于北美地区，随后 Pienaar、Lauer 等对其进行了推广，我国评价立地质量的方法主要包括利用差分研制多形立地指数方程和以导向曲线形成地位指数表等方法，还通过建立 Richards、Sloboda 和 Schumacher 等生长模型进行立地质量评价。进行立地质量评价时，直接评价法有时往往无法进行，如所需进行立地质量评价的目标树种在所研究的区域没有生长时，这时往往会采用间接评价的方法。间接评价法是根据植被指示、环境因素以及树种代换等能反映相关指示植被的生长潜力或构成立地质量的因子特性来评价立地质量差异的方法。具体的评价方法主要包括根据树种之间生长量关系来评价的方法、多元地位指数法（主要对无林地的立地质量进行评价）和植被指数法等评价方法。直接评价法和间接评价法均有着自身的优缺点，因此，学者结合二者形成了综合评价法，该评价方法具有准确、直接和可靠等优点，乌克兰和德国的学者对其进行了研究，国内一些学者也运用综合评价的方法对海南岛热带雨林、紫金山南坡的森林以及浙江省内陆地区森林的立地质量进行了评价。

9.1.2 研究区概况与数据来源

9.1.2.1 研究区概况

湖南省，地域范围在 108°47′~114°15′E，24°38′~30°08′N 之间，地处中国中部，长江中游，东以桂东县黄连坪临江西，西以新晃侗族自治县韭菜塘接贵州、重庆，南以江华瑶族自治县姑婆山毗广东、广西，北以石门县壶瓶山抵湖北。全省土地面积 21.18 万 km^2，占中国国土总面积的 2.2%，东西宽 667km，南北长 774km（图 9-1）。

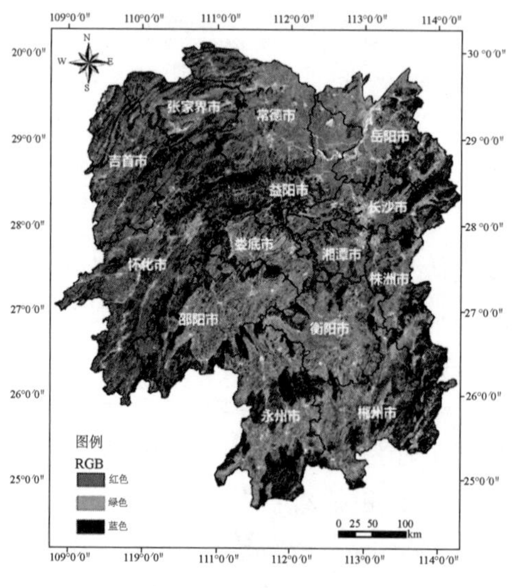

图 9-1　研究区位置图

（1）气候条件

湖南省气候为大陆性亚热带季风湿润气候，具有丰富的光、热、水资源，年平均日照数1300~1800h，年平均气温15~18℃，年平均降雨量1200~1700mm。气候年变化较大，冬季寒冷而夏季酷热，春温多变，秋温陡降，春夏多雨，秋冬干旱，气候垂直变化较为明显。

(2)土壤类型

红壤为湖南省主要的地带性土壤，分布面积达863.72万hm^2，占全省土壤总面积的51.00%，主要分布于海拔700m以下的低山区；其次是水稻土(275.58万hm^2)，占全省土壤总面积的16.50%，是湖南省主要的农业土壤资源；黄壤为湖南省的第三大土壤类型(210.64万hm^2)，占全省土壤总面积的12.62%；紫色土是湖南省的第四大土壤类型(131.27万hm^2)，占全省土壤总面积的7.86%；石灰土是湖南省第五大土壤类型(54.73万hm^2)，占全省土壤总面积的3.28%；其余各土类黄棕壤、黑色石灰土和潮土等均在全省各地有少量分布。

(3)地形地貌

湖南地形为东、西、南三面环山，中北部低落，海拔24~2099m，最高海拔为西北部石门县的壶瓶山，最低海拔为临湘县的黄盖湖西岸。全省地貌以海拔800m以下的山地和丘陵为主，占全省总面积的66.62%，其中山地面积占比达51.22%，丘陵占比15.40%，其余各地貌占比分别为岗地占比13.87%，平原占比13.11%，水面占比6.39%。

9.1.2.2　数据来源与主要研究方法

(1)数据来源

基础数据为湖南省1989—2014年6期的国家森林资源连续清查(National Forest Inventory，NFI)数据，其中，2014年有楠木树种生长的样地共117块，筛选出楠木为优势树种或主要树种，且能够通过基于林木多期直径测定数据的异龄林年龄估计方法计算出林分平均年龄的样地共55块。固定样地设置为边长25.8m的方形样地，样地大小为666.7m^2，样地调查因子主要包括样地号、横纵坐标、地貌、海拔、坡向、坡位、坡度、土壤名称、土壤厚度、腐殖质厚度、枯枝落叶厚度、草本覆盖度和植被总覆盖度等，样地每木检尺因子包括乔木树种的胸径(D，每木检尺起测胸径为5.0cm)、样木号、树种、方位角和水平距等，树高为优势木平均高(H)，此外，还可通过计算得到每株林木的断面积(g)和材积(v)，从而得到林分的断面积(G)和蓄积(M)。

(2)湖南楠木分布

分别统计湖南省117块含楠木树种的样地以及研究所筛选出的55块楠木次生林样地的分布情况(表9-1)。发现湖南省的楠木树种和楠木次生林均主要分布在怀化、株洲、郴州、吉首、永州、邵阳和张家界7个地区，各地区楠木株数分别为670(36.26%)、322(17.42%)、277(14.99%)、146(7.90%)、137(7.41%)、124(6.71%)和92(4.98%)株，楠木次生林样地数分布为17(30.91%)、10(18.18%)、7(12.73%)、6(10.91%)、6(10.91%)、5(9.09%)和3(5.45%)块，其余各地区楠木分布均较少。

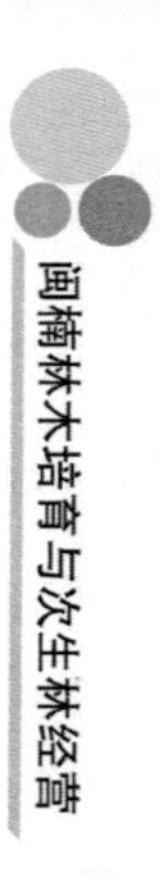

表 9-1　湖南楠木分布情况

	地区(市)	怀化	株洲	郴州	吉首	永州	邵阳	张家界	岳阳	衡阳	常德	娄底	长沙	湘潭
楠木树种	样地数	37	16	16	12	9	5	11	2	2	2	2	2	1
	平均年龄(A/年)	18	36	20	20	38	28	18	22	17	20	13	18	11
	平均树高(H/m)	9.7	9.2	7.5	10.0	9.1	8.9	9.4	7.6	11.3	8.3	8.0	7.2	8.0
	平均胸径(D/cm)	12.8	16.0	11.7	11.1	16.2	13.0	12.8	9.9	12.2	11.3	8.9	10.9	7.4
	楠木株数	670	322	277	146	137	124	92	26	18	16	14	3	3
	株数占比(%)	36.26	17.42	14.99	7.90	7.41	6.71	4.98	1.41	0.97	0.87	0.76	0.16	0.16
楠木次生林	样地数	17	10	7	6	6	5	3	1	—	—	—	—	—
	平均年龄(A/年)	30	35	29	27	34	28	23	23	—	—	—	—	—
	平均胸径(D/cm)	10.8	12.3	11.1	11.2	13.4	11.2	10.8	10.6	—	—	—	—	—
	公顷株数 N(株/hm^2)	1729	1212	1952	1235	1153	1140	975	1575	—	—	—	—	—
	平均蓄积 M(m^3/hm^2)	100.96	113.83	127.13	101.67	161.75	86.00	51.73	79.94	—	—	—	—	—
	平均胸径 G(m^3/hm^2)	19.74	19.97	24.01	17.59	26.46	15.28	10.73	16.66	—	—	—	—	—

(3)林分因子统计分析

对研究过程中所涉及的林分因子，如林分平均年龄、平均胸径、优势木树高、林分断面积、林分蓄积和公顷株数等进行简单的统计分析，包括各林分因子的最大值、最小值、平均值和标准差等。林分平均年龄 12～65 年，平均值为 27 年；林分平均胸径 6.4～16.8cm，平均值为 10.7cm；林分优势高 6.0～14.0m，平均值为 9.5m；林分每公顷断面积 1.140～66.990m^2，平均值为 15.569m^2；林分每公顷蓄积 5.235～481.845m^3，平均值为 86.520m^3；林分每公顷株数 523～2385 株，平均值为 1209 株(表 9-2)。

表 9-2 林分因子汇总统计表

林分因子	平均年龄 A(年)	平均胸径 D(cm)	优势木高 H(m)	断面积 G(m^2/hm^2)	蓄积 M(m^3/hm^2)	公顷株数 N(株/hm^2)
最小值	12	6.4	6.0	1.140	5.235	523
最大值	65	16.8	14.0	66.990	481.845	2385
平均值	27	10.7	9.5	15.569	86.520	1209
标准差	8.532	2.314	1.930	13.106	84.198	521.017

(4)立地因子类目划分与主导因子选择

研究以林木胸径为指标对立地生产力进行评价，因此，立地因子的选取必须与胸径生长密切相关，选取海拔(X_1)、坡度(X_2)、坡向(X_3)、坡位(X_4)、土壤类型(X_5)和土层厚度(X_6)共 6 个立地因子进行分析。

在进行数据分析时，需要先将各立地因子进行类目划分，再对各类目进行赋值量化。立地因子的类目划分主要是根据研究区立地特征和研究需要，同时参照《国家森林资源连续清查——湖南省第八次复查操作细则》，将海拔分为中山、低山、丘陵和平原 4 个类目，坡度分为险坡、急坡、陡坡、斜坡、缓坡和平坡共 6 类，坡向分为阳坡和阴坡 2 类，坡位分为山谷、平地、下坡、中坡、上坡和山脊 6 类，土壤类型分为石灰土、黄棕壤、黄壤和红壤 4 类，土层厚度分为薄土层、厚土层和中土层 3 类，总计 6 个立地因子、25 个类目。

选取湖南楠木次生林立地分类主导因子的方法主要为基于综合多因子分析方法基础上的主导因子分析法，首先，选取对楠木次生林生长影响较大的立地因子，为海拔、坡度、坡向、坡位、土壤类型和土壤厚度 6 个立地因子，其与楠木生长和分布有着极为密切的关系；其次，在 SPSS23 统计分析软件中，对该 6 个立地因子进行主成分分析，根据分析结果，选取相关矩阵特征值和方差贡献率最大的 3 个立地因子作为主导因子，同时结合主导因子与各立地因子的相关系数，对各主成分进行解释，并进行重要性排序，得到各主导因子所对应的立地因子，以此作为立地类型划分的标准进行立地分类。

(5)编表数据选取

对 55 块样地采取随机抽样的方法选出 37 块样地共 214 组年龄-胸径值进行年龄-胸径的生长曲线拟合，剩余 18 块样地共 108 组年龄-胸径值用于模型精度与适用性的检验。样地林分特征统计见表 9-3，研究区楠木次生林林分年龄在 10～60 年之间，主要为幼龄林(10.9%)、中龄林(81.8%)，近熟林(3.6%)和成熟林(3.6%)仅有少量分布，无过熟林分布，林分的平均胸径分布在5.8~20.3cm之间。

表9-3 样地林分特征统计

龄级(年)	样地数(N)	林龄(年)	平均胸径(cm)
幼龄林	6	10~20	5.8~12.6
中龄林	45	21~40	7.9~14.1
近熟林	2	41~50	11.7~16.9
成熟林	2	51~60	13.7~20.3
过熟林	0	>60	—

使用相关统计软件对调查数据进行统计分析，首先将从所有样地的数据中获得的222组胸径-年龄数据对，按照5年的龄阶距将10~60年划分为11个龄阶，然后统计出各龄阶样本数量及其平均胸径、标准差(表9-4)，再以每龄阶平均胸径为基准，使用3倍标准差法($\overline{D}-3S_i=\overline{D}+3S_i$)对该龄阶内的异常数据进行剔除，最终得到214组数据对，用于导向曲线的拟合(表9-4)。

表9-4 样地林分特征统计

龄阶(年)	10	15	20	25	30	35	40	45	50	55	60
样本数(N)	1	12	44	63	54	16	14	2	4	3	1
平均胸径(cm)	7.0	7.5	9.5	10.5	11.4	12.3	14.3	13.4	12.7	14.7	16.8
标准差(cm)	-	1.02	1.33	1.59	1.57	1.76	1.72	1.71	1.75	2.05	-
$\overline{D}-3S_i$	7.0	4.4	5.5	5.7	6.7	7.0	9.1	8.3	7.5	8.6	16.8
$\overline{D}+3S_i$	7.0	10.7	13.5	15.3	16.1	17.6	19.5	18.5	18.0	20.9	16.8

(6)导向曲线的选择

林分胸径生长曲线簇中，有一条代表在中等立地条件下，林分胸径随林分年龄变化的平均胸径生长曲线，称作导向曲线。通过对37块样地的年龄和胸径进行整理，以林木生长最常用的10个非线性方程来拟合胸径生长曲线，采用最小二乘法进行参数估计，各方程的表达式见表9-5，以确定系数(R^2)、残差平方和(SSE)和预估精度(P)作为模型适用性检验的指标，选择相关性最大、精度最高以及残差平方和最小的方程作为导向曲线。

表9-5 曲线方程表达式

方程名称	表达式
理查德 Richards	$D=a(1-be^{-cA})^{\frac{1}{1-d}}$
指数 Exponentin	$D=aA^b$
双曲线 Hyperbola	$D=a-\frac{b}{A+c}$
二次函数 Quadratic function	$D=aA^2+bA+c$
坎派兹 Gompertz	$D=ae^{-bg^{c}a}$

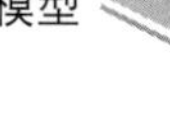

（续）

方程名称	表达式
单分子式 Mitscherlich	$D = a(1 - e^{-bA})$
舒马赫 Schumacher	$D = ae^{-\frac{b}{A}}$
对数 Logarithm	$D = a\ln A + b$
威布尔 Weibull	$D = a(1 - e^{-bA})^c$
逻辑斯蒂 Logistic	$D = \frac{a}{1 + be^{-cA}}$

注：D为林分平均胸径(cm)；A为林分年龄(年)；a、b、c、d为待定参数；e为自然对数底数；ln为常用对数符号。

(7)生长收获模型数据来源与处理

对55块楠木次生林样地，以前一期的数据作为林分的期初生长状况，后一期的数据作为林分的期末生长状况，间隔期为5年，6期数据共得到275组数据，因林分生长量是关于年龄单调非减的函数，需对获取的数据进行筛选，期末的林分因子必须大于或等于期初的，经筛选得到170组数据，将其分成两组独立样本，包括建模样本(115组)和检验样本(55组)。对样本中过大或过小的异常数据应进行剔除，以提高基础数据的可靠性，保证模型的预测精度。建模所需数据获取方法如下：

①期初年龄(t_1)：根据龙时胜等基于林木多期直径数据的异龄林年龄估计的方法得到。

②期末年龄(t_2)：$t_2 = t_1$+间隔期(5年)。

③地位指数(SI)：利用所编地位指数表获取。

④平均胸径(D)、每公顷断面积(G)和每公顷蓄积(M)：对一类清查数据进行简单计算和统计可得。

对样地各林分因子进行描述性统计(表9-6)，林分的年龄为12~65年，平均胸径为6.4~16.8cm，地位指数为9.7~22.7cm；公顷株数为805~2385株/hm^2，断面积为6.140~66.990m^2/hm^2，蓄积量为15.235~481.845m^3/hm^2。

表9-6　林分因子描述性统计表

林分变量	建模数据					检验数据				
	样本量	最小值	最大值	平均值	标准差	样本量	最小值	最大值	平均值	标准差
年龄(年)	115	12	65	27	8.281	55	18	58	26	7.637
平均胸径(cm)	115	6.4	16.8	10.7	2.124	55	7.0	15.3	10.8	1.982
地位指数(cm)	115	9.7	16.7	13.1	1.555	55	10.2	22.7	14.0	2.572
公顷株数(N)	115	805	2370	1110	601.976	55	815	2385	1223	549.048
断面积(m^2/hm^2)	115	6.140	66.990	15.195	12.036	55	7.635	51.960	16.560	9.980
蓄积(m^3/hm^2)	115	15.235	481.845	86.520	85.918	55	16.360	369.780	90.330	67.828

(8)混合效应模型构建方法

基础模型往往不能很好地预估林分的生长与收获情况，在预测精度和模型适用性上往往存在着一定的不足。因此，本研究考虑在固定效应模型的基础上，增加样地水平的随机效应，综合考虑海拔、坡度、坡向、坡位、土壤等立地因子对湖南楠木次生林生长与收获的影响，构建了基于样地水平的湖南楠木次生林生长与收获混合效应联立方程组模型。构建混合效应模型一般要考虑以下 3 个问题。

①确定模型的固定效应参数和随机效应参数

将基础模型参数的所有组合作为混合参数进行模型拟合，对所有收敛的组合，通过其赤池信息准则(Akaike Information Criterion，*AIC*)、贝叶斯信息准则(Bayesian Information Criterion，*BIC*)的大小，比较不同模拟过程的拟合效果，*AIC*、*BIC* 值越小，表明模型的拟合效果越好，为避免模型参数过多化，对不同参数个数的模拟过程进行似然比检验 *LRT*，当 $P<0.0001$ 时，认为模型之间差异达到显著水平，否则，认为模型之间差异不显著，优先选取参数较少的模型。

$$LL = -\frac{n}{2} \cdot \ln(2p) - \frac{n}{2} \cdot \ln(\frac{SSE}{n}) - \frac{n}{2} \tag{9-1}$$

$$AIC = 2p - 2LL \tag{9-2}$$

$$BIC = p \cdot \ln(n) - 2LL \tag{9-3}$$

$$LRT = 2(LL_1 - LL_2) \tag{9-4}$$

式中：n——模型拟合样本数；

p——参数个数；

SSE——模型的残差平方和；

LL_1 和 LL_2——两个比较模型的对数似然值。

②样地内的方差-协方差结构 R_i

本研究的林分断面积和蓄积量数据在调查时间上存在着自相关性，而不同的样地间也存在一定的差异，可通过混合效应模型中的样地内方差-协方差结构对其进行修正。

③随机效应的方差-协方差结构 D

不同样地内各林分变量的生长差异可通过随机效应的方差-协方差结构来反映。本研究采用广义正定矩阵来描述随机效应的方差-协方差结构，以包含 3 个随机参数的方差-协方差矩阵为例，其结构为：

$$D = \begin{bmatrix} \sigma_{\beta_1}^2 & \sigma_{\beta_1\beta_2} & \sigma_{\beta_1\beta_3} \\ \sigma_{\beta_1\beta_2} & \sigma_{\beta_2}^2 & \sigma_{\beta_2\beta_3} \\ \sigma_{\beta_1\beta_3} & \sigma_{\beta_2\beta_3} & \sigma_{\beta_3}^2 \end{bmatrix} \tag{9-5}$$

式中：$\sigma_{\beta_1}^2$——随机参数 β_1 的方差；

$\sigma_{\beta_2}^2$——随机参数 β_2 的方差；

$\sigma_{\beta_3}^2$——随机参数 β_3 的方差；

$\sigma_{\beta_1\beta_2}$——随机参数 β_1 和 β_2 的协方差；

$\sigma_{\beta_1\beta_3}$——随机参数 β_1 和 β_3 的协方差；

$\sigma_{\beta_2\beta_3}$——随机参数 β_2 和 β_3 的协方差。

(9)断面积生长模型选择

对样地内达到起测径阶($D≥5.0$cm)的林木进行每木检尺，记录其胸径(D)，此外，还通过计算得出每块样地的林分断面积(G)和蓄积量(M)。通过龙时胜等基于林木多期直径测定数据的异龄林估计方法计算可得到样地内每株林木的年龄，从而可以计算出各林分的平均年龄。样地的选取原则如下：①样地内楠木占比较大(≥20%)，为优势树种或主要树种；②林分为天然林，郁闭度在0.6以上，未经严重的人为破坏，表现为多期测定时其株数减少量小于10%；③林分断面积生长量为正向增长，不考虑出现负增长的样地。通过上述原则，最终筛选出201组数据，以其中的134组数据作为建模数据，剩余67组数据为检验数据，分别对其进行简单的统计分析(表9-7)。

表9-7　建模数据与检验数据特征统计

林分因子	建模数据					检验数据				
	样本量	最小值	最大值	平均值	标准差	样本量	最小值	最大值	平均值	标准差
年龄 A（年）	134	12	48	27	5.7651	67	14	53	28	8.0098
直径 D（cm）	134	7.0	18.6	9.8	1.9210	67	7.2	18.9	9.5	1.7240
断面积 G（m^2/hm^2）	134	2.3533	30.2128	12.0496	5.4185	67	2.8490	25.5542	12.2977	5.3998
蓄积量 M（m^3/hm^2）	134	12	48	27	5.7651	67	14	53	28	8.0098

以林业中常用的符合林分生长规律的5个理论方程理查德Richards、考尔夫Korf、坎派兹Compertz、舒马赫Schumacher和逻辑斯蒂Logistic模型作为湖南楠木次生林断面积生长预测的基础模型，各模型表达式见表9-8。用确定系数(R^2)、残差平方和(SSE)及预测精度(P)对各模型的预测效果进行评价，其中，确定系数和预测精度越大、残差平方和越小，表明预测效果越好。

表9-8　基础模型与表达式

序号	模型名称	方程	表达式
1	理查德 Richards	$y=a(1-e^{-b\cdot x})^c$	$G=b_1(1-e^{-b_2\cdot A})^{b_3}$
2	考尔夫 Korf	$y=a\cdot e^{-b\cdot x^{-c}}$	$G=b_1\cdot e^{-b_2\cdot A^{-b_3}}$
3	舒马赫 Schumacher	$y=a\cdot e^{\frac{-b}{x}}$	$G=b_1\cdot e^{\frac{-b_2}{A}}$
4	逻辑斯蒂 Logistic	$y=\frac{a}{1+b\cdot e^{-c\cdot x}}$	$G=\frac{b_1}{1+b_2\cdot e^{-b_3\cdot A}}$
5	坎派兹 Compertz	$y=a\cdot e^{-b\cdot e^{-c\cdot x}}$	$G=b_1\cdot e^{-b_2\cdot e^{-b_3\cdot A}}$

注：G为现实林分断面积；A为林分平均年龄；e为自然对数底；ln为常用对数符号；b_1、b_2、b_3为待定参数。

(10)林分密度等级划分

根据样地林分特征及株数分布范围，以300株/hm^2为一个密度等级，将其划分为6个密度等级，具体划分标准见表9-9。

表9-9　林分密度等级划分标准

密度等级	Ⅰ	Ⅱ	Ⅲ	Ⅳ	Ⅳ	Ⅵ
密度范围(株/hm^2)	600~899	900~1199	1200~1499	1500~1799	1800~2099	>2100

9.1.3 立地分类结果

9.1.3.1 立地因子分析

对55块楠木次生林的6个主要立地因子进行主成分分析。从表9-10可知，特征值大于1的主成分总共有3个，前3个主成分的累积贡献率所包含的信息占总信息的78.081%，其中第一主成分初始特征值最大，为1.874，其贡献率所含信息占总信息的31.230%，第二主成分特征值为1.581，占总信息量的26.348%，第三主成分特征值为1.230，其所含信息占总信息量的20.503%，因而选择前3个主成分进行分析。从表9-11可知，楠木次生林立地因子第一主成分与坡度(0.753)、土壤厚度(0.732)和坡位(0.586)的相关性最高，其中，相关性最高的坡度因子载荷与土壤厚度因子载荷相差无几，而坡度直接影响土壤厚度，一般而言，随着坡度的不断增加，其土壤厚度会逐渐降低，说明第一主成分是反映坡度的因子；第二主成分的海拔因子载荷最大(0.847)，土壤类型因子载荷次之(0.797)，土壤类型随海拔的变化呈现地带性的改变，就湖南省的土壤分布情况而言，红壤主要分布在武陵山和雪峰山以东的低地，海拔700m以下的丘陵和平原区，黄壤则主要分布在武陵山和雪峰山以西山地，湘南、湘东山地也有。海拔500~1200m的低山地区，黄棕壤主要分布在海拔1000~1200m上的中山区，说明第二主成分是反映海拔的因子；第三主成的坡向因子载荷最大(0.948)，与其他5个立地因子的相关性均较小，说明第三主成分为坡向，是反映光照条件的立地因子。

表9-10 立地因子总方差解释表

成分	初始特征值			提取载荷平方和		
	总计	方差百分比	累积(%)	总计	方差百分比	累积(%)
1	1.874	31.230	31.230	1.874	31.230	31.230
2	1.581	26.348	57.578	1.581	26.348	57.578
3	1.230	20.503	78.081	1.230	20.503	78.081
4	0.689	11.479	89.560	—	—	—
5	0.363	6.056	95.616	—	—	—
6	0.263	4.384	100.000	—	—	—

表9-11 立地因子成分矩阵

立地因子	成分		
	1	2	3
坡度	0.753	0.000	-0.175
土壤厚度	0.732	0.191	0.030
坡位	0.586	-0.201	0.313
海拔	-0.208	0.847	0.071
土壤类型	0.348	0.797	-0.108
坡向	-0.007	0.013	0.948

综上，楠木次生林立地分类的主导因子重要性排序依次为坡度、土壤厚度、坡位>海拔、土壤类型>坡向，可根据这 3 个主成分反映的地形坡度、地貌土壤和坡向信息进行立地类型的划分。影响林木生长的因子有水、热、光、养分等要素，这些要素的差异取决于众多的环境因子，如气候、地貌、地形和土壤因子。由于研究区域范围局限于亚热带季风气候区，大气候条件趋于一致，中小尺度差异可以通过地文因子、土壤因子反映。

9.1.3.2　立地分类

根据主成分分析结果可知，坡度作为立地分类主导因子的第一主成分，在适宜的地貌下，是影响林地土壤养分状况的关键因素。因此，采用坡度因子划分楠木次生林立地类型小区。而海拔作为立地分类主导因子的第二主成分，制约着土壤养分、水分和热量的再分配，是造成不同地域性差异的重要标志。在进行选择时，由于土壤类型的分布是随着海拔的变化而产生变化的，所以确定以海拔特征划分楠木次生林立地类型组。坡向作为立地分类主导因子的第三主成分，是影响林木光合强度的直接因子。因此，以坡向划分楠木次生林立地类型。

综上所述，研究根据综合多因子和主导因子相结合的原则，对各级分类单元进行划分，立地分类单元划分依据及标准见表 9-12。最终，将研究区楠木次生林划分为 5 个立地类型小区，15 个立地类型组，30 个立地类型。而实际的 55 块样地包含 5 个立地类型小区，15 个立地类型组，21 个立地类型。

表 9-12　立地分类单元划分依据及标准

分类单元	分类依据	划分标准
立地小区	坡度	缓坡：坡度在 5°~14°之间
		斜坡：坡度在 15°~24°之间
		陡坡：坡度在 25°~34°之间
		急坡：坡度在 35°~44°之间
		险坡：坡度>45°
立地类型组	海拔	中山：海拔为 1000m 以上的山地
		低山：海拔为 500~1000m 的山地
		丘陵：海拔<500m，相对高差 100m 以下，没有明显脉络
立地类型	坡向	阳坡：坡向为东、东南、南、西南、无坡向
		阴坡：坡向为北、东北、西、西北

9.1.4　楠木次生林胸径地位指数表编制

9.1.4.1　导向曲线拟合结果

基础模型的参数估计在 SPSS23 统计软件的非线性拟合模块中进行，结果显示(表 9-13)，10 个方程的确定系数(R^2)为 0.930~0.956，除单分子式($R^2=0.949$)和舒马赫($R^2=0.930$)的确定系数相对较低外，其余 8 个方程的拟合确定系数均在 0.950 以上，10 个方程中确定系数最大的为理查德、指数函数和双曲线函数，其确定系数均为 0.956，残差平方和(SSE)的变化范围为3.950~6.300，最大的为舒马赫式(SSE=6.300)，最小为理查德式(SSE=3.950)，拟合精度(P)的范围为94.81%~97.77%，精度最高的为理查德式(P = 97.77%)，精度最低的为舒马赫式(P = 94.81%)，其中，理查德(Richards)方程的确定系数最大(R^2 = 0.956)，并且，其精度(P = 97.77%)最高、残差平方和(SSE = 3.950)最小，因此，将理查德式 $D = a(1 - be^{-cA})^{\frac{1}{1-d}}$ 作为导向曲线的拟合公式，即：

$$D = 15.6829\ (1 - e^{-0.0457A})^{\ 1.0597} \tag{9-6}$$

表 9-13　曲线方程计算结果统计

方程名称	参数				检验指标		
	a	b	c	d	R^2	P(%)	SSE
理查德 Richards	15.6829	1.0000	0.0457	0.0563	0.956	97.77	3.950
指数 Exponentin	1.4070	0.6204			0.956	96.68	3.960
双曲线 Hyperbola	51.1525	6415.0577	132.1809		0.956	96.80	3.979
二次函数 Quadratic function	-0.0015	0.3335	2.9001		0.955	97.16	3.997
坎派兹 Gompertz	21.0953	1.7538	0.0359		0.955	96.86	4.067
单分子式 Mitscherlich	18.4941	0.0338			0.949	95.83	4.623
舒马赫 Schumacher	19.3240	14.5843			0.930	94.81	6.300
对数 Logarithm	6.2623	-9.5248			0.950	95.44	4.648
威布尔 Weibull	18.4941	0.0110	3.0654		0.949	95.99	4.623
逻辑斯蒂克 Logistic	18.3715	3.4565	0.0593		0.954	97.01	4.158

注：a、b、c、d 为待定参数；e 为自然对数底数；R^2 为确定系数；P 为预估精度；SSE 为残差平方和。

9.1.4.2　基准年龄(A_0)和地位指数级距(C)的确定

基准年龄的确定应考虑两个条件，一是基准年龄时林分胸径生长应趋于稳定且能灵敏反映立地条件的差异，二是基准年龄应超过树种轮伐期的一半。以37块标准地的205组胸径-年龄数据为基础，通过公式 $\Delta S_D = S_{D(i+1)}/S_{Di}$ 和 $\Delta CV_D = CV_{D(i+1)}/CV_{Di}$ 计算出各龄阶胸径标准差的变化幅度(ΔS_D)以及变异系数的变化幅度(ΔCV_D)，并根据 ΔS_D 和 ΔCV_D 的计算结果值绘制变化图(图9-2)。从折线图可以看出，在36年以前胸径标准差(S_D)和变异系数(CV_D)的变化幅度一直较大，随着林分年龄的不断增大，在40年以后趋于稳定，且它们的变化幅度接近于1，在36年是平均生长量与连年生长量两条曲线相交，林分达到数量成熟，此时的胸径连年生长量也趋于稳定(图9-3)，说明该龄阶胸径生长趋于稳定，这时的年龄可以确定为基准年龄，结合杜鹃等确定楠木的轮伐期为54年，本研究采用40年作为湖南楠木次生林地位指数表编制的基准年龄。

地位指数级距 C 确定的主要依据是林分胸径的变化范围，本研究中楠木次生林在基准年龄(A_0= 40年)时林分胸径的变化范围为6.5~19.6cm，即 ΔD =13.1cm，本研究将指数级数量(n)设置为5个，通过公式 $C = \Delta D/n$ 确定 C 为3cm，最终得到9、12、15、18和21共5个指数级。

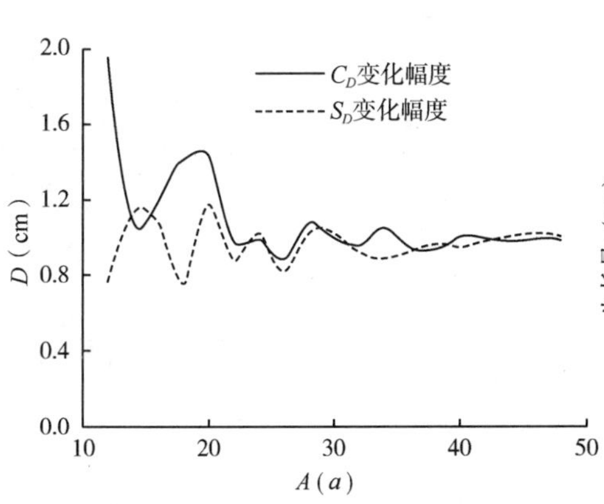

图 9-2 胸径标准差与变异系数变化幅度

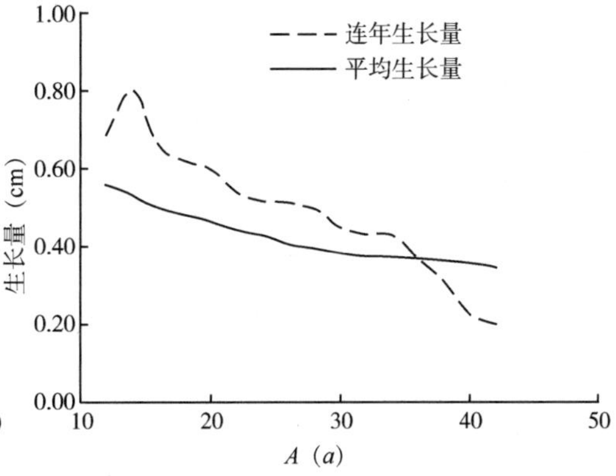

图 9-3 胸径生长量变化趋势

9.1.4.3 地位指数表的编制

(1)标准差调整法

以导向曲线为基础，按基准年龄(A_0= 40 年)时胸径值和指数级距(C = 3cm)，采用标准差调整法导出地位指数曲线簇。将各龄阶年龄(A)代入导向曲线方程，可得到各龄阶导向曲线胸径值(D_{ik})。根据各龄阶胸径标准差和各龄阶的平均年龄值，利用 $S_D = a + b\ln(A)$式拟合得到各龄阶胸径标准差方程为：

$$S_D = 0.6273\ \ln(A) - 0.5706 \tag{9-7}$$

通常在基准年龄 A_0时，导向曲线的理论胸径值恰好不为地位指数级数值，应根据 D_0 和 S_0的大小，采用下式进行调整：

$$D_{ij} = D_{ik} \pm \left[\left(\frac{D_{oj} - D_{ok}}{S_{A0}}\right) \cdot S_{Ai}\right] \tag{9-8}$$

式中：D_{ij}——第 i 龄阶第 j 指数级调整后的胸径；

D_{ik}——第 i 龄阶导向曲线的胸径；

D_{0j}——基准年龄时第 j 指数级的胸径；

D_{0k}——基准年龄时导向曲线的胸径；

S_{A0}——基准年龄所在龄阶胸径标准差理论值；

S_{Ai}——第 i 龄阶胸径标准差理论值。

将各龄阶年龄 A 代入(9-9)式，即可得到各龄阶胸径标准差理论值 S_{Ai}。本研究中，在基准年龄(A_0= 40 年)时，导向曲线上胸径的理论值为 13.02cm，而与之最为接近的地位指数级数为 S_0=12cm，则应进行相应的调整。首先计算基准年龄时导向曲线胸径值与基准年龄时第 12 指数级胸径值的差值 $d = D_{oj} - D_{ok}$ = 1.02cm，然后计算调整系数 $K_j = (D_{oj} - D_{ok}) / S_{Ao}$ = 0.586，最后将调整系数 K_j与各龄阶胸径标准差理论值 S_{Ai}相乘，即可得到各龄阶调整值 $K_j \cdot S_{Ai}$。将各龄阶导向曲线胸径值 D_{ik}与各龄阶调整值相减即可得到以 12 指数级为基础的各龄阶调整后的胸径值 D_o，结果见表 9-14。

表 9-14　各龄阶的胸径调整值统计

龄阶	10	15	20	25	30	35	40	45	50	55	60	65	70
D_{ik}	5.41	7.46	9.11	10.43	11.49	12.34	13.02	13.56	13.99	14.34	14.61	14.83	15.00
S_{Ai}	0.87	1.13	1.31	1.45	1.56	1.66	1.74	1.82	1.88	1.94	2.00	2.05	2.09
$K_j \cdot S_{Ai}$	0.51	0.66	0.77	0.85	0.92	0.97	1.02	1.07	1.10	1.14	1.17	1.20	1.23
D_{12}	4.90	6.80	8.34	9.58	10.58	11.37	12.00	12.50	12.89	13.20	13.44	13.63	13.78

以调整后的导向曲线(12 指数级)为准，按指数级距 $C = 3$cm，逐龄阶倒算出各地位指数级曲线上的胸径值，其余指数级的调整系数 K_j为：

$$K_j = \frac{C}{S_{A0}} \tag{9-9}$$

本研究中 $K_j = 3/1.74 = 1.724$，各龄阶内相邻指数级间的调整值为 $K_j \cdot S_{Ai} = 1.724\ S_{Ai}$，然后按(9-10)式计算出各龄阶内各地位指数级的胸径值，最后列为地位指数表(表 9-15)。

$$D_{ij} = D_{ik} \pm 1.724\ S_{Ai} \tag{9-10}$$

表 9-15　湖南楠木次生林胸径地位指数表(基于标准差调整法)

龄阶	地位指数 (cm)				
	9	12	15	18	21
10	2.2~3.7	3.8~5.2	5.3~6.7	6.8~8.2	8.3~9.8
15	3.6~5.5	5.6~7.4	7.5~9.4	9.5~11.3	11.4~13.4
20	4.8~6.9	7.0~9.2	9.3~11.5	11.6~13.7	13.8~16.0
25	5.8~8.2	8.3~10.7	10.8~13.1	13.2~15.6	15.7~18.1
30	6.5~9.1	9.2~11.8	11.9~14.5	14.6~17.2	17.3~19.9
35	7.1~9.8	9.9~12.7	12.8~15.6	15.7~18.4	18.5~21.3
40	7.5~10.4	10.5~13.4	13.5~16.4	16.5~19.4	19.5~22.5
45	7.8~10.9	11.0~14.0	14.1~17.2	17.3~20.3	20.4~23.5
50	8.1~11.3	11.4~14.5	14.6~17.7	17.8~21.0	21.1~24.3
55	8.2~11.5	11.6~14.9	15.0~18.2	18.3~21.6	21.7~25.0
60	8.4~11.8	11.9~15.2	15.3~18.6	18.7~22.1	22.2~25.6
65	8.4~11.9	12.0~15.5	15.6~19.0	19.1~22.5	22.6~26.2
70	8.5~12.0	12.1~15.6	15.7~19.3	19.4~22.9	23.0~26.6

(2)变动系数调整法与相对优势高法(略)

9.1.4.4　地位指数表检验

(1)落点检验

将 17 块检验样地共 96 对年龄-胸径值分别绘制到 3 种编表方法所形成的胸径地位指数曲线簇上(图 9-4)，标准差调整法和变动系数调整法均有 95 对数据落在所绘地位指数曲线簇内，精度高达 98.96%，相对优势胸径法有 94 对数据落在地位指数曲线簇内，精度达 97.92%，落点检验结果显示，标准差调整法和变动系数调整法所编胸径地位指数表精度更高。

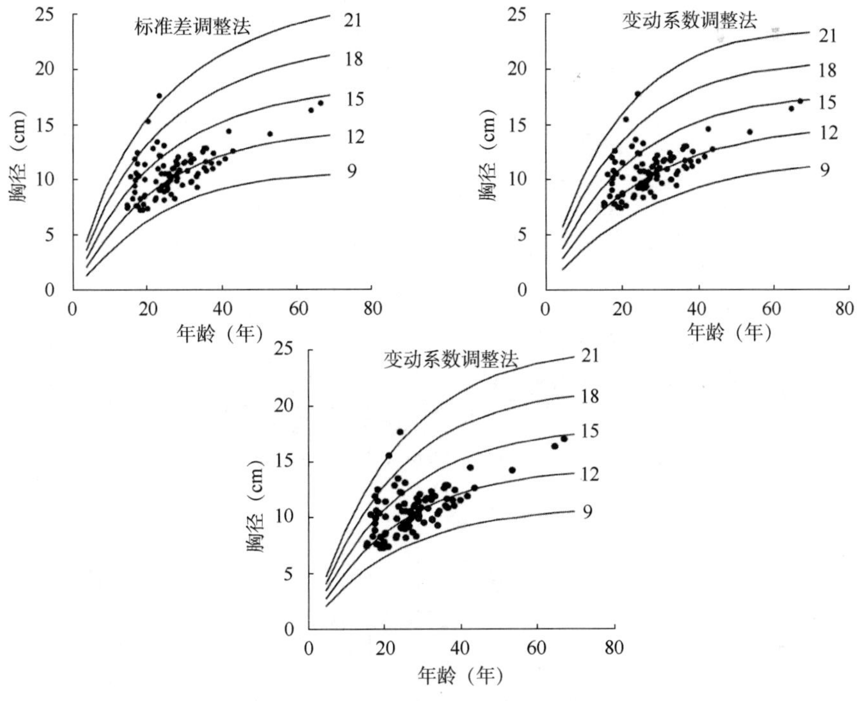

图 9-4　胸径地位指数曲线簇与落点检验

(2)适用性检验

同一个地区其立地条件如不发生较大改变，其立地质量不会随着时间的推进产生变化，本研究所编制的地位指数表，应能够精确且稳定地反映一个地区的立地质量，通过统计每块样地 6 期数据的地位指数变化情况，通过对跳级比率的计算，对所编胸径地位指数表的适用性进行检验。结果显示(表 9-16)，3 种地位指数表编表方法中，标准差调整法不跳级的比率为 76.47%，跳 1 级的比率为 23.53%，无跳 2 级或以上的现象，变动系数调整法所编地位指数表不跳级的比率为 76.47%，跳 1 级的比率为 17.65%，跳 2 级或以上的比率为 5.88%，相对优势胸径法所编地位指数表不跳级的比率为 70.59%，跳 1 级的比率为 23.53%，跳 2 级或以上的比率为 5.88%。综上，可以发现采用标准差调整法所编制的胸径地位指数表不跳级的比率最高(76.47%)，且没有出现跳 2 级或以上的现象，表明其稳定性高，适用性强。适用性检验见表 9-17。

表 9-16　地位指数表适用性检验结果

编表方法	不跳级	跳 1 级	跳 2 级或以上
标准差调整法	76.47	23.53	0.00
变动系数调整法	76.47	17.65	5.88
相对优势胸径法	70.59	23.53	5.88

表 9-17　地位指数表检验结果(基于标准差调整法)

样地号	1989 年			1994 年			1999 年			2004 年			2009 年			2014 年		
	直径	年龄	地位指数	直径	年龄	地位指数	直径	年龄	地位指数	直径	年龄	地位指数	直径	年龄	地位指数	直径	年龄	地位指数
146	7. 6	16. 0	15	7. 7	15. 9	15	9. 4	17. 9	15	10. 0	20. 7	15	12. 2	24. 5	15	13. 0	25. 9	15
148	7. 4	15. 8	12	8. 2	17. 3	15	12. 1	25. 0	15	7. 7	20. 4	12	9. 0	25. 0	12	7. 2	20. 2	12
1554	10. 5	34. 9	12	10. 2	34. 5	12	11. 0	36. 6	12	9. 4	30. 7	12	9. 9	33. 1	12	11. 8	42. 2	12
3419	—	—	—	—	—	—	10. 7	32. 0	12	9. 8	29. 3	12	8. 3	23. 6	12	9. 4	26. 6	12
4700	7. 4	21. 5	12	7. 2	19. 4	12	8. 4	20. 5	12	9. 1	26. 9	12	10. 1	29. 5	12	9. 9	27. 6	12
4826	10. 8	30. 1	12	10. 6	29. 6	12	12. 2	32. 8	12	11. 4	31. 1	12	11. 8	29. 6	12	11. 6	29. 0	12
4870	—	—	—	—	—	—	8. 5	20. 7	12	10. 5	27. 2	12	10. 5	26. 1	12	11. 2	27. 7	12
4989	16. 2	65. 0	15	16. 9	67. 5	15	14. 1	54. 0	12	10. 9	38. 7	12	11. 4	40. 4	12	12. 5	44. 1	12
5105	9. 2	34. 6	9	10. 8	37. 2	12	11. 5	38. 4	12	11. 5	36. 9	12	12. 3	38. 9	12	14. 3	43. 0	15
5168	—	—	—	—	—	—	—	—	—	8. 2	28. 8	9	8. 6	27. 8	9	9. 8	33. 1	9
5447	—	—	—	—	—	—	—	—	—	7. 6	18. 3	12	8. 2	19. 5	12	9. 8	23. 6	12
5635	8. 3	23. 5	12	8. 9	25. 9	12	9. 4	26. 6	12	9. 4	25. 4	12	10. 3	27. 3	12	11. 4	29. 3	12
5943	10. 3	19. 1	15	10. 3	19. 0	15	10. 3	18. 9	15	11. 3	20. 7	15	12. 8	23. 0	15	13. 1	24. 1	15
5963	—	—	—	—	—	—	7. 5	18. 8	12	8. 4	26. 0	12	9. 0	26. 6	12	9. 0	24. 7	12
6099	12. 7	37. 1	12	11. 3	29. 4	12	10. 9	28. 2	12	11. 7	32. 9	12	11. 6	31. 5	12	11. 0	28. 5	12
6433	12. 4	18. 7	18	10. 2	16. 8	18	9. 9	18. 1	15	10. 9	24. 2	15	10. 5	25. 2	12	10. 2	28. 0	12
6560	9. 7	27. 0	12	10. 4	29. 3	12	12. 6	36. 5	12	11. 5	32. 9	12	12. 5	36. 2	12	11. 8	33. 7	12

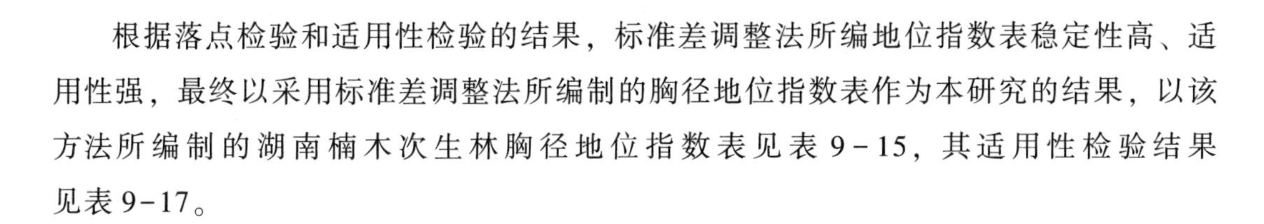

根据落点检验和适用性检验的结果，标准差调整法所编地位指数表稳定性高、适用性强，最终以采用标准差调整法所编制的胸径地位指数表作为本研究的结果，以该方法所编制的湖南楠木次生林胸径地位指数表见表9－15，其适用性检验结果见表9-17。

9.1.5　立地质量评价

9.1.5.1　立地质量等级划分

根据各楠木次生林样地的平均年龄和平均胸径，查所编制的楠木次生林胸径地位指数表，可得到各样地的地位指数，通过地位指数值的变化范围，划分立地质量等级。地位指数的变化范围为9～15cm，因此将立地质量划分为3个等级，分别为好、中和差，其对应的立地质量等级分别为Ⅰ级、Ⅱ级和Ⅲ级，相应的地位指数分别为15、12和9指数级(表9-18)。

表9-18　各立地质量等级分布及占比

立地质量等级	立地质量	地位指数(cm)	样地数	占比(%)
Ⅰ	好	15	27	49.09
Ⅱ	中	12	26	47.27
Ⅲ	差	9	2	3.64

9.1.5.2　立地质量评价结果

对各立地类型进行立地质量评价与立地质量等级划分，结果显示(表9-19)，立地质量为“好”的立地类型为缓坡丘陵阴坡、陡坡中山阴坡、陡坡中山阳坡、急坡丘陵阴坡、急坡丘陵阳坡、急坡低山阴坡和急坡低山阳坡等7个立地类型，共有27块样地分布，占楠木次生林总样地数的49.09%；立地质量为“中”的立地类型为缓坡中山阳坡、斜坡低山阴坡、斜坡低山阳坡、陡坡丘陵阴坡、陡坡丘陵阳坡、陡坡低山阴坡、陡坡低山阳坡、急坡中山阴坡、急坡中山阳坡、险坡丘陵阴坡、险坡低山阴坡和险坡低山阳坡等12个立地类型，共有26块楠木次生林分布，占总样地的47.27%，立地质量为“差”的立地类型为缓坡低山阳坡和险坡中山阴坡立地类型，共有2块样地分布，占楠木次生林总样地数的3.64%。

表 9-19　各立地类型立地质量评价结果

立地类型	样地数	平均胸径(cm)	平均年龄(年)	地位指数(cm)	等级	占比(%)	立地类型	样地数	平均胸径(cm)	平均年龄(年)	地位指数(cm)	等级	占比(%)
缓坡丘陵阴坡立地类型	1	14.9	36.3	15	Ⅰ	1.82	急坡丘陵阴坡立地类型	8	10.9	24.2	15	Ⅰ	14.55
缓坡低山阳坡立地类型	1	9.8	33.1	9	Ⅲ	1.82	急坡丘陵阳坡立地类型	5	11.0	24.5	15	Ⅰ	9.09
缓坡中山阳坡立地类型	1	10.2	28.0	12	Ⅱ	1.82	急坡低山阴坡立地类型	5	12.7	27.9	15	Ⅰ	9.09
斜坡低山阴坡立地类型	3	10.6	28.1	12	Ⅱ	5.45	急坡低山阳坡立地类型	6	11.7	30.7	15	Ⅰ	10.91
斜坡低山阳坡立地类型	1	11.6	32.1	12	Ⅱ	1.82	急坡中山阴坡立地类型	3	12.0	32.2	12	Ⅱ	5.45
陡坡丘陵阴坡立地类型	2	10.8	24.4	12	Ⅱ	3.64	急坡中山阳坡立地类型	1	12.6	39.8	12	Ⅱ	1.82
陡坡丘陵阳坡立地类型	2	11.8	32.5	12	Ⅱ	3.64	险坡丘陵阴坡立地类型	1	12.4	35.8	12	Ⅱ	1.82
陡坡低山阴坡立地类型	8	11.3	32.0	12	Ⅱ	14.55	险坡低山阴坡立地类型	2	12.1	47.5	12	Ⅱ	3.64
陡坡低山阳坡立地类型	1	9.6	24.3	12	Ⅱ	1.82	险坡低山阳坡立地类型	1	9.8	23.6	12	Ⅱ	1.82
陡坡中山阴坡立地类型	1	13.5	35.0	15	Ⅰ	1.82	险坡中山阴坡立地类型	1	8.8	33.9	9	Ⅲ	1.82
陡坡中山阳坡立地类型	1	14.3	43.0	15	Ⅰ	1.82	—	—	—	—	—	—	—

9.2　楠木次生林生长收获模型

数据来源同9.1。

9.2.1　林分相容性生长与收获模型

9.2.1.1　相容性生长与收获模型建立

利用eview 9.0软件对联立方程组(式9-11，9-12，9-13)的参数进行估计，从结果(表9-20)可以看出联立方程组中3个方程的拟合相关系数(R^2)都在0.770以上，残差平方和(SSE)均较小，拟合效果较好。

表9-20　参数估计结果

模型	参数						指标		
	b_0	b_1	b_2	b_3	a_0	a_1	相关系数(R^2)	标准误差(SE)	残差平方和(SSE)
3.7	1.28780	0.02559	-4.53792	1.07294	—	—	0.860	0.169	2.403
3.8							0.907	0.006	0.306
3.9	—	—	—	—	4.72330	-0.06097	0.778	0.130	1.456

以联立方程组参数估计的结果，建立湖南省楠木次生林相容性林分生长与收获模型系统。

林分断面积生长预测模型为：

$$\ln G_2 = (t_1/t_2)\ln G_1 + 4.72330\ (1 - t_1/t_2) - 0.06097\ SI\ (1 - t_1/t_2) \tag{9-11}$$

相应的林分蓄积量生长预测模型为：

$$\ln M_2 = 1.28780 + 0.02559SI - 4.53792t_2^{-1} + 1.07294\ (t_1/t_2)\ \ln G_1 + 4.72330\ (1 - t_1/t_2) - 0.06097SI\ (1 - t_1/t_2) \tag{9-12}$$

当$t_2 = t_1 = t$时(即预测间隔期为0a)，此时$G_2 = G_1 = G$，可得到与现在林分一致的收获量方程：

$$\ln M_1 = 1.28780 + 0.02559SI - 4.53792t_1^{-1} + 1.07294\ \ln G \tag{9-13}$$

上述方程(式9-11)到方程(式9-13)可预测未来林分的生长和收获量。以研究区的第5497号样地为例，其现实林分年龄t_1 = 20a，地位指数SI = 12cm，每公顷断面积G_1 = 16.668m^2，利用方程(式9-13)可得到现实林分的蓄积M_1，利用方程(式9-11)和方程(式9-12)可以实现对未来林分的断面积(G_2)和蓄积量(M_2)的预测，并分别计算其平均生长量(Z_t)，连年生长量(θ_t)及生长率(P_t)，以5年为一个龄阶至60年的预测值见表9-21。

表 9-21 第 5497 号样地生长与收获预测值

年龄(a)	断面积				蓄积量			
	总断面积 $G(m^2/hm^2)$	平均生长量 Z_t (m^2/hm^2)	连年生长量 θ_t (m^2/hm^2)	生长率 $P_t(\%)$	总蓄积量 $M(m^3/hm^2)$	平均生长量 Z_t (m^3/hm^2)	连年生长量 θ_t (m^3/hm^2)	生长率 $P_t(\%)$
20	16.668	0.833	—	—	80.374	4.019	—	—
25	21.097	0.844	0.886	26.571	108.298	4.332	5.585	34.743
30	24.685	0.823	0.718	17.010	132.117	4.404	4.764	21.994
35	27.617	0.789	0.586	11.874	152.275	4.351	4.032	15.258
40	30.041	0.751	0.485	8.780	169.388	4.235	3.422	11.238
45	32.073	0.713	0.406	6.764	184.016	4.089	2.926	8.636
50	33.798	0.676	0.345	5.376	196.624	3.932	2.521	6.851
55	35.277	0.641	0.296	4.377	207.578	3.774	2.191	5.571
60	36.559	0.609	0.256	3.635	217.172	3.620	1.919	4.622

注：表中对楠木次生林断面积、蓄积量及其平均生长量、连年生长量和生长量的预测间隔期均为 5 年，其 1 年内的生长与收获预测值需除以间隔期 5 年。

9.2.1.2 混合效应模型构建

以广义正定矩阵来描述随机效应的方差-协方差结构，在此基础上拟合包含不同随机参数个数的混合效应模型，从中选出最优模型。模拟结果显示(表 9-22)，式 9-13 共有 10 种收敛的模拟，通过对比其 AIC、BIC 值，发现所有含随机参数的模拟，其拟合效果均优于基础模型(AIC=862.3686，BIC=876.2642，LL=-426.1843)。当只有 1 个随机参数时，有 4 种收敛的情况，模拟 1(AIC=817.1616，BIC=833.7588，LL=-402.5808)的效果优于其他 3 个模拟；当包含 2 个随机参数时，同样有 4 种收敛的情况，模拟 6(AIC=802.3507，BIC=832.4489，LL=-390.1754)的拟合效果优于其余模拟；当考虑 3 个随机参数时，有 2 种收敛的情况，模拟 10(AIC=806.1024，BIC=827.9920，LL=-395.0512)的拟合效果优于模拟 9。为避免参数过多化，对不同参数个数效果最好的模拟进行似然比检验，结果显示，含 1 个随机参数的模拟 1 拟合效果显著优于基础模型(LRT=47.2070，P<0.0001)，含 2 个随机参数的模拟 6 拟合效果显著优于含 1 个随机参数的模拟 1(LRT=24.8108，P<0.0001)，而含 3 个随机参数的模拟 10 与模拟 6 之间无显著差异(LRT=-9.7516，P=0.0208)，将参数更少的模拟 6 作为式 9-13 混合效应拟合的最优结果，其随机参数为 β_1、β_3；式 9-11 共有 3 种收敛的模拟，其模拟效果同样均优于基础模型(AIC=503.0832，BIC=511.4206，LL=-248.5416)，含 1 个随机参数有 2 种收敛的情况，其中，模拟 12(AIC=481.0938，BIC=492.0386，LL=-236.5469)的拟合效果优于模拟 11(AIC=481.5892，BIC=492.5340，LL=-236.7946)，含 2 个随机参数时仅有 1 种情况模拟 13(AIC=484.5987，BIC=501.0159，LL=-236.2993)且收敛，对不同参数个数的模拟进行拟合效果比较，含 1 个随机参数的模拟 12 拟合效果显著优于基础模型(LRT=

23.9894，$P<0.0001$)，含 2 个随机参数的模拟 13 拟合效果与模拟 12 拟合效果无显著差异($LRT=0.4952$，$P=0.7807$)，选择参数更少的模拟 12 作为式 9-11 的最优混合效应拟合结果，其随机参数为 β_6；同理，可确定式 9-12 的随机参数为 β_1、β_3、β_6。

表 9-22 混合效应模型拟合结果

林分变量	模拟过程	随机参数	参数个数	*AIC*	*BIC*	*LL*	*LRT*	*P*
M_1	基础模型	无	4	862.3686	876.2642	−426.1843	—	—
	模拟 1	β_1	5	817.1616	833.7588	−402.5808	47.2070	<0.0001**
	模拟 2	β_2	5	821.3118	837.7290	−404.6559	—	—
	模拟 3	β_3	5	818.0150	834.4322	−403.0075	—	—
	模拟 4	β_4	5	818.6704	835.0876	−403.3352	—	—
	模拟 5	β_1、β_2	6	820.3749	842.2644	−402.1874	—	—
	模拟 6	β_1、β_3	6	802.3507	832.4489	−390.1754	24.8108	<0.0001**
	模拟 7	β_1、β_4	6	821.1609	843.0505	−402.5804	—	—
	模拟 8	β_2、β_3	6	821.6649	843.5545	−402.8324	—	—
	模拟 9	β_1、β_2、β_3	7	812.6554	842.7535	−395.3277	—	—
	模拟 10	β_1、β_2、β_4	7	806.1024	827.9920	−395.0512	−9.7516	0.0208
G_2	基础模型	无	2	503.0832	511.4206	−248.5416	—	—
	模拟 11	β_5	3	481.5892	492.5340	−236.7946	—	—
	模拟 12	β_6	3	481.0938	492.0386	−236.5469	23.9894	<0.0001**
	模拟 13	β_5、β_6	4	484.5987	501.0159	−236.2993	0.4952	0.7807

注：因林分变量 M_2 的收敛结果较多，且受联立方程组内生变量 M_1、G_2 的影响，故未在表中列出；** 表示差异显著。

混合效应模型中随机参数的模拟过程在林业统计软件 Forstat 2.0 的非线性混合模型模块中进行，同时还可计算得到样地间的方差-协方差矩阵和随机效应的方差-协方差矩阵，最终，基于样地效应和误差结构矩阵的混合效应模型形式如下：

$$
\begin{cases}
\ln M_1 = (b_1 + \beta_{1i}) + b_2 SI + (b_3 + \beta_{3i}) t_1^{-1} + b_4 \ln G_1 + \varepsilon_{M_1}, \\
\ln G_2 = (\frac{t_1}{t_2}) \ln G_1 + b_5 (1 - \frac{t_1}{t_2}) + (b_6 + \beta_{6i}) SI (1 - \frac{t_1}{t_2}) + \varepsilon_{G_2}, \\
\ln M_2 = \ln M_1 + (b_3 + \beta_{3i}) (\frac{1}{t_2} - \frac{1}{t_1}) + b_4 (\ln G_2 - \ln G_1) + \varepsilon_{M_2}, \\
(\beta_{1i} \beta_{3i} \beta_{6i})^T \sim N(0, D), \\
(\varepsilon_{M1} \varepsilon_{G2} \varepsilon_{M2})^T \sim N(0, R_i), \\
R_i = \sigma^2 \Gamma_i(\rho), \\
\Gamma_i(\rho) = AR(1)。
\end{cases}
\tag{9-14}
$$

式中：D——样地间随机效应方差-协方差矩阵；

R_i——样地内误差效应方差-协方差矩阵；

β_{1i}、β_{3i}、β_{6i}——随机效应参数；

$\Gamma_i(p)$——自相关矩阵；

i——样地数。

9.2.1.3 模型拟合效果检验

相比基础模型，混合效应模型不仅在参数构造和方差组成上有所差异，在各拟合统计量上也有较大的差异，除 *AIC*、*BIC* 值比基础模型小外，其平均误差和均方根误差值在数量上均有较大幅度的下降。其中式 9-13 混合效应模型(*Bias*=-1.858)的平均误差值较基础模型(*Bias*=-1.105)下降了 40.53%，均方根误差(*RMSE*)值由15.938 下降到7.637，下降了 52.08%；式 9-11 混合效应模型(*Bias*=0.240)的平均误差值较基础模型(*Bias*=-0.132)下降了 45.00%，而均方根误差值(*RMSE*)下降幅度较小(3.03%)，由 2.609 下降到 2.530；式 9-12 混合效应模型(*Bias*=-5.243)的平均误差值较基础模型(*Bias*=-3.205)下降了 38.87%，均方根误差值(*RMSE*)下降了 38.04%，由 23.397 下降到 14.496，研究结果表明混合效应模型在预测过程中减小了预测误差。对比基础模型与混合效应模型的确定系数(R^2)，发现混合效应模型确定系数均较基础模型有所提升，这在一定程度上保证了模型的适用性，其中 M_1 和 M_2 的 R^2 提升较大，分别从 0.860 提升到 0.968、从 0.778 提升到 0.915，而 G_2 的确定系数提升较小($R^2=0.913$)，其原因可能是由于其基础模型的 R^2 值已较高($R^2=0.907$)。联立方程组 3 个方程的混合效应模型拟合精度较基础模型均有较大提升，其中式 9-13 混合效应模型(P=99.497%)的预测精度较基础模型(P=85.125%)提升了 14.372%，式 9-11 混合效应模型(P=94.101%)的预测精度较基础模型(P=89.785%)提升了 4.316%，式 9-12 混合效应模型(P=98.707%)的预测精度较基础模型(P=86.697%)提升了 12.010%，结果表明，研究所构建的混合效应模型提高模型的确定系数和预测精度。

为更加直观地对比基础模型与混合效应模型的拟合效果差异，分别作其残差分布图(图 9-5)，可以看出相比基础模型(图 9-5A，9-5C，9-5E)，所构建的混合效应模型其残差分布(图 9-5B，9-5D，9-5F)范围更小，残差值的分布也更加均匀，没有出现明显的不规则形状，说明该模型不存在异方差。综上，混合效应模型的预测精度和适用性均优于基础模型，能够更加准确地预估湖南楠木次生林的生长与收获情况。

9.2.2 断面积生长量模型

9.2.2.1 基础模型拟合结果

对湖南省楠木次生林断面积生长基础模型进行拟合，其参数求解结果及模型拟合优度评价指标见表 9-23。所有模型的确定系数为 0.2251～0.2410，残差平方和为 2986.1492～3047.5358，预估精度为 97.5123～98.8213%。其中，模型 4(Logistic 生长模型)的拟合效果最佳，其确定系数(R^2=0.2410)和预测精度(P=98.8213%)为 5 个模型中最高，同时该模型的残差平方和(*SSE*=2986.1492)为所有模型中最小，且 F 检验结果极显著(P<0.01)，因此将基础模型确定为 Logistic 生长模型。

表 9-23　基础模型拟合结果

模型	参数			检验指标		
	b_1	b_2	b_3	确定系数 R^2	残差平方和 *SSE*	预估精度 *P*(%)
1	54.6503	0.0094	1.0139	0.2363	3005.6971	97.8847
2	6.1247	−0.0174	−1.2386	0.2409	2987.9305	98.4475
3	29.6910	23.9502	—	0.2251	3047.5358	97.5123
4	141.7949	27.6078	0.0335	0.2410	2986.1492	98.8213
5	70.8324	2.9249	0.0181	0.2394	2992.6624	98.1476

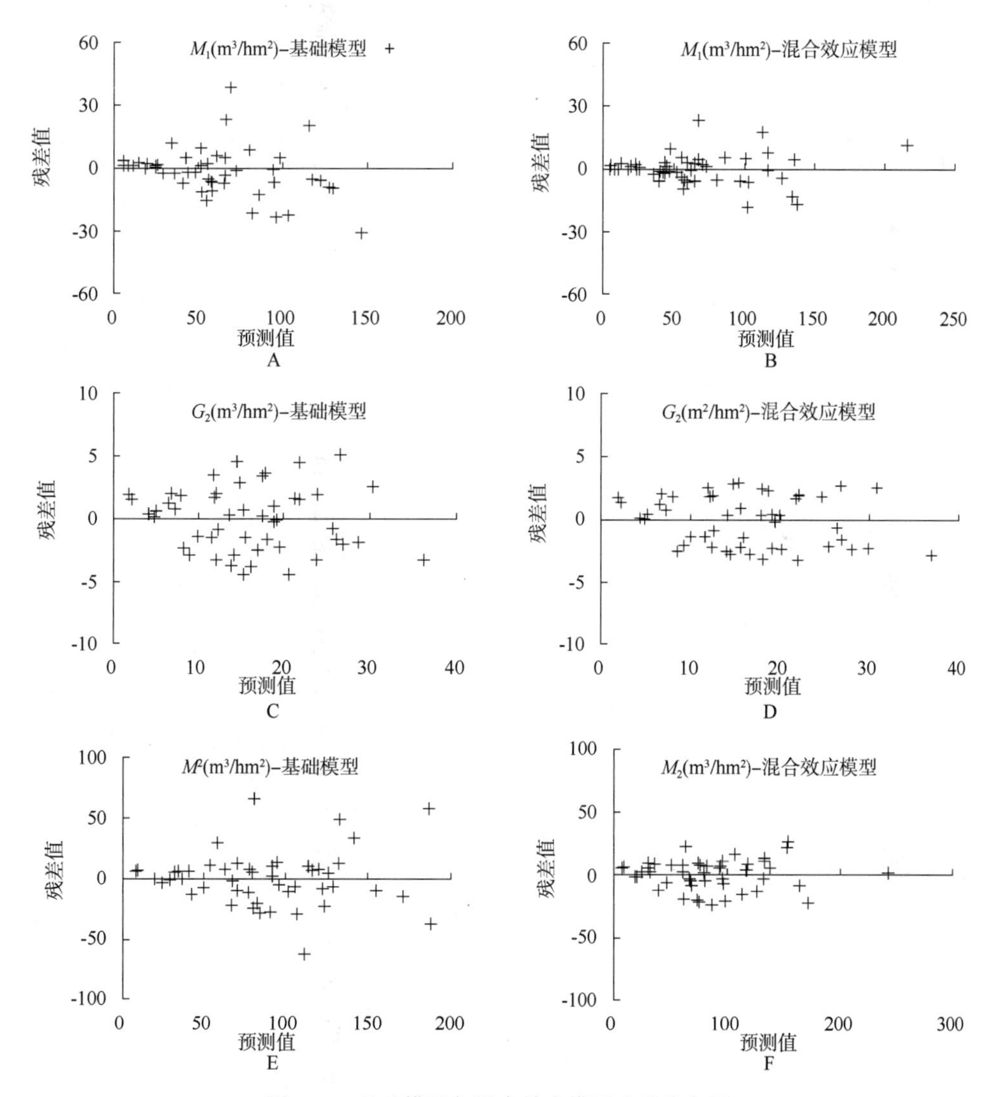

图 9-5　基础模型与混合效应模型残差分布图

在确定基础模型的前提下，将林分立地指数($b_4 \cdot SI$)加入基础模型，构建湖南楠木次生林断面积生长立地指数模型。立地指数加在模型的不同部位对模型的拟合效果均存在着一定的差异，本研究在所有收敛的组合(式 9-15，式 9-16)中选取拟合效果最佳的组合，最终，将立地指数加在参数 b_1处，而参数 b_2和 b_3则不作任何变化，其效果最佳，确定系数由基础模型的 0.2410 提升到 0.3312，拟合精度略有提升(表 9-24)，最终将模型确定为式 9-15。

$$G = \frac{b_1 + b_4 SI}{1 + b_2 e^{-b_3 \cdot A}} \tag{9-15}$$

$$G = \frac{b_1}{1 + (b_2 + b_4 SI) \cdot e^{-b_3 \cdot A}} \tag{9-16}$$

表 9-24　立地指数模型拟合结果

模型	参数				检验指标		
	b_1	b_2	b_3	b_4	确定系数 R^2	残差平方和 SSE	预估精度 P(%)
9-15 式	-25.3829	37.0466	0.0359	15.5279	0.3312	2631.7412	98.8847
9-16 式	158.7586	76.7229	0.0369	-3.2384	0.3310	2632.7543	98.8438

9.2.2.2　含密度因子的混合效应模型构建

对 Logistic 混合效应模型进行拟合(表 9-25)，对于具有相同参数个数的模型，通过对比各模拟结果的 AIC、BIC 和 LL 值，选择最优拟合模型。为避免过多参数化导致模型拟合过于复杂，对不同参数个数的模拟过程，通过似然比来检验其差异是否显著，当 $P<0.0001$ 时，认为差异达到显著水平。混合效应模型拟合结果显示，混合效应模型共有 7 种收敛的拟合结果，且所有模拟结果均优于基础模型(AIC =2495.0948，BIC =2506.6860，LL=-1243.5474)。当考虑 1 个随机参数时，有 3 种收敛的结果，其中模拟 3(AIC =497.9963，BIC =515.2015，LL=-242.9981)的结果优于其余 2 种模拟；考虑 2 个随机参数时，有 4 种收敛的结果，模拟 5(AIC =490.1224，BIC =513.0627，LL=-237.0612)的结果优于其他 3 种模拟；当考虑 3 个随机参数和 4 个随机参数时，各模拟均不收敛，对不同参数个数的混合效应模型进行似然比检验，主要对基础模型和不同随机参数个数模拟中拟合效果最佳的模型进行检验。结果表明，模拟 3 的拟合结果显著优于基础模型(LRT=2001.0986，P<0.0001)，而模拟 5 的拟合结果与模拟 3 之间无显著差异(LRT=11.8739，P=0.0026)，为避免参数过多化，选择参数较少的模型，最终将模拟 3 作为湖南楠木次生林断面积生长混合效应模型的拟合结果，即在参数 b_4处增加含林分密度的随机参数 β_4。含林分密度的湖南楠木次生林断面积生长混合效应模型表达式见式 9-17，各林分密度的随机参数值见表 9-26。

$$G = \frac{-19.5595 + (3.6264 + \beta_4) \cdot SI}{1 + 10.8178 \cdot e^{-0.0897 \cdot A}} \tag{9-17}$$

表 9-25　混合效应模型拟合结果

模拟过程	随机参数	参数个数	AIC	BIC	LL	LRT	P
基础模型	无	4	2495.0948	2506.6860	-1243.5474	—	—
模拟 1	β_1	5	506.7527	523.9579	-247.3763	—	—
模拟 2	β_3	5	520.7902	537.9954	-254.3951	—	—
模拟 3	β_4	5	497.9963	515.2015	-242.9981	2001.0986	<0.0001
模拟 4	β_1, β_2	6	493.8020	516.7423	-238.9010	—	—

（续）

模拟过程	随机参数	参数个数	*AIC*	*BIC*	*LL*	*LRT*	*P*
模拟 5	β_1，β_3	6	490.1224	513.0627	−237.0612	11.8739	0.0026
模拟 6	β_1，β_4	6	492.4152	515.3554	−238.2076	—	—
模拟 7	β_3，β_4	6	494.6839	517.6241	−239.3419	—	—

表 9-26　各林分密度随机参数值

密度等级	Ⅰ	Ⅱ	Ⅲ	Ⅳ	Ⅴ	Ⅵ
随机参数 β_4	−1.0814	−0.5986	−0.2711	0.1116	0.6861	1.1534

将各林分密度等级的随机参数值代入式 9-17，可得到不同林分密度下林分断面积的生长曲线，图 9-6 为立地指数为 9～17 时不同林分密度下林分断面积生长曲线，可以看出，随着林分密度的增加，林分断面积总生长量呈现出规律性的增加，且暂未达到生长峰值，因此在楠木次生林的经营中，建议保留较大密度的林分，同时，对密度较小的林分，可进行合理的补植造林，以保证林分有较大的生长量与收获量。

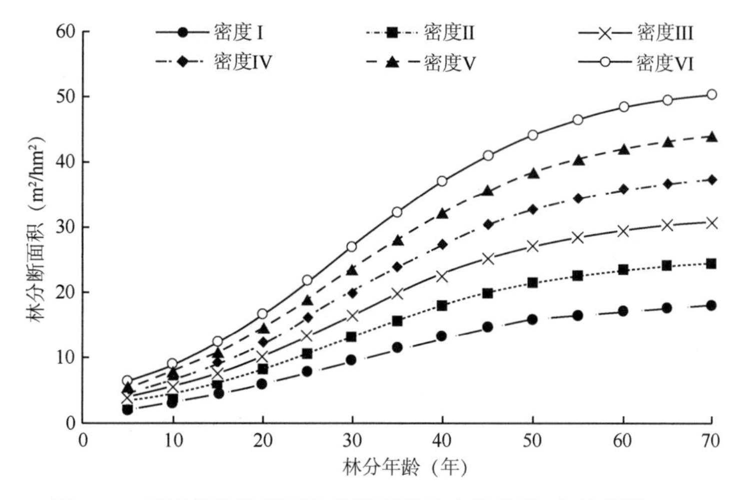

图 9-6　不同林分密度下林分断面积的生长曲线(立地指数 15)

9.2.2.3　模型检验与评价

为对比基础模型与混合效应模型的拟合结果(表 9-27)，对各模型的参数估计值进行计算，同时对其拟合统计量进行比较。发现相比基础模型，混合效应模型的平均误差(*ME*)、平均误差绝对值(*MAE*)、相对平均误差(*RME* %)和相对平均误差绝对值(*RMAE* %)均大幅降低，其中混合效应模型的平均误差(*ME* = 0.0342)值较基础模型(*ME* = 0.3349)下降了 89.79%，平均误差绝对值(*MAE* = 1.0966)较基础模型(*MAE* = 3.6983)下降了 70.35%，相对平均误差值(*RME*% = 0.0510)较基础模型(*RME*% = 0.4999)下降了 89.80%，相对平均误差绝对值(*RMAE*% = 1.6367)较基础模型(*RMAE*% = 5.5199)下降了 70.35%；混合效应模型的拟合精度 *P*(%)和相关系数 R^2 均有所提升，其中 *P*(%)值由基础模型的 98.8847%提升到混合效应模型的 99.9506%，R^2 由 0.3312 提升到 0.9462。各拟合统计指标的对比结果表明，以林分密度为随机效应的混合效应模型拟合效果优于基础模型。

表 9-27　不同模型拟合统计量

评价指标	*ME*	*MAE*	*RME*（%）	*RMAE*(%)	R^2	*P*(%)
基础模型	0.3349	3.6983	0.4999	5.5199	0.3312	98.8847
混合效应模型	0.0342	1.0966	0.0510	1.6367	0.9462	99.9506

为更加清晰和直观地反应基础模型与混合效应模型的拟合差异，分别对林分断面积生长的实际值和预测值作残差分布图(图 9-7)。可以看出，2 种模型的残差分布都较为随机，无异方差现象；相比基础模型，混合效应模型的残差分布范围更小，且分布更均匀，表明加入随机效应确实能够提升模型的预测精度，为林分的合理经营提供更为科学的指导措施。

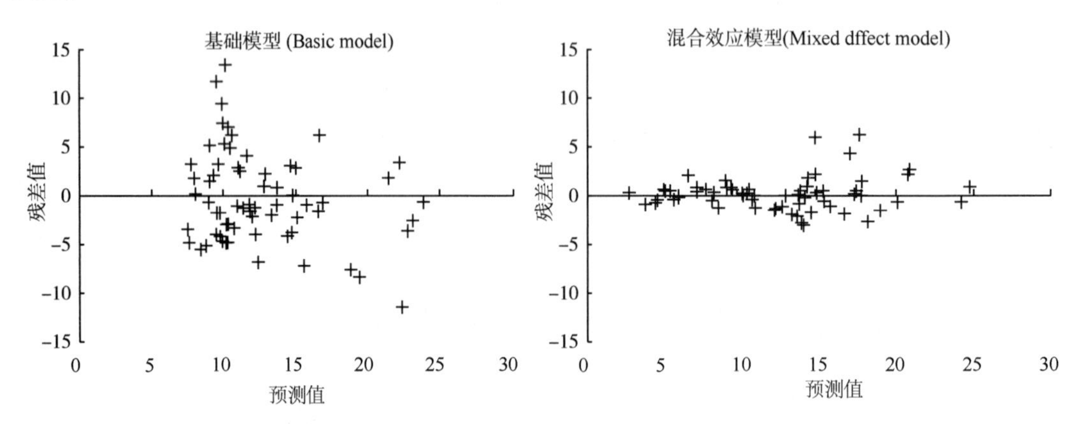

图 9-7　基础模型与混合效应模型残差分布情况

9.2.2.4　模型优化调整

上述基于不同林分密度等级的湖南楠木次生林断面积生长模型能够准确反映林分断面积的生长规律，精确预测林分断面积生长与收获量，但发现各密度等级间的收获量差值并不一致，存在着一定的差异，为使所构建的湖南楠木次生林断面积生长模型能够更好地应用于生产实践，现采用极差法对模型不同密度等级的随机参数进行细微调整，使模型更具有规律性，表 9-28 为各密度等级随机参数调整结果，图 9-8 为调整后各密度等级林分断面积生长曲线。

表 9-28　各林分密度随机参数调整值

密度等级	Ⅰ	Ⅱ	Ⅲ	Ⅳ	Ⅴ	Ⅵ
随机参数	−1.0814	−0.5986	−0.2711	0.1116	0.6861	1.1534
调整后随机参数	−1.0814	−0.6344	−0.1875	0.2595	0.7064	1.1534
调整幅度	0	0.0358	0.0836	0.1479	0.0203	0
相对调整幅度(%)	0	1.1824	2.4916	3.9567	0.4707	0

主要结论：

(1)基础联立方程组模型均有着较高的预测精度，方程的拟合精度也在 0.770 以上，

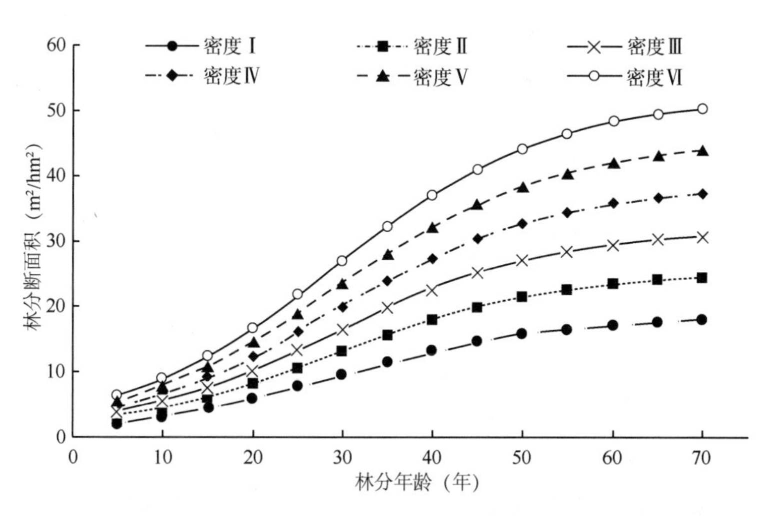

图 9-8　调整后不同林分密度下林分断面积的生长曲线

加入混合效应后，模型的拟合效果显著优于基础模型(P<0.0001)，各模型的随机参数分别为β_1，β_3、β_6和β_1，β_3，β_6，相比基础模型，混合效应模型不仅在R^2上有所提高(0.960，0.913，0.915)，其平均误差 *Bias* 和均方根误差 *RMSE* 也有明显的降低，对比残差分布图，发现混合效应模型残差分布范围更小、分布更均匀。

(2)湖南楠木次生林断面积生长的最优基础模型为 Logistic 生长模型，确定系数为 0.2410，加入立地指数，构建立地指数模型，确定系数提升到 0.3312，分密度等级建模后，模型拟合效果得到大幅提升，*ME*、*MAE*、*RME*（%）、*RMAE*（%）值均明显降低，确定系数提升到 0.9462，预测精度有所提升。所构建的湖南楠木次生林断面积生长混合效应模型能够准确预估林分断面积生长，同时，消除林分不同密度等级间的差异，可为湖南楠木次生林的合理经营提供理论指导。

9.3　闽楠次生林单木生长规律

9.3.1　研究方法

9.3.1.1　标准地设置与调查

通过森林资源二类调查数据及在当地林业部门获取的信息，在对安福县闽楠天然次生林分布地进行踏查的基础上，选择人为干扰程度轻且在分布地具有代表性的地块设置标准地，标准地大小依据其分布地形等因素而定，面积为 400m²(20m×20m)或 600m²(20m×30m)，共计 16 块标准地。利用 GPS 测定标准地的地理位置和海拔，同时记录坡位、坡向、坡度和郁闭度等因子。调查记录所有乔木位置、树种及其胸径、树高、冠幅等。

9.3.1.2　树干解析

根据标准地每木检尺数据，选取 1～2 株与标准地林分平均胸径及平均树高相接近且生长正常、无病虫害的林木作为标准木用于树干解析，总共选取了 17 株解析木，其胸径范围为 12.3～32.1cm，树高范围为 12.7～23.4m。为分析解析木所受周围林木的竞争压力，在树干解析前，调查对象木(解析木)周围4棵$D \geq 4cm$的乔木，将其作为研究的竞争木，测量竞争木胸径、树高、冠幅及其到相应对象木的距离。

9.3.1.3 生物量的测定

采用整株收获法，为准确获取树冠生物量，将树冠平均分为上、下两层，记录各层枝条数量，并在各层分别取1~2根与该层平均枝基径与平均枝长相近且生长正常的标准枝，17株解析木共获取35根标准枝，在标准枝基部测量直径，剖离枝条，测量枝条长度和宽幅，并分不同层次(上、下层)、不同枝级(一级枝、次级枝)和不同种类(枝、叶)称取鲜重。将各层标准枝的树枝和叶各取500g左右的样品，准确称取鲜重并带回。称取树干解析后的所有圆盘和分段后的树干鲜重。将解析木根系尽可能全部挖出，对根系称重前尽量清除干净泥土等附着物。将所有的样品带回实验室烘干、称重，计算各类样品含水率进而推算单木各器官和全株干重。

9.3.1.4 相容性生物量模型构建

建立调查因子与林木生物量的通用模型可以在一定程度上减少后期外业的工作量和成本支出，有助于及时更新森林资源库和实施科学经营管理。理论上树干、树枝、树叶、树根等分量的生物量之和应该与整株总生物量相等，但由于建立单木模型时为提高准确度是按照各分量分别建立的独立模型，但此方法易造成分量与总量之和不一致的现象。因此建立总量与各分量相容的模型具有现实意义。在建立相容性模型之前需要基于基础数据建立各分量及总量的独立模型，将拟合的独立模型按照一定的方法进行方程联立，最终构建出相容的生物量模型。

(1)独立模型的构建

采用非线性方程建立各组分生物量独立模型：

$$Y = a_0 X_1^{P_1} X_2^{P_2} X_3^{P_3} \cdots X_n^{P_n} \theta \tag{9-18}$$

式中：Y——生物量；

X——自变量；

a_0-P_n——方程参数；

θ——倍增误差性。

为消除异方差性，将方程进行对数转换，利用最小二乘法估计回归系数。

$$InY = p_0 + p_1 InX_1 + p_2 InX_2 + p_3 InX_3 + \cdots + p_n InX_n + \varepsilon \tag{9-19}$$

式中：$p_0 = Ina_0$，$\varepsilon = In\theta$。

(2)相容性模型的构建

参照唐守正等提出的思路，本研究以总生物量为基础，采用3级控制的方法构建相容性生物量模型。1级控制变量为总生物量，将总生物量的独立模型进行回归估计，通过1级控制按比例分配使地上部分生物量和根生物量之和等于总生物量；2级控制变量为地上部分生物量，通过2级控制按比例分配使得地上部分生物量等于树干生物量和树冠生物量之和；3级控制变量为树冠生物，使得树冠生物量等于树枝生物量和树叶生物量之和。具体表达式如下。

1级控制：

$$\tilde{w}_2 = \frac{f_2(x)}{f_2(x)+f_3(x)} \times \hat{w}_1$$
$$\tilde{w}_3 = \frac{f_3(x)}{f_2(x)+f_3(x)} \times \hat{w}_1 \tag{9-20}$$

2 级控制：

$$\tilde{w}_4 = \frac{f_4(x)}{f_4(x)+f_7(x)} \times \hat{w}_2$$
$$\tilde{w}_7 = \frac{f_7(x)}{f_4(x)+f_7(x)} \times \hat{w}_2 \tag{9-21}$$

3 级控制：

$$\tilde{w}_5 = \frac{f_5(x)}{f_5(x)+f_6(x)} \times \hat{w}_7$$
$$\tilde{w}_6 = \frac{f_6(x)}{f_5(x)+f_6(x)} \times \hat{w}_7 \tag{9-22}$$

式中：$f_2(x)$、$f_3(x)$、$f_4(x)$、$f_5(x)$、$f_6(x)$和$f_7(x)$——地上、地下(树根)、树干、树枝、树叶、树冠生物量的最优模型；

$\hat{w}_1$——总生物量的估计值；

$\hat{w}_i$——联合估计后的估计值，i 为 2~7，分别代表地上部分、根、树干、树枝、树叶和树冠生物量。

生物量数据通常表现出异方差性，即误差的方差随观测值是变化的，因此需进行异方差的消除。独立模型由于模型比较简单，异方差的消除采用对数转换法，但由于相容性模型方程式较复杂，因此采用非线性加权法。即根据独立模型的残差方差确定权函数，即地上、地下、树冠、树枝、树叶和树干生物量独立拟合方程的方差建立的一元回归方程($W=1/D^x$，其中 D 为样木胸径)，方程参数是通过对各独立模型的方差进行拟合而得，在采用 ForStat 2.1 软件求解相容性模型参数时，采取每一个方程两边乘以权重变量的方法进行处理。

9.3.2　林木竞争强度分类

林木竞争会影响林木生长，最终影响到林木因子生长量的大小，因此对同树种按不同竞争条件分别建立生长模型是非常有必要的。本研究采用我国应用较为广泛的 Hegyi 竞争指数来表示林木受到的竞争压力，其表达式为：

$$CI = \sum_{j=1}^{N} (D_j/D_i) \frac{1}{d_{ij}} \tag{9-23}$$

式中：D_i 和 D_j ——对象木 i 和竞争木 j 的胸径；

d_{ij} ——对象木 i 和竞争木 j 的距离。

采用邻近木法确定竞争木，取离对象木最近的 4 棵竞争木来计算竞争指数。采用等间距法将对象木按竞争指数大小划分 3 个等级。分级阈值：*CI* 大于 1.62，*CI* 介于 1.01～1.61，*CI* 小于 1.00。依分级阈值大小将对象木分为 3 种类型，即类型 1 对象木的 *CI* 小于 1.01，林木竞争压力较小，类型 2 对象木的 *CI* 介于 1.01～1.61，类型 3 对象木的 *CI* 大于 1.61，林木竞争压力较大。17 株对象木基本特征见表 9-29。

表 9-29　对象木基本特征

类型	株数	*CI* 均值	年龄(年)		胸径(cm)		树高(m)		材积(带皮)(m^3)	
			均值	范围	均值	范围	均值	范围	均值	范围
类型 1	5	0.68	55	42～68	28.8	24.7～32.1	18.4	16.8～18.8	0.638	0.459～0.859
类型 2	7	1.2	50	35～62	21.4	17.9～27.6	16.5	13.0～23.4	0.311	0.195～0.385
类型 3	5	2.02	53	45～65	16.2	12.3～20.0	14.4	12.7～15.7	0.173	0.109～0.239
未分类型	17	1.32	52	35～67	22	12.3～32.1	16.4	12.7～23.4	0.352	0.109～0.859

9.3.3　单木生长模型构建

9.3.3.1　单木生长模型的选取

构建林木胸径、树高和材积生长模型是单木生长过程表编制的基础也是对森林开展经营管理的重要理论参考。本研究基于 3 种类型的解析木的平均胸径、树高和材积值与林木年龄数据拟合单木生长方程，通过参考相关文献，选择以下 7 个生长方程对模型进行参数拟合：

Schumacher 模型：
$$y = ae^{\frac{b}{t}} \tag{9-24}$$

Korf 模型：
$$y = ae^{-bt^{-c}} \tag{9-25}$$

修正 Weibull 模型：
$$y = a(1 - e^{-bt^{c}}) \tag{9-26}$$

Logistic 模型：
$$y = \frac{a}{1 + be^{-ct}} \tag{9-27}$$

Mitscherlich 模型：
$$y = a(1 - be^{-ct}) \tag{9-28}$$

Gompertz 模型：
$$y = ae^{-be^{-ct}} \tag{9-29}$$

Richards 模型：
$$y = a(1 - e^{-ct})^{b} \tag{9-30}$$

9.3.3.2　胸径生长模型

对反映胸径总生长量与年龄关系的 7 个模型进行参数求解。由表 9-30 可见，7 个数学模型的决定系数 R^2 都大于 0.98，说明拟合结果较好。其中，Richard 方程对未分类型的胸径生长量与年龄关系拟合效果较好，R^2 为 0.994，Gompertz 方程对类型 1 和类型 3 胸径生长量与年龄关系拟合效果较好，R^2 分别为 0.996 和 0.997，修正 Weibull 方程对类型 2 胸径生长量与年龄关系拟合效果较好，R^2 为 0.991。根据最优模型选取原则，选择以上 4 个模型作为胸径的生长方程。胸径生长方程表达式见表 9-31。

表 9-30 胸径各类型生长方程拟合结果

数学模型	类型 1		类型 2		类型 3		未分类型	
	R^2	RMSE	R^2	RMSE	R^2	RMSE	R^2	RMSE
Schumacher	0.990	0.895	0.983	0.913	0.994	0.204	0.986	0.812
Korf	0.994	0.595	0.991	0.515	0.994	0.220	0.993	0.416
修正 Weibull	0.995	0.446	0.991	0.004	0.997	0.110	0.993	0.482
Logistic	0.993	0.662	0.982	1.078	0.997	0.117	0.987	0.851
Mitcherlich	0.990	0.919	0.990	0.593	0.984	0.564	0.992	0.540
Gompertz	0.996	0.398	0.989	0.658	0.997	0.097	0.992	0.491
Richard	0.995	0.470	0.991	0.530	0.996	0.142	0.994	0.414

表 9-31 胸径最优生长方程

类型	数学模型	生长方程表达式
类型 1	Gompertz	$y = 31.24e^{-4.178e^{-0.048t}}$
类型 2	修正 Weibull	$y = 31.924(1 - e^{-0.002t^{1.496}})$
类型 3	Gompertz	$y = 17.808e^{-5.589e^{-0.055t}}$
未分类型	Richard	$y = 38.890\ (1 - e^{-0.020t})^{1.828}$

9.3.3.3 树高生长模型

对反映树高总生长量与年龄关系的 7 个模型进行参数求解。由表 9-32 可知，7 个数学模型的模拟精度 R^2都大于 0.96，拟合结果较好。其中 Richard 方程对未分类型、类型 1 和类型 2 树高生长量与年龄的关系拟合效果较好，R^2分别为 0.999、0.99 和 0.998，Gompertz 方程对类型 3 树高生长量与年龄的关系拟合效果较好，R^2为 99.5%。根据最优模型选取原则，选择以上 4 个模型作为树高的生长方程。4 种树高生长方程表达式见表 9-33。

表 9-32 树高各类型生长方程拟合优度

数学模型	类型 1		类型 2		类型 3		未分类型	
	R^2	RMSE	R^2	RMSE	R^2	RMSE	R^2	RMSE
Schumacher	0.969	1.064	0.960	1.749	0.984	0.409	0.975	0.818
Korf	0.990	0.385	0.994	0.134	0.993	0.197	0.999	0.053
修正 Weibull	0.990	0.382	0.998	0.073	0.995	0.145	0.999	0.047
Logistic	0.982	0.669	0.992	0.357	0.992	0.219	0.993	0.257
Mitcherlich	0.990	0.387	0.997	0.093	0.992	0.227	0.999	0.055
Gompertz	0.988	0.460	0.996	0.174	0.995	0.138	0.997	0.098
Richard	0.990	0.381	0.998	0.073	0.995	0.154	0.999	0.046

表 9-33 树高最优生长方程

类型	数学模型	生长方程表达式
类型 1	Richard	$y = 30.633(1 - e^{-0.016t})^{1.162}$
类型 2	Richard	$y = 36.646(1 - e^{-0.012t})^{1.16}$
类型 3	Gompertz	$y = 17.298e^{-3.471e^{-0.049t}}$
未分类型	Richard	$y = 38.546(1 - e^{-0.012t})^{1.191}$

9.3.4 单木生长过程表编制

以 2 年为一个龄阶，利用 17 株闽楠解析木数据拟合的胸径、树高、材积和材积生长率最优模型编制江西安福县天然次生林闽楠胸径、树高、材积生长过程表，见表 9-34。胸径、树高和材积生长量模型分别为 $y = 38.890(1 - e^{-0.020t})^{1.828}$、$y = 38.546(1 - e^{-0.012t})^{1.191}$、$y = 3.108(1 - e^{-0.012t})^{3.269}$，材积生长率模型为 $P_v = 41.691e^{-0.167D} + 0.365D$。

由表 9-34 可知，胸径平均生长量在第 56 年达到最大值，为 0.3374cm，连年生长量在第 32 年达到最大值，为 0.4035cm，第 56~58 年时胸径平均生长量与连年生长量相等。树高平均生长量在第 28 年达到最大值，为 0.3092m，连年生长量在第 16 年达到最大值，为 0.3260m，第 28~30 年时树高平均生长量与连年生长量相等。第 70 年时材积平均生长量及连年生长量均未达到最大值。从上可以看出，采用最优模型编制出的生长过程表，其胸径、树高及材积的最大值及其出现年份与现实解析木的结果有些差异。

表 9-34 江西安福县天然次生林闽楠胸径、树高、材积生长过程表

年龄（年）	胸径(cm)			树高(m)			材积(m^3)			
	总生长量	平均生长量	连年生长量	总生长量	平均生长量	连年生长量	总生长量	平均生长量	连年生长量	生长率
4	0.36	0.0893	0.1265	1.01	0.2517	0.2798	0.00014	0.00004	0.00006	41.55
8	1.18	0.1476	0.2288	2.23	0.2793	0.3129	0.00125	0.00016	0.00037	30.43
12	2.31	0.1925	0.2976	3.52	0.2935	0.3238	0.00437	0.00036	0.00093	24.04
16	3.64	0.2278	0.3442	4.83	0.3016	0.3260	0.01036	0.00065	0.00170	19.61
20	5.12	0.2558	0.3746	6.12	0.3062	0.3237	0.01993	0.00100	0.00263	16.25
24	6.67	0.2780	0.3928	7.40	0.3085	0.3186	0.03355	0.00140	0.00367	13.59
28	8.27	0.2954	0.4017	8.66	0.3092	0.3117	0.05155	0.00184	0.00478	11.40
32	9.89	0.3089	0.4035	9.88	0.3088	0.3038	0.07409	0.00232	0.00592	9.57
36	11.49	0.3192	0.3999	11.07	0.3075	0.2950	0.10121	0.00281	0.00706	8.01
40	13.07	0.3267	0.3922	12.22	0.3056	0.2859	0.13284	0.00332	0.00818	6.67
44	14.60	0.3319	0.3815	13.34	0.3031	0.2764	0.16882	0.00384	0.00926	5.50

（续）

年龄（年）	胸径（cm）			树高（m）			材积（m^3）			
	总生长量	平均生长量	连年生长量	总生长量	平均生长量	连年生长量	总生长量	平均生长量	连年生长量	生长率
48	16.09	0.3353	0.3685	14.41	0.3003	0.2669	0.20893	0.00435	0.01028	4.48
52	17.52	0.3370	0.3540	15.45	0.2972	0.2573	0.25290	0.00486	0.01123	3.59
56	18.89	0.3374	0.3385	16.45	0.2938	0.2478	0.30043	0.00536	0.01209	2.80
60	20.20	0.3366	0.3224	17.42	0.2903	0.2384	0.35119	0.00585	0.01288	2.09
64	21.44	0.3350	0.3060	18.34	0.2866	0.2292	0.40484	0.00633	0.01358	1.47
68	22.61	0.3326	0.2895	19.23	0.2828	0.2201	0.46103	0.00678	0.01420	0.92
70	23.18	0.3311	0.2814	19.66	0.2809	0.2157	0.48997	0.00700	0.01447	0.67

9.3.5　一元材积模型

一元材积表的编制方法主要有两种，一种是由胸径与材积基础数据直接编制，另一种是由二元材积表导算一元材积表，由于研究地区没有天然闽楠二元材积表作为推导，因此本研究采用基础数据直接拟合方程编制材积表，通过参考相关文献，选择了几种一元材积方程作为编表待选方程，最终确定最优的带皮与去皮一元材积模型的表达式为：

$$V_{带皮} = 0.000869D^{1954719} \tag{9-31}$$

$$V_{去皮} = 0.000922D^{1.931255} \tag{9-32}$$

9.3.6　单木相容性生物量模型构建

生物量模型中的自变量通常选择实际易测量且与各器官生物量相关性较强的林木因子，且不宜选择过多自变量。目前研究学者多采用胸径 D、树高 H 或 D^2H、DH 等作为模型自变量，本研究参考相关文献，拟将 D、H、D^2H 引入模型。同时因在对各器官生物量与林木特征因子相关性研究中发现树冠特性对树枝和树叶生物量影响较大，因此将反映树冠长度和所占空间大小的因子 CW、CV 作为待选自变量，同时在研究中发现林木竞争 CI 值对生物量分配的作用也相对较大，为提高模型的预估效果，也将 CI 变量作为模型的一个待选自变量。

9.3.6.1　独立基础模型构建

结合林木因子及竞争指数与各组分生物量的相关关系以及参考相关文献，采用非线性回归模型法，对各器官生物量建模，将选取的 D、H、D^2H、CI、CW、CV 和 CI 逐步代入到回归方程进行参数拟合，最后根据 R^2、SEE 及模型复杂程度等选择较优的独立基础模型。由于各种因子组成的回归方程形式较多，本研究仅列出各组分拟合效果较好的前 3 个模型，并对各个模型的 TRE、MSE、$MPSE$、P 值做进一步对比分析，最终选出最适合构建相容性模型的独立模型。较优模型 F 值检验结果均表现为极显著（$P<0.01$），独立基础模型最终形式、参数估计值及拟合优度见表 9-35 和表 9-36。

表 9-35　总量与各分量独立模型的参数估计值和拟合结果

项目	模型形式	参数估计值					拟合指标		
		a	b	c	d	e	R^2	$AdjR^2$	SEE
树干	$\ln W = r_0 + r_1\ln(D^2H)$	5. 366		0. 936			0. 963	0. 960	21. 011
	$\ln W = r_0 + r_1\ln D + r_2\ln(D^2H)$	4. 304	0. 333	0. 801			0. 964	0. 959	23. 076
	$\ln W = r_0 + r_1\ln D + r_2\ln(D^2H)$	3. 683	0. 529	0. 776	0. 087		0. 965	0. 957	22. 147
树枝	$\ln W = r_0 + r_1\ln D$	−2. 868	2. 174				0. 83	0. 818	17. 532
	$\ln W = r_0 + r_1\ln D + r_4\ln CW$	−2. 639	1. 751			0. 560	0. 852	0. 831	15. 803
	$\ln W = r_0 + r_1\ln D + r_3\ln CI - r_4 CW$	−1. 662	1. 367		−0. 187	0. 680	0. 858	0. 825	19. 124
树叶	$\ln W = r_0 + r_1\ln D$	−1. 976	1. 508				0. 595	0. 568	9. 248
	$\ln W = r_0 + r_1\ln D + r_3\ln CI$	1. 253	0. 488		−0. 649		0. 718	0. 677	5. 361
	$\ln W = r_0 + r_1\ln D + r_3\ln CI + r_4 CW$	1. 429	0. 362		−0. 675	0. 112	0. 719	0. 654	5. 312
树冠	$\ln W = r_0 + r_1\ln D$	−2. 076	2. 008				0. 807	0. 795	20. 124
	$\ln W = r_0 + r_1\ln D + r_3\ln CI$	−1. 187	1. 727		−0. 179		0. 815	0. 788	19. 452
	$\ln W = r_0 + r_1\ln D + r_3\ln CI + r_4 CW$	−0. 368	1. 143		−0. 301	0. 521	0. 833	0. 795	19. 024
地上	$\ln W = r_0 + r_1\ln D$	−1. 183	2. 151				0. 937	0. 933	38. 243
	$\ln W = r_0 + r_1\ln(D^2H)$	5. 672		0. 898			0. 946	0. 943	37. 156
	$\ln W = r_0 + r_1\ln D + r_2\ln(D^2H)$	2. 853	0. 886	0. 540			0. 954	0. 948	37. 425
树根	$\ln W = r_0 + r_1\ln D$	−0. 752	1. 538				0. 871	0. 863	9. 246
	$\ln W = r_0 + r_1\ln(D^2H)$	4. 150		0. 641			0. 876	0. 868	8. 725
	$\ln W = r_0 + r_1\ln D + r_2\ln(D^2H) + r_3\ln CI$	1. 889	0. 71	0. 356	0. 005		0. 885	0. 859	8. 829
树根	$\ln W = r_0 + r_1\ln D$	−0. 614	2. 035				0. 935	0. 931	42. 576
	$\ln W = r_0 + r_1\ln D + r_2\ln(D^2H)$	3. 124	0. 863	0. 5			0. 952	0. 945	41. 086
	$\ln W = r_0 + r_1\ln D + r_2\ln(D^2H)$	3. 07	0. 88	0. 498	0. 008		0. 953	0. 941	40. 536

表 9-36　总量与各分量最优独立模型形式与参数估计值

项目	模型形式	参数估计值				
		a	b	c	d	e
树干	$\ln W = r_0 + r_1\ln(D^2H)$	5. 366		0. 936		
树枝	$\ln W = r_0 + r_1\ln D + r_4\ln CW$	−2. 639	1. 751			0. 560
树叶	$\ln W = r_0 + r_1\ln D + r_3\ln CI$	1. 253	0. 488		−0. 649	
树冠	$\ln W = r_0 + r_1\ln D + r_3\ln CI + r_4 CW$	−0. 368	1. 143		−0. 301	0. 521
地上	$\ln W = r_0 + r_1\ln D + r_2\ln(D^2H)$	2. 853	0. 886	0. 540		
树根	$\ln W = r_0 + r_1\ln D + r_2\ln(D^2H) + r_3\ln CI$	4. 15		0. 641		
全株	$\ln W = r_0 + r_1\ln D + r_2\ln(D^2H)$	3. 124	0. 863	0. 500		

注：各分量权重函数树干 $1/D^{2.329}$，树枝 $1/D^{2.203}$，树叶 $1/D^{1.252}$，树冠 $1/D^{2.996}$，地上部分 $1/D^{3.156}$，树根 $1/D^{2.007}$。

由表 9-35 可知，树冠、树枝和树叶生物量模型 R^2 较小，其余各项生物量模型的 R^2 均达到 0.93 以上，其中树干生物量模型的 R^2 达到 0.963，树叶生物量模型最低，最优 R^2 为 0.719。绝大部分基于 D 变量的独立模型 R^2 都较高；模型在有 D 的基础上逐步加入 D^2H、CI、CW 变量后，R^2 均有一定程度的提高，但最优基础模型中并没有 H 因子，这可能是研究区立地条件差别不大造成的，相比于 D，D^2H 更适合做树干模型的自变量，在生物量模型中引入 CI 因子能在一定程度上提高各分项的生物量的预估效果，而 CW 仅对树冠生物量预估有一定影响。除了自变量本身与生物量相关性从而影响模型 R^2 大小外，随着自变量的个数增加，模型 R^2 值也可能变大，因此利用调整决定系数（$AdjR^2$）值来评价模型的优劣。综合考虑 $AdjR^2$ 值较大者和 SEE 值较小者为最优模型，最终模型形式及评价指标见表 9-37 和表 9-38。由表可知，模型对闽楠全株及各项生物量估计的 TRE 均在 10%以内，MSE 在 5%以内。所有模型的 $MPSE$ 在 30%以内，其中树冠、树枝、树叶的 $MPSE$ 较大。除树叶、树枝、树冠生物量预估精度较小以外，其余各项生物量预估精度均大于 90%，其中模型对树干生物量预估精度达 93%。综上，最终所选模型对生物量拟合效果相对较好，可作为相容性模型的基础模型。

表 9-37　相容性模型参数估计值、拟合优度和评价指标

项目	参数估计值					拟合优度			评价指标		
	r_0	r_1	r_2	r_3	r_4	R^2	SEE	TRE	MSE	$MPSE$	P
地上	0.2491	−0.0443	−0.1840	0.1452		0.966	34.982	1.665	0.936	10.320	90.9
树根						0.910	9.190	1.556	0.813	12.328	90.2
树干	0.0002	1.5746	−1.1143	−0.1517	1.1287	0.974	24.177	1.254	−0.377	9.499	91.6
树冠						0.917	15.802	2.888	5.336	21.521	85.1
树枝	1.7267	1.1610		0.2291	−1.5949	0.852	11.172	1.845	3.786	21.647	86.8
树叶						0.815	6.827	6.583	12.180	27.930	71.0

表 9-38　最优独立基础模型与相容性模型的比较

项目	相容性模型						独立基础模型					
	R^2	SEE	TRE	MSE	$MPSE$	P	R^2	SEE	TRE	MSE	$MPSE$	P
树冠	0.917	15.802	2.888	5.336	21.521	85.1	0.833	19.024	4.188	2.765	21.161	82.3
树枝	0.852	11.172	1.845	3.786	21.647	86.8	0.852	15.803	5.106	3.069	21.866	80.8
树叶	0.815	6.827	6.583	12.180	27.930	70.9	0.718	5.361	4.097	3.584	21.834	78.2
树干	0.974	24.177	1.254	−0.377	9.499	91.6	0.963	21.011	1.203	0.653	9.429	93.1
地上	0.966	34.982	1.665	0.936	10.320	91.0	0.954	37.425	1.601	0.664	10.293	90.9
树根	0.910	9.190	1.556	0.813	12.328	90.1	0.885	8.829	1.357	1.124	11.936	90.2

9.3.6.2　相容性模型构建

利用上述最优独立基础模型基于非线性度量误差法构建相容性联立方程组，最终方程组形式如下。

1 级控制：

$$\widetilde{W}_2 = \frac{1}{1 + \frac{a_3}{a_2} D^{b_3-b_2} (D^2H)^{c_3-c_2} CI^{d_2}} \times \widehat{W}_1$$

$$\widetilde{W}_3 = \frac{1}{1 + \frac{a_2}{a_3} D^{b_2-b_3} (D^2H)^{c_2-c_3} CI^{-d_2}} \times \widehat{W}_1 \quad (9-33)$$

式中：$\widehat{W}_1$——总生物量估计值；

$\widetilde{W}_2$、$\widetilde{W}_3$——联合估计后的地上生物量和树根生物量估计值。

令 $a_3/a_2=r_0$、$b_3-b_2=r_1$、$c_3-c_2=r_2$、$d_2=r_3$。r_0，r_1，r_2，r_3 为联合估计参数，其初值为地上部分和树根生物量独立模型的参数估计值。

2 级控制：

$$\widetilde{W}_4 = \frac{1}{1 + \frac{a_7}{a_4} D^{b_7-b_4} (D^2H)^{c_7-c_4} CI^{d_7-d_4} CW^{e_7-e_4}} \times \widehat{W}_2$$

$$\widetilde{W}_7 = \frac{1}{1 + \frac{a_4}{a_7} D^{b_4-b_7} (D^2H)^{c_4-c_7} CI^{d_4-d_7} CW^{e_4-e_7}} \times \widehat{W}_2 \quad (9-34)$$

式中：$\widehat{W}_2$——地上部分生物量估计值；

$\widetilde{W}_4$、$\widetilde{W}_7$——联合估计后的树干和树冠生物量估计值。

令 $a_7/a_4=r_0$、$b_7-b_4=r_1$、$c_7-c_4=r_2$、d_7-d_4、$e_7-e_4=r_4$。r_0，r_1，r_2，r_3 和 r_4 为联合估计参数，其初值为树干和树冠生物量独立模型的参数估计值。

3 级控制：

$$\widetilde{W}_5 = \frac{1}{1 + \frac{a_6}{a_5} D^{b_6-b_5} CI^{d_6} CW^{-e_5}} \times \widehat{W}_7$$

$$\widetilde{W}_6 = \frac{1}{1 + \frac{a_5}{a_6} D^{b_5-b_6} CI^{-d_6} CW^{e_5}} \times \widehat{W}_7 \quad (9-35)$$

式中：$\widehat{W}_7$——树冠生物量估计值；

$\widetilde{W}_5$、$\widetilde{W}_6$——联合估计后的树枝和树叶生物量的估计值。

令 $a_6/a_5=r_0$、$b_6-b_5=r_1$、$d_6=r_3$、$-e_5=r_4$。r_0，r_1，r_3 和 r_4 为联合估计参数，其初值为树枝和树叶生物量独立模型的参数估计值。

进行模型参数估计值求解时在方程两边同时乘以各分项的权重函数，参数拟合结果及评价指标见表 9-37。由表可知，各项拟和的决定系数 R^2 较高，除树枝、树叶生物量

仅为 0.852 和 0.815 外，其他各项生物量的 R^2 均大于 0.90。除树叶生物量外，其他各项生物量的 *TRE* 和 *MSE* 值均在±10%内，地上、树干和树根生物量预估精度 *P* 值也均达到 90%以上，树冠、树叶和树枝生物量 *P* 值相对较低，但也大于 70%，模型具有一定的预估性。

9.3.6.3 独立基础模型与相容性模型比较

基于植物生物量与林木因子关系建立的独立基础模型与相容性系统模型均能对林木各分项生物量进行估测。由表 9-38 可知，除树枝、树叶和树冠生物量外，其余各分量最优独立基础模型与相容性模型的精度 *P* 均大于 90%，两种模型对树冠、树枝和树叶生物量的预估效果 *P* 值均不如树干、树根和地上生物量的预估效果好，这可能是因为树冠形状、大小及饱满度以及林木生长等均会影响树冠生物量的预估，同时树枝、树叶生物量是基于抽样方法进行估算的，且在对枝条称重的过程中不可避免地造成枝条部分生物量的损失，因此树冠、树枝、树叶等生物量的变动范围相比于其他部分生物量较大。由表还可知，相容性模型 R^2 较最优独立基础模型的 R^2 稍大，2 种模型的 *TRE*、*MSE*、*MPSE* 没有明显差异，相容性生物量模型的树冠、树枝、地上生物量 *P* 值稍大于最优独立生物量模型，而最优独立模型树干生物量的预估精度稍大于相容性模型。综上，基于基础模型的相容性模型只是在形式上使得各分项模型得以相容，没有在很大程度上提高生物量的预估精度，在实际运用中可视情况选取相应的生物量模型。

第10章 楠木次生林结构优化与经营

10.1 林分结构与林分收获表

10.1.1 研究概述

10.1.1.1 林分结构研究进展

林分结构是反映林分变化规律的特征因子及因子间的相关性，是进行森林经营管理研究的基础，能在一定程度上影响森林产量、质量及生态系统稳定性，主要包括非空间结构和空间结构两大类。其中，非空间结构主要描述森林年龄、直径、密度、树种组成以及生长等；空间结构是森林结构研究的重要分支，一般从林木空间分布格局、隔离程度以及大小分化3个方面进行展开，是进行森林结构调整的主要指标。分析林分结构特征，对林木分布格局、竞争状况及大小进行调整，是进行森林结构优化经营的关键。

直径结构即林分中不同大小林木按径阶的分布规律，在野外比较容易测得且调查精度高，是森林调查最基本的结构因子，根据其大小可换算出如年龄、树高及生长量等其他结构指标，是现代森林经营研究的重点。对于林分直径结构分布规律主要采用相对直径法、概率密度函数及参数分布模型3种方法来展开。20世纪70年代以前，研究大都采用相对直径法来对林分直径分布进行静态拟合，即根据相对直径求算林分直径累积百分数，绘制出各相对直径对应的累积百分数曲线，并对其分布规律加以分析，不少研究显示该方法拟合效果并不理想，美国研究学者迈耶等人在其研究中发现林木株数随径阶的增加而减少，得出异龄林直径分布的负密度指数式，即倒“J”型分布曲线。随着计算机技术的不断发展，一些新方法开始大量涌现，不少研究者在假设林分直径转移概率均匀的前提下借助马尔科夫链模型来对林分直径结构分布进行预测，这种方法对林分直径结构分布的预测效果较好，但在预测直径分布时需借助森林长期观测数据。Bonner、MZgnossen等在此基础上首次将转移概率与林分直径结合，构建林分直径转移概率模型，克服了直径转移概率均一性问题。20世纪70年代初，Bailey等首次采用Weibull函数对林分直径分布情况进行拟合，并得到广泛应用，迄今为止，该方法被认为是对林分直径分布拟合效果相对较好的一种概率密度函数。除此之外，常用的概率密度函数还有正态分布、Richards 分布、β 分布、倒“J”型对数分布、Logistic 分布等。Gorgoso JJ 等人用两参数 Weibull 分布函数对西班牙西北部白桦林直径分布进行模拟，Maltamo 采用 Weibull 函数分别以树种和林分整体对欧洲赤松和挪威云杉混交林直径分布进行模拟，发现该方法修正拟合效果均较好。郭晋平、高俊峰等在对关帝山次生林的研究中发现，处于交错带主要树种年龄结构差异较大，分别呈现出正态分布、反“J”型及右偏正态分布等变化规律，廖彩霞等在其研究中认为，立地条件相同的樟子松人工林其直径分布均服从正态分布，石振威、郝文乾认为缩小径阶或加大样本量可避免林分直径分布不可拟合等现象。

林木空间分布格局反映林木在林分空间水平上的配置方式，在一定程度上影响着种群生物学特性及演变规律。用于描述林分空间分布格局的方法主要有样方法、距离法和角度法 3 种。20 世纪初，国外已有人开始采用样方法对水平分布格局进行探讨，最初主要应用在动物生态学和昆虫学等方面，之后被引入到林业研究中，到 20 世纪中期，人们开始从林木间距离大小方面入手，并提出聚集指数、点格局分析、双相关函数、K(d)函数等与距离有关的指标来对种群分布格局进行描述，其中聚集指数计算简便，在相关研究中应用较为广泛，不过这种方法仍存在一定的局限，即仅在大样地适用，而对于较小的样地需对其进行修正，且需对林木间距离进行测定。1999 年，惠刚盈对目标树与周围任意两株邻近木间形成的夹角大小进行探讨，并提出角尺度(W)这一新的概念，W 的 5 种取值情况代表相应的分布状况，即很均匀($W=0$)、均匀($W=0.25$)、随机($W=0.5$)、不均匀($W=0.75$)、很不均匀($W=1$)，利用此方法对林木分布格局的描述更加科学准确，且在较多研究中均得到佐证。此外，惠刚盈在林木大小分化、空间隔离程度等方面亦有卓越贡献，1999 年提出利用大小比(U)对目标树与周围邻近木间大小分化程度进行量化分析，大小比即结构单元中比较指标(胸径、树高、冠幅等)大于目标树的林木占邻近木株数的比例。与角尺度一样，U 取值也有相应的五种情况。U 值越小说明目标树在结构单元中越占优势。该方法克服了 Gadow 等提出的大小分化度分析林木大小分化时易混淆等缺点。在此前，用以描述树种隔离程度的指标很多，如多样性、分隔指数等，但这些方法缺乏对周围树种及树种分布信息的描述，Fuldner 提出基于三株邻近木的混交度，克服了这一缺点。Gadow、惠刚盈在此基础上又提出混交度(M)这一概念，它描述的是目标树周围邻近木与其不是同一树种的比例，比例越高，树种隔离程度越高，林分空间结构越稳定。这种方法成为树种隔离程度研究的主流，而在不少研究中发现，混交度虽然能很好地描述目标树与其周围邻近木间的空间隔离状况，但对于邻近木与邻近木间隔离情况并未涉及。之后，汤孟平在其研究中将相邻木中树种数来解决这一问题，提出树种多样性混交度。惠刚盈在进一步研究中认为利用此方法描述易混淆，综合考虑结构单元中所有树种异同情况，提出物种空间状况，在一定程度上提高了树种隔离程度分析的灵敏性和准确性。但此方法仍存在相同树种数不同结构单元其隔离程度有差异的问题，2012 年，汤孟平在此基础上进行改进，并结合生物多样 Simpson 性指数，提出全混交度，提高了对不同混交结构的辨析能力，能更加系统、准确地对树种空间隔离程度进行描述。

竞争即林木生长发育过程中相互间争夺营养和资源空间的现象，其大小与周围邻木、环境、气候及生长活力等因素有关，影响着森林群落结构、生物多样性和生态系统稳定性，在一定程度上降低了个体生存、繁衍能力。对于林木竞争方面的研究通常采用定性和定量两种主要分析方法，其中定量分析为目前林木竞争关系研究的主流。20 世纪中期，国外学者 Staebler 首次提出竞争指数概念，来对林木间在竞争状况进行定量分析，之后大量的定量分析指标相继出现，研究者们将这些指标归纳为与距离有关(Hegyi 竞争指数、Bella 竞争指数、竞争压力指数、镶嵌多边形竞争指数)和与距离无关(高度角指数、树冠体积竞争指数、光照竞争指数)两大类。据相关研究显示，与距离无关的指标在描述林木竞争时仅从林木个体大小和株数方面进行分析，而缺乏对其分布状态的描述，Hegyi 指数采用目标树与邻近木间距离与对象木胸径的比例来对竞争大小进行描述，计算过程简便，是目前应用最为广泛的竞争指标。研究发现，无论是 Hegyi 指数或 Bella 指数，仅从林木胸径或冠幅一个方面反映其竞争状况不够全面，同时对于邻近木的确定不准确，为克服这些不足，研究者们开始寻求相关改进方法，提高了竞争指数的系统性和准确性。

结构单元的确定是进行林分空间结构研究的重点，且学术界存在的观点尚不统一，20 世纪 70 年代，Hegyi 等在其研究中采用固定圆半径法来确定林分竞争结构单元，之后国内外研究者将该方法广泛应用于林分竞争研究中，由于这种方法存在圆半径取值不统一等问题导致同行专家学者对其科学性产生质疑，1995 年国外学者 Fueldner 综合考虑林分中多树种混交状况，提出最近邻木 $n=3$ 的观点，即“结构四组法”，引起学术上很大的反响，广泛应用于国外森林经营管理中。惠刚盈等认为，采用该方法对于林分混交状况的描述与实际情况有偏差，分析当 $n=4$ 时可能存在的 5 种混交状况，最终确定以目标树与周围四株邻近木可构成林分中最小空间结构单元，对林木空间隔离程度的描述更为合理。在自然状态下目标树周围邻近木分布情况应该是随机的而非固定的 3 株或 4 株，且不少研究证明这两种情况较适用于人工林。2007 年汤孟平等首次将 Voronoi 图引入林业研究中，并先后对林分竞争和混交状况进行分析研究，发现利用 Voronoi 图更能直观确定目标树周围邻近木株数及分布，且无论是对林木间竞争、混交状况的描述都相对准确。随着计算机技术及相关边缘学科的发展，更多的新方法如加权 Voronoi、Delaunay 三角网相继出现，且这些方法均较好地应用于森林经营管理研究中。

10.1.1.2 林分结构优化研究进展

随着社会经济的发展，人们生活质量的不断提高，森林经营目的不再局限于追求木材的高产，发展高质量、高覆盖率、可持续的森林产业模式是当前森林经营研究和工作者的核心任务。然而，对森林结构的调整是进行森林资源可持续经营的关键。19 世纪末期，法国学者德莱奥古在对林分直径结构的研究中认为相邻两径阶林木株数应趋近一个常数 q，并提出 de Liucurt 法则，Flury 对林分中树种及大小分配情况进行了研究，1920 年，瑞士林学家 Biolley 在前人研究的基础上构建出学术界最早的优化经营模型，Chang 对异龄林最优结构进行探讨。我国对于结构优化方面的研究涉及较晚，1985 年惠刚盈利用修正曲线法对林分抚育间伐强度进行研究，其结果表明，修正曲线法克服了用株数及材积来表示间伐强度的弊端，亢新刚等在对云杉(*Picea* spp.)臭冷杉(*Abies nephrolepis*)针阔混交林研究中认为

云冷杉林分的 q 值分别为 1.32 和 1.35，经营后蓄积结构更加合理。郝清玉建立高产大径木收获量和净收益优化模型，发现高产大径木的林分结构参数 q 值为 1.2。Hof 在研究中提出固定林分直径分布和择伐周期，并构建出基于单一树种的择伐空间优化模型。而这些优化方法缺乏对林分结构的综合考量，目标较为单一。随着混交度、大小比、角尺度等空间指标的提出，林分结构及优化方面逐渐成为我国森林经营研究的热点。2005 年，汤孟平等综合考虑林分空间结构和非空间结构指标，采用乘除法原理构建林分择伐空间优化模型，对林分结构进行多目标优化经营，而该方法对于林木大小分化方面并未涉及，且固定了林木的采伐量。胡艳波在惠刚盈等等建立的空间优化经营模型上进行深化，结合林分空间及非空间结构信息分析森林经营紧迫性，并对经营措施的优先性进行排序。李远发提出林分空间结构二元分布新方法，并从任意两参数的二元分布特征来确定采伐木，相较于仅利用某一结构指标分析结果，该方法能更准确地描述和制定结构优化措施，并广泛应用于不同地区、不同树种结构优化的研究中。之后林分结构参数三元分布、N 元分布等新方法相继出现。白超在研究利用结构参数三元分布对锐齿栎空间结构动态特征并对其进行结构优化经营，结果显示经营林分五年间林分、单木生长率(胸径、树高、材积)均高于未经营林分，且经营后林分树种多样性、幼苗更新能力均有所提高。

10.1.2 数据来源及主要研究方法

10.1.2.1 数据来源及样地概况

本研究数据源于湖南省 1989—2014 森林资源连续清查样地数据，样地为边长 25.82m、面积 0.067hm^{2}的正方形。对标准地地理位置、海拔、坡位坡向、土壤等立地因子进行调查，将所有胸径大于 5cm 的活立木钉铝牌编号，并进行每木检尺，记录其水平距、方位角、树种、胸径、树高等基本测树因子，样地调查间隔期为 5 年。筛选其中楠木占比大于 20%，郁闭度 0.6 以上的标准地，采用龙时胜等异龄林年龄计算的方法对林分年龄进行计算。经统计研究共筛选样地 55 块，大部分属 12、15 地位指数级，林分平均年龄分布于 9~60 年，林分平均胸径在 6~24cm 均有分布，其中楠木树种平均胸径主要分布于 6~18cm 之间，林分单位面积株数大都集中于 615~2670 株/hm^2，样地主要信息见表 10-1 所示。

表 10-1 样地基本概况

样地号	海拔(m)	地貌	坡位	坡向	土壤名称	林分年龄(年)	胸径(cm)	株数(N)	SI	郁闭度
58	190	低山	中	阴坡	红壤	44	10.9	2025	9	0.65
123	740	中山	中	阳坡	黄壤	44	11.2	1410	12	0.75
150	330	低山	中	阴坡	石灰土	24	8.2	1185	9	0.63
218	1150	中山	中	阴坡	黄壤	37	8.2	2040	9	0.71
220	620	低山	中	阴坡	黄壤	47	13.0	2205	12	0.92
500	1080	中山	上	阴坡	黄壤	38	9.5	1275	9	0.60
649	690	低山	上	阴坡	黄壤	42	8.3	2805	9	0.70
1426	360	低山	下	阳坡	红壤	39	8.2	1665	12	0.60

(续)

样地号	海拔(m)	地貌	坡位	坡向	土壤名称	林分年龄(年)	胸径(cm)	株数(N)	SI	郁闭度
1442	360	低山	中	阳坡	紫色土	28	9.5	2535	12	0.75
1472	60	丘陵	下	阳坡	红壤	23	7.8	2520	9	0.70
1535	220	低山	中	阴坡	红壤	26	7.6	1440	9	0.75
1616	660	低山	上	阴坡	红壤	39	10.1	1755	9	0.75
1706	70	丘陵	中	阴坡	红壤	23	7.7	1860	9	0.65
1719	430	低山	中	阴坡	红壤	41	10.9	1155	12	0.75
1741	660	低山	上	阴坡	黄壤	51	11.9	1095	12	0.65
1857	310	低山	下	阴坡	红壤	35	9.0	1185	9	0.65
…	…	…	…	…	…	…	…	…	…	…

10.1.2.2 主要研究方法

(1)直径"q"值分布

19 世纪末期，国外学者 deLiocourt 在其研究中认为在异龄林中当相邻两径阶林木株数之比随常数 q 值递减，且该值介于 1.2~1.5 之间，此时林分直径分布为合理状态，即直径分布"q"值法则，而 Garcia 等人则认为该值介于 1.3~1.7 之间。直径分布"q"值被广泛应用于林分直径结构分布合理性评价研究中。基于此，本研究采用直径分布"q"值来对林分直径结构分布合理性进行分析，并将 q 值介于 1.2~1.7 之间确定为直径分布合理状态。

(2)结构单元确定

相对于其他几种确定空间结构单元的方法来说，Voronoi 图能更直观准确地反映结构单元中目标树与邻近木间配置及竞争状况，本研究利用 ArcGIS 图像处理软件中的邻域分析工具生成泰森多边形图，其中多边形中心点表示目标树，而多边形边数对应邻近木株数(图 10-1)，此外，因处于样地边缘的林木其生长及空间结构易受样地外其他林木影响，导致分析结果与实际情况造成偏差，因此需对样地进行边缘矫正。本研究采用距离缓冲区法，以样地每一边向内缩进 2m 的区域作为缓冲区，处于这一区域内所有林木不作为目标树参与计算，以此保证结构指标计算的准确性。

(3)结构指标选取及分析方法

对于林分空间结构的研究大多偏向于对空间结构参数各取值的分布频率来对其分布合理性分析，即林分空间结构参数一元分布分析，但该方法只能从空间结构某一方面来反映其分布特征，对于结构特征的反映不够全面。本研究采用全混交度、大小比、角尺度等主要空间结构参数，对林分空间结构参数二元分布特征进行分析，从任意两结构参数入手，全面地分析各结构参数间的联系以及对结构特征的综合影响。同时采用树种优势度、林分空间优势度来反映不同树种即林分整体在水平空间上的优劣程度。

(4)生长方程确定(略)

(5)平均胸径、断面积生长哑变量模型构建(略)

(6)自稀疏哑变量模型构建(略)

(7)相容性生长收获模型构建(见 9.3 节)

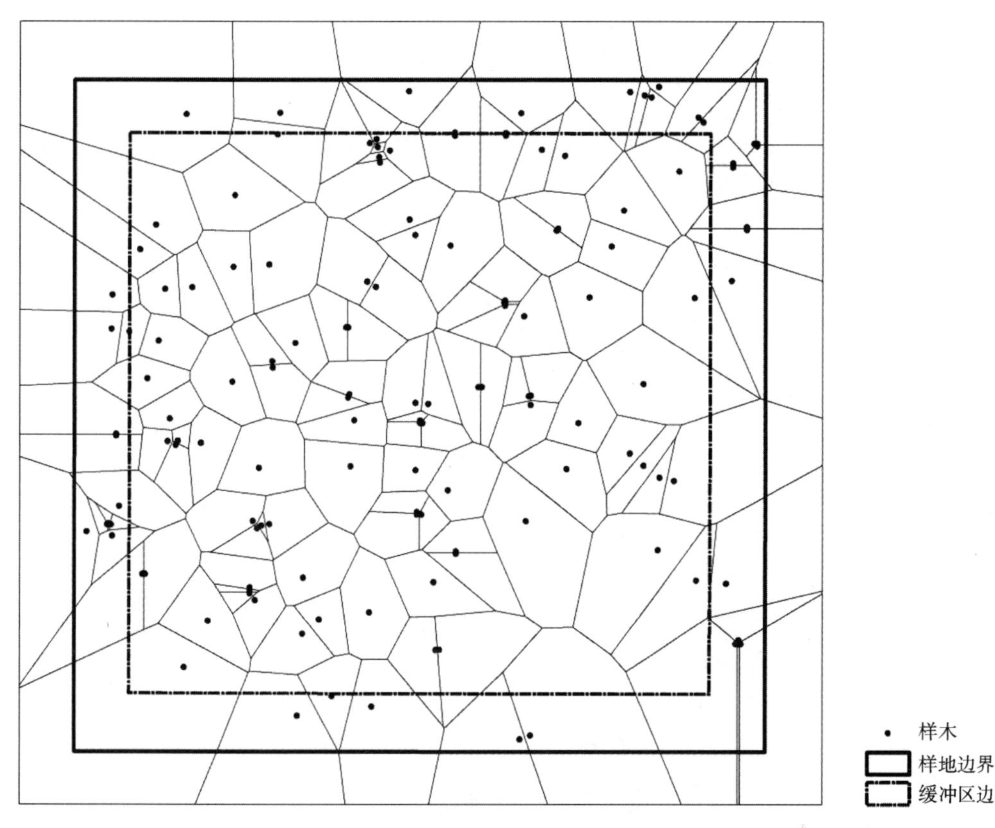

图 10-1 样地边缘矫正后 Voronoi 图

(8)林分空间结构目标函数

对林分结构分布及空间配置方式进行调整是进行结构优化经营的主要手段，研究主要从全混交度、大小比、角尺度、竞争指数等方面对林分结构进行调整。由于各结构参数之间相互影响，在进行调整时很难使每一方面都能达到最优状态，因此在进行调整时常采用多目标规划的方法使林分空间结构整体水平达到最优状态，基于此研究采用乘除法建模思想，以林分全混交度、大小比、角尺度及竞争指数等结构参数作为建模变量，林分结构目标函数 $Q_{(g)}$ ，$Q_{(g)}$ 取值越大，说明林分整体结构越好。模型如式(10-1)所示，

$$Q(g)=\frac{\dfrac{M(g)+1}{\sigma_M}}{[CI(g)+1]\cdot\sigma_{CI}\cdot[U(g)+1]\cdot\sigma_U\cdot[|W(g)-0.375|+1]\cdot\sigma_{|W-0.375|}} \tag{10-1}$$

式中：$Q(g)$ ——林分结构目标函数；

$M(g)$ 、$W(g)$ 、$U(g)$ 、$CI(g)$ ——目标树的全混交度、角尺度、大小比数以及竞争指数；

σ_M、$\sigma_{|W-0.375|}$ 、σ_U、σ_{CI} ——相应指标的标准差。

函数解析：由于各结构参数均有取值为 0 的情况，为避免函数分子、分母为 0，在各

结构参数后加1。一般认为混交度越大越好、大小分化程度及竞争指数越小越好、林木分布趋于随机分布状态，本研究参照李际平等关于Voronoi图中角尺度分析方法，认为角尺度取值应趋向于0.375为最优，即随机分布状态。

(9)结构优化方案设计

结合目标函数建模思想分析及相关约束条件的设置，提出楠木次生林结构优化方案，具体表达式如下。

目标函数：$MaxQ = \frac{1}{n} \sum Q_g$

约束条件：(1) $S = S_0$

(2) $d = d_0$

(3) $M \geqslant M_0$

(4) $CI \leqslant CI_0$

(5) $| W - 0.375 | \leqslant | W_0 - 0.375 |$

(6) $S_D \geqslant S_{D0}$，且 $D_{SP-C} \geqslant D_{SP-0}$

(7) $N_p \leqslant N_{P-0}(1 - 20\%)$，且 $N_c > N_{c-0}(1-15\%)$

式中：S_0、S——调整前后物种个数；

d_0、d——调整前后径阶数；

M_0、M、CI_0、CI、W_0、W——调整前后林分全混交度、竞争指数、角尺度；

S_D、S_{D0}——间伐前后林分空间优势度；

D_{SP-C}、D_{SP-0}——间伐前后建群树种优势度；

N_{P-0}、N_p——调整前后林木株数；

N_{c-0}、N_c——间伐前后林分建群树种株数。

10.1.3 林分结构特征分析

10.1.3.1 林分直径结构分析

(1)直径结构分布规律

研究采用ForStat 2.0对直径分布函数参数进行求解(表10-2)，由于一类清查样地数据起测径阶为5cm，因此令分布函数中$a=5$。对比χ^2、$\chi^2_{0.05}$，对函数拟合结果进行检验，同时求算各函数峰度、偏度值及变异系数，对林分直径分布规律进行评价。

表10-2 直径分布函数参数求解结果

样地号	Weibull分布			Gama分布			对数正态分布	
	a	b	c	a	b	c	b	c
1554	5	6.066	0.902	5	7.860	0.811	2.291	0.497
1958	5	4.942	1.120	5	3.795	1.249	2.197	0.385
3367	5	6.311	1.333	5	3.329	1.742	2.303	0.388
3470	5	5.257	1.185	5	3.560	1.394	2.226	0.370
3869	5	4.240	1.027	5	3.982	1.054	2.140	0.377

（续）

样地号	Weibull 分布			Gama 分布			对数正态分布	
	a	*b*	*c*	*a*	*b*	*c*	*b*	*c*
4487	5	7.255	1.047	5	6.496	1.096	2.372	0.476
5105	5	10.834	1.700	5	3.545	2.727	2.600	0.425
5120	5	4.798	1.073	5	4.063	1.149	2.196	9.670
5187	5	4.079	1.483	5	—	—	2.123	0.277
6433	5	4.299	0.928	5	5.184	0.859	2.150	0.412

如图 10-2 所示，标准地林分径阶分布范围广，在 6~46cm 间均有分布，而大都集中于 9.0~12.0cm 之间。结果表明，除 5105 样地外，直径峰度值 *ST* 均大于 0，说明林分直径分布较集中。同时，10 块标准地偏度值 *SK* 均大于 0，说明直径分布曲线呈左偏的山状分布，林分中小径阶林木分布较多。

研究共选取 10 块标准地来对林分直径分布曲线进行拟合，经 χ^2 检验结果显示，楠木次生林直径服从 Weibull 分布的样地为 10 块，其接受率为 100%，服从 Gama 分布的样地为 8 块，其接受率为 80.00%，服从对数正态分布的样地仅为 5 块，其接受率为 50.00%，说明楠木次生林直径主要服从 Weibull 分布，其次为 Gama 分布。

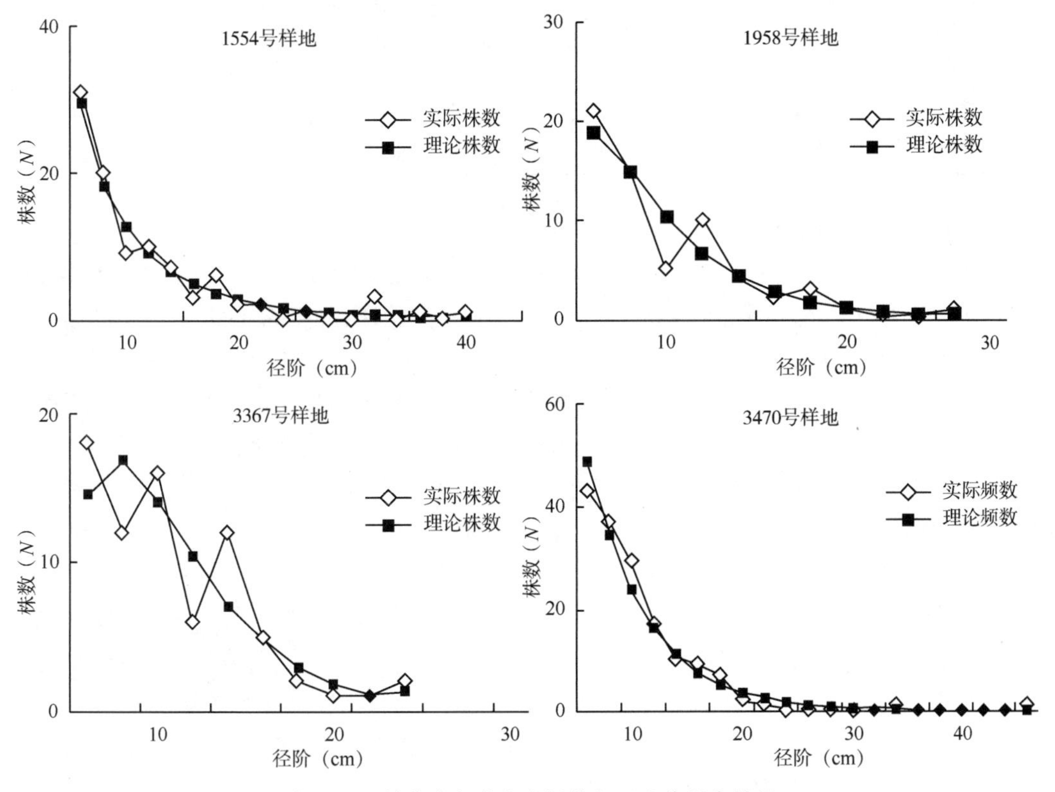

图 10-2　林分直径分布实际值与理论值拟合结果

(2)直径分布 q 值

一般认为，林分直径 q 值分布介于 1.2~1.7 之间时，认为林分直径分布为合理状态，这一界定标准被广泛应用于林分结构调整中，本研究对上述 10 块标准地 q 值分布进行统计计算，结果如表 10-3 所示，发现各标准地直径 q 值分布均不在此范围内，即直径分布为不合理状态，说明对林分结构进行调整是十分必要的。

表 10-3　各样地直径分布 q 取值情况

样地号	1554	1958	3367	3470	3869	4487	5105	5120	5187	6433
直径 q 值	0.5~3.0	0.5~3.0	0.5~2.5	1.1~3.5	0.3~4.0	0.8~3.0	0.2~2.0	1.1~2.3	0.7~5.3	0.2~5.0

10.1.3.2 林分空间结构特征

研究以 3470 号标准地为例，从林分全混交度、大小比数、角尺度 3 个方面入手，对林分空间结构特征进行分析，由于林分各结构参数间相互依赖相互抑制作用，仅从一个方面分析其特征其结构不够准确，因此参照在 Voronoi 图的林分空间结构指标描述，对林分结构参数二元分布特征进行分析评价，同时采用树种优势度来反映林分中各树种优势程度，结构参数取值说明如表 10-4 所示。

表 10-4　结构参数取值说明

结构参数	0	0~0.25	0.25~0.5	0.5~0.75	0.75~1
全混交度(M)	零度混交	弱度混交	中度混交	强度混交	极强度混交
大小比(U)	优势	亚优势	中庸	劣势	绝对劣势
角尺度(W)	绝对均匀	均匀	随机	不均匀	绝对不均匀

(1)全混交度-角尺度二元分布

如图 10-3 所示，单从全混交度分布频率来看，全混交度取值主要集中分布在 0~0.5 之间，即林分中大部分林木属中弱度混交状态，分别占总株数的 36.89%和 33.01%，处于极强度混交的林分仅占 2.9%。角尺度取值主要分布在 0.25~0.75 范围内，属随机分布状态和不均匀分布状态。随着林分全混交度的增大，林木分布频率在同一角尺度取值等级表现为先增大后减少，同样，随林分角尺度取值的增加全混交度也表现出相同的规律，当全混角度在 0.25~0.5 和 0.5~0.75 之间且角尺度取值为 0.25~0.5 时林木分布频率最高。属中度、强度混交且随机分布状态，分别占总株数的 17.48%、16.50%。

(2)大小比-角尺度二元分布

根据图 10-4 可知，与全混交度一样，随着林分角尺度的增加，同一优劣等级上林木株数分布频率为先增大后减小，呈正态分布，其峰值集中在角尺度取值为 0.25~0.5 之间，即随机分布状态。且当角尺度为 0.25~0.5 时，林分中大小比取值主要分布于 0.75~1.0 范围之间，即处于随机分布但绝对劣势状态的林木居多，占总株数 31.70%，而处于绝对优势、优势的林木分布较少，仅为 28.16%。

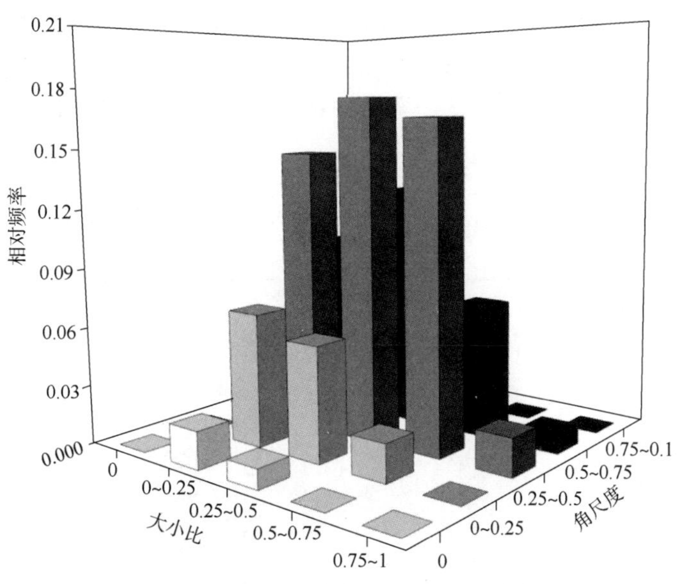

图 10-3　林分全混交度-角尺度二元分布图

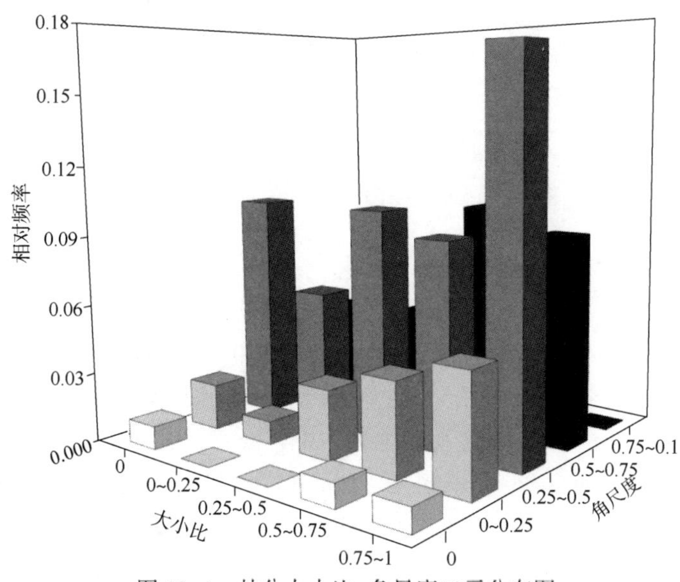

图 10-4　林分大小比-角尺度二元分布图

(3)大小比-全混交度二元分布

由图 10-5 可看出，大小比取值为 0.75~1 且全混交度为 0~0.5 范围分布频率较高，占林木总株数的 20.39%，随着林分全混交度的增加，同一优劣等级上林木分布频率变化趋势为先增加后减少，且混交度取值大多集中在 0~0.25 和 0.25~0.5 范围，属中弱度混交状态。除混交度为 0 和 0.75~1 范围外，同一混交等级上林木优劣程度分布差异相对较大，大小比数取值分布在 0 和 0~0.25 范围内的林木分布频率均比 0.5~0.75 和 0.75~1 范围内要少，即林分中处于绝对劣势且中弱度混交状态的林木相对于优势且中弱度混交的分布多。

(4)不同树种优势度比较

对 3470 号样地中主要树种其优势度取值分析可知(表 10-5)，在该样地中树种优势度最高的树种为楠木，其树种优势度 D_{SP} 取值为 0.423，其次为杉木树种，D_{SP} 取值为 0.306，优势度最低的树种分别为栎类和软阔，优势度取值分别为 0.154 和 0.085，由此可知该林分属楠木杉木针阔混交林，其中楠木、杉木树种在林分中占主要优势。

表 10-5 各树种优势度比较

树种	楠木	杉木	硬阔	栎类	软阔类
D_{SP}	0.423	0.306	0.196	0.154	0.085

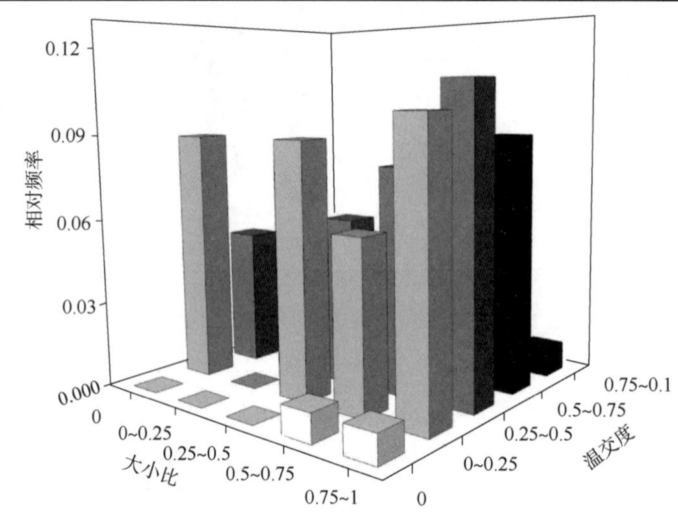

图 10-5 林分大小比-全混交度二元分布图

10.1.4 林分收获表

10.1.4.1 生长方程拟合结果

研究借助 Forstat2.0 软件对林分平均胸径、断面积生长基础方程拟合参数求解，结果如表 10-6、10-7 所示，Mitscherlich 对 12 指数级林分平均胸径拟合其 R^2 值为 0.780，在几种模型中取值最高，其 *RMSE*、*SSE* 为几种模型中最低，而五种模型对 15 指数级林分平均胸径拟合相关系数 R^2 均为 0.944，就模型 *RMSE* 和 *SSE* 来看，Logistic 方程的 *RMSE*、*SSE* 值均为最小，因此研究选用 Mitscherlich、Logistic 分别作为 12、15 指数级林分平均胸径生长基础模型构建胸径生长哑变量模型。

表 10-6 平均胸径生长方程拟合结果

模型	12 指数级			15 指数级		
	RMSE	*SSE*	R^2	*RMSE*	*SSE*	R^2
Mitscherlich	0.712	35.490	0.780	0.489	6.437	0.944
Logistic	0.718	36.127	0.776	0.489	6.377	0.944
Gompertz	0.715	35.718	0.778	0.488	13.23	0.944
Richards	0.713	35.552	0.779	0.490	6.481	0.944
修正 Weibull	0.713	38.072	0.764	0.490	6.497	0.944

同样，由 12 指数级、15 指数级断面积拟合结果可知(表 10-7)，Logistic 方程拟合相

关系数 R^2 均为最大，其残差平方和 *RMSE*、均方根误差 *SSE* 为几个模型中最小，因此，研究将 Logistic 方程作为构建 12、15 指数级林分断积生长哑变量模型的基础模型。

表 10-7 断面积生长方程拟合结果

模型	12 指数级			15 指数级		
	RMSE	*SSE*	R^2	*RMSE*	*SSE*	R^2
Mitscherlich	1. 741	105. 440	0. 507	2. 482	166. 507	0. 615
Logistic	1. 740	103. 646	0. 529	2. 458	163. 306	0. 623
Gompertz	1. 740	104. 741	0. 524	2. 471	164. 935	0. 619
Richards	1. 782	108. 246	0. 508	2. 491	167. 684	0. 613
修正 Weibull	1. 775	108. 422	0. 507	2. 492	167. 855	0. 612

10. 1. 4. 2 林分平均胸径、断面积生长哑变量模型构建

将林分类型作为哑变量分别加入基础模型不同参数(*a*、*b*、*r*、*a b*、*a r*、*b r*、*a b r*)上拟合时，共存在 7 种拟合结果，但在模拟时发现林分平均胸径生长哑变量模型将哑变量加到参数 *c*、*a r* 上和断面积生长哑变量模型将哑变量加在 *a r*、*b r*、*a b r* 时模型不收敛。因此本次拟合胸径生长哑变量模型参数取值共 5 种情况、断面积生长哑变量模型参数取值共 4 种情况，拟合结果见表 10-8、10-9 所示。

表 10-8 胸径生长哑变量模型拟合结果

参数	12 指数级			15 指数级		
	AIC	*SSE*	R^2	*AIC*	*SSE*	R^2
a	-32. 793	34. 864	0. 783	-45. 502	5. 908	0. 959
b	-24. 261	39. 383	0. 755	-45. 353	5. 934	0. 959
a、*b*	-31. 581	38. 642	0. 760	-38. 560	6. 074	0. 958
b、*r*	33. 491	80. 105	0. 502	62. 737	119. 502	0. 175
a、*b*、*r*	-0. 490	44. 007	0. 727	20. 154	28. 629	0. 802

由拟合结果可以发现，12、15 指数级林分平均胸径生长哑变量模型拟合结果均表现为将林分类型哑变量加入到参数 *a* 上拟合效果最好，同时 *AIC*、*SSE* 值比其他几种情况均小，相关系数 R^2 为几种情况中最高，说明树种结构主要对异龄混交林平均胸径生长曲线参数 *a* 的取值有影响。对比胸径生长基础模型来看，加入林分类型哑变量后 12 指数级模型 *SSE* 由原来的 35. 490 降低为 34. 864，相关系数 R^2 由 0. 780 提升为 0. 783，同样 15 指数级模型 *SSE* 也由原来的 6. 437 降低为 5. 908，相关系数由 0. 944 提高到 0. 959，模型拟合精度均有所提高。各指数级模型拟合参数见表 10-9 所示。

表 10-9 胸径生长哑变量模型参数估计

SI	a_1	a_2	a_3	a_4	*b*	*r*
12	17. 188	16. 454	17. 450	16. 792	0. 903	0. 029
15	18. 338	—	17. 814	12. 008	2. 412	0. 056

同样，就断面积生长哑变量模型拟合结果来看(表 10-10)，加入林分类型哑变量后模型相关系数均有所提高，12、15 指数级模型相关系数 R^2分别由基础模型的 0.507、0.615 提升为 0.821 和 0.810，模型残差平方和由原本的 105.440、166.507 降低为 39.510 和 82.314，模型拟合精度明显提高。对比将林分类型哑变量加到不同参数中模型拟合结果可以发现，12、15 指数级均为同时加在参数 a b 上模型拟合效果最佳，*AIC*、*SSE* 取值为几种情况中最小，相关系数 R^2取值最高，即林分异龄混交林树种结构主要影响断面积生长曲线参数 a、b 取值情况。模型参数估计结果如表 10-11 所示。

综合以上结果，最终确定楠木次生林平均胸径、断面积生长哑变量模型表达式为：

$$D = a_i LX_i \cdot (1 - b e^{rt}) \tag{10-2}$$

$$G = a_i LX_i / (1 + b_i LX_i e^{rt}) \tag{10-3}$$

式中：a、b、r——模型参数；

D、G——林分平均胸径、断面积。

表 10-10 断面积生长哑变量模型拟合结果

参数	12 指数级			15 指数级		
	AIC	*SSE*	R^2	*AIC*	*SSE*	R^2
a	37.105	63.250	0.713	45.396	86.371	0.801
b	35.199	59.801	0.728	40.002	88.330	0.796
a、b	29.107	39.510	0.821	38.097	82.314	0.810
r	35.199	59.802	0.728	40.113	88.695	0.795

表 10-11 断面积生长哑变量模型参数估计

SI	a_1	a_2	a_3	a_4	b_1	b_2	b_3	b_4	r
12	25.921	19.897	19.476	13.395	3.94	2.024	0.929	0.287	0.061
15	73.973	—	240.799	38.699	5.251	—	24.246	2.867	0.018

10.1.4.3 自稀疏哑变量模型拟合结果

对比 Reineke 基础模型和加入林分类型的自稀疏哑变量模型拟合结果，如表 10-12 所示，在 12、15 指数级中基础模型 *AIC*、*SSE* 值均比加入林分类型的哑变量模型要大，且相关系数 R^2比哑变量模型要小，结合两种模型残差分布图来看，图 10-6 所示，加入林分类型的哑变量模型其残差分布范围较小且相对均匀。综合以上结果，说明自稀疏哑变量模型对楠木次生林自然稀疏过程拟合效果优于基础模型，可更好地反映楠木次生林自然稀疏规律。最终确定湖南楠木次生林自稀疏哑变量模型如式(10-4)所示，模型参数拟合结果见表 10-13 所示。

$$\log N = a_i LX_i + b \log D \tag{10-4}$$

式中：a_i、b——待定参数；

LX_i——哑变量；

N、D——林分单位面积株数和平均胸径。

表 10-12　两种模型拟合效果对比

模型	12 指数级			15 指数级		
	AIC	*SSE*	R^2	*AIC*	*SSE*	R^2
基础模型	-65.420	0.084	0.681	-55.661	0.027	0.721
哑变量模型	-76.964	0.054	0.796	-55.906	0.025	0.736

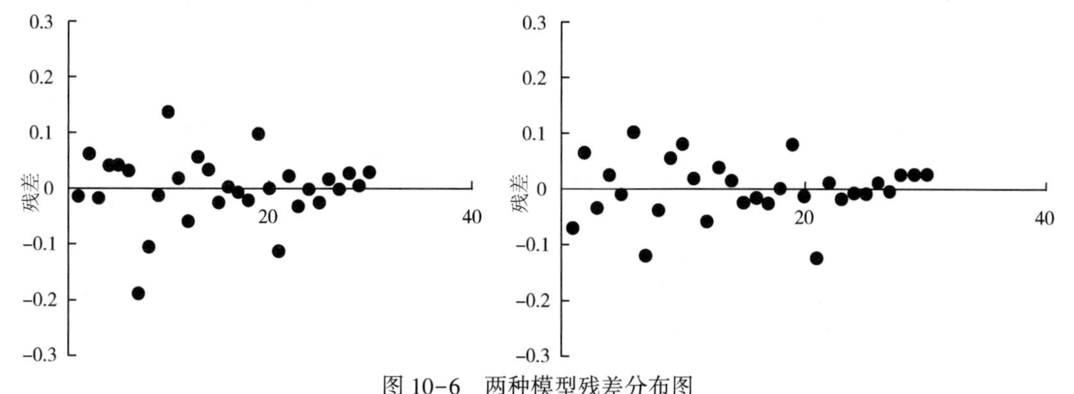

图 10-6　两种模型残差分布图

表 10-13　自稀疏哑变量模型参数拟合结果

SI	a_1	a_2	a_3	a_4	*b*
12	4.962	4.943	5.001	4.876	-1.561
15	4.689	—	4.666	4.638	-1.295

10.1.4.4　相容性林分生长收获模型预估(见 9.2)

10.1.4.5　楠木次生林现实收获表编制

林分收获表反映林分各调查因子随其年龄增长而发生动态变化的数表，是鉴定森林经营效果、评价森林经济价值及科学制定经营方案的有力依据(表 10-14)。研究以 12 指数级为例，由上述林分胸径、断面积生长哑变量模型拟合结果，得出各年龄阶段林分平均胸径、断面积取值，根据胸径、断面积及单位面积株数间关系，结合相容性生长收获模型，分别指数级编制楠木次生林现实收获表。根据林分现实收获表编表结果可知，不同林分类型各年龄阶段林分平均胸径、断面积生长情况不同，林分蓄积累积也不一样，各林分类型生长率按从大到小排列依此为：楠木栎类混交林>楠木马尾松混交林>楠木软阔混交林>楠木杉木混交林，连年生长量、蓄积累积同样表现出相同的规律。同时，不同林分类型各年龄阶段林分密度也不相同，由图 10-7 所示，林分年龄为 30 年之前，楠木软阔、楠木马尾松混交林单位面积株数均比楠木栎类混交林大，随着林分年龄增加，两种林分其林木株数锐减，到 35 年之后均小于楠木栎类混交林。

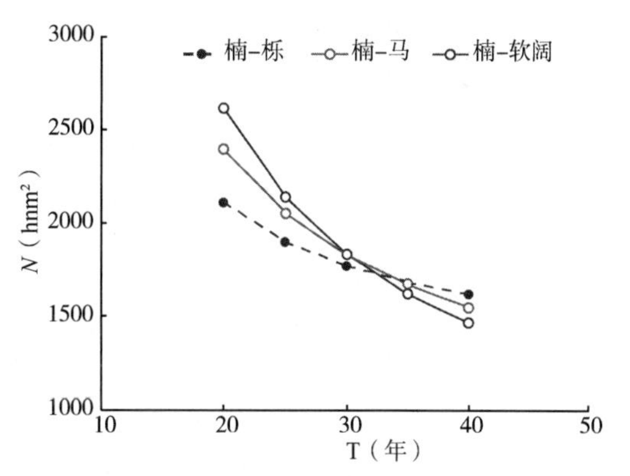

图 10-7　各林分类型密度变化情况($SI=12$)

注：楠-栎表示楠木栎类混交林；楠-马表示楠木马尾松混交林；楠-软阔表示楠木软阔混交林。

表 10-14　楠木次生林现实收获表

林分类型	年龄（年）	平均直径（cm）	立木株数	断面积（m^2）	蓄积量（m^3）	平均材积（m^3）	生长量			自然死亡			总生长量（m^3）	总生长量		
							平均（m^3）	连年（m^3）	生长率（%）	株数	蓄积（m^3）	蓄积累积（m^3）		平均（m^3）	连年（m^3）	生长率（%）
楠木栎类混交林	20	8.5	2113	11.98	56.41	0.027	2.82									
	25	9.7	1900	13.96	69.51	0.037	2.78	2.62	4.16	213	13.10	13.10	82.62	3.30	5.24	7.54
	30	10.7	1771	15.88	82.31	0.046	2.74	2.56	3.37	129	12.80	25.91	108.22	3.61	5.12	5.37
	35	11.6	1684	17.68	94.38	0.056	2.70	2.41	2.73	87	12.07	37.97	132.36	3.78	4.83	4.01
	40	12.3	1618	19.29	105.34	0.065	2.63	2.19	2.19	66	10.96	48.93	154.27	3.86	4.38	3.06
楠木马尾松混交林	20	8.1	2396	12.45	58.79	0.025	2.94									
	25	9.3	2052	13.81	68.75	0.034	2.75	1.99	3.12	344	9.96	9.96	78.71	3.15	3.98	5.79
	30	10.2	1828	15.02	77.53	0.042	2.58	1.76	2.40	224	8.78	18.73	96.26	3.21	3.51	4.01
	35	11.1	1668	16.05	85.09	0.051	2.43	1.51	1.86	159	7.56	26.30	111.39	3.18	3.02	2.91
	40	11.8	1548	16.91	91.45	0.059	2.29	1.27	1.44	121	6.36	32.66	124.11	3.10	2.54	2.16
楠木软阔混交林	20	8.6	2614	15.28	73.24	0.028	3.66									
	25	9.8	2140	16.20	81.58	0.038	3.26	1.67	2.16	475	8.34	8.34	89.92	3.60	3.34	4.09
	30	10.8	1834	16.95	88.26	0.048	2.94	1.34	1.57	306	6.69	15.03	103.29	3.44	2.67	2.77
	35	11.7	1621	17.55	93.61	0.058	2.67	1.07	1.18	213	5.35	20.38	113.99	3.26	2.14	1.97
	40	12.5	1466	18.02	97.87	0.067	2.45	0.85	0.89	155	4.26	24.63	122.51	3.06	1.70	1.44
楠木杉木混交林	20	8.3	2281	12.35	58.26	0.026	2.91									
	25	9.4	1798	12.61	62.33	0.035	2.49	0.82	1.35	483	4.08	4.08	66.41	2.66	1.63	2.62
	30	10.4	1496	12.81	65.33	0.044	2.18	0.60	0.94	302	3.00	7.07	72.41	2.41	1.20	1.73
	35	11.3	1293	12.96	67.60	0.052	1.93	0.45	0.68	204	2.27	9.34	76.94	2.20	0.91	1.21
	40	12.0	1148	13.07	69.34	0.060	1.73	0.35	0.51	144	1.75	11.09	80.43	2.01	0.70	0.89

10.1.5 林分结构优化调整

研究将2009年一类清查3470号样地作为结构优化示范样地，经统计计算，该样地属12指数级，样地共有10种树种，楠木为主要建群树种，占比为50.3%，杉木、硬阔类、栎类为主要伴生树种。林分平均年龄为23年，林木胸径在6~22cm径阶皆有分布，其平均值为9.4cm，林分断面积为18.306m^2。样地共计林木141株，其中目标树为103株，边缘木38株，林分平均全混交度为0.365，竞争指数(CI)为8.393，胸径大小比(U)为0.497，角尺度为0.373，较靠近0.375，即随机分布状态。目标函数(Q)取值为3.974，林分空间优势度(S_D)为0.295。林木信息如表10-15所示。

表10-15 样木概况

树种	胸径(cm)	样木号	树木类型	全混交度	大小比	竞争指数	角尺度	目标函数值
板栗	32.8	041	中心木	0.309	0.167	2.068	0.333	8.004
板栗	44.9	042	边缘木	—	—	—	—	—
杉木	18.4	055	中心木	0.206	0.000	1.232	0.333	11.826
楠木	21.6	062	中心木	0.220	0.000	0.993	0.200	11.880
栎类	13.7	064	中心木	0.452	0.167	1.637	0.500	9.567
…	…	…	…	…	…	…	…	…
樟木	6.5	208	中心木	0.521	0.625	3.516	0.375	4.725
楠木	6.5	209	中心木	0.351	0.571	2.657	0.286	4.920
楠木	7	210	中心木	0.068	0.400	15.599	0.200	0.892
其他	6.5	211	中心木	0.597	0.667	4.995	0.333	3.498
林分	9.4	—	—	0.365	0.497	8.393	0.373	3.974

10.1.5.1 间伐木的确定

研究计算除边缘木以外的各林木单元结构$Q_{(g)}$取值，将$Q_{(g)}$值最小的那一株林木确定为间伐对象，并进行模拟间伐，判断是否满足所有约束条件，若满足则输出为间伐木，并采用相同的方法确定下一株间伐木，若不满足，则该林木作为保留木，重新寻找间伐对象。重复以上操作，最终确定间伐木共计23株，株数间伐强度为16.3%，断面积间伐量为1.217m^2。间伐木信息如表10-16所示(表中间伐木按序号大小排列，与间伐顺序无关)。

表10-16 间伐木信息

样木号	树种	胸径(cm)	X	Y	全混交度	大小比	竞争指数	角尺度
078	硬阔类	13.4	0.10	0.00	0.454	0.167	12.940	0.500
082	硬阔类	7.2	0.00	0.00	0.328	1.000	33.962	0.000
083	硬阔类	10.2	0.00	0.10	0.270	0.400	19.562	0.400
085	楠木	7.1	3.35	4.61	0.103	0.750	49.721	0.250
086	楠木	8.3	3.30	4.61	0.158	0.333	37.187	0.333

（续）

样木号	树种	胸径(cm)	X	Y	全混交度	大小比	竞争指数	角尺度
093	栎类	5.7	-6.53	-6.76	0.556	0.833	10.815	0.333
138	…	5.7	-0.12	-3.40	0.440	1.000	19.532	0.200
202	楠木	5.0	-9.66	-0.85	0.169	1.000	18.246	0.200
203	杉木	6.0	-9.98	-0.70	0.274	0.667	10.499	0.333
206	楠木	5.6	1.36	11.12	0.169	1.000	17.280	0.400
207	楠木	5.5	5.35	7.36	0.466	0.875	18.951	0.250

10.1.5.2 间伐效果分析

间伐后林分全混交度由原来的0.365增加到0.395，提高了8.2%(表10-17)，其中，处于极强度混交的林木由原来的0.00%提升到3.9%。角尺度由原来的0.373降低到了0.372，虽然降低了0.2%，但经营前后差距不大，其取值均趋近于0.375，即随机分布状态。对比间伐前后林分全混交度-角尺度二元分布特征可知，处于中度混交且随机分布的林木分布频率由原来的17.48%提升到18.18%。而混交度为0.5~0.1且角尺度为0.25~0.5范围内即处于中强度混交且随机分布的林木分布频率由未间伐前的16.50%提升到20.78%。

同样，林分大小比、竞争指数也相应降低，分别降低了2.0%和51.4%(表10-17)，且调整后大小比处于0和0~0.25间即绝对优势、优势的林木分布增多，由原来的28.15%提升至32.46%，提高了4.31%，而处于绝对劣势的林木分布减少，由原来的31.07%减少为29.87%。对比经营前后林分大小比-全混交度二元分布特征，处于优势且强度混交的林木占比也有所提高，由原来的3.88%提升至3.90%。大小比为0且混交度为0.75~1之间，即绝对优势且强度混交的林木占比相对增多，由原来的0.97%增加为1.30%。由大小比-角尺度二元分布来看，林分中大小比为0和0~0.25且角尺度处于0.25~0.5的林木分布频率增加，由15.53%增加到间伐后的16.88%，增加了1.35%。目标函数值由间伐前的3.975提高到了16.161，在原来的基础上提高了306.5%，直径分布“q”取值也由原来的[1.1~3.5]调整到间伐后的[1.1~3.3]。

表10-17　间伐前后林分结构指标比较

结构参数	未间伐	间伐后	变化趋势	变化幅度
径阶数(d)	10	10	不变	—
直径“q”值	1.1~3.5	1.1~3.3	变小	—
物种数(N)	10	10	不变	—
全混交度(M)	0.365	0.395	增加	8.2%
大小比(U)	0.497	0.487	减小	2.0%
角尺度(W)	0.373	0.372	减小	0.2%
竞争指数(CI)	8.393	4.079	减小	51.4%
目标函数(Q)	3.975	16.161	增加	306.5%

对比间伐前后主要树种优势度可知(表 10-18)，实施间伐活动后楠木树种优势度有所提高，由间伐前的 0.423 提升至 0.434，杉木树种优势度也相应地从间伐前的 0.306 提升至 0.354，提升幅度较楠木树种大；同时林分整体空间优势度也相应的得到提高，由间伐前的 0.295 提升至 0.296，说明本次结构优化经营活动极大地改善了楠木次生林结构的同时，建群树种及林分空间上的优势度也得到了相应的增加，经间伐后楠木、杉木等建群树种在林分中更具优势。

表 10-18　间伐前后主要树种及林分空间优势度比较

优势度	楠木	杉木	林分
间伐前	0.423	0.306	0.295
间伐后	0.434	0.354	0.296

10.2　闽楠次生林健康经营与评价

10.2.1　引　言

20 世纪 70 年代末，德国研究者在进行林业工作时发现，在森林生态系统中有活力缺失的现象，并以活力缺失这一现象为依据提出了森林健康的理念，这对整个欧洲林业的森林健康评价与监测工作产生了巨大影响。20 世纪 90 年代初，美国在“森林病虫害综合治理”基础上，进一步完善了森林健康的概念。美国就森林健康问题分别在 1987 和 1992 年举行了两次国会听证会，制定、完善并实现森林健康的新计划。自 20 世纪 90 年代以来，美国建立并实施 FHM(Forest Health Monitoring)森林健康的监测体系工程，1999 年，该工程被纳入 FIA(Forest Inventory and Analysis)。2003 年，美国针对森林健康进行立法，开始制定全国森林健康战略。在 20 世纪 90 年代中期，澳大利亚开展并实施森林健康管理项目，对全国各地的森林生态系统进行健康调查和评价工作。1987 年，加拿大政府设立了林业部门。1992 年，加拿大发布了森林可持续发展的承诺文件，该文件每 5 年进行一次调整。1997 年，为进一步促进森林健康经营和可持续发展，加拿大实施了《可持续发展战略：保护我们的资产，保护我们的未来》，该战略会依据国情、森林概况、林分现状等每 3 年对目标进行一次调整。

森林健康受到很多国家的重视，Power 等指出森林同人类关系密不可分，森林不仅能够提供人类生存所需的自然资源，同时也是维护生态平衡的调节器。

我国森林健康研究大致与国际同步。20 世纪 80 年代我国就有报道提及关于森林受害的问题，但内容主要是围绕酸雨这一灾害所产生的影响。近年来，我国已逐渐认识并接受了森林健康的理念，森林状况和生态环境问题也引起政府的高度关注。我国制定了“中国森林可持续经营标准与指标”，国家林业局在进行第七次全国森林资源清查中，首次增加了反映森林质量、森林健康、土地退化状况以及满足林业工程建设和生态建设等指标和内容，并开展了大量调查和研究，寻找培育多功能、多目标、多样性丰富的健康森林的方法。

10.2.2 研究方法

10.2.2.1 标准地设置与调查

通过查阅江西省森林资源二类调查、珍稀物种普查等资料以及向林业部门的了解，选择赣中的安福县、遂川县、井冈山市，赣东北的玉山县、婺源县以及赣西北的修水县，对其闽楠天然次生林分布区域进行踏查。在踏查的基础上，于 2015—2018 年间选取人为活动干扰程度相对较轻且林分在分布区域内具有代表性的地块设置标准地调查。标准地大小依据其分布地形和闽楠树种分布情况等因素而定，标准地面积为 $400m^2$(20m×20m)或 $600m^2$(20m×30m)，共 30 个。在每个标准地中选择具有代表性的区域分别设置灌木样方(2m×2m)、草本样方(1m×1m)和凋落物样方(1m×1m)。

10.2.2.2 森林健康评价指标体系构建

查阅相关文献进行频度统计，同时结合专家咨询法和理论分析法，从研究区的实际情况出发，进行综合考虑，在遵循森林健康评价指标体系建立原则的基础上，提出适合研究区闽楠天然次生林健康评价的指标体系，并通过层次分析法确定各指标权重，再用综合指数法对各标准地健康状况进行评价。

10.2.2.3 层次分析法

本研究采用层次分析法对闽楠天然次生林进行健康评价。采用层次分析法进行分析，首先需要把待解决问题层次化，即把闽楠天然次生林健康评价进行层次化。根据闽楠天然次生林的生物特性及其所追求的健康目标，将闽楠天然次生林健康评价分解成不同的组成要素，根据各要素之间的关联性和隶属性，将所有评价要素进行分层聚类，最终构建出层次结构模型。

层次结构模型构建好之后需要建立判断矩阵，专家根据判断矩阵及各要素含义对其进行两两对比，通过对比重要性来确定判断矩阵的要素值。要素的取值可以采用 1~9 及其倒数标度法(表 10-19)。

表 10-19 判断矩阵标度及其定义

标度	定义	说明
1	同等重要	两两要素进行比较，两者对某一属性具有同等重要性
3	略微重要	两两要素进行比较，一个要素比另一个要素略微重要
5	明显重要	两两要素进行比较，一个要素比另一个要素明显重要
7	非常重要	两两要素进行比较，一个要素在某一属性中占主导地位
9	极为重要	两两要素进行比较，一个要素在某一属性中占绝对重要地位
2，4，6，8	相邻判断的中间值	表示需要在上述两个标度折衷时的定量标度
上列各数的倒数	反比较	要素 i 与要素 j 两两比较，$b_{ij}=1/b_{ji}$

10.2.3 闽楠天然次生林健康评价指标体系

10.2.3.1 定位与目标

在正常情况下，大多数森林所追求的森林群落结构是指可以不断提供最大收获、最大

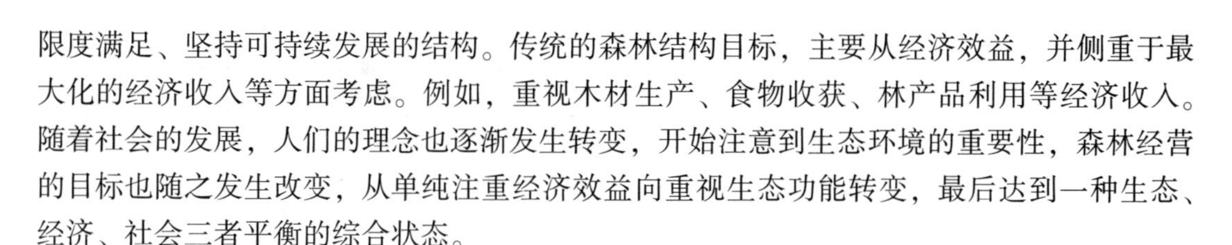

限度满足、坚持可持续发展的结构。传统的森林结构目标，主要从经济效益，并侧重于最大化的经济收入等方面考虑。例如，重视木材生产、食物收获、林产品利用等经济收入。随着社会的发展，人们的理念也逐渐发生转变，开始注意到生态环境的重要性，森林经营的目标也随之发生改变，从单纯注重经济效益向重视生态功能转变，最后达到一种生态、经济、社会三者平衡的综合状态。

1998年，我国启动了天然林保护工程，根据投入机制不同，将5大林种(用材林、防护林、经济林、薪炭林、特种用材林)归类成生态公益林和商品林两大类。其中，生态公益林包括特种用材林和防护林；商品林包括用材林、经济林和薪炭林。本研究对象为闽楠天然次生林，闽楠作为国家二级重点保护野生植物，根据其主要功能划分为生态公益林。

闽楠天然次生林林分结构的健康目标导向是培育异龄、复层、混交的林分。其健康的发展方向是提高稳定性、活力性和抗干扰性，即培育具有较高的生物多样性和生产力的林分，并使乔木层、灌木层和草本层结构合理，郁闭度及盖度适合下木层和低矮灌木、草本、苔藓植物的生长，病虫害程度小，人为干扰程度低。对闽楠天然次生林的健康评价可以分解为对林分活力层次、林分结构层次、林分稳定层次、林分持续层次等评价，从这4个层次出发，再进行具体细化选取相应的评价指标，构建健康评价体系。

10.2.3.2 活力性指标

(1)单位面积蓄积量

蓄积量是衡量森林生态环境优劣的重要依据，也是衡量森林资源总体水平和总体规模的基本指标之一，它的高低与森林生态系统中生物量、碳汇的高低以及碳储量的能力有直接的关系。一般情况下，林木蓄积量越高，表明其森林资源越丰富，活力性越强。第八次全国森林资源清查结果显示，我国森林每公顷蓄积量为89.79m^3，而人工林每公顷蓄积量只有52.76m^3。结合闽楠天然次生林的经营目标，单位面积蓄积量以300m^3/hm^2为基准值。

(2)林分郁闭度

林分郁闭度可以说明光、水等环境因子通过林冠进入林内的再分布状况，其大小直接影响林内光照、水分、热量的变化以及林下层的光照情况。光照不足或太高都会影响林木的生长发育，郁闭度过小，导致光照直射过大、持续时间过长，会引起土壤湿度变小且植物蒸腾作用过大，不利于植物的生长；郁闭度过大，会遮挡大部分阳光导致光照强度过弱，不利于林下层植被生长。在李雪云的研究中，林分郁闭度对闽楠幼树幼苗更新影响极显著，其中以0.5~0.7的郁闭度最好，其次是0.3~0.5和大于0.7的郁闭度，而小于0.3的郁闭度最差。本研究以0.7为林分郁闭度的基准值。

(3)天然更新

天然更新的状况是影响森林生态系统演替的重要因素之一，其体现了林分的发展趋势，更新状况良好的林分说明其活力及生产力潜力会相对较好。用幼苗的数量来表述天然更新的状况，幼树幼苗的数量越多，说明该林分天然更新状态越好，活力性越高。按照《江西省森林资源二类调查操作细则》(2018)中“天然更新等级”的规定，将每公顷乔木幼苗(3年内)天然更新等级划分为良好、中等、不良并分别赋值，如表10-20所示，计算标准地天然更新指标时取3为基准值。

表 10-20　天然更新等级划分标准　　株/hm²

高度	≤30cm	31~50cm	≥50cm	赋值
良好	≥4650	≥3000	≥2500	3
中等	3000~4650	1020~3000	480~2500	2
不良	≤3000	≤1020	≤480	1

注：表中划分标准引自《江西省森林资源二类调查操作细则》(2018)。

(4)林木生长势

生长势是林木生长发育旺盛程度的反映，林分生长势越强则说明林分生长量越大，林分活力越强；生长势越差则说明林分生长量越小，林分活力越差。林木生长势主要是依据林木生命力，从树冠、树干、叶、根等林木外观特征因子和受害现象及生长周围状况等因子进行综合评价，评价时遵循"就低原则"来进一步确定生长势等级，大致可分为 4 个等级，分别赋值 1、2、3、4，如表 10-21 所示，计算林木生长势取 4 为基准值。

表 10-21　林木生长势等级划分

等级	划分依据	赋值
Ⅰ	枝干粗壮、叶芽繁茂、树冠饱满，生长旺盛且无任何异常现象；树干饱满，生长旺盛且无任何异常现象；叶色浓绿，且无任何异常现象；根系发达，生长旺盛且无任何异常现象；无病虫害，地表土质疏松，树木间距适当，林木生长不受影响	4
Ⅱ	树冠较饱满，无自然枯损；树干轻度破损、少许残缺；叶有自然枯损，有脱落痕迹；有少许断根现象；无病虫害，地表土质较为疏松，树木间距较窄，林木生长略受影响	3
Ⅲ	树冠过稀过小，树梢和枝干有少许自然枯损，生长逐渐停滞；树干受害，有腐损现象；树叶有大面积受损；断根情况大于 1/4；有轻微病虫害发生，地表土质中度板结，树木间距偏窄，林木生长受影响	2
Ⅳ	树冠稀松且过小，树干受害、存在重度破损和空干现象；树梢和枝干有明显自然枯损；叶全部受损；根部裸露、腐烂情况多；受病虫害严重，地表土质板结严重，树木间距过窄，林木生长受严重影响	1

注：表中划分依据引自《江西省森林资源二类调查操作细则》(2018)。

10.2.3.3　结构性指标

(1)群落结构

合理的群落结构是森林生态系统健康的重要体现，并且能够更充分利用环境的有利条件，减弱群落间竞争的强度。群落结构一般由乔木层、下木层和地被层组成，在划分群落结构时，参考《江西省森林资源二类调查操作细则》(2018)：在进行群落结构划分时，下木层包括灌木和层外幼树，地被物包括草本、苔藓和地衣。当下木或地被物的覆盖度≥20%时，可单独划分植被层；当下木和地被物的覆盖度合计≥20%且两者覆盖率分别都大于 5%时，可合并为 1 个植被层。下木层平均高度需高于 50cm，地被物层平均高度需高于 5cm；当地类为特殊灌木林地时，可将地被物层覆盖度确定为较完整结构。

根据群落层次的特征，一般情况下，群落结构可划分为 3 类，分别赋值 1、2、3，如

表 10-22 所示。若群落结构越丰富，系统结构性越强，其健康程度越高，因此取 3 为基准值。

表 10-22 群落结构等级划分

等级	划分依据	赋值
Ⅰ(完整结构)	乔木层、下木层、地被物层 3 个层次齐全，且下木层和地被物层覆盖度均≥20%的林分	3
Ⅱ(较完整结构)	具有乔木层和其他 1 个植被层；或是下木层和地被物层覆盖度均在 5%以上，且合计≥20%的林分	2
Ⅲ(简单结构)	只有 1 个乔木层；或下木层和地被物层覆盖均低于 5%的林分	1

注：表中划分依据引自《江西省森林资源二类调查操作细则》(2018)。

(2)林层结构

林层结构指林分的林冠层次结构，分单层和复层两类。森林的层次结构越复杂，物种多样性就越高，群落的结构就越好，林分自我调节能力就越强，森林越健康。本研究在划分复层林时，要求各林层平均胸径在 8cm 以上且每亩蓄积量不少于 $2m^3$，主林层郁闭度需高于 0.3，其他层郁闭度高于 0.2，次林层与主林层的平均高差应不少于 20%。同时满足以上 4 个条件则划分为复层林，不满足则为单层林。将单层林赋值为 1，复层林赋值为 2，因复层林有利于提高林木的生长量、林木蓄积和生物量等，则取 2 为基准值。

(3)树种结构

树种组成是林分结构的重要部分，是制定林分经营目标和目标结构的主要林分因子。丰富的树种结构可以减缓森林生态功能退化，有利于提高防护效能。天然次生林的树种结构是长期自然过程中相互适应、相互选择的结果，这也是天然林内在结构特征之一。本研究通过针阔混交比、主要树种组成比例来反映各标准地的树种结构，划分为 4 个等级并赋值，如表 10-23 所示。树种结构反映了林分的种间隔离程度，一般认为混交度越大，其林分结构性相对越强，即取大为优，则取 4 为基准值。

表 10-23 树种结构等级划分

树种结构类型	划分依据	赋值
Ⅰ(阔叶纯林)	单个阔叶树种蓄积≥90%	1
Ⅱ(阔叶相对纯林)	单个阔叶树种蓄积占 65%~90%	2
Ⅲ(针阔混交林)	针叶树种或阔叶树种总蓄积占 35%~65%	3
Ⅳ(阔叶混交林)	阔叶树种总蓄积≥65%	4

注：表中划分依据引自《江西省森林资源二类调查操作细则》(2018)。

(4)径级结构

林分直径结构是林分内各种大小直径林木的分布状态，林分直径结构是最重要、最基本的林分结构。林分直径可反应群落的生长状态，且测定方便简单。许多森林经营技术及测树制表技术理论都采用林分直径作为依据之一。异龄林在理想状态下，随着径级增大，不同径级的林木株数逐渐减少，表现为倒“J”型的曲线。在对理想异龄林进行描述时，该规律是一种非常重要的非空间结构特征。

在典型的异龄林林分内，相邻径级的立木株数比率通常趋向于一个常数，则其林分径级结构可通过如下关系式来体现：

$$q = \frac{X_{td} - 1}{X_{td}} \tag{10-5}$$

式中：X——t 时刻时第 d 径级的立木株数；

q——一个递减系数或常数。

q 值的定义为某一径级的株数与相邻较大径级株数之比，可以用来反映林分的径级结构。q 值的取值越低，直径的分布曲线越平坦，表明在这样的林分中，较大径级的林木所占比例相对高，而 q 值较大的林分内，幼树的所占比例高。因此，可以选择 q 值作为体现径级结构合理的指标。

一般认为径阶常量 q 值位于 1.2~1.5 间的为理想的异龄林株数，也有部分研究学者认为径阶常量 q 值位于 1.2~2.0 之间的为理想的异龄林径级结构，本研究选取 q 值的理想值为 1.5。

10.2.3.4 稳定性指标

(1)森林病虫害

森林病虫害是自然灾害的一种，病虫害的发生会严重破坏森林生态资源、制约林业可持续发展、不利于对有害生物的可持续控制、破坏森林生态系统的稳定性，直接影响森林的健康发展，甚至对林业经济造成严重损失。

大多学者计算森林病虫害的公式为：

森林病虫害率=(森林病虫灾害面积/林地总面积)×100%

本研究根据受害立木株数百分率，分为无、轻、中、重 4 个等级，并分别赋值，如表 10-24。森林群落受病虫害发生和成灾的范围越小，成灾强度越小，灾害的发生程度和造成的损失就越小，森林环境与成长状态就越好，故取 4 为基准值。

表 10-24　森林病虫害等级

病虫害等级	划分依据	赋值
无	受害立木株数 10%以下	4
轻	受害立木株数 10%~29%	3
中	受害立木株数 30%~59%	2
重	受害立木株数 60%以上	1

注：表中划分依据引自《江西省森林资源二类调查操作细则》(2018)。

(2)森林火灾

森林火灾会破坏森林生态系统的稳定性，并造成一定的危害和损失。森林火灾的大小通常用受害、成灾面积或株数来衡量。按受害立木株数占总株数百分比及受害后林木能否存活和影响生长的程度，分无、轻、中、重 4 个等级，并分别赋值，如表 10-25，计算时以 4 为基准值。

表 10-25　森林火灾等级

火灾等级	划分依据	赋值
无	未成灾	4
轻	受害立木株数 20%以下	3
中	受害立木株数 20%~49%	2
重	受害立木株数 50%以上	1

注：表中划分依据引自《江西省森林资源二类调查操作细则》(2018)。

(3)林下植被盖度

林下植被盖度可以反映出群落的垂直结构及复杂程度，丰富的林下植被能促进养分的有效化，减少地表径流，减轻水土流失的危害，并且在一定程度上能起到改善土壤肥力的作用，有利于森林群落的稳定性。本研究中林下植被主要指灌木、草本以及地被物，其盖度的高低，能够反映森林的生物量水平，体现森林整体质量的好坏。从可持续发展的要求以及天然林的生长特性，林下层总盖度以 80%左右为宜，本研究林下植被盖度基准值定为 0.8。

(4)物种多样性

多样性可以表征其所提供的物质及非物质服务的多样性，以及相应的供给能力大小。物种多样性反映森林群落的组织水平，并通过结构和功能的关系间接地反映森林群落功能的特征，对森林可持续经营具有十分重要的作用。

在一定范围内，多样性越高，稳定性就越高。本研究选用 Shannon-Wiener 物种多样性指数来反映物种多样性水平，以 3 为指标基准值。计算公式为：

$$H = -\sum_{i=1}^{n}(p_i \ln p_i) \tag{10-6}$$

式中：H——多样性指数；

p_i——第 i 个种的个体数占所有种个体数的比例；

n——物种数。

10.2.3.5　持续性指标

(1)闽楠母树株数

林分的自然更新需要种源，在闽楠天然次生林中闽楠大树结实多且比较稳定，可为林分更新提供种源，对其幼树幼苗的更新起重要作用。将闽楠天然次生林内的大树视为母树，母树越多，所能够提供的种子越多，越有利于自然更新，有利于林分持续性发展。李雪云等的研究表明，闽楠天然次生林中的母树株数对闽楠幼树幼苗更新生长的贡献率最大。根据闽楠种子萌发特性及其幼树幼苗生长竞争所需条件，要保证其天然更新的顺利进行，闽楠下种母树应保留 200 株/hm^2以上。参考相关文献并结合闽楠的生长特性，将闽楠下种母树定义为胸径≥20cm 年以上的树木，本研究内将母树株树基准值定为 200 株/hm^2。

(2)森林自然度

森林自然度是指森林群落类型的现状与原乡土植物群落之间的差异程度。以森林群落类型或种群结构特征在次生演替中的阶段为基础，按林分类型、小班的人为干扰强度、年龄结构、树种组成等把森林自然度分为5个等级，依次进行赋值，取5为基准值。

(3)林地质量

根据林地质量等级划分的结果，能够确定林地的生产力，体现林地生产力与持续性的大小。在参考国家林业局《林地保护利用规划林地落界技术规程》(2011)中林地质量因素的基础上，结合闽楠的生物学特性等因素，林地质量综合土层厚度、土壤类型、坡位、坡度、坡向5个因子，各因子数量化等级划分及赋值见表10-26。

表10-26 林地质量相关因子数量化等级值表

等级	土层厚度(cm)	土壤类型	坡度	坡位	坡向	赋值
1	≥80	红壤、黄红壤	0~5°平坡	下、谷	无	9
2	51~79	黄壤	6°~15°缓坡	平地、中	半阴坡	7
3	31~50	黄棕壤、紫色土	16°~25°斜坡	全坡	阴坡	5
4	16~30	石灰土、沼泽土	26°~35°陡坡	上	半阳坡	3
5	≤15	山地草甸土、风沙土	≥36°急险坡	山脊	阳坡	1

(4)凋落物厚度

凋落物是森林养分循环中养分归还的主要途径之一，养分的归还量和循环速率影响林地地力的维持和提高。而且，一定厚度的凋落物可以有效抑制土壤内水分蒸发速度，有利于减小地表径流的平均流速从而进行水土保持，并改善土壤性质，增加降水入渗量等功能，有利于林地持续性发展。李杨等研究表明：林分结构越复杂，其林下枯落物持水量就越大。本研究取标准地中凋落物层厚度5cm为基准值。

10.2.3.6 森林健康评价模型的构建

综合指数法是通过指标体系将信息进行综合，适用于任何类型的生态系统，是目前应用最多和比较完善的评价方法。评价模型如下：

$$H = \sum_{i=1}^{n} B_i w_i \tag{10-7}$$

式中：H——森林健康指数，表示健康状况的综合评价值；

w_i——第i个指标的权重(总排序)；

B_i——第i个指标无量纲化后的值。

根据森林健康度的定性与定量分析，综合评价值的大小，将森林健康的程度采用上限排外法划分为健康(0.8~1.0)、亚健康(0.6~0.8)、中健康(0.4~0.6)、不健康<0.4共4个等级。

10.2.4 闽楠天然次生林健康评价结果分析

本研究评价指标数据获取主要有3种方式：一是通过标准地调查获得林分郁闭度、凋

落物厚度等基础数据；二是通过标准地调查获得的基础数据，例如平均胸径、物种株数等，通过计算得到单位面积蓄积量、物种多样性等指标数据；三是通过查阅相关资料并划分等级，获取林木生长势、林地质量等相关定性指标的状况并赋值。

10.2.4.1　指标计算

采用前面所建立的指标体系及确定的各指标的权重，根据森林健康评价模型以及各评价指标计算方法，对闽楠天然次生林各标准地进行综合评价。各指标无量纲化结果见表10-27。

表10-27　闽楠天然次生林健康综合评价结果

标准地号	活力性		结构性		稳定性		持续性		健康指数	评价等级
	总得分	权重后得分	总得分	权重后得分	总得分	权重后得分	总得分	权重后得分		
1	0.43	0.20	0.89	0.12	0.82	0.13	0.43	0.10	0.55	中健康
2	0.50	0.24	0.82	0.11	0.86	0.14	0.57	0.13	0.62	亚健康
3	0.66	0.32	0.93	0.12	0.85	0.13	0.64	0.15	0.72	亚健康
4	0.45	0.22	0.87	0.12	0.90	0.14	0.44	0.10	0.58	中健康
5	0.70	0.33	0.88	0.12	0.85	0.13	0.41	0.09	0.68	亚健康
6	0.57	0.27	0.78	0.11	0.77	0.12	0.44	0.10	0.60	亚健康
7	0.50	0.24	0.91	0.12	0.90	0.14	0.61	0.14	0.64	亚健康
8	0.44	0.21	0.88	0.12	0.96	0.15	0.44	0.10	0.58	中健康
9	0.50	0.24	0.96	0.13	0.91	0.14	0.70	0.16	0.67	亚健康
10	0.55	0.26	0.62	0.08	0.93	0.15	0.54	0.12	0.62	亚健康
…	…	…	…	…	…	…	…	…	…	…
26	0.52	0.25	0.75	0.10	0.70	0.11	0.48	0.11	0.57	中健康
27	0.70	0.34	0.76	0.10	0.80	0.13	0.56	0.13	0.69	亚健康
28	0.49	0.24	0.56	0.08	0.76	0.12	0.57	0.13	0.56	中健康
29	0.67	0.32	0.73	0.10	0.72	0.11	0.73	0.17	0.70	亚健康
30	0.27	0.13	0.43	0.06	0.77	0.12	0.38	0.09	0.39	不健康
平均值	0.61	0.29	0.79	0.11	0.84	0.13	0.57	0.13	0.66	亚健康

10.2.4.2　结果分析

(1)活力性指标

从无量纲化结果可以看出，单位面积蓄积量无量纲化的平均值为0.51，即平均每公顷蓄积量为153m^3，共计13个标准地大于此平均值，其中标准地21、23、24、25为1.00，30号标准地最低仅有0.04；绝大多数标准地中单位面积蓄积量低于基准值，说明闽楠次生林总体上其单位面积蓄积量还不理想，可能是闽楠天然次生林整体上暂处于演替中期，还有很大的发展空间。林分郁闭度无量纲化的平均值为0.80，即郁闭度平均为0.56，共计20个标准地大于此平均值，其中最高的标准地为13、14、24，都为1.00，而其他标准地的郁闭度大多等于或小于基准值(0.7)，说明闽楠天然次生林郁闭度整体上还是偏低。天然更新无量纲化的平均值为0.72，共计8个标准地大于此平均值，其中5、6、10、11、12、24、25、26号标准地值都为1.00，达到良好更新等级；闽楠天然次生林天然更新总体上达到中等状态及以上，说明更新状态较好。林木生长势的无量纲化平均值为0.62，共计14个标准地大于此平均值，闽楠天然次生林林木生长势整体上处于Ⅱ级与Ⅲ级之间，树冠发育良好，树梢、树枝和树叶有少许自然枯损，偶有几株乔木受到病虫害影响，树木间距较窄，林木生长略受影响。

(2)结构性指标

群落结构无量纲化的平均值为0.87，其中有18个标准地为1.00，达到Ⅰ级，其他标准地为Ⅱ级，说明闽楠天然次生林林分整体上乔木层、下木层、地被物层3个层次齐全。林层结构的无量纲化平均值为0.93，共计26个标准地大于此平均值且为1.00，即这26个标准地都为复层林，说明闽楠天然次生林大多为复层林或者是由单层林向复层林演变中。树种结构的无量纲化平均值为0.80，共计20个标准地大于此平均值且为1.00，说明此20个标准地为阔叶混交林，另有6个针阔混交林和4个阔叶纯林，闽楠天然次生林整体为阔叶混交林。径级结构的无量纲化平均值为0.58，共计14个标准地大于此平均值，其中标准地21、15、29的值较大，分别为0.96、0.90和0.86；径级结构为适度指标，30个标准地q值平均值为2.39，与理想q值(1.5)存在一定差距。

(3)稳定性指标

森林病虫害和森林火灾各个标准地无量纲化的值均为1.00，所有标准地均处于无森林病虫害和森林火灾等级，闽楠天然次生林整体上未受森林病虫害和森林火灾威胁。林下植被盖度无量纲化平均值为0.72，即平均林下植被盖度为0.58，共计19个标准地大于此平均值，其中，标准地1、8、9达到1.00，说明其林下植被盖度为0.8；标准地26号林下植被较少，其无量纲化值仅为0.06。物种多样性的无量纲化平均值为0.54，共计17个标准地大于此平均值，其中8、16号标准地值较高，分别为0.84、0.78，10、11号标准地均为0.75排第三；6号标准地值最低，仅为0.18。总体上，闽楠天然次生林物种多样性还有待提升。

(4)持续性指标

闽楠母树株树无量纲化的平均值为0.47，共计20个标准地大于此平均值，30号标准地最低，为0.00，暂无胸径≥20cm的闽楠母树；其中，标准地14、18、24、25、29高于基准值(200株/hm^2)，说明闽楠天然次生林演替发展阶段不一致。森林自然度的无量纲化平均值为0.65，共计8个标准地大于此平均值，标准地14、16、21、22、23、24、25、27无量纲化值为0.80，说明这8个标准地的森林自然度处于Ⅱ级，其余标准地处于Ⅲ级；总体来看，闽楠天然次生林森林自然度处于Ⅲ级与Ⅱ级阶段，有较明显人为干扰影响，总体上处于演替阶段中期向后期过渡阶段的次生群落。林地质量的无量纲化平均值为0.68，处于Ⅲ级与Ⅱ级之间，有12个标准地大于此平均值且值为0.80，总体上闽楠天然次生林的林地质量还是相对较好，这与闽楠的生物学特性有关。凋落物厚度的无量纲化平均值为0.40，即平均凋落物厚度为2cm，共计6个标准地大于此平均值且为0.60，23号标准地值最低仅为0.10，说明闽楠天然次生林总体凋落物厚度偏低，凋落物较少。

从以上分析可知，研究区内有4个标准地处于健康状态，具有较高的物种多样性和生产力，乔木层、灌木层和草本层结构合理，郁闭度及盖度适合下木层和低矮灌木、草本、苔藓植物的生长，病虫害程度小，人为干扰程度低，有较高的稳定性、活力性和抗干扰性。共计18个标准地处于亚健康阶段，林分的层次结构相对完整，物种多样性较高，更新能力较强，具有良好的生产能力，抗病虫害的能力强。共计7个标准地处于中健康状态，主要特点是蓄积量、物种多样性较低，天然更新能力中等，生产能力一般。30个标准地中只有一个属于不健康状态，其在占权重最大的单位面积蓄积量的无量纲化值只有0.04，平均胸径也只有6.7cm，林下植被种类也较少，且暂无闽楠母树，使得其单位面积蓄积量、天然更新、郁闭度、物种多样性等指标分值都偏低，综合导致最终评价处于不健康等级。

总体来说，研究区闽楠天然次生林整体上处于亚健康状态，并未达到健康等级，与期望的健康状态有所差距。因此，应进行以功能健康为导向的闽楠天然次生林健康经营活动，加大闽楠天然次生林林分结构调整，促使林分向复层、混交方向发展，提高林分生产力和抵抗灾害的能力，充分挖掘其生长潜力；进一步完善保护和管理制度，逐步使闽楠天然次生林的树种结构和层次结构向稳定、健康的森林生态系统发展，促进闽楠天然次生林的发展和演替。

10.2.5　闽楠天然次生林健康经营主要对策

森林健康是一个动态变化的过程，不会永恒不变，人们可以通过合理科学的经营措施改善森林健康状况。森林健康经营是一个开放、复杂和全面的系统性科学。致力经营森林资源、维护或促进森林生态系统的健康和完整性、生物多样性及提高生产力的森林经营体系的研究，其本质是为了维持长期健康的森林生态系统和持久的林地生产力。

闽楠天然次生林属于生态公益林，其目标主要是保存物种资源、保护和改善人类的生存环境、维持生态平衡，在经营方面也应以丰富物种多样性、提高生产力、营造良好的林分结构和增强林分活力为目标。综上，以前述对其健康评价结果及分析为基础，结合实地调查并了解、提出其健康经营的主要对策，为闽楠天然次生林森林健康经营提供参考。

10.2.5.1　*提高林分活力*

(1)提高单位面积蓄积量和林木生长势

蓄积量在闽楠健康评价中占据重要地位，引导闽楠天然次生林向健康发展需着重提高林分蓄积量。本研究中闽楠天然次生林单位面积蓄积量整体偏小，可能是因为闽楠天然次生林总体上未达到演替后期，其单位面积蓄积量仍不理想。应加强林分的调整，在密度较低或林窗处适当补植闽楠，而密度较高的地方适当进行疏伐，伐除生长不良或有病虫害的林木，通过调整林木空间结构，促进林木生长。同时，对幼苗幼树采用穴抚的方式，清除周边影响其生长的灌木、藤条和杂草，并进行培土，通过改善其生长环境，提高其保存率和生长速度。这样将有利于提高单位面积蓄积量和林木生长势，以提高林分的整体活力。

(2)合理调整林分郁闭度

林分郁闭度对下木层的光照情况产生直接影响。郁闭度过大，林下光照较低，下木层和林下植被接受不到充分的阳光，限制其光合作用，致使竞争力降低，影响林分生长力；林分郁闭度过小，长期光照直射会导致土壤干燥缺少水分，影响下木层、低矮灌木的生长以及种子的萌发。

本研究中闽楠天然次生林郁闭度整体略偏低，少数标准地郁闭度较高。对于林分郁闭度低的，可通过补植等措施提高郁闭度；对于郁闭度高的，按照"留稀砍密、留优去劣"的原则，可进行适当的择伐，伐除一些次要树种的霸王树，以及树干弯曲生长不良的林木，使林分郁闭度维持在 0.7 左右。

(3)促进天然更新

本研究中闽楠天然次生林幼苗幼树数量还有待提升，对幼苗幼树过稀或更新能力较差的区域进行人工补植闽楠；对于幼苗幼树较密的地方，按"留优去劣"原则及时进行定株，并采用穴抚方式，进行割灌除草，减少灌草与幼苗争夺生长所需的养分，改善其生长环境，促进幼苗幼树的生长。此外，对凋落物较厚的林分，宜进行块状清理减少凋落物，使种子与土壤接触更紧密，可提高种子的萌发率，以促进其天然更新。

10.2.5.2 优化林分结构

良好的林分结构有利于向健康状态发展，根据前文研究，林分结构主要体现在群落结构、林层结构、树种结构和径级结构，而闽楠天然次生林在这些方面均存在不理想的地方，需要通过综合措施优化调整其林分结构。如：可以通过适当疏伐或补植，调整树种的比例、生态位以及大小结构，逐步改善树种结构和径级结构，以形成较典型的异龄林。同时，在优化调整林分结构过程中要注重尽量减少对林下植被的破坏程度，使林分具有乔木层、下木层、地被物层多层次结构，形成完整的群落结构。

10.2.5.3 增强林分稳定性

(1)建立森林病虫害预防体系

尽管天然林自身抗病虫害能力较强，但也不能排除闽楠天然次生林遭受较严重病虫害的可能性，仍应做好病虫害预防工作。加强虫害检疫、监测等基础设施建设，科学砍伐林内的受灾木、风折木等，及时清理林内病源木和隐患，减少虫害发生蔓延几率，提高森林的健康状况；同时，要对患病虫害的物种进行检疫和长期监测，根据检疫和监测结果，采取相应生物措施进行必要的治理与预防。最终，通过长期的森林健康经营，对林分结构进行科学调整和合理布局，逐步提高森林病虫害的自我防治能力。

(2)建立森林火灾预防体系

在森林火灾易发的危险区，种植多层阻火林带，或是留出消防通道。加强对森林防火的宣传教育和培训工作，提高林场工作人员和周边居民的防火意识；学习和引进国外先进的防火技术，有效提高森林防火的科技水平和综合能力。

(3)提高物种多样性

物种多样性有利于提高群落的稳定性，根据前文评价结果，总体上闽楠天然次生林物种多样性还有待提高。要提高闽楠天然次生林物种多样性，在实施经营措施时，一方面，

在保持闽楠为优势种群的条件下，尽量保持林分具有较多的树种；另一方面，尽量减少对林下植被的破坏，以提高物种多样性。

10.2.5.4　维持林分持续性

(1)促进林分正向演替

前文研究表明，闽楠天然次生林自然度主要介于Ⅱ级和Ⅲ级间。对于自然度为Ⅱ级的林分，采用封调模式，通过密度和结构调整，同时进行必要的人工辅助措施，促进林分向更接近顶极群落的方向演替发展。对Ⅲ级或更低级自然度的林分，在采用封改时，通过逐步人工引入演替后期或顶极群落乡土树种的方法，来提高森林结构的丰富度、物种多样性和生态系统的稳定性，从而达到提升其自然度，以促进林分正向演替。

(2)维护和提高林地地力

森林通过凋落物归还养分对维护和提高林地地力具有十分重要的意义。在经营过程中，注重加速凋落物的分解，促进林分的养分循环。同时，林下植被也应保持较大的盖度，以减少水土流失及养分的流失，从而实现维护和提高林地地力。

(3)保护闽楠母树

闽楠母树对更新贡献最大，因此，加强对母树的保护，保证林分有较充足的闽楠种子，有利于林分的持续性发展。

主要参考文献

蔡兆炜，孙玉军，施鹏程. 基于非线性度量误差的杉木相容性生物量模型[J]. 东北林业大学学报，2014，42(9)：28-32.

曹晶潇，付登高，阎凯，等. 滇池流域富磷山地优势植物种群生态分化[J]. 生态学杂志，2014，33(12)：3230-3237.

曹梦，潘萍，欧阳勋志，等. 基于哑变量的闽楠天然次生林单木胸径和树高生长模型研究[J]. 北京林业大学学报，2019，41(05)：88-96.

曹小玉，李际平，封尧，等. 杉木生态公益林林分空间结构分析及评价[J]. 林业科学，2015，7(7)：37-49.

陈建明，俞晓平，程家安. 叶绿素荧光动力学及其在植物抗逆生理研究中的应用[J]. 浙江农业学报，2006，01：51-55.

陈灵芝，钱迎倩. 生物多样性科学前沿[J]. 生态学报，1997，17(6)：565-572.

陈晓德. 植物种群与群落结构动态量化分析方法研究[J]. 生态学报，1998，18(2)：214-217.

陈永富，杨彦臣，张怀清，等. 海南岛热带天然山地雨林立地质量评价研究[J]. 林业科学研究，2000(02)：134-140.

仇建习，汤孟平，娄明华，等. 基于 Hegyi 改进模型的毛竹林空间结构和竞争分析[J]. 生态学报，2016，36(4)：1058-1065.

褚欣，潘萍，欧阳勋志，等. 闽楠天然次生林林木综合竞争指数研究[J]. 西北林学院学报，2019，34(4)：199-205.

刁俊明，曾宪录，陈桂珠. 干旱胁迫对桐花树生长和生理指标的影响[J]. 林业科学研究，2014(3)：423-428.

丁少净，钟秋平，袁婷婷，等. 不同土壤水分管理措施对油茶生长的影响[J]. 经济林研究，2017，35(02)：24-31.

董灵波，刘兆刚，李凤日，等. 大兴安岭主要森林类型林分空间结构及最优树种组成[J]. 林业科学研究，2014，27(6)：734-738.

董灵波，刘兆刚，马妍，等. 天然林林分空间结构综合指数的研究[J]. 北京林业大学学报，2013，35(1)：16-22.

杜纪山. 落叶松林木枯损模型[J]. 林业科学，1999(02)：48-52.

杜志，亢新刚，包昱君，等. 长白山云冷杉林不同演替阶段的树种空间分布格局及其关联性[J]. 北京林业大学学报，2012，34(2)：14-19.

段爱国，张建国. 杉木人工林优势高生长模拟及多形地位指数方程[J]. 林业科学，2004(06)：13-19.

段劼，马履一，贾黎明，等. 北京低山地区油松人工林立地指数表的编制及应用[J]. 林业科学，2009，45(03)：7-12.

方精云，沈泽昊. 基于种群分布地形格局的两种水青冈生态位比较研究[J]. 植物生态学报，2001，25(4)：392-398.

方景，孙玉军，郭孝玉，等. 基于 Voronoi 图和 Delaunay 三角网的杉木游憩林空间结构[J]. 林业科学，

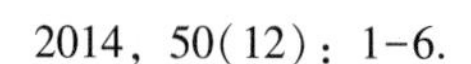

2014, 50(12): 1-6.
冯建灿, 胡秀丽, 毛训甲. 叶绿素荧光动力学在研究植物逆境生理中的应用[J]. 经济林研究, 2002, 20(4): 14-18.
符利勇, 雷渊才, 孙伟, 等. 不同林分起源的相容性生物量模型构建[J]. 生态学报, 2014, 34(6): 1461-1470.
符利勇, 孙华. 基于混合效应模型的杉木单木冠幅预测模型[J]. 林业科学, 2013, 49(8): 65-74.
甘敬, 朱建刚, 张国祯, 等. 基于BP神经网络确立森林健康快速评价指标[J]. 林业科学, 2007, 43(12): 1-7.
高慧淋, 董利虎, 李凤日. 基于混合效应的人工落叶松树冠轮廓模型[J]. 林业科学, 2017, 53(03): 84-93.
高贤明, 马克平, 陈灵芝. 暖温带若干落叶阔叶林群落物种多样性及其与群落动的关系[J]. 植物生态学报, 2001, 25(3): 283-290.
葛永金, 王军峰, 方伟, 等. 闽楠地理分布格局及其气候特征研究[J]. 江西农业大学学报, 2012, 34(4): 749-753.
龚召松, 曾思齐, 贺东北, 等. 湖南楠木次生林胸径地位指数表的研制[J]. 中南林业科技大学学报, 2019, 39(07): 48-55.
关毓秀, 张守攻. 样方法及其在林分空间格局研究中的应用[J]. 北京林业大学学报, 1992, 14(2): 1-10.
关毓秀, 张守攻. 竞争指标的分类与评价[J]. 北京林业大学学报, 1992, 14(4): 1-8.
管云云, 费菲, 关庆伟, 等. 林窗生态学研究进展[J]. 林业科学, 2016, 52(4): 91-99.
桂亚可, 潘萍, 欧阳勋志, 等. 赣中闽楠天然种群数量特征及分布格局[J]. 生态学杂志, 2019, 38(10): 2918-2924.
郭垚鑫, 胡有宁, 李刚, 等. 太白山红桦种群不同发育阶段的空间格局与关联性[J]. 林业科学, 2014, 50(1): 9-14.
国红, 雷渊才. 蒙古栎林分直径 Weibull 分布参数估计和预测方法比较[J]. 林业科学, 2016, 52(10): 64-71.
国家林业局. 第八次全国森林资源清查结果[J]. 林业资源管理, 2014(1): 1-2.
韩文娟, 袁晓青, 张文辉. 油松人工林林窗对幼苗天然更新的影响[J]. 应用生态学报, 2012, 23(11): 2940-2948.
韩有志, 王政权. 森林更新与空间异质性[J]. 应用生态学报, 2002, 13(5): 615-619.
郝建军, 康宗利. 植物生理学[M]. 北京: 化学工业出版社, 2005.
郝文芳, 杜峰, 陈小燕, 等. 黄土丘陵天然群落的植物组成、植物多样性及其与环境因子的关系[J]. 草地学报, 2012, 20(4): 609-615.
何功秀, 文仕知, 邵明晓, 等. 湖南永顺闽楠人工林生态系统碳贮量及其分布特征[J]. 水土保持学报, 2014, 05: 159-163.
洪玲霞, 雷相东, 李永慈. 蒙古栎林全林整体生长模型及其应用[J]. 林业科学研究, 2012(02): 201-206.
洪玲霞. 由全林整体生长模型推导林分密度控制图的方法[J]. 林业科学研究, 1993, 6(5): 510-516.
洪伟, 吴承祯. 邻体干扰指数模型的改进及其应用研究[J]. 林业科学, 2001, 37(z1): 1-5.
胡满, 曾思齐, 龙时胜, 等. 青冈栎次生林种群结构及动态特征[J]. 中南林业科技大学学报, 2017, 37(11): 110-114.

胡蓉，林波，刘庆. 林窗与凋落物对人工云杉林早期更新的影响[J]. 林业科学. 2011，47(6)：23-29.
胡正华，于明坚. 古田山青冈林优势种群生态位特征[J]. 生态学杂志，2005，24(10)：1159-1162.
黄康有，廖文波，金建华，等. 海南岛吊罗山植物群落特征和物种多样性分析[J]. 生态环境，2007，16(3)：900-905.
黄清麟，李志明，郑群瑞. 福建中亚热带天然阔叶林理想结构探讨[J]. 山地学报，2003，21(1)：116-120.
黄庆丰，宫守飞，许剑辉. 天然落叶与常绿阔叶林林分的空间结构[J]. 东北林业大学学报，2011，39(10)：1-3.
黄兴召，孙晓梅，张守攻，等. 辽东山区日本落叶松生物量相容性模型的研究[J]. 林业科学研究，2014，27(2)：142-148.
惠刚盈，胡艳波，赵中华，等. 基于交角的林木竞争指数[J]. 林业科学，2013，49(06)：68-73.
惠刚盈，李丽，赵中华，等. 林木空间分布格局分析方法[J]. 生态学报，2007，27(11)：4717-4728.
季孔庶，孙志勇，方彦. 林木抗旱性研究进展[J]. 南京林业大学学报，2006，30(6)：123-128.
姜俊，赵秀海. 吉林蛟河针阔混交林群落优势种群种间联结性[J]. 林业科学，2011，47(12)：149-153.
蒋雪琴，刘艳红，赵本元. 湖北神农架地区巴山冷杉(Abiesfargesii)种群结构特征与空间分布格局[J]. 生态学报，2009，29(5)：2211-2218.
金永焕，李敦求，姜好相，等. 长白山区次生林恢复过程中天然更新的动态[J]. 南京林业大学学报，2005，29(5)：65-68.
康冰，刘世荣，王得祥，等. 秦岭山地典型次生林木本植物幼苗更新特征[J]. 应用生态学报，2011，22(12)：3123-3130.
康冰，王得祥，李刚，等. 秦岭山地锐齿栎次生林幼苗更新特征[J]. 生态学报，2012，32(9)：2738-2747.
亢新刚，胡文力，董景林，等. 过伐林区检查法经营针阔混交林林分结构动态[J]. 北京林业大学学报，2003(06)：1-5.
孔雷，杨华，亢新刚. 林木空间分布格局研究方法综述[J]. 西北农林科技大学学报(自然科学版)，2011，39(5)：119-124.
李兵兵，秦琰，刘亚茜，等. 燕山山地油松人工林林隙大小对更新的影响[J]. 林业科学，2012，48(6)：147-151.
李德志，石强，臧润国，等. 物种或种群生态位宽度与生态位重叠的计测模型[J]. 林业科学，2006，42(7)：95-103.
李海涛. 植物种群分布格局研究概况[J]. 植物学通报，1995，12(2)：19-26.
李际平，房晓娜，封尧，等. 基于加权 Voronoi 图的林木竞争指数[J]. 北京林业大学学报，2015，37(03)：61-68.
李景华，王化田，张成军. 穿龙薯蓣种群生命表的研究[J]. 植物研究，2000，20(4)：444-449.
李明辉，何风华，刘云，等. 林分空间格局的研究方法[J]. 生态科学，2003，22(1)：77-81.
李雪云，潘萍，臧颢，等. 闽楠天然次生林自然更新的影响因子研究[J]. 林业科学研究，2017，30(5)：701-708.
李永慈，唐守正. 用 Mixed 和 Nlmixed 过程建立混合生长模型[J]. 林业科学研究，2004(03)：279-283.
李忠文，闫文德，郑威，等. 亚热带樟树-马尾松混交林凋落物量及养分动态特征[J]. 生态学报，2013，33(24)：7707-7714.
梁士楚，李久林，程仕泽. 贵州青岩油杉种群年龄结构和动态的研究[J]. 应用生态学报，2002(01)：

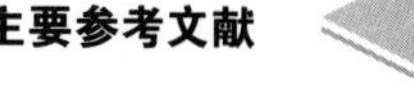

21-26.
梁晓东，叶万辉．林窗研究进展(综述)[J]. 热带亚热带植物学报，2001，9(4)：355-364.
林世青，许春辉，张其德，等．叶绿素荧光动力学在植物抗性生理学、生态学和农业现代化中的应用[J]. 植物学通报，1992，9(1)：1-16.
林思祖，黄世国，洪伟，等. 杉阔混交林主要种群多维生态位特征[J]. 生态学报，2000，22(6)：962-968.
刘宝，陈存及，陈世品，等．福建明溪闽楠天然林群落种间竞争的研究[J]. 福建林学院学报，2005，25(2)：117-120.
刘方炎，李昆，廖声熙，等. 濒危植物翠柏的个体生长动态及种群结构与种内竞争[J]. 林业科学，2010，46(10)：23-28.
刘金福，洪伟. 格氏栲群落生态学研究——格氏栲林主要种群生态位的研究[J]. 生态学报，1999，19(3)：347-352.
刘世荣，马姜明，缪宁. 中国天然林保护、生态恢复与可持续经营的理论与技术[J]. 生态学报，2015，35(1)：212-218.
刘洵，曾思齐，贺东北，等. 基于混合效应的湖南省栎林生长收获模型[J]. 森林与环境学报，2019，39(05)：475-482.
刘兆刚，李凤日. 樟子松人工林树冠内一级枝条空间的分布规律[J]. 林业科学，2007，43(10)：19-27.
刘智慧. 四川省缙云山栲树种群结构和动态的初步研究[J]. 植物生态学报，1990，14(2)：120-128.
龙时胜，曾思齐，甘世书，等. 基于林木多期直径测定数据的异龄林年龄估计方法[J]. 中南林业科技大学学报，2018，38(09)：1-8.
龙时胜，曾思齐，肖化顺，等. 基于 Hegyi 改进模型的青冈栎次生林竞争分析[J]. 林业资源管理，2018(01)：50-56.
陆元昌，杨宇明，杜凡，等. 西双版纳热带林生长动态模型及可持续经营模拟[J]. 北京林业大学学报，2002，24(z1)：139-146.
陆元昌. 森林健康状态监测技术体系综述[J]. 世界林业研究，2003，16(1)：20-25.
罗耀华，陈庆诚，张鹏云. 兴隆山阴暗针叶林空间格局及其利用光能的对策[J]. 生态学报，1984，4(1)：10-20.
马克明，祖元刚，倪红伟. 兴安落叶松种群格局的分形特征——关联维数[J]. 生态学报，1999，19(3)：187-192.
马克平. 生物群落多样性的测度方法 Iα 多样性的测度方法(上)[J]. 生物多样性，1994，2(3)：162-168.
马履一，王希群. 生长空间竞争指数及其在油松、侧柏种内竞争中的应用研究[J]. 生态科学，2006，25(5)：385-389.
马炜，孙玉军. 长白落叶松人工林立地指数表和胸径地位级表的编制[J]. 东北林业大学学报，2013(12)：21-25.
缪宁，刘世荣，史作民，等. 青藏高原东缘林线杜鹃-岷江冷杉原始林的空间格局[J]. 生态学报，2011，31(1)：1-9.
欧阳勋志，廖为明，彭世揆. 天然阔叶林景观质量评价及其垂直结构优化技术[J]. 应用生态学报，2007，18(6)：1388-1392.
潘春芳，赵秀海，夏富才，等. 长白山山杨种群的性比格局及其空间分布[J]. 生态学报，2009，31(2)：297-305.

邱念伟，王修顺，杨发斌，等．叶绿素的快速提取与精密测定[J]．植物学报，2016，51(05)：667-678
茹文明，张金屯，张峰，等．历山森林群落物种多样性与群落结构研究[J]．应用生态学报，2006，17(4)：561-566.
邵芳丽，余新晓，宋思铭，等．天然杨-桦次生林空间结构特征[J]．应用生态学报，2011，22(11)：2792-2798.
邵艳军，山仑．植物耐旱机制研究进展[J]．中国生态农业学报，2006，14(4)：16-20.
沈其荣．土壤肥料学通论[M]．北京：高等教育出版社，2001.
史宇，余新晓，岳永杰，等．北京山区天然侧柏林种内竞争研究[J]．北京林业大学学报，2008(s2)：36-40.
史作民，刘世荣，程瑞梅，等．宝天曼落叶阔叶林种间联结性研究[J]．林业科学，2001，37(2)：29-35.
矢佳昱，韩海荣，程小琴，等．河北辽河源自然保护区油松种群年龄结构和种群动态[J]．生态学杂志，2017，36(7)：1808-1814.
孙伟中，赵士洞．长白山北坡椴树阔叶红松林群落主要树种分布格局的研究[J]．应用生态学报，1997，8(2)：119-122.
唐承财，钟全林，王健．林木抗旱生理研究进展[J]．世界林业研究，2008，21(1)：20-26.
汤孟平，陈永刚，施拥军，等．基于 Voronoi 图的群落优势树种种内种间竞争[J]．生态学报，2007，27(11)：4707-4716.
汤孟平，娄明华，陈永刚，等．不同混交度指数的比较分析[J]．林业科学，2012，48(08)：46-53.
汤孟平，唐守正，雷相东，等．林分择伐空间结构优化模型研究[J]．林业科学，2004，40(5)：25-31.
汤孟平，周国模，陈永刚，等．基于 Voronoi 图的天目山常绿阔叶林混交度[J]．林业科学，2009，45(06)：1-5.
唐守正，杜纪山．利用树冠竞争因子确定同龄间伐林分的断面积生长过程[J]．林业科学，1999，35(6)：35-41.
唐守正，李希菲，孟昭和．林分生长模型研究的进展[J]．林业科学研究，1993(06)：672-679.
唐守正，李希菲．用全林整体模型计算林分纯生长量的方法及精度分析[J]．林业科学研究，1995(05)：471-476.
唐守正，张会儒，胥辉．相容性生物量模型的建立及其估计方法研究[J]．林业科学，2000，36(S1)：19-27.
唐守正．ForStat．2.0 使用手册[M]．北京：中国林业出版社，2005.
王刚．不同施肥处理对骏枣叶绿素荧光特性的影响[D]．乌鲁木齐：新疆农业大学，2012.
汪金松，张春雨，范秀华，等．生物量分配格局及异速生长模型[J]．生态学报，2011，31(14)：3918-3927.
王立龙，王广林，黄永杰，等．黄山濒危植物小花木兰生态位与年龄结构研究[J]．生态学报，2006，26(6)：1862-1871.
王蒙，李凤日．基于抚育间伐效应的落叶松人工林直径分布动态模拟[J]．应用生态学报，2016，27(8)：2429-2437.
王祥福，郭泉水，巴哈尔古丽，等．崖柏群落优势乔木种群生态位[J]．林业科学，2008，44(4)：6-13.
王小明，李凤日，贾炜玮，等．帽儿山林场天然次生林阔叶树种树高-胸径模型[J]．东北林业大学学报，2013，41(12)：116-120.
王新功，洪伟，吴承祯，等．武夷山米槠林主要种群生态位研究[J]．中南林业科技大学学报，2003，23(3)：34-38.

王振兴，朱锦懋，王健，等. 闽楠幼树光合特性及生物量分配对光环境的响应[J]. 生态学报，2012，32(12)：3841-3848.
王政权，吴巩胜. 利用竞争指数评价水曲柳落叶松种内种间空间竞争关系[J]. 应用生态学报，2000，11(5)：641-645.
吴承祯，洪伟，林成来. 马尾松人工林 Sloboda 多形地位指数模型的研究[J]. 生物数学学报，2002(04)：489-493.
吴承祯，洪伟. 林分直径结构新模型研究[J]. 西南林学院学报，1999，19(2)：90-95.
吴承祯，吴继林. 珍稀濒危植物长苞铁杉种群生命表分析[J]. 应用生态学报，2000，11(3)：333-336.
吴大荣，王伯荪. 濒危树种闽楠种子和幼苗生态学研究[J]. 生态学报，2001，21(11)：1751-1760.
吴大荣，朱政德. 福建省罗卜岩自然保护区闽楠种群结构和空间分布格局初步研究[J]. 林业科学，2003，39(1)：23-30.
吴大荣. 福建罗卜岩闽楠(Phoebebournei)林中优势树种生态位研究[J]. 生态学报，2001，21(5)：851-855.
吴恒，党坤良，田相林，等. 秦岭林区天然次生林与人工林立地质量评价[J]. 林业科学，2015，51(04)：78-88.
吴际友，黄明军，陈明皋，等 . 闽楠种源苗期生长差异与早期选择研究[J]. 中南林业科技大学学报，2015，11：1-4.
吴建强，王懿祥，杨一，等. 干扰树间伐对杉木人工林林分生长和林分结构的影响[J]. 应用生态学报，2015，26(2)：340-348.
向玮，雷相东，洪玲霞，等. 落叶松云冷杉林矩阵生长模型及多目标经营模拟[J]. 林业科学，2011，47(6)：77-87.
项小燕，吴甘霖，段仁燕，等. 大别山五针松种内和种间竞争强度[J]. 生态学报，2015，35(2)：389-395.
谢晋阳，陈灵芝. 暖温带落叶阔叶林的物种多样性特征[J]. 生态学报，1994，14(4)：337-344.
谢宗强，陈伟烈，路鹏，等. 濒危植物银杉的种群统计与年龄结构[J]. 生态学报，1997，19(4)：523-528.
许大全，张玉忠，张荣铣，等 . 植物光合作用的光抑制[J]. 植物生理学通讯，1992，28S：237-243.
徐化成. 关于我国森林立地分类的发展问题[J]. 林业科学，1988(03)：313-318.
姚茂和，盛炜彤，熊有强. 林下植被对杉木林地力影响的研究[J]. 林业科学研究，1991，4(3)：246-252.
叶金山，王章荣 . 干旱胁迫对杂种马褂木与双亲重要生理性状的影响[J]. 林业科学，2008，38(3)：20-26.
游晓庆，潘萍，彭诗涛，等. 闽楠天然次生林树种间联结性分析[J]. 安徽农业大学学报，2017，44(4)：630-635.
于倩，谢宗强，熊高明，等. 神农架巴山冷杉(Abiesfarii)林群落特征及其优势种群结构[J]. 生态学报，2008，28(5)：1931-1941.
袁春明，司马永康，耿云芬，等. 濒危植物景东翅子树种群的分布、年龄结构及其动态特征[J]. 东北林业大学学报，2011，39(5)：15-16.
曾思齐，甘静静，肖化顺，等. 木荷次生林林木更新与土壤特征的相关性[J]. 生态学报，2014，34(15)：4242-4250.
曾思齐，龙时胜，肖化顺，等. 南方地区青冈栎次生林种内与种间竞争研究[J]. 中南林业科技大学学报，2016，36(10)：1-5.
曾伟生，唐守正. 立木生物量方程的优度评价和精度分析[J]. 林业科学，2011，47(11)：106-113.
曾伟生. 杉木相容性立木材积表系列模型研建[J]. 林业科学研究. 2014，27(1)：6-10.
张池，黄忠良，李炯，等. 黄果厚壳桂种内与种间竞争的数量关系[J]. 应用生态学报，2006，17(1)：22-26.
张道远，尹林克，潘伯荣，等 . 柽柳属植物抗旱性能研究及其应用潜力评价[J]. 中国沙漠，2003，23(3)：252-256.
张海平，李凤日，董利虎，等. 基于气象因子的白桦天然林单木直径生长模型[J]. 应用生态学报，2017，28(6)：1851-1859.
张会儒，汤孟平，舒清态. 森林生态采伐的理论与实践[M]. 北京：中国林业出版社，2006.
张建忠，姚小华 . 香樟扦插繁殖试验研究[J]. 林业科学研究 . 2006，19(5)：665-668.
张金屯，孟东平. 芦芽山华北落叶松林不同龄级立木的点格局分析[J]. 生态学报，2004，24(1)：35-40.
张金屯. 植物种群空间分布的点格局分析[J]. 植物生态学报，1998，22(4)：344-349.
张俊钦 . 福建明溪闽楠天然林主要种群生态位研究[J]. 福建林业科技 . 2005，31(3)：32-35.
张水松，吴克选，何寿庆. 江西省杉木人工林生产能力的研究[J]. 林业科学，1980(S1)：65-76.
张守仁 . 叶绿素荧光动力学参数的意义及讨论[J]. 植物学通报，1999，04：444-448.
张文辉，王延平，康永祥，等. 濒危植物太白红杉种群年龄结构及其时间序列预测分析[J]. 生物多样性，2004，12(3)：361-369.
张晓晨，赵洋，熊中人，等. 宝华山青冈种群年龄结构及点格局分析[J]. 南京林业大学学报(自然科学版)，2018，42(6)：77-83.
张雄清，张建国，段爱国. 基于单木水平和林分水平的杉木兼容性林分蓄积量模型[J]. 林业科学，2014，50(1)：82-87.
张泱 . 叶面喷施脱落酸对银中杨几个生理指标的影响[J]. 东北林业大学学报，2005(03)：97-98.
张瑜，贾黎明，郑聪慧，等. 秦岭地区栓皮栎天然次生林地位指数表的编制[J]. 林业科学，2014(04)：47-54.
张悦，易雪梅，王远遐，等. 采伐对红松种群结构与动态的影响[J]. 生态学报，2015，35(1)：38-45.
张赟，张春雨，赵秀海，等. 长白山次生林乔木树种空间分布格局[J]. 生态学杂志，2008，27(10)：1639-1646.
郑洁，胡美君，郭延平 . 光质对植物光合作用的调控及其机理[J]. 应用生态学报，2008，19(7)：1619-1624.
郑万钧 . 中国树木志(第 1 卷)[M]. 北京：中国林业出版社，1983.
郑亚琼，冯梅，李志军. 胡杨枝芽生长特征及其展叶物候特征[J]. 生态学报，2015，35(4)：1198-1207.
周维燕 . 植物细胞工程原理与技术[M]. 北京：中国农业大学出版社，2001.
朱教君，刘足根 . 森林干扰生态研究[J]. 应用生态学报，2004，15(10)：1703-1710.
朱光玉，胡松，符利勇. 基于哑变量的湖南栎类天然林林分断面积生长模型[J]. 南京林业大学学报(自然科学版)，2018(02)：155-162.
朱光玉，罗小浪. 湖南栎类天然混交林优势木树高曲线哑变量模型研究[J]. 林业资源管理，2017(04)：22-29.
朱教君，刘世荣. 次生林概念与生态干扰度[J]. 生态学杂志，2007，26(7)：1085-1093.
邹春静，韩士杰，张军辉. 阔叶红松林树种间竞争关系及其营林意义[J]. 生态学杂志，2001(04)：

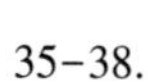

35-38.

邹惠渝，大荣，陈国龙，等. 罗卜岩保护区闽楠种群生态学研究——优势乔木种间联结[J]. 南京林业大学学报，1995，19(2)：39-45.

Aguirre O，Hui G Y，Gadow K V，et al. An analysis of spatial forest structure using neighbourhood-based variables[J]. Forest Ecology and Management，2003，183：137-145.

Aiba S，Kitayama K. Structure，composition and species diversity in an altitude-substrate matrix ofrain forest tree communities on Mount Kinabalu，Borneo[J]. Plant Ecology，1999，140：139-157.

Alegria C. A tree distance-dependent growth and yield model for naturally regenerated pure uneven-aged maritime pine stands in central island of Portugal[J]. Annals of Forests Science，2013，3(70)：261-276.

Asselin H，Fortin M J，Bergeron Y. Spatial distribution of late - successional coniferous species regenerationfollowing disturbance in southwestern Quebec boreal forest[J]. Forest Ecology and Management，2001，140：29-37.

Bernacchi C J，Singsaas E L，Pimentel C，et al. Improved temperature response functions for models of Rubisco-limited photosynthesis[J]. Plant Cell Environ，2001，24：253-259.

Biging G S，Dobbertin M. Evaluation of competition indices in individual tree growth models[J]. Forest Science，1995，41(2)：360-377.

Bruelheide H，Böhnke M，Both S，et al. Community assembly during secondary forest succession in a Chinese subtropical forest[J]. Ecological Monographs，2011，81(1)：25-41.

Canham C D. Different responses to gaps among shade-tolerant tree species[C]. The Ecological Society of America，1989：548-550.

Choinacky D C，Heath L S，Jenkins J C. Updated generalized biomass equations for North American tree species [J]. Forestry，2014，87(1)：129-151.

Chokkalingam U，De Jong W. Secondary forest：a working definition and typology[J]. International Forestry Review，2001，3(1)：19-26.

Coulston J W，Ambrose M J，Riitters K H，et al. Forest health monitoring：2003 national technical report[J]. Southern Research Station，2005，21(8)：63-72.

Cousens R D，Wiegand T，Taghizadeh M S. Small-scale spatial structure within patterns of seed dispersal[J]. Oecologia，2008，158(3)：437-448.

Dan B，Sjöberg R M，Lundberg L G. A Study of Tree Distribution in Diameter Classes in Natural Forests of Iran (Case Study：Liresara Forest)[J]. Annals of Biological Research，2017，160(1)：77-82.

Diamantopoulou M J，özçelik R，Crecente-Campo F，et al. Estimation of Weibull function parameters for modelling tree diameter distribution using least squares and artificial neural networks methods[J]. Biosystems Engineering，2015，133：33-45.

Diaz s，Cabido M. Vive la difference：Plant functional diversity matters to ecosystem processes[J]. Trends in Ecology and Evolution，2001，16：646-655.

Duan R Y，Huang M Y，Wang Z G，et al. Species Diversity of Pseudolarix amabilis Population in Yaoluoping Nztural Reserve of Anhui Province[J]. Advanced Materials Research，2012，5(18)：5302-5305.

Duan. Comparison of Different Height-Diameter Modelling Techniques for Prediction of Site Productivity in Natural Uneven-Aged Pure Stands[J]. Forests，2018，9(2)：63.

Duursma R A，Mäkelä A. Summary models for light interception and light-use efficiency of non-homogeneous canopies[J]. Tree Physiology，2007，27(6)：859-870.

Everett C J, Thorp J H. Site quality evaluation of loblolly pine on the South Carolina lower coastal plain[J]. Journal of Forestry Research, 2008, 19(3): 187-192.

Fang. Nonlinear mixed effects modeling for slash pine dominant height growth following intensive silvicultural treatments[J]. Forest Science, 2001, 47(4): 287-300.

Frost I, Rydin H. Spatia pattern and size distribution of the animal-dispersed tree Quercus robur in two spruce-dominated forests[J]. acoscience, 2000, 7(1): 38-44.

Frost I, Rydin H. Spatial pattern and size distribution of the animal-dispersed tree quercus robur in two spruce-dominated forests[J]. Ecoscience, 2000, 7(1): 38-44.

Gallegos S C, Beck S G, Hensen I, et al. Factors limiting montane forest regeneration in bracken-dominated habitats in the tropics[J]. Forest Ecology and Management, 2016, 381: 168-176.

Gazengel J, Rivoire G. Spatial Structure of a Picosecond Laser Beam in a Non-linear Medium[J]. Optica Acta International Journal of Optics, 2010, 26(4): 483-492.

Gea-Izquierdo G. Ganellas I Analysis of Holmoak intraspecific competition using gamma regression[J]. Forest Science, 2009, 55(4): 310-322.

Gloria R L, Miren O, Ibone A, et al. Relationship between vegetation diversity and soil functional diversity in native mixed-oak forests[J]. Soil Biology & Biochemistry, 2008, 40: 49-60.

Gorgoso J J, Gonzάlez J G A, Alboreca A R, et al. Modelling diameter distributions of Betula alba L. stands in northwest Spain with the two-parameter Weibull function[J]. Investigaci6n Agraria Sistemas Y Recursos Forestales, 2007, 16(2): 113-123.

Gul A U, Misir M, Misir N, et al. Calculation of uneven-aged stand structures with the negative exponential diameter distribution and Sterba's modified competition density rule[J]. Forest Ecology & Management, 2005, 214(1-3): 212-220.

Günlü A, Başkent E Z, Kadiogullari A İ, et al. Forest site classification using Landsat 7 ETM data: A case study of maçka-ormanüstü forest[J]. Environmental Monitoring and Assessment, 2008, 151(1-4): 93-104.

Haldimann P, Fracheboud Y, Stamp P. Photosynthetic performance and resistance to photoinhibition of Zea mays L. leaves grown at sub-optimal temperature[J]. Plant Cell & Environment, 1996, 19(1): 85-92.

Hao Q, Zhou Y, Wang L. Optimization models of stand structure and selective cutting cycle for large diameter trees of broadleaved forest in Changbai Mountain[J]. Journal of Forestry Research, 2006, 17(2): 135-140.

Hassan A, Atan R M, Noor L M, et al. Respiration rate, ethylene production and chlorophyll content of the fruit and crown of pineapple stored at low temperatures Authors′ full names[J]. 2002, 30: 99-107.

Havaux M. Short-term responses of PS I to heat stress[J]. Photosyn Res, 1996, 47: 85-97.

Hof J, Bevers M. Optimizing forest stand management with natural regeneration and single-tree choice variables [J]. Forest Science, 2000, 46(2): 168-175.

Houghton R A, Lawrence K T, Hackler J L, et al. Thespatial distribution of forest biomass in the Brazilian Ama-zon: A comparison of estimates[J]. Global Change Biology, 2001, 7: 731-746.

Houle G. Spatial relationship between seed and seedling abundance and mortality in a deciduous forest of north-eastern North America[J]. J Ecol, 1992, 80: 99-108.

J. E. Preece. A century of progress with vegetative plant propagation[J]. Hortsei-enee, 2003, 38: 1015-1025.

Kaitaniemi P, Lintunen A. Neighbor identity and competition influence tree growth in Scots pine, Siberian larch, and silver birch[J]. Annals of Forest Science, 2010, 67(6): 604-604.

Kasuga M, Liu Q, Miura S, et al. Improving plant drought salt and freezing tolerance by gene transfer of a single stress in educible transcription factor[J]. Nature Biotechnology, 1999, 17: 287-292 .

Kaul S, Sharmal S S, Mehata I K. Free radical scavenging potential of L-proline evidence from in vitro[J]. Amino acids, 2008, 34(2): 315-320.

Kim H S, Palmroth S, Thérézien M, et al. Analysis of the sensitivity of absorbed light and incident light profile to various canopy architecture and stand conditions[J]. Tree Physiology, 2011, 31(1): 30-38.

Kubiske M E, Pregitzer K S. Effects of elevated CO_2 and light availability on the photosynthetic light response of trees of contrasting shade tolerance[J]. Tree Physiology, 16: 351-358.

Lauer D K, Kush J S. Dynamic site index equation for thinned stands of even-aged natural longleaf pine[J]. Southern Journal of Applied Forestry, 2010, 1(34): 28-37.

Lee K, Kim S, Shin Y, et al. Spatial pattern and association of tree species in a mixed Abies holophylla-broadleaved deciduous forest in Odaesan National Park[J].Journal of Plant Biology, 2012, 55(3): 242-250.

Lewis S L, Tanner E V J. Effects of above- and below-ground competition on growth and survival of rain forest treeseedlings[J]. Ecology, 2000, 81: 2525-2538.

Loehle C, Idso C, Wigley T B. Physiological and ecological factors influencing recent trends in United States forest health responses to climate change[J]. Forest Ecology and Management, 2016, (363): 179-189.

Mäkinen H, Yue C, Kohnle U. Site index changes of Scots pine, Norway spruce and larch stands in southern and central Finland[J]. Agricultural & Forest Meteorology, 2017, 237-238: 95-104.

Martinek M, Nesser H J, Aichinger J, et al. The Use of Quantile Trees in the Prediction of the Diameter Distribution of a Stand[J]. Silva Fennica, 2015, 40(3): 501-516.

Mateus A, Tomé M. Modelling the diameter distribution of eucalyptus plantations with Johnson's S, B, probability density function: parameters recovery from a compatible system of equations to predict stand variables [J]. Annals of Forest Science, 2011, 68(2): 325-335.

Maya G, Sylvie L, Marc D, et al. Relative contribution of edge and interior zones to patch size effect on species richness, Anexample for woody plants[J]. Forest Ecology Management, 2010, 259: 266-274.

Navas M L, Garnier E. Plasticity of whole plant and leaf trait in Rubbia peregrine in response to light, nutrient and water availability[J]. Acta Oecologica- international Journal of Ecology, 2002, 23(6): 375-383.

Nishimura N, Hara T, Miura M, et al. Tree competition and species coexistence in a warm-temperate od-growth evergreen broad-leaved forest in Japan[J]. Plant Ecology, 2003, 164(2): 235-248.

Olusegum O, et al. Influence of seed size and seedling ecological attributes on shade-tolerance of rain-forest tree species in northern Queen land[J]. Journal of Ecology, 1994, (82): 149-163.

Omelko A, Ukhvatkina O, Zhmerenetsky A, et al. From young to adult trees: how spatial patterns of plants with different life strategies change during age development in an old-growth Korean pine-broadleaved forest[J]. Forest Ecology and Management, 2018, 411: 46-66.

Pagter M, Bragato C, Brix H, Tolerance and physiological responses of pragmatist austral is to water deficit[J]. Aquatic Bot, 2005, 81: 285-299.

Pastur G J M, Cellini J M, Lencinas M V, et al. Environmental variables influencing regeneration of Nothofagus pumilio in a system with combined aggregated and dispersed retention[J]. Forest Ecology and Management, 2011, 261(1): 178-186.

Paul R. Use forest health monitoring to assess aspen forest cover change in the southern Rockiese coregion[J]. Forest Ecologyand Management, 2002, 155(1): 223-236.

Paulo J A, Palma J H N, Gomes A A, et al. Predicting site index from climate and soil variables for cork oak (Quercus suber l.) stands in Portugal[J]. New Forests, 2015, 46(2): 293-307.

Podlaski R, Zasada M. Comparison of selected statistical distributions for modelling the diameter distributions in near-natural Abies-Fagus forests in the Świętokrzyski National Park (Poland)[J]. European Journal of Forest Research, 2008, 127(6): 455.

Pommerening A. Evaluating structural indices by reversing forest structural analysis [J]. Forest Ecology and Management, 2006, 224: 266-277.

Power R F, Andrew S D, Sanchez F G. The North American long term soil productivity experiment: Findings from the first decade of research[J]. Forest Ecology and Management, 2005, 220(1): 31-50.

Pretzsch H, Forrester D L, Rötzer T. Representation of species mixing in forest growth models. A review and perspective[J]. Ecological Modelling, 2015, 313: 276-292.

Ram. Modeling height-diameter relationships for Norway spruce, Scots pine, and downy birch using Norwegian national forest inventory data[J]. Forest Science and Technology, 2015, 11(1): 44-53.

Sabatia C O, Burkhart H E. Predicting site index of plantation loblolly pine from biophysical variables[J]. Forest Ecology & Management, 2014(326): 142-156.

Schreibei U , Gademann R , Ralph P J , et al. Assessment of photosynthetic performance of Prochloron in Lissoclinum patella in hospite by chlorophyll fluorescence measurements[J]. Plant Cell and Physiology, 1997, 38: 945-951.

Sghaier T, Tome M, Tome J, et al. Distance-independent individual tree diameter-increment model for Thuya [Tetraclinis articulata (Vahl.) Mast.] stands in Tunisia[J]. Forest Systems, 2013, 22(3): 433-441.

Sherman R E, Fahey T J, Battkes J J. Small-scale disturbance and regeneration dynamics in a neotropical mangrove[J]. Journal of Ecology, 2000, 88: 165-178.

Shinozaki K, Yamaguchi-Shinozaki K. Gene networks involved in drought stress response and tolerance[J]. Plant Physiology, 1997, 115: 327-334.

Sivanandham V. Restorative effect of Betula alnoides bark on hepatic metabolism in high fat diet fed wistar rats[J]. Forest Science, 2015, 6(3): 1281-1288.

Somogyi Z, Cienciala E, Makipaa R, et al. Indirect methods of large-scale forest biomass estimation[J]. European journal of forest research, 2007, 2: 197-207.

Stoll P, Bergius E. Pattern and process Competition causes regular spacing of individuals within plant populations [J]. Journal of Ecology, 2005, 39: 395-403.

S X He, Z S Liang, et al. Growth and physiological characteristics of wild sour jujube seeding from two provenances under soil water stress[J]. Acta Botanica Boreali-Occidentalia Sinica, 2009, 29(7): 1387-1393.

Tewari V P. Limiting stand density and basal area projection models for even-aged Tecomella undulata plantations in a hot arid region of India[J]. Journal of Forestry Research, 2010, 1(21): 13-18.

Thomas D S, Turner D W. Banana (Musa sp.) leafgas exchange and chlorophyll fluorescence in response to soil drought, shading and lamina folding[J]. Scientia Horticulture, 2001, 90(1-2): 93-108.

Vázquez G J A, Givnish T J. Altitudinal gradients in tropical forest composition, structure, and diversity in the Sierra de Manantlán[J]. Journal of Ecology, 2002, 86(6): 999-1020.

White C A. Structure and spatial patterns of trees in old-growth northern hardwood and mixed forests of northern maine[J]. Plant Ecology, 2001, 156(2): 139-160.

White E, Tucker N, Meyers N, et al. Seed dispersal to revegetated isolated rainforest patches in North

Queensland[J]. Forest Ecology and Management, 2004, 192(2): 409-426.

Wiegand T, Gunatilleke S, Gunatilleke N. Species associations in a heterogeneous Sri Lankan dipterocarp forest [J]. The American Naturalist, 2007, 170: 77-95.

Wilson S M, Pyatt D G, Malcolm D C, et al. The use of ground vegetation and humus type as indicators of soil nutrient regime for an ecological site classification of British forests[J]. Forest Ecology and Management, 2001, 140: 101-116.

Xiao C W, Ceulemans R. Allometric relationships for below-and aboveground biomass of young Scots pines[J]. Forest Ecologyand Management, 2004, 203(1): 177-186.

Xiong L, Wang R G, Mao G, et al. Identification of drought tolerance determinants by genetic analysis of root response to drought stress and abscise acid[J]. Plant Physiology, 2006, 142: 1065-1074.

Yan Q L, Liu Z M, Zhu J J, et al. Structure, pattern and mechanisms of formation of seed banks in sand dune systems in northeastern Inner Mongolia, China[J]. Plant and Soil, 2005, 277(1): 175-184.

Youngblood A, Max T, Coe K. Stand structure in eastside old-growth ponderosa pine forests of Oregon and northern California[J]. Forset Ecology and Management, 2004, 199(2): 191-217.

Yu F, Wang D X, Shi X X, et al. Effects of environmental factors on tree seedling regeneration in a pine-oak mixed forest in the Qinling Mountains, China[J]. Journal of Mountain Science, 2013, 10(5): 845-853.

Zha T S, Wang K A, Kellomaki S. Needle dark respiration in relation to within-crown position in Scots pine trees grown in long-term elevation of CO_2 concentration and temperature[J]. New Phytologist, 2010, 156(1): 33-41.

Zhang G, Hui G, Hu Y. Designing near-natural planting patterns for plantation forests in China[J]. Forest Ecosystems, 2019, 6(1): 28.

Zhu J, Lu D, Zhang W. Effects of gaps on regeneration of woody plants: a meta-analysis[J]. Journal of Forestry Research, 2014, 25(3): 501-510.

Zhu J J, Lu D L, Zhang W D. Effects of gaps on regeneration of woody plants: a meta-analysis[J]. Journal of forestry research, 2014, 25(3): 501-510.

Zhu Y, Mi X C, Ren H B , et al. Density dependence is prevalent in a heterogeneous subtropical forest[J]. Oikos, 2010, 119: 109-119.